W0256951

Herbert Kölbel · Joachim Schulze

Projektierung und Vorkalkulation in der chemischen Industrie

Reprint

Springer-Verlag Berlin Heidelberg New York 1982

Professor Dr. phil. Herbert Kölbel
em. Professor der Technischen Universität Berlin

Professor Dr.-Ing. Joachim Schulze
Institut für Technische Chemie, Technische Universität Berlin

ISBN-13: 978-3-642-68420-3   e-ISBN-13: 978-3-642-68419-7
DOI: 10.1007/978-3-642-68419-7

CIP-Kurztitelaufnahme der Deutschen Bibliothek:

Kölbel, Herbert: Projektierung und Vorkalkulation in der chemischen Industrie/
Herbert Kölbel; Joachim Schulze. – Reprint [d. Ausg.] Berlin, Göttingen, Heidelberg,
Springer, 1960. – Berlin, Heidelberg, New York, 1982.
NE: Schulze, Joachim:

Reprographischer Nachdruck: Proff GmbH & Co. KG, Bad Honnef
Bindearbeiten: Graphischer Betrieb Konrad Triltsch, Würzburg

2060/3014 – 5 4 3 2 1

Vorwort zur Reprintausgabe

Nachdem unser Buch, der „Kölbel/Schulze", seit dem Ende der sechziger Jahre vergriffen ist, wurden wir immer wieder aus Kreisen der Industrie und der Hochschule auf eine Neuauflage hin angesprochen. Wir haben dieses Ziel verfolgt, doch war uns die Realisierung aus zeitlichen Gründen und wegen der inzwischen enorm angewachsenen Stoffülle nicht möglich. Die auf den verschiedenen Teilgebieten der Projektierung und Vorkalkulation von Chemieanlagen international verfügbar gewordene Fach- und insbesondere Zeitschriftenliteratur würde bei erschöpfender Auswertung zu einem mehrbändigen Werk führen müssen.

Wir sind jedoch der Auffassung, daß trotz fortschreitender Auffächerung und spezialisierender Vertiefung des Gebietes ein vor allem den methodischen und systematischen Grundlagen gewidmetes Werk, wie es unser Buch sein sollte, seinen Wert behält, indem es die übergeordnete Gesamtschau als notwendige Ausgangsbasis für das Verständnis der Probleme und der vielfältigen chemisch-technisch-wirtschaftlichen Zusammenhänge vermittelt. Inzwischen sind auch in der deutschsprachigen Literatur einige Bücher erschienen, die den Gegenstand unserer Monographie teilweise streifen oder überdecken, ohne diese in der zugrundeliegenden Intention zu ersetzen. Die meisten Abschnitte des Buches sind nach wie vor in der dargestellten Form gültig, sie wären vom Leser nur durch Einbeziehung neuer spezieller Arbeitsmethoden, wie vor allem im Bereich der rechnergestützten Berechnungs- und Planungsmethoden, sowie durch Zusammenstellung neuer Daten im System der Richtpreisdiagramme zur Vorkalkulation gesamter Anlagen, von Apparaten und Maschinen sowie sonstiger Anlagekomponenten zu ergänzen.

Wir haben im Vorwort des Buches im Jahre 1960 auf die große Bedeutung der Projektierung in der chemischen Industrie auf Grund der häufigen Produktinnovationen hingewiesen. Diese haben heute mit zunehmendem Reifegrad der Chemie und durch aufkommende Innovationshemmnisse etwas an Bedeutung verloren, was jedoch durch die rohstoffseitig ausgelösten Verfahrensinnovationen kompensiert wird. Schließlich erleben wir heute weltweite regionale Strukturverschiebungen, welche auf verschiedenen Teilgebieten der chemischen Industrie die Investitionsschwerpunkte von den alten Chemieländern weg in andere Teile der Welt verlagern. Auch dies führt beim internationalen Charakter der chemischen Industrie und des Chemieanlagenbaus nicht zu einer Schmälerung, sondern eher Erweiterung unserer Projektierungs- und Vorkalkulationsaufgaben.

Unter kritischer Wertung aller Faktoren und auch im Hinblick auf die damals so außerordentlich günstige Aufnahme unseres Buches haben wir uns mit dem Springer-Verlag dazu entschieden, einen unveränderten Nachdruck herauszubringen. Wir hoffen damit wiederum, sowohl den Praktikern in der chemischen Industrie, im Chemieanlagenbau und Apparatebau als auch den Lehrenden und Lernenden an den Hochschulen dienlich zu sein.

Berlin-Charlottenburg, im Januar 1982
Technische Universität

Herbert Kölbel   Joachim Schulze

Projektierung und Vorkalkulation in der chemischen Industrie

Von

Dr. phil. Herbert Kölbel

o. Professor und Direktor des Institutes für Technische Chemie
der Technischen Universität Berlin

Ehemals Betriebsdirektor bei der Rheinpreußen AG
für Bergbau und Chemie, Homberg (Niederrhein)

und

Dr.-Ing. Joachim Schulze

Wirtschaftsingenieur und Assistent am Lehrstuhl und Institut
für Technische Chemie der Technischen Universität Berlin

Mit 250 Abbildungen

Springer-Verlag

Berlin/Göttingen/Heidelberg

1960

ISBN-13: 978-3-642-68420-3   e-ISBN-13: 978-3-642-68419-7
DOI: 10.1007/978-3-642-68419-7

Projektierung und Vorkalkulation
in der chemischen Industrie

Vorwort

Die chemische Industrie ist durch ein außergewöhnliches Entwicklungs-
tempo gekennzeichnet. Bei vielen namhaften Gesellschaften beträgt der
Anteil der nach 1948 neu entwickelten Produkte mehr als 40% der Ge-
samterzeugung. Bei der starken Konkurrenz und der oft nur beschränkten
Nutzungsdauer neuer Produktionsverfahren hängt der wirtschaftliche
Erfolg wesentlich von der Schnelligkeit der Investitionsentscheidung und
der Errichtung der Anlagen ab. Die Ermittlung des Kapitalbedarfs für
die neuen Anlagen, die Vorkalkulation der Kosten der neuen Produkte,
die Beurteilung der Wirtschaftlichkeit und die Technik der Projektierung
neuer Anlagen sind hierfür von entscheidender Bedeutung.

Es erschien daher notwendig und an der Zeit zu versuchen, die Probleme und Methoden der Vorkalkulation und Projektierung bei der ausgedehnten chemischen Industrie Deutschlands zusammenfassend darzustellen. Im Gegensatz zu dem großen Umfang amerikanischer Spezialliteratur fehlt es nämlich bisher an entsprechenden deutschsprachigen
Werken, wenn man von Einzelveröffentlichungen absieht, unter denen
besonders die Arbeiten von K. SCHOENEMANN zu beachten sind.

Diese Tatsache mag unter anderem in den Schwierigkeiten begründet
sein, die in der Behandlung der Vorkalkulation und Projektierung als
einem Grenzgebiet zwischen Chemie, Maschinen- und Apparatebau und
Betriebswirtschaft liegen. Die genannten Fachdisziplinen sind so um-
fangreich und in ihren Denkweisen so verschiedenartig, daß es nicht
einfach ist, die chemischen, ingenieurmäßigen und betriebswirtschaft-
lichen Probleme des Themas erschöpfend zu behandeln. So gebot auch
der Rahmen der vorliegenden Monographie, den gesamten Problemkreis
von einem mehr übergeordneten Gesichtspunkt zu betrachten und sich
bei der Bearbeitung der genannten Teilprobleme auf das zu beschränken,
was unmittelbar mit der Projektierung und Vorkalkulation zusammen-
hängt. Der Leserkreis des vorliegenden Buches wird sehr heterogen
zusammengesetzt und in den Reihen der Chemiker, Technologen, Maschi-
nenbau- und Apparatebauingenieure, Verfahrenstechniker, Bauplaner
und Kaufleute zu suchen sein. Durch zahlreiche Literaturhinweise soll
vieles, was je nach der Fachrichtung des Lesers an Grundlagen oder
speziellen Angaben bei dieser Heterogenität zwangsläufig vermißt
werden muß, leicht auffindbar gemacht und ergänzt werden.

Eine besondere Aufgabenstellung lag in der Ableitung von „Richtpreis-Diagrammen" auf empirisch-statistischer Grundlage, die für die Abschätzung des Anlagekapitalbedarfs seit langem in der internationalen Projektierungspraxis zu einem wesentlichen Hilfsmittel geworden sind. Wenn die dargebotenen Ergebnisse wegen des in Deutschland spärlichen Materials stellenweise lückenhaft geblieben oder teilweise noch hohe Fehlergrenzen in Kauf zu nehmen sind, so mußte doch mit der vorliegenden Arbeit ein erster Schritt getan werden, um den im deutschen Sprachgebiet bisher so vernachlässigten Fragenkomplex zu erschließen. Der Mangel an deutschen Unterlagen war hier wie in verschiedenen anderen Abschnitten die Ursache dafür, daß auf amerikanische Methoden und Daten zurückgegriffen werden mußte, deren Anwendbarkeit für deutsche Verhältnisse nicht immer außer Frage steht.

Die vorliegende Monographie ist im Institut für Technische Chemie und im Institut für Industriebetriebslehre (Prof. Dr. K. MELLEROWICZ) an der Technischen Universität Berlin entstanden und im August 1959 abgeschlossen worden. Die bis zu diesem Zeitpunkt erschienenen einschlägigen Veröffentlichungen, insbesondere das umfangreiche amerikanische Schrifttum, wurden so vollständig wie möglich berücksichtigt.

Unser Dank gebührt in erster Linie der großen Zahl westdeutscher Apparatebau-, Maschinenbau- und Projektierungsfirmen sowie einigen britischen Gesellschaften, die uns das grundlegende Zahlenmaterial überließen und dabei weder Konkurrenzbedenken Raum gaben noch die Mühe der oft zeitraubenden Ermittlungen scheuten. Namentlich seien hiervon nur die Koppers GmbH in Essen, die Lurgi-Gesellschaften mbH in Frankfurt/Main, die Firma Krebs & Co., Berlin-Frohnau, erwähnt, die darüber hinaus wertvolles Anschauungsmaterial aus der Projektierungspraxis zur Verfügung gestellt haben, sowie von britischer Seite die Firma Petrocarbon Developments, Ltd., London. Die Herren Dr.-Ing. H.-J. STRÖER und Dr.-Ing. H. ALLHAUSEN vom Verein Deutscher Maschinenbauanstalten (VDMA) und der Fachverband Kohlechemie, Essen, haben uns mit Rat und Tat wertvolle Hilfe geleistet. Herr Dr.-Ing. H. MIESSNER von den Farbenfabriken Bayer AG. überließ schwer zugängliches Literaturmaterial. Herr Dr.-Ing. H. HAMMER, Institut für Technische Chemie, Technische Universität Berlin, hat bei der Abfassung des Kapitels: „Die Vorprojektierung des chemischen Reaktors als Aufgabe der chemischen Reaktionstechnik" und beim Lesen der Korrekturen mitgewirkt. Alle, die unsere Arbeit so wesentlich gefördert haben, auch die hier nicht genannten Persönlichkeiten und Institutionen, seien unseres besonderen Dankes versichert, den wir mit der Vorlage dieses Bandes abstatten möchten.

Berlin-Charlottenburg, im Herbst 1959
Technische Universität

Herbert Kölbel   Joachim Schulze

Inhaltsverzeichnis

Seite

Inhaltsverzeichnis

Verzeichnis der Symbole und Abkürzungen

A Aktivierungsenergie [kcal/kmol]
Ausbeute
Abschreibungen, als Periodengröße [z. B. DM/Jahr] oder bezogen auf die Produkteinheit [z. B. DM/t]
Spezielle Größe (erklärt im Text)

a Änderung der Molwärmen pro Formelumsatz [kcal/kmol grd]
Abschreibungssatz
Anfangszusammensetzung einer Reaktionsmasse
Spezielle Größe (erklärt im Text)

α Wärmeübergangszahl [kcal/m² h grd]

B Bestimmtheitsmaß
Betriebskosten bzw. Betriebsausgaben, als Periodengröße [z. B. DM/Jahr] oder bezogen auf die Produkteinheit [z. B. DM/t]
Betriebsgröße [z. B. jato]
Spezielle Größe (erklärt im Text)

b Spezielle Größe (erklärt im Text)

β Stoffübergangszahl [m/h]
Räumlicher Ausdehnungskoeffizient [1/grd)

C Strahlungszahl [kcal/m² h grd⁴]
Kapitalwert einer Investition [DM]
Spezielle Größe (erklärt im Text)

C' Strahlungsaustauschzahl [kcal/m² h grd⁴]

C_p Molwärme bei konstantem Druck [kcal/kmol grd]

c_p Spezifische Wärme bei konstantem Druck [kcal/kg grd]

c Molkonzentration [kmol/m³]
Spezielle Größe (erklärt im Text)

Δc Konzentrationsdifferenz [kmol/m³]

D Diffusionskoeffizient [m²/h]
Überschuß der Einnahmen über die Betriebsausgaben, als Periodengröße [z. B. DM/Jahr] oder bezogen auf die Produkteinheit [z. B. DM/t]
Spezielle Größe (erklärt im Text)

D_a Überschuß der Einnahmen über die Ausgaben einschl. Kapitaldienst, als Periodengröße [z. B. DM/Jahr] oder bezogen auf die Produkteinheit [z. B. DM/t]

d Wanddicke [m]
Kennzeichnende Abmessung [m]
Spezielle Größe (erklärt im Text)

E Ertrag bzw. Einnahmen, als Periodengröße [z. B. DM/Jahr] oder bezogen auf die Produkteinheit [z. B. DM/t]
Endprodukt in der Reaktionsmasse
Spezielle Größe (erklärt im Text)

e Basis der natürlichen Logarithmen

η Wirkungsgrad

η Umsatz
Dynamische Zähigkeit [kg s/m^2]

η' Thermodynamisch maximaler Umsatz

F Fläche [m^2]
Spezielle Größe (erklärt im Text)

$\Delta G°$ Änderung der freien Enthalpie, bezogen auf idealen Gaszustand und 1 atm [kcal/kmol]

$\Delta G°_f$ Freie Bildungsenthalpie aus den Elementen im Normzustand [kcal/kmol]

G_B Betriebsgasmenge [m^3/h]

G_D Dampfmenge bzw. Dampferzeugung [z. B. kg/h]

Gr Grashofsche Zahl

G_b Bruttogewinn vor Abzug der Körperschaftsteuer und Fremdkapitalzinsen, als Periodengröße [z. B. DM/Jahr] oder bezogen auf die Produkteinheit [z. B. DM/t]

G_v Gewinn vor Abzug der Körperschaftsteuer, Dimension wie G_b

G_n Gewinn nach Abzug der Körperschaftsteuer, Dimenison wie G_b

g Erdbeschleunigung [m/s^2]

H Häufigkeitsfaktor
Summe des Kapitalrückstroms [DM]
Spezielle Größe (erklärt im Text)

ΔH_c Verbrennungsenthalpie [kcal/kmol]

ΔH_f Bildungsenthalpie aus den Elementen im Normzustand [kcal/kmol]

ΔH_R Reaktionsenthalpie [kcal/kmol]

I_a Anlagekapital (Neuwert bzw. bei Betriebsbeginn) [DM]

I_u Umlaufkapital [DM]

I_g Gesamtkapital, Neuwert [DM]

i Zinssatz
Eine der Komponenten eines Reaktionsgemisches

i' Für die Gewinnreduktion maßgeblicher Fremdkapitalzinssatz

i_f Kalkulationszinssatz für Fremdkapital

i_e Kalkulationszinssatz für Eigenkapital

i_D Wärmeinhalt des Dampfes [kcal/kg]

J Kapitaldienst (Abschreibungen + Zinsen), als Periodengröße [z. B. DM/Jahr] oder bezogen auf die Produkteinheit [z. B. DM/t]

K_c Gleichgewichtskonstante bezogen auf Molkonzentrationen

K_p Gleichgewichtskonstante bezogen auf Partialdrucke

K_x Gleichgewichtskonstante bezogen auf Molenbrüche

K Kosten, als Periodengröße [z. B. DM/Jahr] oder bezogen auf die Produkteinheit [z. B. DM/t]

K_B Brennstoffkosten, Dimension wie K

K_D Dampfkosten, Dimension wie K

K_E Einzeln zu ermittelnde Kostenarten, Dimension wie K

K_F Fixe Kosten, Dimension wie K

K_L Betriebsarbeiterlöhne und Gehälter des technischen Überwachungspersonals, Dimension wie K

K_P Reparaturkosten, Dimension wie K
Proportionale Kosten, Dimension wie K

K_R Rohstoffkosten, Dimension wie K

k Reaktionsgeschwindigkeitskonstante
Wärmedurchgangszahl [kcal/m^2 h grd]
Bezugskomponente in der Reaktionsmasse
Spezielle Größe (erklärt im Text)

k_B Anteil der Brennstoffkosten an den Dampfkosten

k_R Anteil der Rohstoffkosten an den Gesamtkosten

L Spezielle Größe (erklärt im Text)

λ Wärmeleitzahl [kcal/m h grd]

M Molekulargewicht

m Kapitalbedarfs-Degressionsexponent
Spezielle Größe (erklärt im Text)

N Spezielle Größe (erklärt im Text)

Nu NUSSELTsche Zahl

n Stoffmenge [kmol]
Reaktionsordnung
Anzahl gleichgroßer Anlageneinheiten in Betrieb
Anzahl der Rührgefäße in einer Kaskade
Lebensdauer bzw. Nutzungsdauer von Anlagen [Jahre]
Drehzahl [U/min]
Spezielle Größe (erklärt im Text)

n_a Spezielle Größe (erklärt im Text)

n_b Zahl der Betriebsjahre [Jahre]

$\dot{n}$ Geschwindigkeit des Stofftransportes [kmol/h]

ν Stöchiometrische Verhältniszahl
Kinematische Zähigkeit [m²/s]
Laufzahl

P Gesamtdruck [z. B. ata, kg/m², Torr]
Preis [z. B. DM/t]
Punkt im Strahlenraster zur Rentabilitätsbestimmung einer Investition
Spezielle Größe (erklärt im Text)

P_B Brennstoffpreis [z. B. DM/t oder DM/10⁶ kcal im Brennstoff]

Pr PRANDTLsche Zahl

p Partialdruck, Dimension wie P
Spezielle Größe (erklärt im Text)

$\dot{Q}$ Wärmestrom [kcal/h]

q Produktionskapazität eines Reaktors [kmol/h]

R Siebrückstand
Allgemeine Gaskonstante [kcal/kmol grd]
Anlagenrestwert am Ende der Lebensdauer [DM]

Re REYNOLDSsche Zahl

r Reaktionsgeschwindigkeit [kmol/m³ h]
Korrelationskoeffizient
Anzahl der Reserveeinheiten
Rentabilität

r' Dividendensatz

r_d Rentabilität der Differenzinvestition

r_g Grenzrentabilität

ϱ Dichte [kg/m³]

$S°$ Entropie, bezogen auf idealen Gaszustand und 1 atm (Standardentropie) [kcal/kmol grd]

$\varDelta S°$ Änderung der Standardentropie [kcal/kmol grd]

S Ausgaben (Betriebsausgaben + Kapitaldienst), als Periodengröße [z. B. DM/Jahr] oder bezogen auf die Produkteinheit [z. B. DM/t]

s Spezielle Größe (erklärt im Text)

T Absolute Temperatur [°K]
Kürzeste Amortisationszeit [Jahre]

t	Temperatur [°C]
	Zeit, besonders Verweilzeit oder Reaktionsdauer [h]
	Körperschaftsteuersatz
Δt	Temperaturdifferenz
t'	Spezielle Größe (erklärt im Text)
τ	Mittlere Verweilzeit [h]
U	Spezielle Größe (erklärt im Text)
V	Volumen [m³]
	Spezielle Größe (erklärt im Text)
V_R	Volumen der Reaktionsmasse [m³]
$\dot{v}$	Durchsatz [m³/h]
w	Geschwindigkeit [m/h oder m/s]
X	Leistung bzw. Kapazität einer Anlageneinheit
	Spezielle Größe (erklärt im Text)
X_g	Gesamtleistung bzw. Gesamtkapazität einer Batterie aus gleichgroßen Anlageneinheiten
x	Molenbruch
	Anteil des Fremdkapitals am Gesamtkapital
	Spezielle Größe (erklärt im Text)
Y	Preis bzw. Anschaffungskosten einer Anlageneinheit [DM]
Y_g	Preis bzw. Anschaffungskosten einer Batterie aus gleichgroßen Anlageneinheiten ohne Reserveeinheit [DM]
y	Anteil des Eigenkapitals am Gesamtkapital
	Spezielle Größe (erklärt im Text)
Z	Zinsen, als Periodengröße [z. B. DM/Jahr] oder bezogen auf die Produkteinheit [z. B. DM/t]
Z_g	Preis bzw. Anschaffungskosten einer Batterie aus gleichgroßen Anlageneinheiten mit einer Reserveeinheit [DM]

[*III*] Hinweis auf Literaturverzeichnis unter A (Sammelwerke)

[*16*, S. 9] Hinweis auf Literaturverzeichnis unter B (Bücher, Sonderdrucke und Aufsätze in Sammelwerken oder Zeitschriften) mit Seitenangabe

[vgl. Kap. 4.2] Verweisung auf Ausführungen an anderer Stelle der Arbeit

1 Allgemeines

1.0 Geltungsbereich der Untersuchung

Chemische Fabrikanlagen sind gekennzeichnet durch die Erzeugung von Produkten mittels *stofflicher Umsetzungen*. Die technische Durchführung des Stoffumsatzes im Reaktionsapparat umfaßt aber nicht nur rein chemische Reaktionen, sondern auch *physikalische Vorgänge*. Diese bestimmen die der eigentlichen chemischen Reaktion vor- und nachgeschalteten Arbeitsgänge der Stoffvorbereitung bzw. der Aufarbeitung der Reaktionsprodukte fast ausschließlich. Bekanntlich hat es sich in der chemischen Technologie und Verfahrenstechnik als zweckmäßig erwiesen, diese von physikalischen Gesetzmäßigkeiten bestimmten, der chemisch-technischen Produktionsweise unabhängig vom jeweils hergestellten Produkt stets gemeinsamen Arbeitsgänge in einem System sogenannter *„physikalischer Grundverfahren* (unit operations)" zu erfassen (A. D. LITTLE, 1915).

Obwohl die nachfolgenden Ausführungen in erster Linie die chemische Industrie betreffen, erweitert sich nach dem Gesagten der Geltungsbereich der Untersuchung auf alle diejenigen Industriezweige, die überwiegend physikalische Grundverfahren zur Anwendung bringen bzw. — um G. KEPPELERs Definition zu übernehmen [347] — „chemische Apparaturen im weiteren Sinne" einsetzen, ohne dabei chemische Erzeugnisse im handelsüblichen Sinne hervorzubringen. Hierhin gehören die gesamte Erdölverarbeitung, wesentliche Teile der Hüttenindustrie, der Industrien der Steine und Erden, sowie ein großes Gebiet der Nahrungsmittelindustrie. Es sei hier nur auf die Zuckertechnologie und das Brauereiwesen hingewiesen, die für die Entwicklung der chemischen Technik von wesentlicher Bedeutung waren.

1.1 Der Begriff der Projektierung

Projektierung ist eine primär technische Aufgabe mit stark wirtschaftlichem Hintergrund. Sie beinhaltet Planung und detaillierte „Auslegung" größerer technischer Anlagekomplexe, die oft aus einer Vielzahl einzelner, innerhalb der Gesamtanlage funktionell aufeinander abgestimmter Anlagenelemente zusammengesetzt sind. Die Projektierung ist ein über-

geordnetes Tätigkeitsfeld, das die unterschiedlichen technischen Einzel-
aufgaben der Chemiker, Verfahrensingenieure, Maschinenbau- und-
Elektroingenieure, technischen Physiker, Bauingenieure koordiniert,
um eine optimale Gestaltung der Anlageneinheit als Ganzes zu verwirklichen. Diese *Koordinierungsaufgabe* des Spezialwissens, die für die
Planung derartig komplizierter wie der modernen chemischen Apparaturen ein besonderes Schwergewicht erhält, ist ein wesentliches Begriffs-
merkmal der Projektierungsfunktion.

Von der *Konstruktion* unterscheidet sich die Projektierung in der
Weise, daß unter ersterer die Gestaltung einzelner Apparate, Maschinen
und sonstiger Anlagenelemente verstanden wird, wobei im gewissen
Gegensatz zur Projektierung hier die gedankliche Verbindung zur zeichnerischen Darstellung besonders eng ist. Regelmäßig erstreckt sich die
Projektierung chemischer Anlagen auch auf umfangreiche Konstruk-
tionsaufgaben, so daß die Konstruktion als Teilgebiet der Projektierung
gelten kann.

Gegenstand der Projektierung sind in der chemischen Industrie nicht
nur die großtechnischen, ausschließlich der Produktion dienenden
Anlagen, sondern auch die über den Laboratoriumsmaßstab hinausgehenden technischen Versuchsanlagen. Die Projektierung ist weiterhin
nicht nur auf die detaillierte Auslegung der Verfahrensausrüstung, Hilfsbetriebe und Nebenanlagen beschränkt, vielmehr beginnt sie bereits dann,
wenn nach Konzeption der Produktionsidee die ersten Vorstellungen
über die großtechnische Ausführung eines Verfahrens in Berechnungen
und Aufzeichnungen ihren Niederschlag finden [vgl. Kap. 1.30].

1.2 Das Wesen der Vorkalkulation und ihre Besonderheiten in der chemischen Industrie

Unter *Vorkalkulation* wird im allgemeinen die trägerbezogene Kostenrechnung verstanden, die der Produktion vorhergeht. Sie hat dann *zwei*
durch wesentliche Unterscheidungsmerkmale voneinander getrennte
Anwendungsgebiete:

1. Vorkalkulation von Kostenträgern bzw. von Produkten, die mit
Hilfe eines bereits *bestehenden Produktionsapparates* ohne strukturelle
Veränderungen desselben hergestellt werden sollen.

2. Vorkalkulation von Kostenträgern bzw. von Produkten, zu deren
Herstellung eine *Erweiterung* oder *Umstellung*, oft aber auch gänzliche
Neuerrichtung eines *Produktionsapparates* erforderlich ist.

Die erste Form betrifft vor allem auch die Einzel- und Kleinserien-
fertigung der mechanisch-technologischen Industriezweige und stellt
hier die Grundlage der Angebotspreisbildung dar. Im Gegensatz hierzu
setzt die zweite Form der Vorkalkulation gewöhnlich eine mehr oder

weniger genaue *Ermittlung neu auftretenden Kapitalbedarfs* voraus und dient im Zusammenhang mit oft ausgedehnten *Wirtschaftlichkeitsrechnungen* zur Vorbereitung langfristig wirksamer Investitionsentscheidungen. Sie ist eine aperiodische, objektbezogene Sonderrechnung, die als solche aus dem organisatorischen Zusammenhang des betrieblichen Rechnungswesens oft ausgegliedert und funktionell an die technische Projektierungsfunktion angehängt ist. Die Denkweisen sind in den beiden Arbeitsgebieten in vieler Hinsicht so unterschiedlich, daß die auch begrifflich schärfere Trennung durch Einführung der Bezeichnung „*Plankalkulation*" für die zweite Form durch E. SCHMALENBACH [*607*, S. 263 u. 270] nicht unberechtigt erscheint. Einer solchen Abgrenzung dürfte freilich entgegenstehen, daß der Begriff der Plankalkulation bereits im Zusammenhang mit der Plankostenrechnung belegt ist.

Es erscheint zweckmäßig, die mit der Anlagenprojektierung verbundene Vorkalkulationsform begrifflich nicht allein auf die Vorrechnung der trägerbezogenen Kosten zu beschränken, sondern auch die Ermittlung der *Periodenkosten* bzw. des *Periodenaufwands*, vor allem aber wegen des engen arbeitstechnischen Zusammenhanges darüber hinaus die vorgelagerte *Kapitalbedarfsermittlung* sowie die anschließende *Wirtschaftlichkeitsrechnung* hierin einzubeziehen. Auf die Wirtschaftlichkeitsrechnung hat übrigens bereits W. KALVERAM [*344*, S. 124] derartige Vorkalkulationen ausgedehnt.

Es geht bereits aus der Themenstellung hervor, daß uns hier nur Vorkalkulationen der *zweiten* Art interessieren. Diese haben für die chemische Industrie einerseits eine besonders große Bedeutung, weil hier in der Mehrzahl der Fälle — und bei kontinuierlichen Prozessen sogar fast ausnahmslos — jedes neue Produkt auch neue, eigens hierfür konstruierte Produktionsanlagen erfordert, und sind andererseits bedeutend schwieriger durchzuführen als entsprechende Vorrechnungen in den mechanisch-technologischen Industriezweigen. Diese besonderen Schwierigkeiten ergeben sich aus der Notwendigkeit, die Vorausbestimmung der Kapitalbedarfs- und Kostendaten auf eine große Fülle technischer Projektierungsunterlagen zu stützen, was wiederum in der Kompliziertheit der Apparatur und dem oft gewissermaßen einmaligen Charakter jedes Prozesses begründet liegt.

Die Produktionsplanung weist folglich in der chemischen Industrie auf dem Gebiete der *langfristig wirksamen Prozeß- und Anlagenplanung* einen deutlichen *Arbeitsschwerpunkt* auf, während andererseits die kurzfristigen Dispositionen in Gestalt der Arbeitsvorbereitung stark zurücktreten. Hierin besteht ein wesentlicher Gegensatz zu den Verhältnissen in den mechanisch-technologischen Industriezweigen.

Die aus den naturgesetzlichen Eigenarten der chemischen Produktionsweise hervorgehende besondere Bedeutung von Projektierung und Vor-

kalkulation wächst noch ständig mit den Bestrebungen, den kontinuierlichen, möglichst automatisch gesteuerten Prozeß auf breiter Basis zu
verwirklichen, zum anderen aber auch durch die hier besonders rasch
erfolgende Überholung von Produkten und Verfahren auf Grund ständiger Neuentwicklungen. Nach einer Angabe von K. MELLEROWICZ sind
z. B. in der pharmazeutischen Industrie die Hälfte aller heute vertrie-
benen Artikel erst nach 1948 entwickelt worden [*444*, Bd. II, 1, S.299].

1.3 Die Beziehungen zwischen Projektierung und Vorkalkulation

Trotz der primär technischen Aufgabenstellung erfordert die Projektierung ständige und gleichzeitige vorkalkulatorische Überlegungen.
Dabei laufen beide Funktionen nicht unabhängig nebeneinander her.
Insbesondere darf sich die Vorkalkulation nicht etwa auf die bloße
Registrierung der im Rahmen der Projektierungsarbeiten anfallenden
Daten und ihre Übersetzung in wirtschaftliche Wertbegriffe beschränken, sondern zwischen beiden muß eine laufende wechselseitige Anregung
und Beeinflussung erfolgen. Dies gilt sowohl für Entscheidungen, welche
die Gestaltung des Forschungs-, Entwicklungs- und Investitionspro-
gramms betreffen, als auch für die Vielzahl der in allen Projektierungsstadien notwendigen Berechnungen und Auslegungen einzelner Anlagenelemente innerhalb geschlossener Projekte [s. Kap. 2.042].

Daß in der Praxis die reibungslose Koordinierung der beiden Aufgabenbereiche nicht leicht zu erreichen ist, liegt an der Verschiedenartigkeit
technischer und kaufmännischer Denkweisen. Die Ausgliederung der
Vorkalkulation aus den kaufmännisch beherrschten Bereichen kann sich
sehr nachteilig auswirken, wenn sie in die Hände von Technikern mit
unzureichendem wirtschaftlichen Verständnis gelegt wird und hier zu
einer sekundären, verkümmerten Hilfsfunktion der Projektierung herab-
sinkt. Nur eine ausgebaute und richtig gehandhabte Vorkalkulation führt
zu einer kostenbewußten Projektierung und zur Erreichung nicht nur
technisch sondern auch wirtschaftlich optimaler Lösungen, die als übergeordnete Zielsetzungen der Technik stets richtungweisend sind.

1.30 Gliederung der Projektierungsaufgabe in Vor- und Ausführungs- projektierung

Besonders bis zur technischen Verwirklichung völlig neuer Verfahren
ist man oft gezwungen, einen langen und beschwerlichen Weg zu be-
schreiten. Der wichtigste Markstein auf dem Wege vom Laboratoriums-
verfahren bis zur technischen Produktionsanlage ist zweifellos die
Investitionsentscheidung über ein Projekt, die nach dem Abschluß der
Forschungs- und Entwicklungsarbeiten auf Grund genügend aussichts-

reicher Vorkalkulationsergebnisse von der Geschäftsleitung getroffen wird. Diese Investitionsentscheidung soll als Abgrenzungskriterium für eine Zweiteilung der gesamten Projektierungszeit in *Vor- und Ausführungsprojektierung* dienen:

Die *Vorprojektierung*, welche sämtliche Planungsarbeiten vom Aufgreifen der Produktionsidee und den ersten Laborversuchen bis zu jener folgenschweren Entscheidung umfaßt, kennzeichnet die Beschränkung ihrer technischen Eigenentwicklung durch die Anforderungen der ökonomischen Analyse. Da letztere zu jedem Zeitpunkt ein völliges Aufgeben des Projektes nahelegen kann, darf die Ausarbeitung der technischen Unterlagen in dieser Projektierungsphase nur bis zu einem solchen Detaillierungsgrad vorangetrieben werden, wie es die Genauigkeitsansprüche an die Ergebnisse jener Vorkalkulation, auf die sich die Investitionsentscheidung stützt, erfordern [s. Kap. 1.31]. Eine Nichtbeachtung dieser Forderung kann zu empfindlichen Kapitalverlusten durch Entwertung kostspieliger Konstruktionszeichnungen und Detailbestimmungen führen. Selbstverständlich bilden die im Rahmen der Vorprojektierung erarbeiteten technischen Unterlagen gleichzeitig die Grundlage für die spätere Ausführungsprojektierung. Diese Zweckbestimmung muß aber nach der getroffenen Definition infolge des Zwanges, den Umfang der von einer Entwertungsgefahr bedrohten Vorarbeiten stets auf ein Minimum herabzudrücken, als zweitrangig gelten.

Nach der endgültigen Entscheidung über die Verwirklichung des Projektes erfährt die technische Weiterarbeit im Stadium der *Ausführungsprojektierung* eine grundsätzliche Befreiung von derartigen Beschränkungen. Ihr obliegt die Lösung der verfahrenstechnischen und konstruktiven Fragen in allen Einzelheiten, ferner die Beschaffung, Errichtung sowie Ingangsetzung der Anlagen bis zu deren Übernahme durch die Produktionsabteilung. Wirtschaftliche Überlegungen dienen hier nicht mehr der Vorbereitung einer umgreifenden Investitionsentscheidung, sondern richten sich jetzt vor allem auf die mannigfachen Detailplanungen, Entscheidungen über verfahrenstechnische und apparative Alternativmöglichkeiten, Optimumprobleme bei der Dimensionierung usw., sofern man sich mit diesen Fragen nicht wegen ihrer merklichen Beeinflussung der Gesamtwirtschaftlichkeit schon im Rahmen der Vorprojektierung beschäftigt hat.

Es ist natürlich nicht möglich, die beiden Arbeitsbereiche scharf und eindeutig gegeneinander abzugrenzen. Vielmehr sind die Grenzen fließend, und zwar in erster Linie auf Grund der unterschiedlichen Genauigkeitsanforderungen an die für die Investitionsentscheidung maßgeblichen Vorkalkulationsergebnisse.

Bei fehlender Eigenentwicklung und Übernahme eines bekannten oder von Fremden entwickelten Verfahrens erfolgt in der Regel eine starke

Abkürzung der Vorprojektierungszeit. Die Datenbeschaffung stützt sich dann überwiegend auf betriebsexterne Quellen, während die zeitraubenden und kostspieligen experimentellen Arbeiten entweder ganz wegfallen können oder nur in geringerem Ausmaß zur Ergänzung des erworbenen Materials betrieben werden.

Wird das Projekt nicht in eigener Regie ausgeführt, sondern eine *selbständige Projektierungsfirma* eingeschaltet, so könnte anstelle der Bewilligung des Projektes durch die Geschäftsleitung der *Zeitpunkt des Vertragsabschlusses* als ein noch schärferes Abgrenzungskriterium gelten. Während die Ausführungsprojektierung dann nur der außenstehenden Firma obliegen kann, ist das Vorprojekt bis zu einem gewissen Grade von der Produktionsunternehmung, wegen der Notwendigkeit einer verbindlichen Angebotspreisbildung aber auch gleichzeitig von der Projektierungsfirma auszuführen.

1.31 Die Beziehungen in den einzelnen Projektierungsstadien

Bei jeder Vorkalkulation wird man versuchen, Ergebnisse mit möglichst großer Genauigkeit zu erzielen. Diesem Streben setzt aber der jeweilige Vollkommenheitsgrad der verfügbaren technischen Daten ziemlich enge Grenzen, weshalb die wirtschaftliche Forderung nach Herstellung eines stets *sinnvollen Entsprechungsverhältnisses* zwischen dem *technischen Reifegrad* eines Projektes einerseits und der angewandten *Vorkalkulationsmethode*, den *Genauigkeitsansprüchen* und dem für die Schätzungen zugebilligten *Zeitaufwand* andererseits nicht übersehen werden darf.

Im Falle der *Eigenentwicklung* eines neuen Verfahrens lassen sich zwanglos etwa *5 Projektierungsabschnitte* unterscheiden, denen man jeweils einen bestimmten Umfang der erarbeiteten technischen Unterlagen, ein bevorzugtes Vorkalkulationsziel, ungefähre Genauigkeitsgrenzen der Vorkalkulationsergebnisse sowie endlich auch bestimmte Schätzungsmethoden zuordnen kann. Jede Klassifizierung dieser Art weist natürlich eine gewisse Idealisierung auf und kann die Realität in ihren vielfältigen Erscheinungsformen nicht angenähert lückenlos erfassen. Trotz Überschneidungen der einzelnen Bezirke sind aber derartige gedankliche Zäsuren doch dazu geeignet, das Wesentliche der Zusammenhänge klarzustellen.

Eine solche schematisierende Zuordnung ist in Abb. 1 dargestellt. Die angegebenen Genauigkeitsgrenzen der Vorkalkulationsergebnisse wurden von H. W. ASTHON und G. T. MEIKLEJOHN [21] übernommen. Ähnliche Einteilungen haben die beiden zuletzt genannten Autoren, ferner W.T. NICHOLS [487], in einer neueren Arbeit H. C. BAUMAN [36] und schließlich ansatzweise E. C. DYBDAL [183] dargestellt [vgl. auch 686]. Die Zuordnungen in den 5 einzelnen Projektierungsstadien gemäß Abb. 1 seien

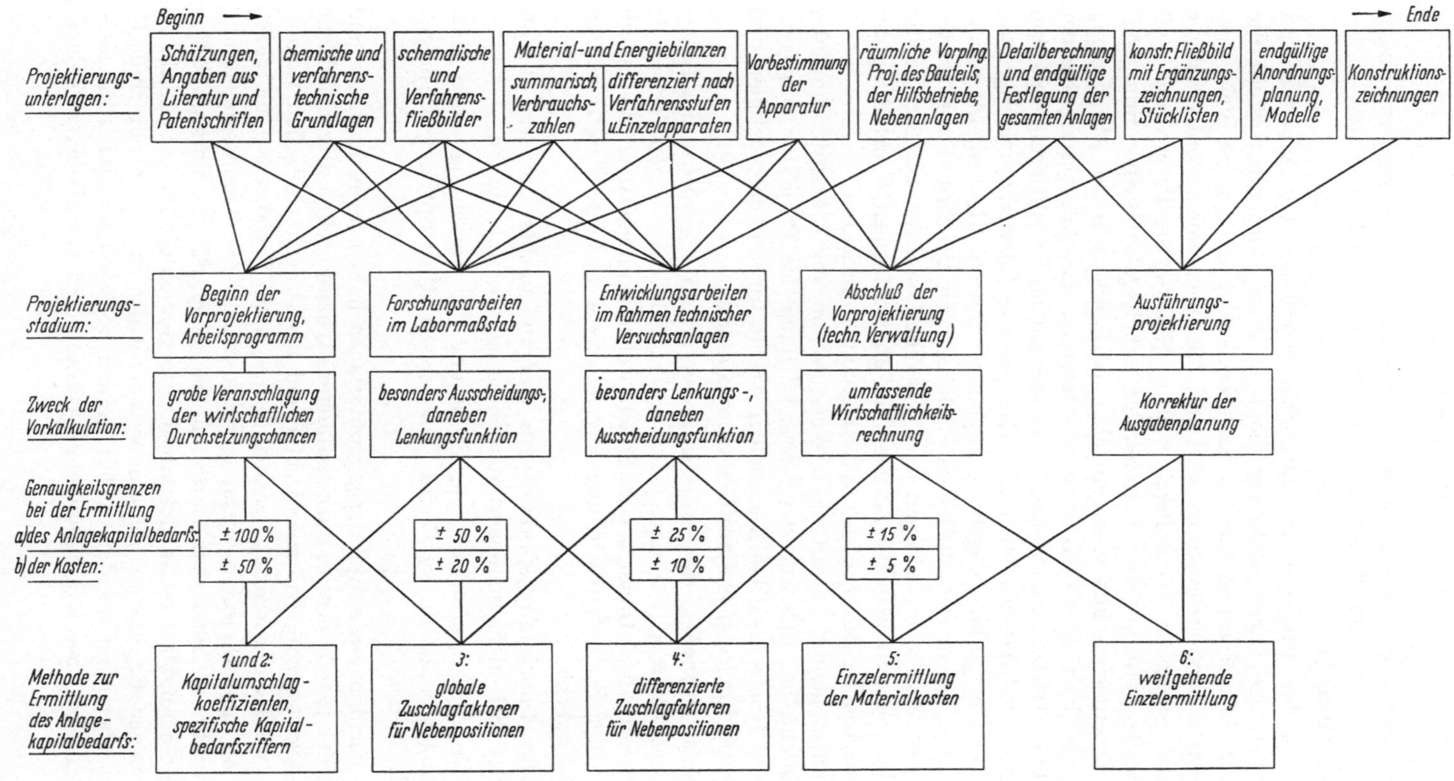

Abb. 1. Schematische Darstellung der Beziehungen zwischen Projektierung und Vorkalkulation

hier wie folgt kurz umrissen, wobei Einzelheiten über die Projektierungsunterlagen und Vorkalkulationsmethoden späteren Abschnitten vorbehalten bleiben:

1. Noch vor Aufnahme irgendwelcher experimenteller Arbeiten sind
zu *Beginn der Vorprojektierung* die technische Durchführbarkeit, die
grundsätzliche Eignung für das bestehende und auf längere Sicht vor-
ausgeplante Produktionsprogramm und die allgemeine patentrechtliche
Situation zu prüfen. Die äußerst wichtige Klärung der Patentfrage muß
sicherstellen, daß auf dem betreffenden Arbeitsgebiet keine unumgäng-
lichen Patentschranken entgegenstehen. Andererseits ist zur Absicherung
gegen gleichgerichtete Konkurrenzinteressen die Anmeldung eigener
Patente in Erwägung zu ziehen. In diesem frühen Projektierungsstadium
wird man auch bereits versuchen, das gesamte Entwicklungsprogramm
wenigstens in groben Zügen vorzuplanen. Obwohl die Projektierungsunterlagen nur in sehr unsicheren Schätzungen auf Grund von Erfahrungen bei ähnlichen Anlagen oder Veröffentlichungen bestehen, sollte
man dennoch auf Vorkalkulationen zur überschlägigen Beurteilung der
wirtschaftlichen Durchsetzungschancen nicht verzichten.

Mitunter gelingt es auf diese Weise, schon vor Inangriffnahme der
experimentellen Arbeiten der Verwirklichung des Projektes entgegen-
stehende Hindernisse bei minimalem Arbeitsaufwand festzustellen und
die Vergeudung von Geldmitteln zu verhindern.

2. Nach *Aufnahme der experimentellen Forschungsarbeiten im Labormaßstab* haben möglichst nach jedem hinlänglich bedeutsamen Fortschritt
weitere Vorkalkulationen stattzufinden, welche nunmehr in allen weiteren
Phasen der Projektentwicklung folgende zwei wichtige Funktionen zu
erfüllen haben:

a) Die *Ausscheidungsfunktion* zur Aufgabe solcher Projekte, die als
wirtschaftlich nicht genügend aussichtsreich erkannt werden.

b) Die *Lenkungsfunktion* zur Steuerung der Forschungs- und Entwicklungsarbeiten in der Weise, daß wirtschaftlich optimale Lösungen
erreicht werden.

Die verfügbaren Projektierungsunterlagen haben je nach Dauer und
Erfolg der jeweils bereits durchgeführten Arbeiten sehr unterschiedliche
Genauigkeitsgrade. Die chemischen und verfahrenstechnischen Grund-
lagen werden erarbeitet, schematische und Verfahrens-Fließbilder,
Material- und Energiebilanzen entwickelt und die Abmessungen und
Werkstoffe der Apparatur umrißhaft festgelegt. Für die Vorkalkulation
sind diese Angaben recht lückenhaft, zumal auch die im Labormaßstab
gewonnenen Ergebnisse nicht ohne Vorbehalte auf die großtechnische
Anlage übertragen werden dürfen. Immer noch müssen daher oft weitgehende Hypothesen den Mangel an exaktem und zuverlässigem Zahlen-

material überbrücken helfen. Im allgemeinen sollten diese Annahmen für die Vorkalkulation in ziemlich optimistischer Weise getroffen werden, da die Kosten von Forschungsarbeiten im Labormaßstab meist noch nicht allzu hoch sind, jedenfalls im Vergleich zu der Gefahr, einen aussichtsreichen Prozeß wieder fallen zu lassen, nicht sehr schwer wiegen [*404*, S. 55]. Erst gegen Ende der Forschungsarbeiten und beim beabsichtigten Übergang zur Entwicklung im Rahmen halbtechnischer Anlagen sind wegen der relativ hohen Anlage- und Betriebskosten kritischere Wertansätze geboten, was besonders dann gilt, wenn auf die Zwischenschaltung einer technischen Versuchsanlage verzichtet und sofort zur großtechnischen Anlage übergegangen werden soll.

3. Während der *Entwicklungsarbeiten mit Hilfe technischer Versuchsanlagen* erhalten sowohl die Ausscheidungsfunktion wegen der sprunghaften Zunahme der Kosten als auch die Lenkungsfunktion der Vorkalkulation erhöhte Bedeutung, wobei allerdings letztere überwiegt [*630*, S. 93]. Alle gewonnenen Kenntnisse über die Verfahrensbedingungen, die technische Reaktionsführung, physikalischen Grundverfahren, die in Frage kommenden Apparate, Maschinen, Werkstoffe usw. müssen bald für die Vorkalkulation ausgewertet werden. Wesentliche Anregungen für die Ausbildung von Entwicklungsschwerpunkten gehen von der Kenntnis über die Kostenstruktur des Produktes aus, indem die Anstrengungen zur Senkung der relativ bedeutenden Kostenarten vermehrt werden können. Zum Beispiel wird man beim Einsatz teurer Rohstoffe einen möglichst hohen Umsatz zu erreichen versuchen, während andererseits die Erhöhung der Energiewirtschaftlichkeit bei einem Verfahren mit geringem Energiekostenanteil keine nennenswerten Vorteile verspricht.

Die grundlegenden technischen Daten weisen jetzt eine erhebliche Verfeinerung und Verläßlichkeit auf, was in den angewandten Vorkalkulationsmethoden und in der Genauigkeit der Schätzungsergebnisse einen entsprechenden Niederschlag finden muß.

Neben die Forschungs- und Entwicklungsarbeiten zur Schaffung neuer Produkte oder Verfahren tritt aber außerdem die vor allem von Vertriebsgesichtspunkten beeinflußte anwendungstechnische Entwicklung, die zur Weckung und Sicherung einer möglichst breiten Nachfrage nach den betreffenden Erzeugnissen betrieben wird [vgl. *445*, S. 31; *498*]. Die anwendungstechnische Entwicklung basiert auf den Stoffmengen, die in den technischen Versuchsanlagen produziert werden.

4. Nach dem *Abschluß der experimentellen Forschungs- und Entwicklungstätigkeit* erfolgt in der Regel eine *Übertragung* des gesamten Materials an eine besondere *Projektierungsabteilung* innerhalb der technischen Verwaltung bzw. ingenieurtechnischen Abteilung, die das Vorprojekt zum Abschluß bringt. Diese Stelle wird auch mit der späteren Ausfüh-

rungsprojektierung befaßt, oder sie ist mit für die Koordinierung mit der fremden Projektierungsfirma zuständig. Hier wird die gesamte Apparatur einschließlich etwa erforderlicher zusätzlicher Hilfsbetriebe und Nebenanlagen ingenieurtechnisch vorausbestimmt, so daß sich die Fehlergrenzen bei der Vorkalkulation stark einengen lassen. Dieser Zeitabschnitt wird für die Vorkalkulation von der gesamten Projektierungszeit am wichtigsten, denn das Risiko, eine oft beträchtliche Kapitalbindung langfristig einzugehen, hängt wesentlich von den Ergebnissen dieser Vorkalkulation ab.

5. Nach Anfertigung der Konstruktionszeichnungen, Stücklisten, Montagepläne, genauer Stellenbesetzungspläne für den Arbeitskräfteeinsatz usw. *während der Ausführungsprojektierung* ist die Bestimmung des Kapitalbedarfs und der Kosten nicht mehr schwierig durchzuführen, denn diese Daten fallen jetzt praktisch nebenbei mit an. Hinsichtlich der Ermittlung des Anlagekapitalbedarfs verschiebt sich aber nunmehr das Schwergewicht von der Vorkalkulation zur Zwischen- und Nachkalkulation, d. h. zur Nachrechnung der Baukosten einzelner fertiggestellter Projektabschnitte (Zwischenkalkulation) und der ausgeführten vollständigen Anlagen (Nachkalkulation). Durch die Nachkalkulation gewinnt die Produktionsfirma die Unterlagen für die Aktivierung der Anlagenwerte und damit auch für die spätere laufende Kostenrechnung während des Betriebes der neuen Anlagen. Vorkalkulationen nach Beginn der Ausführungsprojektierung verlieren dagegen stark an Bedeutung. Sie dienen dann vielfach nur zur Korrektur und Verfeinerung der auf frühere, weniger genaue Vorkalkulationen gestützten Ausgabenplanung.

Fehlende Eigenentwicklung läßt etwa die ersten drei der genannten Abschnitte wegfallen. Eine herangezogene Projektierungsfirma wird das Vorprojekt zur Erzielung einer genaueren Baukostenermittlung stärker detailliert ausarbeiten. Die angegebenen Fehlergrenzen von $\pm 15\%$ sind für diese Firmen meist nicht mehr tragbar, denn fehlerhafte Abweichungen nach oben führen leicht zum Auftragsverlust infolge mangelnder Konkurrenzfähigkeit, solche nach unten aber zu finanziellen Verlusten. Die Baukostenermittlung wird dann vorwiegend auf verbindliche Angebotspreise der Unterlieferanten gestützt, was natürlich ein tiefes Eindringen in konstruktive Details voraussetzt. Wenngleich die entsprechenden Genauigkeitsforderungen für die Vorkalkulation bei der Produktionsunternehmung bei weitem geringer sind, bleibt eine gewisse technische Ausarbeitung des Vorprojektes auch hier unerläßlich, schon um eine gesichertere Verhandlungsbasis, bessere Beurteilungsfähigkeit hinsichtlich der Angemessenheit von Angebotspreisen und evtl. auch Einflußnahme in Richtung auf eine möglichst wirtschaftliche Gestaltung des Projektes zu erlangen [vgl. *349*; *537*; *583*].

1.32 Stellung und Aufgaben der Forschung und Entwicklung bei der Projektierung

Forschung und Entwicklung liefern den größten Teil der für die Vorprojektierung benötigten technischen Unterlagen. Dessenungeachtet sind aber weder Forschung noch Entwicklung als Teil- bzw. Unterfunktionen der Projektierung anzusprechen, weil sie mitunter eine völlige Eigenständigkeit besitzen und unabhängig vom Gedanken an die unmittelbare technisch-kommerzielle Verwertung ihrer Ergebnisse betrieben werden können. Andererseits kommen auch Projektierungen ohne speziell hierfür betriebene Forschungs- und Entwicklungsarbeiten häufig genug vor.

Bei der Definition und Abgrenzung der beiden Begriffe Forschung und Entwicklung schließen wir uns dem so gut wie eindeutigen amerikanischen Sprachgebrauch an [vgl. z. B. *492*], wonach zur *Forschung* all das zu rechnen ist, was im *Labormaßstab* durchgeführt wird, die *Entwicklung* dagegen — äußerlich durch das Vorhandensein *technischer Versuchsanlagen* gekennzeichnet — im wesentlichen die Extrapolation der im Laboratorium gefundenen Versuchsergebnisse in die Maßstäbe der großtechnischen Anlage zum Gegenstand hat. Mit Forschung ist hier nur die *Zweckforschung*, nicht die im Gegensatz hierzu ohne besonderes Anwendungsgebiet und ohne feste wirtschaftliche Zielsetzung betriebene Grundlagenforschung gemeint. Die vertretene Auffassung ist auch sonst wenigstens im Bereich der chemischen Industrie häufig anzutreffen.

Während für die Forschung die chemischen Umsetzungen im Mittelpunkt des Interesses stehen, rücken für die Entwicklung die Bemühungen um die Auffindung der zweckmäßigsten Verfahrensweise und Apparatur sowie alle hiermit zusammenhängenden Fragen in den Vordergrund. Aufgabe der Entwicklung ist vor allem die Festlegung der technischen Reaktionsführung, der anzuwendenden physikalischen Grundverfahren sowie die Vorausberechnung der gesamten Apparatur, wobei bereits der größte Teil der im nächsten Abschnitt in ihren methodischen Grundzügen dargestellten Hilfs- und Arbeitsmittel der Vorprojektierung zur Anwendung kommt.

In der Entwicklungsphase verschiebt sich der Aufgabenschwerpunkt vom Chemiker zum chemischen Technologen, der freilich engen Kontakt mit dem Chemiker behält und evtl. außerdem von Verfahrensingenieuren unterstützt wird. Es ist an dieser Stelle auf die Begriffsbestimmung der „chemischen Technik" im engeren Sinne durch F. A. HENGLEIN [*285*, S. 1] als „die Erkenntnis und Beherrschung der zweckmäßigsten und sparsamsten Mittel für die unter Stoffumsatz verlaufende Herstellung einer gewünschten Ware" hinzuweisen. Mit Recht betont dann HENGLEIN [*285*, S. 270], daß die im Chemiebetrieb an sich stets notwendige enge Zusammenarbeit zwischen Chemiker und Ingenieur für die Übertragung von Laborversuchen in großtechnische Maßstäbe eine besondere Bedeutung erlangt. Die zentrale Stellung der chemischen Technologie während der Entwicklungsphase kennzeichnet übrigens auch deutlich die Definition von H. HOFMANN [*301*, S. 8], wonach die chemische Technologie alle diejenigen Wissensgebiete umfaßt, „deren Kenntnis und Beherrschung für die Überführung der im Laboratorium entwickelten Verfahren zum Produktionsbetrieb sowohl in wissenschaftlicher als auch in technischer und wirtschaftlicher Hinsicht erforderlich sind“.

1.4 Zur Methodik der Vorkalkulation und Projektierung

Projektierung und Vorkalkulation sind Arbeitsgebiete, deren Bedingungen von den praktischen Gegebenheiten stets wechselnder Einzelfälle bestimmt werden und ein Höchstmaß an Erfahrung und Beurteilungsvermögen verlangen. Die Anwendung schematischer Methoden und Grundsätze bietet hierfür keinen genügenden Ersatz. Während die Konstruktion einzelner Apparate und Maschinen schon eher Generalisierungen zuläßt, trägt die Projektierung der Gesamtanlage in ihrer Einmaligkeit und in der Festlegung auf *eine* von vielen konkurrierenden Lösungsmöglichkeiten den Stempel des Subjektiven in sich und widerstrebt der Anwendung nur wissenschaftlicher Methoden.

Dies gilt in noch höherem Maße von Vorkalkulationen, die im Zusammenhang mit solchen Projektierungen aufzumachen sind. Dem subjektiven Ermessen des Schätzers und seiner Fähigkeit, auf der Grundlage weitgespannter Kenntnisse, Erfahrungen und sogar einer gewissen Intuition die besonderen Bedingungen des Einzelfalls zu erfassen, kommt eine überragende Bedeutung zu.

Trotzdem könnte man über das Vorwalten der reinen Empirie auf diesen Arbeitsgebieten hinauskommen, wenn

1. eine *hohe Publizität* der bei den einzelnen Produktionsunternehmungen und Projektierungsfirmen angewandten Praktiken erreichbar wäre und auf diese Weise die Grundlage für

2. kritische *Vergleiche* und *Auswertungen des Materials* auf *überbetrieblicher Ebene* geschaffen werden könnte.

Die Richtigkeit dieser Auffassung ist durch die Entwicklung der letzten Jahrzehnte in USA überzeugend bewiesen, wo freimütige Publizität und kritische Durchdringung des Erfahrungsmaterials bereits erhebliche Fortschritte gebracht haben. Die Projektierung (“Project Engineering”) und Vorkalkulation chemischer Anlagen (“Chemical Engineering Cost Estimation” und neuerdings auch “Cost Engineering”) [vgl. *112*; *113*] haben sich innerhalb des Lehrgebietes der chemischen Technologie seit langem einen festen Platz erobert. Die systematische Eingliederung dieser

Fachgebiete in den Ausbildungsplan für Chemie-Ingenieure, die literarische Abhandlung des Gegenstandes in nach hunderten zählenden Veröffentlichungen sowie die Gründung eines besonderen Fachverbandes — der "American Association of Cost Engineers (AACE)" — haben schließlich zur weiteren Vertiefung und Förderung des Erfahrungsaustausches geführt.

In Deutschland gebührt K. SCHOENEMANN das Verdienst, erstmalig mit Nachdruck auf die Notwendigkeit einer stärkeren Betonung von Projektierungsfragen besonders im Rahmen der Chemikerausbildung hingewiesen und auch in sachlicher Hinsicht fruchtbare Pionierarbeit geleistet zu haben [*612 bis 618*]. Nur wenige Spezialarbeiten befassen sich hier mit Vorkalkulationsproblemen. Die meisten von diesen betreffen nur die Wirtschaftlichkeitsrechnung, und selbst eine ausschließlich der Vorkalkulation gewidmete Monographie von H. RAMSLER [*549*] behandelt lediglich die Auftragskalkulation der mechanisch-technologischen Industriezweige. Die Kostenschätzung speziell in der chemischen Industrie hat erstmalig L. MEYER in einer bereits 1937 erschienenen Arbeit gestreift [*447*], während ihr neuerdings H. MIESSNER zwei Aufsätze gewidmet hat [*451; 452*]. Die vorliegende Arbeit versucht das Vorurteil zu beseitigen, wonach dieses Gebiet allein der Kompetenz des betriebserfahrenen Praktikers angehöre und einer lehrhaft-methodischen Behandlung nicht zugänglich sei.

2 Die Grundlagen der Projektierung

Bei der Projektierung handelt es sich um ein weitverzweigtes Aufgabengebiet, das viele einzelne Fachgebiete umschließt. Hier soll das Gesamtgebiet umrissen werden, wobei einzelne Teilaufgaben, die selbst schon größere, geschlossene Fachgebiete darstellen, kurz und eigentlich nur aus Gründen des Zusammenhanges innerhalb des Aufgabenkreises der Projektierung Erwähnung finden, andere dagegen auf Grund ihrer mehr spezifischen Bedeutung für die Projektierung eingehender behandelt werden. Zur ersten Gruppe gehört die chemische Reaktionstechnik, deren Kenntnis beim Chemiker vorausgesetzt werden muß, ferner die verfahrenstechnische Berechnung der Apparatur sowie die detailliert-konstruktive Berechnung aller einzelnen Anlagenelemente, deren Behandlung Aufgabe der ingenieurwissenschaftlichen Literatur ist; innerhalb der zweiten Gruppe seien die Fließbildtechnik, die Entwicklung von Material- und Energiebilanzen, Bestimmung wirtschaftlicher Optima, Standortwahl, Anordnungsplanung, Modelltechnik, Konstruktionszeichnungen, Apparate- und Stücklisten genannt. Der weiter oben getroffenen Unterscheidung zwischen Vor- und Ausführungsprojektierung wird in der Gliederung Rechnung getragen. Trotz der oft engen Querverbindungen zur Vorkalkulation wird diese erst im vierten Hauptabschnitt behandelt. Hier müssen jeweils kurze Andeutungen beim Bestehen derartiger Verbindungen ausreichen, schon um Wiederholungen möglichst zu vermeiden.

2.0 Vorprojektierung

Die Arbeitsschritte und Arbeitsmittel der Vorprojektierung sind nachfolgend etwa in der Reihenfolge dargestellt, wie sie bei der Entwicklung eines neuen Verfahrens von den Laborversuchen bis zur technischen Reife Anwendung finden. Diese zeitliche Einordnung ist freilich keinesfalls zwingend, denn es werden sich auch vielfältige Überschneidungen ergeben: Schon vor der endgültigen Entscheidung über die technische Reaktionsführung im Rahmen von Entwicklungsarbeiten in technischen Versuchsanlagen wird man sich über den Umfang und die Art der vor- und nachzuschaltenden physikalischen Grundverfahren eine gewisse Klarheit verschafft haben, werden bereits einfache Fließbilder, Stoff- und Energiebilanzen für den Gesamtprozeß vorliegen usw. Die gewählte Systematik soll nur zur Erleichterung des Verständnisses beitragen.

2.00 Die Vorprojektierung des chemischen Reaktors als Aufgabe der chemischen Reaktionstechnik

Im Mittelpunkt der Projektierungsaufgabe steht die eigentliche *chemische Reaktion*, mögen physikalische Grundverfahren für einen Produktionsprozeß in apparativer Hinsicht auch ein noch so starkes Gewicht besitzen. Hier liegen die Aufgabengebiete der Chemie sowie besonders der „chemischen Reaktionstechnik", „technischen Reaktionsführung" oder „Verfahrenstechnik der chemischen Umsetzungen" [D. W. van Krevelen, *391*], welche die Durchführbarkeit der Reaktion im großtechnischen Maßstab sowie optimale Bedingungen sicherzustellen hat. Erst hieran schließen sich die übrigen ingenieurtechnischen Aufgaben der Projektierung an. Die *Vorprojektierung des Reaktors* als Aufgabe der chemischen Reaktionstechnik wird hier nur in ihren wichtigsten methodischen Grundzügen angedeutet, während die Darstellung von Einzelheiten der Fachliteratur, vor allem den Lehr- und Handbüchern der physikalischen und technischen Chemie vorbehalten bleiben muß [*140*; *173*; *174*; *199*; *200*; *204*; *211*; *222*; *224*; *285*; *315*; *377*; *393*; *394*; *500*; *573*; *609*; *643*; *644*; *696*; *749*]. Besonders ist auf die neueren Monographien von K. Dialer u. a. [*161*] und W. Brötz [*76*], daneben aber auch auf eine Reihe von Arbeiten hinzuweisen, die einzelnen Spezialproblemen und Anwendungsbeispielen gewidmet sind [*139*; *240*; *282*;

300; 301; 302; 303; 312; 313; 314; 383; 389; 390; 391; 510; 612 bis 614; 616 bis 618; zusammenfassende Literaturnachweise unter *283; 640; 750*].

2.000 Die chemische Reaktion als Ausgangsbasis

Die Auffindung einer *neuen chemischen Reaktion* zur Herstellung eines neuen Produktes oder zur Herstellung eines bekannten Produktes auf anderen Wegen ist das Ergebnis von Forschungsarbeiten. Die Herbeiführung eines neuen Stoffumsatzes ist die erste schöpferische Leistung, in ihr wurzelt die *Produktionsidee*.

So wichtig aber die Stoffumsetzung als Kern eines neuen chemischen Produktionsprozesses auch ist, stellt sie für diesen doch nur einen *Ausgangspunkt* dar. Erst die nachfolgenden ausgedehnten Forschungs-, Entwicklungs- und Projektierungsarbeiten, durch mehr quantitative Denkweise charakterisiert, müssen zeigen, ob sich die Hoffnungen auf eine großtechnische Realisierung des Prozesses erfüllen lassen.

2.001 Stöchiometrie

Nach qualitativer und quantitativer Analyse der auftretenden Reaktionsprodukte sowie auf der Grundlage der Gesetze von den konstanten und multiplen Proportionen sind die Zusammenhänge des chemischen Stoffumsatzes in einer oder in mehreren *stöchiometrischen Gleichungen* zu erfassen. Hierdurch wird bereits eine Klarstellung der naturgesetzlichen, mengenmäßigen Verknüpfung aller Reaktionsteilnehmer versucht.

Die Verhältnisse liegen bei *einfachen Reaktionen*, die aus einer einzigen Elementarreaktion bestehen und demnach auch nur eine stöchiometrische Reaktionsgleichung besitzen, sehr einfach. Anders sind im wichtigeren Fall der *zusammengesetzten Reaktion* nicht nur eine Brutto-Reaktionsgleichung für das ganze System, sondern darüber hinaus die Gleichungen sämtlicher Einzelreaktionen aufzustellen, sofern das bereits jetzt, d. h. vor der kinetischen Aufklärung des Reaktionsmechanismus, erreichbar ist.

Neben der *Hauptreaktion*, die zur Bildung des gewünschten Produktes führt, können in dem komplexen Reaktionsgeschehen *Fehlreaktionen* auftreten, deren Stöchiometrie gleichfalls ermittelt werden muß.

Die stöchiometrischen Gleichungen bilden die Grundlage für die *Materialbilanz des Reaktors* sowie für die thermodynamischen und kinetischen Berechnungen. Auf Grund der stöchiometrischen Gleichungen kann bei gegebener Anfangszusammensetzung der Reaktionsmasse deren Zusammensetzung in Abhängigkeit von verschiedenen Umsätzen berechnet werden [s. Kap. 2.002, Ziffer 2].

2.002 Chemische Thermodynamik

Die Untersuchung der *thermodynamischen Verhältnisse* einer Reaktion hat im wesentlichen folgende Ziele:

1. Die Ermittlung der Änderung der *freien Enthalpien* bzw. der chemischen *Gleichgewichtskonstanten* in Abhängigkeit von der Temperatur;

2. Die Berechnung der thermodynamisch *maximal erreichbaren Umsätze* in Abhängigkeit von Temperatur, Druck und Anfangskonzentrationen der eingesetzten Reaktionsteilnehmer;

3. Die Bestimmung der *Reaktionsenthalpien*.

Zu 1: Die Änderung der *freien Enthalpie* $\Delta G°$ pro Formelumsatz [kcal/kmol] ist ein Maß für die chemische Triebkraft der Reaktion (Affinität, maximale reversible Arbeit). Diese Änderung der freien Enthalpie kann aus den freien Bildungsenthalpien der Reaktionsteilnehmer $\Delta G°_{fi}$ nach der Beziehung

$$\Delta G° = \Sigma \nu_i \cdot \Delta G°_{fi} \quad [\text{kcal/kmol}]$$

berechnet werden, worin ν_i die stöchiometrischen Verhältniszahlen der Reaktionsteilnehmer sind. Das Vorzeichen der ν_i ist bei den eingesetzten Stoffen negativ und bei Reaktionsprodukten positiv zu setzen. Vorbedingung ist allerdings, daß die $\Delta G°_{fi}$-Werte der auftretenden Reaktionsteilnehmer in ihrer Temperaturabhängigkeit bekannt bzw. aus Tabellenwerken verfügbar sind. Die Änderung der freien Enthalpie kann auch aus der *Reaktionsenthalpie* ΔH_R [kcal/kmol] und der Änderung der *Standardentropie* $\Delta S°$ [kcal/kmol grd] in Abhängigkeit von der Temperatur T (°K) berechnet werden:

$$\Delta G° = \Delta H_R - T \cdot \Delta S° \quad [\text{kcal/kmol}].$$

ΔH_R und $\Delta S°$ sind analog der obigen Beziehung für $\Delta G°$ zu ermitteln nach

$$\Delta H_R = \Sigma \nu_i \cdot \Delta H_{fi} \quad [\text{kcal/kmol}]$$

oder
$$\Delta H_R = - \Sigma \nu_i \cdot \Delta H_{ci} \quad [\text{kcal/kmol}]$$

bzw.
$$\Delta S° = \Sigma \nu_i \cdot S°_i \quad [\text{kcal/kmol grd}],$$

wobei die Bildungsenthalpien ΔH_{fi}, die Verbrennungsenthalpien ΔH_{ci} und die Standardentropien $S°_i$ der Reaktionsteilnehmer vielfach Tabellenwerken zu entnehmen sind. Die ΔH_{fi}- und $S_i°$-Werte sind häufig bereits in Abhängigkeit von der Temperatur tabelliert. Andernfalls kann man näherungsweise mit den oftmals leichter verfügbaren Werten für 298 °K rechnen. Tabellenwerke mit thermodynamischen Daten s. unter [*54; 262; 396; 476; 500; 517; 588; 674; 696; 771*].

Aus diesen thermodynamischen Daten läßt sich die *Gleichgewichtskonstante* des *Massenwirkungsgesetzes* K_p in Abhängigkeit von der Temperatur berechnen:

$$\log K_p = -\frac{\Delta G^\circ}{2{,}3\,R\,T} = -\frac{\Delta H_R}{2{,}3\,R\,T} + \frac{\Delta S^\circ}{2{,}3\,R}\,.$$

R ist hierin die allgemeine Gaskonstante [kcal/kmol grd]. Das Massenwirkungsgesetz ermöglicht Aussagen über die Konzentrationsverhältnisse der eingesetzten und gebildeten Stoffe nach Einstellung des thermodynamischen Gleichgewichtszustandes und kann in den Formulierungen

$$K_p = \prod p_i{}^{\nu_i} \quad \text{für Partialdrucke,}$$

$$K_c = \prod c_i{}^{\nu_i} \quad \text{für Molkonzentrationen und}$$

$$K_x = \prod x_i{}^{\nu_i} \quad \text{für Molenbrüche}$$

geschrieben werden. Die Berechnung der K_c- und K_x-Werte aus den K_p-Werten erfolgt nach den bekannten Umrechnungsformeln

$$K_c = K_p/(R\,T)^{\Sigma\nu_i}$$

und
$$K_x = K_p/P^{\Sigma\nu_i}.$$

In der letzten Gleichung ist P der Gesamtdruck. Für Reaktionen ohne Molzahländerung folgt dann $K_p = K_c = K_x$. In der obigen Schreibweise ist das Massenwirkungsgesetz allerdings nur im Gültigkeitsbereich des idealen Gasgesetzes zutreffend. Da in der modernen chemischen Technik häufig mit hohen Drucken und Konzentrationen gearbeitet wird, ist es zur Vermeidung größerer Fehler oft unerläßlich, die Partialdrucke p_i durch Multiplikation mit Fugazitätskoeffizienten in Fugazitäten bzw. die Molkonzentrationen c_i durch Multiplikation mit Aktivitätskoeffizienten in Aktivitäten umzurechnen.

Man wird bestrebt sein, die Gleichgewichtskonstante K_p nach der obigen Gleichung in Abhängigkeit von T exakt zu berechnen, indem man für ΔG° bzw. ΔH_R und ΔS° die bei den betreffenden Temperaturen gültigen Werte einsetzt. Sind ΔH_R und ΔS° in Ermangelung genauerer Daten nur für die Normaltemperatur von 298 °K bestimmbar, so erhält man hiermit einen Näherungswert für K_p („1. ULICHsche Näherung"). Bei Benutzung der thermodynamischen Daten für 298 °K erreicht man eine bessere Annäherung für $\log K_p$ durch Einführung eines additiven Korrekturgliedes zur besseren Berücksichtigung des Temperatureinflusses („2. ULICHsche Näherung"):

$$\log K_p = -\frac{\Delta H_{R\,298}}{2{,}3\,R\,T} + \frac{\Delta S^\circ_{298}}{2{,}3\,R} + \frac{a}{2{,}3\,R}\left(\ln\frac{T}{298} + \frac{298}{T} - 1\right).$$

Hierin bedeutet a die Änderung der Molwärmen pro Formalumsatz:

$$a = \Sigma\,\nu_i \cdot C_{p\,i} \quad \text{[kcal/kmol grd]}.$$

Die in der Klammer stehende Temperaturfunktion kann bei Temperaturen bis zu 1600 °K durch den Ausdruck

$$f(T) = 0{,}0007 \cdot T - 0{,}20$$

ersetzt werden. Noch genauer wird das Resultat, wenn man den Temperaturbereichen angepaßte Mittelwerte für a einsetzt, wodurch die Temperaturabhängigkeit der C_p-Werte berücksichtigt wird („3. ULICHsche Näherung") [vgl. *696*, S. 108].

Analog zum HESSschen Satz kann man die Gleichgewichtskonstante K_p auch aus den K_p-Werten solcher Reaktionen berechnen, deren stöchio-

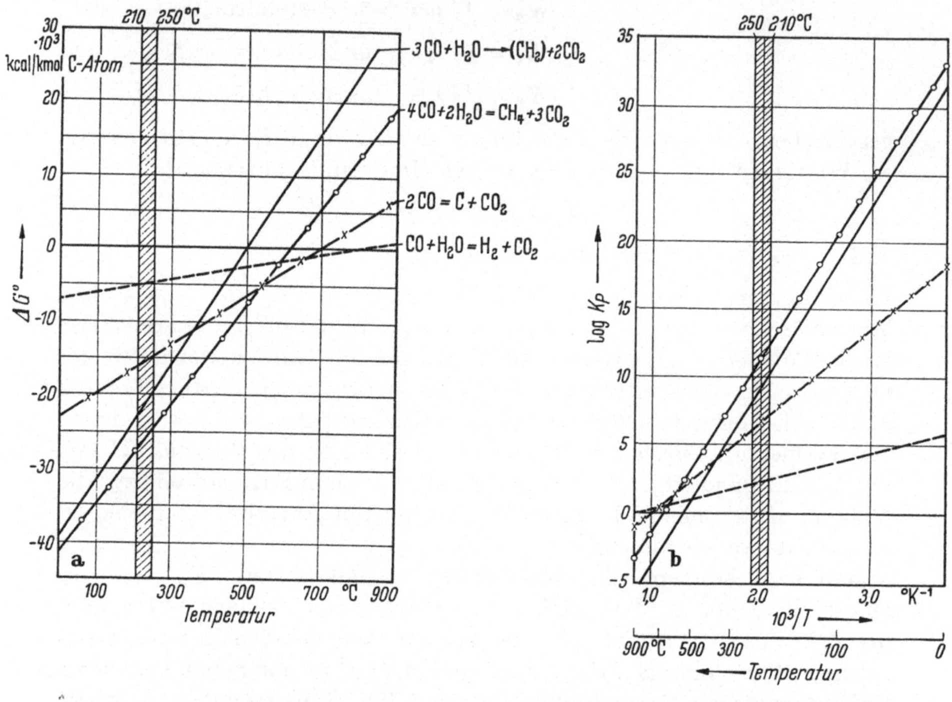

a   b

Abb. 2 a u. b. Änderung der freien Enthalpie $\Delta G°$ und der Gleichgewichtskonstanten $\log K_p$ in Abhängigkeit von der Temperatur für Synthese- und Nebenreaktionen bei der Kohlenwasserstoffsynthese aus CO und H_2O [H. KÖLBEL u. F. ENGELHARDT, *371*]

metrische Gleichungen sich zu der in Frage stehenden Reaktionsgleichung linear kombinieren lassen. Besonders die Bildungsreaktionen der Reaktionsteilnehmer bieten sich zu einer solchen Linearkombination an, deren Gleichgewichtskonstanten K_{pfi} mitunter ebenfalls aus Tabellenwerken hervorgehen:

$$\log K_p = \sum v_i \cdot \log K_{pfi}.$$

In einzelnen Fällen kann man für organische Verbindungen die thermodynamischen Daten näherungsweise auch aus Inkrementen für die verschiedenen strukturellen Bestandteile der Moleküle berechnen [*500*, Bd. II, S. 19].

Die Berechnung von ΔG° bzw. K_p ist der experimentellen Bestimmung grundsätzlich vorzuziehen, sofern die in der Literatur oder aus eigener Erfahrung hierfür verfügbaren Daten eine ausreichende Genauigkeit garantieren.

Um einen Überblick über die Temperaturabhängigkeit der Gleichgewichte aller Haupt- und Nebenreaktionen zu gewinnen, trägt man entweder ΔG° gegen T oder aber $\log K_p$ gegen $1/T$ auf, wie es z. B. in Abb. 2 dargestellt ist. Aus diesen Diagrammen lassen sich schon wesentliche Aussagen über die thermodynamisch günstigen Temperaturbereiche für die einzelnen Reaktionen treffen. Im Diagramm der ΔG°-Werte ist ein thermodynamisch günstiger Temperaturbereich dann gegeben, wenn die Kurve für die Hauptreaktion unterhalb der Kurven für die Nebenreaktionen liegt. Verläuft etwa im gesamten technisch realisierbaren Temperaturbereich die Kurve einer Fehlreaktion unterhalb der Kurve der Hauptreaktion, so kann die Fehlreaktion nur auf kinetischem Wege, z. B. durch selektive Katalyse, unterdrückt werden. Die gleiche Aussagekraft besitzt das $\log K_p - 1/T$-Diagramm, aus dem man umgekehrt die Reaktionen mit höher liegenden Kurven vor den Reaktionen mit tiefer liegenden Kurven als thermodynamisch begünstigt erkennt.

Zu 2: Die Ermittlung der Gleichgewichtskonstanten K_p in ihrer Temperaturabhängigkeit ist die Grundlage für die im folgenden behandelte Berechnung der *thermodynamisch maximal erreichbaren Umsätze* in Abhängigkeit von Temperatur, Druck und Anfangskonzentrationen der Reaktionsteilnehmer. Die allgemeine Berechnungsformel hierfür wird abgeleitet aus der grundlegenden stöchiometrischen Beziehung für die Ermittlung der Molzahlen aller Reaktionsteilnehmer n_i aus deren Molzahlen bei Reaktionsbeginn n_{ia}, den stöchiometrischen Verhältniszahlen ν_i und dem Umsatz η_k der für die Umsatzberechnung zugrunde gelegten Bezugskomponente[1]:

$$n_i = n_{ia} - \frac{\nu_i}{\nu_k}\, n_{ka}\, \eta_k \quad [\text{kmol}].$$

Rechnet man die Molzahlen n_i in die Molenbrüche x_i um, so erhält man hieraus die Gleichung

$$x_i = \frac{x_{ia} - \dfrac{\nu_i}{\nu_k}\, x_{ka}\, \eta_k}{1 - \dfrac{\sum \nu_i}{\nu_k}\, x_{ka}\, \eta_k}.$$

Transformiert man die logarithmierte Form des Massenwirkungsgesetzes für K_x, nämlich

$$\log K_x = \sum \nu_i \cdot \log x_i,$$

---

[1] Der Index a gilt für die Anfangszusammensetzung der Reaktionsmasse, Index k für die Bezugskomponente.

in diejenige für K_p, so erhält man

$$\log K_x = \Sigma \nu_i \cdot \log x_i = \log K_p - (\Sigma \nu_i) \log P.$$

Unter Übernahme des obigen Ausdrucks für x_i ergibt sich hieraus die grundlegende Beziehung zwischen dem thermodynamisch maximalen Umsatz $\eta'_{/k}$ einerseits und der temperaturabhängigen Gleichgewichtskonstanten K_p, dem Gesamtdruck P sowie den Anfangskonzentrationen der Reaktionsteilnehmer, ausgedrückt in Molenbrüchen x_{ia}, andererseits [*76*, S. 47; *161*, S. 213]:

$$\Sigma \nu_i \cdot \log \frac{x_{ia} - \dfrac{\nu_i}{\nu_k} x_{ka} \eta'_k}{1 - \dfrac{\Sigma \nu_i}{\nu_k} x_{ka} \eta'_k} = \log K_p - (\Sigma \nu_i) \log P.$$

Da man diese Gleichung nur bei sehr einfachen Reaktionen rechnerisch nach η'_k auflösen kann, benutzt man regelmäßig eine graphische Methode zu deren Auswertung: Man rechnet für eine Reihe von Umsätzen zwischen 0 und 100%, z. B. in Schritten von 10 zu 10% oder im interessierenden Bereich auch in engeren Schritten, die Zahlenwerte der linken Seite der Gleichung und damit die zugehörigen Werte für $\log K_x$ bzw. $\log K_p - (\Sigma \nu_i) \log P$ aus, wobei die Anfangskonzentrationen der Reaktionsteilnehmer zunächst konstant zu halten sind. Nunmehr trägt man die gefundenen Werte in einem Diagramm entsprechend Abb. 3 gegen den Umsatz auf. Es kann jetzt einmal von Temperatur und Druck und zum anderen vom gewünschten thermodynamisch maximalen Umsatz ausgegangen werden. Entnimmt man einem Diagramm gemäß Abb. 2 den Wert der Gleichgewichtskonstanten $\log K_p$ für eine bestimmte Temperatur und errechnet hieraus $\log K_x$ unter Annahme eines bestimmten Gesamtdruckes P, so findet man aus einer Darstellung entsprechend Abb. 3 sofort den zugehörigen thermodynamisch maximalen Umsatz η'_k. Umgekehrt erhält man, von den $\eta'_{/k}$-Werten auf der Abszissenachse dieses Diagramms ausgehend, auf der Ordinate die zugehörigen $\log K_x$-Werte und kann von hier aus auf die erforderlichen Temperaturen und Drucke schließen. Die Aussagefähigkeit eines solchen Diagramms läßt sich im Hinblick auf eine Variation der Ausgangskonzentrationen der Reaktionsteilnehmer dadurch erweitern,

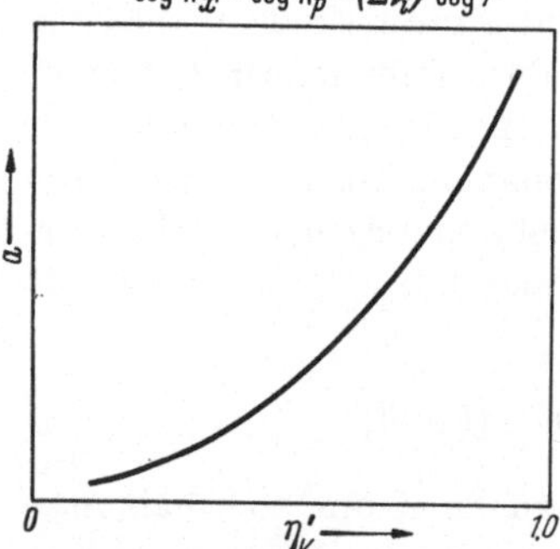

Abb. 3. Diagramm zur graphischen Umsatz- bzw. Gleichgewichtsbestimmung [W. Brötz, *76*, S. 49]

daß man unter Einführung verschiedener Ausgangskonzentrationen als Parameter ganze Kurvenscharen zeichnet.

Entsprechend dem LE CHATELIER-BRAUNschen Prinzip werden bei *Temperaturerhöhung* die Gleichgewichtsausbeuten exothermer Reaktionen ungünstiger, endothermer Reaktionen dagegen günstiger.

Nach dem gleichen Prinzip ist bei Gasreaktionen, die unter Änderung der Molzahl verlaufen, eine *Druckabhängigkeit* der Gleichgewichtsausbeute gegeben. Erfolgt die Reaktion unter Verringerung der Molzahl (Kontraktion), so erzielt man durch Drucksteigerung eine Erhöhung der Ausbeute, während im umgekehrten Fall ein möglichst geringer Druck zur günstigen Beeinflussung der Gleichgewichtsausbeute anzuwenden ist.

Für die Wahl der zweckmäßigsten *Anfangskonzentrationen* der Einsatzprodukte ist zunächst entscheidend, welchen relativen Wert diese untereinander besitzen. Etwa gleich wertvolle Ausgangsstoffe sind am besten im stöchiometrischen Verhältnis einzusetzen, weil die Molenbrüche der sich bildenden Endprodukte dann im Gleichgewicht ein Maximum erreichen. Andererseits kann man einen Ausgangsstoff, der gegenüber einem anderen wertvoller ist (Schlüsselkomponente), mit höherer Ausbeute in das gewünschte Endprodukt überführen, wenn der minder wertvolle Ausgangsstoff im Überschuß eingesetzt wird.

Zur vollständigen Beurteilung der thermodynamischen Verhältnisse sind die genannten Einflußgrößen auch in ihrem Zusammenwirken zu betrachten.

Bisher wurde der einfache Fall der Gleichgewichts- und Umsatzberechnung bei einzelnen Reaktionen behandelt. Bedeutend komplizierter werden die Verhältnisse beim Vorliegen von *Simultangleichgewichten*, die sich beim gleichzeitigen Ablaufen mehrerer stöchiometrisch unabhängiger Reaktionen einstellen. Die Berechnung derartiger Simultangleichgewichte, die besonders bei Verbrennungsreaktionen, bei Crack- und Isomerisierungsreaktionen u. ä. eine Rolle spielen, erfolgt nach Spezialmethoden, wobei wegen des auftretenden großen Rechenaufwandes häufig elektronische Rechenmaschinen eingesetzt werden [*161*, S. 214; *312*; *313*].

Zu 3: Die Ermittlung der *Reaktionsenthalpie* kann schon im Zusammenhang mit der Gleichgewichtsbestimmung erforderlich werden (s. o. Ziffer 1). Während aber die bisher durchgeführten thermodynamischen Berechnungen die Ermittlung der Bedingungen des Stoffumsatzes zum Ziele hatten, müssen nunmehr die Grundlagen für die späteren energetischen Berechnungen und speziell für die *Energiebilanz des Reaktors* geschaffen werden. Auf die Methoden zur Berechnung der Reaktionsenthalpie ΔH_R oder Wärmetönung aus den Bildungsenthalpien der Reaktionsteilnehmer ΔH_{fi} oder deren Verbrennungsenthalpien ΔH_{ci} wurde bereits eingegangen. Bei exakten Energiebilanzrechnungen ist die *Temperaturabhängigkeit* der Enthalpie-Werte zu beachten, da die häufiger für 298 °K verfügbaren Daten nur eine erste Abschätzung gestatten. Die Enthalpie-Werte für verschiedene Temperaturen sind über den KIRCHHOFFschen Satz aus der Temperaturabhängigkeit der Molwärmen zu berechnen.

Darüber hinaus würde bei nicht volumenbeständigen Reaktionen das Arbeiten mit sehr hohen Drucken auch noch eine Berücksichtigung der *Druckabhängigkeit* der Reaktionsenthalpie verlangen. Auf die bei Reaktionen in Mischphasen auftretenden *Mischungswärmen* sowie deren Konzentrations- und Temperaturabhängigkeit ist gleichfalls hinzuweisen.

2.003 Chemische Kinetik (Mikrokinetik)

Erst die Ermittlung der *Reaktionsgeschwindigkeit* gestattet Aussagen über die in Wirklichkeit erzielbaren Umsätze, d. h. die während einer bestimmten endlichen Reaktionsdauer umsetzbaren Mengen, und damit auch über den möglichen Leistungsgrad der Apparatur. Allein auf Grund der thermodynamischen Verhältnisse lassen sich die technisch-wirtschaftlichen Möglichkeiten zur Verwirklichung einer Reaktion noch nicht beurteilen, denn selbst günstigste Gleichgewichtslagen können bedeutungslos sein, wenn die Herstellung einer bestimmten Produktmenge infolge zu geringer Reaktionsgeschwindigkeit eine zu lange Zeit beansprucht.

Die Aufklärung der Kinetik ist die bedeutendste, zugleich aber auch schwierigste Aufgabe bei der Erarbeitung der notwendigen Kenntnisse über das chemische Reaktionsgeschehen. Sie gelingt bisher praktisch nur auf experimentellem Wege. Hierbei kommen chemische und physikalische Methoden zur Anwendung [vgl. *161*, S. 220; *174*, S. 185; *204*; *224*; *300*; *301*; *393*; *394*]. Um die Zahl der kinetisch relevanten Einflußgrößen auf ein experimentell und rechnerisch noch faßbares Ausmaß zu beschränken, werden die Untersuchungen zur Ermittlung der grundlegenden Abhängigkeitsbeziehungen zunächst unter *ideal vereinfachten Bedingungen* im Labormaßstab durchgeführt. Die für die technische Reaktionsführung so bedeutenden physikalischen Phänomene des Stoff- und Energietransportes bleiben hier noch unberücksichtigt. Ihre Einbeziehung in die Betrachtung führt von der „Mikrokinetik" — welche allein die chemische Kinetik der molekularen Elementarprozesse betrifft — zur „Makrokinetik". [D. A. FRANK-KAMENETZKY, *222*].

Die Reaktionsgeschwindigkeit ist definiert durch die Molzahländerung irgendeines Reaktionsteilnehmers dn_i pro Volumeneinheit V bzw. durch die Konzentrationsänderung dieses Reaktionsteilnehmers dc_i in der Zeit dt, wobei man unter Berücksichtigung der stöchiometrischen Verhältniszahlen v_i für alle Reaktionsteilnehmer die gleiche Reaktionsgeschwindigkeit erhält (Äquivalentgeschwindigkeit):

$$r = \frac{1}{V \cdot v_i} \cdot \frac{dn_i}{dt} = \frac{1}{v_i} \cdot \frac{dc_i}{dt} \quad [\text{kmol/m}^3\text{h}] .$$

Bei Gasreaktionen werden anstelle der Konzentrations- die Partialdruckänderungen dp_i eingeführt, während bei katalytischen Reaktionen die Reaktionsgeschwindigkeit häufig nicht nur auf das Reaktionsvolumen, sondern auch auf die Kontaktmenge bezogen wird.

Die Reaktionsgeschwindigkeit ist einmal in Abhängigkeit von den *Konzentrationen* bzw. *Partialdrucken* der Reaktionsteilnehmer und zweitens in Abhängigkeit von der *Temperatur* zu bestimmen.

Die Abhängigkeit der Reaktionsgeschwindigkeit von den *Konzentrationen* bzw. *Partialdrucken* der Reaktionsteilnehmer wird durch die *kinetische Gleichung*, das sogenannte *Zeitgesetz*, beschrieben:

$$r = k \cdot \prod c_i{}^{n_i}$$

bzw.
$$r = k \cdot \prod p_i{}^{n_i}.$$

Hierin ist k die stark temperaturabhängige Reaktionsgeschwindigkeitskonstante und n_i die Ordnung der Reaktion in bezug auf die einzelnen Reaktionsteilnehmer. Die Gesamtordnung einer Reaktion ergibt sich durch Summierung aller n_i-Werte im Geschwindigkeitsausdruck. In den experimentell ermittelten kinetischen Gleichungen können n_i-Werte zwischen -1 und $+3$ einschließlich gebrochener Werte und des Wertes Null auftreten. Nur in einfachen Fällen hat allerdings das Zeitgesetz die Form des oben angegebenen Potenzproduktes. Häufig treten weit kompliziertere Zeitgesetze auf, deren mathematische Form in Abhängigkeit vom Reaktionsmechanismus sehr verschiedenartig sein kann.

Für die *Temperaturabhängigkeit* der Reaktionsgeschwindigkeitskonstanten gilt die ARRHENIUS*sche Gleichung*:

$$k = H \cdot e^{-\frac{A}{RT}}$$

bzw.
$$\log k = \log H - \frac{A}{2,3\,RT}.$$

Hierin ist A die Aktivierungsenergie [kcal/kmol], die für die am Reaktionsknäuel beteiligten Moleküle zusammen aufgebracht werden muß, um die Reaktionshemmungen zu überwinden. Bei katalytischen Reaktionen wird eine „scheinbare" Aktivierungsenergie gemessen, da die Adsorptionswärme der Reaktanden einen Beitrag zur Überwindung der Reaktionshemmungen liefern kann. H ist der Häufigkeitsfaktor, das ist die Geschwindigkeitskonstante bei der Aktivierungsenergie Null, der gegebenenfalls noch einen sterischen Faktor enthält. Mit Hilfe der ARRHENIUSschen Gleichung können die bei bestimmten Temperaturen für k gewonnenen Meßwerte auf andere Temperaturen umgerechnet werden, was jedoch nicht immer zu genauen Ergebnissen führt, da auch H und A temperaturabhängig sein können.

Die Kinetik ist für alle *Haupt- und Nebenreaktionen* zu untersuchen. Darüber hinaus ist es wünschenswert, die Kinetik als eine Methode zur

Aufklärung des *Reaktionsmechanismus*, d. h. des Schemas der Elementarreaktionen, auszuschöpfen. Daraus erkennt man oft Möglichkeiten, durch geeignete Wahl der Reaktionsbedingungen gewisse Elementarreaktionen bzw. die Haupt- gegenüber Nebenreaktionen zur Erzielung höchstmöglicher Reaktionsgeschwindigkeiten zu begünstigen. Die Aufklärung des Reaktionsmechanismus ist vor allen Dingen notwendig zur Auffindung der langsamsten Einzelreaktion in der Stufenfolge einer zusammengesetzten Brutto-Reaktion. Die Geschwindigkeit der langsamsten Einzel- oder Elementarreaktion bestimmt die Geschwindigkeit der technisch wesentlichen Brutto-Reaktion immer dann, wenn die Geschwindigkeiten der anderen Teilschritte weitaus größer sind. Andernfalls liegen die Verhältnisse komplizierter. Zur Aufklärung des Reaktionsmechanismus wird man sich zunächst auf Grund der Beobachtungen und Erfahrungen eine Modellvorstellung über die Elementarreaktionen machen und dann für jeden Einzelschritt, der als geschwindigkeitsbestimmender Schritt in Frage kommen kann, die kinetische Gleichung aufstellen. Bezüglich der Formulierung kinetischer Gleichungen in Abhängigkeit vom Reaktionsmechanismus sei auf die Fachliteratur verwiesen. Sodann wird geprüft, welche der aufgestellten Gleichungen durch die experimentell gewonnenen Daten am besten erfüllt wird. Der zu dieser Gleichung gehörige Mechanismus gilt dann als wahrscheinlich. Hierbei fallen häufig sehr komplizierte kinetische Gleichungen an. Für Projektierungszwecke begnügt man sich daher oft mit einem vereinfachten Verfahren, indem der Umsatz einer bestimmten Bezugskomponente in Abhängigkeit von der Reaktionsdauer beim Chargenbetrieb bzw. von der mittleren Verweilzeit beim kontinuierlichen Betrieb empirisch ermittelt und in einem Diagramm gemäß Abb. 4 aufgetragen wird. Ein solches Diagramm bildet dann die Ausgangsbasis für die Dimensionierung des Reaktors.

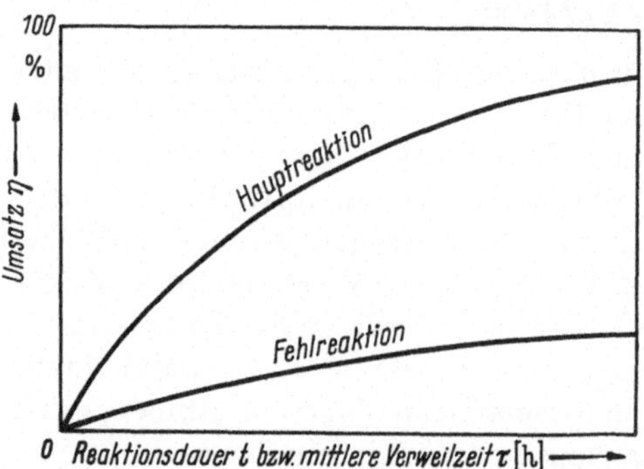

Abb. 4. Umsatz einer Haupt- und einer Fehlreaktion in Abhängigkeit von der Reaktionsdauer bzw. mittleren Verweilzeit (schematisch)

Die mittlere Verweilzeit τ bei kontinuierlichen Reaktionen ist gegeben durch den Quotienten aus Reaktionsvolumen V_R [m³] (Vol. der Reaktionsmasse) und dem Durchsatz $\dot{v}$ [m³/h]:

$$\tau = \frac{V_R}{\dot{v}} \quad [\text{h}].$$

Der Reziprokwert der mittleren Verweilzeit ist identisch mit der Raumgeschwindigkeit oder dem spezifischen Durchsatz. Mit der Raumgeschwindigkeit rechnet man in der Technik häufig, besonders bei Gasreaktionen. Die genannte Beziehung gilt allerdings nur für volumenbeständige Reaktionen, wie Gasphasereaktionen ohne Molzahländerung und praktisch die meisten Flüssigphasereaktionen, während sich bei nicht volumenbeständigen Reaktionen v als Funktion von τ ändert. Diese Änderung kann rechnerisch mit Hilfe der Stöchiometrie oder bei unbekannter Stöchiometrie auf Grund von experimentellen Daten über die Kontraktion oder Expansion der Reaktionsmasse graphisch bestimmt werden.

Die einzelnen *Reaktionstypen* (z. B. Parallel-, Folgereaktionen usw.) bieten unterschiedliche Möglichkeiten für eine *Reaktionslenkung auf kinetischem Wege*. Die Mittel hierfür sind vor allem Temperatur, Druck bzw. Konzentrationen, Verweilzeit und Katalysatoren. Laufen z. B. zwei Parallelreaktionen ab, für deren jeweilige Geschwindigkeitskonstanten sich aus der ARRHENIUSschen Gleichung unterschiedliche Aktivierungsenergien ergeben, so kann eine Reaktionslenkung davon ausgehen, daß bei Erhöhung der *Temperatur* die Reaktion mit der höheren Aktivierungsenergie in der Geschwindigkeit stärker wächst und damit bevorzugt wird und umgekehrt. Bei Steigerung des *Druckes* bzw. der *Konzentration* werden Reaktionen mit positiver Reaktionsordnung beschleunigt, solche mit negativer Reaktionsordnung dagegen verlangsamt. Im Falle katalytischer Reaktionen kann die Druck- bzw. Konzentrationserhöhung einen Übergang von der ersten zur nullten Reaktionsordnung bewirken, wenn Sättigung der Adsorptionsoberfläche eintritt. Von zwei Parallelreaktionen mit verschiedener Ordnung kann man durch Druckerhöhung die Reaktion mit höherer Ordnung gegenüber derjenigen mit niedrigerer Ordnung bevorzugen. Die *Verweilzeit* ist bei Folgereaktionen mit merklicher Zwischenproduktbildung je nach Produktionsziel auf eine möglichst hohe Ausbeute an Zwischen- oder Endprodukt einzustellen. Eine Verlängerung der Verweilzeit begünstigt hier die Sekundärreaktion, bei Parallelreaktionen dagegen diejenige mit der niedrigeren Reaktionsordnung. In allen Fällen positiver Reaktionsordnung führt die Verringerung der Verweilzeit zu einer Erhöhung der mittleren Reaktionsgeschwindigkeit in der Reaktionszone und damit auch der Raumzeitausbeute bzw. Reaktorleistung, weil die mittleren Partialdrucke bzw. Konzentrationen in der Reaktionszone bei kürzerer Verweilzeit und damit geringerem Umsatz höher sind. *Katalysatoren* sind oft ein hervorragendes Mittel zur Reaktionslenkung, da sie infolge ihrer Selektivität bestimmte Reaktionen fördern bzw. beschleunigen. Überhaupt sind die Möglichkeiten einer Reaktionsbeschleunigung durch Katalyse sorgfältig zu prüfen. Katalysatoren eröffnen oft neue Reaktionswege mit niedrigerer Aktivierungsenergie und machen auf diese Weise viele Reaktionen technisch erst durchführbar, die ohne den Einsatz von Katalysatoren unwirtschaftlich langsam verlaufen würden. Die Auffindung leistungsfähiger, besonders selektiv wirkender Katalysatoren in Verbindung mit geeigneten Betriebsbedingungen sind bislang fast ausschließlich empirisch behandelte Aufgaben.

2.004 Die Reaktionsgeschwindigkeit unter dem Einfluß physikalischer Transportvorgänge (Makrokinetik)

Für die Vorausberechnung des im technischen Maßstab erzielbaren Umsatzes und die Wahl optimaler Betriebsbedingungen sowie Reaktorformen und -abmessungen sind die Kenntnisse über Thermodynamik und Mikrokinetik nicht ausreichend, weil der Reaktionsablauf durch eine Reihe physikalischer Phänomene beeinflußt wird. Als solche kommen vor allem in Frage:

1. Vorgänge des *Stofftransportes* durch Diffusion und Strömung;
2. Vorgänge des *Energietransportes.*

Zu 1: Bei zahlreichen chemischen Prozessen wird die Reaktionsgeschwindigkeit durch *Diffusionsvorgänge* bestimmt. Reine Diffusionsvorgänge finden sich bei Reaktionen in festen Phasen, während die Diffusion bei Reaktionen in flüssigen und gasförmigen Phasen im technischen Reaktor meistens von der Konvektion (Strömung) überlagert wird. Besondere Bedeutung hat die Diffusion an Phasengrenzflächen. Die Diffusion wird dargestellt nach dem 1. FICKschen Gesetz, wonach die Geschwindigkeit des Stofftransportes $\dot{n}$ [kmol/h] proportional ist dem Konzentrationsgefälle dc/dx [kmol/m^4] und der Fläche F [m^2]:

$$\dot{n} = -DF\frac{dc}{dx} \quad [\text{kmol/h}].$$

Der Diffusionskoeffizient D [m^2/h] ist Tabellenwerken zu entnehmen oder nach halbempirischen Formeln zu berechnen. Da man bei der Diffusion an Grenzflächen die Filmdicke dx und den Konzentrationsverlauf dc/dx häufig nicht kennt, rechnet man zweckmäßig mit der Stoffübergangszahl β [m/h] und der Konzentrationsdifferenz Δc [kmol/m^3] zwischen der Grenzfläche und dem Innern der fluiden Phase gemäß der folgenden *Stoffübergangs- oder Stoffübertragungsgleichung*:

$$\dot{n} = \beta \cdot F \cdot \Delta c \quad [\text{kmol/h}].$$

Während die Diffusionskoeffizienten Stoffkonstanten für die betreffenden ineinander diffundierenden Stoffe darstellen, hängen die Stoffübergangszahlen auch noch stark vom Strömungszustand der Medien ab.

Sonderfälle der Diffusion sind die VOLMER-Diffusion, die bei adsorbierten Molekülen auf Oberflächen, wie etwa Katalysatoren, auftritt, und die KNUDSEN-Diffusion, welche dann gegeben ist, wenn in den engen Poren im Innern eines Katalysatorkornes der Porendurchmesser kleiner ist als die mittlere freie Weglänge der Moleküle.

Ist die Geschwindigkeit einer Reaktion diffusionsbestimmt, so findet man bei der Ermittlung der Kinetik auf Grund des FICKschen Gesetzes erste Reaktionsordnung und, entsprechend der geringeren Temperaturabhängigkeit der Diffusionskoeffizienten, eine scheinbare Aktivierungsenergie von nur wenigen kcal/kmol. Das trifft oft für Verbrennungsreaktionen und Lösungsvorgänge zu. Die Diffusion braucht jedoch nicht allein geschwindigkeitsbestimmend zu sein, sondern es kann sich eine Wechselwirkung zwischen Diffusions- und Reaktionsgeschwindigkeit ergeben. Besonders im Innern des Porensystems eines porösen Katalysators besteht diese Möglichkeit, eine als „Porenverarmungs-Effekt" bekannte Erscheinung. Verläuft die Reaktion langsam im Vergleich zu einer hohen Diffusionsgeschwindigkeit, wählt man einen porösen Kontakt, um auf kleinem Raum eine möglichst große Oberfläche unterzubringen. Im umgekehrten Fall sind Netzkatalysatoren geeigneter, da unter diesen Umständen das Innere eines porösen Katalysators gar nicht für die Reaktion nutzbar zu machen wäre.

Als Einfluß der *Strömung* auf die Reaktionsgeschwindigkeit ist zunächst ihre Beziehung zum *Segregationsgrad* der Reaktionsmasse zu erwähnen. Dieser ist ein Maß für die Homogenität der Reaktionsmasse. Sind die Reaktionsteilnehmer nicht homogen verteilt, so treten Umsatzminderungen gegenüber den nach der Mikrokinetik berechneten Umsätzen auf. Daher ist bereits vor Eintritt der Reaktionsmasse in die Reaktionszone eine möglichst homogene Durchmischung anzustreben. Besonders intensiv muß die Durchmischung sein, wenn die Reaktionsmasse aus heterogenen Phasen besteht und die Stoffübergangsgeschwindigkeit durch die Grenzschichten geschwindigkeitsbestimmend ist.

Beim kontinuierlichen Verfahren wird durch die Strömungsgeschwindigkeit die *Verweilzeit* in der Reaktionszone bestimmt. Während im diskontinuierlich betriebenen Reaktor alle Volumenelemente die gleiche Verweilzeit haben, gilt das für kontinuierliche Verfahren — abgesehen vom idealisierten Grenzfall des Rohrreaktors — nicht. Im Hinblick auf das Verweilzeitspektrum, d. h. die spezifische Art der Verweilzeitverteilung der eingespeisten Volumenelemente, unterscheidet man zwei idealisierte Grenzfälle kontinuierlicher Reaktoren, nämlich einmal den schon erwähnten *Rohrreaktor* mit Pfropfströmung, fehlender Rückvermischung zwischen bereits im Reaktor befindlichen und laufend neu zugespeisten Volumenelementen und als anderes Extrem den ideal durchmischten *Rührkessel* mit sofortiger und totaler Rückvermischung und folglich sehr

breiter Verweilzeitverteilung der durchgesetzten Volumenelemente. Die
technischen Reaktoren stellen meist Übergänge zwischen diesen mehr
theoretischen Extremfällen dar: Auch beim Rohrreaktor ist gewöhnlich
eine gewisse Rückvermischung in axialer Richtung nicht zu vermeiden,
zumal die Strömungsgeschwindigkeit nach dem Rand des Reaktorquerschnitts hin abfällt (parabolisches Strömungsprofil bei laminarer

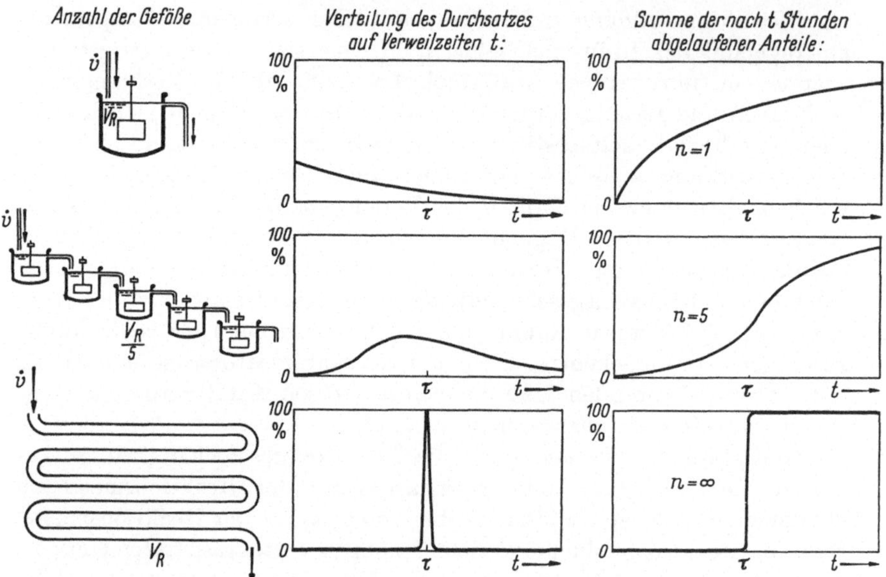

Abb. 5. Verweilzeitspektren und deren Summenkurven bei ideal durchmischtem Rührkessel, Reaktor-Kaskade und Strömungsrohr [K. SCHOENEMANN, 612]

Strömung), und beim „praktischen" Rührkessel erfolgt die Rückvermischung weder sofort noch vollständig. Zwischen diesen Grenztypen
steht die *Rührkessel-Kaskade*, mit der eine um so stärkere Annäherung
an die Verhältnisse des Strömungsrohres, d. h. also eine um so stärkere
Verengung des Verweilzeitspektrums erreicht wird, je größer die Zahl
der hintereinandergeschalteten Rührkessel ist. Die Verweilzeitspektren
und die Summenkurven — das sind die Integralkurven der Verweilzeitspektren, aus denen hervorgeht, wieviel Prozent der eingespeisten
Volumenelemente oder Moleküle den Reaktor nach einer bestimmten
Verweilzeit wieder verlassen haben — sind nach K. SCHOENEMANN
[612] für die genannten drei Grundtypen kontinuierlicher Reaktoren
in Abb. 5 dargestellt.

Der *Rohrreaktor* ist immer dann angebracht, wenn eine möglichst
gleichmäßige Verweilzeit anzustreben ist, damit nicht durch Anteile mit
zu kurzer Verweilzeit der Umsatz verschlechtert und durch Anteile mit

zu langer gegenüber der optimalen Verweilzeit unerwünschte Folgereaktionen ausgelöst werden. Das gilt besonders für die Herstellung von Stoffen, die als Zwischenprodukte bei Folgereaktionen erzeugt werden sollen. Hier ist die Sekundärreaktion gegenüber der Primärreaktion durch Einstellung einer optimalen, für alle Volumenelemente möglichst einheitlichen Verweilzeit weitgehend zu unterdrücken, da die Ausbeute an Zwischenprodukt mit der Verengung des Verweilzeitspektrums steigt. Der *Rührkessel* empfiehlt sich dann, wenn die Reaktion während ihrer gesamten Dauer bei konstanten Konzentrationsbedingungen ablaufen soll, wie z. B. bei vielen Polymerisationsreaktionen. Zur *Kaskade* wird man übergehen, wenn man das Verweilzeitspektrum des Rührkessels verengen will. Sie hat aber gleichzeitig den Vorteil, daß man die jedem Umsatzgrad gemäßen optimalen Bedingungen in den einzelnen Kesseln separat einstellen kann [vgl. *76*, S. 300; *161*, S. 256; *301*; *389*; *391*; *612*; *616*; *618*].

Zu 2: Die Probleme des *Energie-* und besonders *Wärmetransportes* gewinnen für die gesamte Makrokinetik vor allem wegen der starken Temperaturabhängigkeit der Reaktionsgeschwindigkeit oft entscheidendes Gewicht. Eine mangelhafte technische Beherrschung der Wärmewirtschaft und Temperaturhaltung im Reaktor läßt eine als optimal erkannte Reaktionstemperatur bzw. ein bestimmtes optimales Temperaturprofil nicht zur Verwirklichung kommen. Statt dessen können Fehlreaktionen begünstigt, die Hauptreaktion selbst unerwünscht beschleunigt oder verlangsamt, ungünstige thermodynamische Temperaturgebiete erreicht oder schließlich der physikalische Endzustand des Reaktionsproduktes durch Sinterung der Masse bzw. ganze oder teilweise Verdampfung einer Komponenten nachteilig beeinflußt werden [W. BRÖTZ, *76*, S. 193]. Man denke hier z. B. nur an die Aufgabe der möglichst isothermen Reaktionsführung bei vielen katalytischen Gasphasereaktionen, die nur innerhalb eines sehr engen Temperaturbereiches eine selektive Wirkung des Kontaktes und damit befriedigende Ausbeuten gewährleisten. Die zu geringe Wärmeleitfähigkeit der gasdurchströmten Kontaktschicht bringt bei stark exothermen Reaktionen leicht Übertemperaturen im Innern der Kontakträume und bei endothermen Reaktionen umgekehrt oft kalte Zonen zur Ausbildung, wodurch neben der Begünstigung von Fehlreaktionen sogar eine Schädigung des Kontaktes eintreten kann [vgl. *284*; *300*; *618*; *749*].

Die Vorprojektierung des Reaktors schließt somit notwendig alle Vorkehrungen apparativer und betrieblicher Art zur Bewältigung der Anforderungen an den Wärmetransport ein. Die spätere Dimensionierung des Reaktors setzt also zunächst genaue Kenntnisse über die Verhältnisse des Wärmetransportes voraus, wobei als grundlegende Beziehungen für den Wärmestrom $\dot{Q}$ gelten

bei *Wärmeleitung*
$$\dot{Q} = \frac{\lambda \cdot F \cdot \Delta t}{d} \quad [\text{kcal/h}],$$

bei *Wärmeübergang*
$$\dot{Q} = \alpha \cdot F \cdot \Delta t \quad [\text{kcal/h}],$$

bei *Wärmedurchgang*
$$\dot{Q} = k \cdot F \cdot \Delta t \quad [\text{kcal/h}]$$

mit
$$1/k = 1/\alpha_1 + d/\lambda + 1/\alpha_2 \quad [\text{m}^2 \text{ h grd/kcal}]$$

und bei *Strahlung* zwischen zwei zueinander parallel stehenden Fiächen

$$\dot{Q} = C' \cdot F \left[\left(\frac{T_1}{100} \right)^4 - \left(\frac{T_2}{100} \right)^4 \right] \quad [\text{kcal/h}]$$

mit
$$C' = \frac{1}{1/C_1 + 1/C_2 - 1/4{,}96} \quad [\text{kcal/m}^2 \text{ h grd}^4].$$

Hierin sind Δt die Temperaturdifferenz als treibende Kraft, F die Fläche [m²], λ die Wärmeleitzahl [kcal/m h grd], α die Wärmeübergangszahl [kcal/m² h grd], k die von der Wanddicke d [m], der Wärmeleitzahl dieser Wand sowie von den beiderseitigen Wärmeübergangszahlen α_1 und α_2 abhängige Wärmedurchgangszahl [kcal/m² h grd], C' die Strahlungsaustauschzahl [kcal/m² h grd⁴], die sich nach der angegebenen Beziehung aus den Strahlungszahlen C_1 und C_2 der beiden Körper errechnet, die miteinander im Wärmeaustausch stehen, und T die absolute Temperatur [°K]. Während λ eine Stoffkonstante darstellt, ist die weit schwieriger erfaßbare Wärmeübergangszahl α vom Strömungsverhalten des wärmeübertragenden Mediums und von dessen physikalischer Natur abhängig. Die Berechnung erfolgt mit Hilfe dimensionsloser Kenngrößen, von denen als wichtigste genannt seien:

NUSSELTsche Zahl
$$Nu = \frac{\alpha d}{\lambda},$$

REYNOLDSsche Zahl
$$Re = \frac{w d}{\nu},$$

PRANDTLsche Zahl
$$Pr = \frac{3600 \, \eta \, g \, c_p}{\lambda},$$

GRASHOFsche Zahl
$$Gr = \frac{d^3 \, g \, \beta \, \Delta t}{\nu^2}.$$

Hierin bedeuten weiterhin w die Strömungsgeschwindigkeit [m/s], ν die kinematische Zähigkeit [m²/s], η die dynamische Zähigkeit [kg s/m²], c_p die spezifische Wärme bei konstantem Druck [kcal/kg grd], g die Erdbeschleunigung [9,81 m/s²] und β den kubischen Ausdehnungskoeffizienten [1/grd]. In allen Fällen ist d als charakteristische geometrische Abmessung [m] einzusetzen, z. B. bei Rohren als der Durchmesser.

Die REYNOLDSsche Zahl kennzeichnet das Strömungsverhalten bei aufgezwungener Strömung, an deren Stelle bei freier Strömung die GRASHOFsche Zahl tritt. Die PRANDTLsche Zahl bezeichnet dagegen als eine Zusammenfassung von Stoffwerten die physikalische Natur des

Mediums. Die Wärmeübergangszahl α wird regelmäßig über die NUSSELT-sche Kennzahl berechnet, die sich wiederum meist aus Potenzfunktionen der Form

$$Nu = C_1 \cdot Re^m \cdot Pr^n \qquad \text{für erzwungene Strömung und}$$

$$Nu = C_2 \cdot Gr^p \cdot Pr^s \qquad \text{für freie Strömung}$$

ermitteln läßt. Hierbei können noch weitere dimensionslose Zahlen in den Gleichungen auftreten, wie etwa Abmessungsverhältnisse. Die Faktoren C_1 und C_2 sowie die verschiedenen Exponenten sind als Erfahrungswerte für die einzelnen Systeme und Wärmeübergangsprobleme einzusetzen oder im Einzelfall experimentell zu bestimmen [vgl. *76*, S. 193; *388*].

2.005 Entscheidung über Betriebsform, Betriebsweise und Formgebung des Reaktors

Vor der eigentlichen Dimensionierung des Reaktors auf Grund der vorgegebenen Leistung sind noch Entscheidungen über *Betriebsform*, *Betriebsweise* und *Formgebung des Reaktors* zu treffen, wobei die gewonnenen Kenntnisse über das Reaktionsgeschehen und die physikalischen Einflüsse die Ausgangsbasis bilden. Häufig werden derartige Entscheidungen freilich noch nicht bindend sein, da das Optimum erst über die genaue Durchrechnung, Dimensionierung und den Kosten- und Wirtschaftlichkeitsvergleich zwischen den alternativen technischen Lösungsmöglichkeiten gefunden werden kann [s. Kap. 2.006]. Hier kommt es zunächst eher darauf an, alle möglichen Varianten der technischen Reaktionsführung sorgfältig in Betracht zu ziehen und zur Erleichterung der späteren Detailanalyse einzugrenzen. Bei diesen Überlegungen seien folgende Punkte besonders herausgestellt:

1. *Betriebsform*: *Diskontinuierlicher*, *kontinuierlicher* oder *halbkontinuierlicher* Betrieb (Satz-, Fließ- oder Teilfließbetrieb);
2. Art der *Stoff- und Wärmeführung*: *Gleich-*, *Gegen-* oder *Kreuzstrom*;
3. *Einstufen- oder Mehrstufenbetrieb*;
4. *Gerader Durchgang* oder *Kreislaufbetrieb*;
5. *Zerteilungsgrad* der Reaktionsmasse;
6. Vorläufige Festlegung der *Betriebsvariablen Temperatur*, *Druck*, *Anfangskonzentrationen der Reaktionsteilnehmer* und *Reaktionsdauer* (*Verweilzeit*);
7. *Formgebung* des Reaktors und *Werkstofffragen*.

Zu 1: Die Eigenarten und besonderen Vor- und Nachteile der einzelnen *Betriebformen* werden wegen der allgemeinen Bedeutung dieser Fragen für den *gesamten* Fabrikationsprozeß in anderem Zusammenhang behandelt [s. Kap. 2.042.4].

Zu 2: Hat man sich zugunsten des kontinuierlichen Betriebes entschieden, so ist die Art der *Stoff- und Wärmeführung* im *Gleich-*, *Gegen-* oder *Kreuzstrom* festzulegen. Stofflicher *Gleichstrom* kommt in Frage, wenn die eingesetzten Reaktionsteilnehmer ein homogenes oder aber auch heterogenes, quasihomogenes Gemisch bilden, das beständig genug ist (geringe Dichteunterschiede, feine Verteilung der dispergierten Phase, Ausbildung stabiler Emulsionen). Gleiches gilt, wenn einer der Einsatzstoffe konzentrationsempfindlich ist oder bei Gegenstrom mit den Endprodukten weiterreagieren würde. Unter Normalbedingungen kaum miteinander reagierende Einsatzstoffe kann man vorteilhaft bereits außerhalb des Reaktors vormischen und dann im Gleichstrom in diesen einführen. Gleichstrom in bezug auf Stoff- und Wärmeführung ist bei Hitzeempfindlichkeit eines Endproduktes anzuwenden [K. DIALER u. a., *161*, S. 269]. Der stoffliche *Gegenstrom* läßt sich bei vorhandenen Phasengrenzflächen und leichter Trennbarkeit der Phasen verwirklichen, wobei das nach beiden Seiten hin hohe Konzentrationsgefälle zu entsprechend günstigen Gesamtumsätzen führt. Vorteilhaft ist auch häufig die Möglichkeit der gleichzeitigen Verbindung mit dem thermischen Gegenstrom [K. DIALER u. a., *161*, S. 270]. Der *Kreuzstrom* ist auf Sonderfälle beschränkt.

Zu 3: An dieser Stelle ist unter der Alternative *Ein- oder Mehrstufenbetrieb* nur die Frage der *Unterteilung des Reaktors* in eine oder mehrere hintereinandergeschaltete Stufen zu verstehen, und zwar im Gegensatz zu der den Gesamtprozeß betreffenden Abgrenzung von Verfahrensstufen, die vor allem von physikalischen oder chemischen Grundverfahren gebildet werden. Der *Mehrstufenbetrieb* kann aus *chemischen Gründen* oder mit Rücksicht auf die im vorigen Abschnitt behandelten *physikalischen Einflüsse* naheliegen.

Aus *chemischen* Gründen ist z. B. der Mehrstufenbetrieb zu bevorzugen, wenn die Reaktion über mehrere voneinander trennbare Stufen abläuft, deren optimale Reaktionsbedingungen jeweils verschieden sind. Diese lassen sich dann für jede Stufe getrennt einstellen, während bei einstufiger Fahrweise umsatzmindernde Kompromißlösungen unvermeidlich wären. Das unerwünschte Weiterreagieren intermediär gebildeter Produkte läßt sich beim Mehrstufenbetrieb durch Herausnahme nach einzelnen Stufen weitgehend unterdrücken. Hierfür bietet die Entfernung des gebildeten Wasserdampfes bei mehrstufiger Fahrweise der FISCHER-TROPSCH-Synthese durch Kondensation ein anschauliches Beispiel, wodurch die unerwünschte Nebenreaktion der CO-Konvertierung hintangehalten wird. Bei Gasphasereaktionen führt die Herausnahme von Produkten zur Erhöhung der Partialdrucke der übrigen Komponenten und damit meistens zur Steigerung der Reaktionsgeschwindigkeit. Für katalytische Prozesse bietet die Mehrstufenfahrweise mitunter Vorteile in der Weise, daß in der ersten Stufe frisches Einsatzgut mit älterem Katalysator und in der letzten Stufe die weitgehend ausreagierte Reaktionsmasse mit frischem hochaktivem Kontakt zusammengebracht und damit zu hohem Umsatz geführt werden kann.

Als *physikalischer Bestimmungsgrund* zur Mehrstufenfahrweise ist zunächst die Verengung des Verweilzeitspektrums bei der Unterteilung eines Rührkessels in eine Kaskade zu erwähnen. Die Aufteilung eines Reaktors in mehrere Stufen erfolgt aber vor allem vielfach zur Erzielung einer günstigeren Temperaturführung. Zwischen den einzelnen Stufen wird dann Wärme zu- oder abgeführt, und zwar entweder indirekt über Wärmeaustauscher und Heiz- oder Kühlmedien oder auf direktem Wege durch Zuführung von kaltem frischem Einsatzgut, besonders aber von kaltem Frischgas bei Gasphaseprozessen.

Die mehrstufige Fahrweise erfordert keinesfalls immer eine Hintereinanderschaltung getrennter Reaktionsapparate, sondern es können auch in *einem* Apparat mehrere Reaktionszonen durch entsprechende apparative Einrichtungen voneinander getrennt und aneinandergereiht werden. Erinnert sei an die Kaskade, die in einem einfachen liegenden zylindrischen Tank mit mehreren verschieden hohen Trennblechen entsteht, den Wirbelschicht-Röstofen oder den katalytischen Gasphasereaktor mit mehreren getrennten Katalysatorräumen und zwischengeschalteten Wärmeaustauschern bzw. Vorrichtungen für die Zumischung von Kaltgas.

Zu 4: Für den *Kreislaufbetrieb* können wiederum *chemische* und *physikalische Gründe* sprechen. Häufig setzt man einen Reaktionsteilnehmer im Überschuß ein, um auf diese Weise eine bestimmte Schlüsselkomponente mit besonders hohem Umsatz in das Endprodukt zu überführen. Nach Abtrennung der gebildeten Reaktionsprodukte kann dann der nicht umgesetzte Anteil der im Überschuß angewendeten Komponente zurückgeführt und, mit neuem Einsatzgut vermischt, wieder in den Reaktor eingespeist werden. Aus *chemischen* Gründen wird Kreisführung ferner dann angewendet, wenn kurze Verweilzeiten in der Reaktionszone erwünscht sind, um Folgereaktionen zu unterdrücken. Mit Rücksicht auf die *physikalischen* Einflüsse empfiehlt sich der Kreislaufbetrieb mitunter besonders bei Gasphaseprozessen zur besseren Temperaturbeherrschung, indem das Kreislaufgas bei der Rückführung und vor erneutem Eintritt in den Reaktor über einen Wärmeaustauscher geführt wird. Zuweilen läßt sich der Kreislaufbetrieb vorteilhaft mit der mehrstufigen Fahrweise kombinieren.

Zu 5: Bei allen Reaktionen in heterogenen Systemen spielt die *Größe der Phasengrenzflächen* eine wichtige Rolle. Sowohl die Geschwindigkeit der Grenzflächenreaktionen als auch der Stoff- und Wärmetransport als physikalische Phänomene werden mit der Größe der Oberfläche verbessert, d. h. mit dem *Zerteilungsgrad* der reagierenden Komponenten. Bei der Übertragung von Laborversuchen in technische Maßstäbe ist man nicht daran gebunden — wie es früher häufig angenommen wurde — die im Labor benutzte Apparatur in geometrisch ähnlicher Form beizubehalten und nachzubauen. Vielmehr sind alle Möglichkeiten einer Verbesserung des Verfahrens durch Herbeiführung eines weitgehenden Zerteilungsgrades zu prüfen, wie etwa durch Übergang vom Labor-Festbettversuch zur Blasensäule, zum Wirbelschichtverfahren, Flugstaubverfahren od. ä.

Zu 6: Die Festlegung der *Betriebsvariablen Temperatur, Druck, Anfangskonzentrationen der Reaktionsteilnehmer und Reaktionsdauer (Verweilzeit)* ist das eigentliche *Kernstück* der technischen Reaktionsführung. Auf Grund der bekanntgewordenen Daten über Thermodynamik, Kinetik und physikalische Einflüsse auf das Reaktionsgeschehen wird man unter Berücksichtigung der gegenseitigen Abhängigkeiten der Betriebsvariablen eine gewisse Eingrenzung der in Frage kommenden Bereiche versuchen. Im Hinblick auf die Betriebsvariable „Temperatur" ergibt sich z. B. der thermodynamisch begünstigte Bereich aus dem Diagramm ΔG° gegen T bzw. $\log K_p$ gegen $1/T$, der nach kinetischen Messungen weiter präzisiert werden kann und schließlich eine Beurteilung unter dem Gesichtspunkt der Wärmetransportprobleme erfahren muß. Bei den anderen Betriebsvariablen ist ähnlich vorzugehen. Nunmehr sind die Kombinationsmöglichkeiten zwischen den zunächst als optimal eingegrenzten Bereichen durchzuprüfen, und zwar unter gleichzeitiger Berücksichtigung aller sonstigen in diesem Abschnitt berührten Fragen über Betriebsform, Betriebsweise, Formgebung und Werkstoffe. Auf dem Wege zu einer insgesamt optimalen Lösung werden dabei häufig Abänderungen der Vorentscheidungen notwendig.

Zu 7: Die Auswahl des geeigneten *Reaktortyps* steht in engem Zusammenhang mit den übrigen reaktionstechnischen Überlegungen. Allerdings bringt zuweilen schon die Natur des betreffenden Prozesses die zwangsläufige Festlegung auf einen bestimmten Reaktortyp mit sich. Die *Werkstoffauswahl* wird hauptsächlich von den chemischen Eigenarten der durchgesetzten Stoffe sowie unter dem Gesichtspunkt der Festigkeit von den vorgesehenen Temperatur- und Druckbereichen bestimmt. Wegen der allgemeinen Bedeutung der Werkstoffauswahl für die gesamte Apparatur wird hierauf noch an anderer Stelle eingegangen [s. Kap. 2.040].

2.006 Dimensionierung des Reaktors

Ausgangspunkt für die *Reaktordimensionierung* ist entweder die Erzeugungskapazität an gewünschten Endprodukten oder die Verarbeitungskapazität an Rohstoffen. Ersteres ist bei weitem häufiger, wobei sich die erforderlichen Rohstoffmengen aus der vorgegebenen Leistung, nämlich Endproduktmenge pro Zeiteinheit, und dem gewählten Umsatz ergeben. Der zweite Fall betrifft die Verarbeitung von Neben- bzw. Kuppelprodukten aus vorgelagerten Produktionsprozessen mit feststehendem Mengenanfall. Die mögliche Erzeugung an Endprodukten errechnet sich dann aus dem Rohstoffanfall — vollständige Verarbeitung auf die betreffenden Endprodukte vorausgesetzt — und wiederum aus dem gewählten Umsatz.

Das Ergebnis der Reaktordimensionierung besteht in der Festlegung des erforderlichen *Reaktionsraumes*, der notwendigen *Wärmeaustausch-flächen, Einbauten, mechanischer Einrichtungen* wie etwa von Rührwerken u. ä., d. h. also im Entwurf des Reaktors mit allen wichtigen Bauelementen und Abmessungen. Die Detaillierung braucht freilich nicht bis zur Festlegung aller konstruktiven Einzelheiten vorangetrieben zu werden, da diese Aufgaben bereits nicht mehr zur chemischen Reaktionstechnik gehören, sondern vom Apparatebauer zu lösen sind. Eine solche Dimensionierung ist für sämtliche technisch und wirtschaftlich als aussichtsreich betrachteten Lösungsmöglichkeiten getrennt vorzunehmen, um auf dieser Grundlage in einer letzten Arbeitsstufe das wirtschaftliche Optimum auffinden zu können.

Da die Berechnung des großtechnischen Reaktors auf Grund von Ergebnissen durchgeführt werden muß, die im Laboratorium oder beim Betrieb einer technischen Versuchsanlage gefunden wurden, ist es jedoch zunächst wichtig, die Frage der Extrapolation dieser Versuchsergebnisse auf die großtechnische Anlage zu behandeln.

2.006.0 Extrapolation der Versuchsergebnisse auf die großtechnische Anlage

Eine unmittelbare *Extrapolation* der im Laboratoriums-Maßstab gefundenen *Versuchsergebnisse* auf einen *großtechnischen Reaktor* wäre nur dann möglich, wenn zwischen Laborapparatur und großtechnischer Anlage in der Wirkungsweise eine vollständige Ähnlichkeit erwartet bzw. die Änderungen der Wirkungsweise infolge Maßstabvergrößerung im voraus rechnerisch exakt erfaßt werden könnten. Hierin treten jedoch große Schwierigkeiten auf. Einmal sind bestimmte Einflußgrößen des Reaktionsablaufs, wie z. B. Wärmeabführungsprobleme, im Laboratoriums-Maßstab oft so unbedeutend, daß sie hier nicht erfaßbar und auch nicht in ihrer Wirkung auf die großtechnische Durchführung der Reaktion abschätzbar sind. Vor allem aber verhindert die große Zahl der variablen Einflußgrößen mit ihren gegenseitigen Abhängigkeitsbeziehungen gewöhnlich die Erreichung einer vollständigen Ähnlichkeit und damit die rechnerische Vorausbestimmung von Wirkungsänderungen.

3*

Da die Schwierigkeiten und Unsicherheiten der Vorausberechnung mit zunehmendem Vergrößerungsverhältnis ebenfalls anwachsen, ist man meistens zur schrittweisen Vergrößerung und somit zur Einschaltung wenigstens *einer* technischen Versuchsanlage gezwungen. Freilich ist mit den ständigen Fortschritten auf dem Gebiet der chemischen Reaktionstechnik eine steigende Tendenz zur Beschränkung der experimentellen Entwicklungsarbeit und ihrer Ersetzung durch die vorausprojektierende Berechnung zu beobachten. Dabei spielen der Zwang zur Rationalisierung der Entwicklung infolge der schnellen Verfahrensüberholung sowie die mit den immer komplizierter werdenden Apparaturen ebenfalls ansteigenden Entwicklungskosten eine wesentliche Rolle [*612* bis *616*]. Auf dem Gebiet der reinen Verfahrenstechnik, d. h. bei der Auslegung der Apparate und Maschinen zur Durchführung der physikalischen Grundverfahren, hat man die experimentelle Entwicklungsarbeit bereits sehr weitgehend durch die Berechnung ersetzen können, für die Reaktion selbst gilt dies aber immer noch als Ausnahme. Es sei hier an das bekannte Beispiel der Buna-Fabrikation in USA im zweiten Weltkrieg sowie an die von K. SCHOENEMANN [*617*] erwähnte und beschriebene Herstellung von Hexogen (Trimethylentrinitramin, $C_3H_6O_6N_6$) in Deutschland erinnert. Meistens standen dann allerdings die Vorteile des Zeitgewinns so weit im Vordergrund, daß wirtschaftliche Überlegungen unberücksichtigt blieben.

Die Hilfsmittel zur Ergänzung der empirischen Entwicklungsarbeit mit dem Ziele, die optimale technische Reaktionsführung für die großtechnische Anlage zu bestimmen, hat W. BRÖTZ [*72*; *73*; *74*; *76*, S. 284] wie folgt angegeben:

1. Rein *rechnerische* oder *graphische Inter- oder Extrapolationsmethoden* ohne besondere Berücksichtigung oder Herausarbeitung der diesen Verfahren zugrunde liegenden Gesetzmäßigkeiten;
2. Anwendung der *Ähnlichkeitsprinzipien*;
3. Angenäherte Berechnung durch stark *vereinfachte Modelle*;
4. *Exakt-mathematische Behandlung des Problems* mit seinen verschiedenen wechselseitigen Einflüssen.

Während das erste Verfahren keine Besonderheiten bietet und nur beschränkt brauchbar ist, andererseits aber auch die exakte mathematische Berechnung wegen der schwierigen Lösbarkeit der aufzustellenden Differentialgleichung bzw. des evtl. erforderlichen ganzen Differentialgleichungssystems selten gelingt, verdient die Anwendung der *Ähnlichkeitsprinzipien* hier stärker hervorgehoben zu werden [vgl. XIII; *71*; *72*; *73*; *74*; *76*, S. 284; *139*; *140*; *161*, S. 298; *222*; *339*; *340*; *436*; *446*; *661*]. BRÖTZ [*72*] faßt als *Vorteile* dieses Verfahrens zusammen:

1. Möglichkeit der Modellübertragung bei Konstanthaltung der Kenngrößen. Soll der Reaktionsablauf unverändert bleiben, so fordert das Ähnlichkeitsprinzip bei der Maßstabvergrößerung eine Konstanthaltung der dimensionslosen Kenngrößen, die den Reaktionsablauf bestimmen. Hieraus lassen sich Vorschriften ableiten, wie die einzelnen Größen, z. B. eine geometrische Abmessung des Reaktors, bei der Extrapolation zu verändern sind.

2. Verminderung der Zahl der Veränderlichen in einer Funktion mehrerer Größen um die Zahl der in ihnen enthaltenen Dimensionen. Hierdurch ist eine Einschränkung der experimentellen Arbeiten erreichbar.

3. Ausschließlich auf dimensionslosen Argumenten basierende Funktionen sind bezüglich Form und Zahlenwerten vom verwendeten Maßsystem unabhängig.

4. Evtl. lassen sich bisher unbekannte oder unberücksichtigte Einflußgrößen auffinden.

Als Einschränkungen und *Nachteile* sind jedoch nach BRÖTZ entgegenzustellen:

1. Die Ähnlichkeitsanalyse liefert keinen vollkommenen, funktionellen Zusammenhang der einzelnen Einflußgrößen.

2. Häufig ist nur eine partielle Erfüllung des Ähnlichkeitsprinzips zu verwirklichen. Ursächlich hierfür ist, daß in der chemischen Reaktionstechnik — anders als etwa bei rein physikalischen Vorgängen wie z. B. der Strömung oder Wärmeübertragung — zu viele Ähnlichkeitsbeziehungen gleichzeitig bestehen. Die partielle Ähnlichkeit gestattet aber Maßstabvergrößerungen nur in sehr engen Grenzen.

3. Die Anwendung der Ähnlichkeitsanalyse setzt ein beträchtliches physikalisches bzw. physikalisch-chemisches Einfühlungsvermögen in die zugrunde liegenden Vorgänge voraus.

Schwierigkeit der Extrapolation und damit auch Umfang der notwendigen experimentellen Entwicklungsarbeiten schwanken mit der Neuartigkeit und Kompliziertheit des Verfahrens. Theoretisch darf die experimentelle Arbeit nur soweit vorangetrieben werden, wie hierdurch noch ein Gewinn durch Verminderung der späteren Anlaufschwierigkeiten und Umstellungsnotwendigkeiten sowie günstigere Betriebsbedingungen der großtechnischen Anlage zu erzielen ist und diese Vorteile nicht durch Überhandnahme der Entwicklungskosten überkompensiert werden. In eine solche Berechnung des „Optimums der Entwicklungsarbeit" geht auch der Zeitfaktor sehr stark ein. Grundsätzlich dürfen jedoch der experimentellen Entwicklungsarbeit nur solche Aufgaben zufallen, die nicht im Rahmen der bedeutend weniger kostspieligen Laborforschung und auch nicht mit Hilfe von Berechnungen

Abb. 6. Reaktor zur Kohlenwasserstoffsynthese im Laboratoriumsmaßstab (Festbett-Verfahren). Reaktionsraum = 50 cm³

Abb. 7. Reaktoren zur Kohlenwasserstoffsynthese einer kleineren technischen Versuchsanlage (Flüssigphase-Verfahren). Reaktionsraum = 7 l [H. KÖLBEL, P. ACKERMANN u. F. ENGELHARDT, *370*]

zu bewältigen sind [vgl. *115*; *221*; *223*; *249*, S. 94; *298*, S. 502; *339*; *340*; *420*; *466*; *496*; *512*; *523*; *529*; *685*; *705*; *706*; *724*].

Um einen Eindruck von Umfang und Vergrößerungsverhältnis der Versuchsanlagen in den verschiedenen Forschungs- und Entwicklungsstadien zu vermitteln, wurden in den Abb. 6 bis 8 eine Laboratoriums-

Abb. 8. Großtechnische Versuchsanlage zur Kohlenwasserstoffsynthese (Flüssigphase-Verfahren). Reaktionsraum = 10 m³ [H. KÖLBEL, P. ACKERMANN u. F. ENGELHARDT, *370*]

apparatur sowie aus der Entwicklungsphase eines Verfahrens (Kohlenwasserstoffsynthese) eine kleinere technische Versuchsanlage (halbtechnisch) und eine großtechnische Versuchsanlage (Demonstrationsanlage) wiedergegeben.

2.006.1 Die Reaktordimensionierung im einzelnen

Das methodische und rechnerische Vorgehen zur *Reaktordimensionierung* läßt sich kaum allgemeingültig, sondern nur an Hand von *Spezialfällen einzelner Reaktortypen* behandeln. Im folgenden werden nur die wichtigsten dieser Spezialfälle kurz gestreift, während die eingehende Darstellung sowie Behandlung weiterer Spezialfälle, wie etwa von Wirbelschicht-Reaktoren, nicht isobaren Reaktoren, Reaktoren mit Zweiphasen-Systemen u. ä., der Fachliteratur vorbehalten bleiben muß. An einzelnen, nach verschiedenen Gesichtspunkten abgegrenzten Reaktortypen seien erwähnt [s. besonders K. DIALER u. a. *161*, S. 272 bis 287; *76*, S. 300 bis 403; *315*; *643*]:

 1. *Reaktor für diskontinuierlichen Betrieb* (isotherme Reaktionsführung, wie auch 2 bis 5);

 2. *Rohrreaktor*;

 3. *Kontinuierlich durchströmter Rührkessel*;

4. *Kaskade*;

5. *Reaktor mit beliebigem Verweilzeitspektrum*;

6. *Reaktor für halbkontinuierlichen Betrieb*;

7. *Adiabatischer Reaktor*;

8. *Reaktor mit polytroper Reaktionsführung*;

9. *Reaktor für Flammenreaktionen*;

10. *Reaktor für Ionenreaktionen*;

11. *Elektrolysezellen*.

Zu 1: Das bei einer Produktionskapazität q_E [kmol/h] erforderliche Reaktionsvolumen V_R [m³] ergibt sich aus der Anfangskonzentration der Bezugskomponente c_{ka} [kmol/m³], dem Umsatz dieser Bezugskomponente η_k in Abhängigkeit von der Reaktionsdauer t [h], den stöchiometrischen Verhältniszahlen des Endproduktes ν_E und der Bezugskomponente ν_k sowie den Zeiten für Beschicken und Entleeren, Aufheizen und Kühlen des Reaktors t' [h] zu [*161*, S. 273]

$$V_R = q_E \cdot \frac{-(\nu_k/\nu_E)}{c_{ka}} \cdot \frac{t+t'}{\eta_k} \quad [\text{m}^3].$$

Bei auftretender Dichteänderung der Reaktionsmasse ist V_R mit dem Quotienten aus anfänglicher Dichte ϱ_a und kleinster auftretender Dichte $\varrho_{\min}$ zu multiplizieren.

Zusammengehörige Wertepaare für η_k und t können über das Zeitgesetz und die Beziehung [*161*, S. 273]

$$t = \frac{c_{ka}}{-\nu_k} \int_0^{\eta_k} \frac{\varrho}{\varrho_a} \cdot \frac{d\eta_k}{r} \quad [\text{h}]$$

berechnet werden, wobei die Dichteänderung häufig vernachlässigt und damit ϱ/ϱ_a gleich 1 gesetzt werden kann. Das Integral läßt sich in komplizierteren Fällen graphisch lösen. Trägt man den Ausdruck $\frac{\varrho}{\varrho_a} \cdot \frac{1}{r}$ gegen η_k auf, so erhält man die zu bestimmten Umsätzen gehörigen Integralwerte als Flächen unter der Kurve. Man kann diese Wertepaare aber auch unmittelbar einem auf Grund experimenteller Messungen entwickelten Diagramm entnehmen, in dem entsprechend Abb. 4 η_k gegen t aufgetragen ist. Das gefundene gesamte Reaktionsvolumen V_R ist evtl. auf eine Anzahl parallelgeschalteter Einheiten zu verteilen, wobei auch die Frage der in den Mänteln unterzubringenden Wärmeaustauschflächen eine Rolle spielen kann [s. auch Kap. 2.042.3].

Zu 2: Die beiden genannten Gleichungen gelten grundsätzlich auch für den *kontinuierlich durchströmten Rohrreaktor*, jedoch fällt in der Beziehung für V_R die Größe t' weg und ist t durch die mittlere Verweilzeit τ zu ersetzen. Wie bereits oben erwähnt, ergibt sich diese bei volumenbeständigen Reaktionen aus Reaktionsvolumen und Durchsatz ($\tau = V_R/\dot{v}$).

Bei nicht volumenbeständigen Reaktionen — es kommen hier praktisch nur Gasphasereaktionen mit Molzahländerung in Betracht — ist der Volumenstrom bzw. Durchsatz $\dot{v}$ nicht konstant, sondern als Funktion von τ veränderlich. Dieser Einfluß kann bei Gültigkeit einer exakten stöchiometrischen Gleichung über die DAMKÖHLERsche Gleichung [*139*; *140*] erfaßt werden, während sich in komplizierteren Fällen, besonders wenn das komplexe Geschehen im Reaktor nicht durch eine einzige stöchiometrische Gleichung darstellbar ist, die graphische Integration des Ausdruckes für τ empfiehlt. Bei katalytischen Reaktionen bezieht sich das Reaktionsvolumen V_R auf das Kontaktvolumen, das über die Schüttdichte des Kontaktes auf das Kontaktgewicht umgerechnet werden kann.

Zu 3: Die Berechnung des *kontinuierlich durchströmten Rührkessels* ist gegenüber dem Strömungsrohr insofern vereinfacht, als die Konzentrationen hier wegen der totalen Rückvermischung nicht nur zeitlich, sondern auch örtlich als konstant anzunehmen sind. Die im Ablaufstutzen gemessenen Konzentrationen sind für die Reaktionsgeschwindigkeit im ganzen Rührkessel maßgebend. Die Berechnung erfolgt nach der Formel [*161*, S. 278]

$$V_R = \frac{q_E}{v_E \cdot r} \quad [\mathrm{m^3}],$$

wobei im Nenner für die Reaktionsgeschwindigkeit das Zeitgesetz einzuführen ist. Die hierin auftretenden Konzentrationen sind durch die Zulaufkonzentrationen und den Umsatz auszudrücken, da diese Größen neben q_E vorgegeben werden [*161*, S. 278]. So ist z. B. für eine Reaktion erster Ordnung

$$V_R = \frac{q_E}{v_E \cdot k \cdot c_{ka}\,(1 - \eta_k)} \quad [\mathrm{m^3}].$$

Treten im Rührkessel Dichteänderungen auf, so multipliziert man den Nenner der zuletzt genannten Gleichung zusätzlich mit dem Quotienten aus Dichte im Kessel durch Dichte im Zulauf. Der erforderliche Durchsatz $\dot{v}$ ergibt sich aus der dem Umsatz η_k zugeordneten mittleren Verweilzeit und dem errechneten Reaktionsvolumen V_R.

Zu 4: Die Berechnung von *Kaskaden* erfolgt in der Regel stufenweise, wobei der Ablauf eines Kessels den Zulauf des nachfolgenden ergibt. In einfachen Fällen, z. B. für volumenbeständige Reaktionen erster Ordnung, lassen sich auch geschlossene Formeln für die gesamte Kaskade angeben. Nach der Berechnung unter idealisierten Bedingungen ist eine optimale Ausnutzung des Reaktionsraumes dann verwirklicht, wenn man das Verhältnis zwischen der Reaktorgröße des folgenden zum vorangehenden Kessel gleich der Reaktionsordnung wählt.

Zu 5: Kann man nicht mit den idealisierten Grenzfällen der Pfropfströmung und der totalen Rückvermischung im Rührkessel rechnen, so läßt sich in einigen Fällen, vor allem bei Reaktionen erster Ordnung, die exakte Berechnung auch unter Berücksichtigung der *realen Rückvermischung* über ein experimentell ermitteltes *Verweilzeitspektrum* vornehmen. Zweckmäßig wird dabei ein graphisches Verfahren benutzt, indem zunächst in ein und dasselbe Diagramm einmal die Summenkurve des Verweilzeitspektrums und zum anderen die im diskontinuierlichen Versuch zu ermittelnde Konzentration der Bezugskomponente über der Zeit t eingezeichnet werden. Die jeweils zu bestimmten Zeiten gehörigen Wertepaare aus den beiden Kurven werden dann in einem zweiten Diagramm gegeneinander aufgetragen. Die Fläche unter dieser Kurve ergibt die gesuchte Endkonzentration der Bezugskomponente nach der zugeordneten mittleren Verweilzeit, wie sie aus dem ersten Diagramm hervorgeht. Damit ist der unter dem Einfluß des Verweilzeitspektrums zustande kommende Umsatz festgelegt. Sind die Voraussetzungen für eine exakte Gültigkeit dieses Verfahrens nicht gegeben, so läßt es sich in anderen Fällen als mehr oder minder gute Näherung verwenden [K. SCHOENEMANN, *612*].

Zu 6: Ein Spezialfall zwischen kontinuierlich und diskontinuierlich betriebenem Reaktor ist der *Reaktor für Teilfließbetrieb*. Hier wird zu einer vorgelegten Charge laufend ein Reaktionspartner zu- oder aus dieser abgeführt, in Ausnahmefällen auch beides. Die Dimensionierung ist in Abhängigkeit von den im Einzelfall vorliegenden Bedingungen, die sehr verschiedenartig sein können, häufig recht kompliziert und kann in diesem Zusammenhang nicht näher behandelt werden.

Zu 7: Der *adiabatische Reaktor*, streng genommen nur bei Chargenbetrieb möglich, ist dadurch gekennzeichnet, daß die gesamte Reaktionsenthalpie zur Temperaturänderung der Reaktionsmasse führt. Praktisch kommen hierfür nur exotherme Reaktionen in Betracht. Die Endtemperatur T läßt sich bei gegebener Anfangstemperatur T_a in Abhängigkeit vom Umsatz auf Grund der nachstehenden Beziehung berechnen, wobei ΔH_R und die spezifische Wärme der Reaktionsmasse c_p vereinfachend als Mittelwerte unter Vernachlässigung ihrer Temperaturabhängigkeit eingesetzt werden [*161*, S. 283]:

$$T = T_a - \frac{\Delta H_R \cdot c_{ka} \cdot \eta_k}{c_p \cdot \varrho_a \, (-\nu_k)} \quad [°\text{K}].$$

Die für die Dimensionierung des isothermen *diskontinuierlichen* Reaktors oben unter Ziffer 1 angegebenen beiden grundlegenden Formeln werden auch hier als Ausgangsbasis benutzt. Nunmehr ist jedoch zu berücksichtigen, daß die Reaktionsgeschwindigkeitskonstante mit Erhöhung der Temperatur gemäß der ARRHENIUSschen Gleichung ansteigt. Zweckmäßig geht man nach einem graphischen Verfahren wie folgt vor: In einem Diagramm wird zunächst die nach der obigen Gleichung berechnete Temperatur T gegen den Umsatz aufgetragen, wobei unter den getroffenen vereinfachenden Annahmen eine Gerade erhalten wird. Hierauf werden für verschiedene Werte von η_k aus der ARRHENIUS-schen Gleichung die zugehörigen Reaktionsgeschwindigkeitskonstanten und aus der stöchiometrischen Gleichung die zugehörigen Konzentrationen der im Geschwindigkeitsausdruck stehenden Komponenten berechnet. Außerdem ist evtl. die Dichteänderung ϱ/ϱ_a in Abhängigkeit von der Temperatur bzw. vom Umsatz zu berücksichtigen. Nunmehr kann der Ausdruck:

$$\frac{\varrho}{\varrho_a} \cdot \frac{1}{r}$$

als Funktion von η_k berechnet und im gleichen Diagramm aufgetragen werden. Die Fläche unter der Kurve ist das Integral der oben unter Ziffer 1 wiedergegebenen Berechnungsformel für die Reaktionsdauer t, aus der nunmehr auch zusammengehörige Wertepaare für t und η_k berechnet werden können. Schließlich ist das Reaktionsvolumen V_R in Abhängigkeit vom gewünschten Umsatz ohne Schwierigkeit zu ermitteln [*161*, S. 284].

Bei der adiabatischen Temperaturführung im *kontinuierlichen* System wird grundsätzlich in ähnlicher Weise verfahren, jedoch sind die im einströmenden und ausströmenden Gut laufend zu- bzw. abgeführten Wärmebeträge zu berücksichtigen. Die sich stationär einstellenden Temperaturen müssen auf Grund der vollständigen Wärmebilanz berechnet werden. Beim Rührkessel stellt sich eine einheitliche stationäre Temperatur ein, beim Rohrreaktor eine stationäre Temperaturverteilung längs des Rohres.

Zu 8: Genau wie bei kontinuierlichem Rührkessel, Rohrreaktor und Kaskade die Verhältnisse in bezug auf das Strömungsverhalten idealisiert sind, so stellen auch die rein isotherme und adiabatische Temperaturführung theoretische Extremfälle dar. Beim „praktischen" Reaktor wird dagegen meist nur ein *Teil* der entstehenden oder verbrauchten *Reaktionswärme ab- oder zugeführt*, während der Restbetrag eine Temperaturänderung der Reaktionsmasse bewirkt. Oft setzt man freilich auch die in Wirklichkeit nicht zutreffenden Verhältnisse der isothermen oder adiabatischen Temperaturführung voraus, um auf der Grundlage der Grenzfälle den dazwischenliegenden Realfall abschätzen zu können. Entweder man läßt ein derartiges Berechnungsergebnis unmittelbar als Näherungslösung gelten oder versucht von hier aus eine weitere stufenweise Annäherung.

Zu 9: Bei der Durchführung einer Reaktion in einer *stationären Flamme* tritt im Gegensatz zum Rohrreaktor nur eine sehr kurze Reaktionszone auf. Damit die Flamme stationär brennt, muß die lineare Fortpflanzungsgeschwindigkeit der Flamme entgegengesetzt gleich der linearen Strömungsgeschwindigkeit sein. Die Fortpflanzungsgeschwindigkeit der Verbrennung kann nach bekannten Methoden im Laboratorium bestimmt werden. Damit ist auch für den Reaktor die lineare Strömungsgeschwindigkeit festgelegt. Dividiert man einen vorgegebenen Durchsatz dúrch die ermittelte lineare Strömungsgeschwindigkeit, so erhält man den erforderlichen Querschnitt der Flammenfront, von dem man auf Grund der Form der Flammen und der besonderen apparativen Gestaltung des Brenners auf den gesamten Reaktorquerschnitt schließt. Die Reaktorlänge ergibt sich im wesentlichen aus den experimentell ermittelten Winkeln der Flammenkegel [vgl. *200*, S. 414; *225*, S. 423].

Zu 10: Bei Reaktionen mit praktisch *unendlich großer Geschwindigkeit*, wie es für zahlreiche anorganische Fällungsreaktionen mit *ionischen Reaktionspartnern* zutrifft, geht die Dimensionierung des Reaktors nicht von der Kinetik aus. Hier kann mit sofortiger Einstellung der thermodynamischen Gleichgewichtswerte gerechnet werden, so daß der theoretische, thermodynamisch maximale Umsatz auch für die Dimensionierung des Reaktors zugrunde zu legen ist. Aus der vorgegebenen Leistung und dem thermodynamisch maximalen Umsatz errechnen sich dann unmittelbar erforderlicher Durchsatz und Reaktionsvolumen. Damit die Reaktion auch praktisch in einer äußerst kurzen Reaktionszeit abläuft und nicht durch Einflüsse physikalischer Transportvorgänge behindert wird, ist vor allem für eine ausreichende Durchmischung zu sorgen. Sind physikalische Transportvorgänge geschwindigkeitsbestimmend, so arbeitet man mit den früher behandelten Berechnungsmethoden.

Zu 11: Bei *Elektrolysezellen* errechnet sich aus der vorgegebenen Produktionsleistung sowie elektrochemischen Wertigkeit des abzuscheidenden Produktes nach dem FARADAYschen Gesetz die theoretisch erforderliche Stromstärke, deren Division durch die Stromausbeute, die als Erfahrungswert oder aus experimentellen Messungen verfügbar sein kann, die praktisch erforderliche Stromstärke ergibt. Die insgesamt aufzuwendende Stromstärke ist auf eine bestimmte Anzahl von Zellen aufzuteilen. Als ein wichtiger Ausgangspunkt der Zellendimensionierung ist die kathodische und anodische Stromdichte [Amp/m^2] festzulegen, woraus dann unmittelbar die je Zelle erforderlichen Größen der Kathoden- und Anodenflächen hervorgehen. Die gewöhnlich in größeren Bereichen frei wählbaren Stromdichten beeinflussen bei gleichbleibender Erzeugungsleistung die Abmessungen der Zelle erheblich, deren Festlegung ein charakteristisches wirtschaftliches Optimumproblem darstellt [s. Kap. 2.042.2]. Im übrigen aber ist die Dimensionierung der einzelnen Bauelemente von Elektrolysezellen so stark vom einzelnen speziellen Verfahren abhängig, daß allgemeingültige Methoden kaum angegeben werden können.

2.006.2 Das wirtschaftliche Optimum bei der Reaktordimensionierung

Die Auffindung eines bei gegebener Kapazitätsanforderung *optimalen Reaktors* mit optimalen Abmessungen und Betriebsbedingungen erfordert unter Transformation der technischen in wirtschaftliche Maßstäbe ausgedehnte und systematische Vorkalkulationen. Für die verschiedenen möglichen Kombinationsfälle der Betriebsvariablen, Betriebsformen, Reaktortypen usw. sind auf Grund der vorausgegangenen technischen Dimensionierung die Kosten und evtl. darüber hinaus bestimmte Wirtschaftlichkeitskennziffern zu berechnen und untereinander zu vergleichen. Ausführungen über das grundsätzliche methodische Vorgehen für derartige Optimumbestimmungen finden sich wegen der allgemeinen Bedeutung für die Auslegung chemischer Apparaturen an anderer Stelle [Kap. 2.042]. Die rechnerischen Schwierigkeiten entstehen dadurch, daß gerade bei der optimalen Reaktordimensionierung eine Vielzahl variabler Parameter zu berücksichtigen ist. Ermittelt man z. B. den wirtschaftlich optimalen Umsatz und die hiermit gleichzeitig festliegenden Optimalwerte der Reaktionsdauer bzw. der mittleren Verweilzeit sowie des Reaktionsvolumens nach Abb. 26 bzw. 27 in Kap. 2.042.2 für konstante Temperatur, Druck, Anfangskonzentrationen der Reaktionsteilnehmer, einen bestimmten Reaktortyp usw., so wären anschließend noch sämtliche vorerst konstant gehaltenen Parameter einzeln zu variieren. Unter Umständen ist es sogar nicht einmal zulässig, die wirtschaftliche Analyse auf den Reaktor selbst zu beschränken, wenn nämlich durch dessen unterschiedliche Auslegung auch die wirtschaftlichen Daten der vor- und nachgeschalteten Verfahrensstufen beeinflußt werden. Eine ganze Reihe von Kombinationsfällen wird man allerdings immer als technisch und wirtschaftlich uninteressant von vornherein ausscheiden können, um auf diese Weise die Zahl der bis zur Wirtschaftlichkeitsanalyse vorangetriebenen quantitativen Berechnungsfälle einzuschränken. Die Verfügbarkeit moderner Großrechenmaschinen gestattet eine erweiterte mathematische Behandlung dieser Probleme, die heute gegenüber dem mehr empirischen und subjektiv beeinflußten Vorgehen im allgemeinen noch zurücktritt, jedoch mit Sicherheit in der Zukunft eine stetig steigende Bedeutung erfahren wird.

2.01 Schematische und Verfahrens-Fließbilder

2.010 Das Wesen der Fließbilder

Fließbilder sind unmaßstäbliche, mehr oder minder stark vereinfachte zeichnerische Darstellungen zur Veranschaulichung des Aufbaus vollständiger Anlagen aus Verfahrensstufen oder Einzelapparaten sowie des Stoffflusses der hierin durchzuführenden Prozesse.

Hinsichtlich der Charakterisierung des Stoffflusses beschränken sich die Fließbilder an sich auf rein *qualitative* Aussagen. Obwohl aber die Bezeichnung von Mengengrößen nicht zu den ursprünglichen Wesensmerkmalen des Fließbildes gehört, lassen sich trotzdem auch quantifizierende Formen ableiten. Dies gilt besonders für das einfache schematische (Block-) Fließbild, das schließlich die gesamte Material- oder Energiebilanz in sich vereinen kann. Auf diese Fließbildformen wird erst im Zusammenhang mit den Material- und Energiebilanzen eingegangen.

Die wichtigste *Einteilung* der in mannigfachem Formenreichtum auftretenden Fließbilder erfolgt nach dem *Abstraktionsgrad der Darstellung*, woraus sich mit abnehmender Abstraktion folgende Rangreihe ergibt: *Schematisches, Verfahrens-* und *konstruktives Fließbild*. Diese bedeutet freilich nur eine willkürliche begriffliche Stufung innerhalb fließender Übergänge. Mit dem Vorteil der stärkeren Detaillierung und damit erhöhten Aussagefähigkeit des Fließbildes bei geringeren Abstraktionsgraden geht eine Verringerung der Übersichtlichkeit Hand in Hand. Bestimmten Abschnitten des nach dem Abstraktionsgrad geordneten Formenspektrums entsprechen damit auch bestimmte Anwendungs- und Aufgabengebiete, die wiederum in großen Umrissen den einzelnen Projektierungsstadien zugeordnet werden können. Gibt das einfache schematische Fließbild nicht mehr als einen bloßen Umriß für alle weiteren Überlegungen zu Beginn der Vorprojektierung, so ist das konstruktive Fließbild bereits die unmittelbare Vorstufe zur Konstruktion und gehört damit schon in die Ausführungsprojektierung [s. Kap. 2.11].

Auch in den detaillierten Formen des konstruktiven Fließbildes erfolgt durch die meistens *fehlende Maßstäblichkeit* eine Abgrenzung gegenüber der Konstruktionszeichnung. Eine maßstäbliche Darstellung läßt sich nicht in bezug auf die Anordnung, d. h. auf die gegenseitige Lage der Anlagenelemente, sondern höchstens bei Verfahrens- und konstruktiven Fließbildern für die Abmessungen der einzelnen Apparate und Maschinen verwirklichen. Hierbei treten aber bald große Schwierigkeiten auf, wenn einmal Symbole benutzt werden sollen oder die Abmessungen verschiedener Einheiten zueinander völlig außer Verhältnis stehen, wie etwa bei Pumpen und großen Lagertanks.

Bedeutsam ist die Frage, inwieweit *Symbole* für die Kennzeichnung der Apparate, Maschinen, Armaturen, Instrumente und Leitungen, evtl. auch ganzer Verfahrensstufen benutzt werden sollen. Die Symbolik gestattet eine Erweiterung der Aussagefähigkeit und läßt das Fließbild dabei doch einfach und übersichtlich bleiben, jedoch muß man eine Kenntnis der verwendeten Sinnbilder bei allen beteiligten Stellen voraussetzen können. Schließlich erhöhen Symbole den Abstraktionsgrad und verhindern somit die Wiedergabe von Besonderheiten im Einzelfall, während andererseits die Verwendung einer zu großen Anzahl von Symbolen zu Schwerfälligkeiten führt. Hieraus ergeben sich für die symbolische Darstellung gewisse natürliche Grenzen.

In der Ausführung der Fließbilder und vor allem in der Benutzung von Symbolen besteht bis jetzt noch wenig Einheitlichkeit. Bestrebungen zur *Normung* sind zwar vorhanden, aber sie lassen sich nur schwer durchsetzen, obwohl sie im Hinblick auf die erreichbare Erleichterung des Verständnisses der Fließbilder durchaus positiv zu beurteilen sind.

Fließbilder spielen in allen Stadien der Projektierung eine kaum zu überschätzende Rolle. Sie lassen Prozesse und Anlagen schnell verständlich werden und besitzen eine bedeutsame Anpassungsfähigkeit an die verschiedensten Aufgaben. Vor allem sind Fließbilder organisatorische Hilfsmittel zur Koordinierung der einzelnen, teils heterogenen Unterfunktionen der Projektierung und erleichtern die Erzielung einer Übereinstimmung zwischen den Vorschlägen der einzelnen Gruppen sowie die Sicherung des Zusammenhangs der Projektierungsarbeiten.

2.011 Schematische Fließbilder

Das *schematische Fließbild* stellt unter weitgehendem Verzicht auf die Wiedergabe von Einzelheiten die einfachste Form des Fließbildes dar, wobei die Vielzahl der auftretenden Varianten unter Hervorhebung bestimmter Einteilungskriterien wie folgt systematisch erfaßt werden kann:

1. Nach dem *Abstraktionsgrad der zeichnerischen Darstellung* sind zu unterscheiden:

a) Fließbilder, die auf jede differenzierende Kennzeichnung der Verfahrensstufen, Apparate und Stoffwege mit zeichnerischen Mitteln verzichten und nur einfache Rechtecke („Block"-Fließbilder) oder seltener Kreise für die Verfahrensstufen und Apparate sowie gleichstarke Linien für die Stoffwege enthalten;

b) Fließbilder mit einfacher symbolischer Kennzeichnung der Verfahrensstufen und Stoffwege.

Für den zuerst genannten Typ, der in der Praxis weitaus vorherrscht, bietet Abb. 9 Beispiele. Man will zugunsten eines Höchstmaßes an Klarheit und Übersichtlichkeit bewußt alle Aussagen über apparative Einzelheiten beiseite lassen und sich zunächst auf die Erfassung der wichtigsten und beherrschenden Grundzüge eines Verfahrens beschränken. Damit wird zunächst nur der Weg der Rohstoffe, Zwischen- und Fertigprodukte sowie evtl. noch der wichtigsten Energiearten durch die einzelnen Stufen der Anlage verfolgt.

Ein Typ der zweiten Form ist das nach DIN 7091 (Dez. 1945) genormte schematische Fließbild, das Abb. 10 am Beispiel der Schwefelsäurefabrikation nach dem Kontaktverfahren veranschaulicht. Im mittleren Feld sind in horizontaler Richtung in Form von Quadraten die

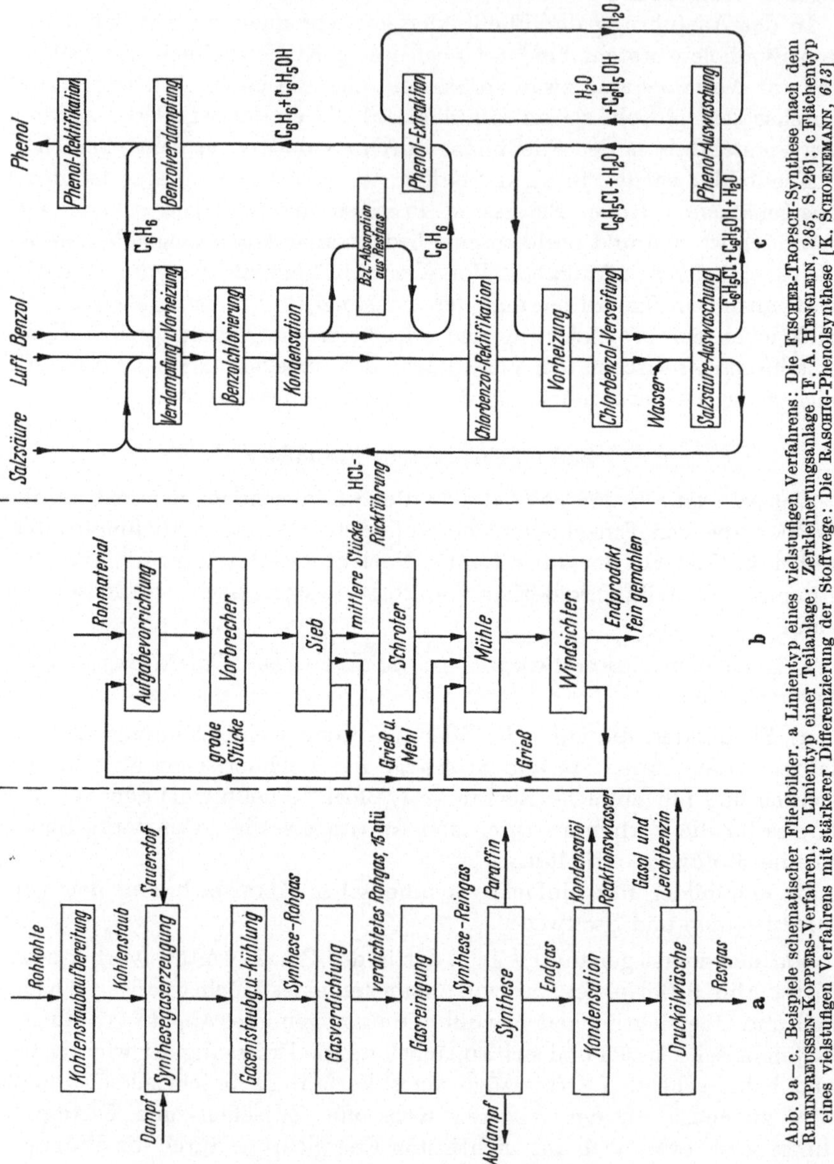

Abb. 9 a—c. Beispiele schematischer Fließbilder. a Linientyp eines vielstufigen Verfahrens: Die Fischer-Tropsch-Synthese nach dem Rheinpreussen-Koppers-Verfahren; b Linientyp einer Teilanlage: Zerkleinerungsanlage [F. A. Henglein, 285, S. 26]; c Flächentyp eines vielstufigen Verfahrens mit stärkerer Differenzierung der Stoffwege: Die Raschig-Phenolsynthese [K. Schoenemann, 613]

Verfahrensstufen oder Fertigungsstellen dargestellt, während liegende Rechtecke im oberen Feld Lagerstellen für Rohstoffe und ebensolche

Rechtecke im unteren Feld Lagerstellen für Endprodukte bezeichnen. Die vorgesehenen genormten Symbole für Stoff- und Energiewege einschließlich der Aggregatzustände und Energieformen, Meßstellen und Meßwege, Fertigungsstellen sowie Fertigungsvorgänge sind im einzelnen dem genannten Normenblatt zu entnehmen, das auszugsweise in Abb. 11 (S. 50 bis 54) abgedruckt ist. Gegenüber der ersten Form wird die Aussagefähigkeit beträchtlich erweitert, jedoch mit dem Nachteil einer gewissen Komplizierung.

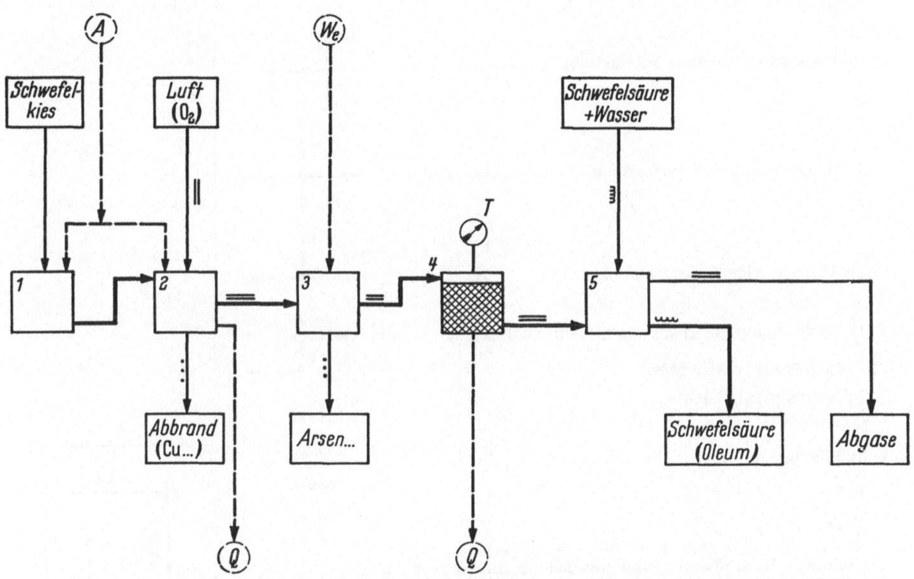

Abb. 10. Beispiel eines schematischen Fließbildes nach DIN 7091: Herstellung von Kontakt-Schwefelsäure [vgl. S. KIESSKALT, *355*, S. 9 u. W. BRÖTZ, *76*, S. 423]
1 Kiesbrecherei; *2* Röstofen; *3* Elektrische Gasreinigung; *4* Kontaktofen; *5* Absorber; *A* Mechanische Energie; W_e Elektrische Energie; *Q* Wärmeenergie; *T* Temperatur-Meßstelle

2. Nach dem *Umfang des dargestellten Prozesses* und der *Tiefengliederung der Stufen* kann man unterscheiden:

a) Fließbilder, die einen größeren, abgeschlossenen chemischen Prozeß erfassen und diesen in Verfahrensstufen aufspalten;

b) Fließbilder, die quasi nur *eine* Verfahrensstufe zum Gegenstand haben, diese aber in entsprechend kleinere Teiloperationen und Einzelapparate zerlegen.

Für die erste Form gelten Abb. 9a und c, für die zweite Abb. 9b als Beispiele. Zwischen beiden Grenztypen sind vielfältige Übergänge denkbar, zumal manche Verfahrensstufen oft nur einen einzigen Apparat erfordern.

Schematisches Fließbild der chemischen Technik
Kurzzeichen

Benennung	Grundzeichen	Zusammengesetzte Zeichen
A. Stoffwege und Stoffe		
1. Stoffwege		
a) Hauptweg der Fertigung		
b) Nebenwege der Fertigung einschließlich Zu- und Abgänge (Strichdicke entsprechend der Wichtigkeit), z. B. Gasleitung		
c) Wegkreuzungen ohne Verbindung		
d) Wegkreuzung mit Verbindung		
e) Abzweig oder Zusammenfluß		
f) Verzweigung mit rhythmischer Umschaltung		
2. Stoffzustandsformen (Aggregatzustände)		
a) Feststoff		
b) Flüssigkeit		
c) Gas		
d) Dampf*		

Die Zeichen A 2a bis d werden vorzugsweise in Verbindung mit Stoffwegen und parallel zu diesen angeordnet verwendet (s. Spalte „Zusammengesetzte Zeichen“).

3. Stoffverteilung

Der Verteilungsgrad von festen Stoffen kann genauer gekennzeichnet werden durch Hinzufügen eines 3. Punktes, den man bei grober Verteilung über die 2 Punkte (Häufung), bei feiner Verteilung neben die 2 Punkte setzt.

Benennung	Grundzeichen	Zusammengesetzte Zeichen
a) Feststoff, grob verteilt		
b) Feststoff, fein verteilt		

Die Zeichen A 3a und b werden vorzugsweise in Verbindung mit Stoffwegen und parallel zu diesen angeordnet verwendet (s. Spalte „Zusammengesetzte Zeichen“).

---

* Wasserdampf sowie Gase, die im Ablauf des Verfahrens auch flüssig auftreten.

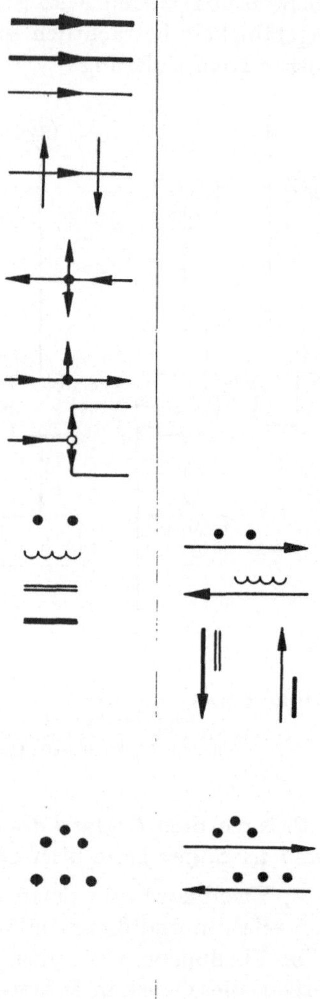

Abb. 11.
Auszug aus DIN-Blatt 7091: Schematisches Fließbild der chemischen Technik[1]

---

[1] Die Normblattangaben werden mit Genehmigung des Deutschen Normenausschusses wiedergegeben. Maßgebend ist die jeweils neueste Ausgabe des Normblattes im Normformat A 4, das bei der Beuth-Vertrieb GmbH, Berlin W 15 und Köln, erhältlich ist [vgl. auch S. KIESSKALT, *355*, S. 10 u. W. BRÖTZ, *76*, S. 418].

Benennung	Grundzeichen	Zusammengesetzte Zeichen
4. Mehrere Stoffzustandsformen nebeneinander		

In der Regel wird man mit den unter A 2 und 3 aufgeführten Grundzeichen auskommen. Sollte das Bedürfnis vorliegen, die gleichzeitige Anwesenheit mehrerer Stoffzustandsformen nebeneinander (2 flüssige Phasen oder Phasen verschiedenen Aggregatzustandes) anzudeuten, so wird dafür die Verbindung der Zeichen unter A 2 und 3 empfohlen. Dabei soll die vorherrschende Stoffzustandsform deutlich sichtbar werden, z. B. durch entsprechendes Verlängern bzw. Auseinanderziehen des für sie geltenden Zeichens. So werden bei Emulsionen, Suspensionen und Schlämmen die entsprechenden Zeichen untereinandergesetzt.

Beispiele:

a) Suspension ....

b) Schlamm (fein) ....

c) Schlamm (grob) ....

d) Emulsion ....

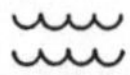

e) Schaum ....

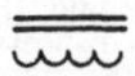

f) Nebel ....

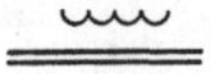

g) Nasser Dampf..................................

h) Staub ....
   (in Gas suspendiert)

Soll bei fluiden Phasen, insbesondere Lösungen, zum Ausdruck gebracht werden, daß sie eine weitere Phase enthalten, dann werden die Zeichen für diese Phase dem Zeichen für die vorherrschende Phase vorangesetzt.

Beispiele:

i) Lösungen:

   Feststoff in Flüssigkeit ....

   Flüssigkeit in Flüssigkeit ....

   Gas in Flüssigkeit ....

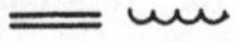

   Dampf in Gas ....

Abb. 11 (Fortsetzung)

4*

Benennung	Grundzeichen	Zusammengesetzte Zeichen
B. Energiewege und Energieformen		
1. Energiewege		
(lang gestrichelt)		
z. B. elektrische Leitung		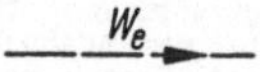
2. Energien		
(nach DIN 1304)		
a) Mechanische Energie	A.	
b) Wärmeenergie	Q.	
c) Elektrische Energie	W_e.	
d) Magnetische Energie	W_m.	
e) Lichtenergie	W_l.	
f) Schallenergie	W_{ak}.	
C. Meßstellen und Meßwege		
Meß- und Regelgeräte sind im schematischen Fließbild nur einzusetzen, wenn sie für die Durchführung des Verfahrens unumgänglich notwendig sind. Hierfür sind Kreise zu verwenden, wobei Meßgeräte durch Einzeichnen eines schrägen Pfeiles und Regelgeräte durch den Buchstaben R unterschieden werden. Die Meß- oder Regelgröße ist entweder durch das entsprechende Formelzeichen (nach DIN 1304) oder durch die Maßeinheit (nach DIN 1301) zu kennzeichnen. Nach Möglichkeit soll in einer Zeichnung nur eine der beiden Kennzeichnungsarten verwendet werden. Anstelle eines ungeläufigen Zeichens kann der Meß- oder Regelwert auch durch die wörtliche Kennzeichnung festgelegt werden.		
Beispiel siehe nebenstehend.		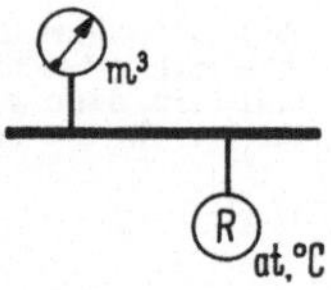
D. Fertigungsstellen		
1. Fertigung	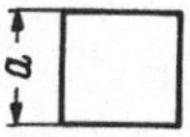 [1]	
2. Lagern (liegendes Rechteck) (bei Ausgangs-, Zwischen- und Endprodukten)	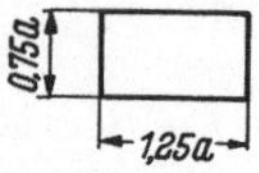	

[1] Die Länge des Grundmaßes a ist durch die Größe des Fließbildes bedingt.

Abb. 11 (Fortsetzung)

Benennung	Grundzeichen	Zusammengesetzte Zeichen
3. a) Fertigung b) Lagern } unter erhöhtem Druck		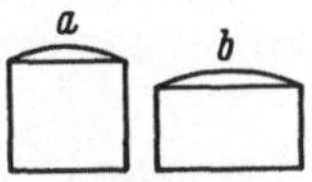
4. a) Fertigung b) Lagern } unter Vakuum		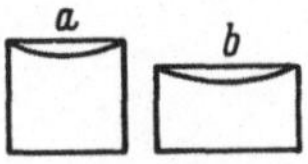
5. Fertigung mit Wärmezu- oder -abfuhr	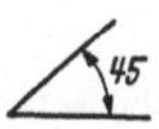	
6. Fertigung mit zeitweisem Festhalten eines Bestand- teils, z. B. durch Katalyse, Adsorption usw.		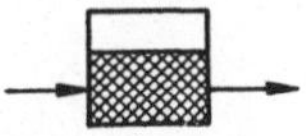

Benennung	Zusammengesetzte Zeichen

E. Fertigungsvorgänge

Die Fertigungsvorgänge ergeben sich zwanglos aus der Kombination der Zeichen von Stoffwegen und Stoffen (A 1 und 2) mit den Fertigungsstellen (D). Im folgenden sind einige Beispiele aufgeführt.

1. Fördern   ....

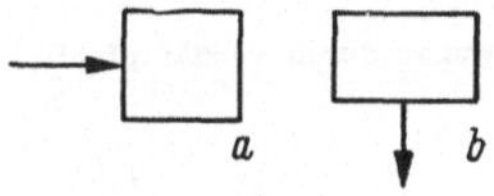

2. Mischen[1]   ....

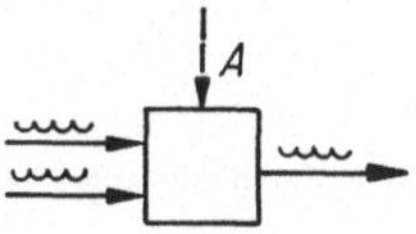

3. Suspendieren   ....

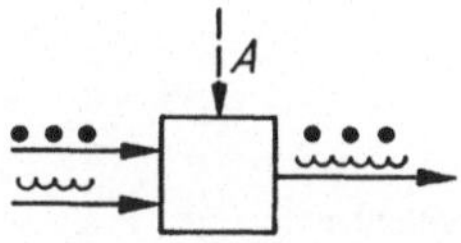

4. Lösen[1])   ....

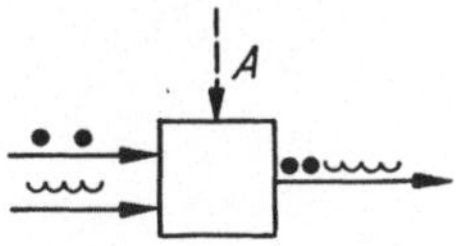

____

[1]) Hier ist nur eines der je nach den beteiligten Aggregat-Zuständen anders auszustattenden zusammengesetzten Zeichen als Beispiel gegeben. Ausführungsbeispiel s. S. 49.

Abb. 11 (Fortsetzung)

Benennung	Zusammengesetzte Zeichen
5. Zerkleinern	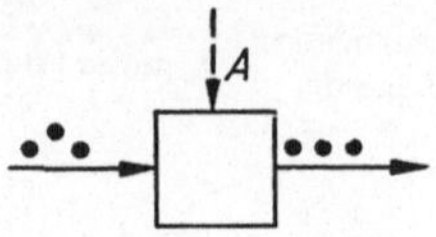
6. Trennen[1] (kontinuierliche Arbeitsweise)	a) 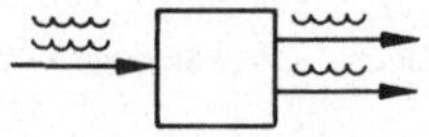
	b) 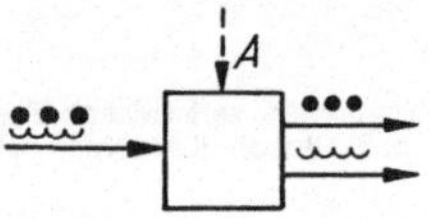
(diskontinuierliche Arbeitsweise)	c) 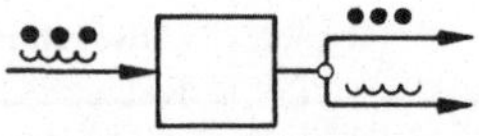
7. Trennen durch Verdampfen[1]	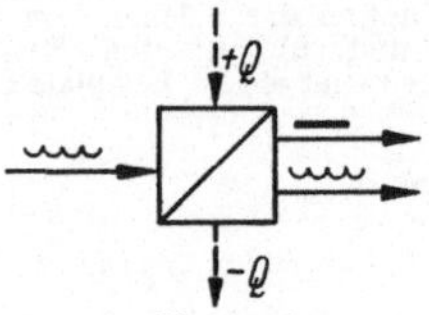
8. Trennen durch Ad- und Desorption[1]	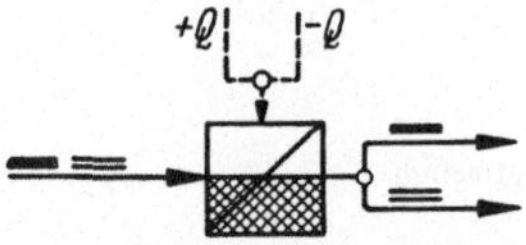
9. Verdichten	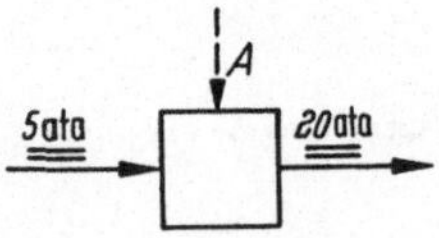
10. Pressen, Brikettieren	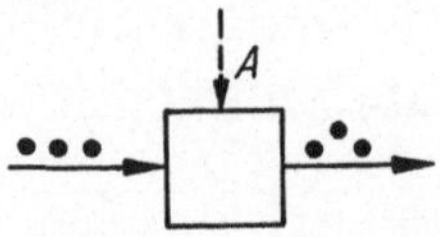

[1] siehe Fußnote S. 53.

Abb. 11 (Fortsetzung)

3. Nach der *räumlichen Anordnung* der Verfahrensstufen bzw. Anlagenelemente im Fließbild stehen sich gegenüber:

a) Flächentyp;
b) Horizontaler oder vertikaler Linientyp.

Diese Unterscheidung ist auch für die Verfahrens- und konstruktiven Fließbilder bedeutsam [vgl. *707*, S. 213]. Der Flächentyp gestattet eine zwanglose räumliche Anordnung, während der Linientyp eine Hintereinanderschaltung der Stufen gemäß dem Prozeßfolgeprinzip in Richtung des Stoffflusses auf einer geraden horizontalen oder vertikalen Linie erfordert. Für die Wiedergabe komplizierter Prozesse muß überwiegend der Flächentyp in Anspruch genommen werden; dieser kommt aber kaum als eine wahllose, verstreute Anordnung der Stufen und Apparate vor, sondern meist in zweckvoller Kombination mit dem Linientyp: Vor- und Nebenprozesse, aber auch Aufarbeitungsprozesse zur weiteren Verarbeitung einzelner Spaltprodukte nach der Produktionsstufe der Trennung, werden regelmäßig auf kürzeren Linien parallel zum Hauptprozeß dargestellt und durch entsprechende Abzweiglinien mit diesem verbunden. Reine Linientypen sind Abb. 9a und b, jedoch wäre die FISCHER-TROPSCH-Synthese (Abb. 9a) in dieser Form schon nicht mehr darstellbar, wenn auch die Aufarbeitung der Primärprodukte einbezogen würde. Das Vorhandensein von Kreisläufen, wie z. B. bei der RASCHIG-Phenolsynthese in Abb. 9c, erzwingt immer den Flächentyp, jedoch enthält die genannte Abbildung noch wesentliche Elemente des Linientyps. Von einem solchen wird man auch noch dann sprechen müssen, wenn nur die Lagerstellen für Ausgangsmaterialien und Endprodukte seitlich an den Hauptprozeß angeschlossen werden, wie etwa beim genormten schematischen Fließbild nach DIN 7091 (Abb. 10).

4. Nach der Berücksichtigung *nur qualitativer* oder *auch quantitativer Maßstäbe* sind zu unterscheiden:

a) Fließbilder mit rein qualitativer Beschreibung des Stoffflusses;
b) Fließbilder mit mehr oder minder vollständiger Mengenbezeichnung der Stoffdurchsätze.

Hinsichtlich der Form a) begegnet man mehreren Varianten. Man kann sich z. B. beim Vorhandensein eines Stoffgemisches auf die globale Kennzeichnung desselben beschränken oder aber die einzelnen Komponenten detailliert angeben. Andererseits ist auch die Einzeichnung getrennter Linien für einzelne Stoffe möglich, wie es Abb. 9c verdeutlicht. Im Grenzfall entstehen dabei Fließbilder, die für jedes Einsatz-, Zwischen- und Endprodukt sowie für sämtliche Energiearten je eine besondere Linie angeben, wobei es gleichgültig ist, ob der Transport auch wirklich in getrennten Leitungen erfolgt. Meistens verbinden sich hiermit allerdings Mengenangaben sowie die maßstäbliche Zeichnung der Linienstärken entsprechend den Mengendurchsätzen.

Über Fließbilder mit Mengenbezeichnungen der Stoffdurchsätze vgl. Kap. 2.02 und 2.03.

2.012 Verfahrens-Fließbilder

Beim *Verfahrens-Fließbild* wird die Apparatur bereits in ihren typischen konstruktiven Wesensmerkmalen dargestellt, jedoch nicht in einer solchen Vollständigkeit, wie es als Grundlage für die Entwicklung der Konstruktionszeichnungen erforderlich wäre. Wird dagegen die Detaillierung des Fließbildes im Hinblick auf die Wiedergabe konstruktiver Einzelheiten bis zur höchsten Vollständigkeit vorangetrieben, so sprechen wir von einem „konstruktiven Fließbild". Diese Begriffsbestimmung erfolgt in Anlehnung an diejenige in der angelsächsischen Literatur: Das Verfahrens-Fließbild stimmt in den Grundzügen mit dem „Process Flowsheet", „Process Flow Diagram" oder „Qualitative Line Diagram" überein, während das konstruktive Fließbild dem „Engineering Flowsheet", „Engineering Flow Diagram" oder auch „Quantitative Line Diagram" entspricht [*310*; *495*; *538*, Teil II; *550*, S. 65].

Die gewählte Terminologie ist in Deutschland nicht gerade vorherrschend, denn das Verfahrens-Fließbild im hier verstandenen Sinne wurde bisher vielfach als konstruktives Fließbild angesprochen (DIN 7092 vom Juli 1949) [*384*]. Diese Bezeichnung erweckt aber leicht falsche Vorstellungen und ist insofern unzweckmäßig. Das Adjektiv „konstruktiv" deutet nämlich nicht nur darauf hin, daß die konstruktiven Wesensmerkmale der Apparatur erkennbar werden sollen, sondern daß auch eine unmittelbare Beziehung zur Konstruktion der Anlagen durch vollständige Wiedergabe aller hierfür notwendigen Details vorhanden sein muß. Dieser Anforderung wird aber nur die weit ausgeführte Form des „Engineering Flowsheet" gerecht. Die Mehrzahl aller in der Literatur zur Kennzeichnung chemisch-technischer Prozesse veröffentlichten Fließbilder gehört dem Typ des Verfahrens-Fließbildes an [vgl. z. B. *232*]. Bemerkenswert ist die große Variationsbreite des zeichnerischen Abstraktionsgrades bei der Darstellung der Apparate und Maschinen sowie hinsichtlich der Vollständigkeit des Leitungsnetzes, der Rohrleitungsarmaturen sowie Instrumente, die schließlich einen fließenden Übergang zum konstruktiven Fließbild hin schafft. Als ein besonders charakteristisches Verfahrens-Fließbild ist in Abb. 12 die Butadien-Fabrikation nach W. REPPE wiedergegeben.

Im Mittelpunkt des Verfahrens-Fließbildes steht die apparative Durchführung des Verfahrens. Eine restlose Vollständigkeit anzustreben, wie sie beim konstruktiven Fließbild vorhanden sein muß, wäre mit dem Zweck des Verfahrens-Fließbildes unvereinbar, denn es ist ja nur ein

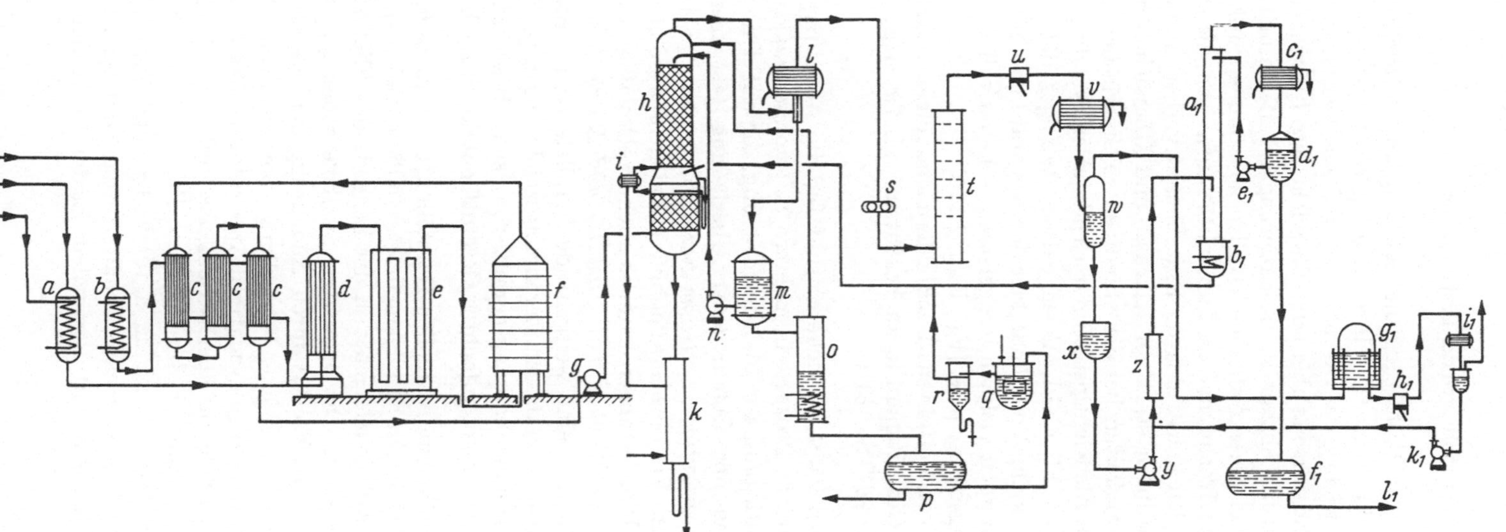

Abb. 12. Beispiel eines Verfahrens-Fließbildes: Butadien-Fabrikation [W. Reppe, *556*, S. 122] a Butandiol-Verdampfer, b Tetrahydrofuran-Verdampfer, c Wärme-austauscher, d dampfbeheizter Vorwärmer, e elektrisch beheizter Vorwärmer, f Butadien-Ofen, g Gebläse, h Kolonne (Übergang: Butadien-Tetrahydrofuran), i Kühler für Wasserkondensation, k Auskocher für kondensiertes Wasser (Dampfeinblasung), l Teilkondensator für Tetrahydrofuran-Butadien, m Vorlage, n Pumpe für Tetrahydrofuran-Butadien-Rücklauf, o Butadien-Austreibkolonne, p Vorratsbehälter für Kreislauf-Tetrahydrofuran, q Rührgefäß für Laugenwäsche eines Tetrahydrofuran-Teilstromes (Aldehydentfernung), r Laugen-Abscheider, s Gebläse, t Waschturm (20%ige Kalilauge), u Verdichter 3 atü, v Kondensator, w Inert-gas-Abscheider, x Vorlage für Butadien-Tetrahydrofuran, y Pumpe, z Trockner mit festem Kaliumhydroxyd
a_1 Butadien-Druckkolonne, b_1 Blase mit Ablauf für rückgeführtes, trockenes Tetrahydrofuran, c_1 wassergekühlter Butadienkondensator, d_1 Vorlage für flüssiges Butadien, e_1 Rücklaufpumpe, f_1 Lagerbehälter für Reinbutadien, g_1 Gasometer für Inertgas-Butadien-Gemisch, h_1 Kompressor 15 atü, i_1 solegekühlter Konden-sator, k_1 Rückführungspumpe zum Trockner, l_1 Leitung zur Butadien-Polymerisation

Hilfsmittel zur endgültigen Festlegung und Klärung aller Einzelheiten. Das Verfahrens-Fließbild stellt so während der gesamten Vorprojektierung einerseits die wichtigste Diskussionsgrundlage zwischen allen beteiligten Gruppen, andererseits aber auch die wichtigste Informationsquelle für die Fortführung einzelner Projektierungsarbeiten innerhalb dieser Gruppen dar. Um diese Aufgaben erfüllen zu können, muß das Verfahrens-Fließbild ein Höchstmaß an Flexibilität aufweisen, die es bei Überlastung mit zu vielen konstruktiven Einzelheiten verlieren müßte. Es würde nämlich hierdurch stark an Klarheit und Übersichtlichkeit einbüßen sowie Schwierigkeiten bei der ständigen zeichnerischen Neugestaltung verursachen. Als wichtigste Unterscheidungsmerkmale gegenüber dem konstruktiven Fließbild mögen gelten: Weniger detailliert dargestellte Apparatur, keine Vollständigkeit der Apparate und Maschinen — z. B. werden Pumpen vielfach weggelassen — keine vollständige Wiedergabe des Leitungsnetzes usw. [vgl. Kap. 2.110].

Für die Anfertigung von Verfahrens-Fließbildern sind folgende Grundsätze und allgemeine Gesichtspunkte zu beachten [vgl. *79*; *310*; *495*; *538*, Teil II; *550*, S. 65; *707*, S. 213]:

1. Um die Übersichtlichkeit zu sichern, sind für die Ableitung der Fließbilder zu umfangreiche Prozesse in mehrere *Teilprozesse aufzuspalten*. Zur graduellen Festlegung der Instrumentierung, die auf dem Verfahrens-Fließbild wegen der Gefahr einer Überladung fast niemals erscheint, kann ein *„vorläufiges Instrumentierungsdiagramm"* als Ergänzungszeichnung zum Verfahrens-Fließbild entwickelt werden. Bei großer Bedeutung der Rohrleitungen kann es auch zweckmäßig sein, je ein *gesondertes Verfahrens-Fließbild mit Produkt- und Energieleitungen* darzustellen. Es besteht hier eine weitgehende Parallele zum späteren konstruktiven Fließbild und zu dessen Ergänzungszeichnungen [s. Kap. 2.11]. Um aber den Zusammenhang zu garantieren, ist in diesen Fällen stets auch ein entsprechend vereinfachtes Gesamtfließbild zu zeichnen.

2. *Symbole* sind gegenüber individuellen Darstellungen stark *zu bevorzugen*. Diese freilich sind selten so allgemeinverständlich, daß man auf eine Beschreibung der Anlagenelemente in der Legende des Fließbildes vollkommen verzichten kann. Die benutzten Symbole sollen klar und einfach sein, dabei aber gleichzeitig durch Andeutung der charakteristischen Konstruktionsmerkmale eine Vorstellung vom wirklichen Aussehen vermitteln helfen. Bei einigen wichtigen Apparatetypen haben sich gleiche oder ähnliche Symbole auf überbetrieblicher und teilweise sogar internationaler Ebene automatisch durchgesetzt: Für Behälter, Türme usw. Rechtecke mit gewölbten Bodenlinien, für Boden- und Füllkörperkolonnen entsprechende langgestreckte Behälterformen mit Querlinien zur Andeutung der Böden bzw. mit diagonalem Raster zur Andeutung

der Füllkörper, für Wärmeaustauscher doppelte Kreise oder häufiger noch die Behälterform mit Längslinien im zylindrischen Teil als Kennzeichen des Rohrbündels, für Pumpen einfache Kreise usw.

In Deutschland erschien eine erste umfassende Zusammenstellung von Symbolen als Blattfolge des DECHEMA-Erfahrungsaustausches unter dem Titel „Konstruktives Fließbild" (Juli 1949). Die zweite Ausgabe hiervon erfolgte im Januar 1957 stark erweitert als Blattfolge des DECHEMA-Erfahrungsaustausches „Sinnbilder für Apparate" unter dem Haupttitel „Fließbilder der chemischen Technik" [*148*]. Neben den Symbolen der ersten Ausgabe wurden dabei benutzt:

DIN 7091 Dez. 1945	Schematisches Fließbild der chemischen Technik;
DIN 2429 April 1925	Sinnbilder für Rohrleitungen;
DIN 1988 Sept. 1940	Bau und Betrieb von Wasserleitungsanlagen in Grundstücken;
DIN 23011 Vornorm Sept. 1954	Richtlinien für Abnahme und Überwachung von Steinkohlenaufbereitungsanlagen;
DIN 24101 Entwurf Dez. 1953	Hartzerkleinerungsmaschinen, Benennungen, Sinnbilder;
British Standard	Graphical symbols for compressing plant 1953, Part 3
H. BÖRNER	„Die chemische Fabrik auf einen Blick", Goslar 1949

Ein großer Teil der hierin festgelegten Sinnbilder dürfte gerade für das Verfahrens-Fließbild mit Vorteil anzuwenden sein, obwohl sich eine einheitliche allgemeine Verwendung nur schwer einführen wird [auszugsweise wiedergegeben bei W. BRÖTZ, *76*, S. 424].

3. Das *Rohrleitungssystem* wird meist stark *vereinfacht* gezeichnet. Oft begegnet man einem undifferenzierten Einliniensystem lediglich für die Produktleitungen, während bei Energieleitungen nur kurze Ansätze an den Ein- und Austrittsstellen zur Darstellung kommen. Hauptstoffwege können evtl. durch Anwendung einer größeren Strichstärke besonders markiert werden. Die Fördermedien sind entweder an den Leitungen selbst anzuschreiben oder mit Hilfe einer Zahlen- oder Buchstabenkennzeichnung in der Legende des Fließbildes zu erklären. Dies trägt sehr zur Erleichterung des Verständnisses bei, obwohl in der Praxis hiervon zuweilen abgesehen wird und dann nur eine Erklärung der Apparate und Maschinen erfolgt (s. Abb. 12). In den Leitungen eingezeichnete Pfeile legen die Förderrichtung fest. Bis auf wenige Ausnahmen wird man die Rohrleitungsarmaturen durchweg vernachlässigen.

4. Eintragungen über *physikalische Zustandsgrößen* wie Druck, Temperatur usw., ferner von *Mengendurchsätzen, Kapazitäten* sowie besonders von *Abmessungen* der Apparate, Maschinen und Rohrleitungen gehören grundsätzlich *nicht* ins Verfahrens-Fließbild. Die meisten dieser Daten sind nämlich erst in späteren Entwicklungsstufen des Projektes endgültig festzulegen.

5. Die graphische Veranschaulichung des Verfahrens im Fließbild sollte stets durch eine kurze *Beschreibung* ergänzt werden.

6. Die bereits beim schematischen Fließbild erwähnte Unterscheidung zwischen *Flächen- und Linientyp* ist auch hier zu treffen, wobei als Linientyp praktisch nur die horizontale Form in Frage kommt. Den Linientyp wird man immer bevorzugen, weil die konsequente Hintereinanderschaltung der Apparate entsprechend der Prozeßfolge Verständnis und Übersicht erleichtert. Die uneingeschränkte Befolgung dieses Anordnungsprinzips hat freilich auch Nachteile, denn sie zwingt oft zu einer weitgehenden Abstraktion von den räumlichen Verhältnissen der Wirklichkeit und zur Trennung räumlich zusammengehöriger Apparategruppen. Bei umfangreichen Prozessen sind zur Vermeidung zu langgestreckter Fließbildformen zwei oder mehr Linien übereinander anzuordnen. Die Vorteile des Flächentyps bestehen in der möglichen zwanglosen und organischen Gruppierung zusammengehöriger Anlageteile.

2.02 Materialbilanzen

Unter einer *Materialbilanz* versteht man in der chemischen Technik die *Gegenüberstellung eingesetzter und ausgebrachter Stoffmengen*, wobei ein formaler *Ausgleich* nach dem Bilanzprinzip erzielt werden muß. Die Aufstellung von Materialbilanzen dient einmal der Ermittlung von Materialverbrauchs- und Erzeugungszahlen — eine wesentliche Grundlage der Vorkalulation — zum anderen ist sie die Ausgangsbasis für die Auslegung bzw. Dimensionierung der Apparatur. Die Einführung des formalen Bilanzprinzips verfolgt vor allem den Zweck der Rechnungskontrolle.

Die Schwierigkeiten einer klaren methodischen Behandlung infolge der auch hier auftretenden Vielfalt der Erscheinungsformen lassen sich am besten dadurch umgehen, daß man die für die Aufstellung der Materialbilanzen wesentlichen Gesichtspunkte wiederum systematisch gliedert.

1. Im Hinblick auf die *Art der Errechnung* bzw. den *Genauigkeitsgrad* der Materialbilanzzahlen ist auszuführen:

Die Materialbilanz fußt auf den Gesetzen der Stöchiometrie, besonders auf dem Gesetz von der Erhaltung der Masse, wonach — wenn man einmal von Kernreaktionen absieht — die Mengen aller eingesetzten und ausgebrachten Stoffe trotz qualitativ-chemischer Veränderungen und natürlich auch physikalischer Zustandsänderungen gleichbleiben. Dies sind allerdings nur die theoretischen Grundlagen. Für die Beurteilung der Verhältnisse im technischen Maßstab muß man darüber hinaus die erzielbaren Umsetzungsgrade, die Verluste, mit durchzusetzende Trägerstoffe, Lösungsmittel, Verunreinigungen usw. kennen. Besonders Verunreinigungen der eingesetzten Rohstoffe können das Bilanzbild erheblich beeinflussen, weshalb für eine realistische Bilanzierung sehr genaue Rohstoffanalysen erforderlich sind. Die „mechanischen" Verluste sind freilich oft vernachlässigbar, mitunter aber, vor allem bei vielstufigen Chargenprozessen mit mehrfachen Zwischentransporten und Zwischenlagerungen, nehmen sie doch beachtliche Ausmaße an. Ihre Veranschlagung setzt in jedem Falle Erfahrung sowie eine vorausgegangene Bestimmung des Verfahrensganges und der Apparatur voraus. Hieraus wird offensichtlich, daß je nach dem Stand des Projektierungsfortschritts Materialbilanzen mit sehr unterschiedlichen Genauigkeitsgraden entstehen können. Als Grenzfälle stehen sich einerseits die genau berechneten, auf Rohstoffanalysen, experimentell im halbtechnischen Maßstab bestätigte Umsätze gestützten, andererseits die lediglich auf Grund roher Schätzungen abgeleiteten Materialbilanzen gegenüber. Für letztere werden zuweilen auch Angaben über *spezifische Materialbedarfszahlen* aus der Literatur herangezogen. Dann ist es allerdings kaum noch sinnvoll, am bilanziellen Ausgleich festzuhalten, vielmehr genügt in diesen Fällen die einfache tabellarische Zusammenstellung der Verbrauchs- und Erzeugungszahlen.

2. Nach dem *Geltungsbereich* sind zu unterscheiden Materialbilanzen für

a) verschiedene Teile von Einzelapparaten;
b) einzelne Apparate und Maschinen;
c) Verfahrens- bzw. Produktionsstufen;
d) in sich geschlossene Verfahren.

Für komplizierte Apparate, wie etwa für bestimmte Reaktoren, Destillationskolonnen od. ä., werden Materialbilanzen an verschiedenen Stellen, z. B. für mehrere Querschnitte, berechnet. Auf Grund der ermittelten internen Mengenströme erfolgt dann die Dimensionierung, besonders auch der Einbauten.

Die Materialbilanzen einzelner Apparate und Maschinen sind der wichtigste Ausgangspunkt für deren Berechnung und Dimensionierung (vgl. Abb. 13a—c u. Tab. 1).

Materialbilanzen für Verfahrens- bzw. Produktionsstufen und in sich geschlossene Verfahren werden entweder in summarischer Form oder aber unter mehr oder minder weitgehender Differenzierung nach einzelnen Apparaten und Maschinen aufgemacht. Im letzteren Fall, und dieser ist der ungleich wichtigere, entsteht die Stufen- oder Gesamtverfahrensbilanz gleichsam durch Aneinanderreihung der einzelnen Materialbilanzen für die Apparate und Maschinen (vgl. Abb. 13d, 14, 15, 16a u. b, Tab. 1). Meistens bleiben dabei auch die Mengen und Zusammensetzungen der Zwischenprodukte ersichtlich (Abb. 14, 15, 16a), während in manchen Fällen dann nur noch die ein- und austretenden Stoffströme

Tabelle 1

Beispiele von Materialbilanzen in Tabellenform für einzelne Apparate und Maschinen: Materialbilanzen für Benzol-Lagerpumpe und -Lagertank einer Anlage zur Herstellung von 2,4 tato Hexachlorcyclohexan [F. C. VILBRANDT, 707, S. 225][1]

A–1: Benzol-Lagerpumpe

Eintritt		*Austritt*	
Vom Benzol-Tankwagen:		zum Benzol-Lagertank A–2:	
C_6H_6	2019 lb/Tag	C_6H_6	2019 lb/Tag
C_7H_8	10 lb/Tag	C_7H_8	10 lb/Tag
Gesamt	2029 lb/Tag	Gesamt	2029 lb/Tag

A–2: Benzol-Lagertank

Eintritt		*Austritt*	
Von der Benzol-Lagerpumpe A–1:		zur Benzol-Speisepumpe A–3:	
C_6H_6	2019 lb/Tag	C_6H_6	10429 lb/Tag
C_7H_8	10 lb/Tag	C_7H_8	10 lb/Tag
Zwischensumme	2029 lb/Tag	H_2O	44 lb/Tag
Von der Benzolpumpe L–5:			
C_6H_6	8410 lb/Tag		
H_2O	44 lb/Tag		
Gesamt	10483 lb/Tag	Gesamt	10483 lb/Tag

[1] Auszug aus den im Original für den Gesamtprozeß dargestellten Materialbilanzen.

näher bezeichnet werden (Abb. 13d, 16b). Diese nach Apparaten und Maschinen differenzierende Form der Gesamtverfahrensbilanz gewährleistet eine scharfe Kontrolle auf Übereinstimmung der Berechnungsergebnisse in allen Teilen der Anlage und ist so früh als möglich zu entwickeln.

Es gibt auch Materialbilanzen, deren Geltungsbereich sich über ein geschlossenes Verfahren hinaus auf ein ganzes Werk, auf Werksverbände, ja sogar Gebiete und ganze Volkswirtschaften erstreckt. Im Rahmen von Projektierungsaufgaben interessieren sie freilich nicht.

3. Hinsichtlich der Genauigkeit bei der *Kennzeichnung der Mengenströme* kennt man

a) Materialbilanzen mit nur globaler Bezeichnung der Mengenströme und

b) Materialbilanzen mit detaillierter Angabe aller einzelnen Stoffbestandteile.

Für die zuerst genannte und weniger bedeutsame Form ist in Abb. 16b die Materialbilanz der Butindiol-Synthese als Beispiel wiedergegeben. Hierbei kommt es dann nur auf die Erfassung der in den einzelnen Apparaten oder auch Verfahrensstufen durchgesetzten Gesamt-Stoffmengen an, nicht auf die genaue Aufschlüsselung nach einzelnen Komponenten. Derartig vereinfachte Formen werden meistens nur zusätzlich neben detaillierten Materialbilanzen dargestellt, um eine bessere Übersicht über die insgesamt umzuwälzenden Stoffmengen zu haben.

4. Nach der *Vollständigkeit der erfaßten Materialarten* kann man unterscheiden

a) universelle Materialbilanzen für den gesamten Stoffdurchsatz und

b) Spezialbilanzen für einzelne, besonders wichtige Schlüsselstoffe bzw. Elemente in Verbindungen.

Die Einbeziehung des gesamten Stoffdurchsatzes ist naturgemäß die Regel. Eine Spezialbilanz zeigt als Beispiel Abb. 16 c, worin lediglich das Verbleiben der bei der Carbiderzeugung eingesetzten Stoffe Calcium (als Element im eingesetzten Kalk) und Kohlenstoff (im eingesetzten Koks) verfolgt wird. Als weiteres Beispiel sei die mengenmäßige Berechnung des eingesetzten und ausgebrachten Kohlenstoffs bei Reaktionen mit Kohlenwasserstoffen erwähnt. Diese Darstellungen sollen den Ausnutzungsgrad der verwendeten Rohstoffe verdeutlichen.

5. Nach der *Art der Mengenangabe* stehen sich gegenüber

a) Materialbilanzen mit absoluten Mengenangaben und

b) Materialbilanzen mit Angabe von Relativzahlen, besonders unter Anwendung der Prozentschreibweise.

Die Darstellung absoluter Mengen kommt fast ausschließlich in Frage, und zwar zunächst in Gewichtseinheiten. Daneben kann die zusätzliche Wiedergabe der Mengen in volumetrischen Einheiten den Berechnungsgang erleichtern. Als Bezugsbasis für die Bilanzierung dienen bei kontinuierlichen Prozessen meist die Produktion während einer Stunde oder innerhalb eines Tages, bei Satzbetrieb oft die Produktion einer Charge in einer bestimmten Chargendauer [*310*, S. 438]. Relativzahlen sind für Materialbilanzen, die als Grundlage zur Berechnung der Apparatur dienen sollén, ungeeignet. Bedeutung haben sie nur in Sonderfällen.

6. Wichtig ist die Art der *formalen Darstellung* der Materialbilanz. Wir möchten hier folgende bisher bekanntgewordene Darstellungsformen nennen:

a) Rein *tabellarische Gegenüberstellung* der ein- und ausgebrachten Mengen;

b) *Kombination* zwischen *tabellarisch dargestellter Materialbilanz* und *schematischem Fließbild*;

c) Darstellung in Form von *quantitativen schematischen Fließbildern*;

c_1) mit *freier Eintragung* der Materialmengen an den *Stoffwegen*;

c_2) mit Eintragung der Materialmengen *in die Felder*, welche die Verfahrensstufen bzw. Apparate und Maschinen bezeichnen;

c$_3$) mit *formal gebundener Darstellung* der Materialmengen entsprechend Abb. 15.

d) *Materialfließbilder*.

Anforderungen an die Darstellungsform sind leichte Herstellbarkeit, Übersichtlichkeit, gute Kontrollmöglichkeiten des Bilanzausgleichs, evtl. noch graphische Veranschaulichung der Mengenrelationen (Materialfließbilder). Keine der hier erwähnten Bilanzformen kann allerdings allen Anforderungen gleichzeitig gerecht werden.

Zu a): Bei der *Tabellenform* werden die eingesetzten Mengen in einer linken Spalte, die ausgebrachten in einer rechten Spalte daneben verzeichnet (s. Tab. 1). Da sich die Summenzahlen beider Spalten decken müssen, ist eine sofortige Rechnungskontrolle gegeben. Sollen für ein vollständiges Verfahren die Materialbilanzen sämtlicher Apparate und Maschinen entwickelt werden, so sind diese möglichst durch ein Buchstaben- oder Zahlensystem zu kennzeichnen und bei allen Mengeneintragungen auf der Eintrittsseite der Einzelbilanzen das jeweils vorgeschaltete Anlagenelement, bei Eintragungen auf der Austrittsseite dagegen die nachgeschaltete Anlageneinheit mit der entsprechenden Bezeichnung anzugeben (s. Tab. 1). Auf diese Weise läßt sich der Stofffluß durch die gesamte Apparatur leichter verfolgen und man hat die Möglichkeit einer Rechnungskontrolle auf Übereinstimmung sämtlicher Einzelbilanzen. Als großer Nachteil der Tabellenform bei nach Einzelapparaten differenzierenden Verfahrensbilanzen sei jedoch erwähnt, daß trotz eines organisatorisch zweckmäßigen Kennzeichnungssystems die Übersicht über die Verbindungswege und Zusammenhänge zwischen den einzelnen Anlageneinheiten erschwert bleibt.

Zu b): Diese Form — von einigen britischen Autoren beschrieben [*310*, S. 438; *491*; *587*, S. 4] und in Abb. 13 verdeutlicht — vereint die Vorzüge der *Tabelle* in Gestalt der formal gebundenen und daher leicht kontrollierbaren Mengeneintragungen mit der graphischen Veranschaulichung des Stoffflusses im *schematischen Fließbild*. Letzteres befindet sich im mittleren Feld mit der Richtung des Stoffflusses von oben nach unten, während je zwei links und rechts angrenzende Tabellenspalten Bezeichnungen und Mengen der ein- bzw. austretenden Stoffe aufnehmen. Zweckmäßig werden zunächst die Materialbilanzen der Einzelapparate abgeleitet (Abb. 13a—c), worauf die Hintereinanderschaltung gemäß dem Prozeßfolgeprinzip die Verfahrensbilanz mit dem Fließbild entstehen läßt (Abb. 13d). Gewöhnlich sind aus der Verfahrensbilanz die Mengen und Zusammensetzungen der Zwischenprodukte nicht mehr erkennbar (Abb. 13d), obwohl man auch dieser Aufgabe durch Einrichtung einer besonderen Tabellenspalte gerecht werden kann [vgl. Abb. 20 in Kap. 2.03].

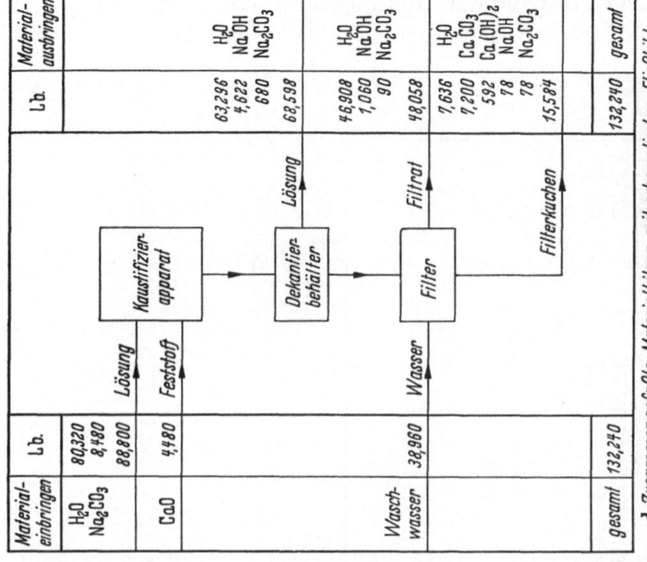

a Materialbilanz des Kaustifizierapparates

Material-einbringen	Lb.		Material-ausbringen	Lb.
H_2O	80,320		H_2O	78,880
Na_2CO_3	8,480		$CaCO_3$	7,200
(Lösung)	88,800		$Ca(OH)_2$	592
CaO (Feststoff)	4,480		$NaOH$	5,760
			Na_2CO_3 (Aufschlämmung)	848
gesamt	93,280		gesamt	93,280

b Materialbilanz des Dekantierbehälters

Material-einbringen	Lb.		Material-ausbringen	Lb.
H_2O	78,880		H_2O	63,296
$CaCO_3$	7,200		$NaOH$	4,622
$Ca(OH)_2$	592		Na_2CO_3 (Lösung)	680
$NaOH$	5,760			68,598
Na_2CO_3 (Aufschlämmung)	848		H_2O	15,584
	93,280		$CaCO_3$	7,200
			$Ca(OH)_2$	592
			$NaOH$	1,138
			Na_2CO_3 (Aufschlämmung)	168
				24,682
gesamt	93,280		gesamt	93,280

c Materialbilanz des Filters

Material-einbringen	Lb.		Material-ausbringen	Lb.
H_2O	15,584		H_2O	46,908
$CaCO_3$	7,200		$NaOH$	1,060
$Ca(OH)_2$	592		Na_2CO_3 (Filtrat)	90
$NaOH$	1,138			48,058
Na_2CO_3 (Aufschlämmung)	168		H_2O	7,636
	24,682		$CaCO_3$	7,200
$Waschwasser$ (Wasser)	38,960		$Ca(OH)_2$	592
			$NaOH$	78
			Na_2CO_3 (Filterkuchen)	78
				15,584
gesamt	63,642		gesamt	63,642

d Zusammengefaßte Materialbilanz mit schematischem Fließbild für Kaustifizierapparat, Dekantierbehälter und Filter

Material-einbringen	Lb.		Material-ausbringen	Lb.
H_2O	80,320		H_2O	63,296
Na_2CO_3	8,480		$NaOH$	4,622
(Lösung)	88,800		Na_2CO_3 (Lösung)	680
CaO (Feststoff)	4,480			68,598
$Waschwasser$ (Wasser)	38,960		H_2O	46,908
			$NaOH$	1,060
			Na_2CO_3 (Filtrat)	90
				48,058
			H_2O	7,636
			$CaCO_3$	7,200
			$Ca(OH)_2$	592
			$NaOH$	78
			Na_2CO_3 (Filterkuchen)	78
				15,584
gesamt	132,240		gesamt	132,240

Abb. 13 a—d. Beispiel der Kombination zwischen tabellarisch dargestellter Materialbilanz und schematischem Fließbild: Kaustifizierung von Soda. Basis: 8stündige Charge [T. K. Ross, 587, S. 4, wiedergegeben auch von G. U. Hopton, 310, S. 438] a Materialbilanz des Kaustifizierapparates; b Materialbilanz des Dekantierbehälters; c Materialbilanz des Filters; d Zusammengefaßte Materialbilanz mit schematischem Fließbild für Kaustifizierapparat, Dekantierbehälter und Filter

Im allgemeinen verliert diese Darstellungsform jedoch ihre Eignung, wenn es sich um sehr ausgedehnte Verfahren handelt oder wesentliche Komplizierungen durch Stoffkreisläufe auftreten.

Zu c_1): Durch die völlige Aufgabe der Bindung an die Tabelle gehen die charakteristischen äußeren Wesensmerkmale der Bilanzform ver-

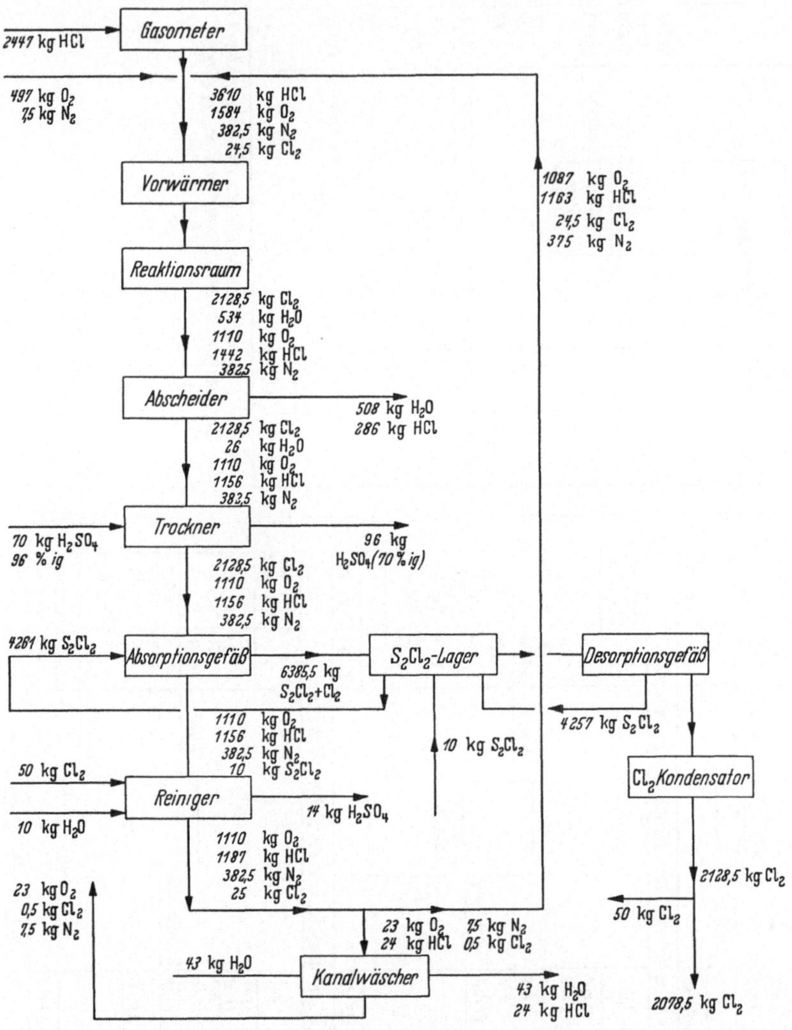

Abb. 14. Beispiel eines quantitativen schematischen Fließbildes mit freier Eintragung der Materialmengen an den Stoffwegen: Herstellung von Chlor aus Chlorwasserstoff nach dem Oppauer DEACON-Verfahren [K. HASS, *278*, S. 302]

loren, das *Fließbild überwiegt*. Eine doppelte Verzeichnung der Stoffmengen an den Ein- und Austrittsstellen kommt nicht mehr in Betracht (s. Abb. 14). Um den Bilanzausgleich zu kontrollieren, sind in Nebenrechnungen die an den Stoffwegen angeschriebenen eintretenden und aus-

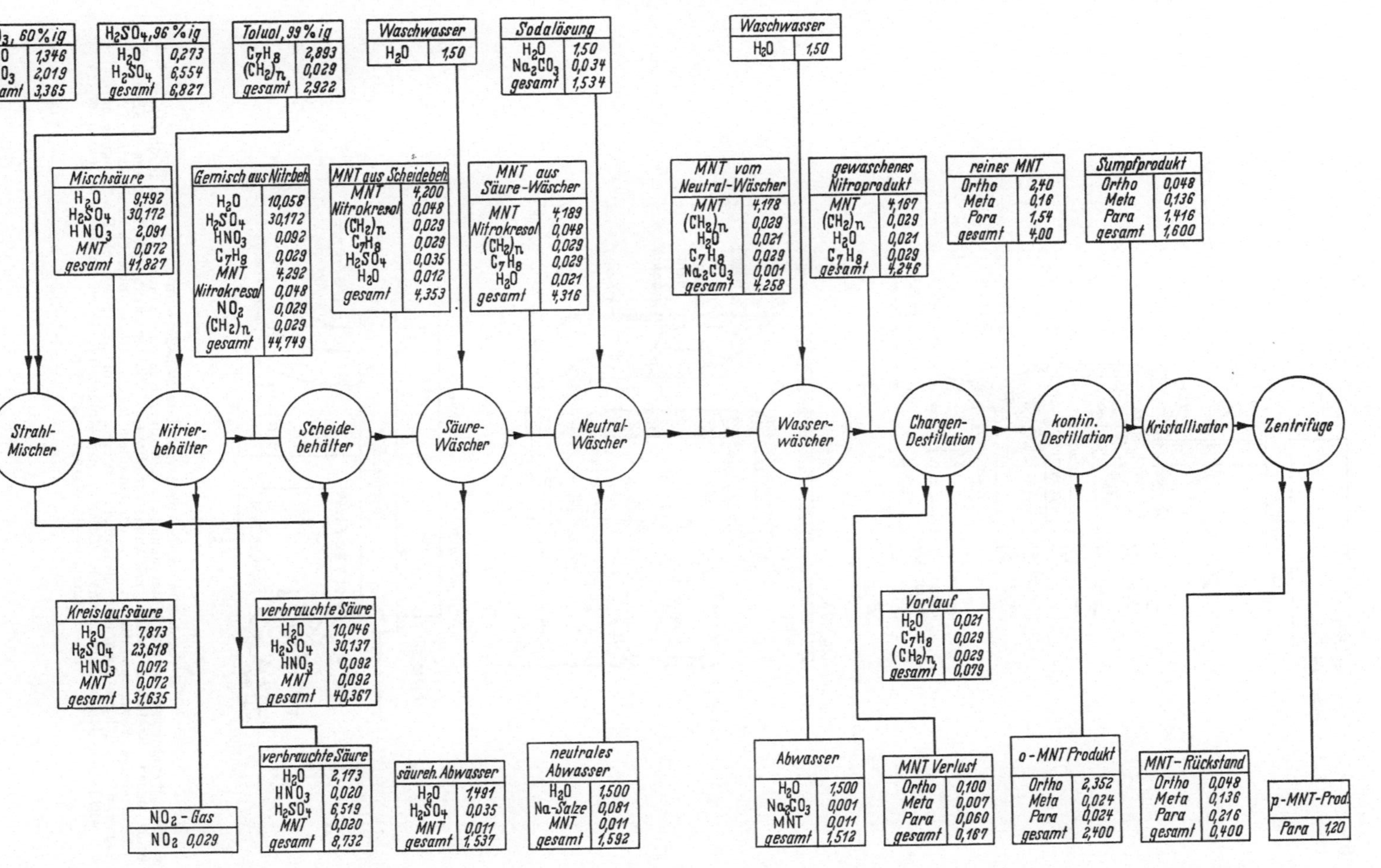

Abb. 15. Beispiel eines quantitativen schematischen Fließbildes mit formal gebundener Darstellung der Materialmengen: Herstellung von Mononitrotoluol. Basis: t/24 h [G. U. HOPTON, 310, S. 444]

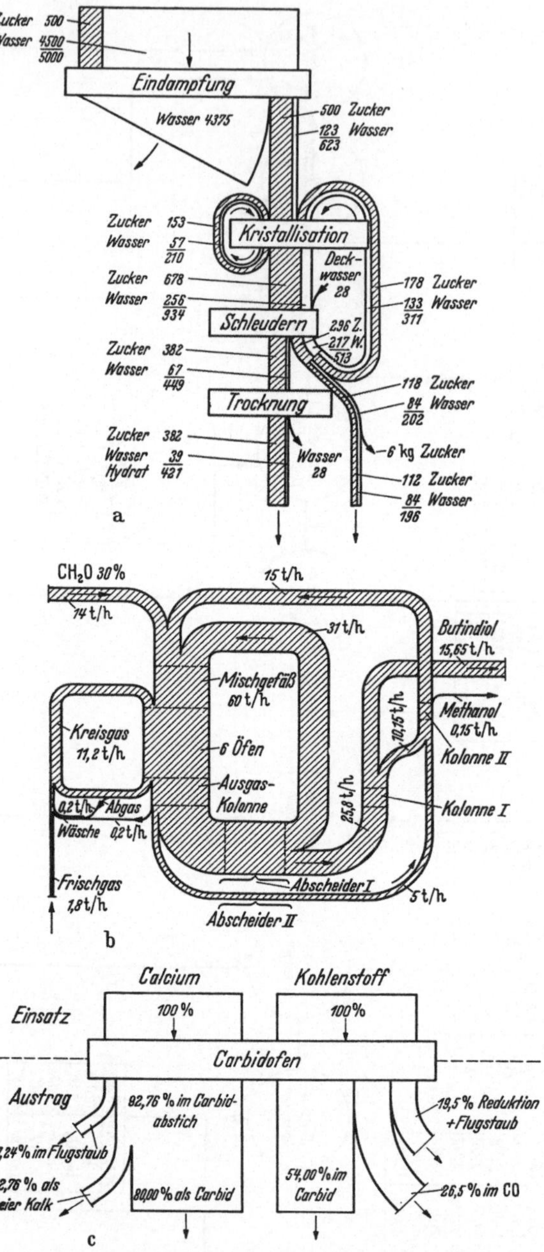

Abb. 16 a—c. Beispiele von Materialfließbildern
a Nach Verfahrensstufen und Materialkomponenten differenzierende Form: Glucosekristallisation beim neuen Rheinauer Holzverzuckerungs-Verfahren [K. Schoenemann, *614*, Anhang S. II]; b Vereinfachte Form ohne Unterteilung der einzelnen Mengenströme: Butindiol-Fabrikation [W. Reppe, *556*, S. 103]; c Form eines einstufigen Prozesses (Carbiderzeugung) mit Beschränkung auf die wichtigsten Materialkomponenten (Calcium und Kohlenstoff) [nach Zahlenangaben von W. Krauss u. F. Walter, *387*, S. 37]

tretenden Mengen gegenüberzustellen, und zwar sowohl im Hinblick auf die Anlagenelemente als auch das Gesamtverfahren. Hauptvorteile bestehen in der großen Elastizität und Übersichtlichkeit.

Zu c_2): Diese Form mit Eintragung der Stoffmengen in die Felder eines schematischen Fließbildes ähnelt der unter c_1) genannten. Für die Eintragungen sind die Felder der Einzelapparate bzw. Verfahrensstufen des schematischen Fließbildes oft stark zu erweitern, wenngleich auch hier keine Doppelverzeichnung der Materialmengen, sondern vorzugsweise nur ihre Angabe bezüglich der Austrittsseite stattfindet. Ein Beispiel dieser Art hat F. C. VILBRANDT [*707*, S. 225] wiedergegeben.

Zu c_3): Einen sehr brauchbar erscheinenden Typ eines quantitativen schematischen Fließbildes mit *charakteristischer formal gebundener Darstellungsweise* der Materialmengen beschreibt G. U. HOPTON [*310*, S. 447] (Abb. 15). Den Stofffluß in horizontaler Richtung von links nach rechts veranschaulicht im mittleren Feld das schematische Fließbild in der Gestalt des reinen Linientyps mit Kreisen zur Bezeichnung der Apparate. Darüber und darunter hat man sich je zwei weitere Horizontalen zu denken, auf denen Rechtecke mit Mengenbezeichnungen angeordnet sind. In der obersten Reihe befinden sich die Ausgangsprodukte, in der untersten die Endprodukte. Zwischen den Rohstoffeldern und dem Fließbild liegen die Felder der Zwischenprodukte — im Unterschied zu den wirklichen Stoffwegen durch schwächere Linien mit dem Fließbild verbunden — während in der unteren Bildhälfte zwischen Endproduktfeldern und Fließbild Kreislaufprodukte ihren Platz haben. Diese anspruchsvolle Form sichert einen guten Überblick und daneben schnelle sowie vollständige Orientierungsmöglichkeiten über die Stoffdurchsätze.

Zu d): *Materialfließbilder* veranschaulichen den Stoff*fluß* durch maßstäbliche Wiedergabe der Materialmengen (s. Abb. 16). Bei der maßstäblich gezeichneten Breite der einzelnen Mengenströme erkennt man leicht deren relative Bedeutung. Die Maßstabzeichnung ist jedoch zu ungenau, um die einzelnen Zahlenwerte hieraus abgreifen zu können, so daß letztere zusätzlich anzuschreiben sind. In Deutschland hat besonders K. SCHOENEMANN [*613*; *614*] das Materialfließbild im Zusammenhang mit Projektierungsaufgaben benutzt.

2.03 Energiebilanzen

Analog zur Materialbilanz stellt die Energiebilanz die ein- und ausgebrachten Energiemengen einander gegenüber. Die *Energiemengen* erscheinen vornehmlich in folgenden *Formen*:

1. *Reaktionsenthalpien* der chemischen Umsetzungen, die bei exothermen Prozessen auf der Einbringungsseite, bei endothermen Prozessen dagegen auf der Ausbringungsseite stehen.

2. *Enthalpien physikalischer Zustandsänderungen*, wie etwa Phasen-umwandlungswärmen (Kondensations- bzw. Verdampfungswärmen, Erstarrungs- bzw. Schmelzwärmen), Lösungswärmen, Wärmemengen aus der Ad- und Absorption bzw. Desorption von Stoffen, Wärmemengen aus der Verdichtung bzw. Entspannung von Gasen usw. Freiwerdende Beträge gelten als Wärmeeinbringen, verbrauchte Beträge als Wärme-ausbringen.

3. *Fühlbare Wärme* aller durchgesetzten Medien einschließlich des Kühlwassers, Heizdampfes und anderer stofflicher Wärmeträger, wobei zur Berechnung der Wärmeinhalte eine bestimmte einheitliche Bezugs-temperatur als Nullpunkt festgelegt werden muß. Häufig wählt man als solche eine Normaltemperatur von 15 °C od. ä. und erreicht hiermit den Vereinfachungsvorteil, daß die fühlbaren Wärmebeträge aller bei dieser Temperatur eintretenden und austretenden Stoffströme gleich Null werden. Bei den spezifischen Wärmen rechnet man im Hinblick auf die Tem-peraturabhängigkeit überwiegend nur mit Mittelwerten für die jeweiligen Temperaturbereiche.

4. *Verbrennungswärme von Brennstoffen.*

5. *Wärmeverluste* durch Konvektion und Abstrahlung an die Umge-bung. Diese Beträge stehen regelmäßig auf der Ausbringungsseite. Aus-nahmsweise können bei Prozessen, die bei niedrigen Temperaturen durchgeführt werden, Wärmeverluste auch umgekehrt als „Kälte-verluste" durch Wärmeaufnahme aus der umgebenden Atmosphäre entstehen, die dann entsprechend auf der Einbringungsseite zu verzeich-nen sind.

6. *Elektrische Energie.* Diese wird in die Energiebilanz regelmäßig nur dann aufgenommen, wenn sie für Heizungszwecke oder für elektro-chemische Prozesse gebraucht wird. Zur Erzeugung mechanischer An-triebsenergie verbrauchter Strom bleibt dagegen meist unberücksichtigt, denn die aufgewendeten Energiebeträge müßten hier sofort durch gleich große Verlustposten wieder ausgeglichen werden, wollte man nicht auch noch potentielle und kinetische Energie der einzelnen Medien, Reibungs-verluste u. ä. explizit im Rechnungsgang verfolgen.

Mit Rücksicht auf die unter Ziffer 6 angedeutete meistens nur teil-weise Erfassung der elektrischen Energie sind die Energiebilanzen un-vollständig. Die Bezeichnung als „Wärmebilanzen" wäre demnach eigentlich zutreffender.

Als *Energieeinheit* dient gewöhnlich die *Wärmeeinheit*, im metrischen und technischen Maßsystem die Kilokalorie [kcal], wodurch alle Energie-arten miteinander vergleichbar werden. Diese rechnerisch notwendige Vereinheitlichung bringt vom wirtschaftlichen Standpunkt aus betrachtet auch Nachteile mit sich, denn eine exakte Gültigkeit der Wärmeäquivalente gibt es nur im technischen, nicht auch im wirtschaftlichen Sinne. Man denke z. B. an konkurrierende Beheizungsmöglichkeiten von Apparaten mit elektrischem Strom, Dampf oder durch direkte Unterfeuerung. Zur Erzielung des gleichen Effektes — von qualitativen Maßstäben einmal abgesehen — wären die aufzuwendenden Energiebeträge bei der elektrischen Beheizung wahrscheinlich am geringsten und bei direkter Unterfeuerung am größten. Auf Grund der energiebilanzmäßigen Rechnung kann man die Zweckmäßigkeit der einzelnen Beheizungsarten jedoch noch nicht beurteilen, denn die gleichen Wärmemengen in den verschiedenen Energieträgern Strom, Dampf und Brennstoff besitzen unterschiedliche wirtschaftliche Nutzwerte und sind daher auch nicht frei gegeneinander austauschbar.

Die *Einteilung* der Energiebilanzen kann nach ähnlichen Gesichtspunkten wie bei den Materialbilanzen erfolgen, weshalb auf die früheren Ausführungen verwiesen sei [s. Kap. 2.02].

Eine realistische *Aufstellung der Energiebilanz* setzt gegenüber der Ableitung der Materialbilanz noch weiter verfeinerte Kenntnisse über die Apparatur voraus, nämlich über Oberflächen, Isolierungen, Temperaturverteilungen, Wärmeübertragungsverhältnisse, die selbst wieder von einer Vielzahl physikalischer Größen abhängen. Hinzu kommt die Ermittlung des Stromverbrauchs zur Erzeugung mechanischer Antriebsenergie, die stets erforderlich bleibt, wenngleich diese Energiebeträge nicht in die bilanzmäßige Rechnung Eingang finden. In den frühen Projektierungsstadien muß hier vielfach mit Näherungsverfahren und aus der Erfahrung abgeleiteten Durchschnittswerten gearbeitet werden, wofür die Fachliteratur mitunter brauchbare Unterlagen bietet. Als Beispiele hierfür werden in Abb. 17 einige Diagramme wiedergegeben. Zur ersten überschlägigen Bestimmung des Leistungsbedarfs von Rührwerken empfehlen H. W. Ashton und G. T. Meiklejohn die Annahme von etwa 2,7 PS/m³ Behälterraum im Normalfall, welcher Wert um rd. 25% bei höherviskosen Medien zu erhöhen ist [*21*]. Verfügbare genauere technische Daten über Behälterform, Rührorgan, Drehzahl usw. gestatten die Benutzung von Nomogrammen [*196*, S. 711; *355*, S. 177]. Ein Diagramm zur Abschätzung des Energiebedarfs von Ammoniak-Kompressionskälteanlagen in Abhängigkeit von der Temperatur der Kühlsole hat L. Meyer dargestellt [*447*, S. 495]. Besonders wichtig sind solche Unterlagen für die Projektierung dann, wenn es sich um oft wiederkehrende Apparate und Maschinen handelt, wie z. B. um Pumpen, Gebläse, Elektromotoren usw.

E. C. Dybdal gibt an, daß der gesamte Dampfbedarf je nach Verfahren zwischen 25 und 100% höher angenommen werden kann als der errechnete Dampfbedarf für den chemischen Prozeß, wodurch Wärmeverluste und der Bedarf an Heizdampf für die Gebäude Berücksichtigung

72

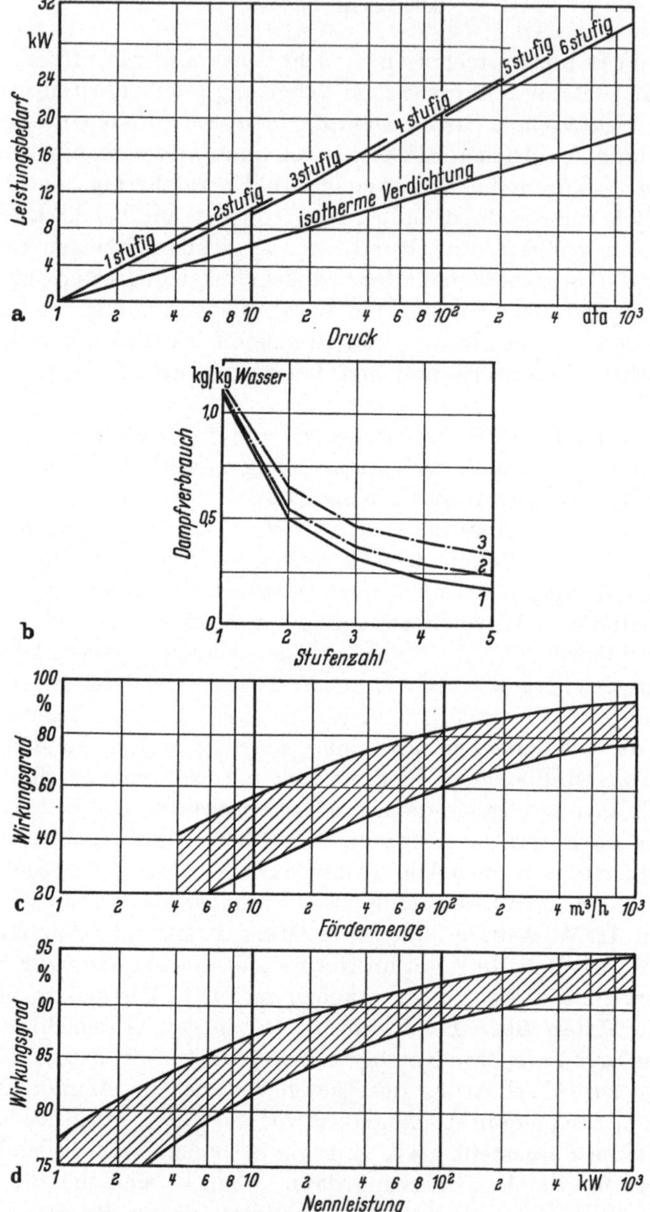

Abb. 17a—d. Diagramme zur Abschätzung des Energiebedarfs

a Leistungsbedarf von Kolbenverdichtern bezogen auf 100 m³/h Ansaugleistung (1 ata Ansaugdruck) [K. BERGER, 51, S. 100]

b Dampfverbrauch in Ein- und Mehrstufenverdampfern [B. KRANZ, 385, S. 539]. Zugeführte Lösung: 110 kg; abgedampfte Menge: 100 kg; Heizdampftemperatur: 110 °C

1 Eintritt der Flüssigkeit mit Siedetemperatur; 2 Eintritt der Flüssigkeit mit 15 °C; 3 Wie 2, jedoch stufenweise Vorwärmung

c Wirkungsgrade von Kreiselpumpen bei Förderung von Wasser [M. S. PETERS, 520, S. 291]

d Wirkungsgrade von Elektromotoren

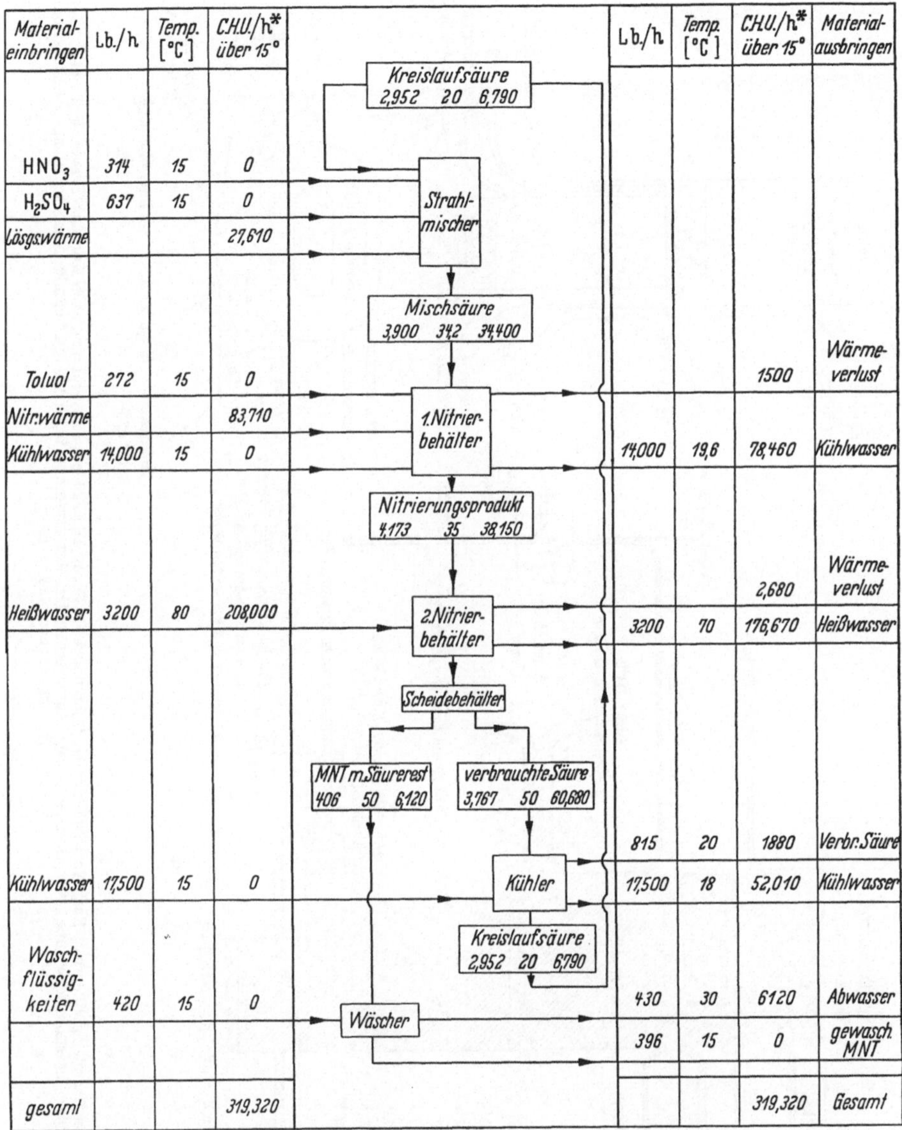

Abb. 18. Beispiel der Kombination zwischen tabellarisch dargestellter Energiebilanz und schematischem Fließbild: Nitrierung von Toluol [G. U. HOPTON, *310*, S. 457]

finden [*183*]. Mit Rücksicht auf Übertragungsverluste und Sicherheiten sind nach dem gleichen Autor zum Strombedarf für den Prozeß und Beleuchtungszwecke 10—25% zuzuschlagen. Freilich sind derartig glo-

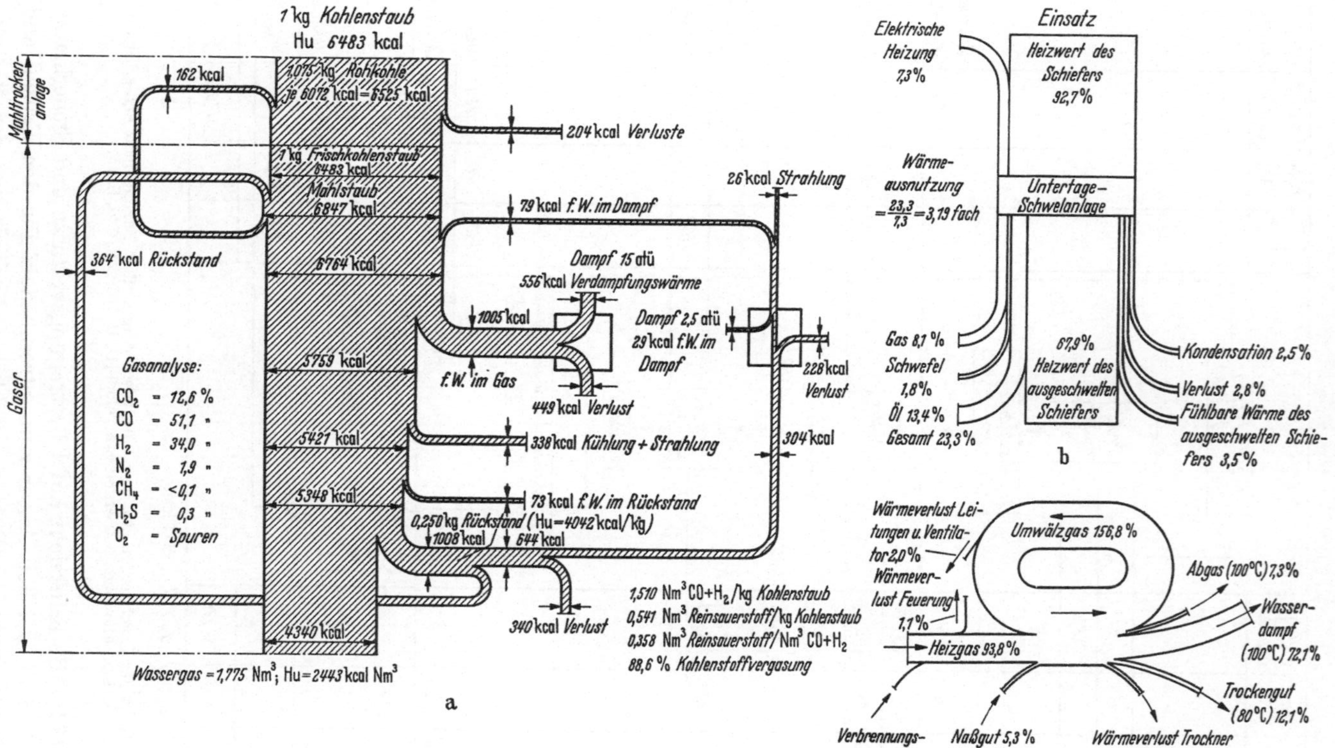

Abb. 19 a—c. Beispiele von Energiefließbildern. a Nach Verfahrensstufen differenzierende Form: Die Kohlenstaubvergasung nach KOPPERS-TOTZEK [F. TOTZEK, 687]; b Summarische Form: Die Untertage-Schwelung von Ölschiefer nach LJUNGSTRÖM [H. MUNDERLOH, 472]; c Energiefließbild einer Teilanlage: Gleichstromtrockner [P. SCHMALFELD, 608, S. 258]

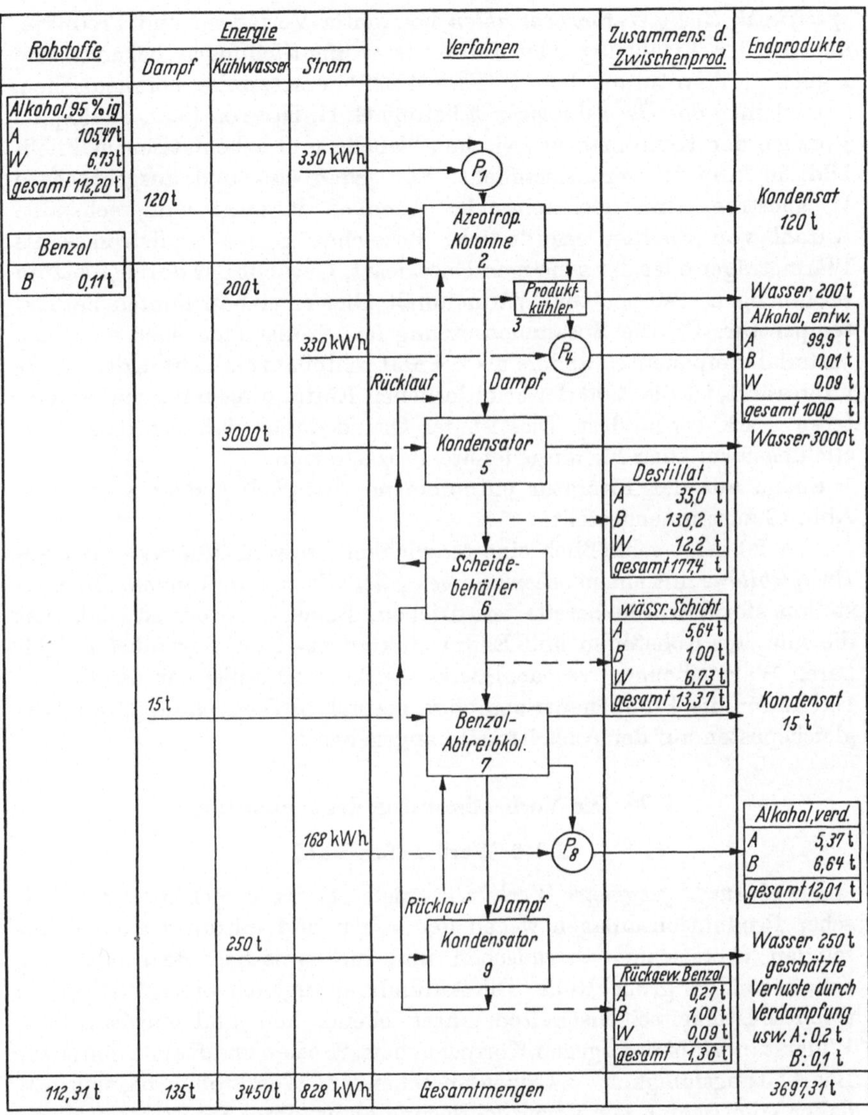

Abb. 20. Beispiel einer Kombination zwischen tabellarisch dargestellter Material- und Energiebilanz sowie schematischem Fließbild: Entwässerung von Äthylalkohol mit Benzol durch azeotrope Destillation. Basis: t/Woche [S. Norman, 491]

bale Schätzungsziffern so früh als möglich durch genauere Berechnungen zu ersetzen.

Zuweilen kommt eine Energiebilanzierung wegen fehlender technischer Unterlagen überhaupt noch nicht in Frage. In solchen Fällen sind *spezifische Energieverbrauchszahlen* bekannter Verfahren und Produkte, die aus der Erfahrung oder Literaturveröffentlichungen bekannt sein können [Literaturangaben s. Kap. 4.222], ersatzweise heranzuziehen.

Bezüglich der *Darstellungsform* betont G. U. HOPTON [*310*, S. 453] die Vorzüge der Kombination zwischen Tabelle und schematischem Fließbild, in Abb. 18 veranschaulicht. Für jeden ein- und ausgebrachten Wärmestrom sind höchstens vier Angaben in einer entsprechenden Anzahl von Spalten erforderlich: Bezeichnung des Stoffstromes als Wärmeträger oder der sonstigen Energieart, Gewicht der durchgesetzten Stoffmengen, Temperatur, Wärmeinhalt über einer bestimmten Bezugstemperatur. Da die Zusammensetzung der Stoffströme nach einzelnen Materialkomponenten anders als bei Materialbilanzen nicht in dem Maße interessiert, ist die Zahl der erforderlichen Eintragungen gegenüber letzteren stark vermindert. Dies ist der Grund dafür, daß sich diese Darstellungsform auch für ausgedehnte Prozesse eignet.

Einige aus der Literatur entnommene *Energiefließbilder* wurden in Abb. 19 zusammengestellt.

Abb. 20 zeigt schließlich eine Möglichkeit, sowohl *Material-* als auch *Energiebilanz* mit einem *schematischen Fließbild zu kombinieren*. Die Darstellungsform wurde bereits beschrieben. Bemerkenswert ist, daß hier die mit den Rohstoffen und Endprodukten zu- bzw. abgeführten fühlbaren Wärmemengen vernachlässigt werden und außerdem der Strombedarf für die Pumpenantriebe ohne besondere Verzeichnung von Ausgleichsposten auf der Austrittsseite angegeben ist.

2.04 Die Vorbestimmung der Apparatur

2.040 Werkstoffauswahl

Die *Auswahl geeigneter Werkstoffe* spielt bei der Projektierung chemischer Produktionsanlagen wegen der hohen und mitunter auch wechselnden chemischen, thermischen und mechanischen Beanspruchung eine besonders große Rolle. Die Auffindung zugleich preisgünstiger, in ihren Festigkeitseigenschaften, ihrer chemischen und mechanischen Widerstandsfähigkeit gegen Korrosion bzw. Erosion und Kavitation sowie Bearbeitungsfähigkeit zweckentsprechender Werkstoffe beansprucht daher vom Beginn der Vorprojektierung an erhöhtes Interesse.

Mit Vorteil kann bei der Werkstoffauswahl im Verlauf der Projektentwicklung das *Verfahren der zunehmenden Einengung der Auswahlmöglichkeiten* angewandt werden. Am Anfang stehen Literaturstudium und die Auswertung der eigenen Erfahrungen. Meistens lassen die Angaben in der *Fachliteratur* [vgl. *76*, S. 404; *147*; *357*; *407*; *508*; *520*, S. 238; *522*; *546*; *547*; *548*; *574*; *683*] und die im Rahmen von Prospektmaterial der Herstellerfirmen zugänglichen *Korrosionstabellen* noch eine

Reihe von Möglichkeiten offen. Diese erfahren durch die *experimentelle Erprobung im Labormaßstab* unter Anwendung der spezifischen Reaktionen und Verfahrensbedingungen eine Einengung, die beim Betrieb einer *technischen Versuchsanlage* weiter vorangetrieben werden kann. Hier ist der Einfluß aller erdenklicher Faktoren auf die Korrosionsbeständigkeit und andere Eigenschaften der Werkstoffe zu untersuchen, wie z. B. korrosionserhöhender Temperaturanstieg, der durch bewußte Veränderung der Verfahrensbedingungen oder unkontrollierte örtliche Überhitzungen eintreten kann. Zu berücksichtigen sind auch Rührwirkung, Veränderung der Stoffzusammensetzung, spurenweises Hinzutreten anderer Komponenten oder Anwesenheit von Luft, Möglichkeiten der mechanischen Beschädigung aufgebrachter Schutzschichten, die bei metallischen Überzügen leicht zur Ausbildung von Lokalelementen führen [*94*; *292*].

Selbstverständlich ist andererseits zu prüfen, ob die durch *Korrosion gelösten Werkstoffe* nicht einen *schädlichen Einfluß* auf den *Ablauf der Reaktionen*, evtl. durch Katalyse, ausüben können. Außerdem sind die Auswirkungen der Werkstoffkorrosion auf den Grad der *Produktverunreinigung* festzustellen.

Dieser Auswahlprozeß erfährt oft eine erhebliche Vereinfachung dadurch, daß man auf Grund der allgemeinen Erfahrung bei bestimmten Medien, Verfahren und sogar in ganzen Industriezweigen nur ganz bestimmte Werkstoffe einzusetzen gewöhnt ist, wie z. B. V_2A-Stahl in der Salpetersäureindustrie. Hierdurch geht man aber vielfach an der wirtschaftlich optimalen Werkstoffauswahl vorbei, die nur durch genaue Kosten- und Wirtschaftlichkeitsanalysen unter Berücksichtigung der Anschaffungskosten, Lebensdauer, Reparaturkosten, Kosten der Auswechselung bei Erneuerung, Gefahr der Betriebsunterbrechung und anderer Faktoren zu bestimmen ist [vgl. *429*].

Oft ist das Werkstoffproblem so schwerwiegend, daß die *Verfahrensbedingungen den Werkstoffen* angepaßt werden müssen. In diesem Zusammenhang ist auch der Einsatz korrosionsverhütender Mittel — sogenannter Inhibitoren — zur Verminderung der Lochfraßgefahr in Erwägung zu ziehen. Schließlich fällt der *Konstruktion* die Aufgabe zu, die Möglichkeiten des chemischen und mechanischen Angriffs auf den Werkstoff gering zu halten. Das geschieht vor allem durch Bevorzugung glatter, den laufenden Instandhaltungsarbeiten leicht zugänglicher Oberflächen gegenüber jeder Art von Toträumen, die zu korrosionsfördernder Verschmutzung und Ansammlung von Feuchtigkeit führen. Zum Beispiel sind unnötige Profilierungen und aufliegende Rohrleitungen zu vermeiden, der Einbau von Einzelteilen muß spannungsfrei und ohne scharfe Kanten und Ecken erfolgen [W. Brötz, *76*, S. 411].

2.041 Dimensionierung

Die *Dimensionierung der Apparatur* im Rahmen der Vorprojektierung
betrifft vor allem die grundlegende *verfahrenstechnische Berechnung*.
Während Formgebung und Dimensionierung des Reaktors in das Aufgabengebiet der chemischen Reaktionstechnik fallen und in diesem
Zusammenhang bereits gestreift wurden, bleibt hier die Berechnung der
vor- und nachgeschalteten physikalischen Grundverfahren zu erwähnen.
Grundlagen hierfür sind in erster Linie die Gesetze der Hydrodynamik,
des Stoff und Wärmeübergangs, weiter die spezifischen Verfahrensbedingungen und Eigenarten des Prozesses, die besondere Art der Rohstoffe und die Anforderungen an die verkaufsfähigen Endprodukte;
das Ziel aber besteht in der Festlegung der Apparatur in ihren wesentlichen Konstruktionsmerkmalen und wichtigsten Abmessungen, wobei
wiederum wirtschaftlich optimale Bedingungen zu erfüllen sind.

Hier ist eine Abgrenzung gegenüber der endgültigen *konstruktiven
Detailbestimmung* der Apparatur während der Ausführungsprojektierung erforderlich, die freilich wegen der fließenden Übergänge nur unvollständig sein kann. Die ungefähren Grenzen lassen sich am besten
an Hand von Beispielen aufzeigen:

Die verfahrenstechnische Berechnung der *Wärmeaustauscher* betrifft
z. B. die Festlegung der grundlegenden physikalischen Daten der durch-
zusetzenden Medien wie etwa der Temperaturen, Drucke und verschiedener wärmetechnischer Stoffwerte, der Durchsätze und zweckmäßig
anzuwendenden Strömungsgeschwindigkeiten, die Berechnung der Wärmedurchgangszahlen und erforderlichen Wärmeaustauschflächen, die
Aufteilung letzterer auf eine bestimmte Anzahl von Einheiten, die Wahl
geeigneter Konstruktionstypen und Werkstoffe, die Bestimmung der
Hauptabmessungen von Austauscherrohren und Mänteln. Wegen der
wechselseitigen Beeinflussung der Daten untereinander ist nur eine suk-
zessive Lösung möglich. Die genaue festigkeitsmäßige Berechnung, Vorgabe aller übrigen konstruktiven Details und die Anfertigung der Konstruktionszeichnungen erfolgen aber erst im Stadium der Ausführungsprojektierung.

Die Auslegung von *Kolonnenapparaten* für die Durchführung von
Stoffübergangsprozessen erfordert zunächst wiederum die Bestimmung
der Temperaturen und Drucke, weiter der Gleichgewichtsverhältnisse,
der Konzentrationsdifferenzen bzw. treibenden Kräfte, evtl. von Stoffübergangszahlen, Querschnitts-Materialbilanzen, Berieselungsdichten,
der anwendbaren Strömungsgeschwindigkeiten, die Ermittlung der
Zahl der notwendigen theoretischen und praktischen Böden, ihrer Abstände und grundsätzlichen konstruktiven Ausbildung, der Kolonnen-
querschnitte und -höhen, die Wahl bestimmter Füllkörper usw. Erst der

späteren Konstruktionsphase obliegt dagegen die Festigkeitsrechnung, Detaillierung der Einbauten, Verbindungselemente, Mann- und Handlöcher, Stutzen, Bühnen u. ä.

Noch sinnfälliger wird die Aufgabentrennung bei der Festlegung der *Nebenpositionen* wie der Fundamente, Stahlkonstruktionen, Rohrleitungen, Instrumentierungen, Isolierungen usw., die hier nur in den Grundzügen erfolgt, während die oft sehr umfangreichen Aufgaben der genauen Durchrechnung, Dimensionierung und der Anfertigung der Konstruktionszeichnungen in die Ausführungsprojektierung fallen.

Wichtig ist eine *systematische Erfassung der Daten* über *chemische und physikalische Eigenschaften* aller durchgesetzten Stoffe und Stoffgemische, da diese bei den verfahrenstechnischen Berechnungen ständig gebraucht werden. Arbeitstechnisch sind zur Gewinnung dieser Unterlagen folgende Methoden anwendbar [vgl. *228*; *491*; *554*]:

1. *Literaturstudium*;
2. *Schätzungen* auf Grund der Erfahrung;
3. *Berechnung* nach physikalischen und physikalisch-chemischen Gesetzen;
4. *Experimentelle Bestimmungen*.

Die Literatur, einschließlich der Handbücher und Daten-Sammelwerke, stellt meist schon eine recht ergiebige Fundgrube dar. Ergänzend sind Schätzungen, besser aber Berechnungen heranzuziehen. Experimentelle Bestimmungen sind erst dann aufzugreifen, wenn die übrigen Methoden keine oder zu ungenaue Resultate liefern.

2.042 Die Ermittlung wirtschaftlicher Optima

2.042.0 Optimale Betriebsgröße

In Anlehnung an K. MELLEROWICZ [*444*, Bd. I, S. 417] kann man zwischen einer *technisch* und *wirtschaftlich optimalen Betriebsgröße* unterscheiden. Die Betriebsgröße ist in technischer Hinsicht optimal, wenn sie „unter den gegebenen technischen und organisatorischen Bedingungen die wirtschaftlichste Produktion ermöglicht, also je hergestellte Einheit die niedrigsten Stückkosten verursacht" (MELLEROWICZ). Bestimmte Faktoren, besonders aber die Absatzverhältnisse, zwingen oft zu einem Übergehen von der technisch optimalen zur wirtschaftlich optimalen Betriebsgröße, welche durch die größte Rentabilität gekennzeichnet ist. Der wirtschaftlich optimalen Betriebsgröße kommt ohne weiteres der Vorrang zu, so daß für die optimale Betriebsgröße schlechthin — wenn man die genannte Unterscheidung nicht trifft — keinesfalls niedrigste Stückkosten bzw. Einheitskosten, sondern maximale Rentabilität entscheidend sind [vgl. auch *55*, S. 49; *493*, S. 54].

Als geeignete praktische Ermittlungsverfahren der wirtschaftlich optimalen Betriebsgröße gelten nach MELLEROWICZ [*444*, Bd. I, S. 423] die statistische Analyse zur Bestimmung des dichtesten Wertes als angenommenes Optimum aus der vorhandenen Größenstruktur der Betriebe der gleichen Branche [s. *137*] sowie der Betriebsvergleich. Die technisch optimale Betriebsgröße ist dagegen nur auf technischer Grundlage zu errechnen.

Eine Anwendbarkeit der ersten beiden Verfahren erscheint hier fragwürdig, weil Vergleichszahlen selten in ausreichendem Maße zugänglich sind, zum anderen aber auch oft keine geschlossenen Fabrikanlagen, sondern Produktionsanlagen als Teilbetriebe größerer Unternehmungen mit oft sehr heterogenem Produktionsprogramm projektiert werden.

Somit steht die Errechnung auf technischer Grundlage im Vordergrund, die auch zu einer wenigstens angenäherten Bestimmung der wirtschaftlich optimalen Betriebsgröße führen muß, indem nämlich die Ertragsgrößen durch Schätzung einbezogen werden.

Liegen angenähert *vollständige Konkurrenzverhältnisse* vor, d. h. ist nicht damit zu rechnen, daß die beabsichtigte eigene Produktion innerhalb des in Frage stehenden Kapazitätsbereichs einen nennenswerten Einfluß auf die erzielbaren Verkaufspreise der Produkte ausübt, so kann die wirtschaftlich optimale Betriebsgröße ebenfalls im Gebiet der niedrigsten Einheitskosten näherungsweise bestimmt werden. Dies mag bei bestimmten Massengütern, für die ein sehr breiter Markt besteht, zuweilen zutreffen. Die Funktion der Einheitskosten in Abhängigkeit von der Betriebsgröße weist im allgemeinen kein Minimum auf, oberhalb dessen die Kosten wieder ansteigen [*447*, S. 519]. Das Abfallen der Einheitskosten wird jedoch mit zunehmender Betriebsgröße relativ immer schwächer und in höchsten Kapazitätsbereichen schließlich unmerklich. Man kann die optimale Betriebsgröße daher innerhalb eines größeren Gebietes als verwirklicht ansehen, das durch einen bereits sehr flachen Verlauf der Einheitskostenfunktion gekennzeichnet ist, während die Untergrenze der Optimalkapazität etwa in den Bereich des Überganges von der starken zur schwachen Degression der Kostenkurve fällt. Unter der Voraussetzung gleichbleibender Verkaufspreise muß die Rentabilität naturgemäß mit abnehmenden Einheitskosten ständig wachsen.

Anders ist es, wenn die *Konkurrenzverhältnisse unvollständig* sind und der zusätzliche eigene Ausstoß ein Absinken des Marktpreises erwarten läßt. Dieser Fall ist häufiger. Neben der Kostenfunktion sind dann die Abhängigkeit der erzielbaren Verkaufspreise bzw. Gesamterträge, des Gewinns und der Rentabilität von der Betriebsgröße zu ermitteln. Wegen der großen Schwierigkeit einer zuverlässigen Voraussage der Preis- bzw. Ertrags-Absatzfunktion besitzen die Rechenergebnisse oft nur hypothetischen Charakter. Im Unterschied zu den oben geschilderten Verhältnissen bei vollkommener Konkurrenz ist die wirtschaftlich optimale Betriebsgröße hier durch das Vorhandensein eines Rentabilitätsmaximums definierbar, wenngleich wegen der erwähnten praktischen Einschränkungen vielfach nur in theoretischer Hinsicht.

In bestimmten Fällen besteht für die Aufnahmekapazität des Marktes eine Obergrenze, die sich auch durch Preisreduktionen nicht weiter

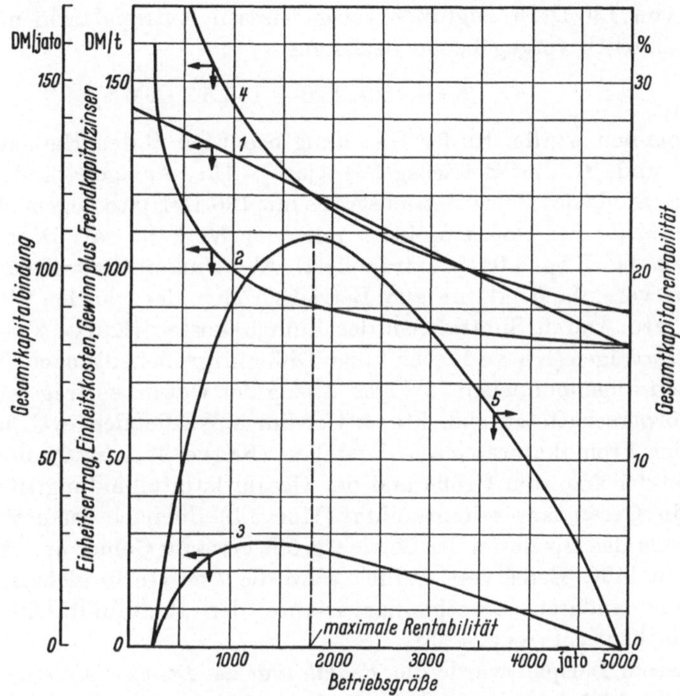

Abb. 21. Ermittlung der optimalen Betriebsgröße an der Stelle maximaler Rentabilität bei unvollständiger Konkurrenz
1 Einheitsertrag [DM/t]; *2* Einheitskosten [DM/t]; *3* Gewinn vor Abzug der Körperschaftsteuer plus Fremdkapitalzinsen [DM/t]; *4* Gesamtkapitalbindung (Anlage- plus Umlaufkapital) [DM/jato]; *5* Gesamtkapitalrentabilität [%]

hinausschieben läßt. Hierdurch entstehen keine grundsätzlich neuen Probleme.

In Abb. 21 ist die Ermittlung der optimalen Betriebsgröße an der Stelle der *maximalen Rentabilität* zur Verdeutlichung des Gesagten schematisch an Hand eines Zahlenbeispiels dargestellt. Ob dabei die zur Ermittlung der Rentabilität erforderlichen Größen wie Kosten, Erträge und Gewinne entsprechend Abb. 21 auf die Einheit [t Produkt] bezogen werden und man demgemäß auch die Kapitalbindung in spezifischer Höhe [DM/jato Kapazität] ausdrückt, oder ob mit Periodengrößen gerechnet wird, ist gleichgültig, denn die Rentabilitätskurve hat in beiden Fällen die gleiche Gestalt. Die Kurve der Einheitskosten ist der Abb. 242 in Kap. 4.292 entnommen, worin eine Extrapolation der Kosten von der Basis-Betriebsgröße 1000 jato aus mit Hilfe vereinfachter Annahmen nach beiden Seiten hin im Verhältnis 1:5 erfolgte. Es wird hier vorausgesetzt, daß die Kosten noch keinen Zinsendienst enthalten. An der Stelle der Basis-Betriebsgröße wurde ein erzielbarer Einheitsertrag von 130 DM/t zugrunde gelegt, dessen Extrapolation nach der hier willkürlich vorgegebenen Beziehung

$$E = -0{,}0125B + 142{,}5 \quad [\text{DM/t}]$$

vorgenommen wurde. In der Gleichung bedeuten E den Einheitsertrag [DM/t] und B die Betriebsgröße [jato]. Die Anlagekapitalbindung — an der Stelle der Basis-Betriebsgröße mit 130 DM/jato angenommen — wurde nach einer Potenzfunktion mit dem Wert 0,67 als Degressionsexponent [s. Kap. 4.051] extrapoliert. Als Umlaufkapitalbedarf galt dagegen vereinfachend für alle Betriebsgrößen der gleiche Wert von 13 DM/jato. Durch Subtraktion der Einheitskosten (Kurve 2) von den Einheitserträgen (Kurve 1) erhält man Differenzgrößen, die nach Kürzung um einen angenommenen 13%igen Abzug der Gewerbeertragsteuer den noch körperschaftsteuerpflichtigen Gewinn einschließlich evtl. noch zu zahlender Fremdkapitalzinsen darstellen (Kurve 3). Der Quotient aus der zuletzt genannten Größe und der Gesamtkapitalbindung (Kurve 4) ergibt die Gesamtkapitalrentabilität (Kurve 5), die nach den getroffenen Annahmen das Optimum der Betriebsgröße etwa im Gebiet um 1800 jato vermuten läßt. Selbstverständlich wäre die Analyse in gleicher Weise mit einer anderen Berechnungsvariante der Rentabilitätskennziffer durchführbar [vgl. Kap. 4.35].

In diesem Beispiel wurde die *Rentabilität als Durchschnittswert*, nämlich als Verhältniszahl zwischen Gewinn und gesamter Kapitalbindung der einzelnen Betriebsgrößen, gebildet. Die Durchschnittsrentabilität bei verschiedenen Betriebsgrößen kann man aber auch noch wie folgt graphisch bestimmen: In einem Diagramm wird der *Gewinn über der Kapitalbindung*, die eine Funktion der Betriebsgröße ist, *aufgetragen*. Nach einem von B. M. GERBEL [*235*, S. 95] angegebenen Verfahren kann man in ein solches Diagramm durch den Ursprung des Koordinatensystems ein Strahlenbündel einzeichnen, dessen einzelne Strahlen Bestimmungslinien für alle Punkte gleicher Rentabilität darstellen. Innerhalb eines Strahlenrasters ist die Rentabilität bei allen Punkten und naturgemäß auch bei denen, die auf einer Kurve liegen, unmittelbar ablesbar, zumal man zwischen den Rentabilitätsstrahlen noch interpolieren kann. Die Anwendung dieser Methode geht aus Abb. 22 hervor, worin unter Annahme wiederum unvollständiger Konkurrenzverhältnisse

eine Gewinnkurve im Bereich zwischen Kapitalbindungen von 1,5 und
11 Mill. DM und verschiedene Rentabilitätsstrahlen zwischen $r = 0$ und
0,24 eingezeichnet sind. Die maximale Durchschnittsrentabilität, die
weiter oben in Abb. 21 im Maximum der Rentabilitätsfunktion gefunden
wurde (Kurve 5), erhält man jetzt im Berührungspunkt desjenigen
Rentabilitätsstrahles, der als Tangente an die Gewinnkurve gelegt wird.

Neben der Betriebsgröße mit maximaler Durchschnittsrentabilität
kann man auch eine solche als optimal ansehen, bei der die *Grenzrentabilität*, d. h. die Rentabilität auf den letzten investierten Teilbetrag und

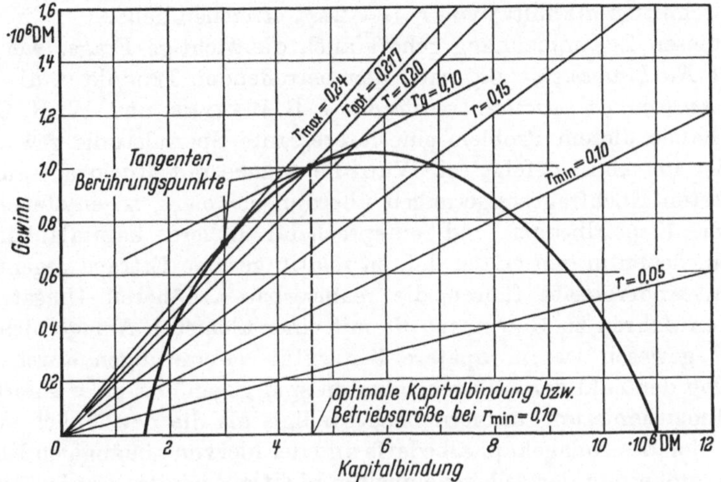

Abb. 22. Ermittlung der optimalen Betriebsgröße über die Grenzrentabilität bei unvollständiger
Konkurrenz

damit der Differentialquotient der Gewinnkurve, mit der für die betreffende Investition geforderten *Mindestrentabilität* zusammenfällt. Zur
graphischen Bestimmung dieses Optimums wird das Diagramm in
Abb. 22 benutzt, indem man eine Parallele zum Strahl der Mindestrentabilität r_{min} als Tangente an die Gewinnkurve legt und die optimale
Kapitalbindung als Abszissenwert des Berührungspunktes abliest. Eine
über diesen Punkt hinausgehende Vermehrung der Kapitalbindung würde
dazu führen, daß die Rentabilitätswerte der folgenden Inkremente der
Kapitalbindung die Mindestrentabilität immer stärker unterschreiten
und vom Maximum der Gewinnkurve ab sogar negativ werden würden.
Keinesfalls darf also die Betriebsgröße so weit ausgedehnt werden, bis die
Mindestrentabilität, auf deren Festsetzung an anderer Stelle eingegangen
wird [Kap. 4.35], als Durchschnittswert für das Gesamtprojekt erreicht
ist. Welcher der beiden ausgezeichneten Punkte der Gewinnkurve, nämlich derjenige maximaler Durchschnittsrentabilität oder der Punkt mit

zusammenfallender Mindest- und Grenzrentabilität als Betriebsgrößenoptimum anzusprechen ist, läßt sich schlecht eindeutig entscheiden, so daß man auch einen optimalen Betriebsgrößen*bereich* zwischen beiden Punkten annehmen könnte [vgl. *235*, S. 101]. Im allgemeinen wird man jedoch bestrebt sein, die Kapitalbindung einer Investitionsgelegenheit bis zur Erreichung der Mindestrentabilität auszudehnen. Bei der als Beispiel in Abb. 22 gezeichneten Gewinnkurve würde das über die Grenz- bzw. Mindestrentabilität r_g bzw. r_{min} von 10% bestimmte Optimum eine Durchschnittsrentabilität r_{opt} von 21,7% ergeben, demgegenüber eine verringerte Kapitalbindung und Betriebsgröße eine maximale Durchschnittsrentabilität von $r_{max} = 24\%$ erreichen ließe.

In diesen Zusammenhang gehört auch die wichtige Frage, wie eine *spätere Nachfragesteigerung* nach den betreffenden Produkten die *optimale Auslegungskapazität beeinflußt*. J. B. Weaver und W. H. Geist [*730*] haben diesem Problem eine interessante Spezialstudie gewidmet, der hier im Abriß gefolgt sei. Wird die Anlage mit Rücksicht auf die erwarteten Nachfragesteigerungen überdimensioniert, so entstehen ein höherer Kapitalbedarf und entsprechend höhere kapitalabhängige Kosten, denen in den ersten Jahren relativ geringe Erträge gegenüberstehen. Andererseits führen die realisierbaren höheren Umsätze in späteren Jahren zu Gewinnen, die mit einer kleineren Anlage nicht erzielbar gewesen wären. Spätere Kapazitätserweiterungen durch Vermehrung der Zahl der Anlageneinheiten sind gegenüber einer sofortigen Überdimensionierung insofern benachteiligt, als die gewöhnlich starke Degression des Anlagekapitalbedarfs und der hiervon abhängigen Kosten bei Vergrößerung der Anlageneinheiten nicht ausgenutzt werden könnte [vgl. Kap. 4.05, 4.292]. Bei der Frage nach der optimalen Betriebsgröße ist nun die Kapazität zu bestimmen, welche der Nachfrage in einem ganz bestimmten zukünftigen Jahr entspricht. In diesem Jahr, „für das gebaut werden soll", wird die Vollausnutzung der Kapazität erreicht, während in den Jahren davor Unterbeschäftigung herrscht und in den Jahren danach bis zum Ende der Lebensdauer der Anlagen weitere Nachfragesteigerungen keine entsprechenden Umsatzerhöhungen mehr zur Folge haben können. Als Entscheidungskriterium wird die Kennziffer der *finanzmathematischen Rentabilität* benutzt [s. im einzelnen Kap. 4.351.1]. Unter Zugrundelegung einer geschätzten, nachfrageseitig als realisierbar angesehenen jährlichen Umsatz-Wachstumsrate sind die investitionsbedingten Einnahmen und Ausgaben differenziert nach den einzelnen Jahren der Lebensdauer und für sämtliche in Betracht gezogenen Betriebsgrößen vorzukalkulieren und zu tabellieren. Bei einer Lebensdauer des Projektes von 10 Jahren hätte man im Falle jährlich fortschreitender Nachfrageerhöhung normalerweise ebenso viele, nämlich 10 verschiedene Betriebsgrößen zu untersuchen, die eine Vollausnutzung der ursprünglichen Auslegungskapazität im 1., 2. usw. bis 10. Jahr erreichen ließen. Die Zahl der Berechnungsfälle wird man demgegenüber in der Praxis freilich durch Ausscheidung der extrem großen und kleinen Anlagen sowie durch probeweises Eingrenzen des allein interessanten Betriebsgrößenbereichs herabmindern können. Für jede der untersuchten Betriebsgrößen wird sodann die finanzmathematische Rentabilität ermittelt, die als Kennziffer in diesem Fall wegen der nicht uniformen Zahlungsreihen der Einnahmen und Ausgaben sowie wegen der Berücksichtigung des Zeitwertes des Geldes besonders geeignet ist. Die optimale Betriebsgröße ist dann verwirklicht, wenn die gegenüber einer vorangehenden, nächstkleineren Betriebsgröße erforderliche zusätzliche Kapitalschicht eine finanzmathematische Rentabilität ergibt, die einem vorgegebenen Mindestwert (Kalkulationszinssatz) möglichst nahekommt, ohne diesen jedoch bereits zu unterschreiten. Es besteht also eine Analogie zur obigen Bestimmung des Optimums unter unvollständigen Konkurrenzverhältnissen, jedoch werden hier nicht Grenzrentabilitäten auf unendlich kleine Veränderungen der Kapitalbindung, sondern Rentabilitätswerte auf endlich große zusätzliche Kapitalschichten (Differenzinvestitionen) ermittelt. Außerdem ist die Berechnungsweise der Rentabilitätskennziffer andersartig. Auf entsprechende Parallelen im nächsten Abschnitt [Kap. 2.042.1] ist hinzuweisen.

WEAVER und GEIST haben für ein bestimmtes Beispiel die optimale Auslegungskapazität in Abhängigkeit von der jährlichen Umsatz-Wachstumsrate und der geforderten finanzmathematischen Mindestrentabilität berechnet und dabei das unmittelbar aus Abb. 23 ersichtliche Ergebnis gefunden: Bei einer bestimmten vorgegebenen minimal akzeptierbaren finanzmathematischen Rentabilität ist die Anzahl der Jahre bis zur Erreichung der Vollbeschäftigung fast unabhängig von der Größe der jährlichen Umsatz-Wachstumsrate. Beträgt diese z. B. 10% und sind als Mindestrentabilität ebenfalls 10% auf jede zusätzliche Investition vorgegeben, so wäre die Kapazität nach den Voraussetzungen des Diagramms fast in doppelter Höhe des Umsatzes vom ersten Jahr auszulegen. Die Vollausnutzung dieser Kapazität könnte dann nach etwa 8 Jahren erreicht werden. Im Falle einer nur 5%igen Umsatz-Wachstumsrate und bei gleicher Mindestrentabilität von 10% ist die Anlage gegenüber dem Umsatz des ersten Jahres nur um rd. 40% größer zu dimensionieren, jedoch ist die Vollausnutzung wiederum nach ungefähr 8 Jahren erreichbar. Das Berechnungsbeispiel basiert etwa auf der Kostenstruktur, wie sie von M. S. PETERS für die amerikanische chemische Industrie als repräsentativ angesehen wird [s. Tab. 41 in Kap. 4.200], und auf einer Reihe vereinfachender Annahmen. Hiervon seien besonders hervorgehoben: Gleichbleibende Verkaufspreise bei allen Umsatzgrößen, Degressionsexponent des Anlagekapitalbedarfs von 0,6, völlige Unabhängigkeit

der Lohnkosten von der Betriebsgröße, Vernachlässigung des Umlaufkapitalbedarfs, keine Anlaufzeiten, 10jährige Lebensdauer der Anlagen
ohne Restwert. Diese getroffenen Voraussetzungen müssen die Allgemeingültigkeit der Aussagen des in Abb. 23 wiedergegebenen Diagramms

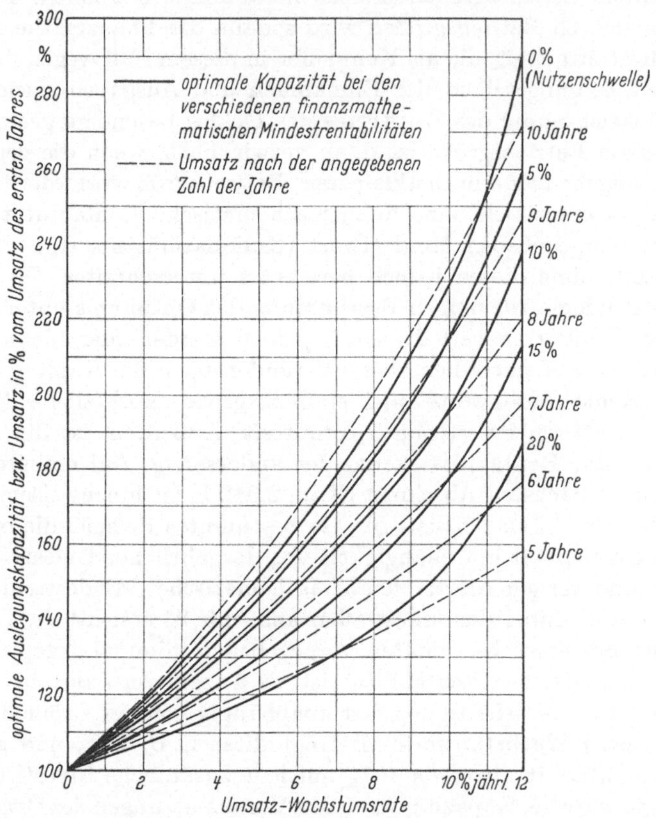

Abb. 23. Ermittlung der optimalen Auslegungskapazität bei verschiedenen Mindestsätzen der finanzmathematischen Rentabilität in Abhängigkeit von der jährlichen Umsatz-Wachstumsrate [J. B.
WEAVER u. W. H. GEIST, *730*]

naturgemäß einschränken. Im Einzelfall lassen sich daher spezielle Berechnungen kaum ersetzen. Das mit zunehmender Überdimensionierung
wachsende Investitionsrisiko ist gleichfalls nicht berücksichtigt worden.

Die praktische Analyse zur Bestimmung der optimalen Betriebsgröße nach den jeweiligen Bedingungen und Besonderheiten des Einzelfalls wird noch insofern erschwert, als alle wirtschaftlichen Daten in die
Zukunft hineinprojiziert werden müssen. Mit den sich hieraus ergebenden
Unsicherheitsfaktoren ist jedoch die gesamte Vorkalkulation belastet.

2.042.1 Verfahrenstechnische und apparative Alternativmöglichkeiten

Gerade auf dem Gebiet der Verfahrenstechnik läßt sich der *gleiche technische Zweck* oft auf sehr *unterschiedlichen Wegen* und mit *unterschiedlichen Apparaturen* erreichen. Zur Trennung eines Flüssigkeitsgemisches hat man sich u. U. zwischen den physikalischen Grundverfahren der Destillation oder Solventextraktion zu entscheiden, eine Trennaufgabe fest-flüssig ist womöglich durch Sedimentation, Filtration oder durch Zentrifugieren zu lösen. Nach der Festlegung auf ein bestimmtes physikalisches Grundverfahren ist gewöhnlich eine weitere Auswahl zwischen einer Anzahl konkurrierender Apparatetypen zu treffen — wie etwa zwischen einem Blattfilter, Trommelfilter oder Scheibenfilter — und innerhalb eines solchen Typs wiederum zwischen mehreren konstruktiven Varianten, Werkstoffen, Instrumentierungsgraden. Derartige Entscheidungsfragen begegnen dem Projektierungsingenieur ständig in großer Fülle. Die Maßstäbe, an Hand derer solche Entscheidungen über technische Alternativen getroffen werden müssen, sind wirtschaftlicher Art. Als die gebräuchlichsten, allgemeingültigen *Methoden zur Auffindung des wirtschaftlichen Optimums* seien hier genannt:

1. Der *konventionelle Kostenvergleich*.
2. *Ausgabenvergleich nach der Annuitätsmethode*.
3. *Kapitalwertvergleich* (Diskontierungsmethode).
4. Entscheidung über die *Rentabilität der Differenzinvestition*.

Zu 1. Kostenvergleiche spielen in diesem Zusammenhang besonders deswegen eine große Rolle, weil im allgemeinen nur die Kosten durch die unterschiedlichen technischen Auslegungen beeinflußt werden, nicht dagegen die Ertragsseite. Eine geringe Einwirkung auf die Ertragsgestaltung — etwa infolge Qualitäts- und damit Verkaufspreisänderung des Produktes — läßt sich allerdings durch entsprechende Änderung der Kostendaten bei den Vergleichen kompensieren. Keinesfalls werden sämtliche Kostenarten erfaßt, sondern nur solche, die in ihrer Höhe eine merkliche Abhängigkeit von den jeweiligen technischen Alternativen aufweisen und damit für den Kostenvergleich interessant sind. Es kommen hier hauptsächlich Kapitalkosten sowie von den Betriebskosten vor allem die Löhne einschließlich lohnabhängiger Zuschläge, Material-, Energie- und Reparaturkosten in Betracht. Der Kapitalkostenberechnung werden regelmäßig nur die Anschaffungskosten der Apparatur zugrunde gelegt, d. h. man beschränkt sich auf den Anlage- und vernachlässigt den Umlaufkapitalbedarf. Der Umlaufkapitalbedarf wird nur ausnahmsweise, etwa bei stark schwankenden Lagerungsnotwendigkeiten, zu beachten sein. Die Vorkalkulation des Kapitalbedarfs und der Kosten ist im einzelnen weiter unten in den Kapiteln 4.0 bis 4.2 behandelt.

Beim konventionellen Kostenvergleich werden die durchschnittlichen Kosten der konkurrierenden Lösungsmöglichkeiten als das ermittelt, was man auch in der üblichen Kostenrechnung unter Kosten versteht, nämlich als „wertmäßiger, betriebsbedingter Gutsverzehr" [vgl. K. MELLEROWICZ, *444*, Bd. I, S. 3]. Die auf diesem Kostenbegriff basierenden Methoden der Vorkalkulation werden wir immer dann als „konventionell" bezeichnen, wenn es darum geht, sie von einem anderen Prinzip der Vorkalkulation und Wirtschaftlichkeitsrechnung abzugrenzen, das sich von einem finanzmathematischen Denken in Einnahmen und Ausgaben und einer Berücksichtigung des Zeitwertes des Geldes herleitet (s. u. Ziffer 2 und 3). Die miteinander zu vergleichenden Kostensummen setzen sich dann aus den vornehmlich nach der linearen Methode ermittelten Abschreibungen [s. Kap. 4.220.0], den kalkulatorischen Zinsen auf die mittlere Kapitalbindung [s. Kap. 4.220.2] und den unmittelbar beeinflußten Betriebskostenanteilen zusammen. Die Alternative mit den niedrigsten Kosten verdient den Vorzug.

Zu 2: Diese wie die folgende Methode legen dem Vergleich nicht durchschnittliche jährliche Kosten, sondern *Ausgaben* zugrunde. Der Unterschied zum Kostenvergleich betrifft freilich praktisch nur die Ermittlung des *Kapitaldienstes.* Dieser wird hier als *Annuität* errechnet, die einen Tilgungs- und Zinsanteil enthält [s. Kap. 4.220.0]. Die jährlichen Betriebsausgaben sind dagegen regelmäßig mit den Betriebskosten gleichzusetzen. Entstehen die jährlichen Betriebsausgaben nicht in gleichbleibender Höhe, so muß erst deren Gegenwartswert durch Abzinsung auf einen Bezugszeitpunkt bestimmt werden, worauf sich die durchschnittlichen jährlichen Betriebsausgaben durch Multiplikation dieses Gegenwartswertes mit dem jeweiligen Annuitäten- oder Wiedergewinnungsfaktor ergeben. Es handelt sich hier um einen speziellen Anwendungsfall der im Zusammenhang mit der finanzmathematischen Rentabilitätskennziffer beschriebenen Annuitätsmethode. Während dort beim Wirtschaftlichkeitsvergleich geschlossener Projekte jährliche Einnahmen-Ausgabenüberschüsse verglichen werden, handelt es sich hier um reine Ausgabenvergleiche, da die Ertragsseite bzw. Einnahmen nicht eingehen [s. im einzelnen Kap. 4.351.1]. Gegenüber dem konventionellen Kostenvergleich wird diese Methode wegen der Berücksichtigung des Zeitwertes des Geldes für theoretisch richtiger gehalten, jedoch sind die Unterschiede in den Berechnungsergebnissen meistens sehr gering. Sie werden nur dann beachtlich, wenn besonders lange Nutzungszeiträume der Anlagen und hohe Zinssätze auftreten.

Zu 3: Hier besteht die gleiche *Analogie zur Diskontierungsmethode,* die beim Wirtschaftlichkeitsvergleich geschlossener Projekte Anwendung findet [s. Kap. 4.351.1]. Als *Kapitalwerte* werden hier lediglich die *Gegenwartswerte der Ausgabenreihen* aller konkurrierenden technischen Alternativen verglichen. Der niedrigste Kapitalwert ergibt das wirtschaftliche

Optimum. Dem Kapitalwertvergleich nach der Diskontierungsmethode gibt man vor der Annuitätsmethode aus Gründen rechentechnischer Vereinfachung häufig dann den Vorzug, wenn die jährlichen Betriebsausgaben nicht als Durchschnittsbeträge, sondern in unterschiedlicher Höhe vorkalkuliert wurden.

Zu 4: Man ordnet die technischen Alternativen in einer Reihe zunehmender Anschaffungskosten bzw. Kapitalbindungen und untersucht die *Rentabilitätswerte auf die jeweils zusätzliche Kapitalschicht* beim Übergang von

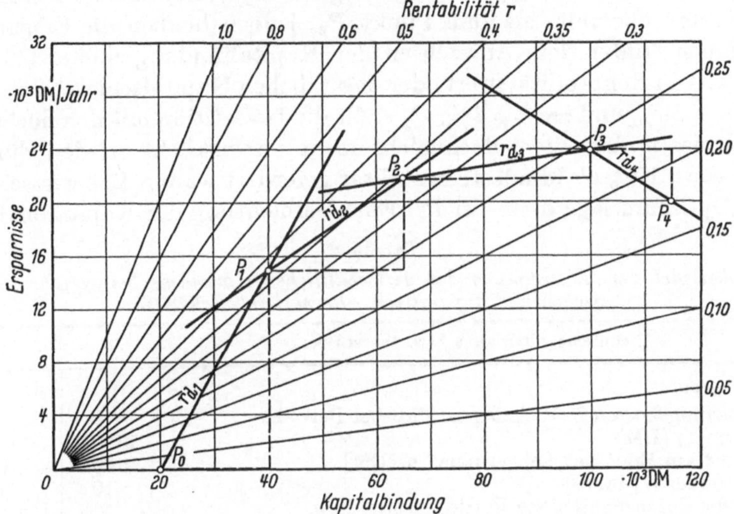

Abb. 24. Ermittlung des wirtschaftlichen Optimums über die Rentabilität der Differenzinvestition

der Investitionsgelegenheit mit der niedrigeren zu derjenigen mit der höheren Kapitalbindung, d. h. die Rentabilitätswerte der verschiedenen Differenzinvestitionen. Als Gewinngrößen erscheinen hier die *Kostenersparnisse*. Die Annäherung an das wirtschaftliche Optimum erfolgt in der Weise, daß man die nächsthöhere Investition gegenüber der vorhergehenden so lange als vorteilhafter ansieht, wie die sich aus zusätzlichen Ersparnissen und zusätzlicher Kapitalbindung ergebende Rentabilität einen vorgegebenen Mindest-Rentabilitätswert nicht unterschreitet. An die Stelle des Kriteriums der Rentabilität der Differenzinvestition tritt das der Grenzrentabilität, wenn eine kontinuierliche Veränderung der Kapitalbindung und Gewinne bzw. Ersparnisse angenommen wird und damit die *marginale* Rentabilitätsänderung verfolgt werden kann, wie z. B. bei der Bestimmung der optimalen Betriebsgröße unter unvollständigen Konkurrenzverhältnissen [Kap. 2.042.0] sowie optimalen Dimensionierung einzelner Anlagenelemente [Kap. 2.042.2]. Hier dagegen handelt es sich um die Betrachtung endlicher Differenzen. Das Verfahren ist graphisch in Abb. 24 veranschaulicht. In einem Strahlenraster, wie es bereits zur Bestimmung der optimalen Betriebsgröße benutzt wurde, sind 5 konkurrierende Investitionsmöglichkeiten durch die Punkte P_0 bis P_4 gekennzeichnet. P_0 ist die Basis-Investition mit der geringsten Kapitalbindung. Der Übergang zu P_1 erbringt Ersparnisse, die eine Rentabilität auf die zusätzliche Investition von

$$r_{d1} = \frac{15000 \cdot 100}{20000} = 75\%$$

erzielen lassen. Eine weitere Steigerung der Kapitalintensität verringert die Kosten ebenfalls bis zum Punkt P_3, jedoch bleiben die Ersparniszunahmen hinter dem Anwachsen der Kapitalbindung immer stärker zurück. Die Rentabilitätswerte der zusätzlichen Kapitalschichten sinken auf $r_{d2} = 28\%$ und $r_{d3} = 5{,}7\%$. P_3 stellt die Investition mit den höchsten Ersparnissen dar, die jedoch nicht mehr verwirklicht werden dürfte, wenn etwa 10% als Mindestrentabilität gefordert wären. Das wirtschaftliche Optimum läge dann bei P_2. Eine Vermehrung der Kapitalbindung

Tabelle 2

Zahlenbeispiel zur Bestimmung des wirtschaftlichen Optimums bei verfahrenstechnischen und apparativen Alternativmöglichkeiten

Technische Alternative bzw. Investition	1	2
Ausgangsdaten:		
Anschaffungskosten bzw. Anlagekapital bei Betriebsbeginn I_a [DM]	50 000	80 000
Restwert am Ende der Lebensdauer R [DM]	5 000	6 000
Lebensdauer n [Jahre]	10	12
Jährliche durchschnittliche Betriebskosten bzw. Betriebsausgaben B [DM]	22 000	14 000
Zinssatz i bzw. Mindestrentabilität r_{min}	0,06	0,06
1. Konventioneller Kostenvergleich:		
Kosten $K = \dfrac{I_a - R}{n} + \dfrac{(I_a - R)i}{2} \cdot \dfrac{n+1}{n} + R \cdot i + B$ [DM]	28 285	22 932
2. Ausgabenvergleich nach der Annuitätsmethode:		
Ausgaben $S = (I_a - R)\dfrac{i(1+i)^n}{(1+i)^n - 1} + R \cdot i + B$ [DM]	28 414	23 187
3. Kapitalwertvergleich (Diskontierungsmethode):		
Kapitalwert $C = I_a + B \cdot \dfrac{(1+i)^n - 1}{i(1+i)^n} - \dfrac{R}{(1+i)^n}$ [DM]	209 128	194 394
4. Entscheidung über die Rentabilität der Differenzinvestition:		
$r_{d2} = \dfrac{\left(\dfrac{I_{a1} - R_1}{n_1} + B_1\right) - \left(\dfrac{I_{a2} - R_2}{n_2} + B_2\right)}{I_{a2} - I_{a1}}$	—	0,211

über P_3 hinaus würde sogar zu einer negativen Rentabilität der Zusatz-
investition führen, wie in diesem Falle zu r_{d4} mit fast -27%. Eine Par-
allelverschiebung der Verbindungslinien zwischen den Investitions-
punkten durch den Ursprung des Koordinatensystems läßt die r_d-Werte
im Strahlenraster leicht graphisch bestimmen. Man arbeitet bei derartigen Analysen überwiegend mit einer Form der konventionellen
Rentabilitätskennziffer, die als Quotient aus der jeweiligen Ersparnis-
änderung (Änderung der Abschreibungen und Betriebskosten, also
im Gegensatz zum Kostenvergleich ohne Berücksichtigung eines Zinsendienstes) und Änderung der Kapitalbindung (Anschaffungskosten
bzw. Neuwert des Anlagekapitals) berechnet wird [s. Kap. 4.351.0]. Die
Einführung der finanzmathematischen Rentabilität würde den Rechnungsgang in ungerechtfertigter Weise komplizieren.

Abschließend sei zur Verdeutlichung und zum Vergleich der 4 beschrie-
benen Methoden auf das Zahlenbeispiel in Tab. 2 verwiesen. Aus den
Berechnungsergebnissen aller Methoden geht die Überlegenheit von
Investition 2 gegenüber Investition 1 eindeutig hervor.

2.042.2. Optimale Dimensionierung einzelner Anlagenelemente

Die Bestimmung der *optimalen Abmessungen einzelner Anlagenelemente*
stellt einen Sonderfall gegenüber der im vorigen Abschnitt behandelten
Auswahl zwischen konkurrierenden technischen Alternativlösungen dar.
Die Besonderheiten ergeben sich daraus, daß die Abmessungen bei gleichbleibender technischer Leistung für den Gesamtprozeß gewöhnlich kontinuierlich bzw. quasikontinuierlich in kleinen Intervallen variiert werden
können und dabei definierte, für die Ermittlung des wirtschaftlichen
Optimums maßgebliche Funktionen herleitbar sind.

Die Aufgabe der optimalen Dimensionierung einzelner Anlagenelemente
fällt nur teilweise in den Rahmen der Vorprojektierung. Die optimale
Dimensionierung jeder Rohrleitung, Isolierung usw. würde z. B. technische Unterlagen in solcher Detaillierung voraussetzen, wie sie erst in
der späteren Konstruktionsphase anfallen. Außerdem würde das wirtschaftliche Gesamtergebnis innerhalb der gezogenen Fehlergrenzen
hierdurch keine nennenswerte Beeinflussung erfahren.

Die nachfolgende Behandlung des Problems gilt vor allem *methodisch-
grundsätzlichen* Fragen. Einzelheiten im Hinblick auf die sich bei den
einzelnen physikalischen Grundverfahren und Apparaten ergebenden
Besonderheiten bleiben der Spezialliteratur vorbehalten [vgl. zusammenfassende Darstellungen *265*, S. 178; *361*; *439*; *501*, S. 64; *520*, S. 4,
76 u. 135; *630*, S. 208].

Die optimale Dimensionierung hat für die Projektierung chemischer
Anlagen größte praktische Bedeutung. Die bei einer Variation der Ab-

messung häufig bestehende Substituierbarkeit zwischen kapitalabhängigen Kostenarten und Betriebskosten kann man geradezu als ein charakteristisches Merkmal chemischer Apparaturen ansehen (s. u. Ziffer 2).

Die wichtigsten Methoden zur optimalen Dimensionierung einzelner Anlagenelemente sind:

1. Der *Vergleich der Anschaffungskosten*.
2. Der *konventionelle Kostenvergleich*.
3. Entscheidung über die *Grenzrentabilität*.

Zu 1: Führt die unterschiedliche Dimensionierung einer Anlageneinheit bei vorgegebener und konstant gehaltener Kapazität im wesentlichen nur zu einer Veränderung der *Anschaffungskosten* und damit der *kapitalabhängigen Kostenarten*, so bestimmt bereits das Minimum der Anschaffungskosten die optimale Dimensionierung. Die kapitalabhängigen Kostenarten setzen sich im wesentlichen aus Kapitalkosten und Reparaturkosten zusammen. Ein klassisches Beispiel bietet die Auslegung aller Arten *zylindrischer Behälter*, für die auf diese Weise ein optimales Verhältnis zwischen Länge bzw. Höhe und Durchmesser gefunden werden kann. Dazu sind die Anschaffungskosten einschließlich der Nebenpositionen wie Fundamente, Montagekosten usw. bei gleichbleibendem Behälterinhalt für verschiedene Werte des genannten Verhältnisses zu ermitteln und über diesem graphisch aufzutragen.

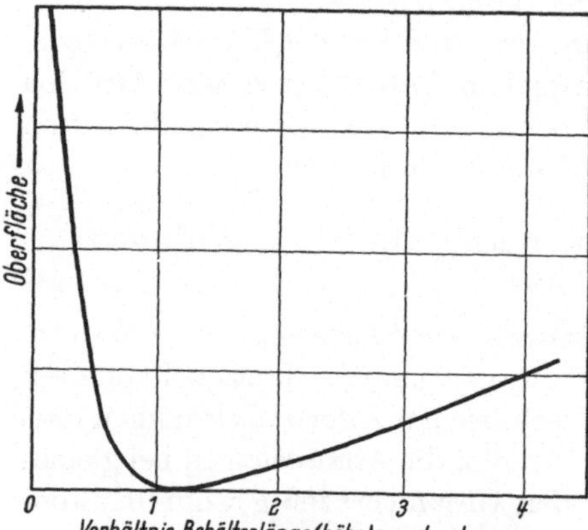

Abb. 25. Abhängigkeit der Oberfläche vom Verhältnis Länge (Höhe) zu Durchmesser bei zylindrischen Tanks [J. R. LA POINTE, *401*]

Wären das Gewicht eines Behälters bestimmter Kapazität der Oberfläche direkt proportional — was Unabhängigkeit der Wandstärke vom Verhältnis Länge bzw. Höhe zu Durchmesser voraussetzen würde — und andererseits der Kilogramm-Preis konstant, so könnte das wirtschaftliche Optimum auch an der Stelle der *minimalen Oberfläche* ermittelt werden. Die Oberfläche zylindrischer Baukörper erreicht für einen gegebenen Rauminhalt bekanntlich dann ein Minimum, wenn Länge und Durchmesser zueinander im Verhältnis 1:1 stehen, während die Oberfläche eines Kugelbehälters gleichen Inhalts noch darunter liegen würde. Die Abhängigkeit der Oberfläche vom Verhältnis der kennzeichnenden Abmessungen bei zylindrischen Tanks zeigt Abb. 25.

Diese Vereinfachung gegenüber dem Vergleich der Anschaffungskosten ist aber nur sehr begrenzt zulässig. Die Praxis des Behälterbaus weicht bei den einzelnen Behältertypen mehr oder minder stark vom Prinzip der Oberflächenminimierung ab. *Stehende zylindrische Lagertanks* werden gewöhnlich nur bis zu einer Kapazität von 700—800 m³ mit einem Verhältnis Höhe zu Durchmesser von etwa 1:1 ausgelegt, dagegen erfolgt in höheren Kapazitätsbereichen vornehmlich eine Vergrößerung des Durchmessers und selten eine Überschreitung von etwa 13 m Bauhöhe. Umgekehrte Verhältnisse finden sich bei *liegenden zylindrischen Tanks*. Für *Normaldruckbehälter* sehen z. B. die deutschen Normen (DIN 6608) nur im Bereich sehr kleiner Rauminhalte um 1 m³ ein Verhältnis Länge zu Durchmesser von etwa 1,2:1 vor, das bis auf rd. 6:1 bei 100 m³ Inhalt anwächst [vgl. Kap. 4.076.0]. Je größer der Rauminhalt des Behälters, desto ungünstiger wirkt die Tatsache, daß die Wandstärke der gedrängten gegenüber der langgestreckten Bauart aus statischen Gründen erhöht werden muß. Außerdem ist dann die kurze Bauart durch den zunehmenden Kostenanteil der im Verhältnis zum Mantel teureren Behälterböden benachteiligt. Schließlich verursacht die Wahl zu großer Durchmesser Schwierigkeiten bei der Fertigung, bei Transport und Montage. Der zulässige Höchstdurchmesser für Bahntransporte beträgt z. B. nur 3 m. Bei *Druckbehältern* weicht man nicht nur mit der Vergrößerung des Rauminhalts, sondern darüber hinaus auch mit Erhöhung des Innendrucks von der geringstmöglichen Oberfläche zugunsten größerer Baulängen ab. Nach E. F. BRUMMERSTEDT [*83*] und J. HAPPEL [*265*, S. 179] kann man bei Druckbehältern das optimale Verhältnis zwischen Länge und Durchmesser an der Stelle des geringsten Behältergewichtes errechnen, wobei allerdings im Rechnungsgang das tatsächliche Gewicht der beiden Böden um 50% zu erhöhen ist, um auf diese Weise die entsprechend höhere Kostenbelastung durch das Gewicht der Böden gegenüber dem Mantelgewicht auszugleichen. Hier vernachlässigt man die Abhängigkeit des Kilogrammpreises vom Gesamtgewicht und nimmt vereinfachend an, daß die Anschaffungskosten dem Gesamtgewicht direkt proportional sind. Ermittelt man für einen Druckbehälter mit bestimmtem Rauminhalt und Innendruck eine Funktion zwischen Gesamtgewicht und Durchmesser, so durchläuft das Gewicht allerdings nur dann ein Minimum, wenn in der Berechnungsformel für die Wandstärke, die in die genannte Beziehung einzuführen ist, ein Rostzuschlag berücksichtigt wird. Eine Verringerung des Durchmessers über diesen Punkt hinaus wird also das Gewicht nur relativ schwach wieder ansteigen lassen, während andererseits die Vernachlässigung des Rostzuschlages bei Verkleinerung des Durchmessers und Berechnung der Wandstärke allein auf Grund des Innendruckes zu einer steten Abnahme des Gewichtes führen müßte. Abgesehen davon, daß eine bestimmte Mindest-Wandstärke nicht unterschritten werden kann und dann der Innendruck seine Maßgeblichkeit für die Berechnung der Wandstärke verliert, würde man in der Praxis jedoch selbst dann von einer weiteren Verkleinerung des Verhältnisses Durchmesser zu Länge von höchstens 1 : 5 bis 1 : 6 Abstand nehmen, wenn man weitere Gewichtsersparnisse erzielen könnte. Eine übermäßige Erhöhung der Baulänge bringt nämlich auch Nachteile in bezug auf Fertigung, Transport, Montage und räumliche Anordnung mit sich.

Zu 2: Die unter Ziffer 1 behandelten Fälle, in denen das Optimum durch Untersuchung einer einzigen Abhängigkeitsbeziehung aufgefunden werden kann, sind relativ selten. Wichtiger ist die Bestimmung des *Optimums als Minimum der auf die Leistungseinheit oder Periode bezogenen Kosten*, die mit dem Betrieb eines Anlagenelementes unter seinen verschiedenen Auslegungsbedingungen verbunden sind und die sich in Abhängigkeit von einer gewählten bestimmten Variablen in einzelnen Teilen, d. h. Kostenarten und Kostenartengruppen, vielfach gegenläufig bewegen. Es kommt

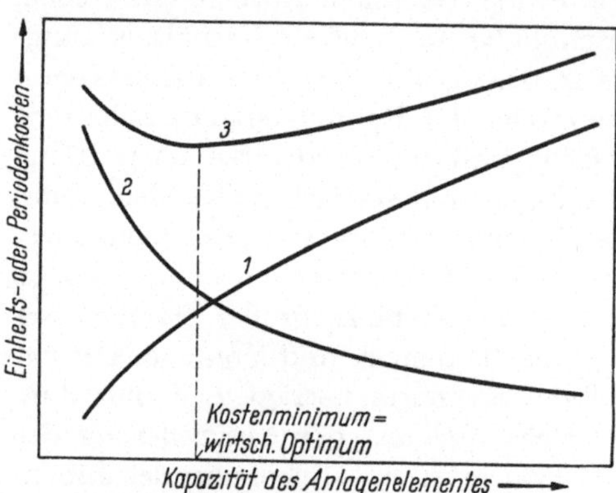

Abb. 26. Grundschema der graphischen Ermittlung des wirtschaftlichen Optimums als Kostenminimum
1 Kapitalabhängige Kosten des Anlagenelementes; *2* Betriebskosten, ferner kapitalabhängige Kosten von Zubehöranlagen; *3* Gesamtkosten

vorzugsweise der *konventionelle Kostenvergleich* in Betracht, weniger dagegen der finanzmathematisch ausgerichtete Ausgabenvergleich nach der Annuitätsmethode.

Für die Annäherung des wirtschaftlichen Optimums im Kostenminimum gilt oft das in Abb. 26 dargestellte *Normalschema*. Als einzige *unabhängige Variable* wird die eigentliche *Kapazität* des Anlagenelements, z. B. das Reaktorvolumen bei Reaktoren oder der Querschnitt bei Rohrleitungen, gewählt, die auch mit den *Anschaffungskosten* symbat verläuft. Es wäre somit gleichbedeutend, anstelle der Kapazität die Anschaffungskosten selbst als unabhängige Variable einzuführen, doch wird der technische Kapazitätsmaßstab im allgemeinen als anschaulicher bevorzugt. Nur solche Kostenarten werden für die Analyse herangezogen, die von der unterschiedlichen Auslegung eine unmittelbare Beeinflussung erfahren. Häufig kann man nach dem in Abb. 26 vorausgesetzten Normalschema *zwei* sich *gegenläufig* bewegende *Teilkostenfunktionen* ableiten, deren Addition eine Gesamtkostenfunktion mit deutlich ausgeprägtem Minimum ergibt:

Kurve 1: Kostenarten, die mit der unabhängigen Variablen in einem bestimmten Verhältnis wachsen. Das sind definitionsgemäß die *kapitalabhängigen Kosten des Anlagenelementes*, wie Abschreibungen, kalkulatorische Zinsen, Kapitalsteuern, Anlagenwagnisse und Reparaturkosten.

Kurve 2: Mit der unabhängigen Variablen in einem bestimmten Verhältnis abnehmende Kostenarten, wozu ein großer Teil der *Betriebskosten*, vor allem aber Material- und Energiekosten gehören. Evtl. sind hier auch *kapitalabhängige Kosten von Zubehöranlagen* für den Betrieb des untersuchten Anlagenelementes mit einzubeziehen.

Arbeitskosten sowie hiervon als abhängig betrachtete Kostenarten werden in ihrer Höhe sehr wenig von Kapazitätsänderungen einzelner Anlagenelemente beeinflußt [s. Kap. 4.292]. Sie sind oft ganz zu vernachlässigen. Enthält die zweite Teilkostenfunktion keine nennenswerten kapitalabhängigen Kosten von Zubehöranlagen, so wäre die Kennzeichnung des Problems als „Anlage-Betriebskostenschere", wie es in der Praxis zuweilen geschieht, im wesentlichen zutreffend. Ob man die Kostenfunktionen als *Einheits-* oder *Periodenkosten* ermittelt, ist an sich gleichgültig.

Anstelle der graphischen kann man auch die rechnerische Bestimmung wählen. Das Minimum der Gesamtkostenfunktion wäre dann nach Differenzierung im Schnittpunkt zwischen Ableitungsfunktion und Abszissenachse aufzusuchen.

Das Normalschema in Abb. 26 sei an Hand einiger *Anwendungsbeispiele* erläutert:

a) *Reaktoren*. Die Leistung wird als bestimmte, in der Zeiteinheit zu erzeugende Produktmenge festgelegt [vgl. Kap. 2.00]. Als unabhängige Variable kommen nach dem Schema nur das Reaktorvolumen oder die Anschaffungskosten des Reaktors in Betracht. In Abhängigkeit von einer dieser beiden Größen wird der Durchsatz variiert, während Druck, Temperatur und Anfangskonzentrationen der Einsatzprodukte als sonstige Einflußgrößen konstant gehalten werden. Mit der Vergrößerung des Reaktorvolumens nehmen die Anschaffungskosten des Reaktors und damit die kapitalabhängigen Kosten zu (Kurve 1), womit aber gleichzeitig eine Herabminderung des Durchsatzes einhergeht, da mit der längeren Verweilzeit eine bessere Annäherung an die theoretische, thermodynamische Gleichgewichtsausbeute erzielt wird [*161*, S. 290; *630*, S. 298]. Somit fallen mit zunehmendem Reaktorvolumen die durchsatzabhängigen Kosten, das sind Materialkosten, Energiekosten sowie kapitalabhängige Kosten von Zubehöranlagen, nämlich von Apparaten und Maschinen für Stoffumwälzung und Stofftrennung (Kurve 2). An der Stelle des Minimums der Gesamtkostenkurve (Kurve 3) kann das optimale Reaktorvolumen ermittelt werden, womit gleichzeitig der optimale Durchsatz und Umsatz festliegen. Diese Betrachtung gilt allerdings nur für den Normalfall, daß sich die Dimensionierung des Reaktors nach thermodynamischen und kinetischen Faktoren richtet [*161*, S. 291].

b) *Elektrolysezellen.* Diese können regelmäßig bei der gleichen Erzeugungsleistung mit kleineren Abmessungen gebaut werden, wenn man mit höheren Stromdichten arbeitet und die dann erforderliche höhere Zellenspannung sowie den vermehrten spezifischen Energiebedarf in Kauf nimmt. Umgekehrt kann man zur Senkung der Energiekosten die Zellen groß dimensionieren. Die Anwendbarkeit des Grundschemas in Abb. 26 liegt klar auf der Hand. Als unabhängige Variable wählt man zweckmäßig eine Elektrodenfläche bzw. die hiermit symbat verlaufenden Anschaffungskosten der Zelle.

c) *Wärmeaustauscher.* Es sei zunächst der einfache Fall erörtert, daß die optimale Größe der Austauschfläche eines Wärmeaustauschers zur Wärmerückgewinnung abgeschätzt werden soll, wobei die jeweiligen Eintrittstemperaturen der wärmeaustauschenden Medien, ferner die Strömungsgeschwindigkeiten und Wärmedurchgangszahl als gegeben und konstant anzusehen sind. Es wird hier z. B. an rauchgasbeheizte Luftvorwärmer vor Verbrennungsöfen gedacht, an Wärmeaustauscher vor Reaktoren, bei Destillationsapparaturen usw. zur möglichst weitgehenden Vorwärmung der Einsatzprodukte und andererseits Abkühlung der Endprodukte. Die Energiekosten auf Grund der Druckverluste im Wärmeaustauscher mögen von der Betrachtung ausgeschlossen bleiben. Es läßt sich nun ein um so größerer Wärmerückgewinn erzielen, je weiter die Aufheizung bzw. Abkühlung der wärmeaustauschenden Medien vorangetrieben und damit die mittlere Temperaturdifferenz als treibende Kraft des Wärmeaustauschvorganges verringert werden. Über der Austauschfläche als unabhängiger Variabler aufgetragen steigen wiederum die kapitalabhängigen Kosten des Apparates (Kurve 1), dagegen fallen die Energiekosten durch vermehrten Wärmerückgewinn (Kurve 2).

Anders als in dem eben besprochenen Fall werden bei einem *Kühler* normalerweise die auszutauschende Wärmemenge festliegen und die mittlere Temperaturdifferenz nur mit der in einem bestimmten Bereich frei wählbaren Austrittstemperatur des Kühlwassers variieren. Die Wärmedurchgangszahl gelte auch hier als konstant, Auswirkungen der Druckverluste im Wärmeaustauscher bleiben unberücksichtigt. Mit der Vergrößerung der Austauschfläche des Kühlers kann die mittlere Temperaturdifferenz sinken und damit die Austrittstemperatur des Kühlwassers steigen, was die Kühlwasserkosten entsprechend herabsetzt. Die optimale Austauschfläche wäre also hier in ähnlicher Weise bestimmbar.

Freilich erfahren die Probleme der optimalen Dimensionierung von Wärmeaustauschern eine erhebliche Komplizierung, wenn neben variablen Austauschflächen und Temperaturverhältnissen auch noch eine Variabilität der Strömungsgeschwindigkeiten und damit auch der Wärmedurchgangszahlen, Druckverluste und hieraus resultierenden Energiekosten in die Analyse einbezogen werden. Es kann hier nur auf einige Spezialarbeiten verwiesen werden [*65*; *247*, S. 275; *265*, S. 187; *350*, S. 221; *439*, S. 132; *440*, S. 431; *501*, S. 78; *511*, S. 45; *520*, S. 344; *630*, S. 219].

d) *Ein- und Mehrkörperverdampfer*. Bei konstanter Verdampfungsleistung bietet die Bestimmung der optimalen Stufenzahl ein anschauliches und bekanntes Beispiel für die genannte Methode. Die Erhöhung der Stufenzahl als unabhängige Variable steigert die kapitalabhängigen Kosten (Kurve 1), während Dampf- und Kühlwasserkosten als Betriebskosten fallen (Kurve 2). Allerdings steht hier nur eine kleine Zahl von Stufen zur Auswahl, so daß eigentlich keine stetigen Kurven ableitbar sind [vgl. *385*, S. 539].

e) *Rohrleitungen*. Kapazitätsmaßstab und damit geeignete unabhängige Variable ist der Querschnitt. Bei festliegender Förderleistung (Fördermenge pro Zeiteinheit) erhöht ein größerer Querschnitt die kapitalabhängigen Kosten der eigentlichen Rohrleitung (Kurve 1), während andererseits die Energiekosten sinken (Kurve 2): Man kann jetzt die Fördergeschwindigkeit verringern, was die Rohrreibungsverluste und damit die notwendigen Förderhöhen herabsetzt. Gleichzeitig fallen auch die kapitalabhängigen Kosten von Zubehöranlagen wie Pumpen, Gebläsen usw. einschließlich Antriebsmotoren, weil die Leistungsanforderungen an diese zurückgehen.

f) *Isolierungen*. Bei diesem bekannten Beispiel werden die kapitalabhängigen Kosten der Isolierung (Kurve 1) und die Kosten der Wärmeverluste (Kurve 2) gegen die Isolierstärke als unabhängige Variable aufgetragen.

g) *Kolonnenapparate* für Rektifikation, Gasabsorption und Solventextraktion. Die Leistungen mögen festliegen als in der Zeiteinheit zu rektifizierende Produktmengen mit bestimmten Reinheitsanforderungen an Kopf- und Sumpfprodukt (Rektifikation) bzw. als in der Zeiteinheit um einen bestimmten Betrag zu entladende Menge der abgebenden Phase (Gasabsorption und Solventextraktion). Zur optimalen Dimensionierung von Kolonnenapparaten für die Durchführung der genannten Stoffübergangsprozesse wird in Analogie zum Grundschema der Abb. 26 zweckmäßig die theoretische Bodenzahl als unabhängige Variable gewählt. Mit zunehmender Bodenzahl wachsen dann die kapitalabhängigen Kosten des Kolonnenapparates, und zwar bis zur unendlichen Bodenzahl, die einem bestimmten Mindest-Rücklaufverhältnis bei der Rektifikation und einem Mindest-Lösungsmittelverhältnis bei Gasabsorption und Solventextraktion entspricht. Bei abnehmenden Bodenzahlen tritt aber hier die Besonderheit auf, daß Kurve 1 nicht ständig fällt, sondern nach Durchlaufen eines Minimums zum Gebiet der Mindestbodenzahl (Rektifikation) bzw. unendlich kleinen Bodenzahl (Absorption und Solventextraktion) hin wieder ansteigt. Der Mindestbodenzahl entspricht bekanntlich bei der Rektifikation der totale Rücklauf, während man bei Gasabsorption und Solventextraktion als analoge Grenzbedingung unendlich kleine Stufenzahl und unendlich großes Lösungsmittelverhältnis formulieren kann. Das erneute Ansteigen der Kurve 1 ist darauf zurückzuführen, daß die Verbilligung des Kolonnenapparates durch Verminderung der Bodenzahl und der Bauhöhe schließlich durch die Verteuerung infolge der notwendigen Vergrößerung des Kolonnenquerschnitts ausgeglichen und überkompensiert wird. Die Energiekosten, d. h. vor allem die Kosten für Dampf und Kühlwasser zum Betrieb der Rektifizierkolonne oder zur Regeneration des Lösungsmittels, sowie die kapitalabhängigen Kosten von Zubehöranlagen (Verdampfer, Kondensator, Trennanlage, Pumpen) bilden zusammen die andere Teilkostenkurve, die in Übereinstimmung mit dem Grundschema der Abb. 26 wiederum fällt (Kurve 2). In gleicher Weise ergibt auch hier die Gesamtkostenkurve ein Minimum [520, S. 160; 577, S. 129; 604; 630, S. 223; 689, S. 221, 300 u. 425].

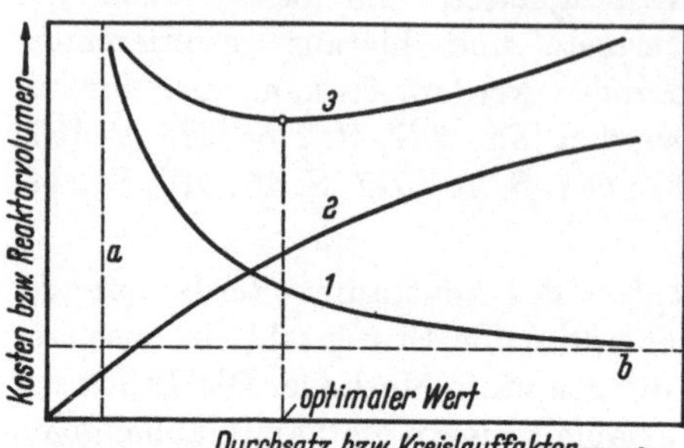

Abb. 27. Abhängigkeit der Kosten vom Durchsatz bei Reaktionsapparaten [nach K. DIALER u. a., *161*, S. 291]
1 Reaktorvolumen bzw. kapitalabhängige Kosten des Reaktors; *2* Durchsatzabhängiger Kostenanteil; *3* Gesamtkosten; *a* Senkrechte Asymptote, bestimmt durch Führung der Reaktion bis zum Gleichgewicht und unendlich großes Reaktorvolumen; *b* Waagerechte Asymptote, bestimmt durch das Verhältnis von Leistung zur Reaktionsgeschwindigkeit im Anfangszustand und damit minimales Reaktorvolumen

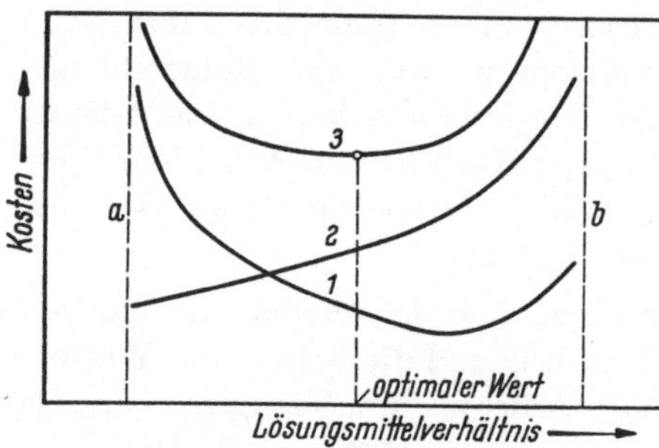

Abb. 28. Abhängigkeit der Kosten vom Lösungsmittelverhältnis bei Kolonnenapparaten für die Solventextraktion
1 Kapitalabhängige Kosten des Kolonnenapparates; *2* Energiekosten sowie kapitalabhängige Kosten für die destillative Trennung von Extraktionsmittel und Extrakt; *3* Gesamtkosten; *a* Asymptote, bestimmt durch das Mindest-Lösungsmittelverhältnis bzw. durch unendlich große Bodenzahl; *b* Asymptote, bestimmt durch unendlich großes Lösungsmittelverhältnis bzw. durch unendlich kleine Bodenzahl

Selbstverständlich können auch andere technische Größen ohne Veränderung des Ermittlungsprinzips an die Stelle des Kapazitätsmaßstabes des Apparates treten, wenn sie mit letzterem funktionell verknüpft sind. Abb. 27 stellt z. B. die beim Betrieb eines Reaktors mit vorgegebener Leistung entstehenden Kosten in Abhängigkeit vom Durchsatz bzw. Kreislauffaktor dar, so daß das Minimum der Gesamtkostenkurve auf der Abszissenachse unmittelbar den optimalen Durchsatz bzw. den optimalen Kreislauffaktor abzulesen gestattet. Ebenso ist die graphische Bestimmung des optimalen Lösungsmittelverhältnisses bei Kolonnenapparaten für die Solventextraktion in Abb. 28 gegenüber der Anwendung des eingangs definierten Grundschemas nur eine formale Abänderung.

Die optimale Dimensionierung von *chargenweise oder halbkontinuierlich betriebenen Apparaturen* kann über Kostenvergleiche nach ähnlichen Grundsätzen erfolgen, ist jedoch häufig komplizierter. Im hier kurz skizzierten einfachen Fall der optimalen Dimensionierung eines *diskontinuierlichen Reaktors* [vgl. *630*, S. 245] würde man zweckmäßig verschiedene Teilkostenkurven in Abhängigkeit von der Chargengröße, d. h. der Produktionsleistung je Charge, ermitteln. Es geht hier nicht um die Bestimmung des optimalen Reaktionsraumes bei einer Variabilität von Umsatz, Verweilzeit und Durchsatz, wie oben unter Punkt a), sondern um die Aufteilung einer geforderten Jahresleistung bei bereits festliegendem Umsatz auf eine optimale Anzahl von Chargen. Mit der Chargengröße werden infolge der notwendigen Vergrößerung der Apparatur die kapitalabhängigen Kosten und gleichfalls wegen der Zunahme der im Prozeß befindlichen und zu lagernden Produkte die Zins- und Lagerungskosten anwachsen, dagegen Energie- und vor allem Bedienungskosten fallen. Ursächlich hierfür ist die Tatsache, daß die Chargendauer entweder ganz unabhängig von der Chargengröße ist oder mit dieser nur stark unterproportional zunimmt. Besonders auch Zeitbedarf und Kosten für Beschickung, Entleerung, An- und Abfahren der Apparatur sind von der Chargengröße weitgehend unabhängig. Durch Addition der gegenläufigen Teilkostenkurven erhält man wiederum eine Gesamtkostenkurve mit einem Minimum, das die optimale Chargengröße anzeigt. Von *halbkontinuierlichem Betrieb* spricht man nicht nur in der chemischen Reaktionstechnik, sondern in einem weiteren Sinne auch bei allen Apparaten, die an sich einen kontinuierlichen Produktstrom aufweisen, jedoch wegen absinkender Leistung von Zeit zu Zeit stillgesetzt werden müssen, um eine Wiederherstellung der ursprünglichen Betriebsbedingungen zu ermöglichen. Diese zwangsläufige Periodizität der Arbeitsweise muß allerdings schon stärker ausgeprägt sein, da letzten Endes Stillstandzeiten zur Durchführung von Instandhaltungsmaßnahmen bei sämtlichen Anlagenelementen unvermeidlich sind. Es gehören hierhin etwa Filterpressen und Blattfilter, bei denen der Filterkuchen in gewissen Zeitabständen auszuwaschen und auszuräumen ist, Verdampfer, Kondensatoren usw. mit merklicher Verkrustung der Wärmeaustauschflächen, Ionenaustauscher und Adsorber, die im engeren Sinne der chemischen Reaktionstechnik kontinuierlich arbeitenden Reaktoren, die nach einer bestimmten Laufzeit eine neue Kontaktbeschickung erhalten müssen u. ä. Diese Leistungsabnahme im Zeitverlauf, die zur periodischen Leistungserneuerung aufzuwendenden Zeiten und Kosten verlangen bei der Projektierung sorgfältige Berücksichtigung dahingehend, daß wirtschaftlich optimale Anlageneinheiten mit entsprechend optimalen Laufzeiten vorgesehen werden. Die hier eingeschlossenen Optimumprobleme bieten stärkere Besonderheiten, deren Darstellung der Spezialliteratur vorbehalten bleiben soll [*520*, S. 145; *630*, S. 245].

Zu 3: In Analogie zu den bereits in Kap. 2.042.0 und 2.042.1 geschilderten Methoden werden bei der *Entscheidung über die Grenzrentabilität* die jährlichen Ersparnisse in Abhängigkeit von den Anschaffungskosten bzw. der Kapitalbindung des Anlagenelementes aufgetragen. Das Optimum liegt dort, wo die Grenzrentabilität als Differentialquotient aus der marginalen Zunahme der Kostenersparnisse und der Kapitalbindung sich mit dem Wert einer vorgegebenen Mindestrentabilität deckt. Jenseits dieses Punktes erreichen zusätzlich investierte Kapitalschichten diese Mindestrentabilität nicht mehr. Daher ist auch eine Vermehrung der Kapitalbindung bis zum Maximum der Ersparniskurve nicht gerechtfertigt, da die Grenzrentabilität an dieser Stelle bereits den Wert Null erreicht.

2.042.3 Optimale Zahl der Anlageneinheiten

Da einer Vergrößerung der Abmessungen und Leistungen einzelner Anlagenelemente nach oben hin Grenzen gesetzt sind, erhebt sich bei der Aufgabe der optimalen Dimensionierung oft die weitere Frage, *auf wieviele Anlageneinheiten* eine bestimmte *Leistung aufzuteilen* ist. In unmittelbarem Zusammenhang hiermit steht die Festlegung der Zahl der Reserveeinheiten.

Im allgemeinen ist man bestrebt, die Anlageneinheiten wegen des Phänomens der *Größendegression*, die in der unterproportionalen Zunahme der Periodenkosten bzw. Abnahme der spezifischen Kosten je Leistungseinheit besteht, so groß als möglich zu wählen. Die Größendegression wird hier als „Apparate- und Maschinendegression" bezeichnet, und zwar im Unterschied zur „Größendegression des Betriebes", die zur Auffindung der optimalen Betriebsgröße führen soll. Die *Kostendegression* ist hier im wesentlichen auf *drei Ursachen* zurückzuführen [vgl. *162*; *444*, Bd. I, S. 320]:

1. Degression des *Anlagekapitalbedarfs* und damit der kapitalabhängigen Kosten [Kap. 4.050];

2. Größere Einheiten sind gewöhnlich relativ *leistungsfähiger* als kleinere. Dies wird weniger bei den Apparaten als bei den Maschinen deutlich: Die Wirkungsgrade von Wärmekraftmaschinen, Elektromotoren, Pumpen, Gebläsen, Kompressoren usw. nehmen mit steigender Leistung zu, was die *Energiekosten* entsprechend *herabsetzt*. Bei größeren Apparaten fällt mitunter die verbesserte Wärmehaltung bzw. *Verminderung der Wärmeverluste* ins Gewicht, die auf einer relativen Abnahme der Oberfläche gegenüber dem Inhalt beruht.

3. Bei einer Kapazitätsvergrößerung der Anlageneinheiten fällt der relative Bedarf an *Arbeitskräften* für Bedienung und Überwachung [vgl. Kap. 4.292].

Wenn die *optimalen Apparate- und Maschinengrößen* aber nicht an der Obergrenze der technisch möglichen Abmessungen liegen, so sind hierfür in erster Linie das Risiko des Anlagenausfalls bei technischen Störungen und hiermit zusammenhängend die verteuerte Reservehaltung verantwortlich. Die Auslegung von Reserven ist zur Sicherung des kontinuierlichen Betriebes bei vielen und besonders den störungsanfälligen Einheiten nicht zu umgehen, es sei denn, die Reserven würden Kosten in einer solchen Höhe verursachen, daß die erwartbaren Verluste aus Betriebsunterbrechungen überkompensiert werden [336]. Je größer die Zahl der Betriebseinheiten, desto kleiner kann die gewöhnlich gleichgroß gewählte Reserveeinheit ausfallen; andererseits ist auch bei fehlender Reserve der Ausfall einer Einheit um so weniger schwerwiegend, je mehr Betriebseinheiten vorhanden sind, weil dann eine entsprechend größere Teilleistung aufrechterhalten bleibt bzw. der Ausfall durch Überlastung der restlichen Einheiten besser aufgefangen werden kann. Außerdem ist es im Normalfall wirtschaftlicher, Beschäftigungsrückgängen mit dem Abschalten ganzer Einheiten als mit dem Fahren größerer Einheiten unter Teillast zu begegnen, was auch für die kurzfristigen Regelungsnotwendigkeiten gilt, da die Wirkungsgrade mit der Lastherabsetzung oft abfallen. Besonders große Anlageneinheiten erfordern schließlich mitunter spezielle Herstellungsmethoden und Fertigungseinrichtungen oder bringen Erschwernisse bei Transport und Montage mit sich, welche die Anschaffungskosten gegenüber kleineren Größen relativ verteuern.

Alle diese Einflüsse führen dazu, daß jenseits der optimalen Apparate- und Maschinengröße die Kostendegression in eine Kostenprogression umschlägt.

Unter Beschränkung der Betrachtung auf die *Degression des Anlagekapitalbedarfs* hat J. G. WILSON [759] Funktionen berechnet und graphisch dargestellt, welche die vergleichsweise Höhe des Anlagekapitalbedarfs bei der Auslegung mehrerer Einheiten gegenüber der Wahl nur einer einzigen Einheit aufzeigen. Der Berechnungsgang sei hier kurz skizziert:

Ist X die Leistung einer Einheit, n die Zahl der Einheiten und X_g die Gesamtleistung einer Batterie aus gleichgroßen Einheiten, so gelten

$$X_g = n \cdot X \qquad \text{und} \qquad X = \frac{X_g}{n}.$$

Die Abhängigkeit der Anschaffungskosten bzw. des Kapitalbedarfs einer Anlageneinheit von ihrer Größe wird ausgedrückt durch die Beziehung

$$Y = A \cdot X^m,$$

worin A eine Konstante und m den Kapitalbedarfs-Degressionsexponenten bedeuten [vgl. Kap. 4.050]. Der gesamte Kapitalbedarf der Batterie ohne Reserveeinheit (Y_g) und mit einer zusätzlichen gleichgroßen Reserveeinheit (Z_g) ist dann

$$Y_g = n \cdot A \cdot X^m = A \cdot X_g^m \cdot \frac{n}{n^m}$$

bzw.
$$Z_g = (n + 1) \cdot A \cdot X^m = A \cdot X_g^m \cdot \frac{n + 1}{n^m}.$$

Setzt man A und X gleich 1, so erhält man das Kapitalbedarfsverhältnis der Batterie gegenüber der Auslegung nur einer Betriebseinheit in Form von Ausdrücken, die nur n und m als unabhängige Variable enthalten:

$$Y_g = \frac{n}{n^m}$$

bzw.
$$Z_g = \frac{n + 1}{n^m}.$$

Diese Beziehungen sind in Abb. 29 graphisch dargestellt, wobei m als Parameter gewählt wurde. Die Z_g-Kurven weisen Minima an den Stellen

$$n = \frac{m}{1 - m}$$

auf.

Kennt man den Kapitalbedarf der größten Einheit im Falle $n = 1$, so braucht man diesen nur mit den aus Abb. 29 ersichtlichen Faktoren bei allen $n > 1$ und den jeweiligen m-Werten zu multiplizieren, um die absolute Höhe des Kapitalbedarfs für die Batterie in Abhängigkeit von n zu ermitteln. Nimmt man z. B. bei einem Apparat für m den Wert 0,7 an, so steigt der Kapitalbedarf bei Auslegung von 5 Einheiten gegenüber der Wahl nur einer Einheit auf das 1,62fache, wenn keinerlei Reserven vorgesehen werden. Für den Fall der zusätzlichen Auslegung einer Reserve liegt das Minimum der zum gleichen m-Wert gehörenden Z_g-Kurve bei

1,84 im Bereich zwischen 2 und 3 Betriebseinheiten ($n = 2{,}333$), was 3 bis 4 insgesamt installierten Einheiten entsprechen würde.

Ist die Zahl der Reserven größer als 1, nämlich allgemein r, so gilt

$$Z_g = \frac{n + r}{n^m} \, .$$

Bei Einzelfertigung sind evtl. die Konstruktionskosten der Einheiten gesondert zu berücksichtigen. Besitzt die erste Maschine den Anschaffungspreis 1, jede weitere aber nur noch den um die Konstruktionskosten k als Bruchteil von 1 verminderten Preis, so gelten analog

$$Y_g = \frac{1 + (n - 1)(1 - k)}{n^m}$$

bzw. $\quad Z_g = \dfrac{1 + n(1 - k)}{n^m} \, .$

k schwankt erfahrungsgemäß etwa in den Grenzen von 0,05 und 0,4. Bei Großmaschinen beträgt der Mittelwert 0,2. Auch für diese Fälle könnten Diagramme ähnlich der Abb. 29 entwickelt werden. Die Konstruktionskosten schwächen die Degression ab, so daß mit zunehmenden k-Werten die Auslegung mehrerer Einheiten relativ günstiger wird.

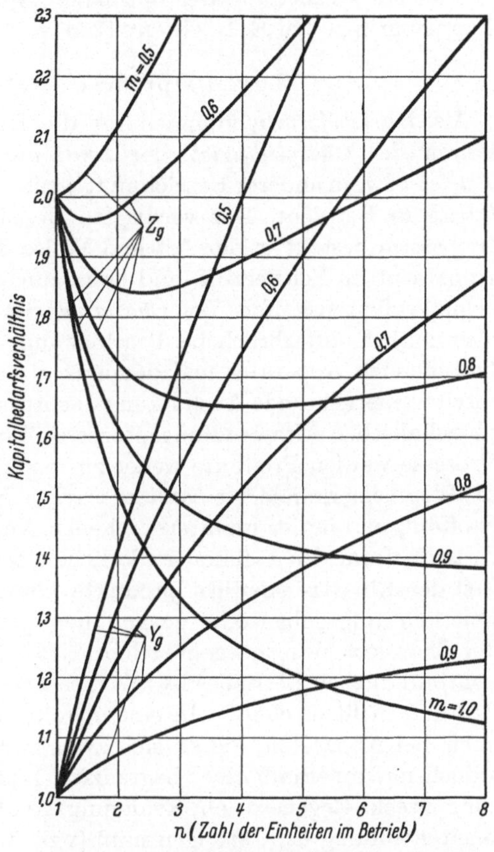

Abb. 29. Kapitalbedarfsverhältnis bei n Betriebseinheiten ohne Reserveeinheit Y_g und mit Reserveeinheit Z_g gegenüber nur einer Betriebseinheit, unterschieden nach mehreren Degressionsexponenten m [J. G. WILSON, 759]

Diese Analyse des Anlagekapitalbedarfs bzw. der kapitalabhängigen Kosten ist zwar für die Lösung solcher Optimumprobleme eine wichtige Vorbedingung, allein aber nicht ausreichend. Vielmehr wird die Entscheidung unter Berücksichtigung *aller* durch die unterschiedliche Zahl der installierten Einheiten *beeinflußten Kosten* vorzugsweise auf einen normalen Kosten- bzw. Ausgabenvergleich zu stützen sein, wie er bereits methodisch beschrieben wurde [Kap. 2.042.1, Ziffer 1 und 2]. Dabei wären vor allem auch der jährliche Kapazitätsausnutzungsgrad der Anlagen — was für die Höhe der Energiekosten sehr maßgeblich werden kann — sowie nach Möglichkeit die *Risiken eines Anlagenausfalls quantitativ* in Rechnung zu stellen. Auf das Beispiel eines Kostenvergleichs zur Ermittlung der optimalen Anzahl gleicher Einheiten einer Pumpengruppe bei E. L. GRANT [*245*, S. 279] sei hingewiesen.

2.042.4 Optimale Betriebsform

Als *Betriebsformen* kommen für die Durchführung chemischer Verfahren der *Chargenbetrieb*, der *kontinuierliche oder halbkontinuierliche Betrieb* bzw. in anderer Bezeichnungsweise der *Satz-*, *Fließ- oder Teilfließbetrieb* in Betracht. Das wichtigste Bestimmungsmerkmal für die Betriebsform besteht in der Art und Weise des Stofftransportes durch die Apparatur im Zeitverlauf, und zwar zunächst nur im Hinblick auf einzelne Verfahrensstufen: Den *Chargenbetrieb* kennzeichnet die absatzweise, also zeitlich unterbrochene Beschickung und ebenfalls Entleerung des betreffenden Apparates und demnach die zeitlich nur begrenzte, periodisch wiederkehrende Ausnutzung der Apparatur für die chemischen und physikalischen Umwandlungsprozesse. Während des Ablaufens dieser Prozesse werden Produkte weder zu- noch abgeführt. Umgekehrt liegen die Wesensmerkmale des *kontinuierlichen Betriebes* im ununterbrochenen Stofffluß und in der ununterbrochenen Nutzung der Apparatur. Bei der Zwischenform des halbkontinuierlichen oder Teilfließbetriebes wird ein Teil der Einsatz- oder Endprodukte kontinuierlich, der Rest diskontinuierlich aufgegeben oder entnommen, jedoch überwiegt hier meistens der Charakter des Chargenbetriebes [*161*, S. 271]. Der Begriff des halbkontinuierlichen Betriebes ist mit dieser mehr reaktionstechnischen Ausdeutung nicht erschöpft. In einem weiteren Sinne spricht man hiervon auch bei Apparaten, die an sich zwar kontinuierlich betrieben werden, jedoch nur innerhalb einer begrenzten Laufzeit, nach der eine Abschaltung zwecks Regeneration, Reinigung, Neubeschickung mit einer frischen Kontaktfüllung usw. erfolgen muß [vgl. Kap. 2.042.2].

Ein geschlossener Produktionsprozeß kann in seinen einzelnen Verfahrensstufen ausschließlich kontinuierlich oder diskontinuierlich, andererseits aber auch teilweise nach der einen und der anderen Betriebsform durchgeführt werden.

Die Auffindung der optimalen Betriebsform für die einzelnen Verfahrensstufen bzw. für den Gesamtprozeß verlangt ein sorgfältiges Abwägen der vielfältigen technischen Vor- und Nachteile im Einzelfall sowie wirtschaftliche, besonders kostenanalytische Vergleichsrechnungen. Als Grundregel kann gelten, daß der Chargenprozeß im Bereich kleinerer Kapazitäten und der kontinuierliche Betrieb bei größeren Kapazitäten zu bevorzugen sind, weil kontinuierlich arbeitende Prozesse in der Regel kompliziertere Anlagen erfordern, die wiederum zu einem stärker degressiven Kostenverlauf in Abhängigkeit von der Kapazität führen

(s. Abb. 30). Es handelt sich hier praktisch nur um einen Spezialfall der allgemeinen Erscheinung, daß die Kostendegression in Abhängigkeit von der Kapazitätsgröße mit der Kompliziertheit der Anlagen zunimmt. Die „kritische Kapazitätsgröße", welche die Kapazitätsbereiche der jeweiligen wirtschaftlichen Überlegenheit gegeneinander abgrenzt, läßt sich nicht verallgemeinernd angeben, sondern ist für jedes Verfahren verschieden. Die im Einzelfall stets erneute Bestimmung über Kostenkurven oder auch geeignete Wirtschaftlichkeitskennziffern in Abhän-

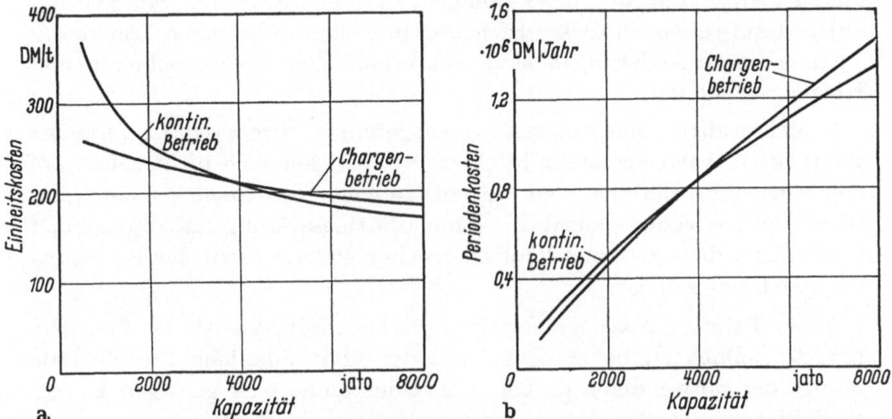

Abb. 30 a u. b. Typischer Kostenverlauf bei einem Verfahren mit chargenweisem und kontinuierlichem Betrieb in Abhängigkeit von der Kapazität der Anlage
a Einheitskosten, b Periodenkosten

gigkeit von der Kapazität bleibt unumgänglich. Katalytische Reaktionen bieten z. B. für das kontinuierliche Arbeiten derartig günstige Voraussetzungen, daß auch bei relativ kleiner Produktion diese Betriebsform noch zu bevorzugen ist, während andererseits etwa die kontinuierliche destillative Trennung eines Vielstoffgemisches — gegenüber einer einzigen Kolonne bei Chargenbetrieb — eine große Zahl von Kolonnen, komplizierte Regeleinrichtungen usw. erfordert, die eine wirtschaftliche Überlegenheit des Fließbetriebes erst bei sehr großen Durchsätzen gewährleisten [S. NORMAN, *491*]. Im Falle der gleichzeitigen Anwendung der kontinuierlichen und diskontinuierlichen Betriebsform innerhalb eines geschlossenen Prozesses sind an den Übergangsstellen ausreichende Zwischenlager vorzusehen.

Man kann gewisse allgemeine Gesichtspunkte als besondere *Vor- und Nachteile des Chargen- und kontinuierlichen Betriebes* herausstellen [*5*; *130*; *161*, S. 256 u. 268; *176*; *331*, S. 71; *355*, S. 8; *359*; *491*; *568*, S. 13; *647*; *712*], wobei zunächst *für den Chargenbetrieb* sprechen würden:

1. Die *Anlagen* sind in ihrem *Aufbau* technisch verhältnismäßig *einfach*. Dasselbe gilt für Meß- und Regeleinrichtungen. Hieraus ergeben sich zwei Hauptvorteile:

a) Relativ *niedriger Anlagekapitalbedarf* und entsprechend begünstigte Kostengestaltung bei *kleineren* Kapazitäten (s. o.);

b) Weitgehende *Anpassungsfähigkeit der Apparatur* an veränderte Verfahrensbedingungen und Rohstoffverhältnisse sowie mitunter auch Umstellungsfähigkeit auf völlig andere Produktionsziele. Im Gegensatz hierzu bieten kontinuierliche Anlagen, die den Charakter von Spezialanlagen aufweisen, in dieser Richtung nur einen sehr engen Spielraum. Auch kleinere Änderungen sind mit erheblichen Schwierigkeiten und Kosten verbunden.

2. Mehrstufige chargenweise durchgeführte Prozesse sind *weniger störanfällig*. Anlagenausfälle in einer Stufe wirken sich nicht sofort auf den ganzen Prozeß aus, weil die vorhandenen Zwischenlager eine günstige Pufferwirkung ausüben. Eine Betriebsstörung an irgendeiner Stelle führt dagegen beim kontinuierlichen Prozeß leicht zur Stillegung der gesamten Anlage.

3. Im Falle sehr *kleiner Reaktionsgeschwindigkeiten* ist der Chargenprozeß vielfach zu bevorzugen, weil der kontinuierliche Prozeß dann infolge der notwendigen großen Reaktionsräume oder geringen Durchsätze einen zu großen Anlagenaufwand erfordern würde.

4. Der Chargenprozeß bietet Vorteile, wenn mehrere Verfahrensstufen in der gleichen Apparatur durchgeführt werden können.

Die *Vorteile der kontinuierlichen Betriebsform* wären dagegen wie folgt zu kennzeichnen:

1. Da die Verlustzeiten der Beschickung und Entleerung der Apparatur wegfallen, werden die *Abmessungen* bei gleicher Leistung grundsätzlich *kleiner*. Hiermit verbindet sich eine Tendenz zur Vergrößerung des Verhältnisses Oberfläche zu Rauminhalt, was die Wärmeübertragung begünstigt. Die geringeren Durchmesser der Apparate, besonders der oft rohrförmig ausgebildeten Reaktionsräume, erlauben bei Druckprozessen eine Herabsetzung der Wandstärken.

2. Die *Umlaufkapitalbindung* ist gegenüber Chargenprozessen *vermindert*, weil der Zwischenlagerraum stark eingeschränkt werden kann.

3. *Verringerung des Arbeitskräftebedarfs* und der Arbeitskosten. Der kontinuierliche Prozeß hat zwangsläufig einen hohen Mechanisierungsgrad und läßt sich zudem mit regeltechnischen Mitteln weitgehend automatisieren. Die Prozeßvariablen und damit auch die Regler-Sollwerte sind hier meistens konstant zu halten, was entsprechend günstige regeltechnische Voraussetzungen schafft, während andererseits die ständigen

Schwankungen der Bedingungen im Zeitverlauf die automatische Regelung des Chargenprozesses schwieriger gestalten. Freilich darf hierbei auch nicht übersehen werden, daß der Anlagekapitalbedarf mit der Ausdehnung der Instrumentierung anwächst und auch eine gewisse Verlagerung des Schwerpunktes von den Arbeitskosten zu höheren Reparaturkosten eintritt [s. u. Kap. 2.042.5].

4. Im allgemeinen lassen sich die *Produkte* bei kontinuierlichem Betrieb in einer *gleichmäßigeren Qualität* herstellen, und zwar auf Grund der Konstanz der Verfahrensbedingungen und ihrer exakteren Einstellung, welche die automatische Regelung gegenüber der Handregelung im Normalfall gewährleistet, mitunter aber auch durch Vermeidung ungünstiger Reaktionsbedingungen, die während der Anheiz- und Abkühlungszeiten beim Chargenbetrieb zuweilen in Kauf zu nehmen sind. Schließlich ist der allseitige Abschluß der Apparatur vorteilhaft, wodurch Verunreinigungen durch offene Zwischentransporte und Zwischenlagerungen ausgeschlossen werden.

Dieses Argument gilt jedoch nicht ohne wesentliche Einschränkungen. Eine selbst geringe Abweichung in den Verfahrensbedingungen einer Stufe überträgt sich hier schnell auf den gesamten Prozeß und hat leicht Fehlproduktion zur Folge. Die bis zum Ansprechen der Regelorgane verstreichenden Übertragungszeiten der Meßwerte sind zur Vermeidung solcher Produktverschlechterungen häufig schon zu lang. Die großen Reaktionsmassen und die scharfe Trennung der Verfahrensstufen verleihen dem Chargenprozeß dagegen ein hohes Maß an Stabilität und gestatten es, Abweichungen in den Verfahrensbedingungen leichter zu korrigieren.

Im Hinblick auf die Herstellung qualitativ einwandfreier, typenkonformer Produkte kommt mitunter aus Gründen besonderer Analysen- und Probebestimmungen, die längere Zeit in Anspruch nehmen, gleichfalls nur der Chargenprozeß in Betracht. Dies ist z. B. ein wesentlicher Bestimmungsfaktor für die chargenweise Produktion von Farbstoffen [*647*].

5. Den *Sicherheitsbedürfnissen* und *gewerbehygienischen Anforderungen* kommt der kontinuierliche Prozeß insofern entgegen, als die zwangsläufig nach außen geschlossene Apparatur das Austreten explosiver, giftiger und korrodierender Stoffe verhindert. Außerdem werden die Betriebsgefahren beim Arbeiten mit explosiven Stoffen herabgesetzt, weil die im Prozeß befindlichen Reaktionsmassen kleiner sind als bei Chargenprozessen mit gleicher Kapazität.

Es besteht heute die Tendenz, den kontinuierlichen Prozeß soweit als möglich zu verwirklichen. Der Chargenprozeß behält jedoch nach wie vor unter gewissen technischen und wirtschaftlichen Bedingungen seine Berechtigung.

2.042.5 Optimaler Mechanisierungsgrad

Ganz allgemein kann man unter dem *Mechanisierungsgrad* das Ausmaß der Substitution menschlicher Arbeitskraft durch maschinelle Einrichtungen verstehen. Die nach dem Mechanisierungsgrad gekennzeichneten Produktionstypen zeigen dabei vielfältige Übergangsformen zwischen den Grenzfällen der bevorzugten Handarbeit mit nur einfachen technischen Hilfsmitteln auf der einen und der voll automatisch gesteuerten Produktion auf der anderen Seite.

Auf dem Gebiet der chemischen Technik wird diese Einteilung zuweilen irrtümlicherweise mit derjenigen nach *Betriebsformen*, die im vorigen Abschnitt behandelt wurde, identifiziert, indem man den Chargenprozeß als die untere und die kontinuierliche Betriebsform als die höhere Stufe der Mechanisierung ansieht. Zwar besitzt die kontinuierlich arbeitende Produktionsanlage zwangsläufig einen höheren Mechanisierungsgrad, aber die Unterscheidungen liegen doch auf einer anderen Ebene. Dies wird am besten deutlich, wenn man daran denkt, daß es auch kontinuierliche Prozesse gibt, die bei durchgehender Handregelung noch sehr viele Bedienungskräfte erfordern können, andererseits aber auch Chargenprozesse bereits automatisiert sind. Über die automatische Steuerung einer diskontinuierlich betriebenen Anlage, z. B. einer solchen zur Erzeugung von Suspensions-Polyvinylchlorid bei den Chemischen Werken Hüls, wurde kürzlich berichtet [*156*]. Andere Arbeiten sind der allgemeinen Problematik der Automatisierung in Chargenbetrieben gewidmet [*242*; *352*].

Neben der bereits erwähnten Tendenz zur kontinuierlichen Betriebsform ist das Streben nach Verwirklichung eines hohen Mechanisierungsgrades für die heutige Entwicklungsrichtung in der chemischen Technik bezeichnend. Hauptziele dieser Entwicklung sind Steigerung der Produktivität und Verminderung des Arbeitskräftebedarfs; die Mittel zu ihrer Erreichung bestehen vor allem in der Anwendung immer ausgedehnter und komplizierter werdender Instrumentierungen.

Wir verdanken P. RIEBEL [*568*, S. 9] eine ausgezeichnete Systematik der Stufenabgrenzungen, die bei der Mechanisierung oder „produktionstechnischen Rationalisierung“ in der chemischen Industrie denkbar sind:

1. *„Chargenweise Produktion mit zahlreichen manuellen Vorbereitungs- und Hilfsoperationen.“*

2. *„Chargenweise Produktion mit weitgehender Mechanisierung der Vorbereitungs- und Hilfsoperationen sowie des Transportes.“*

3. *„Zeitplansteuerung der weitgehend mechanisierten Chargenproduktion“*. Hier handelt es sich um die Herbeiführung eines „quasi kontinuierlichen“ Produktionsablaufs durch doppelte oder sogar mehrfache Anordnung der

Apparate und zeitplangesteuerten umschichtigen Einsatz derselben für die einzelnen Arbeitsschritte. Ein Apparat der zusammengehörigen Gruppe (Batterie) wird dann immer produktiv genutzt, während sich zur gleichen Zeit die Vorbereitungs- und Hilfsoperationen an den anderen Apparaten abspielen können. Bekannt ist die Zusammenfassung von vier Adsorbern zu einer Adsorptionsbatterie bei der Gewinnung von leichten Kohlenwasserstoffen aus den Endgasen der FISCHER-TROPSCH-Synthese mittels Adsorption an Aktivkohle, wobei die Arbeitsschritte der Beladung, Ausdämpfung, Trocknung und Kühlung der Aktivkohle gleichzeitig ablaufen und die Umschaltung innerhalb sehr kurzer Zeitabstände über hydraulische Steuerungsanlagen erfolgt. Weitere Beispiele sind der Batteriebetrieb bei Extraktionsaufgaben fest-flüssig, die doppelte Anordnung der mit Speichermassen versehenen periodisch wirkenden Wärmeaustauscher (Regeneratoren) usw. Die Kapitalintensität der Produktion erfährt hier eine beträchtliche Verstärkung.

4. *„Übergang von der chargenweisen zur kontinuierlichen Produktion,*

   a) *auf einzelne Aggregate des Produktionsablaufes beschränkt,*

   b) *unter Integration aufeinanderfolgender Aggregate eines Produktionsablaufes.“*

Die grundsätzlichen Eigenarten der beiden Betriebsformen wurden bereits oben [Kap. 2.042.4] behandelt.

5. *„Automatisierung und Kontinuisierung der Beobachtung bei manueller Steuerung.“* Gegenüber der periodischen chemischen Analyse und physikalischen Messung der verschiedenen Prozeßvariablen ist man bestrebt, die Beobachtung des Verfahrensablaufs als Grundlage für die in dieser Stufe noch von Hand erfolgende Regelung des Prozesses kontinuierlich zu gestalten und durch laufende Registrierung der Meßwerte zu ergänzen. Da sich die chemischen Analysen nur begrenzt kontinuierlich durchführen lassen, fällt das Schwergewicht hier auf die physikalischen Meßmethoden. Diese Rationalisierungsstufe ist durch drei einzelne Entwicklungsstufen gekennzeichnet [s. auch *25*; *551*, S. 66; *763*]:

   a) Die kontinuierlich anzeigenden und evtl. auch registrierenden Meßinstrumente sowie die Stellglieder befinden sich unmittelbar an der Apparatur. Die Kontrolle des Prozesses ist nur durch laufende Begehung der Meß- und Regelstellen erreichbar, was noch einen verhältnismäßig großen Bedarf an Arbeitskräften erfordert.

   b) Die anzeigenden und registrierenden Instrumente werden von den Meßfühlern und Meßelementen an der Apparatur getrennt und zusammengefaßt in die Meßtafeln eines zentralen *Leitstandes* eingebaut. Gleichzeitig erfolgt eine Heranführung der Produkt- und Energieleitungen an den Leitstand in der Weise, daß die Regelung von Hand direkt vom Leitstand aus vorgenommen werden kann. Durch die Zusammenfassung sämtlicher Meßgeräte und Stellglieder sowie die übersichtliche, gruppenweise Anordnung in den Meßtafeln erreicht man bereits große Vorteile und erhebliche Einsparungen an Bedienungspersonal. Nachteilig bleiben jedoch die große Längenausdehnung der Meßwarte bis zu stellenweise mehr als 100 m, die langen Rohrleitungswege mit entsprechend vermehrten Schwierigkeiten durch Korrosion und Ablagerungsbildungen, Schwierigkeiten bei Durchflußmessungen mit Drosselgeräten wegen der notwendigen Verlegung der Meßleitungen mit Gefälle unter beengten Raumverhältnissen, schließlich auch die Gefährdung des Bedienungspersonals aus der unmittelbaren Heranführung der Produkt- und Energieleitungen, welche die Anforderungen an einen ausreichenden Explosionsschutz der Instrumente zu einem Problem werden lassen. Derartige Anordnungen werden bei Neuprojektierungen heute nicht mehr verwirklicht, vielmehr handelt es sich hierbei um eine historische Entwicklungsstufe, die etwa kurz vor dem zweiten Weltkrieg erreicht wurde.

c) Durch eine vervollkommnete *Übertragungstechnik* wird es möglich, die Stellglieder an der Apparatur zu belassen und vom Leitstand aus auf Grund der laufenden Beobachtung der Meßwerte eine *Fernbedienung* der Anlagen vorzunehmen, was vorzugsweise auf elektrischem oder pneumatischem Wege erfolgt. Die Anordnung der Instrumente in den Meßtafeln des Leitstandes läßt sich übersichtlicher und zweckmäßiger gestalten, da die Zwangsläufigkeiten und Beschränkungen aus dem gleichzeitigen Einbau der Stellglieder wegfallen. Die oben unter b) genannten Nachteile werden damit vermieden.

Die kontinuierliche Beobachtung des Verfahrensablaufs durch ausgedehnte Instrumentierung hat nicht nur für den Fließbetrieb, sondern auch für den Chargenprozeß große Bedeutung.

6. *„Automatische Regelung vorgegebener Verfahrensbedingungen"* [s. auch *25*; *551*, S. 66; *763*]. Die Einführung der automatischen anstelle der Handregelung gestattet eine schnellere und zuverlässigere Einregelung bei Abweichungen der Prozeßvariablen von den vorgeplanten optimalen Regler-Sollwerten. Der Prozeß wird dadurch noch besser technisch beherrschbar, die Betriebssicherheit erhöht und die Produktivität infolge der besseren Einhaltung der optimalen Verfahrensbedingungen gesteigert. Auf dieser Mechanisierungsstufe erfolgt die Einstellung der Regler-Sollwerte noch von Hand, und zwar grundsätzlich vom Leitstand aus, auch wenn sich die automatischen Regler selbst — entgegen der bevorzugten Praxis — nicht im Leitstand, sondern z. B. aus Gründen der Übertragungsverzögerung an der Apparatur befinden. Istwert-Anzeige und Einrichtung zur Sollwertverstellung des Reglers sind also in jedem Falle in der Meßwarte anzuordnen. Neben den Automatikschaltern

werden meistens zusätzlich Handschalter vorgesehen, um die Anlagen beim An- und Abfahren sowie bei Störungen der automatischen Regeleinrichtungen auch von Hand regeln zu können. Auftretende Gefahren sind in die Meßwarte zu signalisieren und haben eine automatische Abschaltung der betroffenen Anlageteile zu bewirken. Einfache Regelkreise wird man gegenüber der Kaskadenregelung nach Möglichkeit bevorzugen.

Zur Erleichterung der Übersicht über Verfahrensablauf und Aufbau der Anlagen empfiehlt sich die Aufzeichnung eines *graphischen Fließbildes* im Leitstand. Bei nicht zu großer Ausdehnung der Anlagen und einer möglichen Begrenzung des Fließbildes auf maximal 10 bis 14 m Länge können die Meßgeräte, Steuerorgane und Signallampen entsprechend ihren Meß- und Stellorten in der Anlage auch an den gleichen, zugehörigen Stellen im Fließbild untergebracht werden. Zu umfangreiche Prozesse verlangen dagegen eine Trennung des Fließbildes von den Meß- und Steuerorganen.

7. *„Programmregelung von chargenweisen und kontinuierlichen Prozessen"*. Die Programmregelung besteht in einer selbsttätigen Einstellung einzelner im Zeitverlauf variabler Regler-Sollwerte nach einem vorbestimmten Programm. Gegenüber der zuletzt genannten Rationalisierungsstufe wird somit auch die Vorgabe der Regler-Sollwerte wenigstens teilweise automatisiert. Besonders für die *Automatisierung des Chargenprozesses* mit seinen häufig wechselnden Verfahrensbedingungen und Arbeitsschritten dürfte die Programmregelung wichtig sein.

8. *„Vollautomatische Steuerung mit selbsttätiger Anpassung der Regler-Sollwerte auf Grund automatischer Analysen"* [s. auch *551*, S. 75]. Die Ergebnisse der kontinuierlich und automatisch durchzuführenden Analysen von Rohstoffen, Zwischen- und Endprodukten steuern selbsttätig die Veränderung der Regler-Sollwerte, so daß stets optimale Verfahrensbedingungen aufrechterhalten bleiben. Eine solche vollautomatische Produktionssteuerung ist in der chemischen Technik nur schwer zu realisieren, weil die Messung der vielfältigen Produkteigenschaften und die Übersetzung der Meßergebnisse in Sollwert-Verstellungen mit großen technischen Schwierigkeiten verbunden ist.

Diese mehr nach idealtypischen Gesichtspunkten abgegrenzten Stufen werden in Wirklichkeit selten in reiner Form auftreten. Insbesondere bei einer Automatisierung und Kontinuisierung der Beobachtung gemäß Stufe 5 ist es kaum denkbar, die gesamte Anlage ausschließlich von Hand zu fahren, vielmehr wird man zumindest für einzelne, der automatischen Regelung leicht zugängliche Prozeßvariable entsprechende Regelgeräte vorsehen. Stufe 6, d. h. die möglichst durchgehende automatische Regelung des Prozesses, allerdings unter Einstellung der Regler-Sollwerte von Hand, wird nach dem heutigen Stand der Automationstechnik in der chemischen Industrie im allgemeinen für das anzustrebende *wirtschaftliche Optimum des Mechanisierungsgrades* gehalten. Diese Auffassung stützt sich nicht zuletzt auf die breiten Erfahrungen und ausgezeichneten Erfolge, die man mit diesem System erzielt hat. Demgegenüber besteht Grund genug, die wirtschaftliche Berechtigung der höchsten überhaupt denkbaren Mechanisierungsstufe, nämlich der vollautomatischen chemischen Produktionsanlage (Stufe 8), für viele Fälle in Zweifel zu ziehen. Ihre Verwirklichung erfordert noch große technische Anstrengungen und einen erheblichen wirtschaftlichen Mehraufwand, den die Vorteile aus weiteren Ersparnissen, vor allem wegen der nur noch sehr begrenzt möglichen zusätzlichen Personaleinsparungen, selten ausgleichen oder sogar überkompensieren werden. Auf jeden Fall dürfte die Vollautomation nur für größte Kapazitäten mit auf lange Sicht gewährleisteter Ausnutzung in Frage kommen.

Anstatt sich auf die allgemeine Ansicht über das derzeitige wirtschaftliche Optimum des Mechanisierungs- oder Instrumentierungsgrades zu verlassen, wäre es allerdings richtiger, dieses in jedem Projektierungs-Einzelfall durch quantitative Erfassung aller wirtschaftlichen Vor- und Nachteile genauer zu bestimmen. Als *Vorteile* einer *höheren Instrumentierung* kämen in Betracht [vgl. *5*; *29*; *100*; *190*; *242*; *551*, S. 162; *712*; *716*]:

a) *Gleichmäßigere* und *hochwertigere Produktqualitäten;*

b) *Bessere Kapazitätsausnutzung* der Anlagen durch Verminderung der Zahl der Störungen und Betriebsunterbrechungen;

c) *Bessere Ausnutzung* der *Rohstoffe* (höhere Ausbeuten), der *Energie* und der *Hilfsstoffe* (z. B. Katalysatoren);

d) *Verringerung des Arbeitskräftebedarfs;*

e) *Erleichterung der Arbeitsbedingungen;*

f) *Verminderung der Betriebsgefahren,* dadurch Senkung des Kapitalbedarfs für Sicherheitseinrichtungen und Verminderung der Unfallgefahren für das Betriebspersonal;

g) *Geringerer Anlagenverschleiß,* dadurch Senkung der Reparaturkosten und Verlängerung der technischen Nutzungsdauer der Anlagen;

h) *Aufzeichnung wichtiger Informationen* bei Verwendung schreibender Geräte, dadurch Erleichterung der Betriebskontrolle, des Abrechnungswesens usw.

Diesen Vorteilen wären als *Nachteile* entgegenzustellen:

a) *Erhöhung des Anlagekapitalbedarfs* durch die Instrumentierung und damit Steigerung der Kapitalkosten;

b) *Zusätzliche Kosten für Reparaturen* und laufende technische Überwachung der Instrumente, außerdem höhere Anforderungen an die Qualifikation des Bedienungspersonals;

c) *Zusätzliche Betriebskosten.*

Die zur ökonomischen Analyse unumgänglich notwendige Quantifizierung der Einflußfaktoren in Kosten- und Ertragsgrößen stößt auf nicht geringe Schwierigkeiten. Sie ist zuweilen nur begrenzt unter Zuhilfenahme sehr roher Schätzungen möglich, weshalb in vielen Fällen darauf verzichtet wird. Wirtschaftliche Vergleichsrechnungen müssen naturgemäß auch dann ausscheiden, wenn etwa die Kompliziertheit der

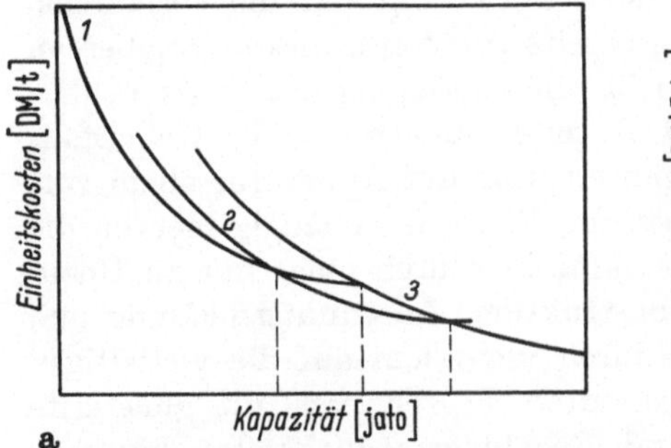

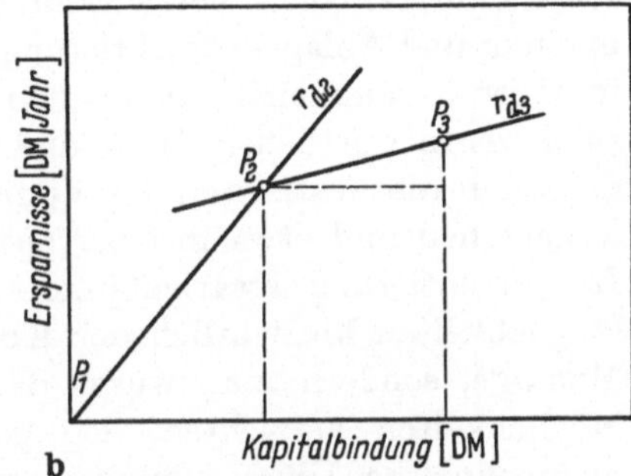

Abb. 31 a u. b. Ermittlung des wirtschaftlich optimalen Mechanisierungsgrades
a Einheitskosten in Abhängigkeit von der Kapazität der Anlagen bei verschiedenen Mechanisierungsgraden 1—3
b Entscheidung über die Rentabilität der Differenzinvestition bei verschiedenen Mechanisierungsgraden 1—3 und konstanter Kapazität der Anlage

Betriebs- und Regelbedingungen eines Prozesses oder der akute Mangel an Arbeitskräften den hohen Mechanisierungsgrad einfach erzwingen und keinerlei alternative Lösungsmöglichkeiten mehr offen bleiben. In Analogie zum Kostenvergleich bei verschiedenen Betriebsformen [s. Abb. 30, Kap. 2.042.4] könnte man das wirtschaftliche Optimum z. B. über die Ableitung von Funktionen zwischen Einheits- oder Periodenkosten und Betriebsgröße für verschiedene Mechanisierungsgrade annähern, wie es schematisch in Abb. 31a dargestellt ist. Regelmäßig verstärkt der Übergang zum höheren Mechanisierungsgrad die Degression des Anlagekapitalbedarfs und der Kosten in Abhängigkeit von der Betriebsgröße, so daß sich aus den Schnittpunkten der Kostenkurven bei verschiedenen Mechanisierungsgraden den einzelnen Betriebsgrößenbereichen jeweils optimale Instrumentierungs- bzw. Mechanisierungsgrade zuordnen lassen. Man kann auch die einem höheren Mechanisierungsgrad zuzuschreibenden Ersparnisse mit der verursachten zusätzlichen Kapitalbindung ins Verhältnis setzen und prüfen, ob die somit festgestellte Rentabilität der zusätzlichen Kapitalbindung (Differenzinvestition) die geforderte Mindestrentabilität noch überschreitet. Andernfalls wäre der höhere Mechanisierungsgrad nicht mehr gerechtfertigt. Abb. 31b veranschaulicht diese Methode zur Bestimmung des wirtschaftlichen Optimums, die bereits in anderen Zusammenhängen mehrfach erwähnt wurde. Die Investition mit dem niedrigsten Mechanisierungsgrad P_1 ist hierin willkürlich als Basis in den Nullpunkt des Koordinatensystems gelegt. Ersparnisse und Mehrinvestition durch Wahl des nächsthöheren Mechanisierungsgrades bestimmen den Punkt P_2 und mit ihm den Rentabilitätsstrahl r_{d_2} usw. [s. hierzu im einzelnen Kap. 2.042.1, Ziffer 4].

Zur Ausschöpfung aller Vorteile, welche die Instrumentierung chemischer Fabrikanlagen bieten kann, ist es notwendig, daß die Verfahrensplanung und Anlagenprojektierung bereits von den frühesten Stadien an in enger Zusammenarbeit mit den für die Auslegung der Instrumentierung verantwortlichen Meß- und Regeltechnikern erfolgt. Keinesfalls darf man die Festlegung des Verfahrens und der Apparatur allein vorwegnehmen und etwa in einer späteren Phase unabhängig hiervon die Instrumentierung ausarbeiten. Es käme hierdurch nicht nur zu Unzulänglichkeiten hinsichtlich der Konstruktion, Anordnungsplanung und Montage, sondern man würde dadurch vor allem auf die vielfältigen Möglichkeiten verzichten, den gesamten Prozeß erst auf günstigste meßtechnische Überwachungs- und Regelungsmöglichkeiten hin auszulegen. Diese Gesichtspunkte sind in der Literatur bereits im einzelnen diskutiert worden [29].

2.042.6 Typisierte oder Spezialapparate

Die chemische Apparatur ist wegen der meist erforderlichen individuellen Anpassung an die mit jedem Projektierungsfall stark variierenden Verfahrensbedingungen einer Typisierung schwer zugänglich. Trotzdem werden Bestrebungen in dieser Richtung sowohl von seiten des Apparatebaus als auch von seiten der chemischen Industrie vorangetrieben [vgl. 281; 425; 647], die auf Teilgebieten auch bereits zu Erfolgen geführt haben. In USA ist die Entwicklung graduell erheblich weiter fortgeschritten.

Bestehen bei der Projektierung Alternativmöglichkeiten hinsichtlich der Wahl typisiert vorliegender oder speziell für den einzelnen Verwendungsfall zu konstruierender Apparate und Maschinen, so sind die technischen und wirtschaftlichen Vor- und Nachteile miteinander zu vergleichen. Als *Vorteile* der Verwendung *typisierter Einheiten* werden genannt: Beträchtliche Erleichterung der Projektierungsarbeiten sowie zeitliche Verkürzung der Projektierungs- und Bauzeit, u. a. durch Vereinfachung der Kapitalbedarfsermittlung und damit auch der Wirtschaftlichkeitsberechnung neuer Projekte, was bei der heute notwendigen

Beschleunigung der Überführung neuer Produktionsvorhaben in die Großtechnik besonders schwer ins Gewicht fällt [*647*]; verminderte Anschaffungskosten gegenüber Spezialanfertigungen; breitere Verwendungsmöglichkeiten und dadurch Erleichterung von Produktionsumstellungen; höhere Wirtschaftlichkeit in bezug auf die laufende Instandhaltung, da Ersatzteile billiger beschafft und gelagert werden können. Als *Nachteile* seien erwähnt: Evtl. schlechtere Ausbeuten, Energieverluste und verminderte Produktqualitäten.

Sofern die Vereinheitlichung nicht auf ganze Apparate- und Maschineneinheiten erstreckt werden kann, sollte sie wenigstens als Normung bei den einzelnen Teilen und Bauelementen solcher Einheiten so weit wie möglich verwirklicht werden.

2.05 Apparateliste

Die Apparateliste ist die *tabellarische Zusammenstellung* der für die Verfahrensausrüstung bestimmten *Apparate und Maschinen* (Stückliste). Von den Stücklisten ist sie vielfach die einzige, die noch während der Vorprojektierung entsteht, da die Stücklisten sonst im allgemeinen den Abschluß der Konstruktions- und Zeichenarbeit voraussetzen [s. Kap. 2.14]. Wenn zwar auch bei den Apparaten und Maschinen die Festlegung aller konstruktiven Details erst später erfolgen mag, so sind doch schon vorher zu jedem Zeitpunkt die jeweils verfügbaren technischen Infor-

Tabelle 3

Beispiel einer Stückliste für Apparate und Maschinen [Ausschnitt nach G. U. Hopton, *310*, S. 470]

Positionsnummer	11	13	17
Benennung	Tank	Kessel	Kreiselpumpe
Funktion im Prozeß	Scheidebehälter	1. Nitrierkessel	Förderung von gewaschenem Mononitrotoluol
Abmessungen	750 mm ä. D. × 1200 mm	900 mm ä. D. × 900 mm	—
Kapazität	$^1/_3$ h Durchsatz	$^1/_2$ h Durchsatz	68 kg/h
Werkstoff	Stahl verbleit	Gußeisen	Gußeisen
Temperaturbereich	50—55 °C	35 °C	25—30 °C
Betriebsdruck	—	—	15 m Förderhöhe
Rührer	—	Propeller 150 U/min	—
Dampf	—	—	—
Wasser	—	6,3 t/h	—
Vakuum	—	—	—
Kraftbedarf	—	0,5 PS	1 PS
Entlüftung	an Abgasleitung	an Abgasleitung	—
Instrumentierung	—	Temperatur- u. Durchflußregler	—

mationen in der Apparateliste zusammenzutragen, ungeachtet der Tatsache, daß die Daten dann noch unvollständig und häufigen Änderungen unterworfen sind. Der jeweilige Stand der Berechnungen soll sich somit hauptsächlich in der Apparateliste niederschlagen, die über ein System von Positionsnummern zunächst mit Verfahrens-Fließbildern, Material- und Energiebilanzen sowie Anordnungsplänen und später naturgemäß auch mit konstruktiven Fließbildern sowie Konstruktionszeichnungen in organisatorischen Zusammenhang gebracht werden kann.

Von Anfang an bildet die Apparateliste mit ihrer übersichtlichen und zugleich konzentrierten Wiedergabe der technischen Daten die Grundlage zur Ermittlung der Anschaffungskosten der Apparate und Maschinen, die innerhalb der Vorkalkulation des gesamten Anlagekapitalbedarfs besondere Beachtung verdienen [s. Kap. 4.02].

Tab. 3 veranschaulicht als Beispiel den möglichen Aufbau einer Apparateliste. Hierin ist die schon ziemlich tiefe Tabellengliederung zur ge-

Bodenkolonne

Bezeichnung: Benennung _______________   Datum __________

Pos.-Nr. __________________

Anzahl __________________   gez. ______________

Funktion im Prozeß:

Betriebsform:

Materialdurchsatz:	Rohprodukt	Kopfprodukt	Rücklauf	Sumpfprodukt
Menge				
Zusammensetzung				
Temperatur				

Daten für die Konstruktion: Bodenzahl ____________   Rücklaufverhältnis _____

Druck _______________   Bodenabstand __________

Höhe des Bodenraumes __   Gesamthöhe __________

Werkstoff _________________________________

Angaben für Durchmesserberechnung:

Dichte der Flüssigkeit __ kg/m^3

Dichte des Dampfes _____ kg/m^3

Höchstzulässige Strömungsgeschwindigkeit des Dampfes _______________________ m/sec

Höchster Dampfdurchsatz _______________ m^3/sec

Vorgeschlagener innerer Durchmesser ____________

Energie:
Regelgeräte:
Isolierung:
Toleranzen:
Bemerkungen und Zeichnungen:

Abb. 32. Angaben zur Auslegung einer Bodenkolonne [M. S. PETERS, *520*, S. 235].

trennten Erfassung von nicht weniger als 14 Angaben bei jedem Anlagenelement bemerkenswert. In einer vereinfachten Gliederung wären etwa folgende Tabellenspalten oder -zeilen zu berücksichtigen: Laufende Nummer oder spezielle Positionsnummer der Anlageneinheit, Benennung, Stückzahl gleicher Einheiten, Werkstoff, Abmessungen, Gewicht, Kapazität sowie ein Raum für verschiedene Angaben. Man sollte nicht versuchen, die vollständige technische Beschreibung der Anlageneinheiten in allen Einzelheiten in die Apparateliste zu zwängen, da sie dann unübersichtlich und schwerfällig werden muß. Vorteilhafter ist es dagegen, hierfür besondere Blätter als Korrelat zu Entwurfsskizzen und Konstruktions-Einzelzeichnungen der Apparate und Maschinen anzulegen. Genau wie die Apparatelisten selbst können derartige Blätter mit detaillierten Angaben für häufig vorkommende Anlagenelemente genormt und als Vordrucke zur Verfügung gestellt werden. Ein Beispiel dieser Art ist in Abb. 32 für eine Bodenkolonne wiedergegeben. Die Apparateliste würde dann vornehmlich nur die Funktion einer Übersichtstabelle behalten.

2.06 Die Vorprojektierung des Bauteils, der Hilfsbetriebe und Nebenanlagen

Unter dem *Bauteil* einer Produktionsanlage faßt man gewöhnlich die eigentlichen Produktionsgebäude, an deren Stelle bei Freianlagen offene Stahlkonstruktionen für die Unterstützung der Apparate treten, Maschinen- und Pumpenhäuser, Leitstände sowie schließlich die Fundamente zusammen. Zu den *Hilfsbetrieben* zählen vor allem die Energiebetriebe wie Kraftwerk, Dampfkesselanlagen, Anlagen für Wassergewinnung, -aufbereitung und -rückkühlung sowie Kälte- und Drucklufterzeugung, daneben Reparaturwerkstätten, Laboratorien, Betriebe zur Herstellung von Verpackungsmitteln. *Nebenanlagen* sind Straßen, Gleisanlagen, Kanalisationsanlagen, Feuerschutzeinrichtungen, Speicheranlagen, Sozialreinrichtungen wie Umkleide-, Wasch- und Aufenthaltsräume, Werkskantinen, Unfallstationen usw. Hinzu kommen evtl. noch *Verwaltungsgebäude*.

Da die Anordnung chemischer Apparaturen überwiegend nach dem *Prozeßfolgeprinzip* vorgenommen wird, ist der *Bauteil* in den meisten Fällen so eng als möglich *an die Apparatur anzupassen*. Die wirtschaftlich vorteilhafteste Anordnung der Apparatur bestimmt in der Regel die Auslegung des Bauteils [s. Kap. 2.08]. Eine primäre Stellung erhält die Projektierung der Gebäude nur dann, wenn man es etwa auf eine elastische Chargenproduktion in kleineren Mehrzweckapparaturen, z. B. zur Herstellung von Pharmazeutika oder Farbstoffen, abstellt. Neben ausgesprochenen Spezialkonstruktionen kommen die im Industriebau üblichen Gebäudeformen der *Flach-*, *Hallen-* und *Geschoßbauten* zur Anwendung [*285*, S. 209; *443*, S. 213], u. U. auch für große Produktionsanlagen in Kombination. *Flachbauten* eignen sich besonders zur Erzeugung von Massengütern, bei Einsatz von Feststoffen, Aufstellung sehr schwerer Apparate und Maschinen, Feuer- und Explosionsgefahren. Vorteilhaft sind auch das Oberlicht sowie die erleichterten Umbaumöglichkeiten der Apparatur. *Hallenbauten* bieten etwa die gleichen Vorzüge, weisen aber gegenüber Flachbauten eine größere Höhe auf. Sie kommen bei der Aufstellung besonders hoher Apparate, wie z. B. von Reaktoren, Kolonnenapparaten, Verdampfern usw. sowie der Anbringung von Krananlagen in Frage. Die Hauptnachteile der Flach- und Hallenbauten bestehen in der erschwerten Wärmehaltung und zu geringen Ausnutzung der Grundfläche, die sich durch den *Geschoßbau* vermeiden lassen. Die Wahl der zweckmäßigsten Baustoffe richtet sich vor allem nach der Beanspruchungsart durch auftretende Atmosphärilien. Bevorzugt werden Stahlkonstruktionen mit Ausfachungen aus leichten Baustoffen sowie die Stahlbetonbauweise. Erstere setzen Umbauten bzw. vor allem Erweiterungen der Gebäude nicht so große Schwierigkeiten entgegen wie Stahlbetonbauten, erfordern aber im Unterschied hierzu dauernde und sorgfältige Maßnahmen zum Korrosionsschutz. Die Fußböden haben häufig die Anforderung chemischer Beständigkeit zu erfüllen, zuweilen auch der hohen Belastbarkeit. Zur besseren Entwässerung ist die Ausbildung mit schwachem Gefälle zweckmäßig. F. Jähne [*331*, S. 46] hat optimale Gestaltungsformen von Gebäuden für einige lehrreiche Spezialfälle chemischer Produktionsanlagen beschrieben, wie zur Herstellung von Farbstoffen, Pharmazeutika, Serum und Impfstoffen, weiter für die Chloralkali-Elektrolyse, Lösungsmittel- und Kunststoffbetriebe, den Destillationsbau, Tablettierung und Verpackung chemischer Produkte sowie Laboratorien. Bezüglich weiterer Einzelheiten sei auf die Literatur verwiesen [*23*, S. 5; *285*, S. 209; *331*, S. 46; *443*, S. 213; *662*; *707*].

Die ins einzelne gehende Auslegung der *Fundamente*, wofür genaue Kenntnisse über Bodentragfähigkeit, evtl. vorhandene Bodenneigung, Grundwasserstand, Betriebs- und Vollgewichte der Anlagen, die Art der Lastverteilung, auftretende Schwingungen usw. [vgl. *707*, S. 25] erforderlich sind, fällt eigentlich erst in die spätere Ausführungsprojektierung. Die Zugrundelegung der Vollgewichte (Leergewicht zuzüglich Wasserfüllung) anstelle der Betriebsgewichte als Ausgangspunkt für die statische Berechnung erfolgt mit Rücksicht auf erforderliche Wasserdruckproben nach der Montage bzw. als Sicherheit. Schwingungstechnische Gesichtspunkte bei Gründungen für chemische Produktionsanlagen hat H. W. Dunker [*182*] behandelt.

Im Gegensatz zum Bauteil liegen die *Hilfsbetriebe* und *Nebenanlagen* bereits außerhalb der Grenzen der eigentlichen Produktionsanlagen, der „battery limits", um einen bekannten Begriff aus der amerikanischen

Projektierungspraxis zu gebrauchen. Hilfsbetriebe und Nebenanlagen sind auch nur dann in wesentlichem Umfang neu zu errichten, wenn es sich um ganze Werksneugründungen oder doch beträchtliche Erweiterungen handelt, kaum dagegen beim Bau jeder einzelnen Produktionsanlage innerhalb eines vorhandenen Werkskomplexes. Die Planung der Hilfsbetriebe, Verkehrsanlagen usw. erfolgt dann vornehmlich auf lange Sicht und wird nicht unmittelbar von jedem einzelnen Projektierungsfall in der Produktionssphäre beeinflußt, obwohl die Leistungsanforderungen der Produktionsbetriebe insgesamt naturgemäß die Ausgangsbasis der Planung darstellen. Die Projektierung obliegt regelmäßig besonderen Gruppen oder wird überhaupt fremden spezialisierten Projektierungsfirmen bzw. Lieferanten der Anlagen übertragen.

Über die Planung der Energiebetriebe sind einer Arbeit von R. QUACK [545] wichtige Gesichtspunkte zu entnehmen.

Die Vorprojektierung des Bauteils, der Hilfsbetriebe und Nebenanlagen ist eng mit Fragen der räumlichen Anordnungsplanung verbunden, weshalb in diesem Zusammenhang noch verschiedentlich darauf zurückzukommen sein wird.

2.07 Standortwahl

Die Wahl des *Standortes* der Produktionsanlagen betrifft zunächst die Festlegung einer *bestimmten Gegend*, sodann das Aufsuchen eines geeigneten *Bauplatzes* innerhalb dieser Gegend.

Für die Wahl des Standortes in einer bestimmten Gegend ist zunächst eine genaue *Analyse der Standortfaktoren*, d. h. der für die Bestimmung des optimalen Standortes maßgeblichen Gesichtspunkte, erforderlich. Optimal ist ein Standort, wenn er auf lange Sicht bzw. für die voraussichtlich wirtschaftlich nutzbare Lebensdauer der Anlagen eine Produktion zu geringsten Kosten oder besser mit höchster Verzinsung des eingesetzten Kapitals sicherstellt. Allgemein sind in der chemischen Industrie folgende *Standortfaktoren* zu berücksichtigen, die freilich bei den einzelnen Verfahren sehr unterschiedliches Gewicht besitzen können [*15*; *16*; *17*, S. 211; *285*, S. 257; *331*, S. 19; *404*, S. 76; *493*, S. 38; *520*, S. 181; *707*, S. 389; *722*]:

1. *Rohstoffe.* Die Nähe natürlicher Rohstoffvorkommen oder von Rohstofflieferanten kann bei der Erzeugung von Massengütern und besonders bei hohem Gewichtsverlust der Rohstoffe während der Verarbeitung für die Standortwahl infolge der Möglichkeiten eines kostengünstigen Antransportes ausschlaggebend werden. Dabei spielen auch Momente der Bezugssicherung und des engeren Kontaktes mit den Lieferanten eine Rolle. Die Materialorientierung wird um so schwächer, je geringer der Materialkostenanteil an den Gesamtkosten ist und je besser sich

auch größere Entfernungen durch günstige Verkehrsverbindungen, z. B. auf dem Wasserwege, überbrücken lassen. Außerdem verliert ein Rohstoff seinen standortbestimmenden Einfluß, wenn mehrere hinsichtlich des Kostenanteils etwa gleichgewichtige Rohstoffe, die in verschiedenen Gegenden lokalisiert sind, zur Verarbeitung kommen [16]. Dies gilt allgemein für Rohstoffe, die praktisch überall in gleicher Qualität und zu gleichem Preis verfügbar sind (Ubiquitäten).

2. *Energie.* Verschiedene Produktionszweige der chemischen Industrie, z. B. elektrothermische und elektrochemische Verfahren, sind in ihren Standorten energieorientiert. Wegen des hohen Energiekostenanteils an den Gesamtkosten — in einem Werk der Alkalielektrolyse werden z. B. 30% gegenüber einem nur 20%igen Materialkostenanteil genannt [631] — sind ihre Standorte durch billige Energiequellen und damit entweder günstige Brennstoffvorkommen oder Wasserkräfte bestimmt. Für den standortbestimmenden Einfluß von Wasserkraftanlagen bietet die große Zahl elektrochemischer Werke am Hochrhein ein anschauliches Beispiel. Aber ganz allgemein dürfte die oft ausgeprägte Energiekostenintensität der chemischen Produktion Beachtung verlangen. Auch kann die Möglichkeit der Energie-Verbundwirtschaft mit anderen Werken standortbestimmend sein.

3. *Wasser.* Der Standort chemischer Großbetriebe richtet sich vornehmlich nach dem Wasservorkommen, wobei Flußläufe bevorzugt werden. Der Bedarf an Gebrauchs- und Kühlwasser, der im weiteren Sinne unter dem Energiebedarf zusammengefaßt werden kann, ist mitunter so erheblich, daß Gebiete mit Wassermangel als Standorte von vornherein ausscheiden. Dabei spielen natürlich auch die Möglichkeiten einer bequemen Abwasserbeseitigung sowie der billige Transport auf dem Wasserwege eine große Rolle.

4. *Arbeitskräfte.* Ein ausreichendes Angebot an leistungsfähigen und billigen Arbeitskräften ist auch für die chemische Industrie wichtig. Die besondere Ansiedlung von Arbeitskräften an den Produktionsstandorten ist zuweilen nicht zu umgehen, bringt jedoch erhebliche Schwierigkeiten und Kosten mit sich.

5. *Absatzmärkte.* Die Wahl des Standortes in den Absatzzentren verkürzt die Verteilungswege für Endprodukte und begründet damit Transportkostenersparnisse, sie ist aber überhaupt unter vertrieblichen Gesichtspunkten günstig.

6. *Verkehrsverhältnisse.* Die Bedeutung der Verkehrsverhältnisse geht aus der grundsätzlichen Orientierung des Standortes nach den Transportkosten hervor, auf der schließlich die Ausrichtung nach der Rohstoff-, Energie- oder Absatzseite hin beruht. Die einzelnen Verkehrswege sind dabei in ihrer Eignung und Wirtschaftlichkeit zum Transport der Roh-

stoffe und Fertigprodukte auf Grund der erreichbaren Schnelligkeit der Beförderung, Tarifgestaltung usw. zu prüfen.

7. *Sonstige Standortfaktoren.* Als solche können in Betracht kommen: Verbotsvorschriften bezüglich der Wasser- und Luftverunreinigung, Nähe von Industriezentren, Großstädten, Handels- und Bankplätzen, klimatische Verhältnisse, traditionelle Bevorzugung bestimmter Gegenden u. ä.

Die *Standortbestimmung* kann nach folgenden *Methoden* vorgenommen werden [*15; 16; 17*, S. 211; *18; 320*]:

a) Der Standort wird möglichst *in die Agglomerationszentren* des jeweiligen Produktionszweiges oder wenigstens in deren Nähe gelegt, weil man annimmt, daß sich dort angenähert optimale Standortverhältnisse vorfinden. Für die chemische Industrie ganz allgemein stellt z. B. in Deutschland der Rhein-Main-Bogen ein derartiges Agglomerationszentrum dar. Diese Bestimmung ist allerdings grob und sollte wenigstens durch überschlägige Anwendung der unter b) und c) genannten Verfahren ergänzt werden. Aus der Agglomeration können nämlich auch Nachteile erwachsen, oder die wirtschaftlichen Bedingungen haben sich so weit geändert, daß die agglomerierten Standorte nicht mehr optimal sind, obwohl die Betriebe aus Traditionsgründen, Trägheit oder Scheu vor den hohen Kosten eines Standortwechsels hieran noch festhalten.

b) Bei der *Standortwahl* nach *kalkulatorischen* Gesichtspunkten sind für jeden als geeignet erscheinenden Standort Kosten und Erträge vorzuschätzen, wobei man von den gegenwärtigen Verhältnissen auszugehen, nach Möglichkeit aber auch die zukünftige Entwicklung zu berücksichtigen hat [*443*, S. 49]. Die einzelnen Kostenarten sind dabei um so genauer zu veranschlagen, je größeres Gewicht sie in der Kostenstruktur der Produkte besitzen. Dieses ist allerdings mit dem Standort gewissen Schwankungen unterworfen. Der Nachteil dieser in theoretischer Hinsicht allein richtigen Standortbestimmung über Kosten- und Wirtschaftlichkeitsvergleiche besteht darin, daß sich die zukünftigen Verhältnisse nur schwer vorausbestimmen lassen und außerdem nicht alle Faktoren durch Kosten- und Ertragszahlen erfaßbar sind bzw. nur mit Willkür und Unsicherheit.

c) Die Standortfaktoren werden nicht kalkulatorisch, sondern über ein *Punktsystem* bewertet. Jeder Standortfaktor erhält entsprechend seinem Gewicht eine bestimmte maximale Punktzahl. Danach wird jeder Standortfaktor an den einzelnen Standorten je nach Gunst oder Ungunst der Verhältnisse über eine Punktzahl verschieden hoch bewertet, so daß schließlich die erreichte höchste Gesamtpunktzahl den günstigsten Standort erkennen läßt. Dieses Verfahren ermöglicht eine Quantifizierung auch derjenigen Standortfaktoren, die einer exakten Veranschlagung beim kalkulatorischen Standortvergleich schwer zugänglich sind, so daß die Aufstellung eines solchen Punktsystems zumindest als brauchbare Ergänzung zur kalkulatorischen Standortwahl angesehen werden kann. Obwohl das Ermessen bezüglich der Festsetzung der Punktzahlen subjektiv bleibt, ist das Verfahren jedenfalls vor der globalen Einschätzung der Eignung von Standorten zu bevorzugen, weil es zu einer scharfen Analysierung aller einzelnen Standortfaktoren zwingt.

In allen Fällen kann mit Vorteil vom Verfahren der *zunehmenden Einengung der Zahl der Möglichkeiten* Gebrauch gemacht werden, wodurch die offensichtlich ungeeigneten Standorte bereits vor Durchführung der detaillierten Standortvergleiche ausgeschieden werden können. Bei der Festlegung der Verbrauchszahlen und Verfahrensbedingungen sind alle Substitutions- und Variationsmöglichkeiten zu berücksichtigen, da auf diese Weise ein Verfahren an einen Standort besonders angepaßt werden kann. Daher erfordert auch jede mögliche Verfahrensvariante zur Erzeugung des gleichen Produktes eine getrennte Bestimmung ihres optimalen Standortes, woraus sich schließlich für das Produkt ein optimales Verfahren und ein optimaler Standort ergeben [*15*; *16*; *17*, S. 211; *18*; *57*].

Nach der regionalen Festlegung des Standorts sind bei der *Wahl des Bauplatzes* nach MELLEROWICZ [*443*, S. 209] als wichtigste Faktoren zu berücksichtigen:

1. *Verkehrslage.* Sie ist von überragender Bedeutung für den Betrieb. Dabei ist zu denken an den Antransport der Rohstoffe, Abtransport der Endprodukte und Abfallstoffe, die Beförderung der beschäftigten Arbeitskräfte, den Verkehr mit Kunden und Lieferanten, Anschluß des Produktionsflusses und des Innentransportes an die äußeren Verkehrswege. Wasser-, Schienen und Straßenverkehr sollen möglichst gleichzeitig vorhanden sein. Auf eigene Gleisanschlüsse kann höchstens bei sehr kleinen Anlagen verzichtet werden. Die großen Vorteile der Lage an einem Wasserweg wurden bereits betont, doch können auch Schwierigkeiten durch erhöhten Grundwasserstand auftreten.

2. *Bautechnische Eignung des Geländes.* Hierfür sind vor allem Oberflächengestaltung, Bodentragfähigkeit, Grundwasserstand und Sicherheit gegen Überschwemmungen maßgebend. Ein ebenes Gelände ist in der Regel am günstigsten, was nötigenfalls durch Erdbewegungen und Planierungsmaßnahmen erreicht werden muß, wodurch die Geländeerschließungskosten ansteigen. An die Bodentragfähigkeit sind mit Rücksicht auf die Vereinfachung der Gründungen um so höhere Anforderungen zu stellen, je mehr Geschoßbauten sowie schwere Apparate und Maschinen zur Aufstellung kommen sollen. Ein hoher Grundwasserstand kann die Gründungsarbeiten sowie die Errichtung der Fundamente, Unterkellerungen und unterirdischen Rohrleitungen sehr be-

hindern. Bei hohem Grundwasserstand sind auch korrodierende Einflüsse des Grundwassers zu berücksichtigen, welche die unterirdischen Bauteile angreifen und zerstören können. Einer Überschwemmungsgefahr wäre durch besondere Errichtung von Dämmen zu begegnen.

3. *Größe des verfügbaren Geländes.* Im Hinblick auf spätere Erweiterungsnotwendigkeiten darf das Gelände nicht zu klein gewählt werden. Bei der Standortverlegung in neu industrialisierte Gebiete ist der Ankauf größerer Geländebezirke schon insofern vorteilhaft, als die Grundstückspreise in der Umgebung der Fabrik später stark ansteigen. Die Form des verfügbaren Geländes kann die Freiheit in der Anordnungsplanung u. U. sehr beschränken.

4. *Baupolizeiliche Vorschriften.* Diese sind gerade für die chemische Industrie wegen der oft bestehenden Gefahr einer beträchtlichen Luft- und Wasserverunreinigung, Brand- und Explosionsgefahren usw. von besonderer Bedeutung. Die Vorschrift des § 16 der Gewerbeordnung sieht ausdrücklich die behördliche Genehmigungspflicht für chemische Fabriken aller Art sowie Anlagen der meisten verwandten Industriezweige, wie etwa Erdölverarbeitung, Gaswerke, Düngemittelfabriken u. ä., vor.

Die oben beschriebenen Methoden der Wahl des regionalen Standortes sind auf die Bestimmung des Bauplatzes sinngemäß anzuwenden.

2.08 Anordnungsplanung

Schon während der Vorprojektierung ist mit der Planung der *räumlichen Anordnung der Anlagen* zu beginnen. Sie betrifft einmal die räumliche Verteilung geschlossener Produktionsanlagen, größerer Verfahrensstufen, der Hilfsbetriebe, bestimmter Nebenanlagen, Verwaltungsgebäude sowie die Gestaltung der Verkehrswege mit den unter- und oberirdischen Versorgungsleitungen innerhalb größerer Werke, andererseits aber auch die Anordnung der einzelnen Anlagenelemente im Bereich solcher Teilanlagen, wie etwa von Apparaten und Maschinen, Rohrleitungen, Absperrorganen, elektrischen Einrichtungen usw. Man spricht hier auch von der *Wahl des innerbetrieblichen Standortes,* für die *technische, organisatorische* und *wirtschaftliche Standortfaktoren* maßgeblich sind [K. MELLEROWICZ, *443,* S. 194]: Die *technischen Standortfaktoren* entstehen unmittelbar aus Art oder Funktion der einzelnen Anlagegruppen bzw. Anlagenelemente, z. B. ergibt sich hieraus die Forderung der Aufstellung besonders schwerer Apparate und Maschinen zu ebener Erde; die *organisatorischen Standortfaktoren* sind zur Sicherung des organisatorischen Zusammenhangs der einzelnen Anlageteile zu berücksichtigen, was auf die Bestimmung der zweckmäßigsten relativen Lage der einzelnen Anlageteile zueinander unter dem Gesichtspunkt der Rationalisierung der Arbeitsabläufe und des Stoffflusses abzielt; schließlich beziehen sich die *wirtschaftlichen Standortfaktoren* auf die Kostengestaltung und sind für die Festlegung des optimalen Standortes letztlich entscheidend, was beim Abweichen vom technisch und organisatorisch günstigen Standort infolge Standortkonkurrenz mehrerer Anlagen oder Konkurrenz mehrerer Standortfaktoren offensichtlich wird. In weitgehender Analogie zur Bestimmung des äußeren Standortes (s. o.) ist der Kostenvergleich also auch hier methodisch bedeutsam. Die Analogie erstreckt sich darüber hinaus auf die mögliche hilfsweise Bewertung der einzelnen Standortfaktoren über ein Punktsystem [vgl. *318*].

Hier sei vor allem auf die *Grundsätze der innerbetrieblichen Standortwahl und der Bauprojektierung* von MELLEROWICZ [*443*, S. 197 u. 211] verwiesen, die für Industriebetriebe allgemein gelten. In Anlehnung an diese möchten wir für den Spezialfall des Chemiebetriebes folgende Gesichtspunkte herausstellen [*23*; *155*; *192*; *205*, S. 744; *233*; *234*; *254*; *285*, S. 208 u. 253; *306*; *307*; *331*, S. 22; *427*; *443*, S. 197 u. 211; *459*; *550*; *583*; *597*; *625*; *707*, S. 369; *718*; *743*; *744*; *765*; *766*]:

1. Anordnungsplanung nach der *Prozeßfolge*. Die räumliche Hintereinanderschaltung der Anlagegruppen und Anlagenelemente entsprechend der natürlichen Prozeßfolge ist gerade für chemische Produktionsanlagen, bei denen die Apparatur vorzugsweise als Einzweck-Apparatur am Produkt auszurichten ist, ein wesentlicher Grundsatz. Dem Produktionsprozeß sind möglichst auch die Lager der wichtigsten Rohstoffe vor- bzw. die Verpackungseinrichtungen und Lager der Endprodukte nachzuschalten. Auf diese Weise gelingt eine Minimierung der Transportwege.

2. Grundsatz der *großräumigen und übersichtlichen Bebauung*. Rücksichtnahme auf Lichtverhältnisse, natürliche Belüftung, Sicherheitsanforderungen, Verkehrsverhältnisse, evtl. später notwendige Erweiterungen verbieten es, das Gelände von vornherein zu dicht zu bebauen, obwohl hierdurch vielleicht etwas längere Transportwege in Kauf genommen werden müssen. Im allgemeinen rechnet man für das Gesamtwerk mit einer Bebauung von durchschnittlich 15, höchstens aber 20%. Das Werksgelände soll möglichst unter rechtwinkliger Führung der Längs- und Querstraßen in rechteckige Bebauungsfelder oder Baublöcke aufgeteilt werden. Es ist meist günstiger, die Blocktiefen und Straßenbreiten größer zu wählen, als umgekehrt, wodurch trotz Verringerung der Straßenzahl die Verkehrsverhältnisse verbessert werden und der Ausnutzungsgrad des Geländes steigt. Man geht heute bis auf 80 m Blocktiefe, wodurch bei 30 m Straßenbreite zwischen den Baufluchtlinien eine 73%-ige Ausnutzung der Gesamtbreite gegenüber nur $66^2/_3\%$ bei nur 30 m Blocktiefe und 15 m Straßenbreite erreicht wird [A. HOLZAPFEL, *306*].

Unter Umständen rechtfertigt sich auch eine spitzwinklige Bebauung des Werksgeländes, um die Nachteile des großen Platzbedarfs einer Gleisharfe auszugleichen. Dieser ergibt sich aus den vorgeschriebenen Mindest-Krümmungshalbmessern von 180 m bei Anschlußgleisen mit Hauptbahnlokomotiven, 140 m bei Anschlußgleisen mit Nebenbahnlokomotiven bzw. für Wagen über 4,50 m Radstand und 100 m für Wagen unter 4,50 m Radstand.

3. *Ausnutzung* der natürlichen *Geländebeschaffenheit* sowie *Berücksichtigung* der *Hauptwindrichtung*. Um die Gründungsarbeiten zu erleichtern, wird man Gebäude sowie schwere Apparate, Maschinen und Lagertanks möglichst an den Stellen bester Bodentragfähigkeit errichten, andere Anlagen und bebauungsfreie Felder wie z. B. Sicherheitsstreifen dagegen auf schlechten Baugrund verlegen. Höhendifferenzen können zur Schwerkraftförderung ausgenutzt werden, und zwar besonders bei der Bahnanlage sowie den Entwässerungs-, mitunter auch Kühlwasserleitungen. Auf verschiedene Höhenlagen ist schließlich wegen der unterschiedlichen Grundwassertiefen zu achten. Die Hauptwindrichtung ist insofern zu berücksichtigen, als Aufenthaltsräume der Belegschaft, Verwaltungsgebäude, Werkssiedlungen usw. der Hauptwindrichtung zugekehrt, stark zur Luftverunreinigung neigende Betriebsteile dieser dagegen abgekehrt angeordnet werden sollten. Dieses gilt auch für Kühltürme wegen der Feuchtigkeitsbelästigung der Umgebung. Gleichzeitig hat man sich in dieser Beziehung zu versichern, daß man einerseits selbst von benachbarten Industriebetrieben möglichst wenig belästigt wird, daß andererseits aber keine Benachteiligung der Umgegend durch die schädlichen Nebenwirkungen der eigenen Produktion eintritt.

4. Anordnung der Anlagegruppen mit Rücksicht auf *Verkehrshäufigkeit* und *Transportschwere* der durchgesetzten Stoffe. Lager und Verarbeitungsbetriebe von Massengütern sollen möglichst unmittelbar an die äußeren Verkehrswege, z. B. an eine Wasserstraße oder Bahnanlagen, angeschlossen werden, während ein Abrücken der Produktionsanlagen von den Verkehrsschwerpunkten und Hauptverkehrsstraßen um so eher zulässig ist, je höher die Veredlungsstufe der Produkte ist. Betriebsteile, die sich durch große Verkehrshäufigkeit mit den meisten der übrigen Anlagegruppen auszeichnen, sind zentral anzuordnen, da auf diese Weise ihr mittlerer Abstand gegenüber den anderen Abteilungen ein Minimum erreicht. Dies betrifft in Chemiebetrieben besonders das Kraftwerk und die Reparaturwerkstätten. Bei der Anordnung des Kraftwerkes ist daneben auf kurze Verbindungswege mit den wichtigsten Dampfverbrauchern zu achten, vor allem, wenn niedriggespannter Sattdampf verteilt wird. Eine von diesen Grundsätzen der Rationalisierung des Innen-

transportes beherrschte Idealplanung eines Großchemiewerkes zeigt Abb. 33, worin sich die Produktionsbetriebe mit abnehmender Transportschwere der durchgesetzten Stoffe von der Kaianlage zur Landseite hin aufbauen. Weniger wichtige Anlagen sowie Abteilungen mit starkem Außenverkehr rücken an die Peripherie des Werkes.

5. Zusammenfassung von *Betriebsteilen mit gleichen Arbeitsbedingungen* bzw. von *gleichartigen oder ähnlichen Apparaten und Maschinen.* Ersteres bezweckt vor allem die Ausschaltung gegenseitiger arbeitstechnischer Störungen der Betriebsteile, während die gruppenweise Zusammenfassung gleicher oder ähnlicher Apparate und Maschinen — in gewisser Analogie zum Werkstattprinzip der mechanischen Technologie — Bedienung und Wartung erleichtert sowie eine elastische Produktion gewährleistet, wenn sie gefordert wird. Üblich ist z. B. bei Freianlagen mit überwiegendem Durchsatz fluider Medien die Aufstellung der Pumpen, Verdichter, Gebläse usw. in einem gemeinsamen Pumpen- oder Maschinenhaus. Bei Aufstellung im Freien sind diese ebenfalls örtlich konzentriert. Dadurch lassen sich Bedienungskräfte einsparen und die Instandhaltungskosten senken, wenngleich diese Anordnung dem Prozeßfolgeprinzip mitunter entgegensteht.

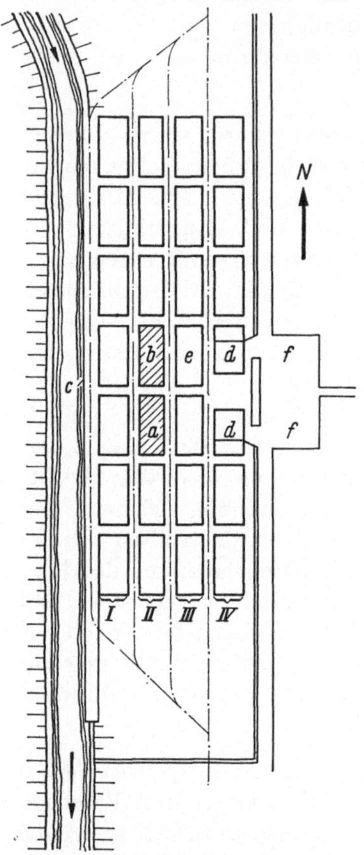

Abb. 33. Idealplan eines Großchemie-Werkes [F. JÄHNE, *331*, S. 22].
Blockreihe I: Anorganische Betriebe
Blockreihe II: Zwischenprodukte
Blockreihe III und IV: Farben, Kunststoffe, Pharmazeutika und Spezialitäten
Blöcke: *a* Hauptwerkstätten, *b* Energiebetriebe, *c* Kaianlage, *d* Fahrräder, *e* Verwaltung, *f* Parkplatz

6. Freianlagen sind *gegenüber eingehausten Anlagen* aus folgenden Gründen zu *bevorzugen*:

a) Freianlagen sind unter dem Gesichtspunkt der *Betriebssicherheit günstiger* zu beurteilen als umbaute Apparaturen. Beim Durchsatz brennbarer oder explosiver Medien wird die Bildung gefährlicher Gas-Luft-Gemische verhindert. Vergiftungsgefahren für das Betriebspersonal werden ebenfalls vermindert. Die Notwendigkeit von Entlüftungsanlagen entfällt.

b) Der *Anlagekapitalbedarf* ist erheblich *verringert*.

c) Der Gesichtspunkt des Schutzes der Bedienungskräfte gegen Witterungseinflüsse verliert um so mehr an Bedeutung, je stärker die Anlagen mechanisiert werden. Besonders die *Fernbedienung* der Apparatur von einem zentralen Leitstand aus erleichtert die Errichtung von Freianlagen.

d) Im Freien errichtete Apparaturen erleichtern *Produktionsumstellungen* und Umbauten.

e) Die Freianlage gestattet eine bessere *Übersicht* über Apparatur und Produktionsablauf.

7. Bei Freianlagen ist die *Niedrigbauweise gegenüber* der gedrängten, stark *in Richtung der Vertikalen ausgedehnten Bauweise* zu bevorzugen. Hierdurch lassen sich Einsparungen an Stahlkonstruktionen erzielen, ferner die Montage- sowie späteren Bedienungs- und Instandhaltungsarbeiten erleichtern.

8. Gesichtspunkte für die Bemessung der *Straßenbreiten* und die *Aufteilung der Straßenquerschnitte*. Die erforderlichen Straßenbreiten, d. h. Abstände zwischen den Baufluchten, richten sich nach den unterzubringenden Verkehrswegen und meist in noch höherem Maße nach den unter- und oberirdisch zu verlegenden Versorgungsleitungen [vgl. hierzu besonders A. HOLZAPFEL, *306*; F. JÄHNE, *331*, S. 38]. Für beiderseitige Anordnung von je einem Abstellgleis, je zwei Durchgangsgleisen für getrennte Fahrtrichtungen, einem 6 m breiten zweispurigen Fahrdamm und zwei Gehwegen sind etwa 30 bis 32 m Straßenbreite notwendig. Die praktische Untergrenze der Straßenbreite ist beim Verzicht auf ein Abstellgleis und bei herabgesetzter Zahl der Versorgungsleitungen in kleineren Betrieben etwa 15 m. Als Grundsätze bzw. sogar Zwangsläufigkeiten kommen bei der Aufteilung der Straßenquerschnitte in Frage [A. HOLZAPFEL, *306*]:

a) *Dampf-, Gas-, Druckluft-, Kälte- und alle Produktleitungen* werden vorzugsweise oberirdisch verlegt (s. u.).

b) *Anlieger- oder Verladegleise* werden unmittelbar längs der Bauten, die *Verkehrsgleise* daneben auf den Seiten zur Straßenmitte hin angeordnet.

c) *Wasserleitungen* für Flußwasser, Brunnenwasser, Trinkwasser, Kühlwasser und Warmwasser sind unterirdisch zu verlegen, und zwar frostfrei mit etwa 1 m Mindestüberdeckung.

d) *Abwasserleitungen*, am besten in Steinzeug oder Beton, sind in einer für die Kellerentwässerung ausreichenden Tiefe zu verlegen.

e) *Stark- und Schwachstromleitungen* werden unterirdisch verlegt. Dabei ist ein möglichst weiter Abstand durch Anordnung auf getrennten Straßenseiten einzuhalten, um Induktionsströme und Verwechslungen auszuschließen. Man kann bis zu etwa 30 Kabelleitungen bei der Verlegung zusammenfassen. Die Anordnung erfolgt zweckmäßig nicht unter dem befestigten Fahrdamm, damit keine Verkehrsbehinderung bei notwendigen Aufgrabungen eintritt. Freileitungen sind ungeeignet, weil die Fabrikluft sie stark angreift und Staub und Rauch die Isolatoren verschmutzen.

f) Der *Raum unter den Bahngleisen* ist *von Wasserleitungen freizuhalten*, weil einerseits die Verbindungsstellen der Leitungen durch die Erschütterungen des Bahnverkehrs undicht werden, andererseits die Gefahr einer Unterspülung der Gleisanlagen bei Rohrbrüchen besteht. Auch Abwasserleitungen dürfen hier nicht verlegt werden, da die meist in 50 m weiten Abständen notwendigen Einsteigschächte mit den Eisenbahnschwellen kollidieren würden.

g) Die zusammengefaßte Anordnung aller *unterirdischen Leitungen* in einem großen begehbaren Kanal ist meist nicht zu empfehlen. Hiermit wären nämlich übermäßig hohe Baukosten sowie Schwierigkeiten in der Gestaltung der Kreuzungen an den Straßenecken verbunden. Außerdem würde schon ein einziger Rohrbruch das ganze System unter Wasser setzen und damit zu größeren Betriebsstörungen führen.

h) Werden *Bahngleise* nur für Montagezwecke und nicht für die gewöhnlichen innerbetrieblichen Materialtransporte verlegt, so sind sie nach Errichtung der Anlagen nicht wieder abzureißen, denn sie erleichtern den An- und Abtransport von Anlageneinheiten bei Reparaturen und Umbauten.

9. Grundsätze der *Verlegung der oberirdischen Rohrleitungen*:

a) Die Rohrleitungen sind grundsätzlich in *horizontaler* und *vertikaler* Richtung zu verlegen, Schrägführungen im Raum dagegen zu vermeiden. Höchstens zur Erleichterung der Entwässerung ist die Anordnung mit schwachem Gefälle anstelle genau horizontaler Verlegung angebracht.

b) Überall ist auf gute *Zugänglichkeit* zu achten, was besonders für die Rohrleitungsorgane gilt. Die Kennzeichnung mit Farbringen (DIN 2403) erleichtert die Unterscheidung und das schnelle Auffinden bestimmter Rohrleitungen.

c) Kaltwasserleitungen sind unterhalb von Dampfleitungen zu verlegen, um eine unerwünschte Erwärmung des Kaltwassers zu vermeiden.

d) In den Werkstraßen werden die oberirdischen Rohrleitungen *zusammengefaßt* auf *Rohrbrücken* oder auf *Tragkonstruktionen an den Gebäuden* verlegt. Rohrbrücken können ein- oder zweistielig, mit einer oder mehreren Etagen ausgeführt werden. Die Tragkonstruktionen an den Gebäuden sind zweckmäßig unter Benutzung der Mauerpfeiler als

Tragelemente etwa 4 m über Terrain in Höhe des Tragbandes der ersten Bühne anzubringen, damit genügend Raum für die Bahndurchfahrt erhalten bleibt und außerdem die Beleuchtungsverhältnisse im Gebäude nicht verschlechtert werden. An der Außenseite jeder Tragkonstruktion ist möglichst ein Bedienungsgang anzuordnen. Die Rohrleitungen sind mit Zwischenräumen zu verlegen, um Auswechselungen von einzelnen Rohrleitungsteilen ohne Veränderung benachbarter Rohrleitungen vornehmen zu können. Die größten und schwersten Leitungen gehören nach unten sowie an die Außenseite der Tragkonstruktion [F. JÄHNE, *331*, S. 42].

e) Generell ist die *zusammengefaßte Verlegung* mehrerer Rohrleitungen *gegenüber der Einzelverlegung* zu *bevorzugen*, da auf diese Weise an Unterstützungskonstruktionen gespart werden kann und auch die Montage erleichtert wird.

f) Grundsätzlich sind *geschweißte gegenüber geflanschten* Leitungen zu *bevorzugen*, und zwar wegen der Vermeidung von Dichtungsschwierigkeiten, der erzielbaren Gewichtsersparnisse und vereinfachter Isolierungen.

10. Zu allen Anlagegruppen und Anlagenelementen müssen *ausreichende Zugangsmöglichkeiten* gewährleistet sein. Es ist an folgende Anforderungen zu denken:

a) Laufende *Bedienung* der Apparatur wie etwa Beschickung, Entleerung, Reinigung, Betätigung von Absperrorganen, Wartung von Pumpen, Verdichtern usw.

b) Laufende *Prozeßkontrolle* durch Überwachung der Meßstellen, Probeentnahmen von Material für Betriebsanalysen, periodische Begehungen der Anlagen zur Kontrolle auf einwandfreien Betriebszustand, Feststellung von Undichtigkeiten, Gefahrenzuständen.

c) *Reparaturen* und laufende *Instandhaltungsarbeiten*. Zu den laufenden, unregelmäßig oder periodisch wiederkehrenden Instandhaltungsarbeiten zählen etwa das Ausziehen der Rohrbündel zwecks Reinigung bei Rohrbündelwärmeaustauschern, die Erneuerung von Filtertüchern, Reinigung von Rohrleitungen, Auswechselung von Dichtungen, das Nachstellen der Schrauben an Flanschverbindungen. Diese Anforderungen besitzen für die Anordnungsplanung verfahrenstechnischer Anlagen generell erhebliches Interesse und gewinnen bei automatisch geregelten Anlagen mit zentralem Leitstand gegenüber den unter a) und b) genannten Anforderungen sogar die Oberhand. Besonders für Meß- und Regelgeräte sowie alle Regelventile muß die Zugänglichkeit zur Durchführung sowohl routinemäßiger Prüfungen und Überholungen als auch von Reparaturarbeiten bei Betriebsausfällen sichergestellt sein. Die Anordnung zu ebener Erde ist günstig, da auf diese Weise umständliche und zeitraubende Rüstungsnotwendigkeiten entfallen [s. *29*]. Bei der Einplanung der Reparatur- und Instandhaltungsarbeiten ist am besten fachkundiges Reparaturpersonal zu Rate zu ziehen.

d) *Montagearbeiten.* Die Anordnungsplanung muß auch auf die anzuwendenden Montageverfahren und -geräte wegen der Platzbeanspruchung Rücksicht nehmen. Andernfalls kann es zu erheblichen technischen Schwierigkeiten bei der Montage kommen, die sich schließlich in einer Verlängerung der Bauzeit und in einer Erhöhung der Montagekosten auswirken.

e) *Sicherheitsgründe* verlangen die Schaffung von Fluchtwegen für das Bedienungspersonal, andererseits aber auch ausreichende Zugangsmöglichkeiten für Feuerlöschtrupps und Rettungsmannschaften.

11. Berücksichtigung der *Sicherheitsanforderungen.* Gerade in Chemiebetrieben mit ihren erhöhten Unfall-, Feuer- und Explosionsgefahren verdienen die Sicherheitsanforderungen stärkste Beachtung. Besonders gefährdete Betriebsteile und Anlagen sind räumlich zusammengefaßt und isoliert in sicherer Entfernung von den übrigen Betrieben anzuordnen. In hohem Maße gilt das z. B. für Tanklager mit brennbaren Flüssigkeiten, wobei die von den Produktionsanlagen entfernte Anordnung auch meistens keine Durchbrechung des Prozeßfolgeprinzips zu verursachen braucht. Hochdruckautoklaven sind in Boxen aufzustellen, welche die Umgebung durch Betonwälle abschirmen und eine unfallsichere Bedienung gestatten. Die Vorschriften der Gewerbeordnung mit Ausführungsbestimmungen, verschiedener Polizeiverordnungen — wie z. B. der Acetylenverordnung, Polizeiverordnung über den Verkehr mit brennbaren Flüssigkeiten usw. — sowie der chemischen Berufsgenossenschaften sind zu beachten [s. hierzu 77; *103*; *159*; *195*; *254*; *285*, S. 263; *367*; *416*; *458*; *637*].

12. Einplanung *späterer Erweiterungen.* Falls mit späteren Erweiterungen zu rechnen ist, sind diese bei der Anordnungsplanung durch Freilassung entsprechender Räume für die Aufstellung zusätzlicher Aggregate, Verlegung weiterer Rohrleitungen, evtl. größere Dimensionierung der Gebäude oder Vorkehrungen für Anbaumöglichkeiten, Wahl größerer Straßenbreiten usw. sofort zu berücksichtigen. Dadurch läßt sich der Anlagekapitalbedarf für die späteren Erweiterungen senken, wohingegen die vorerst aus der zu weitläufigen Anordnungsplanung entstehenden Mehrkosten kaum ins Gewicht fallen.

Die *arbeitstechnischen Hilfsmittel* der Anordnungsplanung bestehen zunächst vor allem in *Zeichnungen.* Bei der Entwicklung derartiger *Anordnungspläne* können etwa *drei Stufen* unterschieden werden:

a) Aufteilung des gesamten Baugeländes in *größere Bezirke*, z. B. für Baublöcke, größere Gebäude, Verfahrensstufen, bestimmte Anlagegruppen usw., wobei am besten die Werkstraßen zur Abgrenzung der einzelnen Felder gegeneinander dienen. Die Einzeichnung des Straßennetzes erfolgt maßstäblich, obwohl die Umgrenzungslinien der Betriebsteile und Anlagegruppen nur den ungefähren Platzbedarf anzugeben und nicht unbedingt genau maßstäblich zu sein brauchen. Um die Ökonomie des Stoffflusses bei jeder Anordnung besser übersehen zu können, mag die Einzeichnung der Hauptstoffwege zwischen den

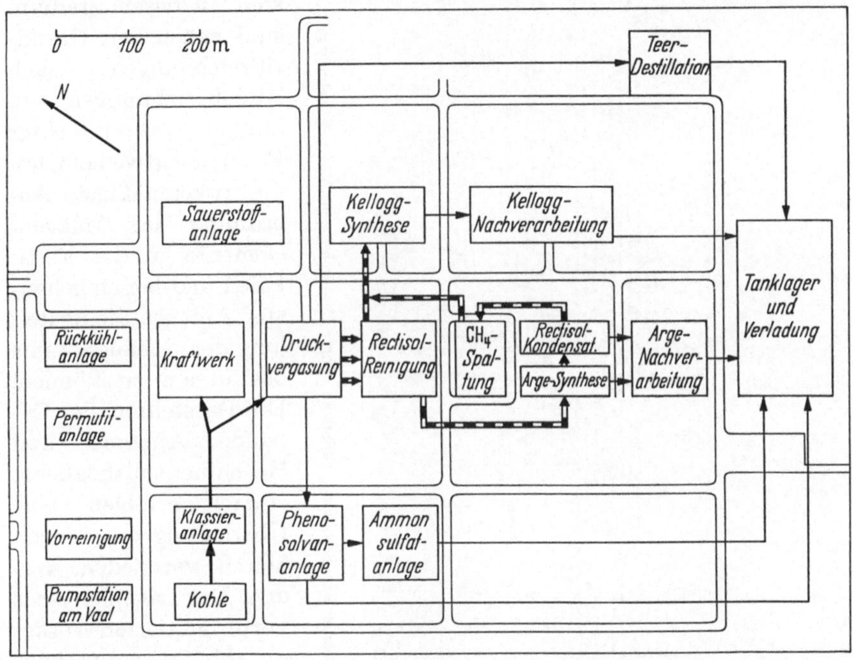

Abb. 34. Beispiel eines Lageplanes mit Beschränkung auf Produktionsstufen und Darstellung der Haupt-Stoffwege: Die FISCHER-TROPSCH-Syntheseanlage in Sasolburg (Südafrika) [H. TRAMM, *688*]

Betriebsteilen und Verfahrensstufen sowie die Kennzeichnung ihrer Richtungen vorteilhaft sein, woraus sich eine gewisse Analogie zum schematischen Fließbild ergibt. Ein charakteristisches Beispiel eines solchen Lageplanes ist in Abb. 34 wiedergegeben. Zum Vergleich sei auf das Luftbild dieser Anlage in Abb. 35 hingewiesen.

Der größte Abstraktionsgrad derartiger Lagepläne gewährleistet beste Übersicht. Zur Feststellung der zweckmäßigsten Geländeaufteilung kann man mehrere Anordnungspläne in dieser Weise entwerfen und miteinander vergleichen.

b) In einer nächsten Stufe sind die *Grundrisse* sämtlicher *Gebäude* und aller *wichtigeren Apparate und Maschinen* maßstabgerecht einzuzeich-

9*

Abb. 35. Luftbild der FISCHER-TROPSCH-Syntheseanlage in Sasolburg, Südafrika (Lurgi Gesellschaft für Mineralöltechnik m. b. H., Frankfurt/Main)

nen, während weniger bedeutende Anlagenelemente, wie etwa Pumpen, Ventilatoren oder auch Rohrleitungen und andere Nebenpositionen noch zu vernachlässigen sind. In diesem Stadium sind neben den Grundrißzeichnungen auch Aufrißzeichnungen in ähnlich vereinfachter Form zu entwickeln, um die zweckmäßigste Anordnung der Anlagenelemente in der Vertikalen und bei eingehausten Anlagen die Aufteilung der Gebäuderäume bestimmen zu können. Die Darstellung der Gebäude, Apparate und Maschinen soll möglichst einfach erfolgen, eine Überladung mit Einzelheiten vermieden werden. Der Lageplan eines vorprojektierten Werkes in Abb. 36 veranschaulicht das Gesagte. Soweit die Verfahrensausrüstung einzelner Anlagegruppen noch nicht bis ins Einzelne dimensioniert wurde, wie z. B. bei der Synthesegas-Feinreinigung, bezeichnen gestrichelte Linien die ungefähren bzw. geschätzten Größen der Bebauungsfelder. In diesen Teilen entspräche die Zeichnung also erst dem

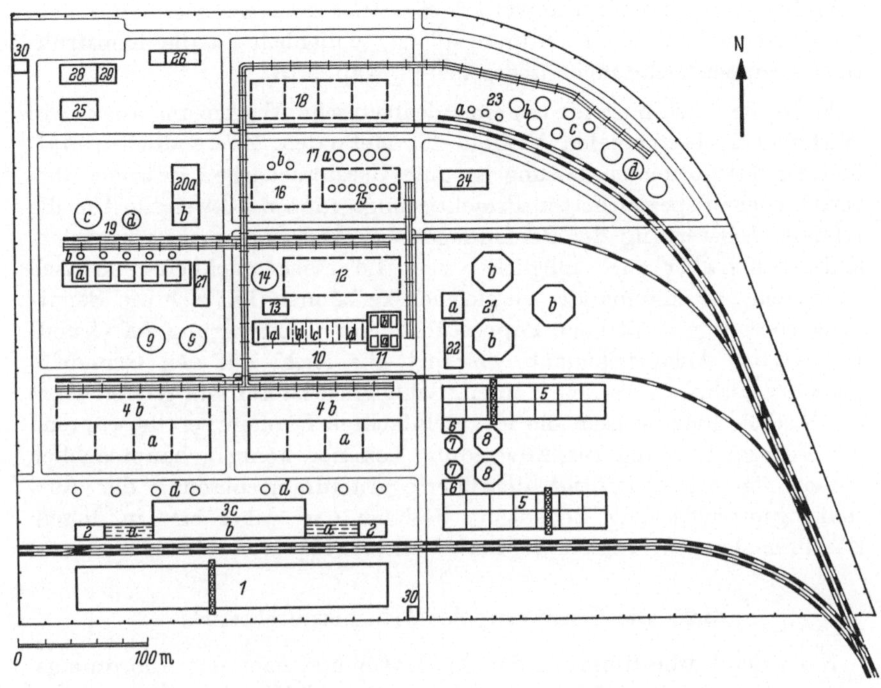

————— Umgrenzungslinie der Gebäude- und Apparategrundrisse;
– – – – Begrenzungslinie von Anlagegruppen (Bebauungsfelder);
Werkstraße;
Bahngleis;
Haupt-Rohrbrücken;
Werksbegrenzung

Abb. 36. Beispiel eines Lageplanes mit teilweiser Festlegung der Grundrisse von Apparaten und Maschinen: Projektierte FISCHER-TROPSCH-Anlage nach dem RHEINPREUSSEN-KOPPERS-Verfahren (150000 jato Primärprodukte)

1 Kohlenlager mit Kran; *2* Kohlen-Tiefbunker; *3* Kohlenstaub-Aufbereitungsanlagen, *a* Förderbänder, *b* Trocknungsanlagen, *c* Mahlanlagen, *d* Kohlenstaubbunker; *4* Kohlenstaubvergasung, *a* Vergaser mit Abhitzekesseln, *b* Gasentstaubung und Gaskühlung; *5* Klärbecken mit Kran für Waschwasser-Rückgewinnung; *6* Pumpenhäuser; *7* Kühltürme für Kühlwasser der Vergasungsanlage; *8* Kühltürme für Waschwasser; *9* Synthesegas-Gasometer; *10* Maschinenhalle, *a* Luftverdichter, *b* Generatoren mit Restgas-Entspannungsturbinen; *c* Turbo-Aggregate für Stromerzeugung, *d* Synthesegas-Verdichter; *11* Kesselhaus, *a* Frischdampfkessel, *b* Überhitzerkessel; *12* Synthesegas-Feinreinigung; *13* Leitstand; *14* Restgas-Gasometer; *15* Synthese-Reaktoren und Endgas-Kondensation; *16* Druckölwäsche; *17* Zwischentanks, *a* Kondensatöl-Zwischentanks, *b* Kugeldruckbehälter für leichte Kohlenwasserstoffe; *18* Verarbeitungsanlagen für Primärprodukte (Laugenwäschen, Destillationsanlagen, Benzinraffination, Paraffinverarbeitung; *19* Sauerstofferzeugung, *a* Niederdruck-Rektifiziereinheiten, *b* Rieselkühler, *c* Sauerstoff-Gasometer, *d* Stickstoff-Gasometer; *20* Katalysatorerzeugung, *a* Produktionsgebäude, *b* Lagerraum; *21* Kühlwasserversorgung für Synthese, Verarbeitungsanlagen und Kraftwerk, *a* Pumpenhaus, *b* Kühltürme; *22* Wasseraufbereitung; *23* Verkaufs-Tanklager, *a* Gasol-Kugeldruckbehälter, *b* Gatsch-Tanks, *c* Kogasin-Tanks, *d* Benzin-Tanks; *24* Paraffinlager; *25* Umkleideräume und Werkskantine; *26* Werksfeuerwehr und Unfallstation; *27* Reparaturwerkstatt; *28* Betriebsbüro; *29* Betriebslabor; *30* Pförtnerloge

weiter oben beschriebenen Entwicklungsstand. Auch symbolische Darstellungsformen kommen zur Anwendung, so etwa bei den Bahngleisen, Brückenkränen oder bei den Maschinenaggregaten der Positionsnummern 10 a—d, die als einfache Striche gezeichnet sind.

c) In einer letzten Stufe werden *sämtliche Anlagenelemente* räumlich festgelegt, womit die Anordnungspläne schließlich in die Konstruktions-Gruppenzeichnungen übergehen [s. Kap. 2.13].

Es handelt sich hier nur um eine idealtypische Abgrenzung aus der in Wirklichkeit bestehenden Vielfalt der Methoden. Zur endlichen Auffindung der optimalen Lösung ist gute Zusammenarbeit zwischen den verschiedenen spezialisierten Projektierungsgruppen notwendig. Um die schnelle Entwertung der Zeichnungen bei Änderungen zu vermeiden, andererseits aber auch möglichst viele Lösungsmöglichkeiten kritisch beurteilen und miteinander vergleichen zu können, hat sich die Benutzung von ausgeschnittenen Pappestücken zur Verkörperung der Grundflächen der Anlagenelemente bewährt, die leicht auf den Grundrißplänen verschoben werden können. Schließlich ist auf den großen Wert der Modelle hinzuweisen, die in vereinfachten Formen bereits während der Vorprojektierung zur Anwendung kommen können, hauptsächlich jedoch für die endgültige detaillierte Anordnungsplanung der Ausführungsprojektierung Bedeutung besitzen und daher erst in diesem Zusammenhang behandelt werden [s. Kap. 2.12].

2.09 Die Ermittlung des Arbeitskräftebedarfs

Nach der Vorbestimmung der Apparatur und nach der Anordnungsplanung ist der *Bedarf an Arbeitskräften* zu schätzen und ein entsprechender *Stellenbesetzungsplan* zu entwickeln. Abgesehen von den rohen Näherungsverfahren, die zuweilen aus Anlaß der Vorkalkulation der Arbeitskosten Anwendung finden [s. Kap. 4.223], kann man überschlägig vom Bedarf an Betriebsarbeitern und technischem Aufsichtspersonal bei ähnlichen bereits gebauten Anlagen ausgehen und die besonderen Bedingungen des neuen Verfahrens durch Korrekturen berücksichtigen. Eigenarten der räumlichen Anordnung der Apparatur und Mechanisierungsgrad verdienen dabei Beachtung. Im Hinblick auf die Ermittlung des Bedarfs an Betriebsarbeitern zur unmittelbaren Bedienung und Überwachung der Apparatur besteht die exakte Ermittlung in der Durchführung von Arbeits- und Zeitstudien, über deren Besonderheiten in der chemischen Industrie kürzlich eingehend berichtet wurde [*252*; *260*; *764*]. Hierbei werden die Gesamtzeiten der verschiedenen Arbeitsoperationen aus den Einzelzeiten der Teilverrichtungen unter Zugrundelegung eines bestimmten Normalleistungsgrades errechnet. Diese Einzelzeiten der Teilverrichtungen sind vielfach als Erfahrungswerte bekannt. Freilich ist für eine derartig verfeinerte Bestimmung die bereits endgültige konstruktive Festlegung der Apparatur Voraussetzung.

Die durch Krankheit und Urlaub bedingten Ausfälle muß man durch einen Zuschlag von etwa 10—15% berücksichtigen. Beim Betrieb ununterbrochen arbeitender kontinuierlicher Prozesse ist die Zahl der Betriebsarbeiter gegenüber am Wochenende schließendem 3-Schichten-Betrieb um etwa 25% zu erhöhen. Auch an den zusätzlichen Arbeitskräftebedarf in den Hilfsbetrieben, besonders Reparaturwerkstätten und Betriebslaboratorien, ist zu denken.

Die im Zuge der Kontinuisierung und Mechanisierung immer komplizierter werdenden Apparaturen stellen an die geistige Leistungsfähigkeit und das Verantwortungsbewußtsein der Vorarbeiter und Meister zunehmende Anforderungen, so daß Stellenbesetzungsplanung und spätere Auswahl der Arbeitskräfte oft erhebliche Qualitätsprobleme einschließen. Gleichzeitig nimmt auch die Zahl der mit technischen Überwachungsaufgaben betrauten Angestellten gegenüber der Betriebsarbeiterzahl ständig zu.

2.1 Ausführungsprojektierung

Hat man sich anhand des Vorprojektes bzw. einer hierauf fußenden Vorkalkulation davon überzeugt, daß das Investitionsvorhaben wirtschaftlich gerechtfertigt ist, so kann man zur Ausführung schreiten. Diese umfaßt im wesentlichen die konstruktive Detailberechnung sämtlicher Anlagenelemente, die Anfertigung konstruktiver Fließbilder mit Ergänzungszeichnungen sowie der eigentlichen Konstruktionszeichnungen, evtl. die Herstellung von Modellen im Rahmen der endgültigen Anordnungsplanung, schließlich die Beschaffung des Materials, Bau und Montage sowie Anlaufoperationen. Nach der eingangs getroffenen Definition endet die Ausführungsprojektierung erst mit der Übergabe der „eingefahrenen" Anlagen an den Betrieb.

2.10 Konstruktive Detailberechnung der Anlagen

Auf Grundlage der Ergebnisse der Vorprojektierung, besonders der verfahrenstechnischen Berechnung (vgl. Kap. 2.041), vollzieht sich die *endgültige Detailberechnung der Anlagen* als unmittelbare Vorstufe zur Anfertigung der Konstruktionszeichnungen. Einzelheiten über die große Zahl der die konstruktiven Lösungen beeinflussenden Gesichtspunkte [W. G. RODENACKER, *579; 580*], die Berechnungsmethoden, Normen und Sicherheitsvorschriften wiederzugeben, ist nicht Aufgabe dieser Abhandlung. Die Behandlung dieser Fragen muß der ausgedehnten und weit verzweigten Spezialliteratur (Chemische Technologie, Verfahrenstechnik, Maschinen- und Apparatebau einschließlich Maschinenelemente, Meß- und Regeltechnik, Elektrotechnik und Bautechnik) vorbehalten bleiben. Teilweise ist die Konstruktion erst nach endgültiger Festlegung der räumlichen Anordnung der Anlagenelemente möglich, wie z. B. der Leitungssysteme und Stahlkonstruktionen.

Die konstruktive Berechnung der Apparate und Maschinen erfolgt nicht ausschließlich von seiten des Projektierungsstabes, sondern wird in gewissem Ausmaß den *Lieferanten* der Anlagen überlassen. Regelmäßig ist das bei typisierten Anlagenelementen und Spezialkonstruktionen, die von den Lieferantenfirmen entwickelt wurden, der Fall [vgl. Kap. 2.130]. Der größte Teil der Berechnungsarbeiten entfällt oft nicht auf die Apparate und Maschinen, sondern auf das Rohrleitungssystem [s. Tab. 6 in Kap. 3.130], dessen Auslegung viel und sorgfältige Kleinarbeit beansprucht [s. *19*; *53*; *131*; *194*; *285*, S. 137; *369*; *414*; *564*; *627*; *677*; *697*; *714*; *718*; *767*]. Daneben verursacht die Instrumentierung heute immer mehr Konstruktionsarbeit.

Die *Leistungsvorgaben* im weitesten Sinne sind als Ausgangsbasis der Konstruktion der Anlagenelemente, Leitungssysteme usw. vielfach kompliziert und nur unter Betrachtung derselben als Funktionseinheiten innerhalb der Gesamtanlage zu treffen, wobei vor allem auch der gesamte Schwankungsbereich in den Betriebsbedingungen und alle für möglich gehaltenen Störungsfälle zu berücksichtigen sind. In besonders anschaulicher Weise verdeutlicht das die Auslegung der elektrischen Einrichtungen, d. h. der Stromleiter und Isolatoren, Transformatoren, Schalter, Wandler, Relais- und Schutzschaltungen und ähnlicher Anlagenelemente, wofür nach R. QUACK [*545*, S. 723] bekannt sein müssen: Anforderungen an Stromart, Leistung, Arbeit, Höhe und Konstanz der Spannung sowie der Frequenz; zulässige Kurzschlußstromstärke; Folgen voraussehbarer oder unvorhergesehener Unterbrechungen der Versorgung, Starthäufigkeit und Regelbereich, Rückwirkungen auf das Netz in Oberwellen, Schieflast oder Spannungsschwankungen.

Stets ist die Einbeziehung *fertigungstechnischer Gesichtspunkte* in die konstruktiven Überlegungen unerläßlich. Auch der innerhalb einer Projektierungsgruppe tätige Konstrukteur muß die fertigungstechnischen Möglichkeiten beachten und eine Anwendbarkeit der jeweils wirtschaftlichsten Fertigungsverfahren bei der späteren Herstellung in den Apparate- und Maschinenbauanstalten zu gewährleisten suchen. Es genügt also noch nicht, ausschließlich die Zweckbestimmung des Anlagenelementes und dessen Funktion innerhalb des Gesamtprojektes im Auge zu haben.

Auf ausreichende *Sicherheitsvorkehrungen* ist bei der Konstruktion ebenso wie bei der räumlichen Anordnungsplanung zu achten. Alle in dieser Hinsicht maßgebenden Faktoren wie angewandte Drucke und Temperaturen, physiologische Wirkung der durchgesetzten Medien, Feuer- und Explosionsgefahren, Strahlungseinflüsse, Wärme-, Staub- und Lärmentwicklung, mechanisch bewegte Teile u. a. verlangen systematische Berücksichtigung und einen entsprechenden Niederschlag in der konstruktiven Gestaltung [*158*; *159*]. Angaben über sicherheitstechnisch interessante Stoffwerte (Explosionsgrenzen, Entflammungstemperaturen, physiologische Wirkung usw.) finden sich in vielen Tabellenwerken physikalischer und chemischer Daten und in Spezialwerken [*141*]. Die beste Gewähr für einen späteren unfallsicheren Betrieb der Anlagen bietet die Einhaltung folgender Grundsätze bei der Konstruktion [vgl. *329*]:

1. Alle durchgesetzten *Stoffe* bleiben stets *innerhalb der Apparatur* streng *abgeschlossen* von der umgebenden Atmosphäre.

2. Ein *hoher Instrumentierungsgrad* sorgt dafür, daß auftretende Gefahrenzustände sofort signalisiert, die gefährdeten Betriebsteile automatisch außer Betrieb gesetzt werden und sich Bedienungsfehler nicht als Gefahrenquellen auswirken können.

Man muß den Ausführungen E. W. JACKSONS [*329*] in vollem Maße zustimmen, wenn er eine Anlage vom sicherheitstechnischen Standpunkt aus für schlecht projektiert hält, deren Sicherheit davon abhängt, daß die Arbeiter dauernd Schutzkleidung tragen, ständige Ventilation herrscht oder die Arbeitszeiten wegen der hohen Beanspruchung des Personals stark begrenzt werden. Auf die Bedeutung der Instrumentierung und Automatisierung für die Betriebssicherheit von Anlagen ist bereits weiter oben eingegangen worden [Kap. 2.042.5].

Schließlich ist — wiederum neben der räumlichen Anordnungsplanung — darauf zu achten, daß Störanfälligkeit und Reparaturbedürftigkeit der Anlagen herabgesetzt, andererseits aber auch die Durchführung von *Reparaturarbeiten* und laufenden *Instandhaltungsmaßnahmen* möglichst erleichtert werden. Diese Gesichtspunkte spielen bei der ständig zunehmenden Mechanisierung verfahrenstechnischer Produktionsanlagen eine immer größer werdende Rolle. Es gehören hierhin etwa konstruktive Maßnahmen zur schnellen Entleerung von Apparaten, Behältern und Rohrleitungen, zur Verminderung von Ablagerungen und Verstopfungen, Herabminderung der Korrosions- und Erosionsgefahr [vgl. Kap. 2.040]. Weiter ist zu achten auf die schwingungsfreie Anbringung der Meß- und Regelgeräte, reichliche Verlegung von elektrischen Anschlüssen, das Vorsehen zahlreicher Davits und Haken, die sich bei der Auswechselung einzelner Bauelemente als brauchbar erweisen, die Schaffung ausreichender künstlicher Beleuchtungseinrichtungen, besonders in stärker reparaturbedürftigen Anlageteilen usw. [vgl. im einzelnen *155*; *157*]. Kontinuierliche Anlagen mit durchgehendem Betrieb werden so konstruiert, daß kleinere Reparaturen ohne Stillegung durchzuführen sind. Die Laufzeiten der Hauptanlageteile sind so zu bemessen, daß periodisch notwendige Instandhaltungsmaßnahmen bei einem eingeplanten Generalstillstand vorgenommen werden.

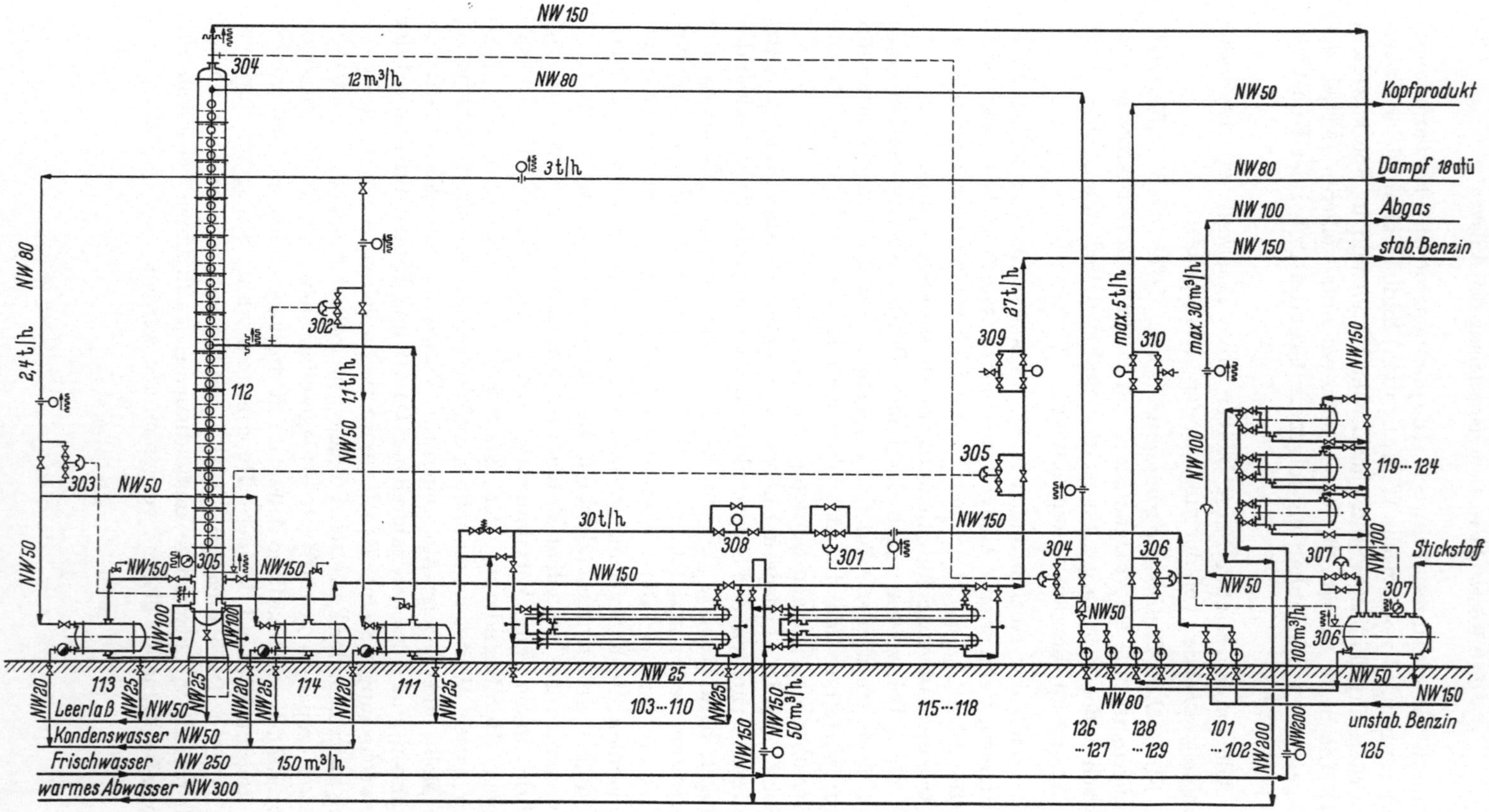

NW 150
304
12 m³/h
NW 80
NW 50
Kopfprodukt
3 t/h
NW 80
Dampf 18 atü
NW 100
Abgas
NW 150
stab. Benzin
NW 80
2,4 t/h
302
1,1 t/h
112
NW 50
303
NW 50
27 t/h
309
max. 5 t/h
310
max. 30 m³/h
NW 150
305
NW 100
119 ··· 124
30 t/h
NW 150
308
301
304
306
307
Stickstoff
307
NW 50
NW 150
NW 100
NW 150
NW 100
NW 100
NW 50
306
100 m³/h
NW 25
NW 50
NW 150
113
NW 25
114
111
NW 25
103 ··· 110
NW 25
NW 150
50 m³/h
115 ··· 118
NW 80
unstab. Benzin
NW 20
Leerlaß
NW 50
NW 25
NW 20
NW 25
NW 20
126
··· 127
128
··· 129
101
··· 102
NW 200
NW 200
125
Kondenswasser NW 50
NW 150
Frischwasser NW 250
150 m³/h
warmes Abwasser NW 300

Abb. 37

2.11 Konstruktives Fließbild und Ergänzungszeichnungen

2.110 Konstruktives Fließbild

Bereits im Zusammenhang mit der begrifflichen Abgrenzung des Verfahrens-Fließbildes wurde festgestellt, daß sich das *konstruktive Fließbild* durch Vollständigkeit und Detaillierung bei der Darstellung der Apparatur auszeichnet [s. Kap. 2.012]. Diese Vollständigkeit und Detaillierung gilt nicht nur für Apparate und Maschinen, sondern auch für das gesamte Rohrleitungssystem sowie für die Meß- und Regelgeräte. Um eine Überladung des konstruktiven Fließbildes mit zu vielen Einzelheiten zu vermeiden, ist es allerdings zuweilen üblich, für die Kennzeichnung des Rohrleitungssystems und der Instrumentierung besondere Diagramme als Ergänzungszeichnungen abzuzweigen, was dann entsprechende Vereinfachungen des konstruktiven Fließbildes zuläßt.

Bei den *Apparaten und Maschinen* ist die individuelle zeichnerische Darstellung unter Hervorhebung der wesentlichen Konstruktionsmerkmale gegenüber der Verwendung von Symbolen zu bevorzugen. Anstelle des Symbols für einen Verdampfer im Verfahrens-Fließbild wären hier z. B. zweckmäßig anzudeuten, ob es sich um einen Apparat mit außen- oder innenliegendem Heizkörper, natürlichem Umlauf oder Zwangsumlauf, horizontaler, schräger oder vertikaler Rohranordnung handelt [*310*]. Im Falle häufig wiederkehrender Anlagenelemente, wie etwa von Pumpen, Gebläsen oder einfachen Tanks, hält man allerdings auch beim konstruktiven Fließbild noch gern an Symbolen fest. Maßstäblichkeit wird nicht gefordert, jedoch ist eine ungefähre Übereinstimmung in den Proportionen der Apparate- und Maschinenabmessungen zwischen Zeichnung und Wirklichkeit anzustreben. Wichtig ist die Einzeichnung der Anschlußstutzen für Rohrleitungen in der relativ richtigen Lage, z. B. über einem bestimmten Boden einer Kolonne [*550*, S. 67]. Abmessungen oder gar Benennungen gehören grundsätzlich nicht ins Fließbild, sondern in angehängte Tabellen und Stücklisten, auf die über angeschriebene Positionsnummern zu verweisen ist. Nur ausnahmsweise sind wichtige Höhendifferenzen zu vermerken, wie etwa bei Schwerkraft-

Abb. 37: Konstruktives Fließbild einer Benzin-Stabilisierungsanlage (H. Koppers GmbH, Essen). Vgl. die übrigen Zeichnungen dieser Anlage unter Abb. 40, 50, 54 u. 57 sowie Abb. 38 (Sinnbilder für Absperrorgane und Meß- und Regelgeräte nach DIN 2481)

101—102 Einsatzpumpen, 103—110 Wärmeaustauscher, 111 Erhitzer, 112 Stabilisierungskolonne, 113—114 Kocher, 115—118 Kühler, 119—124 Kondensatoren, 125 Dephlegmatvorlage, 126—127 Dephlegmatpumpen, 128—129 Kopfproduktpumpen, 301 Eingangsmengenregler, 302 Temperaturregler-Kolonneneintritt, 303 Temperaturregler-Kolonnensumpf, 304 Temperaturregler-Kolonnenkopf, 305 Niveauregler-Kolonnensumpf, 306 Niveauregler-Dephlegmatvorlage, 307 Druckregler, 308—310 Ovalradzähler für Produkte

förderung, oder gerade Rohrlängen als benötigte Meßstrecken zu kennzeichnen.

Einzelheiten über die Darstellung des Rohrleitungssystems und der Instrumentierung sind den nachfolgenden Abschnitten zu entnehmen.

Abb. 38.   Benzin-Stabilisierungsanlage (H. Koppers GmbH, Essen). Vgl. die Zeichnungen dieser Anlage unter Abb. 37, 40, 50, 54 u. 57

Abb. 37 zeigt das konstruktive Fließbild einer Benzin-Stabilisierungsanlage einschließlich des gesamten Rohrleitungsnetzes und der wichtigsten Instrumente bei noch verhältnismäßig einfacher Darstellung der Apparate und Maschinen. Vergleichsweise hierzu ist die Photographie der fertig errichteten Anlage unter Abb. 38 wiedergegeben.

2.111 Rohrleitungsdiagramm

Falls das Rohrleitungsnetz im konstruktiven Fließbild nur vereinfacht und erst in einer besonderen Ergänzungszeichnung, nämlich dem *Rohrleitungsdiagramm*, vollständig und in allen Einzelheiten erfaßt wird, kann man hierin bei der zeichnerischen Wiedergabe der Apparate und Maschinen auf Details verzichten. Regelmäßig genügen Umrißlinien, die evtl. noch in der Strichstärke zurücktreten können. Bei sehr komplizierten Prozessen wird zuweilen sogar die Entwicklung von zwei getrennten Rohrleitungsdiagrammen, nämlich einmal für die Produktleitungen und zum anderen für sämtliche Energieleitungen, empfohlen [*495*]. Wegen der fehlenden Maßstäblichkeit wird freilich nichts über die Lage der Rohrleitungen im Raum und die effektiven Längen der einzelnen Rohrleitungsabschnitte ausgesagt.

Das *Leitungsnetz* wird als *Einliniensystem* dargestellt, und zwar entweder undifferenziert, wobei die Stoffbezeichnungen dann an die Leitungen anzuschreiben sind, oder unter Verwendung unterschiedlicher Strichstärken bzw. von Strichsymbolen für die einzelnen Leitungen. Ersteres zeigt Abb. 37, während die Benutzung unterschiedlicher Strichmarkierungen aus dem kombinierten Rohrleitungs- und Instrumentierungsdiagramm einer Anlage zur Gewinnung von Reinbenzol aus Druckraffinat aus Abb. 39 hervorgeht. Hierin werden die Energieleitungen durch Sinnbilder und die Produktleitungen durch eine einheitliche größere Strichstärke gekennzeichnet. Zudem sind der Rohprodukteinsatz (Raffinat) und die Endprodukte (Toluol, Reinbenzol und Vorlauf) an die entsprechenden Leitungen angeschrieben. Die Nennweiten der Rohrleitungen werden regelmäßig direkt an den Leitungen des Fließbildes vermerkt, teilweise auch die Durchsätze, wie bei einigen Leitungen in Abb. 37. Nähere Bezeichnungen der durchgesetzten Stoffe und der Rohrleitungen, z. B. in bezug auf Nenndruck, Wandstärke, Werkstoff, Temperatur usw., erfolgen besser in einer angehängten Tabelle. Hierauf verweisen die Buchstaben *R* mit anschließenden Nummern in Abb. 39.

Für die *Rohrleitungsarmaturen* kommt durchweg nur eine symbolische Kennzeichnung in Frage, die sich weitgehend nach den Normenvorschriften unter DIN 2429 (Sinnbilder für Rohrleitungen, April 1925) und DIN 2481 (Sinnbilder und Schaltpläne für Wärmekraftanlagen, Dezember 1954) richten sollte. Mitunter werden die Nennweiten der Organe angegeben, was aber eigentlich nur Sinn hat, wenn diese mit den Nennweiten der Rohrleitungen, in die sie eingebaut sind, nicht übereinstimmen. Eine nähere Kennzeichnung der Organe wäre auch hier in angehängten Tabellen bzw. Stücklisten möglich, die über Positionsnummern mit dem Fließbild in Verbindung stehen.

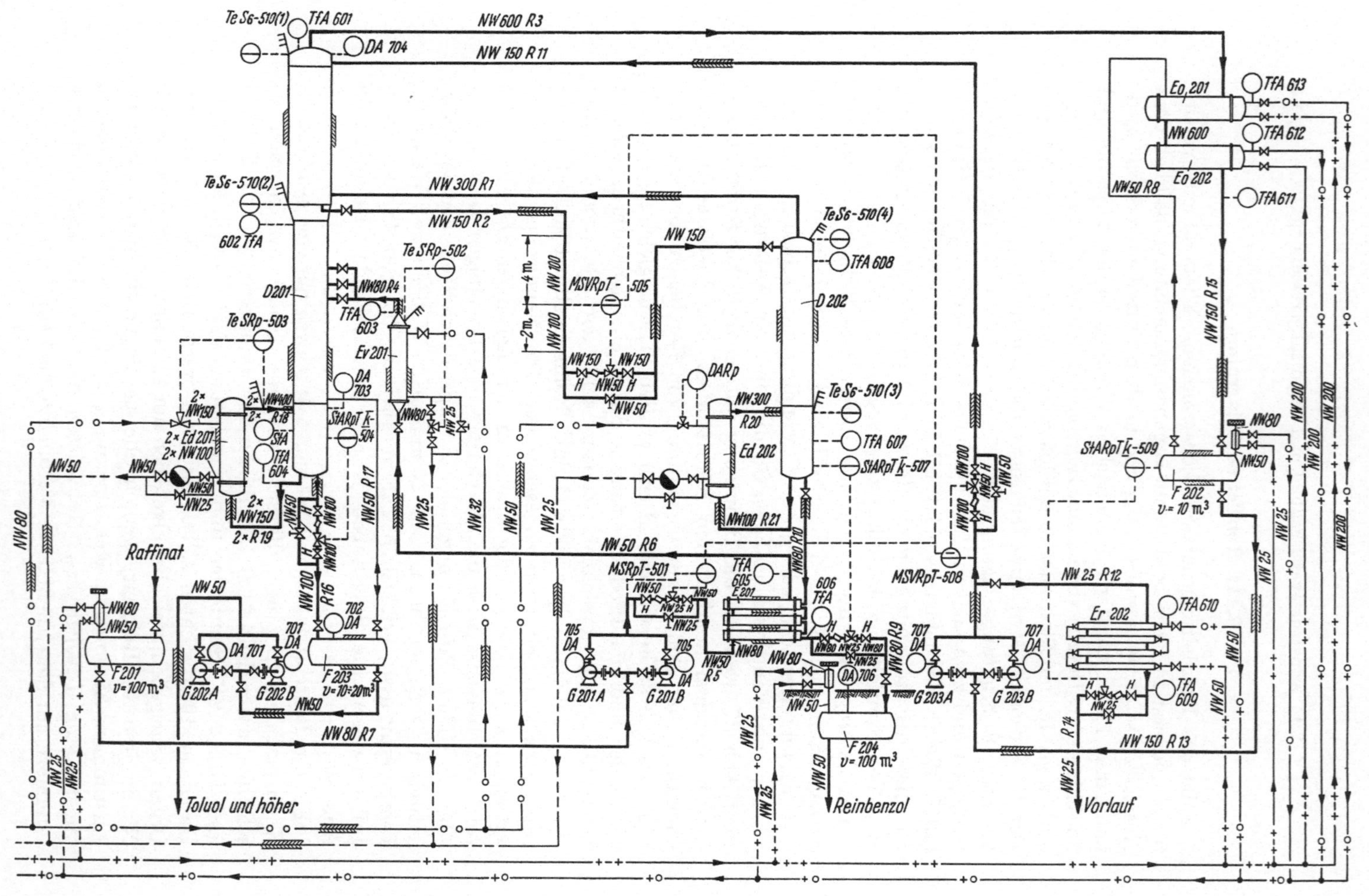

Abb. 39

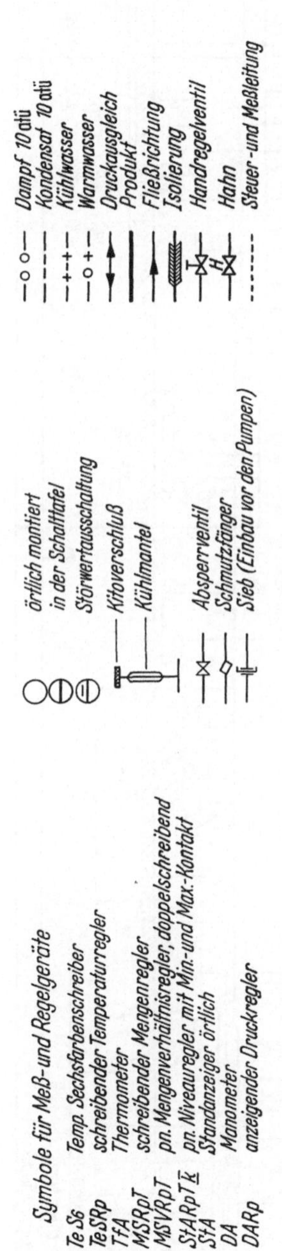

Abb. 39. Kombiniertes Rohrleitungs- und Instrumentierungsdiagramm einer Anlage zur Gewinnung von Reinbenzol aus Druckraffinat (Lurgi Gesellschaft für Mineralöltechnik m. b. H., Frankfurt/Main)

In bezug auf die *Anordnung* der Apparate und Maschinen sowie Rohrleitungen hat A. A. ROMEO [584] einen interessanten Typ eines Rohrleitungsdiagramms beschrieben. Hierbei werden die Apparate in einer oberen und die Maschinen in einer unteren Horizontalen hintereinander in Form eines „Zweilinien-Fließbildtyps" angeordnet, während das mittlere Feld der übersichtlichen Gruppierung der Rohrleitungen vorbehalten bleibt. Charakteristisch ist die Einteilung der Zeichnung in Planquadrate, die eine schnelle Auffindbarkeit der in angehängten Tabellen näher bezeichneten Positionen sichern sollen.

Es sei hier darauf hingewiesen, daß das kombinierte Rohrleitungs- und Instrumentierungsdiagramm in Abb. 39 auch die Funktionen des konstruktiven Fließbildes übernimmt und demnach in diesem Fall auf die stärker detaillierte Wiedergabe der Apparate und Maschinen in einem Fließbild überhaupt verzichtet wird. Diese Aufgabe übernehmen Skizzen, angehängte Tabellen und Konstruktionszeichnungen.

2.112 Instrumentierungsdiagramm

Ein gesondertes *Instrumentierungsdiagramm* zeigt die Gesamtheit der Meß- und Regelgeräte einschließlich der Impuls- und Steuerleitungen bei stark vereinfachter Darstellung der Apparate und Maschinen sowie der Rohrleitungen. Die Einzeichnung der Rohrleitungen ist erforderlich, so-

Kopfprodukt
Dampf 18 atü
Abgas
stab. Benzin
N₂
unstab. Benzin
125
119···124
113
Leerlaß
Kondenswasser
Frischwasser
warmes Abwasser
112
114
111
103···110
115···118
126 ···127
128 ···129
101 ···102

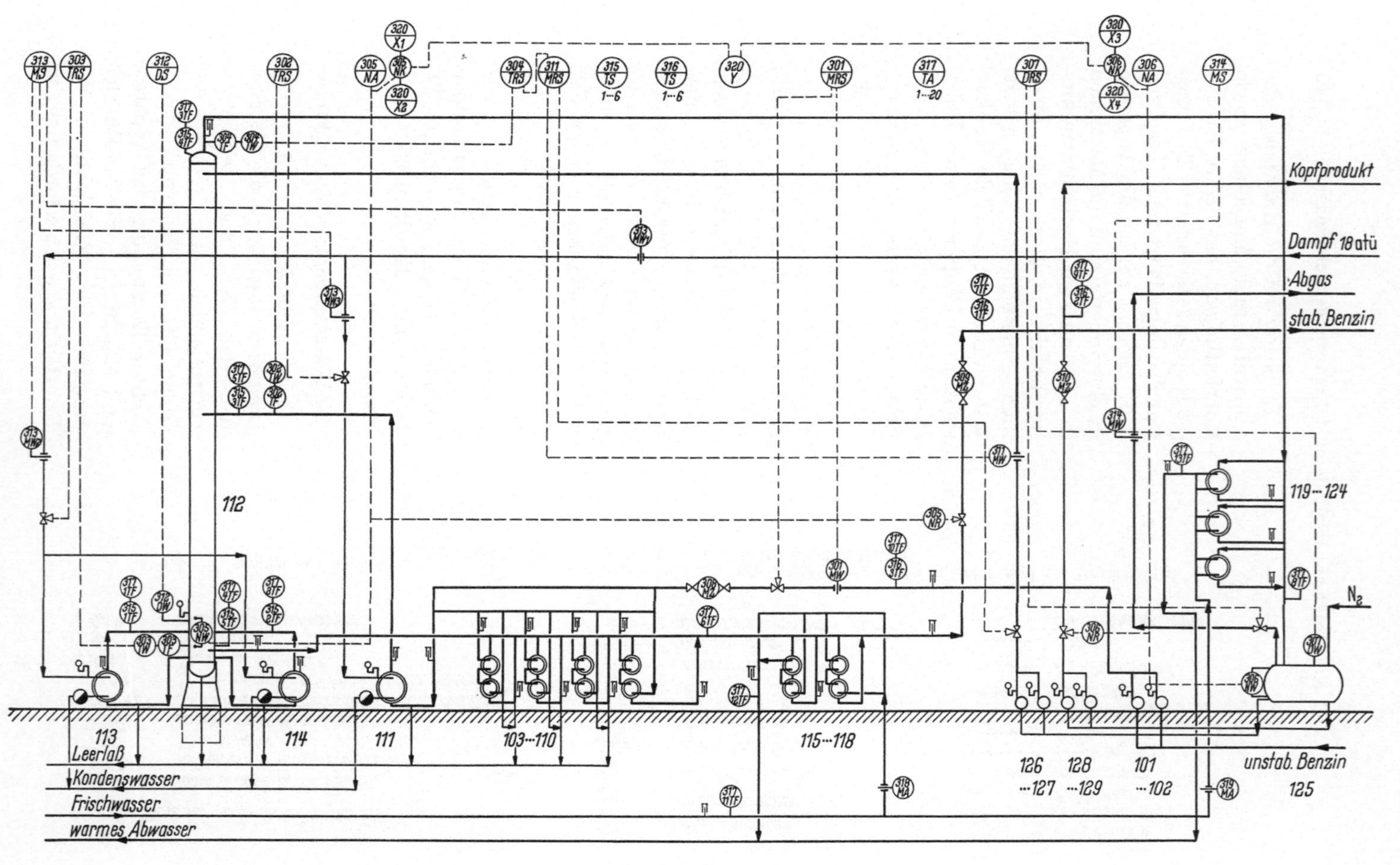

Abb. 40

Abb. 40. Instrumentierungsdiagramm einer Benzin-Stabilisierungsanlage (H. Koppers GmbH, Essen). Vgl. die übrigen Zeichnungen dieser Anlage unter Abb. 37, 50, 54 u. 57 sowie Abb. 38

Meßwert	Gerät	Sinnbild	
T Temperatur	R Regler	örtlich montiert	Flüssigkeitsthermometer
M Menge	S Schreiber	in der Meßtafel	
D Druck	A Anzeiger	in der Rohrleitung	Manometer
N Niveau	Z Zähler		
	W Wandler		
	F Fernübertragung		
	TF Temperaturfühler (f. Fernübertragung)		
	X Signallampe		
	Y Hupe		
	K Kontaktgeber		

101—102 Einsatzpumpen, *103—110* Wärmeaustauscher, *111* Erhitzer, *112* Stabilisierungskolonne, *113—114* Kocher, *115—118* Kühler, *119—124* Kondensatoren, *125* Dephlegmatvorlage, *126—127* Dephlegmatpumpen, *128—129* Kopfproduktpumpen

weit sie instrumentiert sind, gewöhnliche Rohrleitungsorgane und nähere Bezeichnungen können jedoch weggelassen werden.

Große Bedeutung kommt der Benutzung von *Symbolen* zu. Diese sollen einfach, leicht verständlich und einprägsam sein und dabei die Prozeßvariable (Druck, Temperatur, Menge, Höhenstand usw.) sowie die eigentliche Funktion des Gerätes (Anzeige, Registrierung oder Regelung) angeben, während Einzelheiten über Meßverfahren, Meßtypen, Fabrikat usw. zweckmäßig in eine zugehörige Tabelle bzw. Stückliste eingetragen werden [*259*]. Es wäre wünschenswert, wenn sich die Vereinheitlichung der Sinnbilder nicht nur innerbetrieblich — wie es in Deutschland augenblicklich meist der Fall ist — sondern auf nationaler oder sogar internationaler Ebene durchsetzen würde. J. Hahn [*259*] hat drei *Normensysteme für Symbole und Schaltbilder* beschrieben, die hier kurz erwähnt seien:

1. *Normenentwurf der NAMUR* (Normenarbeitsgemeinschaft für Meß- und Regeltechnik in der chemischen Industrie) in Deutschland, der sich an die entsprechenden Normen bei Wärmekraftanlagen (DIN 2481) anlehnt. Hierbei werden unterschieden:

a) Meßgrößensymbole, welche Meßfühler bzw. Instrumente kennzeichnen, die unmittelbar mit dem Meßelement zusammengefaßt sind. Sie werden an der jeweiligen Meßstelle eingezeichnet.

b) Instrumentensymbole. Sie beziehen sich auf Geräte, die von den Meßfühlern getrennt sind. Den Schalttafeleinbau des Instrumentes bezeichnet ein fetter Strich am unteren Rande des Symbols.

c) Stellglieder- und Leitungssymbole. Unter anderem gelten durchgezogene Linien für die Prozeßleitungen, unterbrochene Linien dagegen für Impuls- und Steuerleitungen.

Bei der tabellarischen Zusammenstellung der Instrumente können Meßgröße und Funktion des Gerätes über Kennbuchstaben bezeichnet werden. Der erste Buchstabe gibt die Meßgröße an, wobei folgende Kennbuchstaben Verwendung finden:

T	Temperatur	P	Druck
Q	Durchfluß	n	Drehzahl
W	Menge	A	Analyse
H	Standhöhe		

Die Buchstaben an zweiter und dritter Stelle gelten für die Funktion des Gerätes:

A	Anzeiger	Z	Zählwerk
F	Fernsteller	M	Meßwertwandler
S	Schreiber	Al	Alarmgeber
R	Regler	$Fü$	Fernübertragung

2. *Normenvorschlag der ISA* (Instrument Society of America). Die Zahl der Symbole ist hier stark herabgesetzt, weil neben den eigentlichen Symbolen noch Kennbuchstaben verwandt und direkt in das Diagramm bei den Symbolen eingezeichnet werden. Eine Kombination aus zwei oder drei Buchstaben — der erste bezeichnet wie beim NAMUR-Normenvorschlag die Meßgröße, der zweite und dritte die Funktion des Gerätes — wird dabei in das Grundsymbol, einen Kreis von 10 mm Durchmesser, eingetragen, und zwar im oberen Teil, während der untere Teil einer Positionsnummer vorbehalten bleibt. Der Kreis wird bei unterbrochener Leitung direkt in diese eingezeichnet, bei erforderlichen Stutzen bzw. Hülsen durch einen Strich mit der Meßstelle verbunden und erhält bei Schalttafeleinbau einen Querstrich in der Mitte. Regelventile verbindet eine gestrichelte Linie mit dem zugehörigen Instrument usw.

3. *ISO-Normen* (International Standardisation Organisation). Das System ist hier sehr einfach gehalten und auf die wichtigsten Prozeßvariablen beschränkt.

Darüber hinaus ist hinzuweisen auf die

4. *britischen Normen* unter B. S. 1523: 1949 (Glossary of Terms used in Automatic Controlling and Regulating Systems) und B. S. 1646: 1950 (Graphical Symbols for Instrumentation).

Diese Normen wurden bei G. U. HOPTON [*310*, S. 463] beschrieben. A. POLLARD [*536*] hat nach den gleichen Vorschriften ein Instrumentierungsdiagramm für einen hypothetischen Prozeß entwickelt.

Im kombinierten Rohrleitungs- und Instrumentierungsdiagramm der Abb. 39 ist gleichfalls der von den ISA-Normen vorgesehene Kreis als Grundsymbol verwendet, jedoch erscheinen kompliziertere Buchstabenkombinationen, da die technische Kennzeichnung der Instrumente teilweise stärker ins Einzelne geht. Die Stücklisten-Positionsnummern sind neben den Kreisen eingezeichnet. Die charakteristischen Merkmale eines reinen Instrumentierungsdiagramms zeigt Abb. 40. Es betrifft die gleiche Anlage, deren konstruktives Fließbild in Abb. 37 dargestellt ist. Hierin zeigt sich eine noch stärkere Annäherung an die ISA-Normen.

2.113 Schaltpläne der elektrischen Einrichtungen

Die Festlegung der *elektrischen Einrichtungen* einschließlich aller wichtigen technischen Daten (Spannung, Frequenz, Stromart, Leistungen usw.) erfolgt in *Schaltplänen*. Diese weisen eine gewisse Analogie zum konstruktiven Fließbild auf insofern, als nur der grundsätzliche Aufbau aus den Bauelementen und nicht die maßstabgerechte räumliche Anordnung dargestellt wird. In den Schaltplänen werden die Bauelemente nur in symbolischen Formen gezeichnet, den sogenannten *Schaltzeichen*, die in Deutschland genormt sind [DIN 40708 bis 40719, wiedergegeben auch unter *4*, S. 689; *382*, S. 712; *684*, S. 240].

Es sind folgende wichtige *Typen von Schaltplänen* zu erwähnen [vgl. DIN 40719; *4*, S. 689; *382*, S. 625]:

1. *Übersichtsschaltplan.* Der zuerst und regelmäßig von der Projektierungsgruppe zu entwerfende Übersichtsschaltplan ist eine vereinfachte Darstellung der elektrischen Einrichtungen und ihrer Schaltung. Nur die Hauptstromkreise werden erfaßt, und zwar in einpoliger Darstellung, einschließlich der Meß- und Schutzeinrichtungen. Zur Vermeidung einer übermäßigen Ausdehnung des Schaltplanes nimmt man bei einer größeren Zahl gleichbleibender Abzweige in den einzelnen Feldern vielfach Vereinfachungen vor in der Weise, daß jeweils nur ein Abzweig gezeichnet und die übrigen Abzweige durch Eintragung von Positionsnummer und Anschlußwert des Verbrauchers festgelegt werden. Dies ist in dem als Beispiel gewählten Übersichtsschaltplan einer Äthylenanlage (Abb. 41) bei der Stromverteilung im 525 V-Netz für Elektromotoren zu erkennen.

2. *Wirkschaltplan.* Im Wirkschaltplan wird die Schaltung elektrischer Einrichtungen in allen Einzelheiten dargestellt, wobei der mechanische Zusammenhang der elektrischen Geräte wie Schalter, Schütze, Schutzeinrichtungen usw. gewahrt werden muß. Wirkschaltpläne werden entwickelt für einzelne Verbrauchsstellen (z. B. Kompressoren, Zentrifugen) und Verteilungsfelder (z. B. Abzweige, Trafofelder, Koppelfelder). Bei Verbrauchsstellen werden Hauptstromkreise mit den Hilfsstromkreisen zusammen dargestellt, während bei Verteilungsfeldern neuerdings Hauptstromkreise der Übersichtlichkeit wegen nur vereinfacht angedeutet werden. Zur möglichst übersichtlichen Darstellung der schaltungstechnischen Zusammenhänge wird beim Wirkschaltplan an sich keine Rücksicht genommen auf die räumliche Anordnung der einzelnen Geräte innerhalb der Gerätegruppe, z. B. innerhalb eines Steuerschrankes oder Schalttafelfeldes. In der Praxis neigt man jedoch heute zu einer wenigstens ungefähren Andeutung der räumlichen Anordnung, wodurch der Wirkschaltplan immer mehr zum „*Bauschaltplan*" umgebildet wird. Wirkschaltpläne werden nur selten von der Projektierungsgruppe her-

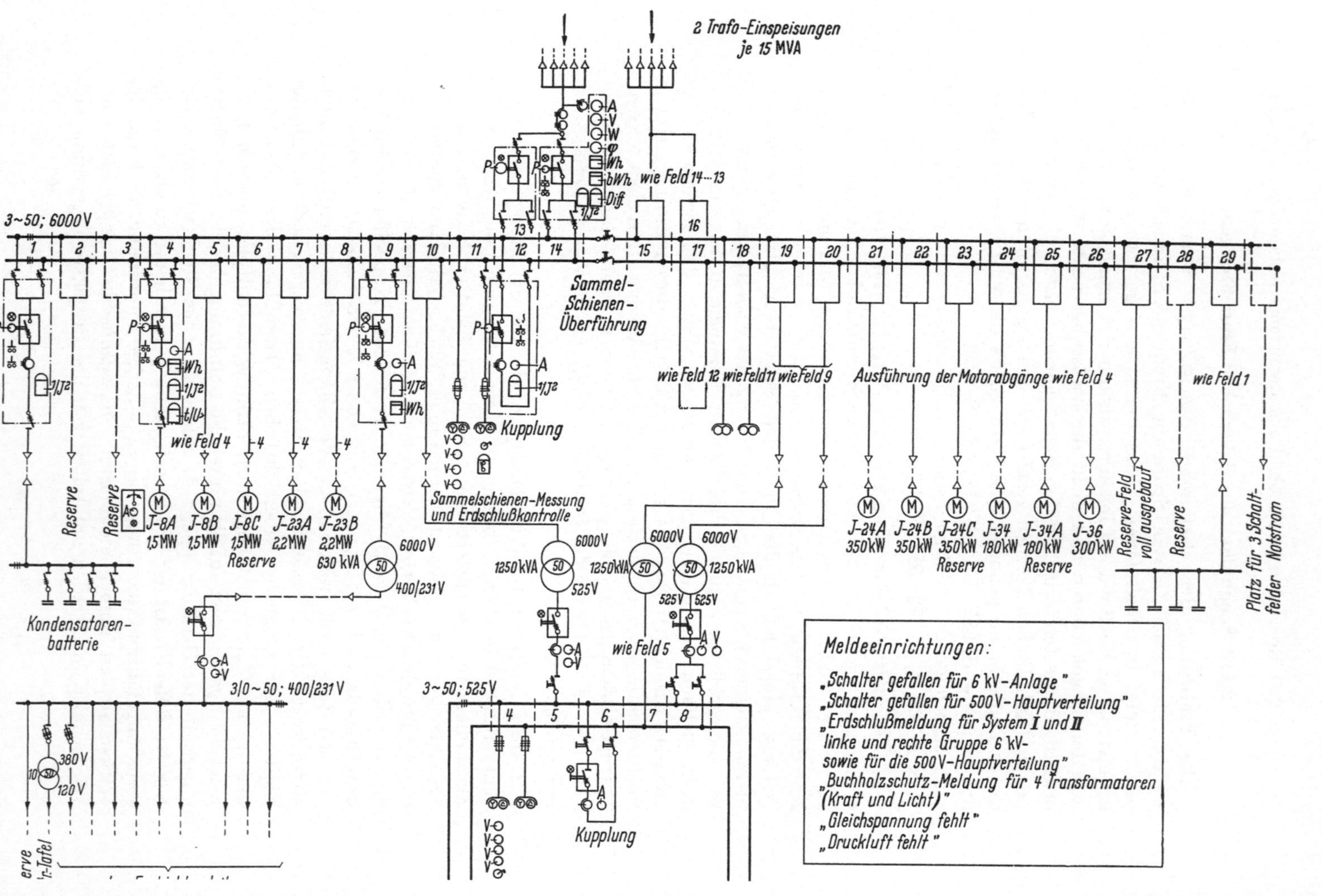

2 Trafo-Einspeisungen je 15 MVA
A V W φ Wh bWh Diff
wie Feld 14...13
3~50; 6000V
Sammel-Schienen-Überführung
1 2 3 4 5 6 7 8 9 10 11 12 14 13 15 16 17 18 19 20 21 22 23 24 25 26 27 28 29
wie Feld 4
wie Feld 12 wie Feld 11 wie Feld 9
Ausführung der Motorabgänge wie Feld 4
wie Feld 1
A Wh 1/J2 t/U
A 1/J2 Wh
Kupplung
Sammelschienen-Messung und Erdschlußkontrolle
Reserve
Reserve
J-8A 1,5MW
J-8B 1,5MW
J-8C 1,5MW Reserve
J-23A 2,2MW
J-23B 2,2MW 630 kVA
6000V 400/231V
1250 kVA 525V
6000V 1250 kVA 525V
6000V 525V
6000V 1250 kVA 525V
J-24A 350kW
J-24B 350kW
J-24C 350kW Reserve
J-34 180kW
J-34A 180kW Reserve
J-36 300kW
Reserve-Feld voll ausgebaut
Reserve
Platz für 3 Schalt-felder Notstrom
Kondensatoren-batterie
3/0~50; 400/231V
A V
380V 120V
erve r-Tafel
wie Feld 5
A V
3~50; 525V
4 5 6 7 8
A
Kupplung

Meldeeinrichtungen:
„Schalter gefallen für 6 kV-Anlage"
„Schalter gefallen für 500V-Hauptverteilung"
„Erdschlußmeldung für System I und II
linke und rechte Gruppe 6 kV-
sowie für die 500V-Hauptverteilung"
„Buchholzschutz-Meldung für 4 Transformatoren
(Kraft und Licht)"
„Gleichspannung fehlt"
„Druckluft fehlt"

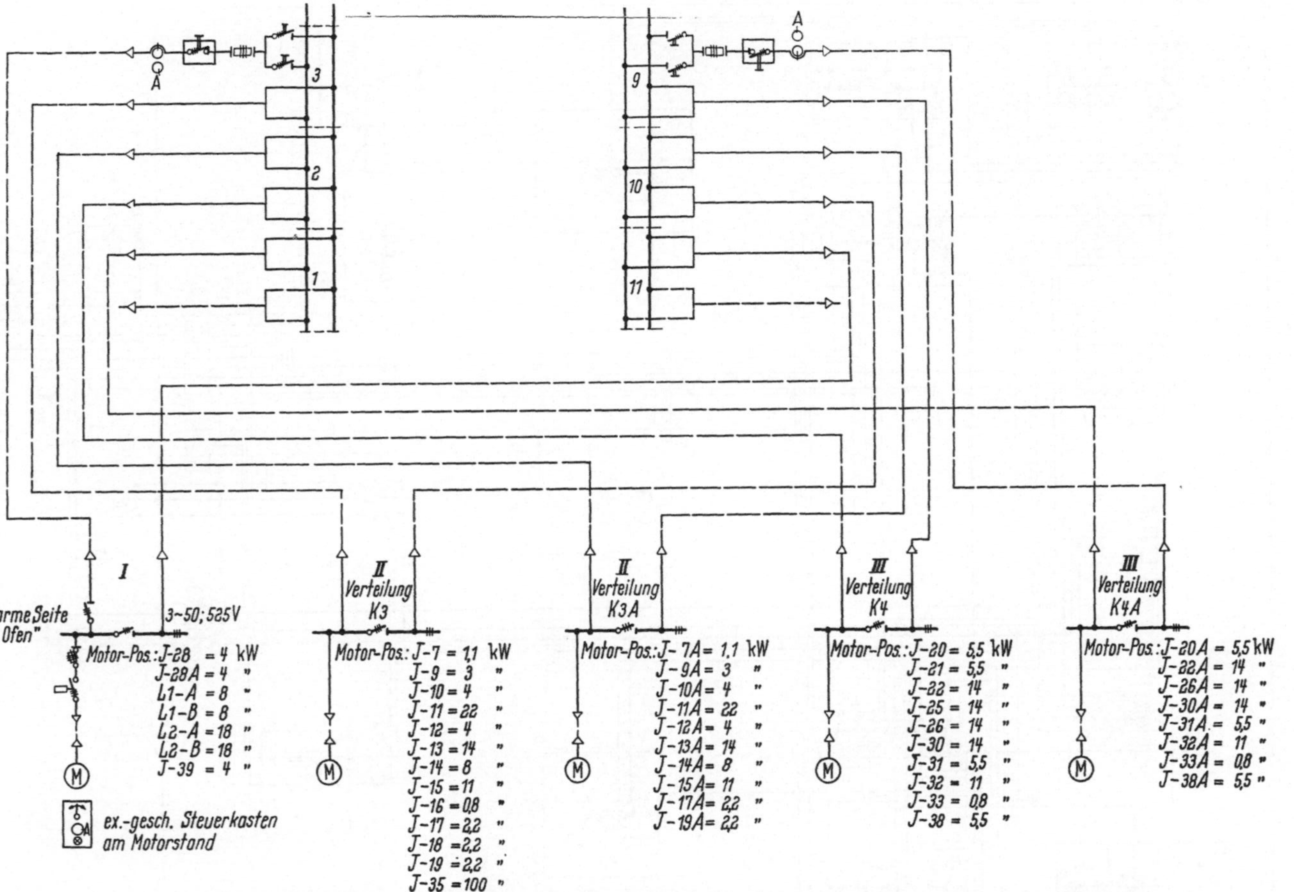

Abb. 41. Übersichtsschaltplan einer Äthylenanlage (Lurgi Gesellschaft für Mineralöltechnik m. b. H., Frankfurt/Main)[1]

[1] Eine Abweichung von den Normenvorschriften, nach denen Buchstabenbezeichnungen in die Symbole, z. B. in die Kreise für Instrumente, einzuzeichnen sind, erfolgt hier nur aus drucktechnischen Gründen.

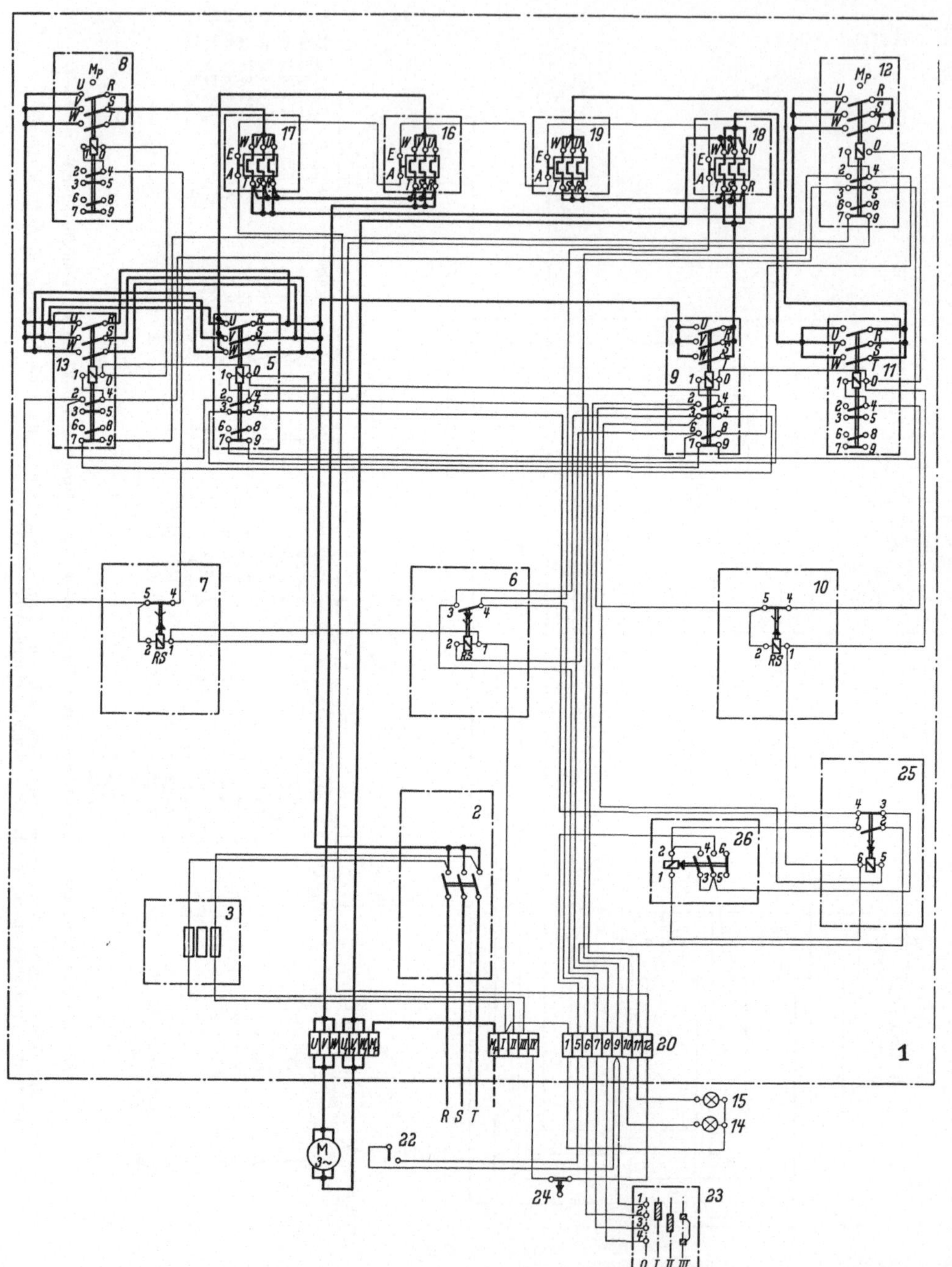

Abb. 42. Wirkschaltplan einer Pendelzentrifugen-Steuerung mit Motorschutz beim Anlauf und Bremsen (Klöckner-Möller, Bonn, und Schering A.-G., Berlin). Vgl. die übrigen Zeichnungen dieser Anlage unter Abb. 43, 44 u. 53 (Bezeichnung der Positionen s. nebenstehend)

Bezeichnung der Positionen in Abb. 42, 43, 44 u. 53

Pos.-Nr.	Bezeichnung	Bemerkung
1	Gerätesammelkasten mit Klappe	–
2	Hauptschalter	zu Pos. 1
3	Steuerleitungssicherung	,,
4	Pendelzentrifuge PZO 850	–
5	Schütz für $n = 750$ U/min	zu Pos. 1
6	Zeitwerk 6···60 sec, Abfall verzögert	,,
7	Zeitwerk 3···30 sec, Anzug verzögert	,,
8	Hilfsschütz	,,
9	Schütz für $n = 1500$ U/min	,,
10	Zeitwerk 3···30 sec, Anzug verzögert	,,
11	Hilfsschütz	,,
12	Sternschütz für $n = 1500$ U/min	,,
13	Schütz für Bremsen	,,
14	Signallampe für $n = 750$ U/min	–
15	Signallampe für $n = 1500$ U/min	–
16	Thermisches Überstromrelais f. Nennstrom, $n = 750$ U/min	zu Pos. 1
17	Thermisches Überstromrelais f. Anlauf- und Bremsstrom, $n = 750$ U/min	,,
18	Thermisches Überstromrelais für Nennstrom, $n = 1500$ U/min	,,
19	Thermisches Überstromrelais für Anlaufstrom, $n = 1500$ U/min	,,
20	Reihenklemmen	,,
21	Drehstrommotor, polumschaltbar, 2,3/3,5 kW	–
22	Bremswächter	zu Pos. 4
23	Steuerschalter (Ex-Drehschalter)	–
24	Deckelverriegelungsschalter	zu Pos. 4
25	Zeitrelais	zu Pos. 1
26	Hilfsschütz	,,
27	Unterverteilung 380/220 V	–
28	Anschlußkasten, Größe 5	–
29	NYM 4×4 mm² Cu	–
30	NYM 3×4 mm² Cu	–
31	NYM 4×4 mm² Cu	–
32	NYM $12 \times 1,5$ mm² Cu	–
33	NYM $2 \times 1,5$ mm² Cu	–
34	NYM $2 \times 1,5$ mm² Cu	–
35	NYM $4 \times 1,5$ mm² Cu	–
36	NYM $3 \times 1,5$ mm² Cu	–
37	Kabelträgerrinne kompl.	–

gestellt, sondern in den meisten Fällen von den Lieferanten der Schaltanlagen aufgegeben. Als Beispiel zeigt Abb. 42 den Wirkschaltplan für einen Verbraucher (Pendelzentrifugen-Steuerung).

3. *Stromlaufplan*. Im Stromlaufplan wird die Schaltung der Hilfsstromkreise in einzelne Stromwege aufgelöst, um die Wirkungsweise der Schaltungen möglichst übersichtlich darzustellen. Stromlaufpläne sollen vor allem die Inbetriebnahme der Anlage sowie das Auffinden von Störungen erleichtern. Für die Herstellung der Stromlaufpläne kommen vor allem die Lieferanten der Schaltanlagen in Betracht. Von der bereits

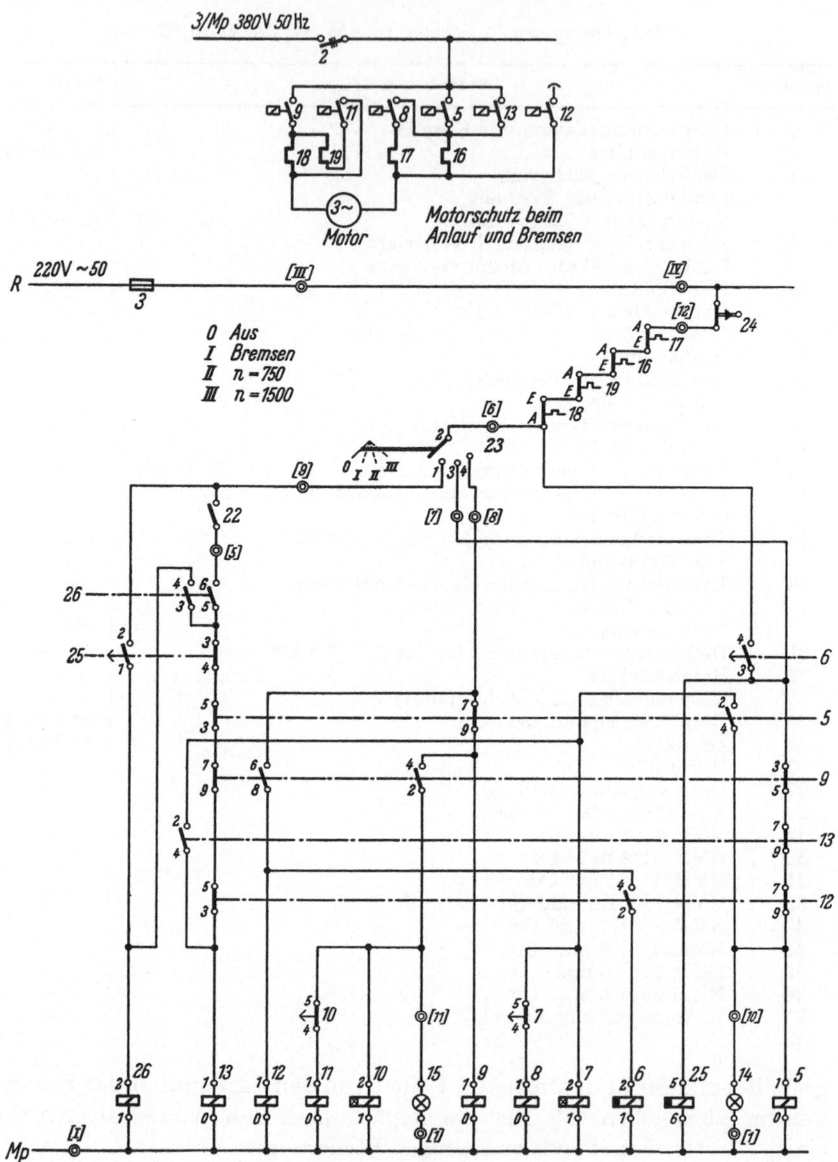

Abb. 43. Stromlaufplan einer Pendelzentrifugen-Steuerung (Schering A.-G., Berlin). Vgl. die übrigen Zeichnungen dieser Anlage unter Abb. 42, 44 u. 53. Die Bezeichnung der Positionen befindet sich im Anhang der Abb. 42

erwähnten Pendelzentrifugen-Steuerung ist der Stromlaufplan in Abb. 43 wiedergegeben.

4. *Anschlußplan*. Nach den Anschlußplänen werden bei der Montage der elektrischen Einrichtungen die Leitungen zwischen Geräten, Gerätegruppen, Maschinen usw. angeschlossen. Nach diesem Zweck richtet sich die Wiedergabe von Einzelheiten. Obwohl Maßstäblichkeit fehlt, ist die

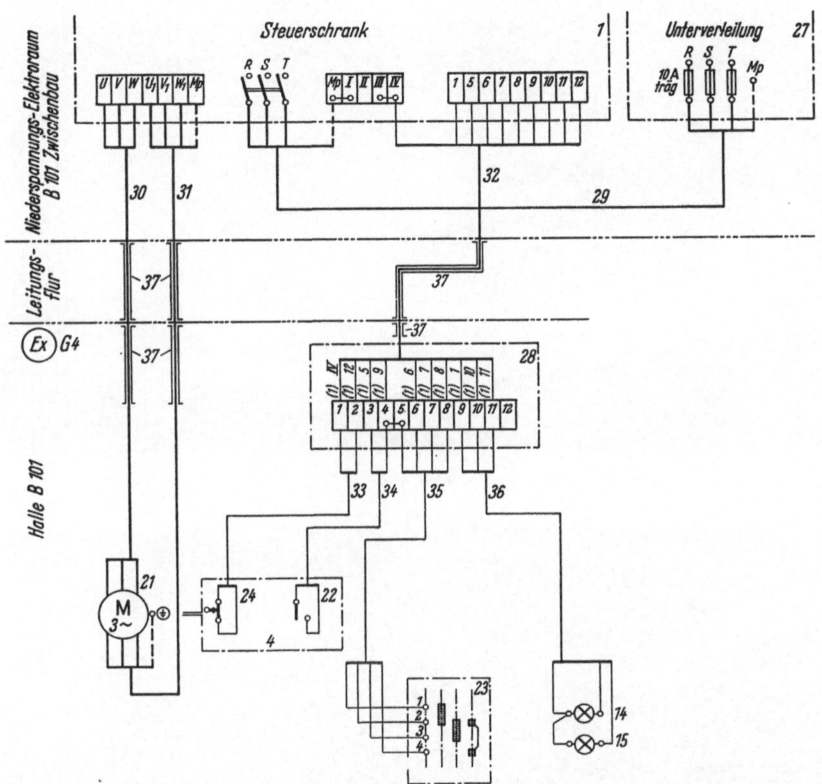

Abb. 44. Anschlußplan einer Pendelzentrifuge (Schering A.-G., Berlin). Vgl. die übrigen Zeichnungen dieser Anlage unter Abb. 42, 43 u. 53. Die Bezeichnung der Positionen befindet sich im Anhang der Abb. 42

räumliche Anordnung anzudeuten. Wichtig ist die genaue Bezeichnung der Klemmen und Leitungen (Leitungsart, Anzahl der Leiter, Querschnitt, Werkstoff). Bei unübersichtlichen Verhältnissen sind an den Klemmen die Ziele der einzelnen Leitungen anzugeben. Als Beispiel zeigt Abb. 44 den Anschlußplan einer Pendelzentrifuge. Dieser sowie Wirkschaltplan und Stromlaufplan der Abb. 42 und 43 dienen für Auslegung und Montage von 6 gleichen Einheiten einer Batterie (vgl. den Installationsplan unter Abb. 53 in Kap. 2.131).

2.12 Modelle

Die Auffindung einer optimalen Gesamtlösung bei der Anordnungsplanung ist eine langwierige Aufgabe. Bis zur Feststellung der endgültigen Lösung müssen sehr viele räumliche Lagekombinationen der Anlagen-

Abb. 45a

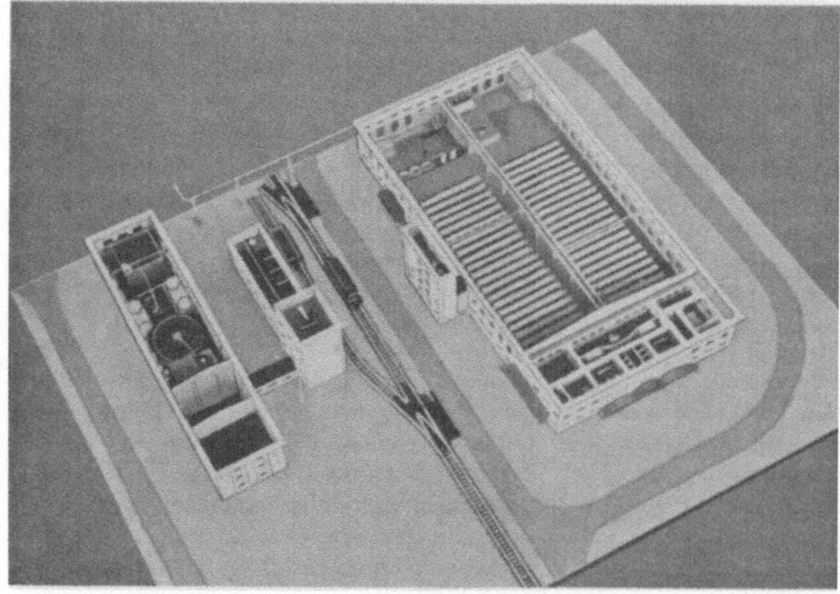

Abb. 45b

Abb. 45a u. b. Modell einer eingehausten Chloralkali-Elektrolyseanlage (Krebs & Co., Berlin-Frohnau)
a Gesamtansicht der Gebäude; b Gesamtansicht ohne Dächer

elemente empirisch entwickelt und in ihren Vor- und Nachteilen gegeneinander abgewogen werden.

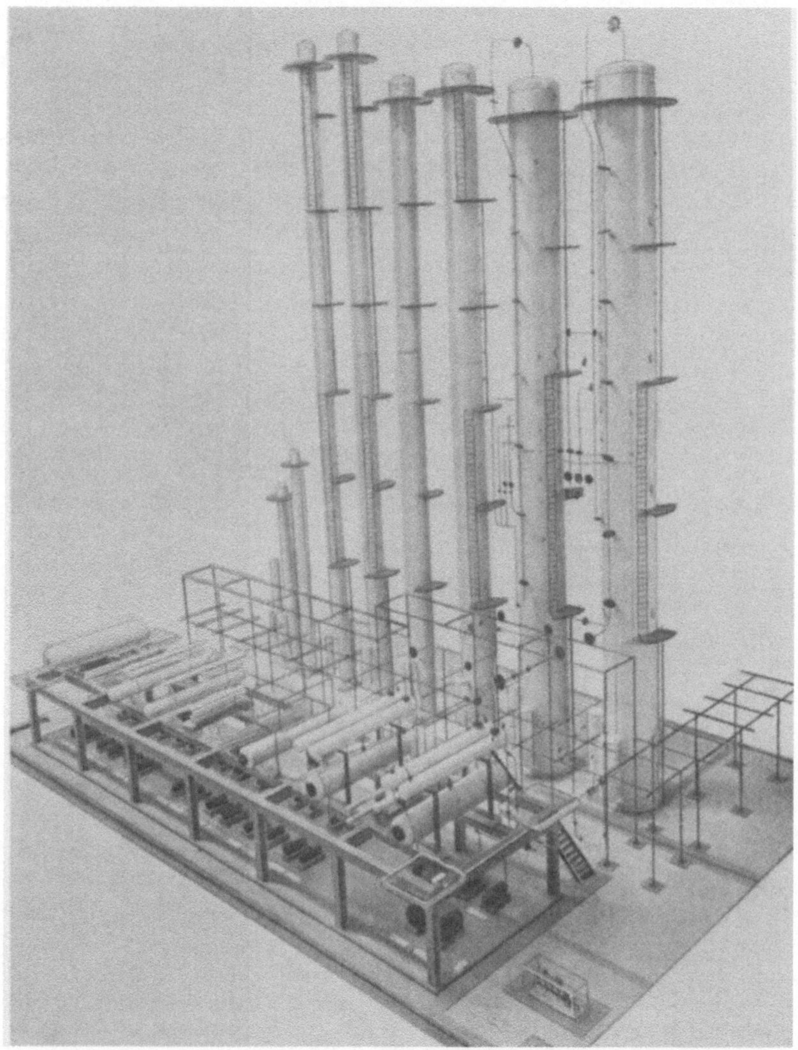

Abb. 46. Modell einer Feindestillationsanlage. Anordnung der Apparate und Maschinen einschließlich Stahlkonstruktionen (Herstellung des Modells nach dem Verfahren der Fa. Industrial Models, Vorburg—The Hague, Holland. Lurgi Gesellschaft für Mineralöltechnik m. b. H., Frankfurt/Main)

Die Anwendung der konventionellen Entwurfszeichnung zur Abklärung der besten Lösungen ist insofern schwierig, als zur Darstellung jeder einzelnen ins Auge gefaßten Lösungsmöglichkeit eine Vielzahl von

Schnitten durch die Apparatur zu legen und eine entsprechend große Zahl
von Grund- und Aufrißzeichnungen anzufertigen ist. Darüber hinaus ist

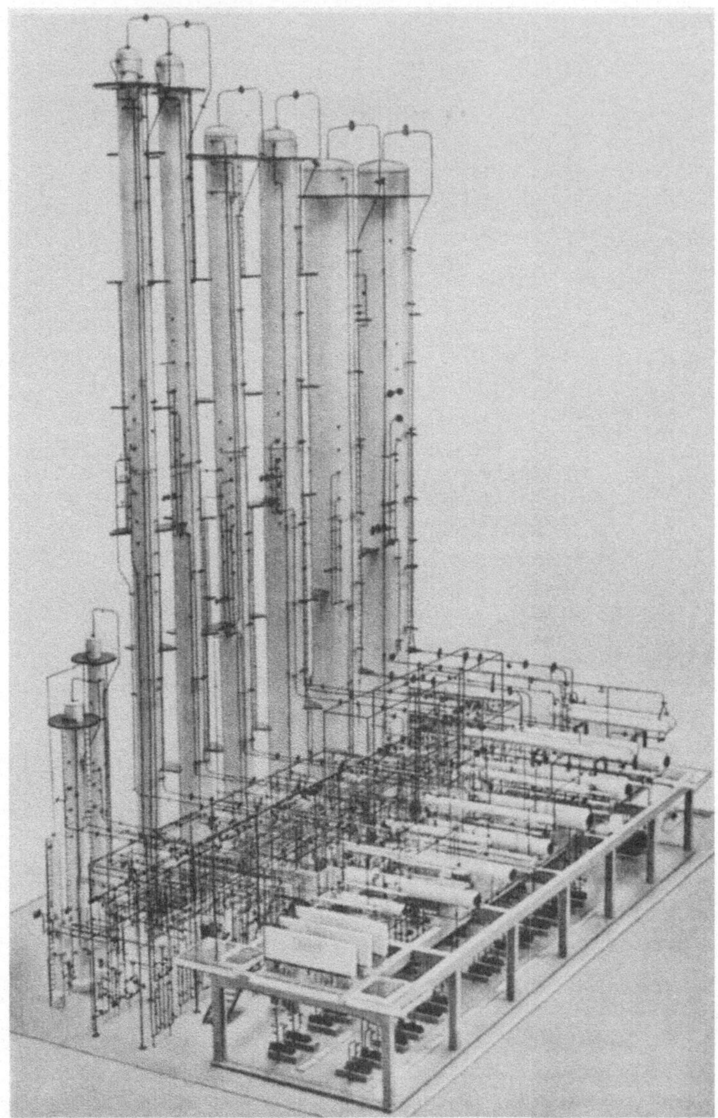

Abb. 47a. Modell einer Feindestillationsanlage einschließlich Rohrleitungen (Herstellung des Modells
nach dem Verfahren der Fa. Industrial Models, Vorburg —The Hague, Holland. Lurgi Gesellschaft
für Mineralöltechnik m. b. H., Frankfurt/Main). Vgl. hierzu Abb. 47b

es für viele der Beteiligten schwer, aus der größeren Zahl von Schnittzeichnungen ein anschauliches Bild der beabsichtigten räumlichen An-

ordnung der Anlagen zu gewinnen. Dadurch werden Mißverständnisse und Fehler möglich, die bei der späteren Herstellung der Konstruktionszeichnungen sowie noch während der Montage der Anlagen zu ein-

Abb. 47b. Fertig errichtete Feindestillationsanlage (Lurgi Gesellschaft für Mineralöltechnik m. b. H. Frankfurt/Main). Vgl. hierzu das Modell unter Abb. 47a

schneidenden und kostspieligen Korrekturen zwingen können. Eine Ergänzung durch perspektivische Darstellungen erweist sich zwar unter diesen Gesichtspunkten als vorteilhaft, setzt aber eine anspruchsvolle Zeichentechnik voraus. Demgegenüber weist der Einsatz von *Modellen* im Rahmen der Anordnungsplanung eine Reihe ausgezeichneter Vorzüge auf. Diesen ist es zu danken, daß das Modell in den letzten Jahren in der Projektierungspraxis eine zunehmende Anwendung gefunden hat. Wird die Planungsidee sofort an Hand eines Modells dargestellt, so bedeutet das eine Vermeidung des Umweges über die zweidimensionale Zeichnung, aus der die dreidimensionale Raumvorstellung doch wieder zurückübersetzt werden muß [*68*]. Bei Freianlagen bestehen für die Anfertigung von Modellen besonders günstige Voraussetzungen, während bei eingehausten Anlagen und vor allem Geschoßbauten im Hinblick auf die Wiedergabe der Gebäude-Inneneinrichtungen gewisse Schwierigkeiten auftreten. Soll das Modell nicht übermäßig groß und andererseits die Wiedergabe der Inneneinrichtung infolge Wahl eines zu kleinen Maßstabes nicht undeutlich werden, muß man evtl. zur Darstellung von Anlagenausschnitten greifen [*636*]. Grundsätzlich sind bei Modellen eingehauster Anlagen die Dächer und Außenwände der Gebäude abnehmbar anzubringen, damit der Einblick in den Aufbau der Apparaturen und Inneneinrichtungen freigegeben werden kann. Die Gegenüberstellung der Abbildungen von Modellen einer eingehausten Anlage in Abb. 45 und einer typischen Freianlage in Abb. 46 und 47a läßt erkennen, in welch hohem Maße die Freianlage in bezug auf Modellfähigkeit begünstigt ist.

Die wesentlichsten, mit dem Einsatz von Modellen verbundenen *Vorteile* seien kurz zusammengefaßt [*68*; *91*; *135*; *181*; *351*; *376*; *448*; *495*; *603*; *635*; *636*; *649*; *691*]:

1. Erzielung *besserer Gesamtlösungen*, insbesondere hinsichtlich des Stoffflusses, der Zugänglichkeit der Apparatur für Bedienung und Instandhaltungsarbeiten, der Verkürzung der Rohrleitungswege und der Beachtung von Sicherheitsanforderungen, da die Wirkungen jeder Anordnung dank der Anschaulichkeit des Modells besser zu übersehen sind.

2. *Erleichterung und Beschleunigung der Anordnungsplanung* durch Wegfall der Entwurfszeichnungen und Schaffung einer anschaulicheren Diskussionsgrundlage für alle beteiligten Gruppen.

3. Bessere Ausnutzung hochqualifizierter Kräfte und *Freisetzung von Zeichenpersonal*. Für die Anfertigung der Konstruktions-Gruppenzeichnungen, falls sie neben der Modellherstellung noch erfolgt (s. u.), werden sichere Grundlagen geschaffen und damit die Gefahr späterer Korrekturen verringert.

4. Die *Vorkalkulation* der Baukosten wird *erleichtert*, was zur Herabsetzung der Sicherheitszuschläge und damit zu Verbilligungen bei Untervergaben, z. B. der Bau- und Montagearbeiten, führen kann.

5. *Erleichterung und Beschleunigung der Anlagenerrichtung* durch die Möglichkeit einer sorgfältigen Bau- und Montageplanung sowie vorbereitenden Anleitung der hiermit befaßten Kräfte. Dieser Gesichtspunkt ist vor allem dann beachtlich, wenn mit neuem und noch wenig erfahrenem

Personal gearbeitet werden muß. Entsprechende Vorteile ergeben sich in bezug auf die vorbereitende Einweisung des Betriebspersonals in ihre neuen Aufgabenbereiche bereits längere Zeit vor Fertigstellung der Anlagen und Aufnahme der Produktion.

Tabelle 4

Vergleichszahlen über die Rationalisierung der Konstruktion durch Einsparung von Konstruktions-Gruppenzeichnungen mit Hilfe eines Modells [635]

Basis: 75 Apparate- und Maschineneinheiten, 300 Leitungen. Verwendung vorgefertigter genormter Modellteile.

Vergleichsposition	konventionelle Methode	neue Methode
Arbeitsstunden	4350	1650
Arbeitskräfte	8	4
Konstruktionszeit in Wochen	17	12
Modellkosten in $	20000	eingeschlossen
Konstruktionskosten in $	24000	14500
Zeitersparnis durch neue Methode in %		30
Kostenersparnis durch neue Methode in %		40

Es wird auch zum Teil schon versucht, Modelle nicht nur zur Rationalisierung der Anordnungsplanung zu benutzen, sondern mit ihrer Hilfe *Konstruktions-Gruppenzeichnungen einzusparen*. Das kann dadurch geschehen, daß man sich bei der Montage teilweise nach dem Modell selbst richtet, besonders aber *photographische Reproduktionen* vom Modell hierfür anfertigt. Neben den oben bezeichneten Vorteilen lassen sich mit dieser Technik evtl. Kosteneinsparungen erzielen, was am Zahlenbeispiel der Tab. 4 belegt sei. Es handelte sich hierbei um die Verwendung vorgefertigter genormter Modellteile, die von den Konstrukteuren nur vom Lager genommen und zusammengesetzt zu werden brauchen.

Das Modell ist in *mehreren Stufen* mit *abnehmendem Abstraktionsgrad* zu gestalten, wobei allerdings die Flexibilität vermindert wird. S. P. SHUKIS und R. C. GREEN [636] unterscheiden auf dem Wege von einem stark vereinfachten Modell sehr kleinen Maßstabes, das nur ein Minimum an Einzelheiten erkennen läßt und zur grundsätzlichen Aufteilung des Geländes dient, bis zum wirklichkeitsgetreuen Modell nicht weniger als 5 Stufen. Mindestens aber wird man das Modell stets in zwei Stufen entwickeln, wobei in der ersten Stufe zunächst die Apparate und Maschinen einschließlich der Stahlkonstruktionen aufgenommen werden und in einer zweiten Stufe darüber hinaus die Rohrleitungen zur Darstellung kommen. Diese beiden Modellstufen veranschaulichen die Abb. 46 und 47a, die für die gleiche Feindestillationsanlage gelten. Modelle können bei Benutzung entsprechend vereinfachter Ausführungsformen auch bereits in der vorläufigen Anordnungsplanung der Vorprojektierung verwendet werden.

Hinsichtlich der *Technik der Modellherstellung* haben sich zur Beschleunigung der Arbeiten die Anwendung von Kunststoffen anstelle von Holz als Werkstoff, vor allem aber die Benutzung auf Lager gehaltener genormter Modellteile für die Darstellung der Apparate und Maschinen bewährt. Bis zu einem gewissen Grade lassen sich auch symbolische Formen anstelle der wirklichkeitsgetreuen Wiedergabe in allen Einzelheiten anwenden. Hier ist besonders darauf hinzuweisen, daß die maßstäbliche Darstellung der Rohrleitungen mit Hilfe von Drähten verschiedener Durchmesser im allgemeinen Schwierigkeiten bereitet und besser durch Verwendung gleichstarker Drähte ersetzt werden sollte, auf welche maßstäblich gehaltene Scheiben zur Kennzeichnung des wahren Durchmessers mit und ohne Isolierung aufgezogen sind. Diese Technik zeigt das Modell in Abb. 47a, an dem auch die symbolische Wiedergabe der Rohrleitungsarmaturen erkennbar ist. Über die Technik der Herstellung photographischer Reproduktionen von Modellen hat T. S. Tukker [*691*] wertvolle Hinweise gegeben. Um das Modell in einer größeren Zahl von Schnitten photographieren zu können, wird es gewöhnlich aus mehreren Segmenten aufgebaut.

Die *Herstellkosten* des Gesamtmodells werden in einem Fall mit 0,5% vom gesamten Anlagenwert bei einem Projekt von 1 Mill. \$ und mit 0,05% bei einem solchen von 30 Mill. \$ angegeben [*91*], in einem anderen Fall zwischen 0,2 und 0,6% je nach Größe und Kompliziertheit der Anlagen sowie nach der Zahl der Modellstufen [*636*].

2.13 Konstruktionszeichnungen

2.130 Konstruktions-Einzelzeichnungen

Die *Konstruktions-Einzelzeichnungen* werden in der Hauptsache für Apparate und Maschinen angefertigt. Auf Grund der vorausgegangenen verfahrenstechnischen und konstruktiven Berechnungen werden unter Umständen komplette Werkstattzeichnungen hergestellt und den Lieferanten zur Angebotspreisbildung bzw. späteren Fertigung übergeben. Bei Heranziehung großer und leistungsfähiger Apparatebauanstalten oder auch bei weniger komplizierten Anlagenelementen ist es jedoch meistens üblich, die Konstruktionszeichnungen nur als Entwurfsskizzen auszuführen und darin lediglich Abmessungen, Lage der Stutzen, Mann- und Handlöcher, Einbauten, Werkstoffe und andere wichtige Kennzeichnungen anzugeben. Die Anfertigung der eigentlichen Werkstattzeichnungen wird dem Lieferanten überlassen.

Anders liegen die Verhältnisse beim Einsatz typisierter Apparate und Maschinen oder von Spezialausführungen, die ausschließlich von Lieferanten entwickelt wurden. Hier vollzieht sich die Auswahl bereits weitgehend unter Mithilfe der Lieferanten, die den geforderten Leistungen entsprechende Typen bzw. Einzelausführungen anbieten und die dazugehörigen Konstruktionszeichnungen selbst aufgeben. Die Verfügbarkeit der Konstruktionszeichnungen bei der Projektierungsgruppe ist für die Feststellung der Abmessungen wichtig, die wiederum für die Anordnungsplanung und die Herstellung der Konstruktions-Gruppenzeichnungen sowie der Bauzeichnungen gebraucht werden.

2.131 Konstruktions-Gruppenzeichnungen

Nach den Ergebnissen der Anordnungsplanung bringen die *Konstruktions-Gruppenzeichnungen* die räumliche Lage der gesamten Apparatur maßstäblich zur Darstellung. Sie dienen vor allem der Montage sowie der Ableitung von Stücklisten für die Beschaffung der Anlagenelemente. Oberster Grundsatz ist, zur Vereinfachung und Erhöhung der Übersichtlichkeit nur so viele Einzelheiten in die Gruppenzeichnungen aufzunehmen, wie es die unmittelbaren Zwecke derselben erfordern.

Während die Darstellungsmethoden bei den Konstruktions-Einzelzeichnungen durch Normung bereits weitgehend vereinheitlicht sind, bestehen auf dem Gebiet der Gruppenzeichnungen große firmenindividuelle Unterschiede. Normalerweise werden folgende *zwei Sätze* von Gruppenzeichnungen immer ausgeführt [vgl. *538*, Teil III]:

1. *Anordnung der Apparate und Maschinen.* Innerhalb von Grund- und Aufrißzeichnungen werden Apparate und Maschinen, Stahlkonstruktionen und Rohrleitungen stark vereinfacht dargestellt. Die Rohrleitungen sind meist unvollständig wiedergegeben. Es kommt nur darauf an, die Raumverteilung der Apparate und Maschinen mit ihren Abständen deutlich zu kennzeichnen. Falls Maße eingetragen werden, so beziehen sich diese nur auf Hauptabmessungen der Apparate und Maschinen, Abstände zwischen diesen bzw. auf den gesamten Platzbedarf. Der Aufstellungsplan einer CLAUS-Anlage in Abb. 48 veranschaulicht eine solche Gruppenzeichnung als typisches Beispiel. Mehrere Photographien von der gleichen CLAUS-Anlage während der Montage sind unter Abb. 58—62 in Kap. 2.15 wiedergegeben.

2. *Konstruktions-Gruppenzeichnung der Rohrleitungen.* Zur Wiedergabe des Rohrleitungsnetzes in allen konstruktiven Details ist meist eine große Zahl von Schnittzeichnungen im Grund- und Aufriß erforderlich, wobei Apparate und Maschinen sowie Stahlkonstruktionen stark zurücktreten sollen. Die Nennweiten der Rohrleitungen sind direkt in die Zeichnung einzutragen.

Man kann folgende Varianten der zeichnerischen Darstellung unterscheiden:

a) Die Rohrleitungen sind nur *schematisch* als Linien gleicher Strichstärke gezeichnet und nicht besonders vermaßt. Die Längen der einzelnen Leitungen und Leitungsteile sowie die Maße zur Kennzeichnung ihrer Lage im Raum müssen aus der Zeichnung abgegriffen werden.

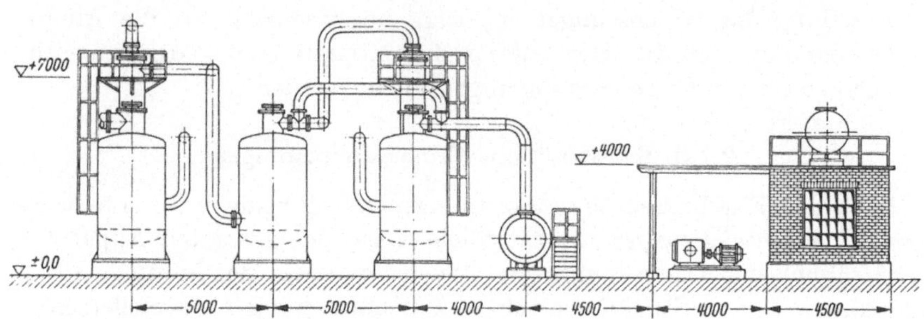

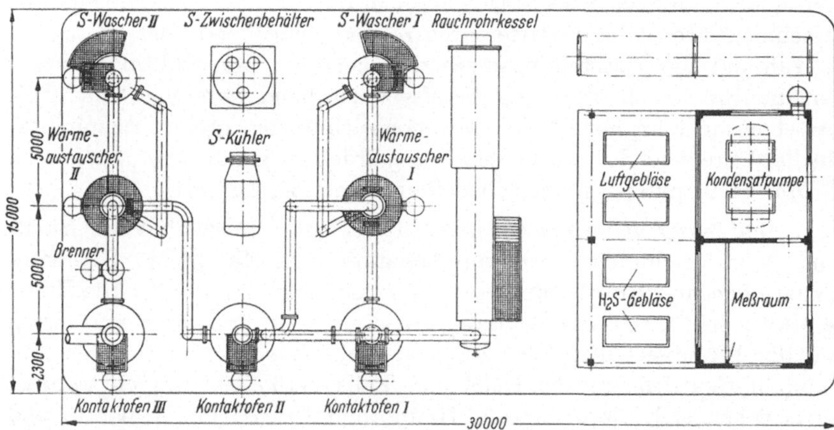

Abb. 48. Aufstellungsplan einer CLAUS-Anlage (Lurgi Gesellschaft für Mineralöltechnik m. b. H., Frankfurt/Main). Vgl. die weitere Zeichnung dieser Anlage unter Abb. 51 sowie die Photographien unter Abb. 58—62

b) Schematische Darstellung wie unter a), jedoch sind sämtliche *Maße* eingetragen. Abb. 49 veranschaulicht diese Möglichkeit. Die in Klammern gesetzten Zahlen sind Stücklisten-Positionsnummern.

c) Auch die Rohrleitungen selbst sind *maßstäblich* wiedergegeben, jedoch erfolgt keinerlei Vermaßung. Einen solchen Zeichnungstyp zeigt Abb. 50 mit den Produktleitungen an der Stabilisierungskolonne aus einer Benzin-Stabilisierungsanlage, die weiter oben im konstruktiven Fließbild (Abb. 37) und Instrumentierungsdiagramm (Abb. 40) bereits dargestellt wurde.

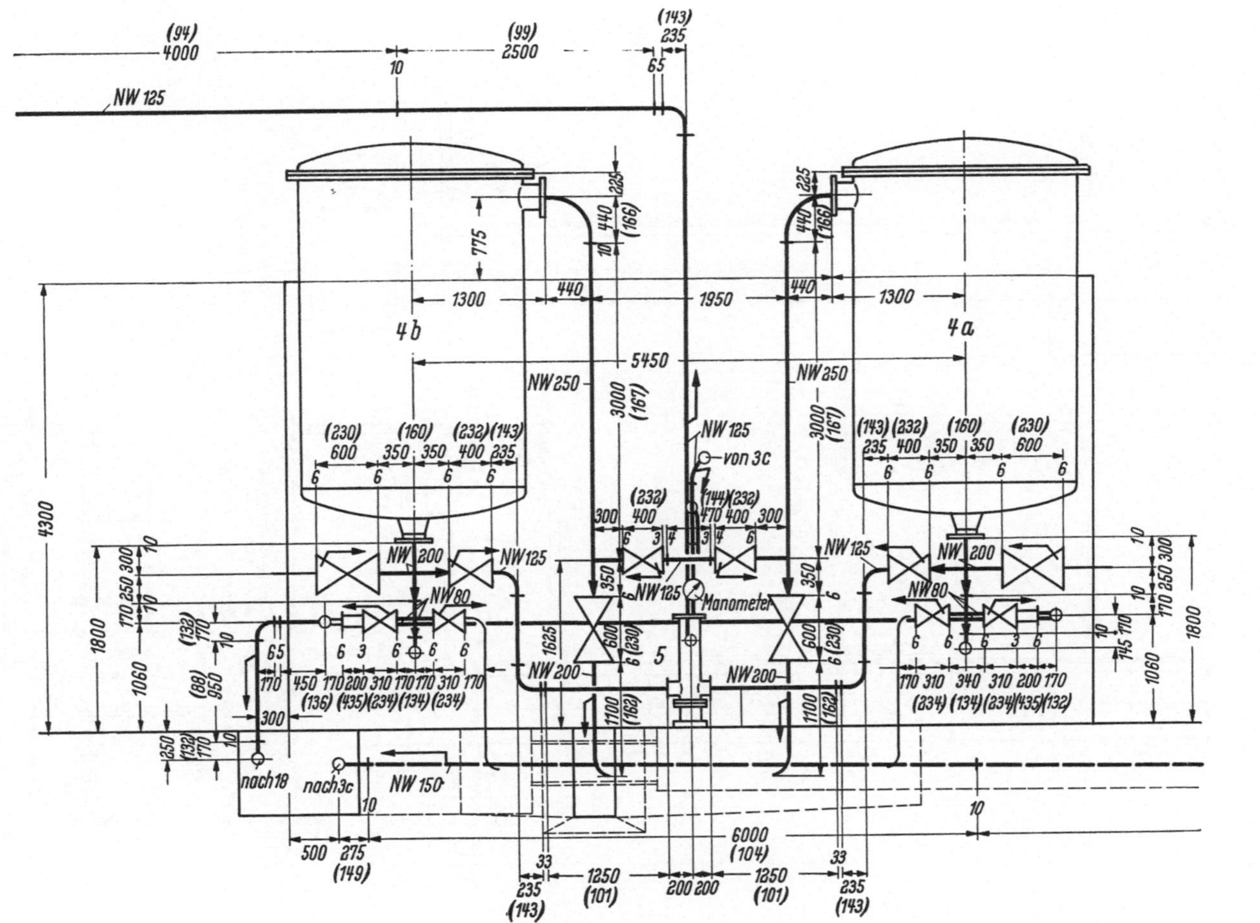

Abb. 49. Rohrleitungs-Konstruktionszeichnung mit schematischer, vermaßter Darstellung der Rohrleitungen: Schnellfilteranlage (Krebs & Co., Berlin-Frohnau)

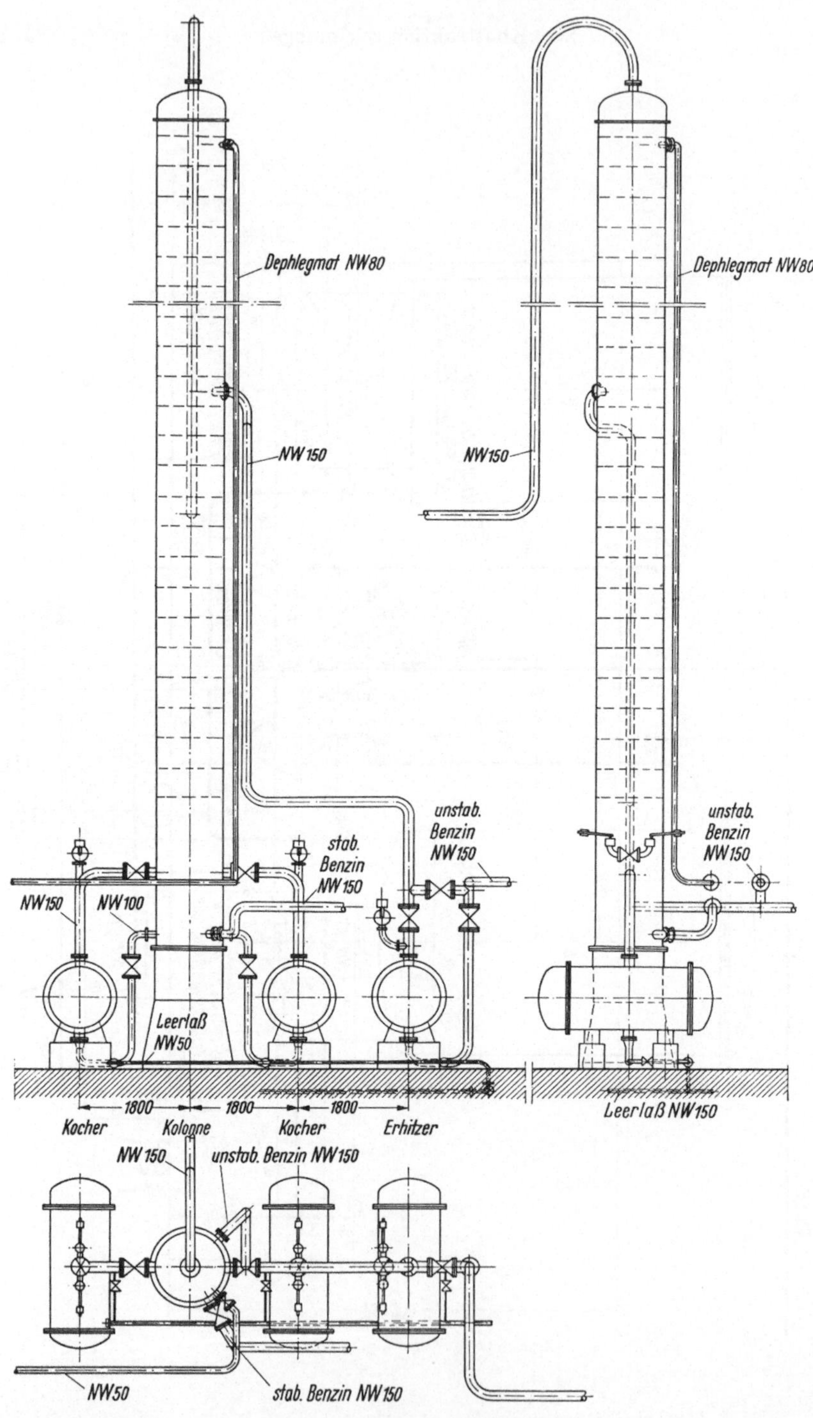

Abb. 50. Rohrleitungs-Konstruktionszeichnung mit maßstäblicher, unvermaßter Darstellung der Rohrleitungen: Produktleitungen an der Kolonne einer Benzin-Stabilisierungsanlage (H. Koppers GmbH, Essen). Vgl. die übrigen Zeichnungen dieser Anlage unter Abb. 37, 40, 54 u. 57 sowie Abb. 38

d) Die stärkste Detaillierung entsteht bei maßstäblicher Zeichnung der Rohrleitungen und *zusätzlicher Vermaßung*, wofür die Aufrißzeichnung der Schwefel- und Dampfleitung am Schwefelkühler einer CLAUS-

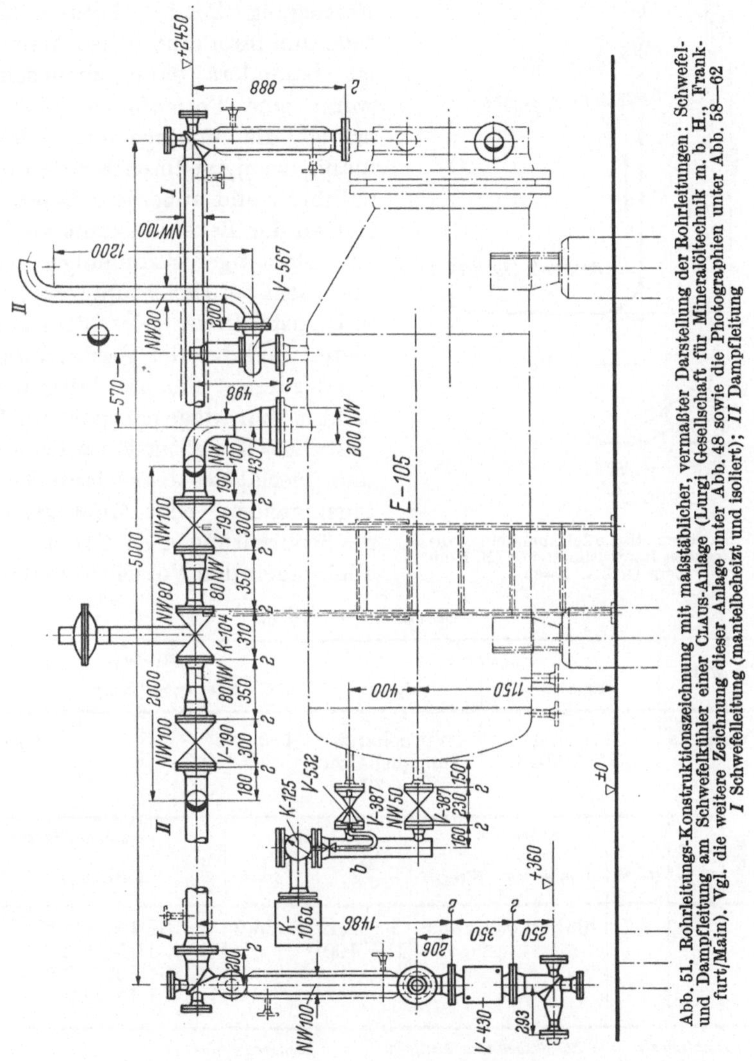

Abb. 51. Rohrleitungs-Konstruktionszeichnung mit maßstäblicher, vermaßter Darstellung der Rohrleitungen; Schwefel- und Dampfleitung am Schwefelkühler einer CLAUS-Anlage (Lurgi Gesellschaft für Mineralöltechnik m. b. H., Frankfurt/Main). Vgl. die weitere Zeichnung dieser Anlage unter Abb. 48 sowie die Photographien unter Abb. 58—62. *I* Schwefelleitung (mantelbeheizt und isoliert); *II* Dampfleitung

Anlage, deren gesamten Aufstellungsplan Abb. 48 zeigt, als Beispiel dienen mag (Abb. 51). Die Buchstaben und Nummern an den Armaturen bezeichnen Ausführungsart und Nenndrucke nach einem ganz bestimmten Kennzeichnungssystem.

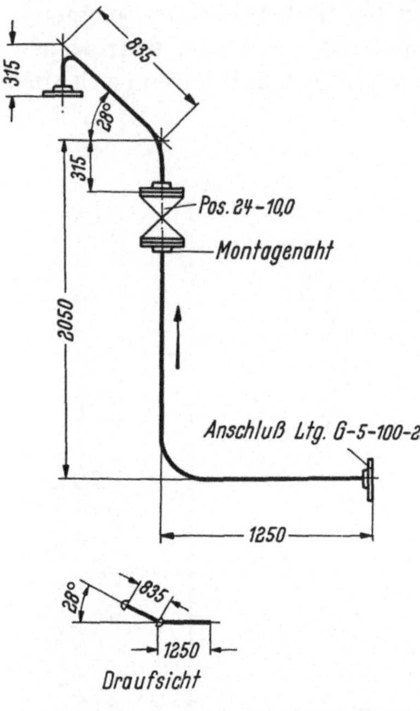

Abb. 52. Schematische Zeichnung eines vorzufertigenden Rohrleitungsteiles (H. Koppers GmbH, Essen)

Sowohl die schematische als auch die maßstäbliche Rohrleitungs-Konstruktionszeichnung sind unter DIN 2429 (April 1925) genormt. Die genaue Festlegung aller Rohrleitungs-Einzelteile und ihrer räumlichen Anordnung ist besonders dann unentbehrlich, wenn eine *Vorfertigung* aller Teile erfolgt, die Montage mit verhältnismäßig wenig geübten Kräften durchzuführen und außerdem Ersatzmaterial an der Baustelle kaum verfügbar ist. Derartige Bedingungen treffen vor allem bei Errichtung von Anlagen in industriell wenig erschlossenen Gebieten und bei der Verwendung von Sonderwerkstoffen zu. Mitunter verzichtet man dagegen ganz auf Rohrleitungs - Konstruktionszeichnungen und überläßt es dem erfahrenen Montageingenieur oder Montagemeister, die Rohrleitungen an Ort und Stelle allein nach den Vorschriften des kon-

Stückliste zu Abb. 52

| Produkt | Leitung | | NW | ND | Betriebs- | | Dichtungs-art |
	kommt von	geht nach			druck	temp.	
Frischgas	Leitung G-5-100-25	Vorbehandlungsbehälter Pos. 22 a	100	25			Feder u. Nut

| Beirohrheizung | Isolierung | Rohre | | | Rohrbogen | | Stck. | Vorschweißflansche | |
		lfd. m	Abmessung	Werkst.	90° 5 S	Werkst.		Abmessung	Werkst.
× o		2,7	108 × 6,0	St 35.8	3 Stück NW 100	St 35.8	2	BF 100 ND 25 DIN 2634	St 42.11
							2	BN 100 ND 25 DIN 2634	St 42.11

| Stck. | Dichtungen | Stck. | Schrauben und Muttern | Stck. | Absperrorgane | Bemerkung |
	Abmessung		Abmessung		Bezeichnung	
3	149 × 129 × 2	8	AM 20 × 90 DIN 2509-5	1	Niederdruck- Schieber Pos. 24-10,0	
		24	M 20 × 70 Mu DIN 601			

struktiven Fließbildes bzw. Rohrleitungsdiagramms, sonst aber weitgehend nach eigenem Ermessen zu verlegen. Der Bedarf an Material kann dann nur geschätzt werden. In diesem Falle muß das Material an der Baustelle reichlich bevorratet werden.

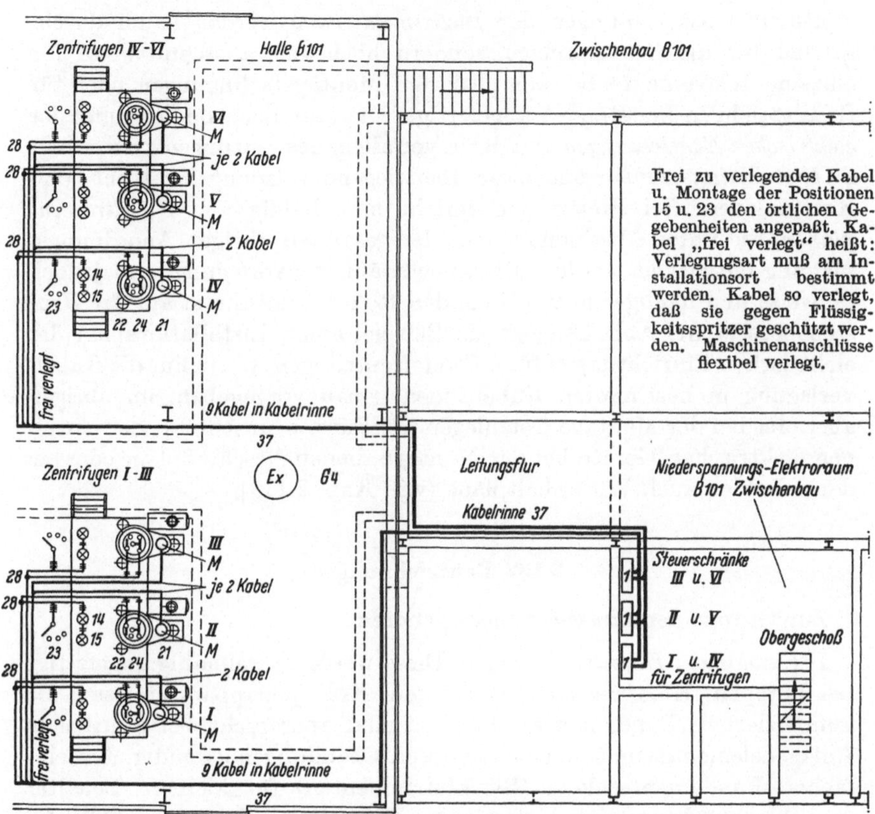

Abb. 53. Installationsplan für 6 Pendelzentrifugen (Schering A.-G., Berlin). Vgl. die übrigen Zeichnungen dieser Anlage unter Abb. 42, 43 u. 44. Die Bezeichnung der Positionen befindet sich im Anhang der Abb. 42

Im Zusammenhang mit den Fortschritten der Modelltechnik versucht man neuerdings, das gesamte Rohrleitungsnetz anhand eines Modells optimal zu verlegen und die modellgerechte Ausführung auf der Baustelle über die *Vorfertigung* einzelner *Rohrleitungsteile* zu erreichen. Von diesen Teilen werden schematische Zeichnungen gemäß Abb. 52 angefertigt und den Unterlieferanten zur Herstellung übergeben. Hier findet also eine räumliche Festlegung des gesamten Rohrleitungssystems statt, ohne daß dabei Gruppenzeichnungen der oben dargestellten Arten entwickelt werden müssen. Allerdings erlauben nur weit ausgeführte Modelle diese Vereinfachung.

Neben diesen wichtigsten Typen von Konstruktions-Gruppenzeichnungen sind noch Zeichnungen zur Festlegung der räumlichen Anordnung von *Instrumenten* und *elektrischen Einrichtungen* zu erwähnen. Konstruktionszeichnungen der *Instrumentierung* werden kaum durchgehend für die Gesamtanlage, sondern höchstens ausschnittweise für einzelne Instrumente bei komplizierten Montagebedingungen oder für Schalttafeln in Leitständen angefertigt. Die räumliche Bestimmung der *elektrischen Einrichtungen* und darin vor allem des Leitungsnetzes erfolgt in *Installationsplänen*, und zwar überwiegend getrennt für Licht- und Kraftanlagen. Bei Freianlagen spricht man häufig von *Kabeltrassenplänen*, die unter Abstimmung mit der gesamten übrigen Anordnungsplanung entwickelt werden. Die zweckmäßigste Verlegung wird jedoch teilweise und häufiger noch als bei den Rohrleitungen erst auf der Baustelle bestimmt. Abb. 53 zeigt als Beispiel einen Installationsplan der elektrischen Einrichtungen für 6 Pendelzentrifugen, worin nur die Kabelverlegung in bestimmten Kabelrinnen genau vorgegeben, im übrigen aber erst bei der Montage festzulegen ist. Für die Anschlüsse der einzelnen elektrischen Geräte bei der Montage dienen Anschlußpläne oder bei deren Fehlen auch Wirkschaltpläne (vgl. Kap. 2.113].

2.132 Bauzeichnungen

Zur Gruppe der *Bauzeichnungen* gehören:

1. *Fundament-Einzelzeichnungen.* Diese werden regelmäßig angefertigt bei Pumpen, Kompressoren, Reaktoren, Kolonnenapparaten usw., die kompliziertere Fundamente erfordern, sind aber nicht bei sämtlichen Anlagenelementen mit einer besonderen Gründung notwendig. Bei einfachen Fundamentsockeln (Blockfundamenten) für kleinere Behälter usw. beschränkt man sich dagegen auf die Darstellung innerhalb der Fundament-*Gruppen*zeichnungen. Als Beispiel einer Fundament-Einzelzeichnung sei auf Abb. 54 verwiesen. Bei solchen Anlagen, deren Konstruktion den Lieferanten überlassen bleibt, wie es fast ausnahmslos bei den Maschinen der Fall ist, werden auch die zugehörigen Fundamentzeichnungen von den Lieferanten zur Verfügung gestellt.

2. *Fundament-Gruppenzeichnungen.* Hierin wird eine ganze Gruppe von Einzelfundamenten innerhalb eines größeren Geländeabschnittes oder besonders innerhalb eines Gebäudes zusammengefaßt. Letzteres veranschaulichen die Abb. 55 und 56. In der Grundrißzeichnung (Abb. 55) werden die Fundamentsockel durch Einzeichnung von Schatten plastisch hervorgehoben. Auch sämtliche Löcher für die Aufnahme der

Anker und Fundamentschrauben sind eingezeichnet und genau vermaßt, was besonders dann unerläßlich ist, wenn keine zusätzlichen Einzelzeichnungen angefertigt werden.

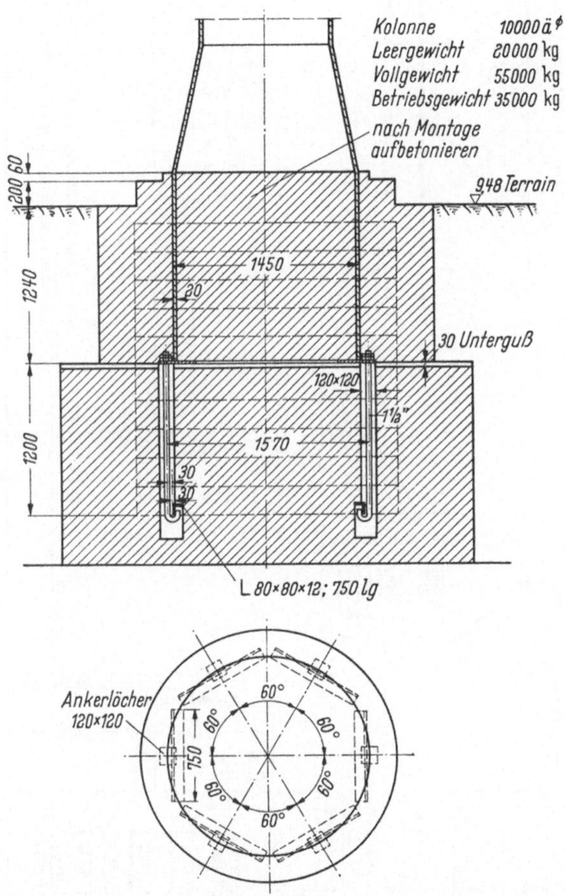

Abb. 54. Fundamentzeichnung der Kolonne einer Benzin-Stabilisierungsanlage (H. Koppers GmbH, Essen). Vgl. die übrigen Zeichnungen dieser Anlage unter Abb. 37, 40, 50 u. 57 sowie Abb. 38

3. Zeichnungen der Stahlkonstruktionen. Aus diesen besteht bei Freianlagen der größte Teil der Bauzeichnungen. Als Beispiel ist in Abb. 57 die Konstruktionszeichnung der oberen Bühne des Stützgerüstes an einer Kolonne dargestellt. Neben den äußeren Abmessungen des Gerüstes werden auch die Abmessungen der Walzprofile und Bleche normengerecht eingezeichnet.

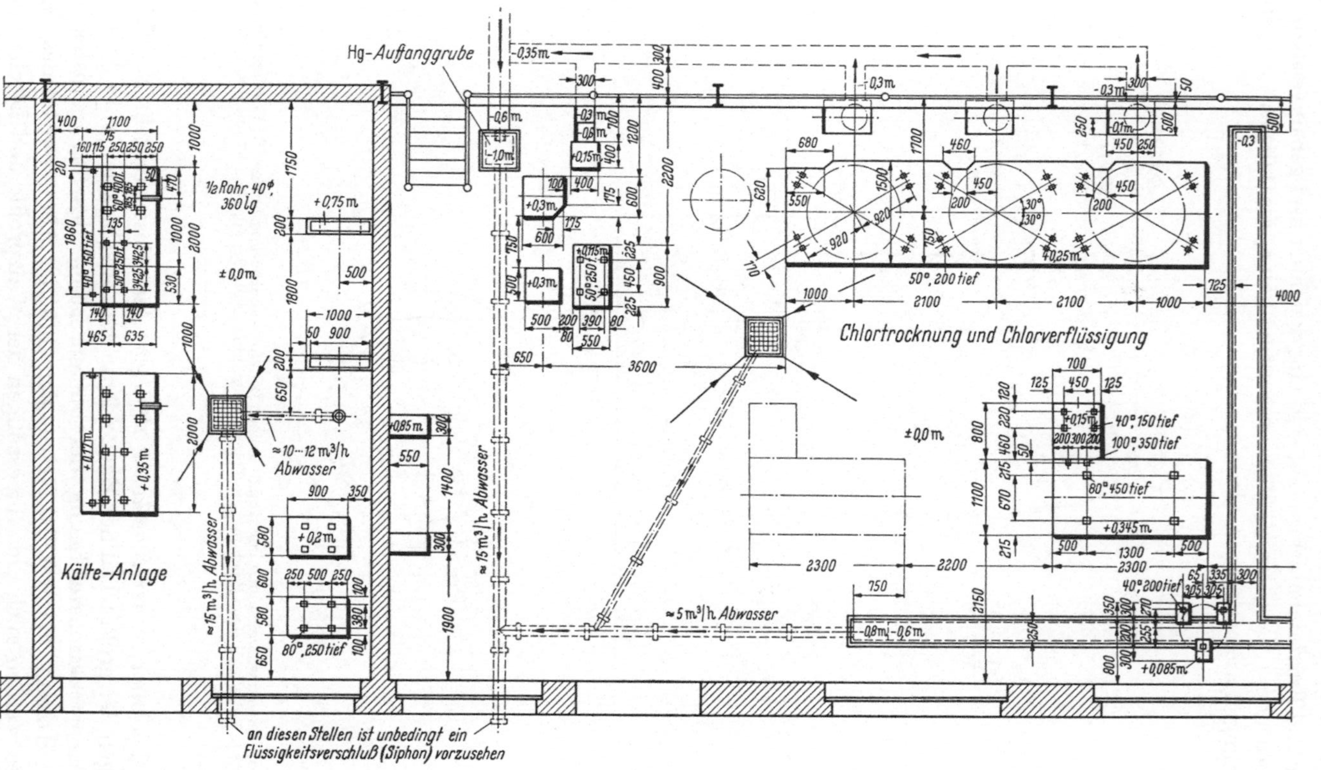

Abb. 55. Fundament-Gruppenzeichnung aus einer Chloralkali-Elektrolyseanlage im Grundriß (Krebs & Co., Berlin-Frohnau). Vgl. die Aufrißzeichnung dieser Anlage unter Abb. 56

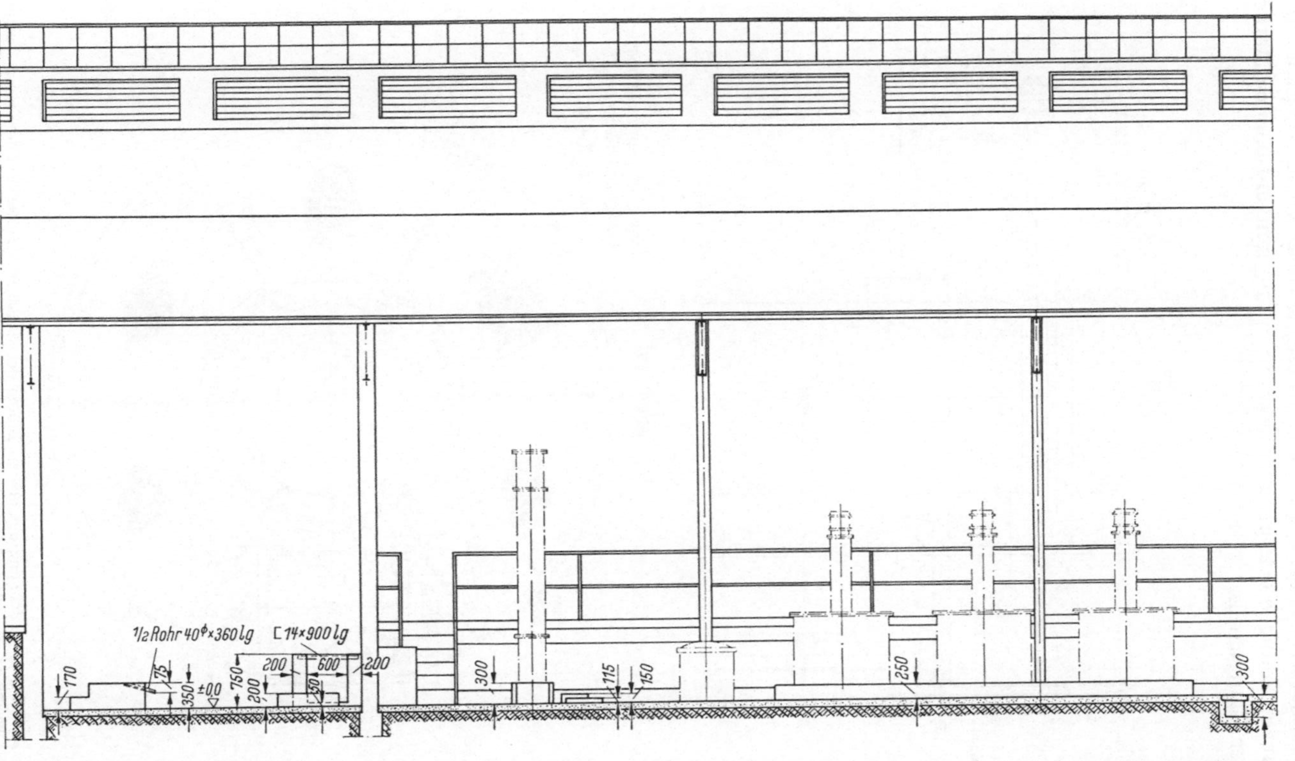

Abb. 56. Fundament-Gruppenzeichnung aus einer Chloralkali-Elektrolyseanlage im Aufriß (Krebs & Co., Berlin-Frohnau). Vgl. die Grundrißzeichnung dieser Anlage unter Abb. 55

4. *Gebäudezeichnungen.* Die Anfertigung der Entwürfe, Rohbau- und Ausbauzeichnungen erfolgt nach bekannten und konventionellen Methoden der Bautechnik.

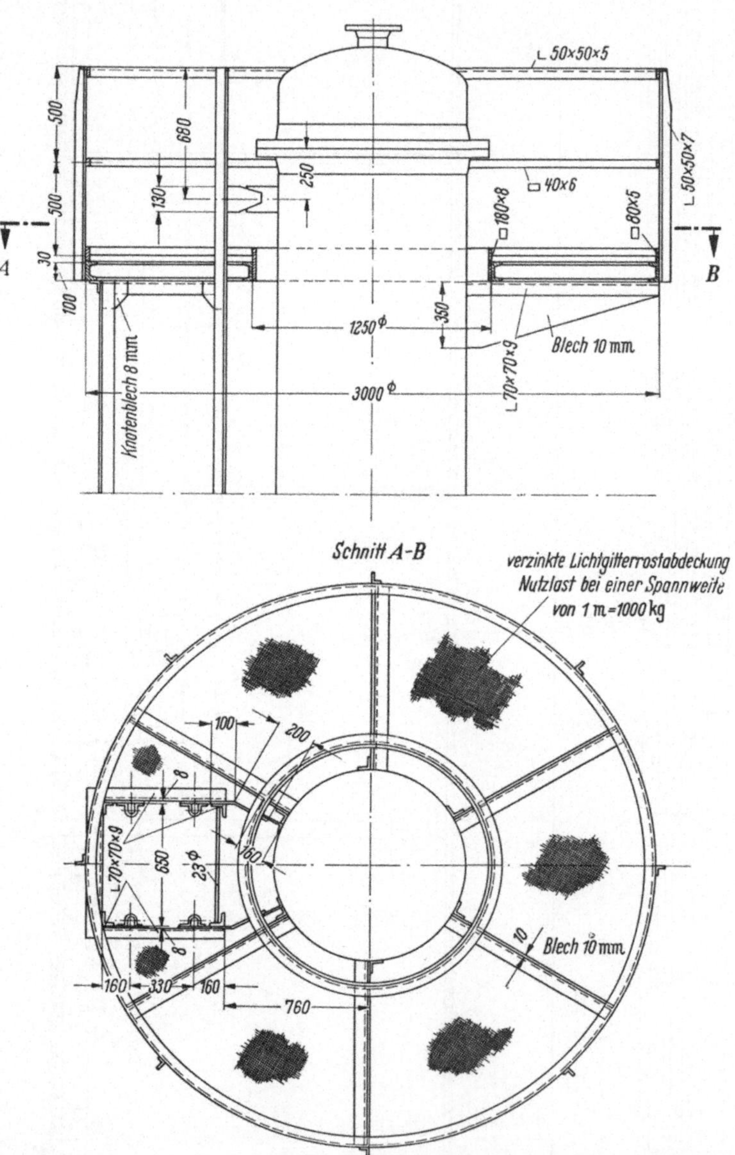

Abb. 57. Konstruktionszeichnung der oberen Bühne des Stützgerüstes der Kolonne einer Benzin-Stabilisierungsanlage (H. Koppers GmbH, Essen). Vgl. die übrigen Zeichnungen dieser Anlage unter Abb. 37, 40, 50 u. 54 sowie Abb. 38

2.14 Stücklisten

Die *Stücklisten* erfassen den gesamten Materialbedarf der Verfahrensausrüstung in Tabellenform. Sie dienen in erster Linie der Beschaffung, daneben der Montage und Vorkalkulation. Regelmäßig werden die Stücklisten konstruktiven Fließbildern, deren Ergänzungszeichnungen und Konstruktionszeichnungen zugefügt, so daß sowohl in Zeichnungen als auch in Stücklisten das gleiche Kennzeichnungssystem für die einzelnen Positionen gewählt wird.

Die Differenzierung der Anlagenelemente wird in den Stücklisten nur so weit vorangetrieben, wie es die Zwecke der Stücklisten im Rahmen der

Tabelle 5. *Beispiel einer Stückliste* (Schering A.-G., Berlin)[1]

Lfd. Nr.	Stck.	Benennung	Zeichn.-Nr.	Bemerkung
1	6	*Drehstrom-Käfigläufer-Motoren* für direkte Einschaltung, Schutzart P 33, polumschaltbar für 2 Drehzahlen mit Dahlanderwicklung, druckfest gekapselt, expl.gesch. (Ex) d − 2 G 4, Bauform V 10, Wicklung in Isolationsklasse „H" für (Ex) d − 2 G 4 (Silicon-Isolation) zum Antrieb von Krauss-Maffei-Pendelzentrifugen PZO 850, bei generatorischer Bremsung von 1500 auf 750 U/min und bei Gegenstrombremsung von 750 auf 0 U/min, mit angebautem Freilaufabschalter, Chargen .... 6/Std Gd² der Zentrifugentrommel Leer .... 110 kgm² Gefüllt .... 230 kgm² Übersetzungsverhältnis ... 1000/1450 Type .... dSEC 10−8/4h Betriebsleistung.......... 2,3/3,5 kW Schleuderleistung .... 4polig ca. 2 kW Spannung............... 380 V Frequenz .... 50 Hz Drehzahl .... 750/1500 U/min *Bemerkung*: Es ist darauf zu achten, daß das vorgeschriebene Zusatzprüfschild neben dem normalen Leistungsschild an den Motoren befestigt wird, andernfalls ist unbedingt die Prüfbescheinigung des PTB mitzuliefern. Zur Lieferung an die Firma Krauss-Maffei-Imperial GmbH & Co., München 13, Karl-Theodor-Straße 105; betr. 6 Pendelzentrifugen PZO 850	TZB 8/3-0177	für Pendelzentrifugen PZO 850

[1] Elektromotoren des Installationsplanes unter Abb. 53.

Projektierung erfordern. In den Stücklistenpositionen für das Gesamtprojekt erscheinen also grundsätzlich nur Anlagenelemente, wie sie als Ganzes in dieser Form von den Lieferanten bezogen werden. Dabei ist gleichgültig, ob diese Anlagenelemente selbst wieder aus einer größeren Zahl von Konstruktionsteilen aufgebaut sind, wie es z. B. für Apparate und Maschinen, Rohrleitungsarmaturen, Instrumente usw. zutrifft. Für die Konstruktion bzw. Herstellung dieser Gegenstände sind wiederum Stücklisten erforderlich, die sich von den vorgenannten durch das Zurückgreifen auf letzte konstruktive Bauelemente unterscheiden.

Die wichtigste Stückliste ist diejenige der Apparate und Maschinen, meist als *Apparateliste* bezeichnet, die bereits während der Vorprojektierung entwickelt wird. Wesentlich ist ferner die an das konstruktive Fließbild oder ein besonderes Instrumentierungsdiagramm angeschlossene Instrumentenliste, in der die Zusammenstellung und Beschreibung der vorgesehenen Instrumente in allen notwendigen technischen Details erfolgt. Einen großen Umfang können die weiteren Stücklisten für Rohrleitungen, Armaturen, Isolierungen, Stahlkonstruktionen und elektrische Einrichtungen einnehmen. Soweit diese Objektgruppen untervergeben werden, sind die betreffenden Stücklisten zu einem großen Teil von den ausführenden Firmen und nicht mehr von der Projektierungsgruppe anzufertigen. Tab. 5 vermittelt einen Eindruck davon, bis zu welchen Einzelheiten die Stücklistenpositionen gekennzeichnet werden müssen.

2.15 Beschaffung und Errichtung der Anlagen

Die zeitsparende und reibungslose Durchführung der *Beschaffung und Errichtung der Anlagen* ist in hohem Maße mit organisatorischen Problemen verknüpft, die geschlossen an späterer Stelle behandelt werden [s. Kap. 3.13].

Die Abwicklung der *Beschaffung* vollzieht sich in enger Zusammenarbeit zwischen der Einkaufsabteilung und den technischen Projektierungsstellen im wesentlichen auf der Grundlage der Stücklisten.

Die *Errichtung* der Anlagen umfaßt die Montage der Apparaturen und die Erstellung des Bauteils. Von großer Bedeutung sind die rechtzeitige arbeitstechnische und terminliche Vorplanung, die noch während der Konstruktionsphase und damit lange vor Beginn der Arbeiten auf der Baustelle durchzuführen sind. Die erforderlichen Aufsichtskräfte, Fach- und Hilfsarbeiter werden bestimmt, Bau- und Montagekolonnen eingeteilt und zeitliche Dispositionen über die Arbeitskräfte getroffen. Zeichnungen sind zu prüfen und nach diesen bzw. nach vorhandenen Modellen die geeigneten Montageverfahren sowie die erforderlichen Bau- und Montagegeräte festzulegen. Hinzu kommt die Planung der gesamten Baustelleneinrichtung, d. h. der an der Baustelle vorübergehend für das Personal zu errichtenden Aufenthaltsräume, der Energie-

Abb. 58. Montage der Apparate und Haupt-Rohrleitungen einer CLAUS-Anlage (Lurgi Gesellschaft für Mineralöltechnik m. b. H., Frankfurt/Main). Vgl. die Zeichnungen unter Abb. 48 u. 51

Abb. 59. Montage und Isolierung der Dampfleitungen am Schwefelkühler einer CLAUS-Anlage (Lurgi Gesellschaft für Mineralöltechnik m. b. H., Frankfurt/Main). Vgl. die Zeichnungen unter Abb. 48 u. 51

versorgung, Rüstungsmaterialien, der Verkehrswege und Transportmittel. Wegen der Vielzahl der bei jeder Anlagenerrichtung auftretenden

Unbekannten behält aber neben der Planung auch die geschickte kurzfristige Disposition während der gesamten Bauzeit Bedeutung [vgl.
hierzu *160*; *185*; *475*; *526*; *534*].

Eine wesentliche Beschleunigung und Verbilligung der Montagen
läßt sich dadurch erreichen, daß alle Arten von *Einbauten* in die Apparate
möglichst schon in der Werkstatt des Herstellers oder aber auf der Bau-

Abb. 60. Montage der Rohrleitungen an der Brennkammer einer CLAUS-Anlage (Lurgi Gesellschaft
für Mineralöltechnik m. b. H., Frankfurt/Main). Vgl. die Zeichnungen unter Abb. 48 u. 51

stelle zu ebener Erde vor der Aufstellung der Apparate vorgenommen
werden. Demgegenüber kostet z. B. die Montage von Einbauten in
Kolonnen oder ähnliche Apparate mit größerer vertikaler Ausdehnung
bei 15—60 m Montagehöhe etwa das 2—3fache [*583*]. Günstig wirkt sich
auch bei den Rohrleitungen die Montage vorgefertigter Teile aus, was
eine genaue räumliche Festlegung in Form von Konstruktions-Gruppenzeichnungen bzw. Modellen voraussetzt [vgl. Kap. 2.131].

Den Aufsichtskräften oder sogar besonders hierfür eingesetzten
Sicherheitsingenieuren obliegen alle erforderlichen *Sicherheitsmaßnahmen,*

Abb. 61. Fertiggestellte Montage der Brennkammer einer CLAUS-Anlage mit Abhitzekessel (Lurgi Gesellschaft für Mineralöltechnik m. b. H., Frankfurt/Main). Vgl. die Zeichnungen unter Abb. 48 u. 51

Abb. 62. Montage der Abgasleitung einer CLAUS-Anlage (Lurgi Gesellschaft für Mineralöltechnik m. b. H., Frankfurt/Main). Vgl. die Zeichnungen unter Abb. 48 u. 51

die bei der Montage eine Rolle spielen. Unfälle führen zur Erhöhung der Montagekosten nicht nur auf Grund unmittelbarer Personen- und Sachschäden, sondern auch infolge zeitlicher Verzögerungen bzw. sogar zu einer Überziehung des Fertigstellungs-Endtermins. Zu den besonderen Sicherheitsmaßnahmen gehören laufende Kontrollen auf der Baustelle in bezug auf Gefahrenquellen, regelmäßige Überprüfung der Montagegeräte, vorbeugende Instandhaltungsmaßnahmen, zweckmäßige Ausrüstung der Arbeitskräfte, Benutzung betriebssicherer Rüstungen und Anwendung richtiger Montageverfahren [150].

Die Photographien der Abb. 58 bis 62 zeigen eine CLAUS-Anlage in verschiedenen Teilen und während verschiedener Montagestadien; sie sollen eine Vorstellung vom Aussehen einer in Bau befindlichen Anlage sowie vom Hergang der Montagearbeiten vermitteln. Der Aufstellungsplan und eine Rohrleitungs-Konstruktionszeichnung von der gleichen Anlage wurden bereits weiter oben dargestellt (Abb. 48 bzw. 51 in Kap. 2.131).

2.16 Anlaufoperationen

Die Einweisung der mit dem späteren Betrieb der Anlagen betrauten Kräfte in ihren neuen Tätigkeitsbereich sowie die Vorbereitung und Durchführung der *Anlaufoperationen* bis zum einwandfreien Betrieb der Anlagen gehören mit zum Verantwortungsbereich des Projektierungsstabes. Bei Ausgliederung der Projektierung und Übertragung an eine selbständige Firma werden die Anlaufoperationen gewöhnlich von den Ingenieuren dieser und der Betriebsleitung des Chemiebetriebes gemeinsam überwacht. Vielfach wird eine Mitwirkung der Projektierungsfirma in diesen Fällen schon deshalb notwendig, weil die Erfüllung vertraglich zugesicherter Betriebs- und Leistungsgarantien der Anlagen nachzuweisen ist. Für die ausführenden Arbeiten der Anlaufoperationen kommen vor allem das vorgesehene Betriebspersonal und die Reparaturkräfte des Chemiebetriebes in Frage.

Die mit den Anlaufoperationen verbundenen *Aufgaben* seien hier in Anlehnung an die Ausführungen und die Systematik von F. ROBERTS [576] wie folgt kurz dargestellt:

1. Die *Vorbereitung der Anlaufoperationen* kann zeitlich in drei große Abschnitte eingeteilt werden:

a) Bereits vor Fertigstellung der Anlagen erfolgen die Einweisung des Produktionsleiters, der Betriebschemiker, Betriebsingenieure und schließlich auch der Meister und Vorarbeiter in ihre neuen Aufgabenbereiche sowie ihre Unterrichtung über Aufbau und Betrieb. Eine vorhandene technische Versuchsanlage ist für diese Zwecke besonders geeignet. Daneben ist auch die Besetzung der übrigen Arbeitsplätze klarzustellen und die Einstellung der Arbeitskräfte in die Wege zu leiten. Schriftliche

Betriebsanweisungen und Betriebspläne allgemeiner und besonderer Art über Schaltungen, Laufzeiten, Betriebskontrollen, Analysenmethoden, Instandhaltungsarbeiten usw. sind in diesem Stadium auszuarbeiten.

b) Später übernehmen die oben genannten Aufsichtskräfte die Einweisung und Anleitung der Betriebsarbeiter und Reparaturhandwerker. Besonders zweckmäßig ist die Mitwirkung dieser Kräfte bei der Montage. Fehlerhafte Montagen werden aufgedeckt und kleine Änderungsvorschläge vorgebracht, vor allem in bezug auf höhere Betriebssicherheit und bessere Zugänglichkeit von Rohrleitungsarmaturen, Instrumenten und elektrischen Schaltgeräten. Daneben ist für eine rechtzeitige Errichtung derjenigen Anlagen zu sorgen, die nur speziell für die Anlaufoperationen gebraucht werden. Hierhin gehören z. B. die Bereitstellung von Inertgas für Spülzwecke, die Verlegung von Rohrleitungen zur vorübergehenden Benutzung des Behälterraumes für Endprodukte zwecks Lagerung von Zwischenprodukten, die während der Anlaufoperationen verstärkt anfallen, die Anlegung ausreichender Ersatzteil- und Reservelager für Anlagenelemente und Bauteile.

c) Nach Beendigung der Bau- und Montagearbeiten sind alle Anlageteile einer systematischen Prüfung zu unterwerfen, die sich vor allem auf folgende Punkte zu konzentrieren hat: Sachgemäße Ausführung der Rohrleitungsverbindungen und Flanschenanschlüsse, Vollständigkeit der Isolierungen, Vorhandensein geeigneter Schutzvorrichtungen an Elektromotoren und Maschinen mit bewegten äußeren Teilen, Druckproben bei Druckgefäßen, Prüfung der Vakuumapparate und Behälter auf Dichtheit, weiter Prüfung der Schmierungsvorrichtungen, Beleuchtungsanlagen, der gesamten Instrumentierung — eine umfangreiche und wichtige Aufgabe — Entfernung von Verunreinigungen und Fremdkörpern aus Apparaten und Behältern (Werkzeuge, Schrauben, Dichtungsmaterial usw.), Vorbereitung der laufenden Betriebsanalysen, Vollständigkeit der Feuerschutzeinrichtungen. Die Prüfung der Apparate und Behälter auf Dichtheit wurde zwar bereits im Rahmen der Abnahme bei den Herstellern vorgenommen, sie ist aber jetzt zu wiederholen, da Beschädigungen während des Transports und der Montage eingetreten sein könnten [*127*].

2. Auch die *eigentlichen Anlaufoperationen* selbst lassen sich in drei Abschnitte gliedern:

a) Probeweise Inbetriebnahme der Leitungen für Dampf, Wasser und Strom (Energieleitungen). Rohrleitungsverbindungen sind sorgfältig auf Dichtheit zu prüfen. Lange Rohrleitungen werden entsprechend den eingebauten Organen abschnittweise in Betrieb genommen. Bei Dampfleitungen sind die Entwässerungsleitungen und Kondenstöpfe solange offenzuhalten, bis die Leitungen die normalen Temperaturen erreicht haben [*53*]. Weiter erfolgt die Überprüfung der Rohrleitungsarmaturen und Instrumente auf Funktionsfähigkeit, die Erprobung der Motoren und schließlich die probeweise Außerbetriebsetzung der Anlagen für den Notfall.

b) Prüfung der Apparate und Produktleitungen auf Dichtheit und Funktionsfähigkeit mit Hilfe eines ungefährlichen Mediums, und zwar bei Flüssigphase-Prozessen vorzugsweise mit Wasser, bei Gasphase-Prozessen mit Druckluft oder einem Inertgas wie Stickstoff oder CO_2. Die Dichtigkeit der Apparatur ist vor allem dann unerläßlich, wenn später giftige oder feuergefährliche Medien durchgesetzt werden sollen. Zum Erkennen undichter Rohrleitungsverbindungen hat sich das Auftragen einer verdünnten Seifenlösung bewährt [*127*]. Bei Verwendung nichtwäßriger Lösungsmittel ist nach der Prüfung mit Wasser eine Trocknung der Apparatur erforderlich. Schwierigkeiten entstehen bei der Ansammlung von Flüssigkeitsrückständen in Behältern, die nicht vollständig entleert werden können, weshalb dann evtl. noch konstruktive Änderungen vorzunehmen sind.

c) Aufnahme der Produktion. Automatisch geregelte Anlagen werden zuerst von Hand gesteuert, bis das einwandfreie Arbeiten sämtlicher Regeleinrichtungen sichergestellt ist. Das Anfahren der Anlagen erfolgt stufenweise, damit nach dem Prinzip der Fehlerfeldteilung erst die Zwischenprodukte analysiert und Fehler schneller aufgefunden werden können. Bei kontinuierlichen Prozessen sind die vorgegebenen Ausbeuten erst langsam zu erreichen. Nach einer gewissen Laufzeit erfolgt Abschaltung der gesamten Anlagen zwecks erneuter Prüfungen und Vornahme konstruktiver Änderungen. Die Produkte sind anfangs von minderer Qualität auch infolge des Eisengehalts, solange bis die Anlagen passiviert bzw. vollständig eingelaufen sind. Evtl. lassen sich die während der ersten Zeit erhaltenen Produkte nochmals verarbeiten oder mit den später besseren Produkten verschneiden.

Im allgemeinen muß man bei den Anlaufoperationen unterscheiden, ob es sich um Anlagen handelt, die innerhalb einer größeren Fabrik lediglich als Erweiterung bereits vorhandener Anlagen gebaut oder für gänzlich neue Prozesse erstellt wurden, oder ob die Inbetriebnahme vollständiger Fabriken erfolgen soll, die eine Vielzahl einzelner Produktionsanlagen einschließlich der Hilfsbetriebe und Nebenanlagen umschließen und „auf der grünen Wiese" errichtet wurden. Hier entstehen bei den Anlaufoperationen besonders vielschichtige Probleme, die D. W. K. BARKER am Beispiel der Inbetriebnahme der Kwinana-Raffinerie in Australien beschrieben hat [*30*].

3 Organisationsprobleme der Projektierung und Vorkalkulation

Die Organisationsprobleme der Projektierung und Vorkalkulation betreffen die Fragen der Einordnung dieser Aufgaben in den betrieblichen Stellenbau, ihrer Gliederung, der strukturellen Koordinierung der Aufgabenträger sowie der rationellen zeitlichen Planung der Arbeitsabläufe. Wegen der Vielzahl der eingeschlossenen Teilfunktionen und ihres oft heterogenen Charakters besitzt die Organisation hier sogar ein ausgesprochenes Schwergewicht, und mit Recht verlangt man von einem Projektleiter zur guten Ausrichtung der ihm anvertrauten Spezialisten auf die Gesamtaufgabe in hohem Maße organisatorische Fähigkeiten. Ausmaß und Gliederung der Organisation der Projektierung und Vorkalkulation hängen natürlich von der Größe des Betriebes bzw. der Projektierungsfirma ab.

3.0 Die Organisation in den Stadien der Vorprojektierung

Die nachfolgenden Ausführungen gelten vor allem für den *größeren* Chemiebetrieb, der in nennenswertem Umfang eigene Forschungs- und Entwicklungstätigkeit ausübt mit dem Ziele, die Ergebnisse durch Errichtung neuer Produktionsanlagen zu verwerten. Es besteht hier die Eigentümlichkeit, daß Vorprojektierung, jedenfalls soweit sie über den Rahmen der Forschung und Entwicklung nicht hinausgeht, und Ausführungsprojektierung jeweils getrennten Abteilungen obliegen, nämlich erstere dem Forschungs- und Entwicklungsbereich und letztere der technischen Verwaltung. Lediglich für die endgültige Ausarbeitung des Vorprojektes wird ebenso wie für die Ausführungsprojektierung die gleiche Stelle innerhalb der technischen Verwaltung zuständig sein. Die selbständige Projektierungsfirma, deren Entwicklungstätigkeit meistens auf Spezialgebiete und die Verfahrensentwicklung beschränkt ist, kennt diese Trennung dagegen praktisch kaum.

3.00 Forschung und Entwicklung

Es sei zunächst die organisatorische Frage aufgeworfen, *welche Stellen* im Betriebe überhaupt mit den im Anschluß an die experimentellen Forschungs- und Entwicklungsarbeiten notwendigen *technisch-wirtschaftlichen Auswertungen* befaßt werden sollen. Als erstes ist dabei zu prüfen, ob die Aufgaben der Vorprojektierung und Vorkalkulation etwa an die gleichen Chemiker und Ingenieure zu übertragen sind, die in den verschiedenen Forschungs- und Entwicklungsgruppen die Experimentalarbeiten selbst betreiben, oder ob hierfür spezialisierte Stellen einzurichten sind. In jedem Falle muß die schnelle und zielsichere Auswertung der in Laboratorien und technischen Versuchsanlagen gewonnenen Ergebnisse im Hinblick auf die Möglichkeiten großtechnischer kommerzieller Nutzung und damit die wirksame Steuerung der Forschungs- und Entwicklungsarbeiten sichergestellt sein.

Für die im Laboratoriumsmaßstab durchgeführte Forschung hätte die Wahl der zuerst genannten Alternative der Dezentralisation Nachteile. *Einen* Vorteil muß man dieser Organisationsform freilich zuerkennen. Er besteht darin, daß der Forschungschemiker mit der Zeit ein feines Gefühl in bezug auf die anzustrebenden Ziele und Schwerpunkte seiner Arbeit bekommen muß, wenn er die Auswertungen selbst vornimmt. Indessen können die ungünstigen Wirkungen überwiegen, die sich aus der mangelhaften Arbeitsteilung und Spezialisierung ergeben. Die Übersetzung chemischer Reaktionen vom Labormaßstab in die Sphäre großtechnischer Anlagen erfordert so weitgehende chemischtechnologische, verfahrenstechnische, ingenieurtechnische und betriebswirtschaftliche Kenntnisse, wie man sie nicht bei jedem Forschungschemiker voraussetzen darf. Zumindest würde man ihn durch diese zusätzlichen Anforderungen von seinem eigentlichen Aufgabengebiet ablenken. Darüber hinaus bringt solche Dezentralisation auch Gefahren insofern mit sich, als die Ergebnisse der Bewertung nicht immer objektiv ausfallen werden, weil der Forschungschemiker am Erfolg seiner eigenen Arbeiten stark interessiert ist. Für die Entwicklung im Rahmen technischer Versuchsanlagen gelten diese Einwände nur in abgeschwächter Form, weil sich hier die Beziehungen zur großtechnischen Durchführung der Verfahren bereits erheblich enger gestalten.

Es hat sich daher bewährt, diese Funktionen aus den einzelnen Forschungs- und Entwicklungsgruppen auszugliedern und *Spezialstellen* hierfür zu bilden. Am häufigsten ist wohl die organisatorische Lösung anzutreffen, welche die genannten Aufgaben für den gesamten Forschungs- und Entwicklungsbereich einer einzigen Stelle zuweist, die der Leitung der Forschung und Entwicklung unterstellt ist und dieser dann laufend die eigentlichen Entscheidungsgrundlagen für das Forschungs- und Entwicklungsprogramm ausarbeitet [2, *236*]. Zu betonen ist, daß die Entscheidungen selbst innerhalb dieser Stellen noch nicht gefaßt werden dürfen [*353*]. Großunternehmungen der chemischen Industrie verteilen ihr heterogenes Produktionsprogramm häufig auf mehrere Werke, die dann jeweils unterschiedliche Produktionsrichtungen und auch entsprechend unterschiedliche Arbeitsrichtungen in den angegliederten Forschungs- und Entwicklungsabteilungen verfolgen. Es ist dann naheliegend, die hier behandelten Aufgaben gleichfalls bezüglich der einzelnen Werke zu dezentralisieren, so daß die Leitungen der Forschungs- und Entwicklungsabteilungen der Werke dann über ihre eigenen Auswertungsstellen verfügen. Dann ist allerdings sorgfältig auf Koordinierung und einheitliche Ausrichtung der Arbeiten in diesen Stellen zu achten, was am besten durch Schaffung einer übergeordneten Zentralstelle bei der Unternehmensleitung erfolgt, welche die allgemeinen methodischen und grundsätzlichen Fragen der technisch-wirtschaftlichen Auswertungsarbeit zu entscheiden, entsprechende Richtlinien vorzugeben und auch deren Einhaltung zu überwachen hat [663]. Andernfalls wäre es unvermeidbar, daß sich überall unterschiedliche Praktiken ausbilden würden. Die Möglichkeiten, allein für die vorkalkulatorischen Arbeiten geschaffene Spezialstellen auch in anderer Weise in den betrieblichen Stellenbau einzuordnen, wie etwa als Stabstellen der Produktionsleitungen, Werkleitungen oder auch der obersten Geschäftsleitung, hat neuerdings C. A. STOKES [663] auseinandergesetzt.

Aufschlußreich ist ein Bericht über Einrichtung und Tätigkeit einer solchen Spezialstelle im Forschungs- und Entwicklungsbereich bei der „Monsanto Chemical Company" durch J. F. ADAMS u. a. [2], worin es auszugsweise etwa heißt: Die einzelnen Gruppenleiter der Forschung und Entwicklung sind angehalten, in formloser Weise an die für technische und wirtschaftliche Auswertungen eingerichtete Spezialstelle Anträge zu stellen und darin unter gleichzeitiger Übermittlung der gefundenen technischen Daten um entsprechende Auswertungen nachzusuchen. Bei der Zusammenstellung der einzureichenden grundlegenden Daten und Informationen bedient man sich standardisierter Formulare, um die vollständige Berücksichtigung aller wichtigen Fragen sicherzustellen. Die Ergebnisse der technischen und wirtschaftlichen Analysen werden in einem Bericht zusammengefaßt, der in mehrfacher Ausfertigung hergestellt und an die betreffende Forschungs- oder Entwicklungsgruppe, die Leitung der Forschung und Entwicklung, Verkaufsabteilung, Projektierungsgruppe in der technischen Verwaltung und evtl. weitere interessierte Stellen geleitet wird. Die Bearbeitung eines Antrags darf kaum mehr als eine Woche Zeit in Anspruch nehmen, da die Forschungs- und Entwicklungsleitung möglichst schnell über die Weiterführung oder Intensivierung der betreffenden Experimentalarbeiten entscheiden soll. Die Vorkalkulationsmethoden sind weitgehend standardisiert und dem meist noch geringen Genauigkeitsgrad der technischen Unterlagen angepaßt. Zeitraubende Detailberechnungen kommen selten zur Anwendung, dagegen wird viel mit Überschlagsrechnungen und Erfahrungswerten gearbeitet.

Ein Mindestmaß an zeitlicher Planung der durchzuführenden Arbeiten wird unerläßlich sein [663].

In Deutschland werden mit den genannten Aufgaben chemische Technologen, die über weitgespannte technische und wirtschaftliche Kenntnisse und Erfahrungen verfügen, betraut, denen bei größeren

Unternehmungen auch noch Verfahrensingenieure zur Seite stehen, während in USA fast ausschließlich Verfahrensingenieure in ihrer spezifisch amerikanischen Prägung („chemical engineers") dominieren. Das Übergewicht des Chemikers und chemischen Technologen gegenüber dem Verfahrensingenieur in Deutschland erklärt sich daraus, daß der Verfahrensingenieur hier zu stark auf der Seite des reinen Maschinen- und Apparatebaues steht [s. ausführlich R. LANDAU, *395*]. Seine Aufgaben fallen also vornehmlich in die spätere Ausführungsprojektierung bzw. Konstruktion der Anlagen. Bezüglich der fachlichen Anforderungen an das mit vorkalkulatorischen Aufgaben zu beauftragende Personal wird festgestellt, daß eine gründliche technische Vorbildung noch wichtiger ist als umgekehrt die Ausbildung auf kaufmännischen Gebieten, da der Techniker die erforderlichen zusätzlichen Kenntnisse in wirtschaftswissenschaftlichen Disziplinen erfahrungsgemäß leichter und schneller erwerben kann, als es umgekehrt für Kaufleute möglich ist, sich in den umfangreichen technischen Aufgabenkreis einzuarbeiten. Neben der technischen wie kaufmännischen Ausbildung werden als weitere Anforderungen hervorgehoben: Einige Jahre praktischer Erfahrung in Forschung und Entwicklung, Produktion oder in der Ingenieurtechnik, erwiesene Beurteilungsfähigkeit, Objektivität und Fähigkeit zu unabhängigem eigenen Denken [*663*].

Die Einrichtung von Spezialstellen ist natürlich nur dann gerechtfertigt, wenn ein Forschungs- und Entwicklungsbereich genügender Größe vorhanden ist. Bisher veröffentlichte Zahlenangaben über die Höhe des Personalbedarfs betreffen nur die wirtschaftlichen Auswertungen, d. h. die Vorkalkulation. Derartige Arbeitsgruppen sind nach amerikanischen Angaben gewöhnlich recht klein, sie bestehen im Höchstfall aus 8 bis 10, in der Mehrzahl der Fälle dagegen aus 3 bis 5 Personen. Nach Möglichkeit sollte man mindestens zwei Kräfte gleichzeitig ansetzen, damit diese sich in ihren Arbeiten immer noch gegenseitig anregen, abstimmen und kontrollieren können. Eine 3 bis 5 Fachkräfte beschäftigende Stelle mit verfügbarem Hilfspersonal, die ausreichend mit Rechenmaschinen ausgerüstet ist und auch die Möglichkeit hat, Großrechengeräte zeitweise zu benutzen, ist in der Lage, die im Forschungs- und Entwicklungsbereich von etwa 200 bis 300 Angestellten erarbeiteten technischen Unterlagen vorkalkulatorisch auszuwerten [*663*]. Nach einem anderen Hinweis ist zur Vorkalkulation je ein Angestellter auf 35 Chemiker und Verfahrensingenieure erforderlich [*739*]. In kleineren Forschungs- und Entwicklungsabteilungen wird nur ein Spezialist sowohl für die technischen als auch wirtschaftlichen Analysen ausreichen.

3.01 Abschluß der Vorprojektierung

Die endgültige Ausarbeitung und wirtschaftliche Bewertung der Vorprojekte zur Vorbereitung der Investitionsentscheidungen können ebenfalls in den Aufgaben- und Verantwortungsbereich der oben erwähnten Spezialstelle in der Forschungs- und Entwicklungsabteilung fallen. Es überwiegt jedoch, zumindest hinsichtlich der technischen Aufgaben der Vorprojektierung, die Übertragung an eine besondere Projektierungsabteilung innerhalb der technischen Verwaltung, die auch mit der späteren Ausführungsprojektierung befaßt wird bzw. die Koordinierung mit einer oder mehreren fremden Projektierungsfirmen zu übernehmen hat. Was die Vorkalkulation angeht, so wird sich auch häufig wegen der großen Bedeutung der Vorkalkulation für die Investitionsentscheidung, die ja im wesentlichen ein Anliegen der Geschäftsleitung darstellt, diese selbst einschalten.

3.1 Die Organisation im Stadium der Ausführungsprojektierung

3.10 Eigenausführung oder Ausgliederung der Projektierung

Die mit der Ausführungsprojektierung verbundenen umfangreichen und vielseitigen Aufgaben können entweder von den eigenen Arbeitskräften der Produktionsunternehmung ausgeführt oder aber ganz bzw. teilweise ausgegliedert werden. Bei der Ausgliederung werden eine oder mehrere Projektierungsfirmen herangezogen und vertraglich verpflichtet. Es macht keinen grundsätzlichen Unterschied, wenn anstelle solcher Projektierungsfirmen Apparate- und Maschinenbauanstalten auftreten, die neben der Herstellung und Lieferung des größten Teils der Verfahrensausrüstung auch die Projektierung der Anlagen mitübernehmen. Darüber hinaus sind zwischen den Grenzfällen der uneingeschränkten Eigenausführung und der völligen Ausgliederung verschiedene Übergangsformen anzutreffen.

Für die *Eigenausführung* sprechen folgende *Vorteile*:

1. Die Eigenausführung ermöglicht eine *bessere Anpassung der Anlagen* an die besonderen betrieblichen Erfordernisse und Gegebenheiten.

2. Bei der Eigenentwicklung neuer Verfahren kann der Projektierungsstab *gut mit der Forschung und Entwicklung koordiniert* werden.

3. Die Eigenausführung gestattet eine gründliche *Einweisung* der *Produktions- und Reparaturkräfte* in ihren neuen Aufgabenbereich, was bereits während der Zeit der Montagen und Anlaufoperationen erfolgen muß.

4. Die *Anlagenerrichtung* läßt sich erheblich *beschleunigen*, da man nicht mehr von der jeweiligen Beschäftigungslage fremder Firmen ab-

hängig ist. Diesem Gesichtspunkt kann bei neuentwickelten Verfahren und Produkten aus Konkurrenzgründen großes Schwergewicht zukommen.

5. Durch *Einsparung des Gewinns* der fremden Projektierungsfirmen und günstige Ausnutzungsmöglichkeiten unterbeschäftigten eigenen Personals in den technischen und kaufmännischen Abteilungen sowie Betriebswerkstätten läßt sich evtl. eine *Verbilligung der Anlagen* gegenüber der Untervergabe erzielen.

6. *Geheimhaltungsgründe* sind oft ein wesentlicher Bestimmungsgrund für die Eigenausführung [516]. Dies betrifft nicht nur technische Informationen über das neue Verfahren, die in jedem Falle bei Untervergabe preisgegeben werden müssen, sondern gilt auch hinsichtlich der Gefahr der Einblicknahme in Aufbau und Betrieb bereits bestehender Anlagen bei Gelegenheit der Montage. Es wird von den Chemiebetrieben häufig als sehr unangenehm empfunden, wenn fremdes technisches Personal unkontrollierten Zugang zu den Produktionsanlagen erhält.

Als gewichtige *Gegenargumente der Eigenausführung* sind zu berücksichtigen:

1. Die eigene Übernahme der äußerst komplexen Projektierungsfunktion erfordert die *ständige Anstellung* eines Stabes hochqualifizierter und *teurer Spezialisten*, die wirtschaftlich nur dann vertretbar sein kann, wenn eine hinlängliche Auslastung und gleichmäßige Beschäftigung dieser Kräfte gesichert ist. Hierfür sind bereits ein sehr großes Investitionsvolumen und ein relativ gleichmäßiger zeitlicher Anfall der neuen Projekte Voraussetzung. Die zu geringe Auslastung eines Projektierungsstabes sowie der Bau- und Montagekräfte führt zu überhöhten Projektierungskosten, während andererseits bei zu knapp bemessenem Personal die Projektierungszeit untragbar verlängert werden kann.

2. Die erforderlichen vielfältigen *Spezialkenntnisse und -erfahrungen* sind bei den oft auf engere Produktionsgebiete beschränkten Projektierungsfirmen in höherem Maße anzutreffen als bei einem eigenen Projektierungsstab, der meist ein sehr heterogenes Programm zu bewältigen hat. Die fehlenden Spezialisierungsvorteile können ungünstige technische und wirtschaftliche Auswirkungen zur Folge haben, wie z. B. in Gestalt einer nicht mehr den modernen Anforderungen entsprechenden Instrumentierung, Auswahl minder leistungsfähiger Lieferanten, unrationeller Montagen und erschwerter Inbetriebnahme der neuen Anlagen [28].

3. Der eigene Projektierungsstab ist im Gegensatz zur fremden Projektierungsfirma *keinem* unmittelbaren *Konkurrenzdruck* ausgesetzt, was den hierdurch bedingten Zwang zur Leistungssteigerung ausschaltet. Andererseits wird die Erreichung optimaler Lösungen beim Bau neuer

Anlagen zuweilen dadurch verhindert, daß der eigene Projektierungsstab auf zu viele Sonderwünsche anderer Abteilungen Rücksicht nehmen muß [*28*].

Je kleiner der Chemiebetrieb ist, desto schwerer kommen die Gegenargumente zur Auswirkung, so daß die Eigenausführung meist auf Großbetriebe beschränkt bleibt. Aber selbst hier wird gern von den Vorteilen einer zusätzlichen Untervergabe Gebrauch gemacht, entweder zur Vermeidung von Spitzenbelastungen in Zeiten besonders hoher Investitionstätigkeit [*28*] oder bei Aufgaben mit stärker fachfremdem Charakter. Dabei erfolgt zuweilen die geschlossene Abgabe einzelner Projekte, überwiegend aber die Teilausgliederung nach Funktionen oder Objekten. Im allgemeinen drängt besonders der selbstentwickelte neue Prozeß zur Eigenausführung, während alteingeführte Prozesse und solche, die schärfer begrenzte Spezialgebiete betreffen, an außenstehende Firmen vergeben werden [*69*]. Die Untervergabe wird zwingend, wenn die betreffenden Verfahren von Projektierungsfirmen entwickelt oder die Rechte zum Bau der Anlagen von diesen erworben wurden, wofür heute vor allem auf den Gebieten der Erdölverarbeitung und Petrochemie zahlreiche Beispiele vorliegen. Eine Teilausgliederung nach Funktionen kommt häufig für die Montagearbeiten in Frage, nach Objekten für Bauteil und Hilfsbetriebe.

Die Eigenausführung wurde früher in Deutschland von der I. G. Farbenindustrie und wird heute noch von ihren Nachfolgern häufig angewandt. Mitunter projektieren die großen Chemiebetriebe hier sogar für Fremde, besonders wenn selbstentwickelte Verfahren in Lizenz vergeben werden [*395*].

3.11 Vertragstypen bei Ausgliederung der Projektierung

Für die Beziehungen zwischen Chemiebetrieb und Projektierungsfirma ist die Art des Vertragstyps von wesentlichem Einfluß. Es kommen grundsätzlich *drei* verschiedene *Vertragstypen* in Betracht [*28; 583; 736*]:

1. Die Projektierungsfirma übernimmt die Lieferung der Anlagen zu einem *festen Preis*, und zwar entweder „frei Baustelle" oder sogar „schlüsselfertig" einschließlich der Montagen und des Bauteils. Charakteristisch ist, daß die Projektierungsfirma hier zumindest das *Preisrisiko* für die *Beschaffung der gesamten Apparatur* trägt, das sich bei schlüsselfertiger Errichtung der Anlagen noch erweitert. Dafür sind von seiten der Projektierungsfirma eine zuverlässige Vorkalkulation des Angebotspreises unter weitem Vordringen in konstruktive Details, feste Begrenzung des Leistungsumfanges und die Einrechnung größerer Sicherheitszuschläge gegen Fehlschätzungen und spätere Preissteigerungen notwendig. Die Risiken lassen sich nicht immer durch Verein-

barung von Preisgleitklauseln ausschalten. Die Produktionsunternehmung hat den Vorteil, alle Risiken abwälzen und mit einem fest vereinbarten Preis rechnen zu können, was besonders bei kleineren Firmen oft ausschlaggebend ist. Andererseits erweisen sich die einkalkulierten hohen Sicherheitsmargen nicht selten später als unberechtigt und verwandeln sich dann in Übergewinne, welche der Chemiebetrieb bei Wahl eines anderen Vertragstyps nicht hätte zu tragen brauchen. Noch ungünstiger aber mag sich für den Chemiebetrieb die Neigung der Projektierungsfirmen auswirken, in solchen Fällen starr am einmal festgelegten Leistungsumfang festzuhalten und Änderungen oder Erweiterungen, die sich im Laufe der Projektentwicklung als zweckmäßig erweisen könnten, kaum oder nur gegen zusätzliche Vergütung vorzunehmen. Im allgemeinen wird dieser Vertragstyp nicht auf allzu große Projekte ausgedehnt, weil die Haftungsgarantien der Projektierungsfirmen dann ohnehin illusorisch werden würden.

2. Der *feste Angebotspreis* der Projektierungsfirma bezieht sich nur auf ihre *Dienstleistungen*, während der Bezugswert der Verfahrensausrüstung nicht in den Preis eingeht. Die Beschaffung der Anlagen erfolgt höchstens kommissionsweise für Rechnung der Produktionsunternehmung, wobei die besonderen Erfahrungen der Projektierungsfirma betreffs Auswahl der leistungsfähigsten Lieferanten nutzbar gemacht werden. Dieser Vertragstyp erleichtert die Vorkalkulation des Angebotspreises erheblich und ist auch gegenüber Änderungen im Leistungsumfang elastischer, da die sonst erforderliche zeitraubende Einholung verbindlicher Angebotspreise seitens der Unterlieferanten als Rückversicherung wegfällt. Eine solche Vertragsbasis wird häufig bei Großprojekten und dann, wenn die Produktionsunternehmung mit Hilfe eines größeren eigenen Projektierungsstabes bei der Projektentwicklung in gewisser Weise mitwirken möchte, bevorzugt.

3. Anstelle eines Festpreises berechnet die Projektierungsfirma eine *Gebühr* für ihre Dienstleistungen *prozentual von den* sonstigen *Baukosten des Projektes* oder von einem anderen Basiswert, die sich nach Abschluß der Arbeiten ergeben. Lediglich über den Prozentsatz bzw. die Berechnungsgrundlage braucht man vor Inangriffnahme des Projektes eine Einigung zu erzielen, so daß Verzögerungen im Zusammenhang mit der Vorkalkulation von Festpreisen entfallen. Das bietet große Vorteile, wenn sich der Leistungsumfang am Anfang sehr schwer übersehen läßt oder mit größeren Änderungen im Laufe der Zeit gerechnet werden muß. Dieser Vertragstyp erscheint vor allem bei neuartigen Prozessen und zur möglichst schnellen Verwirklichung von Projekten geeignet. Er setzt freilich ein erhebliches Maß an Vertrauen zwischen den Vertragspartnern voraus, zumal die Gefahr besteht, daß die Projektierungsfirma an

besonders hohen Kosten mit Rücksicht auf die hieraus erzielbare Gewinnmehrung interessiert ist.

3.12 Strukturelle Gliederung der Projektierungsfunktion

Die Probleme der *Stellengliederung* werden an dem in Abb. 63 dargestellten Modell eines Organisationsplanes erörtert, der für eine größere Projektierungsfirma gelten soll und in einigen Grundzügen mit der von D. GORDON [*243*] wiedergegebenen idealtypischen Stellengliederung übereinstimmt. In der Praxis sind mehr oder minder starke Abweichungen hiervon anzutreffen, was schon aus den sonstigen in der Literatur bisher veröffentlichten Organisationsplänen, die mitunter auch die Eigenausführung oder teilweise Untervergabe betreffen, hervorgeht [vgl. *135*; *243*; *468*; *507*; *516*; *707*, S. 199]. Im vorliegenden Fall wird eine völlige *Ausgliederung der Projektierung* unterstellt. Der Produktionsunternehmung verbleiben nur noch die Aufgaben der Ausarbeitung des Vorprojektes, was zur Schaffung sicherer Vertragsgrundlagen sorgfältig geschehen sollte [*349*; *537*; *583*], und der Aufrechterhaltung laufender Verbindungen zur Projektierungsfirma. Dieses betrifft die Versorgung der Projektierungsfirma mit technischen und betrieblichen Daten aller Art, Verhandlungen über Änderungen von Vertragsvereinbarungen, Gedankenaustausch zur Anordnungsplanung, Regelung hinsichtlich der Einweisung des Betriebspersonals, evtl. auch eine gewisse Mitwirkung und Überwachung bei den Bau- und Montagearbeiten und den Anlaufoperationen. Wie bereits oben erwähnt, ist bei der Produktionsfirma am besten eine Stelle innerhalb der technischen Verwaltung oder eine Stabsabteilung der Direktion mit diesen Aufgaben zu betrauen.

Bei der Projektierungsfirma wird für die Gesamtausführung des Projektes ein verantwortlicher *leitender Projektierungsingenieur* eingesetzt, dem sämtliche Teilfunktionen und die entsprechenden Aufgabenträger unterstellt sind. Zunächst erfolgt eine funktionelle Stellengliederung nach 5 Abteilungen: *Technische Leitung, Kalkulation, Einkauf, Bau- und Montageabteilung, Betrieb (Anlaufoperationen)*.

Hiervon sind die der *technischen Leitung* unterstellten Abteilungen am wichtigsten, ihre Aufgaben könnte man mit „Projektierung im engeren Sinne" bezeichnen. Die Gliederung erfolgt zweckmäßig wiederum nach funktionellen Gesichtspunkten in drei Abteilungen:

1. *Chemisch-technologische Abteilung.* Hier konzentriert sich die von der Projektierungsfirma ausgeübte Forschungs- und Entwicklungstätigkeit, die in erster Linie der Vorprojektierung zuzuordnen ist. Die Bedeutung dieser Abteilung ist um so größer, in je höherem Maße Eigenentwicklungen betrieben oder Fremdentwicklungen unterstützt werden sollen. Die Aufgaben betreffen die endgültige Klarstellung der Ver-

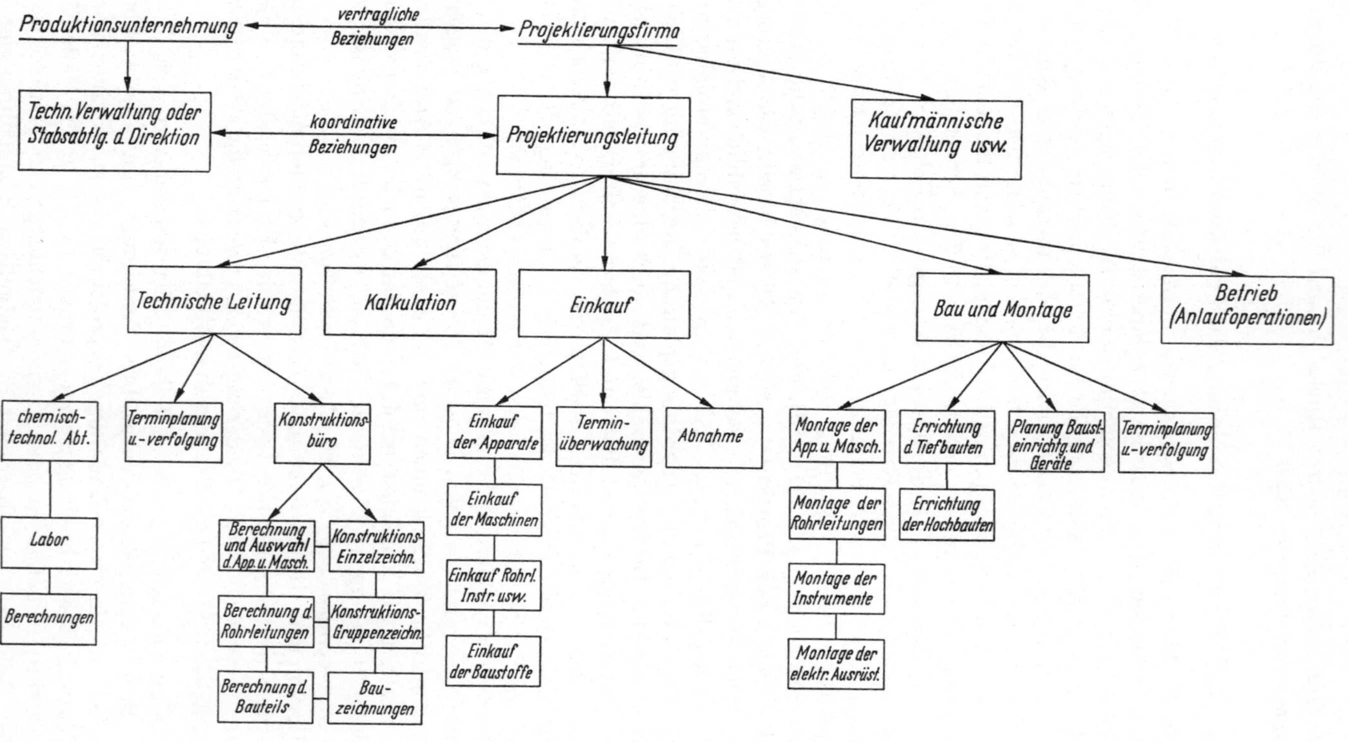

Abb. 63.   Organisationsplan einer großen Projektierungsfirma

fahrensgrundlagen, der technischen Reaktionsführung und der eingeschlossenen physikalischen Grundverfahren. In der Personalbesetzung dominiert der chemische Technologe. Verfahrensingenieure, jedenfalls wie sie gegenwärtig in Deutschland ausgebildet werden, haben hier nur subsidiäre Bedeutung, ihre Aufgabenschwerpunkte liegen mehr im Konstruktionsbüro.

2. *Terminplanung und Terminverfolgung.* Sie betrifft zunächst nur die zeitliche Aufgabenplanung für chemisch-technologische Abteilung und Konstruktionsbüro, es kann aber auch die Gesamtplanung unter Einbeziehung der Terminpläne des Einkaufs sowie der Bau- und Montageabteilung von hier aus erfolgen. Der Umfang dieser Stelle ist natürlich klein. Häufig reicht ein Angestellter hierfür aus, der dann praktisch als Assistent des technischen Leiters fungiert.

3. *Konstruktionsbüro.* Die natürliche Stellengliederung des Konstruktionsbüros wird vom Objektprinzip beherrscht, woraus sich z. B. folgende Arbeitsgruppen ableiten lassen:

a) Apparate mit evtl. weiterer Gliederung nach Reaktionsapparaten, Wärmeaustauschern und Kondensatoren, Kolonnenapparaten, Öfen und Trocknungsanlagen usw.

b) Maschinen mit den Untergruppen Pumpen und Verdichter sowie Antriebsmaschinen

c) Rohrleitungen einschl. Rohrleitungsarmaturen

d) Instrumentierung (Meß- und Regeleinrichtungen)

e) Isolierungen

f) Elektrische Einrichtungen

g) Bauteil, gegliedert nach Hoch- und Tiefbauten

h) Anordnungspläne und Modelle

Es ist leicht einzusehen, daß sich diese Gliederung schon aus der beruflichen Spezialisierung der Ingenieure ergibt. Je größer die Projektierungsfirma und je homogener ihr Arbeitsprogramm sind, desto stärker können durch Arbeitsteilung Spezialisierungsvorteile ausgenutzt werden. Die funktionelle Gliederung der Konstruktionsarbeit nach Berechnungen und Anfertigung der Konstruktionszeichnungen ist der Objektgliederung nachgelagert, die Verbindungen zwischen diesen Aufgaben sind aber derartig eng, daß eine deutliche Stellenabgrenzung selten hervortreten wird.

Die *Kalkulation* betrifft die Vor-, Zwischen- und Nachkalkulation der Projekte. Hier ist engste Zusammenarbeit mit praktisch allen anderen Abteilungen erforderlich.

Für die Gliederung des *Einkaufs* wurde das kombinierte Funktions-Objektprinzip angenommen. Der größte Teil der Beschaffungsfunktionen ist von den einzelnen Einkäufern bzw. Einkäufergruppen gleichzeitig zu erledigen, deren Spezialisierung nach verschiedenen Anlage- und Materialgruppen unterschiedlich weit vorangetrieben werden kann.

Lediglich die für die Projektierung besonders wichtigen Funktionen der Terminüberwachung und der Abnahme sind ausgegliedert. Die Abnahme, welche die Vertragsmäßigkeit der Lieferungen sichern soll, obliegt häufig mehreren hierauf spezialisierten Ingenieuren. Sie sind vorzugsweise im Außendienst damit beschäftigt, größere Anlageteile vor Auslieferung in der Werkstatt des Herstellers zu prüfen, evtl. sogar vorher deren Fertigungsgang zu überwachen [vgl. *28*; *181*; *736*]. Diese Ingenieure lassen sich gleichzeitig zur Terminüberwachung einsetzen. Anstelle der genannten Objektgliederung nach Anlage- und Warengruppen wird von anderer Seite [*550*, S. 122] zunächst eine solche nach geschlossenen Projekten für zweckmäßiger angesehen. Jeder Einkäufer hat dann einen größeren Kreis von Einkaufsgegenständen zu bearbeiten und verliert dadurch gewisse Spezialisierungsvorteile, gewinnt aber andererseits einen engeren Kontakt zur Ausführung und zu den besonderen Anforderungen des einzelnen Projektes. Wichtig sind die organisatorischen Verbindungen zur Konstruktion, welche die Einkaufsanforderungen auszufertigen hat.

In ähnlicher Weise ergibt sich die natürliche Gliederung der *Bau- und Montageabteilung* nach dem kombinierten Funktions-Objektprinzip, indem neben der objektbezogenen Unterscheidung einiger Montage- und Baugruppen die beiden Abteilungen für „Planung der Baustelleneinrichtung sowie Bau- und Montagegeräte" und „Terminplanung und -verfolgung" als Funktionseinheiten verselbständigt werden. Meistens übernimmt die Projektierungsfirma nur die Montageaufsicht bzw. die Stellung eines Stamms von Facharbeitern, während die Hilfsarbeiten vom Chemiebetrieb selbst ausgeführt oder an ortsansässige Firmen vergeben werden [*28*; *736*].

Die *Anlaufoperationen* überträgt man vorteilhaft einigen Spezialisten, obwohl in vielen Fällen die gleichzeitige Übernahme dieser Funktion durch die Montageaufsicht ausreichen wird. Ohnehin beteiligt sich das Betriebspersonal der Produktionsunternehmung hieran in hohem Maße, schon um die notwendige Arbeitseinweisung zu erhalten.

Größte Bedeutung kommt den organisatorischen Querverbindungen zwischen den genannten Stellen in Gestalt von *Berichts- und Informationswegen* zu, welche die umständlicheren Befehlswege der reinen Linienorganisation ergänzen. Da oft mehrere Projekte gleichzeitig zu bearbeiten sind, wird besonders im Konstruktionsbüro für die spezielle Koordinierung der Konstruktionsarbeiten eines Projektes gern ein verantwortlich leitender Ingenieur eingesetzt.

Es sei hier ausdrücklich darauf hingewiesen, daß es sich bei der beschriebenen Stellengliederung nur um ein Beispiel handelt und dabei eine beachtliche Betriebsgröße unterstellt wurde. Im Falle kleinerer Projektierungsfirmen mögen die unterschiedenen Stellen vielfach zu einzelnen Aufgabenträgern werden bzw. weitgehend zusammenzufassen sein.

Im anderen Extremfall, nämlich bei uneingeschränkter *Eigenausführung des Projektes*, hat man sich eine besondere Projektierungsabteilung innerhalb der technischen Verwaltung des Chemiebetriebes zu denken. Die organisatorischen Bedingungen sind hier insofern anders geartet, als die Aufgabenträger zu einem Großteil anderen Organisationsbereichen der Unternehmung eingegliedert und keinesfalls alle der Projektierungsleitung direkt kompetenzmäßig zu unterstellen sind. Letzteres wäre eigentlich nur beim Konstruktionsbüro zwanglos möglich, während die chemisch-technologische Abteilung meist in den Forschungs- und Entwicklungsbereich, der Einkauf in den Beschaffungsbereich der Gesamtunternehmung und die Bau- und Montagearbeiten in den Kompetenzbereich der Betriebswerkstätten fallen werden. Will man eine Mehrfachunterstellung vermeiden, so sind erheblich verlängerte Befehlswege in Kauf zu nehmen, weshalb die Querverbindungen hier besonders starkes Interesse beanspruchen.

Die in der Praxis häufig anzutreffenden *Mischformen zwischen Eigenausführung und Ausgliederung* zeichnen sich durch große Mannigfaltigkeit aus. Es sind dann zwei verantwortliche Projektierungsleiter, nämlich sowohl beim Chemiebetrieb als auch bei der Projektierungsfirma, einzusetzen, denen die Leitung der Teilaufgaben und die gegenseitige Abstimmung der Arbeiten obliegt. Dadurch treten noch größere Koordinierungsprobleme auf, weil sich die Verantwortungsbereiche nicht nur organisatorisch getrennter Abteilungen, sondern zweier völlig fremder und nur durch vertragliche Beziehungen miteinander verbundener Unternehmungen gegenüberstehen.

3.13 Terminplanung und Terminverfolgung

Das Ineinandergreifen der Projektierungs-Teilfunktionen zwingt nicht nur zu einer sorgfältigen Abstimmung zwischen den befaßten Stellen, sondern auch zu einer *zeitlichen Koordinierung* der Arbeitsgänge, die in der *Terminplanung* ihren Ausdruck findet. Der Terminplanung muß sich die *Terminverfolgung* oder *Terminüberwachung* anschließen. Hierdurch werden durch Vergleich der erreichten Ist-Termine mit den Sollwerten die Planmäßigkeit des Arbeitsfortschritts kontrolliert und bei auftretenden Abweichungen evtl. korrigierende Maßnahmen veranlaßt.

Die bekannteste und am meisten benutzte Form des Terminplans ist das *Balkendiagramm*, das in vielfältigen Varianten auftritt [*3*; *181*; *243*; *346*; *435*, Teil I u. IV; *507*]. Die Balken sind gewöhnlich in Richtung einer horizontalen Zeitachse aufgetragen und symbolisieren mit ihrer Länge die Zeitdauer der einzelnen Arbeitsgänge.

In Abb. 64 erscheinen z. B. in der ersten Spalte die einzelnen Bearbeitungsobjekte eines Projektes weitgehend differenziert. Die für die zugehörigen Arbeitsgänge wie Berechnungen und Anfertigung der Konstruktionszeichnungen, Bestellungen usw. erforderlichen Zeitspannen werden mit Hilfe von Balken unterschiedlicher Flächenmarkierung rechts davon im Terminplan eingetragen, und zwar jeweils in der gleichen Zeile

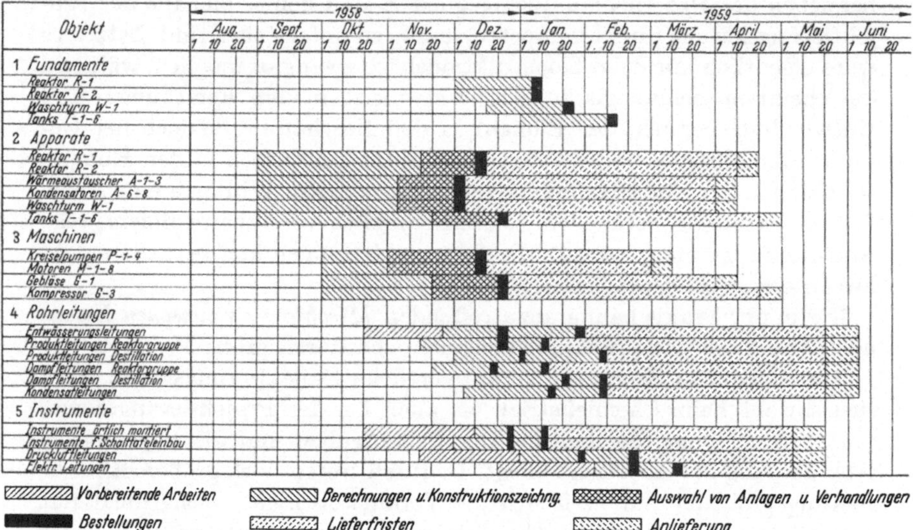

Abb. 64: Terminplan mit weitgehender Differenzierung nach Einzelobjekten [vereinfachte und ausschnittweise Darstellung in Anlehnung an D. GORDON, *243* u. R. ADAMS, *3*]

sowie hintereinandergeschaltet entsprechend dem natürlichen Arbeitsablauf. Die Verfeinerung in der Stufung der Zeitachse, z. B. nach Monaten, halben Monaten, Dekaden oder Wochen, wird sich nach der Genauigkeit der verfügbaren Planungsunterlagen richten. Darüber hinaus können wichtige Einzeltermine, wie etwa die Genehmigung von Fließbildern, Fertigstellung der Stücklisten, Einkaufsanforderungen, Absendung von Konstruktionszeichnungen an Lieferanten, durch Eintragung von Buchstaben, Nummern und Symbolen eine besondere Kennzeichnung erfahren. Nachteilig ist, daß diese Form eigentlich nur bei weit vorangetriebener Differenzierung der Bearbeitungsobjekte in der ersten Spalte in Frage kommt, denn andernfalls wären Überschneidungen in den Arbeitsgängen unvermeidbar, für deren Kennzeichnung das Diagramm aber keinen Raum vorsieht.

Dieser Nachteil tritt bei der in Abb. 65 dargestellten Form nicht auf. Die Bearbeitungsobjekte sind zu größeren Gruppen zusammengefaßt, während die Zeiträume für Konstruktion, Bestellung, Lieferung sowie Bau- und Montage in jeweils getrennte Zeilen eingetragen werden. Diese sind geteilt ausgeführt, um sowohl die Soll- als auch die Ist-Zeiträume verzeichnen und einander gegenüberstellen zu können. Die Notwendigkeit einer unterschiedlichen Flächenmarkierung der Balken entfällt hier, sie ist in Abb. 65 lediglich für Soll- und Ist-Zeiträume beibehalten worden.

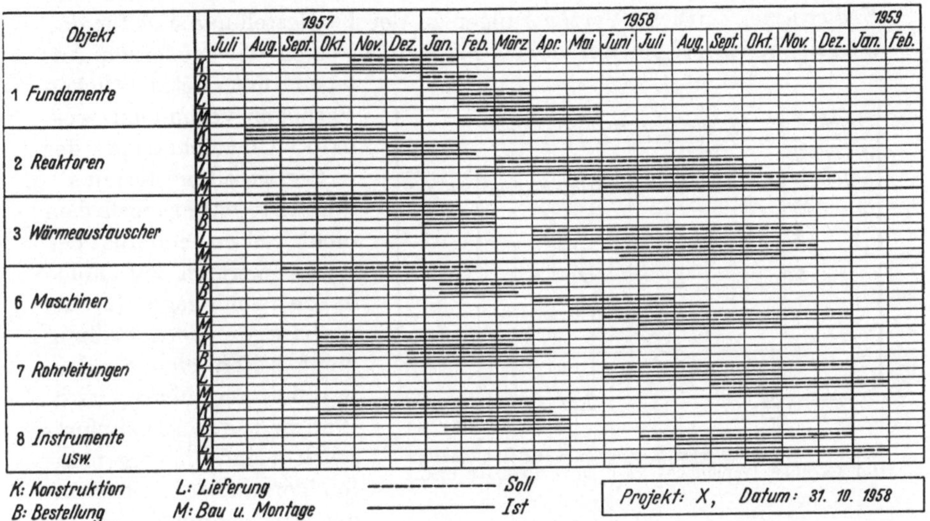

Abb. 65: Terminplan mit Zusammenfassung der Einzelobjekte zu größeren Gruppen [vereinfacht nach J. O. DUGDALE-BRADLEY, *181*]

Ein gemeinsamer Nachteil aller Balkendiagramme besteht darin, daß die Balken nur die *Gesamtzeiträume*, nicht aber die geforderten oder erreichten *Arbeitsfortschritte* innerhalb derselben erkennen lassen. Ob z. B. die Konstruktionszeichnungen der Objektgruppe 7 in Abb. 65, für deren Anfertigung insgesamt 6 Monate angesetzt sind, nach 3 Monaten zu 20, 50 oder irgendeinem anderen Prozentsatz fertiggestellt sein sollen, geht aus dem Balkendiagramm nicht hervor. Man kann sich damit helfen, daß die Prozentzahlen der geforderten oder erreichten Fertigstellung über den Balken angeschrieben werden, jedoch werden die Diagramme hierdurch leicht unübersichtlich. Soll über den Arbeitsfortschritt innerhalb der Gesamtzeiten ein genauerer Aufschluß gegeben werden, so sind kurvenmäßige Darstellungen gemäß Abb. 66 zweckmäßiger. Diese lassen sich auch mit dem Balkendiagramm kombinieren, indem jedem Balken bzw. Balkenpaar der Soll- und Ist-Zeiten ein Kurvendiagramm zugeordnet wird [*181*], wie es Abb. 66 für die Anfertigung der Konstruktionszeichnungen von Objektgruppe 7 in Abb. 65 zeigt.

Die Terminpläne können als Teilpläne für eine begrenzte Zahl von Objektgruppen oder Arbeitsgängen sowie als zusammenfassende Gesamtpläne entwickelt werden. Die Gesamtpläne entstehen meist primär als „Grobpläne", die sich im übrigen zuweilen auch auf die vorausgehenden Stadien der Vorprojektierung erstrecken [vgl. *507*].

Die Terminplanung zielt zunächst auf die Ermittlung der für die Ausführungsprojektierung erforderlichen *Gesamtzeit* und damit des *Endtermins*. Zeitliche Verzögerungen in der Fertigstellung sind für den Chemiebetrieb wegen der hohen Kapazitätskosten der modernen Anlagen mit beträchtlichen Verlusten verbunden, weshalb Überziehungen des Fertigstellungstermins durch Projektierungsfirmen nicht selten empfindliche Vertragsstrafen zur Folge haben, wohingegen für die vorfristige Fertigstellung nicht selten eine Sonderprämie vereinbart wird. Während des Arbeitsfortschritts sind die vorgeplanten Termine bei auftretenden Abweichungen der Ist-Termine zu korrigieren, um vor allem die gefährliche kumulative Wirkung einzelner Arbeitsverzögerungen einzudämmen. Bei der Aufstellung des Terminplans sind die Schätzungen der später mit den betreffenden Arbeiten befaßten Stellen sehr wesentlich, doch darf man den Terminplan wegen der Neigung der ausführenden Stellen, sich übermäßig hohe Terminreserven zu sichern, keinesfalls einseitig daran ausrichten. Oft finden Näherungslösungen Anwendung, die betriebsindividuell entwickelt wurden und bis jetzt in der Literatur leider noch sehr wenig zugänglich waren (s. u.). Kennt man z. B. die in Abb. 67 auf der Abszisse in Prozentwerten aufgetragene Gesamtzeit für die Ausführung eines Projektes, so kann man aus den Summenkurven 1 bis 3 die etwa vorzugebende Verteilung der Arbeitsstunden für Konstruktion sowie Bau und Montage bzw. der Materialbestellungen schätzen. Den Treppenzügen I und II ist das Verhältnis zwischen jeweils Beschäftigten zu durchschnittlich erforderlichen Arbeitskräften zu entnehmen. Dieses Verhältnis ist bei den mit der Konstruktion Beschäftigten maximal 1,65 im Bereich zwischen 20 und 35% der Gesamtzeit, bei den Bau- und Montagekräften maximal 1,5 im Gebiet um 70% der Gesamtzeit. Konstruktionsarbeiten und Materialbestellungen sollen nach etwa 70% der Gesamtzeit zum

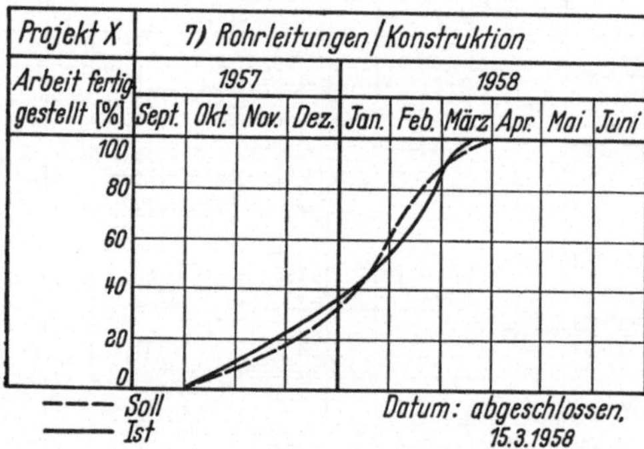

Abb. 66. Arbeitsfortschritts-Diagramm für eine einzelne Objektgruppe [vereinfacht nach J. O. DUGDALE-BRADLEY, *181*]

Abschluß gekommen sein. Das Diagramm der Abb. 67 wurde von M. MATTOZZI bei der „Arabian American Oil Company" als ein für den Bau von Erdöl-Verarbeitungsanlagen stark idealisiertes Schema entwickelt.

Die für die Projektierung chemischer Fabrikanlagen allgemeingültige Erfahrungsregel, wonach die Konstruktionsarbeiten im Mittel nach 75% der Zeit der gesamten Ausführungsprojektierung beendet und andererseits die Bau- und Montagearbeiten nach 25 bis 30% dieser Gesamtzeit

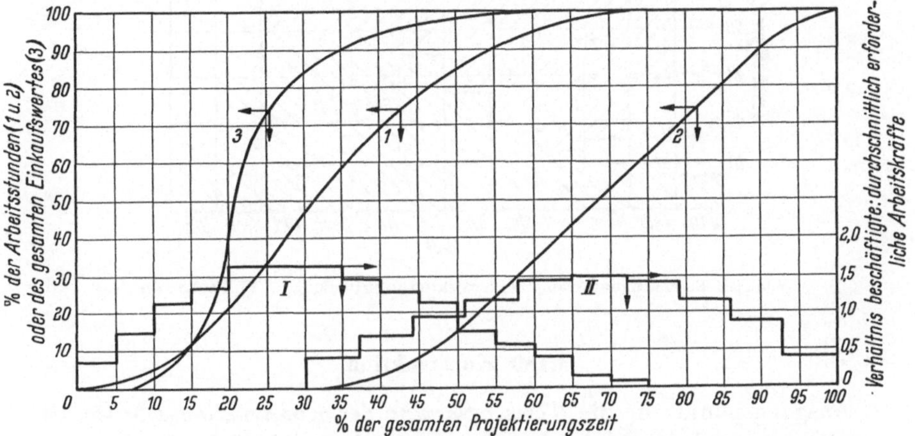

Abb. 67: Beispiel eines Arbeitsfortschritts-Diagramms (M. MATTOZZI, 435, Teil I]
1 Konstruktion; 2 Bau und Montage; 3 Materialbestellungen; I Konstruktion; II Bau und Montage

einsetzen sollen, deckt sich ungefähr mit den Aussagen der Kurven 1 und 2 der Abb. 67. Eine stärkere zeitliche Ausdehnung der Konstruktion würde evtl. dazu führen, daß für Beschaffung und Errichtung einzelner Anlageteile nicht mehr genügend Zeit zur Verfügung steht. Der verfrühte Beginn der Bau- und Montagearbeiten wiederum könnte leicht Schwierigkeiten und Verzögerungen wegen noch fehlender oder unvollständiger Konstruktionsunterlagen hervorrufen [596].

Die Terminplanung darf nicht einseitig die reibungslose Neben- und Hintereinanderschaltung der Arbeitsgänge im Auge haben, um vielleicht die Einhaltung möglichst früher Endtermine zu erreichen, sondern sie muß gleichzeitig eine optimale und gleichbleibend hohe Beschäftigung der befaßten Stellen zu verwirklichen suchen. Die Terminplanung erfordert damit als notwendiges Korrelat die *Beschäftigungsplanung*. Die Abb. 67 und 68 lassen deutlich genug erkennen, welchen heftigen Schwankungen der Arbeitskräftebedarf in den einzelnen Zeitabschnitten der Projektierung unterworfen ist, so daß ausschließliche Terminrücksichten bald zu größeren Fluktuationen in der Beschäftigungslage der Stellen und damit zu Kostensteigerungen führen müßten. Nur das geschickte, zeitlich gegeneinander verschobene Durchleiten mehrerer Projekte gestattet die Ausschöpfung aller Möglichkeiten eines Beschäftigungsausgleichs.

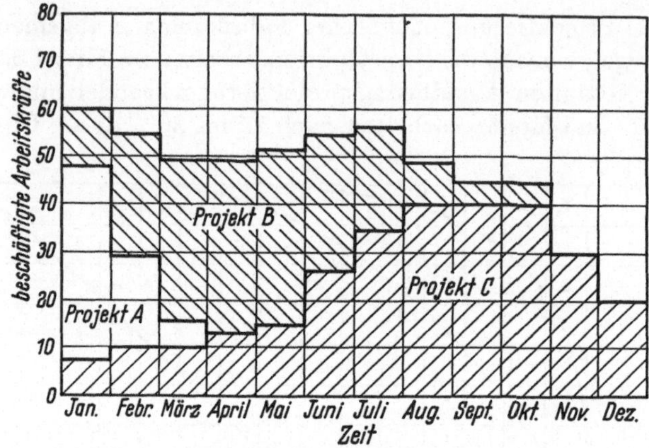

Abb. 68. Beschäftigungsplan einer Projektierungsabteilung [C. W. PERRY, 516]

3.130 Konstruktion

Ausgangspunkt für die *Terminplanung der Konstruktionsarbeiten* ist die Schätzung des gesamten hierfür notwendigen Arbeitsstundenbedarfs.

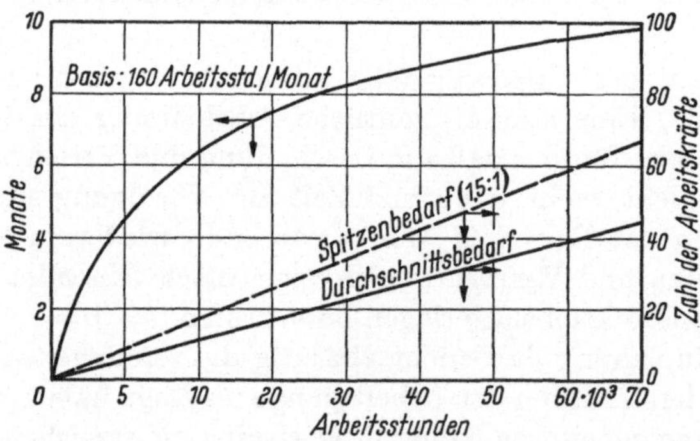

Abb. 69. Beispiel eines Terminplanungsdiagramms für die Konstruktion [M. MATTOZZI, 435, Teil II]

Dieser läßt sich angenähert entweder durch direkten Vergleich mit einem ähnlichen, bereits ausgeführten Projekt oder durch einen Umweg über die geschätzten Konstruktionskosten [s. Kap. 4.09] ermitteln, indem man letztere durch die durchschnittlichen Kosten einer Arbeitsstunde dividiert.

Auf Grund einer Kenntnis des gesamten Arbeitsstundenbedarfs könnte man aus einem Diagramm ähnlich Abb. 69 die für die Konstruktion erforderliche Zeit schätzen. Diese Angaben besitzen kaum Allgemeingültigkeit, denn es liegt wiederum nur die Projektierungspraxis einer einzigen Firma auff dem Erdölsektor zugrunde.

Über die Aufteilung des gesamten Arbeitsstundenbedarfs auf die einzelnen Objektgruppen vermitteln die Richtwerte der Tab. 6 brauchbare Hinweise. Die Zahlenwerte stimmen weitgehend mit entsprechenden Angaben anderer Autoren überein [*435*, Teil II; *550*, S. 97].

Die genannten globalen Schätzungsmethoden bieten für eine Rahmenplanung die ersten Anhaltspunkte, können aber den Rückgriff auf betriebsindividuelle Werte und detaillierte Zeitvorrechnungen, wie sie die Aufstellung der weiter oben beschriebenen Terminpläne (Balkendiagramme) verlangt, nicht ersetzen.

Tabelle 6.

Durchschnittliche Verteilung der Konstruktionsstunden auf verschiedene Objektgruppen
[R. ADAMS, *3*]

Objektgruppe	Anteil in v. H. an den insgesamt erforderlichen Konstruktionsstunden	Abweichung in v. H.
Fundamente	6	2
Gebäude und Stahlkonstruktionen	15	3
Maschinen	4	1
Apparate	10	2
Rohrleitungen	50	10
Elektrische Einrichtungen	7	2
Instrumentierung	8	2

3.131 Beschaffung

Die *Gesamtzeit der Beschaffung* setzt sich zusammen aus den erforderlichen Zeiträumen für

a) das *Einholen von Angeboten*, Auswählen von Anlagen, Verhandeln mit Lieferanten,

b) das Abrichten der *Bestellungen*,

c) die *Lieferfristen*,

d) das *Anliefern* der Anlagen.

Die *Lieferfristen* bilden hierin meist den Engpaß, der nicht nur für die Terminplanung der Beschaffung, sondern vielfach sogar für den Gesamtterminplan der Projektausführung bestimmend wird. Dies gilt besonders dann, wenn einzelne große Anlagegegenstände oder Spezialkonstruktionen sehr ausgedehnte Lieferfristen in Anspruch nehmen. Um die Bestellungen dieser für die Terminplanung „kritischen" Anlagegegenstände so früh wie möglich abrichten zu können, müssen sich Berechnungen und konstruktive Auslegung zu allererst hierauf konzentrieren. Aber auch die Lieferung größerer Materialmengen wie der Rohrleitungen, Armaturen, Instrumente erfordert viel Zeit, während andererseits die detaillierten Mengenbestimmungen über Konstruktionszeichnungen und Stücklisten erst verhältnismäßig spät verfügbar sind. In diesen Fällen ist man gezwungen, bereits lange vor der endgültigen Mengenbestimmung den ungefähren Bedarf zu schätzen und auf dieser Grundlage den größten Teil des Materials zu bestellen, während die Restbestellungen später nach Fertigstellung sämtlicher Stücklisten abgehen können (vgl. Abb. 64).

Für die Einplanung der Lieferfristen bieten feste Vertragsvereinbarungen mit den Lieferanten die sicherste Grundlage. Da die Verträge aber erst zu einem ziemlich späten Zeitpunkt geschlossen werden, nämlich im wesentlichen nach Abschluß der Konstruktion, ist man vorher auf Schätzungen angewiesen. Diese sind um so leichter auszuführen, je größere Erfahrungen man mit den betreffenden Lieferanten bereits gesammelt hat, wobei allerdings die jeweilige Auftrags- und Beschäftigungslage nicht außer acht gelassen werden darf. Da dieser Einfluß bei veröffentlichten Richtwerten über Lieferfristen nicht genügend zum Ausdruck kommt, sind solche Angaben mit entsprechenden Vorbehalten zu betrachten. Aus den Angaben von R. ADAMS [3], die unter britischen Verhältnissen für das durch konjunkturellen Hochschwung im Maschinen- und Apparatebau gekennzeichnete Jahr 1957 gelten, seien hier auszugsweise als Beispiele genannt: Schwere Apparate mit Wandstärken über 75 mm 15 bis 20 Monate, kleine Apparate 6 bis 10 Monate, große Pumpen, Turbinen, Kompressoren oder Maschinen mit mehr als 10 t Gesamtgewicht 16 bis 18 Monate, kleine Pumpen aus Gußeisen oder Gußstahl 8 bis 10 Monate, kleine Motoren 2 bis 3 Monate.

Daneben sind auch für die *Angebotseinholung* und die Verhandlungen mit Lieferanten ausreichende Zeitspannen zu sichern.

Der *Terminüberwachung* kommt vor allem im Hinblick auf die Einhaltung der Liefertermine seitens der Lieferanten größte Bedeutung zu. Hierfür werden die ständige Fühlungnahme und Verfolgung der Fertigungsfortschritte in den Werkstätten oft als unumgänglich betrachtet [vgl. *28*; *181*; *346*; *736*].

3.132 Bau und Montage

Während der Zeitbedarf größerer *Bauarbeiten* gesondert zu veranschlagen ist, kann man zur Ermittlung der für die *Montage der Verfahrensausrüstung* erforderlichen Arbeitsstunden in erster Näherung wiederum von den geschätzten Montagekosten ausgehen, d. h. letztere durch die mittleren Kosten einer Montagearbeitsstunde dividieren. Aus der Gesamtzahl der Arbeitsstunden kann man aus einem Diagramm wie unter Abb. 70 — es gelten hier die analogen Einschränkungen wie bei Abb. 69 — auf die Länge der Bau- und Montagezeit sowie die Zahl der erforderlichen Arbeitskräfte schließen. Die Schätzung der Arbeitsstunden über die Kosten kann auch mit Vorteil bei einzelnen Montageobjekten Anwendung finden: Wurde z. B. das Gewicht eines bestimmten Rohrleitungsabschnitts mit rd. 10 t errechnet und betragen die Montagekosten erfahrungsgemäß 1000 DM/t [s. Kap. 4.081.1], so wären 2000 Montagearbeitsstunden erforderlich, wenn man 5 DM je Arbeitsstunde einschließlich des Zuschlags für Baustellengemeinkosten ansetzt.

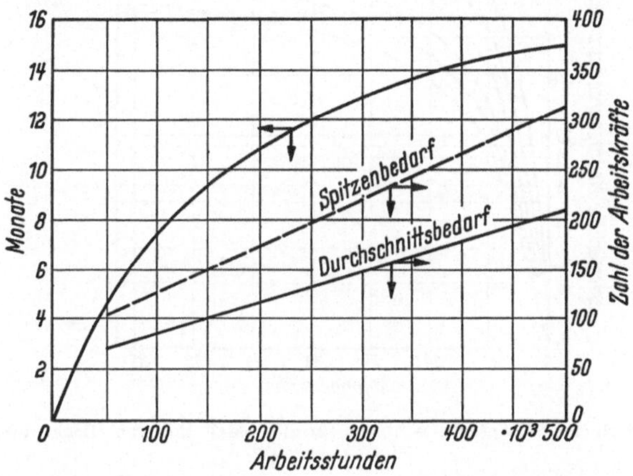

Abb. 70. Beispiel eines Terminplanungsdiagramms für Bau und Montage [M. MATTOZZI, 435, Teil III]

Die nach einzelnen Objekten differenzierende Terminplanung setzt genaue Analysen der Arbeitsaufgaben auf Grund der Konstruktionszeichnungen, örtlichen Bedingungen, des Einsatzes von Bau- und Montagegeräten usw. voraus. Neben eigenen Erfahrungen sind veröffentlichte Richtwerte über den mittleren Arbeitsstundenbedarf für die verschiedenen Einzelarbeiten gut brauchbar. An dieser Stelle ist vor allem auf die ausgezeichnete Datensammlung von H. HERKIMER [289] sowie auf spätere Ausführungen und Literaturangaben unter Kap. 4.081 hinzuweisen. Als interessantes Beispiel derartiger Richtwertangaben mag Abb. 71 dienen, worin der Arbeitsstundenbedarf für den Einbau von Glockenböden dargestellt ist. Eingeschlossen ist der Zeitbedarf für den Antransport des Materials vom Lager, das Einbauen der Böden und Glocken sowie die Vornahme der Wasserdruckprobe.

Für die Festlegung der zeitlichen Folge der einzelnen Arbeiten sind nicht nur technische Gesichtspunkte maßgebend, sondern auch die Forderungen eines möglichst wirtschaftlichen Einsatzes der Bau- und Montagegeräte. Längere Stillstandzeiten sind durch gruppenweise Zusammenfassung von Arbeiten, die für den Einsatz der betreffenden Geräte in Frage kommen, weitgehend zu vermeiden. Trotzdem gibt es gerade bei der Anlagenerrichtung immer noch derartig viele Unbekannte, wie z. B. unvorhergesehene schlechte Bodenverhältnisse, Verzögerungen in der Materialanlieferung, ungünstige Witterungsverhältnisse, vorzu-

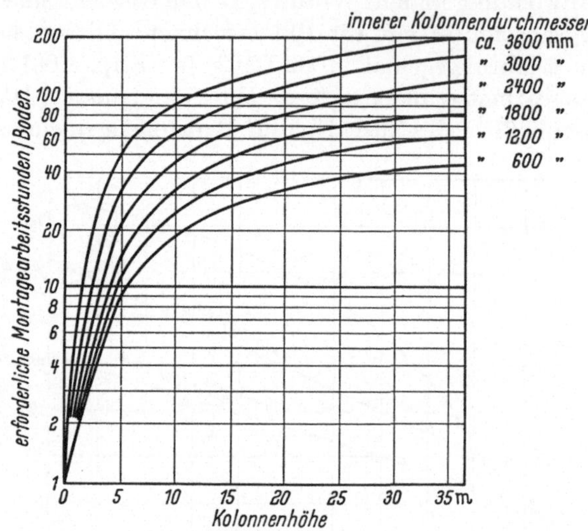

Abb. 71. Erforderliche Montagearbeitsstunden für die Installation von Glockenböden [E. A. STALL-WORTHY, *653*, Teil V]

nehmende konstruktive Änderungen, Ausfälle beim Montagepersonal u. ä., so daß nur eine elastische Terminplanung in Frage kommt und kurzfristige Umdispositionen im Rahmen der Terminverfolgung nicht zu umgehen sind. Hierdurch muß man vor allem die gefährliche kumulative Wirkung einzelner Arbeitsverzögerungen auszuschalten suchen. Erhebliche Abweichungen von den Terminvorgaben zwingen evtl. zu personellen Umbesetzungen in den Bau- und Montagekolonnen [*475*].

3.14 Berichtswesen

Die Erfahrungen eines Projektierungsstabes bestimmen seine Leistungsfähigkeit in einem so hohen Maße wie sonst kaum auf anderen Arbeitsgebieten. Sie finden zu einem großen Teil in Aufzeichnungen aller Art, wie etwa in Berechnungsunterlagen, Sammlungen technischer Daten, Konstruktionszeichnungen, Lieferantenangeboten, Vor- und Nachkalkulationen, Terminplänen bzw. speziellen Berichten, ihren Niederschlag. Um diesen Erfahrungsschatz als Grundlage für neue Projektierungsaufgaben nutzen und auswerten zu können, wird man von vornherein die Gestaltung der Aufzeichnungen und Berichte, ihre

Sammlung und Ordnung sowie die Bestimmung der Berichtswege nach bewährten Organisationsgrundsätzen auszurichten haben. R. ADAMS und S. T. CARD haben allein diesen Aufgaben, die wir zusammenfassend mit „Berichtswesen" bezeichnen möchten, zwei größere Arbeiten gewidmet [*3*; *98*].

4 Die Vorkalkulation

Im vierten Hauptabschnitt wird die *Vorkalkulation* in ihren *vier Teilgebieten* behandelt: Ermittlung des *Anlagekapitalbedarfs bzw. der Baukosten neuer Produktionsanlagen* [Kap. 4.0], Ermittlung des *Umlaufkapitalbedarfs* für den Betrieb dieser Anlagen [Kap. 4.1], Vorkalkulation von *Perioden- und Einheitskosten* der neu herzustellenden Produkte [Kap. 4.2] und schließlich *Wirtschaftlichkeitsanalyse* [Kap. 4.3]. Die Aneinanderreihung dieser Teilaufgaben in der Gliederung entspricht dem natürlichen Arbeitsablauf.

4.0 Methoden und Daten zur Vorkalkulation des Anlagekapitalbedarfs

4.00 Die Bedeutung der Veröffentlichung von Kosten- und Preisdaten für die Vorkalkulationspraxis

Die Vorkalkulation darf sich im Unterschied zur Nachrechnung nicht auf die Auseinandersetzung mit rein methodischen Fragen beschränken, sondern darüber hinaus ist der Ausbau eines umfassenden Systems absoluter Kosten- und Preisdaten geradezu ein Kernstück ihrer Aufgabenstellung. Dies gilt in besonders hohem Maße im Hinblick auf *Preisdaten von Anlagen* bzw. *Anlagenelementen*, und zwar aus folgenden Gründen:

1. Für die vorzugsweise in *Einzelfertigung* hergestellten Anlagenelemente gibt es nur in *seltenen Fällen* leicht greifbare *Preislisten*. Überwiegend wird jeder Angebotspreis beim Lieferanten angefragt und von diesem jedesmal erneut vorkalkuliert, was naturgemäß bei ganzen Anlagekomplexen um so stärker zutreffen muß.

2. Diese Anfragen und die *Auftragskalkulationen* beim Lieferanten sind bei der Fülle der im Rahmen jeder Projektierungsarbeit ständig erforderlichen Preisinformationen *zeitraubend* und besonders *für die Lieferanten* eine beträchtliche arbeitsmäßige *Mehrbelastung*. Außerdem setzt die Auftragskalkulation weitgehende *Detailbestimmungen* der kon-

struktiven Auslegung voraus, die in den früheren Projektierungsstadien nicht oder wenigstens nur unvollständig festliegen.

Zwar ist ein allgemein zugängliches System von Preisdaten niemals in der Lage, die übrigen Ermittlungsmethoden — zu denen auch die Lieferantenanfrage gehört — gänzlich zu ersetzen, es kann aber innerhalb dieser als wesentliche Ergänzung dienen [vgl. Kap. 4.03].

Unter klarer Erkenntnis dieser besonderen Belange hat H. BLISS [58] bereits 1941 den Versuch unternommen, den Aufbau eines vom einzelnen Produkt bzw. Verfahren unabhängigen, also für die Vorkalkulation chemisch-technischer Anlagen allgemeingültigen Systems von Richtpreisen auf der Basis statistischer Mittelwertbildung in die Wege zu leiten. Diese Bestrebungen sind in USA auf fruchtbaren Boden gefallen und haben zu einem großen Auftrieb der Vorkalkulation („Chemical Engineering Cost Estimation") als Teilgebiet der Chemie-Ingenieur-Technik geführt.

Die Tatsache, daß in den europäischen Ländern und insbesondere auch in Deutschland eine ähnliche Entwicklung bis zur Gegenwart auf sich warten ließ, wird mit folgenden Argumenten begründet, denen sogleich eine kritische Entgegnung angefügt sei:

1. „Die ständigen *Preissteigerungen und Preisverschiebungen* würden ein solches Datensystem in kürzester Zeit antiquieren, so daß seine Aufstellung eigentlich nicht erst der Mühe wert sei."

Dieses Argument ist schnell zu entkräften, wenn man auf die Verfügbarkeit geeigneter Spezialindices für die laufende Preiskorrektur hinweisen kann. Die Preissteigerungen in USA haben im übrigen denjenigen in Europa in den letzten Jahren nicht nachgestanden.

2. „Die im Apparatebau meist noch *fehlende Typisierung* und auch fehlende *Typenbeschränkung* verhindert die Aufstellung von Preiskurven auf der Basis von Mittelwerten."

Die Normungsbestrebungen im chemischen Apparatebau sind in USA zwar weiter fortgeschritten als in Deutschland, aber doch nur graduell. Ein grundsätzlicher Unterschied zwischen den Verhältnissen in beiden Ländern läßt sich daraus nicht ableiten. Andererseits begründet aber gerade die fehlende Typisierung und die vorherrschende Einzelfertigung ein besonderes Bedürfnis nach Erarbeitung statistischer Mittelwerte für schnelle Schätzungen, wobei die Genauigkeitsansprüche freilich entsprechend herabgesetzt werden müssen.

3. „Das *große Geschäftsvolumen* in USA schafft günstigere Voraussetzungen sowohl für die statistische Ermittlung der Preiskurven als auch für die Nutzbarmachung in der Praxis".

Dieses Argument ist im Grunde genommen richtig. Es erfährt nur eine Abschwächung durch die expansive Entwicklung der chemischen

Industriezweige auch in Europa und die — wenngleich beschränkte — Verwertbarkeit der Daten in den Ländern der europäischen Exportmärkte, worauf bereits H. MIESSNER [452] hingewiesen hat. Schließlich ist an die Bemühungen um die Verwirklichung eines gemeinsamen europäischen Marktes zu denken.

4. „Die *starke Kostenbewußtheit* in der amerikanischen Projektierungspraxis hat die Nachfrage nach derartigen Daten ständig aktiviert, während sich in Deutschland vor allem die scharfe Funktionstrennung zwischen technischen und kaufmännischen Aufgabengebieten nachteilig auswirkt".

Hier handelt es sich mehr um das Eingeständnis eines Rückstandes als um ein stichhaltiges Argument.

5. „Die *geringere Publizität* in europäischen Ländern erschwert die allgemeine Verfügbarmachung betrieblicher Erfahrungen und im vorliegenden Zusammenhang auch die Bekanntgabe von Angebotspreisen im Anlagengeschäft."

Bei einer Erhebung und Auswertung der Daten durch eine vertrauenswürdige neutrale Stelle brauchte sich dieses Argument nicht als dauernder Hinderungsgrund auszuwirken.

6. „Die *Durchschnittspreise helfen Irrtümer induzieren* bzw. führen bei der späteren Einholung der Angebotspreise wegen möglicher erheblicher Abweichungen zu Enttäuschungen."

Die Benutzung von Preiskurven zwingt natürlich dazu, von vornherein beträchtliche Fehlergrenzen in Rechnung zu stellen. Sie sind aber oft zulässig und auch unvermeidbar, weshalb das Argument eigentlich nur darauf beruht, daß die Bedürfnisse der Vorkalkulation mißverstanden werden.

Bekanntlich haben sich die *Preise für den Kubikmeter umbauten Raumes* im Bauwesen auch bei uns seit langem durchgesetzt und sind hier zu einem längst vertrauten, allgemein als brauchbar anerkannten Begriff geworden. Es handelt sich hier um die Übertragung dieser Grundgedanken auf die Ableitung und Benutzung von Richtpreisen für die Vorkalkulation der Baukosten chemischer Produktionsanlagen.

4.01 Die Indexkorrektur bekannter Preisdaten für Anlagegüter

Sowohl das Zurückgreifen auf eigene, innerhalb des Betriebes gesammelte Preisdaten als auch die Benutzung solcher, die veröffentlicht wurden, setzt bei den ständigen Preisbewegungen in der Marktwirtschaft das Vorhandensein brauchbarer Preisindexziffern voraus, um eine Angleichung der Werte an den jeweils herrschenden Preisstand zu ermöglichen.

Vor einer Diskussion der für deutsche Verhältnisse vorgeschlagenen Preisindices sollen als lehrreiche Beispiele die Entwicklung in USA und in Großbritannien kurz beleuchtet werden.

4.010 Preisindices in USA

Für die Vorkalkulation des Kapitalbedarfs chemischer Fabrikanlagen stehen folgende Preisindices zur Verfügung:

1. *E. N. R.* (*Engineering News-Record*) *Construction Cost Index.* Der monatlich neuberechnete und in der Zeitschrift „Engineering News-Record" veröffentlichte Index entspricht in seiner Berechnungsweise etwa unserem Baukostenindex [vgl. *479*, S. 1] und wird mitunter für die gesonderte Abschätzung des Bauteils, zuweilen aber auch der gesamten Anlagen herangezogen.

2. *M. & S.* (*Marshall & Stevens*) *Equipment Cost Indexes.* Seit 1937 berechnet die Firma Marshall & Stevens, Chicago, vierteljährlich Index-ziffern der durchschnittlichen relativen Anschaffungskosten vollständiger Fabrikausrüstungen (ohne Bauteil) für 47 Industriezweige, unter anderem auch für 8 chemische und verwandte Industriezweige. Durch einfache arithmetische Mittelung werden außerdem die 47 Einzelindices zu einem Index der Gesamtindustrie und durch Mittelung nach einer bestimmten Gewichtung die genannten 8 Indices zu einem Gesamtindex der chemischen und verwandten Industriezweige zusammengefaßt [R. W. STEVENS, *660*]. Die Indices für die chemischen und verwandten Industrie-zweige werden monatlich in der Zeitschrift „Chemical Engineering" veröffentlicht.

3. *Nelson Refinery Construction Cost Index.* Dieser Spezialindex für die Vorkalkulation der Baukosten von Erdöl-Verarbeitungsanlagen wurde von W. L. NELSON nach folgendem Berechnungsschema gebildet [*483*]:

Materialkostenkomponente = 40%:
Eisen und Stahl (Gießereierzeugnisse, Walzwerkserzeugnisse als Form-stahl, Bleche usw.) 24%
Nichtmetallische Baustoffe (Zement, Sand, Kies, Ziegel, Beton-Fertig-waren, Glas usw.) 8%
Verschiedene Apparate und Maschinen (Pumpen, Kompressoren, Elektro-motoren, Wärmeaustauscher, Instrumente usw.) 8%
Arbeitskostenkomponente = 60%:
Facharbeiterlöhne (Maurer, Zimmerleute, Monteure usw.) 30%
Löhne für ungelernte Arbeiter 30%

Die Preise der Apparate und Maschinen wurden im Unterschied zu den M. & S.-Indices hier weitgehend in die vorgelagerten Rohstoffpreise und Arbeitslöhne aufgespalten. Zur Berechnung der Materialkostenkompo-nente werden über 190 einzelne Preispositionen herangezogen. Die Ver-öffentlichung des monatlich neuberechneten Index erfolgt jeweils in der ersten Monatsausgabe der Wochenzeitschrift „The Oil and Gas Journal".

4. Einzelindices für Apparate, Maschinen und Materialien des US Bureau of Labor Statistics. Bei der Abschätzung der Anschaffungskosten einzelner Anlagenelemente ist durch die Anwendung der Einzelindices, die vom Bureau of Labor für 143 Positionen bekanntgegeben werden [*327*], ein höherer Genauigkeitsgrad zu erzielen. Eine für chemische Anlagen besonders interessante Gruppe veröffentlicht NELSON vierteljährlich in „The Oil and Gas Journal" unter der Bezeichnung „Itemized Cost Indexes" [*481*].

Der Nutzen der zuletzt erwähnten Einzelindices für die Vorkalkulation des Kapitalbedarfs ganzer Anlagen darf nicht überschätzt werden, da eine detaillierte Korrektur einzelner Anlagenpreise meist zu umständlich ist. Dagegen haben die unter 2 und 3 genannten Indices in der amerikanischen Vorkalkulationspraxis größte Bedeutung erlangt.

4.011 Preisindices in Großbritannien

In Großbritannien haben die Bemühungen zur Ableitung ähnlicher Spezialindices zu folgenden interessanten Resultaten geführt:

1. Preisindex chemischer Fabrikanlagen der „Association of British Chemical Manufacturers (ABCM-Index)". Der ABCM-Index erfaßt nur die Preisbewegungen in den Jahren 1926—1946 und ist daher heute nur noch von beschränktem Wert [vgl. *338*].

2. Preisindex chemischer Fabrikanlagen der Zeitschrift „The Economist". Dieser Index wurde von 1930 an bis zur Gegenwart vierteljährlich berechnet, jedoch nur auf privater Subskriptionsbasis bekanntgegeben [vgl. *338*].

3. Preisindex chemischer Fabrikanlagen von R. E. Johnstone [*338*]. In Ermangelung eines brauchbaren laufend veröffentlichten Spezialindex wurde die stark vereinfachte Berechnung aus folgenden Komponenten vorgeschlagen:

Materialpreisindex für den Maschinenbau des „Board of Trade" als Materialkostenkomponente 50%

Index der wöchentlichen Löhne des „Ministry of Labor" als Arbeitskostenkomponente 50%

Der Index wurde von JOHNSTONE für Quartale von 1946—1954 berechnet, muß aber für die Folgezeit von Interessenten aus den zugrunde liegenden Einzelindices, die im „Monthly Digest of Statistics" erscheinen, selbst ermittelt werden.

4. Chemical Plant Construction Cost Index [*105*]. Seit Januar 1957 veröffentlicht die Zeitschrift „Chemical and Process Engineering" einen speziellen Baukostenindex vollständiger chemischer Fabrikanlagen,

dessen Berechnungsweise offenbar stark an den Vorschlägen von JOHN-
STONE ausgerichtet wurde:

Großhandelspreisindices verschiedener Materialgruppen des „Board of
Trade" als Materialkostenkomponente:

Material für den Maschinen- und Apparatebau 50%
Elektrische Einrichtungen 10%
Baustoffe 20%
Index der wöchentlichen Löhne des „Ministry of Labor" als Arbeitskosten-
komponente 20%

Auf der Basis Juni 1949 = 100 wurde der Index bis 1945 zurückberechnet.

5. *Chemical Plant Equipment Cost Index* [106]. Im Anschluß an den
zuletzt genannten Index veröffentlicht „Chemical and Process Engineering" seit April 1957 auch einen Spezialindex für die chemische Apparatur, der die gleiche Basis erhielt und bis 1948 zurückberechnet wurde.
Die Berechnung erfolgt auf Grund der Preisbewegungen von Eisen und
NE-Metallen sowie der Lohn- und Gehaltsentwicklung, wobei die Gewichtung der einzelnen Komponenten der durchschnittlichen Kostenstruktur
im chemischen Apparatebau entspricht. Einzelheiten über die Gewichtung sind nicht bekanntgegeben worden.

4.012 Preisindices in Deutschland

Für Preiskorrekturen unter westdeutschen Verhältnissen wird die
Benutzung folgender Indices vorgeschlagen:

1. *Preisindex für Apparate und Behälter.* Diesen Index berechnet das
Statistische Bundesamt aus der relativen Preisbewegung von Hochdruck-
Autoklaven, Rührwerkskesseln, Transportkesseln und schmiedeeisernen
Lagertanks innerhalb des Index der Erzeugerpreise industrieller Produkte. Obwohl auf verhältnismäßig schmaler Grundlage berechnet, kann
dieser Index als repräsentativ für sämtliche Apparate der chemischen
und verwandten Industrien gelten, d. h. auch für Kolonnen, Wärmeaustauscher, Kondensatoren, alle Arten von Behältern. Gegenüber
den anschließend genannten Maschinen zeichnen sich die Apparate
gewöhnlich durch einen bedeutend höheren Anteil der Materialkosten
an den Gesamtkosten bzw. am Preis aus. Der Index wird zwar nicht in
der amtlichen Statistik gesondert veröffentlicht, jedoch auf Anfrage
vom Statistischen Bundesamt mitgeteilt.

2. *Preisindex der Maschinen.* Die Maschinen bilden zusammen mit den
eigentlichen Apparaten die wichtigsten Grundelemente der Verfahrensausrüstung. Hierhin gehören etwa Aufbereitungsmaschinen für Zerkleinerung und Trennung von Feststoffen, Mischmaschinen, sämtliche
Antriebsmaschinen, ferner Ventilatoren, Gebläse, Verdichter, Pumpen.
Für die Kennzeichnung der durchschnittlichen relativen Preisbewegung

wird der *Preisindex gewerblicher Arbeitsmaschinen* als geeignet angesehen, der von der amtlichen deutschen Statistik wiederum innerhalb des Index der Erzeugerpreise industrieller Produkte berechnet und auch separat laufend veröffentlicht wird [*654*, S. 398; *656*]. Zwar erfaßt dieser Index auch einige Maschinengruppen, die in der chemischen Industrie keine Bedeutung haben, wie etwa die Metallbearbeitungs-, Druck-, Schuh- und Lederindustriemaschinen, jedoch bleiben die hierdurch entstehenden Fehler bei der Ausgleichswirkung gering. Andererseits ist die Berechnung eines speziellen Preisindex für Maschinen der chemischen Industrie sehr schwierig, da einmal die amtliche deutsche Statistik keine Preisindices für einzelne Maschinengattungen bekanntgibt und daneben auch kein für die chemische Industrie allgemeingültiges Gewichtungsschema ableitbar ist.

3. *Gemeinsamer Preisindex für Apparate und Maschinen.* Für die zusammengefaßte Indexkorrektur der Preise für Apparate und Maschinen, die in der Vorkalkulation innerhalb der Kapitalbedarfsermittlung auftreten [s. Kap. 4.02], wird die Berechnung eines neuen Index durch Kombination aus den vorgenannten beiden Indices vorgeschlagen, und zwar unter Gewichtung des Apparateindex mit $^2/_3$ und des Maschinenindex mit $^1/_3$. Dieser Index würde dann auch zwanglos diejenigen Anlagenelemente erfassen, die im Grenzgebiet zwischen Apparaten und Maschinen liegen.

4. *Preisindex chemischer Fabrikanlagen.* Unter Anlehnung an die Berechnungsmethoden in den angelsächsischen Ländern und die aus der Vorkalkulationspraxis gewonnenen Erfahrungszahlen der durchschnittlichen relativen Anteile einzelner Kapitalbedarfspositionen am gesamten Kapitalbedarf vollständiger Anlagen werden folgende Komponenten und Gewichtungen vorgeschlagen:

a) Apparate und Maschinen (s. o. Ziffer 3) .... 35 %
b) Formstahl .... 10 %
c) Elektrische Meß- und Überwachungsgeräte 2,5%
d) Armaturen 2,5%
e) Baustoffe frei Bau .... 20 %
f) Baulöhne .... 30 %

Die Einzelindices unter b)—f) sind unmittelbar den laufenden Veröffentlichungen des Statistischen Bundesamtes zu entnehmen: Der Preisindex für Formstahl (Stahlkonstruktionen und Rohrleitungen) erscheint innerhalb des Preisindex ausgewählter Grundstoffe [*654*, S. 406; *655*]; die weniger bedeutenden Komponenten unter c) und d) gehören zum Index der Erzeugerpreise industrieller Produkte [*654*, S. 398; *656*]; die Einzelindices unter e) und f) werden innerhalb des Preisindex für den Wohnungsbau berechnet und veröffentlicht [*654*, S. 424; *657*]. Mit den Baustoffen wird nicht nur der Materialkostenanteil der Produktionsgebäude, Maschinenhäuser, Leitstände usw., sondern auch der Fundamente und verschiedener Nebenanlagen erfaßt, während die Baulöhne hier außer den eigentlichen Bauarbeiten auch die Montage der gesamten Apparatur betreffen. Die sogenannten „indirekten Nebenpositionen" wie Konstruktionskosten, Baustellengemeinkosten usw. [vgl. Kap. 4.02] bleiben vereinfachend unberücksichtigt. Freilich erfordert ein solcher Gesamtindex starke Generalisierungen, da nur sehr wenige Preiskomponenten zu berücksichtigen sind und vor allem ihre relativen Anteile an den gesamten Baukosten je nach Anlagetyp starke Schwankungen aufweisen.

5. *Preisindex für den Wohnungsbau.* Der bekannte Preisindex für den Wohnungsbau wird gern zur Preiskorrektur des gesamten Bauteils herangezogen, und zwar besonders in Ermangelung spezieller Indices für Industriebauten, die von der amtlichen deutschen Statistik nicht berechnet werden. Die Anwendung sollte jedoch möglichst nur auf Wohn- und höchstens Verwaltungsgebäude erfolgen, weil die Preisbewegung der Industriebauten hiervon doch erheblich abweichen kann.

6. *Preisindex eines chemischen Fabrikgebäudes.* Nach einer Mitteilung des Statistischen Bundesamtes wurden im Jahre 1950 bei einem Fabrikgebäude der chemischen Industrie folgende relative Kostenanteile für einzelne Bauleistungen, deren Indices unter dem Preisindex für den Wohnungsbau getrennt veröffentlicht werden, ermittelt:

a) Erdarbeiten 8,0%
b) Maurerarbeiten 5,5%
c) Beton- und Stahlbetonarbeiten 76,8%
d) Zimmererarbeiten 2,4%
e) Dachdeckerarbeiten 0,6%
f) Klempnerarbeiten 1,3%
g) Baustahl (für Stahl-Fenster und -Türen) 5,4%

Aus diesen Gewichtungszahlen und Einzelindices kann man einen Gesamtindex berechnen und für chemische Fabrikgebäude zugrunde legen.

Die genannten Indices sind nach den oben angeführten Grundlagen in Tab. 7 und in Abb. 72 für die Jahresdurchschnitte 1949—1958 bezogen auf 1950 = 100 ermittelt und wiedergegeben. Danach haben die Apparate in den letzten Jahren den stärksten Preisauftrieb erfahren, was auf das Voraneilen der Preise für Eisen- und Stahl-Halbzeuge gegenüber allen anderen Preiskomponenten sowie auf den hohen Materialkostenanteil zurückzuführen ist. Daneben mögen vielleicht auch die rege Investitionstätigkeit in der chemischen Industrie und damit die dauernd starke Nachfrage die Preissteigerungen begünstigt haben. Die Preisentwicklung der gewerblichen Arbeitsmaschinen ist demgegenüber nicht unerheblich zurückgeblieben. Der Preisindex für den Wohnungsbau zeigt von den 6 Indexreihen die kleinste Steigung.

Tabelle 7

Entwicklung einiger Preisindices in Deutschland. Bezugsjahr 1950 = 100

Jahr	Apparate und Behälter	Gewerbl. Arbeitsmaschinen	Apparate und Maschinen	Chemische Fabrikanlagen	Wohnungsbau	Chemisches Fabrikgebäude
1938	71	59	67	58	54	—
1949	95	101	97	100	105	102
1950	100	100	100	100	100	100
1951	131	116	126	121	116	113
1952	148	130	142	135	123	126
1953	154	132	147	136	119	126
1954	154	131	147	136	120	127
1955	157	136	150	144	129	134
1956	167	143	159	150	133	140
1957	175	152	167	158	140	148
1958	180	156	172	164	145	156

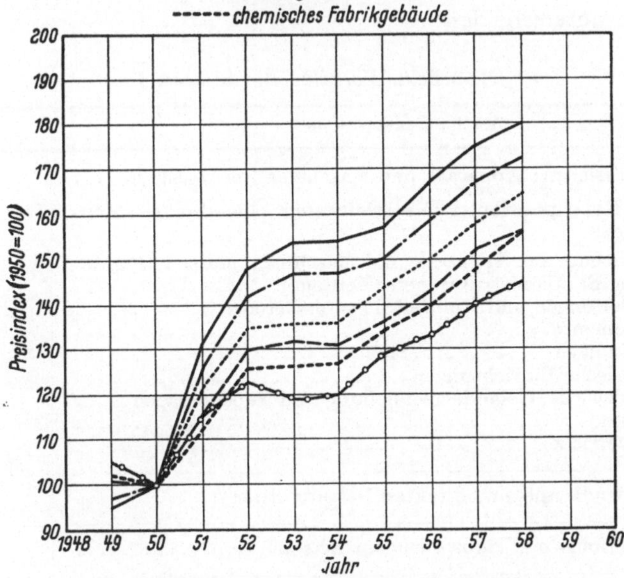

Abb. 72. Entwicklung einiger Preisindices in Deutschland

4.02 Gesichtspunkte bei der Abgrenzung einzelner Vorkalkulationsmethoden

Wesentliche Bestimmungsgründe für die Abgrenzung einzelner Methoden zur Vorkalkulation des Anlagekapitalbedarfs sind

1. die *Vollständigkeit* der verfügbaren *technischen Informationen* (Projektierungsunterlagen) und

2. die geforderten *Genauigkeitsgrade* der *Vorkalkulationsergebnisse.*

Beide Faktoren sollen ein möglichst gutes Entsprechungsverhältnis aufweisen [vgl. Kap. 1.31].

Für eine *formale Abgrenzung* und Systematisierung der *Vorkalkulationsmethoden* ist entscheidend, wieweit die Aufspaltung des Gesamtprojektes in einzelne Objekte oder Objektgruppen geht und welche Näherungsverfahren bei der Abschätzung der einzelnen Positionen angewandt werden. Die Vorkalkulationsmethoden ergeben sich so aus den verschiedenen Kombinationsmöglichkeiten zwischen Aufspaltungsgraden des Gesamtprojektes und Approximationsstufen bei der Abschätzung der Einzelpositionen.

Vorkalkulationsschema I (Tab. 8) wird von R. S. ARIES und R. D. NEWTON [*17*, S. 2 u. 77] sowie von anderen amerikanischen Autoren in fast gleicher Form [*108*; *397*; *487*; *520*, S. 92] als eine Art „Standardschema" angesehen und läßt die zweckmäßige Mindestgliederung erkennen. Hierbei kann man drei große Gruppen von Kapitalbedarfspositionen unterscheiden:

Tabelle 8. Vorkalkulationsschema I

Kapitalbedarfsposition	DM
1. Hauptpositionen: Apparate und Maschinen frei Baustelle	
2. Direkte Nebenpositionen (Materialkosten plus direkte Montagelöhne):	
a) Errichtung der Apparate und Maschinen unter 1 (Fundamente, Stahlkonstruktionen, Montage).................	
b) Rohrleitungen und Rohrleitungsarmaturen	
c) Instrumente	
d) Isolierungen	
e) Elektrische Einrichtungen	
f) Grundstücke, Geländeerschließung und Nebenanlagen.....	
g) Gebäude	
h) Hilfsbetriebe	
3. Summe der Haupt- und direkten Nebenpositionen	
4. Konstruktions- und Baustellengemeinkosten................	
5. Zwischensumme aus 3 und 4	
6. Allgemeine Geschäftskosten (evtl. Gewinn der Projektierungsfirma)	
7. Sicherheitszuschläge........................	
8. Gesamter Anlagekapitalbedarf	

1. *Hauptpositionen*, d. h. alle Apparate und Maschinen wie Reaktoren, Kolonnen, Wärmeaustauscher, Behälter, Pumpen, Motoren usw. frei Baustelle (Ziffer 1 in Vorkalkulationsschema I);

2. *Direkte Nebenpositionen* wie Rohrleitungen, Instrumente, Isolierungen, elektrische Einrichtungen usw. (Ziffer 2 in Vorkalkulationsschema I);

3. *Indirekte Nebenpositionen* wie Konstruktionskosten, Baustellengemeinkosten, allgemeine Geschäftskosten, evtl. Gewinn einer selbständigen Projektierungsfirma und Sicherheitszuschläge (Ziffern 4, 6 u. 7 in Vorkalkulationsschema I).

Der Begriff „*Hauptpositionen*" für die Apparate und Maschinen soll mit Rücksicht auf deren zentrale Stellung innerhalb der Vorkalkulation gebraucht werden. Die Apparate und Maschinen werden nämlich bei der Verfahrensentwicklung an erster Stelle festgelegt, gestatten gegenüber den Nebenpositionen eine verhältnismäßig schnelle gesonderte Erfassung der Anschaffungskosten und nehmen gewöhnlich bereits 25—40% des gesamten Kapitalbedarfs ein. Wegen dieses Schwergewichtes und der Benutzung als Zuschlagsbasis für eine Abschätzung der Nebenpositionen über prozentuale Erfahrungssätze sollten die Hauptpositionen sorgfältig vorkalkuliert werden.

Bei den *direkten Nebenpositionen* ist auch eine Einzelermittlung von Materialkosten und Montagelöhnen auf Grund von Stücklisten und Arbeitszeitvorgaben möglich, und zwar in beliebig weitgehender Differenzierung nach einzelnen Nebenpositionen und Projektabschnitten. Die Anwendung globaler Zuschlagsätze zum Kapitalbedarf der Hauptpositionen ist jedoch häufig anzutreffen, da sie einfacher und schneller zum Ziele führt.

Im Unterschied hierzu sind die *indirekten Nebenpositionen* nur *insgesamt* für ein Projekt feststellbar. Die Tendenz zur Abschätzung über prozentuale Zuschlagsätze ist gegenüber den direkten Nebenpositionen noch erheblich verstärkt, obwohl sie nicht durchgehend und zwingend erforderlich ist. Die Konstruktionskosten lassen sich z. B. über Konstruktionsstunden, die Baustellengemeinkosten über die einzelnen hierin zusammengefaßten Kostenarten auch gesondert vorkalkulieren, wie etwa die Kosten der Bau- und Montagegeräte, der Montageaufsicht, des Montagematerials und der Kleinwerkzeuge, Energiekosten, Kosten der Baustelleneinrichtung usw.

Neben Vorkalkulationsschema I werden zwei weitere Gliederungen dargestellt (Tab. 9 und 10), die der deutschen Projektierungspraxis stärker entsprechen und auch auf die Besonderheiten Rücksicht nehmen, welche durch die alternative Eigenausführung des Projektes oder Heranziehung einer Projektierungsfirma entstehen. Charakteristisch sind die

Tabelle 9

Vorkalkulationsschema II (ohne Berücksichtigung von Grundstücken, Nebenanlagen und Hilfsbetrieben)

Kapitalbedarfsposition	DM
1. Hauptpositionen: Apparate und Maschinen frei Baustelle	
2. Materialkosten der direkten Nebenpositionen, soweit nicht Bauteil:	
a) Rohrleitungen und Rohrleitungsarmaturen	
b) Instrumente	
c) Isolierungen....................................	
d) Elektrische Einrichtungen	
3. Zwischensumme aus 1 und 2: Kosten des gesamten Materials frei Baustelle	
4. Gesamt-Montagekosten (direkte Montagelöhne plus Baustellengemeinkosten)	
5. Gesamter Bauteil (Fundamente, Stahlkonstruktionen, Gebäude, Geländeerschließung)............................	
6. Zwischensumme aus 3 bis 5	
7. Konstruktionskosten, allgemeine Geschäftskosten (und evtl. Gewinn der Projektierungsfirma), Sicherheitszuschläge.......	
8. Gesamter Anlagekapitalbedarf	

Bildung der *Gesamt-Montagekosten* aus den direkten Montagelöhnen und den Baustellengemeinkosten sowie die *Zusammenfassung des gesamten Bauteils*, da für Auslegung und Lieferung der Apparatur, Durchführung der Montagen und Herstellung des Bauteils oft verschiedene Firmen in Frage kommen. Grundstücke, Nebenanlagen (z. B. Straßen, Gleisanlagen, Feuerschutzeinrichtungen, Kanäle, Rohrbrücken, Abwasser-Kläranlagen usw.) und Hilfsbetriebe nehmen eine gewisse Sonderstellung ein. Sie können in sehr unterschiedlichem Ausmaß erforderlich werden, je nachdem, ob es sich um völlig neue Fabrikgründungen oder nur um Einfügungen neuer Produktionsanlagen in bereits bestehende Fabriken handelt. Die selbständige Veranschlagung neben der Vorkalkulation der eigentlichen Produktionsanlagen ist daher regelmäßig zu bevorzugen, weshalb diese Positionen aus Schema II und III ausgegliedert wurden.

Auf weitere in der Literatur beschriebene und z. T. bedeutend verfeinerte Gliederungen der Kapitalbedarfspositionen sei verwiesen [*11*; *37*; *47*; *78*, Teil III; *217*; *239*; *480*, S. 4; *653*, Teil III; *680*; *692*].

Unter Zugrundelegung der Vorkalkulationsschemata I bis III werden nachfolgend [Kap. 4.04] 6 Methoden unterschieden. Bei den Methoden 1

Tabelle 10

Vorkalkulationsschema III (ohne Berücksichtigung von Grundstücken, Nebenanlagen und Hilfsbetrieben)

Kapitalbedarfsposition	DM
1. Hauptpositionen: Apparate und Maschinen frei Baustelle.....	
2. Materialkosten der direkten Nebenpositionen, soweit nicht Bauteil:	
a) Rohrleitungen und Rohrleitungsarmaturen	
b) Instrumente.......................................	
c) Isolierungen	
d) Elektrische Einrichtungen	
3. Zwischensumme aus 1 und 2: Kosten des gesamten Materials frei Baustelle	
4. Konstruktionskosten, allgemeine Geschäftskosten, Gewinn und Sicherheitszuschläge der Projektierungsfirma...............	
5. Zwischensumme aus 3 und 4: Angebotspreis der Projektierungsfirma für die gesamte Apparatur frei Baustelle..............	
6. Gesamt-Montagekosten (direkte Montagelöhne plus Baustellengemeinkosten)	
7. Gesamter Bauteil (Fundamente, Stahlkonstruktionen, Gebäude, Geländeerschließung)...................................	
8. Gesamter Anlagekapitalbedarf	

und 2 wird auf jegliche Aufspaltung des Projektes zugunsten einer rein globalen Schätzung verzichtet. Die Methoden 3 bis 6 unterscheiden sich nach dem Umfang der angewandten Einzelkalkulationen und der vereinfachten Schätzungen über Zuschlagfaktoren.

4.03 Approximationsstufen bei der Kapitalbedarfsermittlung für Apparate und Maschinen (Hauptpositionen)

Den folgenden *Methoden der Einzelabschätzung* der Apparate und Maschinen liegt eine Rangfolge steigender Genauigkeitsgrade zugrunde.

4.030 Statistisch ermittelte Durchschnittspreise

Eine gewisse Uniformität und zahlenmäßige Begrenztheit der auf einzelnen Sektoren der chemischen Technik eingesetzten Apparatetypen lassen u. U. eine statistische Ableitung der bei normaler Kombination der Apparate etwa konstant bleibenden *durchschnittlichen Anschaffungskosten* zu. Bei der Entwicklung eines neuen Verfahrens brauchen nur auf Grund eines einfachen Fließbildes die Anzahl der Apparate und Maschinen und die Werkstoffe bestimmt zu werden, um durch Multipli-

kation der Zahl der Einheiten mit den durchschnittlichen Anschaffungskosten den gesamten Kapitalbedarf der Hauptpositionen abschätzen
zu können.

Das Verfahren wurde von R. D. Hill [*296*] bei der Vorkalkulation
neuer petrochemischer Anlagen mit Erfolg angewandt. Eine sehr starke
Vereinfachung besteht darin, daß weder die Größen noch irgendwelche
konstruktive Einzelheiten der Apparate und Maschinen bestimmt
werden. Es werden lediglich zwei Klassen gebildet: Kolonnen aus Normalstahl, Reaktoren, Verdampfer, Gebläse und Staubabscheider zählen
als eine Bewertungseinheit, Kolonnen aus Edelstahl, Öfen, Zentrifugen,
Kompressoren und Kühlanlagen dagegen z. B. als zwei Bewertungsein-
heiten. Die Größen der Apparateeinheiten, deren Durchschnittspreise
zum Ansatz kommen sollen, entsprechen zunächst einer bestimmten
Basiskapazität, während die Korrektur des gefundenen Wertes gemäß
der im Einzelfall vorliegenden Kapazitätsgröße über die Anwendung
eines einheitlichen Degressionsexponenten [vgl. Kap. 4.05] erfolgt. Für
petrochemische Anlagen fand Hill bei einer Gesamtkapazität von etwa
4500 jato Rohprodukteinsatz die Basis-Anschaffungskosten von 30 000 $
je Einheit, worin auch die Montagekosten eingeschlossen sind.

Es handelt sich hierbei um das einfachste und zugleich ungenaueste
Verfahren, das für eine detaillierte Vorkalkulation der Apparate und
Maschinen überhaupt denkbar ist. Neben der eingangs erwähnten Voraussetzung, die die Anwendbarkeit des Verfahrens ohnehin auf Teil-
gebiete beschränkt, sind auch größere Erfahrungen für die Ableitung
der Durchschnittspreise erforderlich. Eine größere Verbreitung ist auch
aus der amerikanischen Literatur nicht bekannt geworden. In Deutschland hat H. Antoine [*12*, S. 162] beiläufig die Möglichkeit erwähnt, bei
der Anlagenplanung in den mechanisch-technologischen Industriezweigen in ähnlicher Weise mit Durchschnitts-Neuwerten je Maschine
zu rechnen.

4.031 Abschätzung über das Gewicht

Die Ermittlung der Anschaffungskosten über *Gewichte* und *Kilogramm-Preise* stellt eine häufig angewandte Approximation dar, die
besonders unter folgenden Voraussetzungen vorteilhaft ist:

1. Die *Gewichte* sind auf Grund einfacher Berechnungen und Schätzungen *leicht feststellbar*.

2. Bei weitgehender *Proportionalität* zwischen *Preisen* und *Gewichten*
können hinlänglich differenzierte Gewichts-Preisklassen angegeben
werden. Hierfür darf die Verarbeitungstiefe nicht zu groß, d. h. der
Materialkostenanteil nicht zu gering sein.

3. Bei einer *Vielzahl* von *konstruktiven Lösungsmöglichkeiten* ist die
Anwendung anderer Schätzungsmethoden erschwert.

In Übereinstimmung hiermit liegt das bevorzugte Anwendungsgebiet dieser Methode bei der Preisschätzung aller Arten von Behältern, Kolonnen od. ä. Apparaten. Dies hat sich auch in der Literatur bestätigt [218; 219; 266; 267; 338; 463; 480, S. 5]. Bei komplizierteren Apparaten und Maschinen wie etwa Filtern, Trocknern, Zentrifugen, Mischmaschinen, Pumpen, Verdichtern, Elektromotoren usw. ist dieses Schätzungsverfahren dagegen kaum noch gebräuchlich.

Die *Gewichtsabschätzung* einfacher Behälter usw. läßt sich dadurch vereinfachen, daß man zunächst nur die Oberfläche berechnet und diese anschließend mit dem Blechgewicht je m² multipliziert (vgl. Tab. 11) [*338*].

Unter Vernachlässigung der Bodenwölbungen von Behältern kann man die Beziehungen zwischen Rauminhalt und Abmessungen auch einem Nomogramm entnehmen (Abb. 73). Liegen die Abmessungen einmal fest, so ist das Gewicht von Mantel und Böden schließlich nach Abb. 74 auch ohne den Umweg über die Oberfläche schnell zu veranschlagen.

Tabelle 11. *Blechgewichte in Abhängigkeit von Blechstärke und Werkstoff*

Blechstärke in mm	Gewicht in kg/m²		
	Al	Cu	Stahl
1	2,7	8,39	7,85
2	5,4	17,86	15,70
3	8,1	26,79	23,55
4	10,8	35,72	31,40
5	13,4	44,65	39,25
6	16,2	53,58	47,10
8	21,6	71,44	62,80
10	27,0	89,30	78,50

Etwas schwieriger ist die Berücksichtigung von Einbauten, Stutzen, Mann- und Handlöchern usw. sowie der Bodenwölbungen, wenn man die in Abb. 74 gebotene Approximation nicht anwenden will. Ein interessantes Schätzungsverfahren gibt R. E. JOHNSTONE [*338*] an: Man berechnet das Gewicht bei der einfachen geometrischen Grundgestalt, z. B. bei Tanks und Reaktionsbehältern das Gewicht der zylindrischen Mäntel mit flachen Böden, bei Bodenkolonnen das Gewicht des zylindrischen Behälters in gleicher Weise sowie zusätzlich der Kolonnenböden als einfache glatte Trennwände. Die tatsächlichen Gewichte erhält man durch Multiplikation der so gefundenen Grundgewichte mit einem *Gestaltfaktor*, der die zusätzlichen Gewichte der Bodenwölbungen, Stutzen, Mann- und Handlöcher, Bodenglocken und sonstiger Einbauten insgesamt berücksichtigt. Die Werte der Tab. 12 wurden statistisch als Mittelwerte aus einer Vielzahl der verschiedensten Behälter berechnet.

Zur gesonderten Gewichtsermittlung von Einbauten und anderen kleineren Bauelementen kann man auf selbstentwickelte oder veröffentlichte Diagramme zurückgreifen. So bietet z. B. Abb. 75 die Möglichkeit einer schnellen Gewichtsabschätzung von Glockenböden. In diesem Zusammenhang sei vor allem auf die umfassenden und aufschlußreichen graphischen Darstellungen von H. J. DE LAMATER [*149*] hingewiesen.

Als Quelle für die *Feststellung der Kilogramm-Preise* kommen in erster
Linie die eigenen Einkaufserfahrungen in Betracht. Die in Tab. 13
wiedergegebenen Werte wurden auf Grund einer großen Zahl von Preis-
anfragen bei Apparatebauanstalten ermittelt, teilweise aber auch direkt
als Erfahrungswerte der Praxis übernommen. Die angegebenen Grenz-

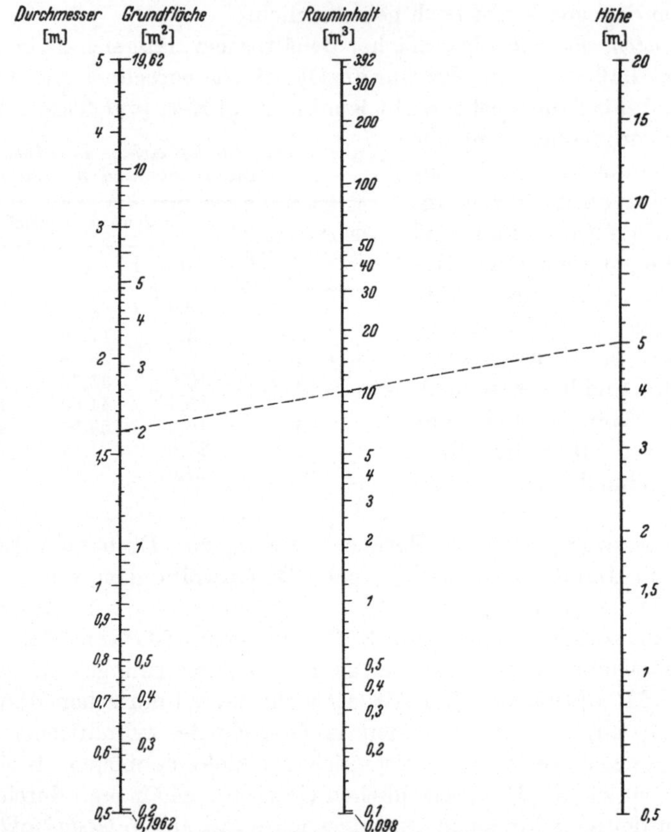

Abb. 73: Nomogramm zur Bestimmung des Rauminhaltes zylindrischer Baukörper

werte, die noch nicht als Extremwerte aufzufassen sind, vermitteln eine
Vorstellung von der Schwankungsbreite, die vor allem aus konstruktiven sowie Baugrößenunterschieden resultiert. Der niedrigste Preis
entspricht den größten Einheiten und umgekehrt, wobei aber stets
nur „normale" Verhältnisse zugrunde liegen. Kompliziertere Konstruktionen verursachen ein erhebliches Ansteigen der Preise. Die Benutzung
der Kilogramm-Preise erfordert daher bei höheren Genauigkeitsansprüchen eine genaue Beurteilung des Einzelfalls. Eine weitere Differen-

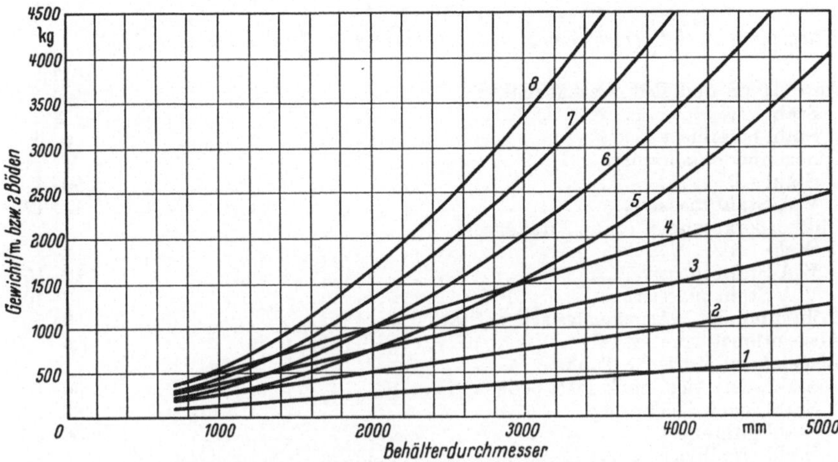

Abb. 74. Diagramm zur Gewichtsabschätzung zylindrischer Behälter [umgerechnet nach Zahlenangaben von W. L. Nelson, *479*, S. 9]
Gewicht des Mantels bei Blechstärke: *1* 5 mm; *2* 10 mm; *3* 15 mm; *4* 20 mm
Gewichte der zwei Böden bei Blechstärke: *5* 10 mm; *6* 15 mm; *7* 20 mm; *8* 25 mm

zierung und technische Eingrenzung der in Tab. 13 wiedergegebenen Gewichts - Preisklassen wäre dem hohen Abstraktionsgrad dieses Schätzungsverfahrens abträglich.

Kommen andere *Werkstoffe* als gewöhnlicher Kohlenstoffstahl zur Verwendung, so ist die Bestimmung der erforderlichen Wandstärke oft schwieriger. In diesen Fällen schlägt Johnstone [*338*] zunächst eine Berechnung sowie Ge-

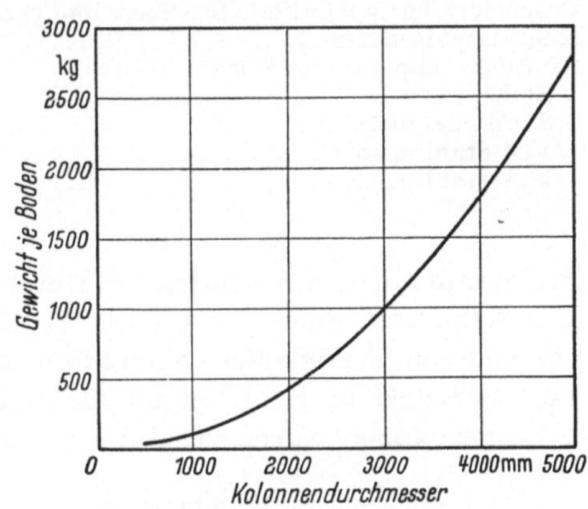

Abb. 75: Gewichte von Glockenböden

Tabelle 12

Gestaltfaktoren zur Gewichtsabschätzung einiger Apparateklassen
[R. E. Johnstone, 338]

Große Lagertanks 1,17
Kleine Tanks und Behälter ohne besondere Einbauten 1,33
Behälter mit Heizschlagen, die im Grundgewicht nicht eingerechnet
wurden 1,67
Bodenkolonnen, je nach Zahl der Mannlöcher, Stutzen usw. .... 1,50—2,00

wichts- und Preisabschätzung vor, wie sie bei Auslegung in Normalstahl in Frage käme, und die anschließende Multiplikation des gefundenen

Tabelle 13

Kilogramm-Preise verschiedener Apparateklassen in Westdeutschland 1957

	DM/kg
Autoklaven und Rührwerksbehälter	
Stahl	4
Stahl emailliert	6–9
Glockenbodenkolonnen	
Stahl	2,50–4
V_2A-Stahl massiv	14–17
Füllkörperkolonnen (ohne Füllkörper)	
Stahl	2–3
V_2A-Stahl massiv	12–15
V_2A-Stahl plattiert	7–10
Röhrenbündel-Wärmeaustauscher, Stahl	3–5
Absorptionstürme, Stahl	1,5–2,50
Liegende zylindrische Tanks	
Stahl, drucklos, nach DIN 6608	1,30–1,80
Stahl, nach Zeichnung	1,80–2,50
Stahl gummiert	2,50–3,50
Stahl emailliert	4–10
V_2A-Stahl massiv	12–15
V_2A-Stahl plattiert	7–10
Aluminium	6–7
Stehende zylindrische Tanks, mit Festdach, Stahl, fertig montiert	1,20–1,80
Gasometer, fertig montiert (Scheiben- und Glockengasbehälter)	1,50–2,00
Kugeldruckbehälter	2,50–3,30
Sämtliche Apparate im Durchschnitt:	
Stahl	3
Stahl gummiert	4,50
V_2A-Stahl massiv	15
V_2A-Stahl plattiert	9

Preises mit einem *Korrekturfaktor*. Durch diesen ist neben den veränderten Materialpreisen auch gleichzeitig die Gewichtsveränderung auf Grund der anderen Festigkeitseigenschaften des Materials zu berücksichtigen. Für verschiedene Behälter mit niedriger Druckbeanspruchung werden z. B. gegenüber Normalstahl-Apparaten folgende Faktoren angegeben [*338*]:

Aluminium: 2,0
Kupfer: 2,5
Edelstahl 3,0

Das Verfahren stellt freilich eine grobe Vereinfachung dar, da die Gewichts- und damit auch die Preisrelationen mit jedem Apparatetyp und jeder Beanspruchungsart wechseln werden. Außerdem wird die unterschiedliche Preisbewegung der einzelnen Werkstoffe durch Anwendung solcher Faktoren besonders leicht übersehen. Entsprechende, nach einzelnen Apparategruppen differenzierte Faktoren sind in Kap. 4.07 angegeben.

4.032 Betriebseigene Datensammlungen

Die durch *betriebseigene Erfahrungen* im Laufe der Zeit *angesammelten Preisdaten* stellen immer eine brauchbare Grundlage für die Vorkalkulation neuer Projekte dar. Als Quellen kommen hierfür nicht nur die tatsächlichen Ankäufe, sondern auch die Angebote und Schätzpreisangaben der Lieferanten in Betracht, die nicht zu Kaufabschlüssen geführt haben.

Wesentlich ist allerdings, daß eine zentrale Stelle das gesamte einschlägige Material erfaßt, für die besonderen Zwecke der Vorkalkulation aufbereitet und *systematisiert*. Die Erfassung der Preisinformationen sollte in *Preiskarteien* erfolgen. Neben den Angebots- oder Schätzpreisen wären hierin zu vermerken [*39*]: Kurzbezeichnung oder Nummer des Anlagegegenstandes, technische Kennzeichnung, Gewicht, Menge, Datum des Angebots oder der Schätzpreisabgabe, Bestelldatum und Nummer der Bestellung, zugehöriges Projekt, Versandziel, Versandspesen, Montagearbeitsstunden. Hinsichtlich der weiteren Auswertung und der formalen Gestaltung der Datensysteme gilt dann das gleiche wie für die Darstellung veröffentlichter Werte [s. Kap. 4.06 bis 4.08].

Noch wichtiger sind die betriebseigenen Erfahrungen und die Abrechnungsergebnisse früher ausgeführter Projekte in bezug auf die Ableitung von Zuschlagfaktoren für Nebenpositionen.

Der im Einzelfall mit derartigen eigenen Datensammlungen verbundene Nutzen wächst mit der Größe der Projektierungsfirma bzw. Projektierungsabteilung, mit zunehmender Homogenität des Arbeitsprogramms und dem Umfang der bereits vorliegenden Erfahrungen. So wurde z. B. kürzlich von einer namhaften amerikanischen Produktionsfirma auf dem Erdölsektor berichtet, daß die Vorkalkulation jedes neuen Projektes vor dessen Untervergabe an Projektierungsfirmen ausschließlich nach betriebseigenen Datensammlungen erfolgt und dabei Genauigkeitsgrade von $\pm 10\%$ erreicht werden [*671*]. In der Mehrzahl der Fälle werden die Bedingungen hierfür jedoch nicht so günstig liegen, so daß mindestens ergänzend weitere Informationsquellen heranzuziehen sind.

4.033 Veröffentlichte Preisdaten

Auf die grundsätzliche Bedeutung *veröffentlichter Preisdaten* für die Vorkalkulation wurde bereits oben [Kap. 4.00] hingewiesen.

Veröffentlichte Preisdaten bieten den Vorteil, daß sie dem Schätzer regelmäßig mit größerer Vollständigkeit über die oft eng gezogenen Grenzen der eigenen Erfahrungen hinaus zur Verfügung stehen können [*482*]. Der Mangel unzureichender technischer Definition und Eingrenzung der zugrunde liegenden Objekte ist leider oft spürbar. Er ist aber andererseits nie völlig zu beseitigen, da dem Ziele der Vollständigkeit die Wiedergabe von Einzelheiten bis zu einem gewissen Grade geopfert werden muß. Nur durch Anwendung eines bestimmten Abstraktionsgrades läßt sich die Vielfalt der Erscheinungsformen und Preisvarianten im Apparatebau überhaupt erst in ein zusammenfassendes System bringen.

Die an späterer Stelle dargestellten *Richtpreis-Diagramme* gestatten eine schnelle und bequeme Vorkalkulation, insbesondere wenn eine enge Beziehung des gewählten Kapazitätsmaßstabes zur Leistung gegeben ist. Die Fehlergrenzen — bei einer $^2/_3$-Sicherheit etwa im Bereich zwischen ± 10 und $\pm 20\%$ — beschränken die Anwendbarkeit dieser Unterlagen allerdings auf die früheren Projektierungsstadien, während sie später nur bei kleinen Objekten als einzige Schätzungsgrundlage herangezogen werden dürfen.

4.034 Progressive Vorkalkulationen vom Standpunkt der Maschinen- und Apparatebauanstalten

Es ist vereinzelt vorgeschlagen worden [175; 316], die Preise einzelner Anlagenelemente, insbesondere der häufig eingesetzten geschweißten Behälter verschiedener Konstruktion, über die *progressive Ermittlung der Kosten* zu bestimmen, die etwa der auftragsweise durchgeführten Vorkalkulation der Maschinen- und Apparatebauanstalten entsprechen würde. Hierfür müssen bekannt sein bzw. berechnet oder geschätzt werden: Bedarf an Einzelmaterial einschl. Verschnitt und die Materialpreise zur Bestimmung der Materialeinzelkosten, Materialgemeinkostensätze, Fertigungszeiten und Lohnsätze bzw. Kosten der Maschinenbenutzung zur Ermittlung der Fertigungseinzelkosten, weiter Fertigungsgemeinkosten, Sondereinzelkosten der Fertigung und des Vertriebes, Verwaltungs- und Vertriebskosten sowie Gewinnzuschläge der in Frage kommenden Apparatebaufirmen bzw. Durchschnittswerte aus einer Gruppe solcher Lieferantenfirmen.

In den genannten Veröffentlichungen wurden zur Erleichterung dieses Verfahrens Diagramme entwickelt, die schwieriger zu ermittelnde Mengenaufwände, vor allem die Bearbeitungszeiten für das Zuschneiden, Biegen und Schweißen des Materials, bei den einzelnen Apparatetypen und Größen leicht feststellen lassen. Obwohl man darüber hinaus auch hinsichtlich der Gemeinkostenzuschläge usw. mit abgerundeten Erfahrungssätzen arbeiten kann, setzt das Verfahren doch weitgehende konstruktive und fertigungstechnische Erfahrung sowie Kenntnisse hinsichtlich der Kostengebarung fremder Betriebe voraus, die den mit der Projektierung befaßten Kräften vielfach fremd sind. Hier müssen die Verkaufspreise der einzelnen Anlagenelemente als Ganzes in Erfahrung gebracht und hingenommen werden, während die progressive Vorkalkulation zum Zwecke der Angebotspreisbildung grundsätzlich den Maschinen- und Apparatebaufirmen selbst überlassen bleiben muß.

Etwas günstiger sind die Verhältnisse bei der allerdings selten anzutreffenden Herstellung von Apparaten etwa in einer betriebseigenen Hauptwerkstatt bei Großbetrieben zu beurteilen. In diesen Fällen wären einmal nur die Herstellkosten und nicht die Verkaufspreise zu ermitteln, und zum anderen bestünde auch ein leichterer Zugang zu den grundlegenden Daten. Trotzdem wird man selbst hier die Vorkalkulation der Herstellkosten nach Möglichkeit der Hauptwerkstatt überlassen und diese dann der projektierenden Stelle im Betriebe als Daten aufgeben.

Eine stark vereinfachende Variante dieses Verfahrens begnügt sich mit der Ermittlung der Materialeinzelkosten — wofür angenähert das Apparategewicht zugrunde gelegt werden kann — und schätzt den Gesamtpreis durch Multiplikation dieses Wertes mit einem „*Verarbeitungsfaktor*". Dieser betrug im Jahre 1957 im westdeutschen Apparatebau bei einfachen Lagertanks 2,0 bis 3,0, bei Apparaten aus Normalstahl etwa 3,5—5,0 und solchen aus Edelstahl etwa 1,5—2,0. Eine umfassende Zusammenstellung von Verarbeitungsfaktoren für die verschiedensten Werkstoffe, die auf den Preisverhältnissen des Jahres 1950 basiert, hat E. RABALD [*546*, S. 996] wiedergegeben. Diese Vereinfachung stellt das ganze Verfahren praktisch mit der Preisabschätzung über Gewichte und Kilogramm-Preise auf eine Stufe.

4.035 Lieferantenanfragen

Lieferantenanfragen haben entweder die Abgabe unverbindlicher Schätzpreise oder die Einholung bindender Angebote zum Gegenstand.

Im allgemeinen sind die Lieferanten der Anlagen am besten in der Lage, auch bei noch unvollständigen technischen Angaben rohe Schätzpreise zu nennen, sie sind aber hierin meist sehr zurückhaltend und stützen lieber jede Preisangabe auf eine detaillierte Vorkalkulation. Der Kunde verläßt sich gern auch auf unverbindliche Schätzpreisangaben, so daß eine Abweichung des späteren Angebotspreises nach oben leicht zu einer Verstimmung des Kunden führen kann. Richtpreiskurven werden von den Lieferanten daher wegen ihres zu geringen Genauigkeitsgrades weniger für Schätzpreisangaben als für rein betriebsinterne Informationen benutzt, weshalb die Forderung nach Veröffentlichung solcher Angaben erneut unterstrichen wird.

Die Lieferantenanfrage sollte daher auf die Einholung genau vorkalkulierter bindender Angebotspreise beschränkt werden. Diese werden von der Produktionsunternehmung für die letzten entscheidenden Vorkalkulationen unmittelbar vor Beginn der Ausführungsprojektierung benötigt. Die Projektierungsfirmen sind hierauf für die meisten Vorkalkulationen zur Stellung bindender Angebotspreise für die Gesamtanlagen angewiesen. Auch für den Konkurrenzvergleich ist die Einholung bindender Angebotspreise erforderlich.

4.04 Die Methoden zur Vorkalkulation des gesamten Anlagekapitalbedarfs im einzelnen

Die Abgrenzung der in einer Rangreihe zunehmender Genauigkeitsgrade dargestellten Methoden erfolgt in Anlehnung und unter Weiterbildung der Systematisierungsvorschläge angelsächsischer Autoren [*17*, S. 1; *21*; *70*; *338*; *487*], wobei die besonderen Verhältnisse in der deutschen Projektierungspraxis Berücksichtigung finden.

Verschiedene Approximationsstufen der Hauptpositionen [Kap. 4.03] oder verschiedene Methoden der Einzelschätzung von Nebenpositionen [Kap. 4.08 u. 4.09] spielen als formale Abgrenzungskriterien keine Rolle.

4.040 Methode 1: Umschlagkoeffizienten des Anlagekapitals

Die zur Messung der Kapitalleistung vielfach herangezogene Kennziffer der *Kapitalumschlagsgeschwindigkeit*, die aus dem Verhältnis von Umsatz zu Kapital gebildet wird [*444*, Bd. I, S. 73], kann auch für größenordnungsmäßige Schätzungen des Investitionsbedarfs neuer Projekte dienen [*354*; *423*; *487*; *629*]:

$$\text{Anlagekapitalbedarf} = \frac{\text{Jahresumsatz}}{\text{Umschlagkoeffizient des Anlagekapitals}}$$

bzw. unter Benutzung des Reziprokwertes des Kapitalumschlagkoeffizienten, in der angelsächsischen Literatur als „Capital Ratio" bezeichnet:

$$\text{Anlagekapitalbedarf} = \text{„Capital Ratio"} \times \text{Jahresumsatz}.$$

Für die *Ermittlung* hinlänglich genauer *Kapitalumschlagkoeffizienten* gelten hier folgende Besonderheiten und Einschränkungen:

1. Es muß das Verhältnis von Umsatz zu *Anlage*kapitalwert zugrunde liegen. Wird der Umschlagkoeffizient für das Gesamtkapital errechnet, so läßt sich hiermit der Gesamtkapitalbedarf bestimmen.

2. Es kommt nur der *Neuwert* der Anlagen in Betracht. Geht man von bereits durch Abschreibungen verminderten Buchwerten aus, müssen entsprechende Korrekturen vorgenommen werden, da der Kapitalumschlagkoeffizient sonst zu hoch liegt.

3. Berücksichtigung von *Preisschwankungen*. Die der Umsatzberechnung zugrunde liegenden Verkaufspreise und die Preise der Investitionsgüter müssen auf den gleichen Zeitpunkt bezogen sein. Spätere Preisveränderungen haben auf die Richtigkeit der Kennziffer nur dann keinen Einfluß, wenn sie bei den Erzeugnissen und Investitionsgütern im gleichen Verhältnis eingetreten sind.

4. Beim Anfall von *Nebenprodukten* muß der Verkaufswert zum Umsatzwert des Hauptproduktes hinzugerechnet werden [*629*].

Tabelle 14

Umschlagkoeffizienten des Anlagekapitals verschiedener Verfahren in USA etwa 1950
[G. KIDDOO, *354*]

$$\text{Kapitalumschlagkoeffizient} = \frac{\text{Jahresumsatz}}{\text{Anlagekapitalbedarf (Neuwert)}}$$

I. Mittlere bis hohe Umschlagkoeffizienten:

Phenolharze	8,30
Isopropylalkohol	8,30
Chloroform aus Aceton	7,18
Diäthyläther	6,16
Ammoniumsulfat	5,55
Acrylnitril aus Blausäure	4,65
Formaldehyd aus Methanol, 37%ig	4,40
Acetaldehyd aus Acetylen	4,15
Methylchlorid aus Methanol	3,84
Essigsäure aus Acetaldehyd	3,75
Natriumbichromat	3,33
Aluminiumsulfat	2,86
Harnstoff	2,36
Trichloräthylen aus Acetylen	1,96
Diphenylamin	1,87
Ammoniumphosphat	1,85
Alkohol aus Melasse	1,85
Kalk	1,80
Phosphorsäure nach dem DORR-Verfahren	1,70
Dinatriumphosphat	1,68
Calciumcarbid	1,55
Schwefel aus Schwefelwasserstoff	1,50
Pentaerythrit	1,43
Synthetisches Glycerin	1,41
Monoäthylamin	1,39
Essigsäureanhydrid aus Essigsäure	1,39
Schwefelkohlenstoff	1,37
Phthalsäureanhydrid aus Naphthalin	1,36
Salpetersäure	1,29
Polyvinylchlorid aus Acetylen	1,27
Kontaktschwefelsäure aus Schwefel	1,17
Acetylen aus Calciumcarbid	1,14
Glykol	1,11
Methacrylat-Harze	1,10
Anilin aus Nitrobenzol	1,07
Alkohol aus Getreide	1,01
Zement	1,00
Benzaldehyd nach dem Chlorierungsprozeß	0,99

II. Niedrige Umschlagkoeffizienten:

Papier	0,82
Kontaktschwefelsäure aus Röstgasen	0,80
Calciumcyanamid	0,79
Phthalsäureanhydrid aus o-Xylol	0,77
Butanol, synthetisch	0,75
Phenol, synthetisch	0,74
Aluminium aus Bauxit	0,74
Essigsäure aus Alkohol	0,69
Furfurol	0,66
Styrol	0,61

Fortsetzung (Tabelle 14)

Phosphorsäure nach dem Verbrennungsprozeß ..	0,60
Neopren	0,58
Alkohol aus Sulfitlauge	0,55
Kontaktschwefelsäure aus Pyrit...............	0,54
Alkohol aus Holzabfällen.....................	0,51
Äthylendichlorid	0,51
Butadien aus Alkohol........................	0,46
Hexamethylentetramin	0,43
Synthetisches Methanol......................	0,37
Synthetisches Ammoniak	0,35
Soda	0,35
Allylalkohol	0,33
Butadien aus Buten	0,31
Schwefelsäure aus Anhydrit	0,28
Butadien aus Erdöl	0,24
Butadien aus Butan	0,21

5. Der Umsatzwert muß der *Vollausnutzung der Kapazität* entsprechen.

6. Einschränkungen hinsichtlich des *Anlagekapitalwertes*, die auch bei Methode 2 [s. Kap. 4.041] zu berücksichtigen sind.

Der Mittelwert des Kapitalumschlagkoeffizienten für die gesamte chemische Industrie beträgt etwa 1,0. Bei höheren Werten nehmen entweder die Rohstoffkosten einen besonders hohen Anteil an den Gesamtkosten ein, oder es haben andere Kostenarten gegenüber den kapitalabhängigen Kostenarten ein Übergewicht, wie z. B. Arbeitskosten oder Vertriebskosten. Umgekehrt sind niedrige Werte meistens ein Zeichen dafür, daß bei größerer Produktionstiefe, d. h. hohem Veredlungsgrad, billige Rohstoffe zur Verarbeitung kommen [*354; 741*].

Die Ermittlung derartiger Kennziffern ist auf *zwei Wegen* möglich, erstens über *spezifische Kapitalbedarfsziffern*, wie sie nach Methode 2 direkt benutzt werden, und zweitens aus der *Bilanz*.

Der erste Weg, der bedeutend zuverlässigere Werte liefern kann, wurde von G. KIDDOO beschritten, dessen Berechnungsergebnisse auszugsweise in Tab. 14 wiedergegeben sind. Hier fragt es sich allerdings, was diesen Umweg überhaupt rechtfertigt, denn man erkauft den einzigen Vorteil gegenüber Methode 2, nunmehr auf die Preisindex-Korrektur verzichten zu können, mit herabgesetzter Schätzungsgenauigkeit.

Wichtiger erscheint daher die Ableitung aus der Bilanz, evtl. auch unter Mittelwertbildung aus den Bilanzen ganzer Branchengruppen [*423; 741*]. Die Differenzierung nach einzelnen Verfahren wird hierbei zugunsten der gröberen Einteilung nach Branchengruppen aufgegeben. Die aus den eingangs geschilderten Einschränkungen erwachsenden Korrekturprobleme tauchen allerdings hierbei in voller Schwere auf, so daß man kaum mehr als Anhaltspunkte über die Größenordnung des Kapitalbedarfs erhalten kann.

4.041 Methode 2: Spezifische Kapitalbedarfsziffern

Bei Verfügbarkeit *spezifischer*, d. h. *auf eine Kapazitätseinheit* be*zogener Kapitalbedarfsziffern* entfällt gleichfalls die Notwendigkeit, ein Projekt in Haupt- und Nebenpositionen aufzuspalten und diese getrennt abzuschätzen, sofern die hierbei zu erzielenden geringen Genauigkeitsgrade ausreichen. Die Verwertbarkeit derartiger Daten erschöpft sich dabei nicht in der Anwendung auf die gleichen Verfahren. Auf Grund der Kenntnisse über die eingeschlossenen Produktionsstufen, Grundverfahren und die erforderlichen Werkstoffe kann man auch Analogieschätzungen für ähnliche Verfahren vornehmen. Günstig wirkt in dieser Richtung, wenn solche Zahlen für oft wiederkehrende Prozesse mit geringer Produktionstiefe bekannt sind, die zu größeren Anlagekomplexen kombiniert werden können.

Spezifische Kapitalbedarfsziffern wurden in einigen amerikanischen Arbeiten systematisch zusammengestellt [*203; 746; 755*]. Für Sonderfälle vermittelt die jährlich einmal in der Zeitschrift „Industrial and Engineering Chemistry" von J. B. Weaver veröffentlichte Bibliographie der Vorkalkulationsliteratur wertvolle Hinweise zur Auffindung weit verstreuter Literaturangaben.

Ein großer Unsicherheitsfaktor dieses Schätzungsverfahrens besteht im *Einfluß der Betriebsgröße* auf die spezifische Höhe des Kapitalbedarfs. Da die Zahlen aus diesem Grunde um ein Mehrfaches differieren können, ist auch ihre Beziehung auf eine „mittlere" Betriebsgröße unzureichend. Man sollte daher bei jeder Angabe die zugrunde liegende Betriebsgröße zahlenmäßig festhalten, um auf diese Weise die Korrektur mit einem Degressionsexponenten zu ermöglichen [vgl. Kap. 4.05]. Die Abwandlung des Verfahrens durch W. L. Nelson [*480*, S. 27] ist noch günstiger zu beurteilen, die in der kurvenmäßigen Darstellung der Anschaffungskosten in Abhängigkeit von der Betriebsgröße besteht. Hierdurch werden gleichzeitig die Degressionsexponenten der einzelnen Anlagen erkennbar.

Bei der Auswertung eigener Daten (Abb. 76—78), die überwiegend von westdeutschen Projektierungsfirmen, zu einem kleineren Teil von britischen Gesellschaften und nur vereinzelt aus der Literatur stammen, fanden folgende Gesichtspunkte Beachtung, die zum großen Teil generell bei diesem Schätzungsverfahren wichtig sind:

1. Sämtliche Angaben werden auf einen *einheitlichen Zeitpunkt*, hier auf das Jahr 1957, bezogen. Ältere Literaturangaben, wie z. B. Kurve 67 oder die Kurven 71—74 (deutsche Vorkriegsanlagen), konnten durch Umrechnung mit einem geeigneten Preisindex angeglichen werden.

2. Bei allen eigenen Ermittlungen blieben *Grundstücke, Nebenanlagen und Hilfsbetriebe* grundsätzlich *unberücksichtigt*.

15*

3. Sofern der *Bauteil* eingeschlossen ist, wurde möglichst angegeben, ob es sich um *Freianlagen* oder *eingehauste Anlagen* handelt. Alle anderen Nebenpositionen sind immer einbegriffen.

4. *Tanklager* normaler Größe für Rohstoffe und Endprodukte sind eingeschlossen, nicht jedoch im allgemeinen Gasometer und größere Siloanlagen.

5. Soweit es möglich war, wurde neben der Angabe des Endproduktes *das Verfahren* technisch näher bezeichnet. Auf diese Weise sollen Zweifel über Alternativmöglichkeiten des Verfahrens sowie die Produktionstiefe ausgeschlossen werden.

6. Die *Kapazitätsangaben* beziehen sich auf vollkontinuierlichen Betrieb bei durchschnittlich 8000 Betriebsstunden pro Jahr. Ist nichts besonderes vermerkt, sind bei den Produkten handelsübliche Konzentrationen und technische Reinheitsgrade anzunehmen.

7. Waren nur Angaben für *eine* Betriebsgröße zugänglich, so erfolgte gleichfalls eine kurvenmäßige Darstellung, und zwar entweder durch

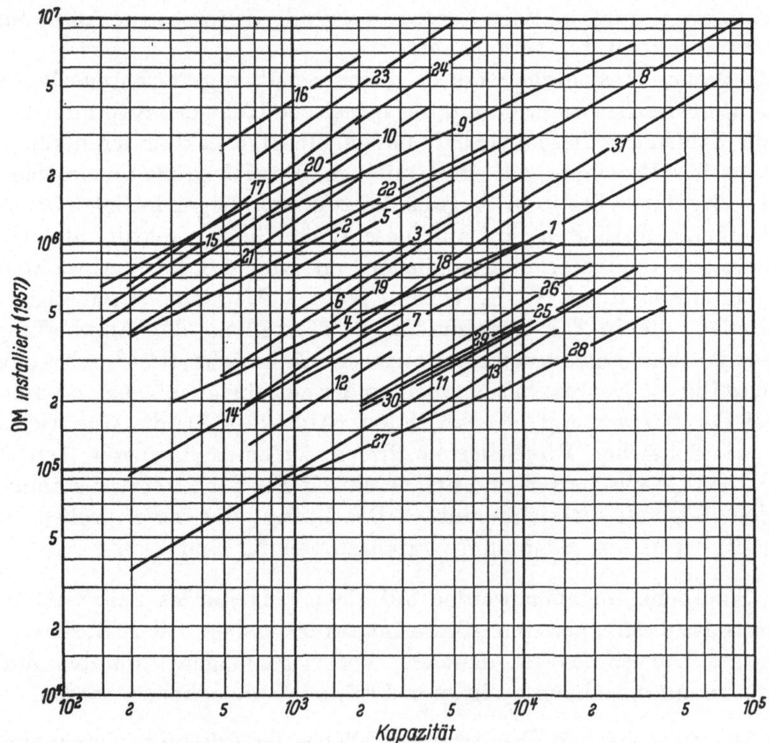

Abb. 76. Anschaffungskosten vollständiger chemischer Anlagen I

Erläuterungen zu Abb. 76

Kurve	Verfahren	Kapazitätsmaßstab	Degressions-exponent	Bemerkungen
1	Formaldehyd	Produkt, 37%ig (jato)	0,55	Freianlage
2	Oxalsäure	Produkt (jato)	0,53	ohne Bauteil
3	Calciumformiat	,,	0,60	,,
4	Natriumformiat	,,	0,46	,,
5	Ameisensäure	Produkt, 85—90%ig, (jato)	0,58	,,
6	Natriumsulfid	Produkt, 60—62%ig, (jato)	0,66	,,
7	Natriumsulfat (mechanischer Sulfatofen)	Produkt (jato)	0,53	,,
8	Soda nach SOLVAY	Produkt (jato)	0,58	,,
9	Natriumbichromat	,,	0,49	,,
10	Essigsäure aus Melasse	,,	0,67	,,
11	Salzsäure aus H_2 und Cl_2	Produktion bez. auf HCl (jato)	0,61	,,
12	Chlorkalk, mit Kalklöschanlage	Produkt, 35—37%ig, (jato)	(0,67)	,,
13	Eindampfung von Natronlauge, von 50 auf 99,5%	Produktion bez. auf 99,5%ige NaOH (jato)	(0,67)	,,
14	Natriumhypochlorit-Lauge	Chloreinsatz (jato)	0,60	,,
15	Kaliumchlorat, elektrolytisch	Produkt (jato)	(0,65)	ohne Bauteil, Exponent geschätzt
16	Chlordioxyd, einschl. Chloratelektrolyse	,,	(0,65)	,,
17	Wasserstoffperoxyd, elektrolytisch, ohne Platin	,,	0,75	ohne Bauteil
18	Wasserstoff, elektrolytisch	Produkt, $Nm^3/24h$	0,71	,,
19	Wasserstoff, an Eisen	,,	0,75	eingehaust, brit. Angaben
20	DDT	Produkt (jato)	0,55	ohne Bauteil
21	γ-Hexachlorcyclohexan	Produkt, 35%ig (jato)	0,68	,,
22	Vinylchlorid aus C_2H_2 und Cl_2	Produkt (jato)	0,62	,,
23	Polyvinylchlorid aus C_2H_2 und Cl_2	,,	0,70	,,
24	Vinylacetat aus C_2H_2 und Essigsäure	,,	(0,67)	,,
25	Speiseöl durch Extraktion von Ölsaaten, chargenweise	,,	0,55	,,
26	wie 25, jedoch halbkontinuierlich	,,	0,62	,,
27	Fetthärtung, chargenweise	,,	0,44	,,
28	wie 27, jedoch kontinuierlich	,,	0,53	,,

Kurve	Verfahren	Kapazitätsmaßstab	Degressionsexponent	Bemerkungen
29	Fettsäuredestillation	Einsatz (jato)	0,54	ohne Bauteil
30	Hochdruck-Fettspaltung, chargenweise	Produkt (jato)	0,54	,,
31	Phosphorsäure, nasses Verfahren, mit Phosphat-Mahlanlagen	Produkt, 55%ig (jato)	0,63	eingehaust, brit. Angaben

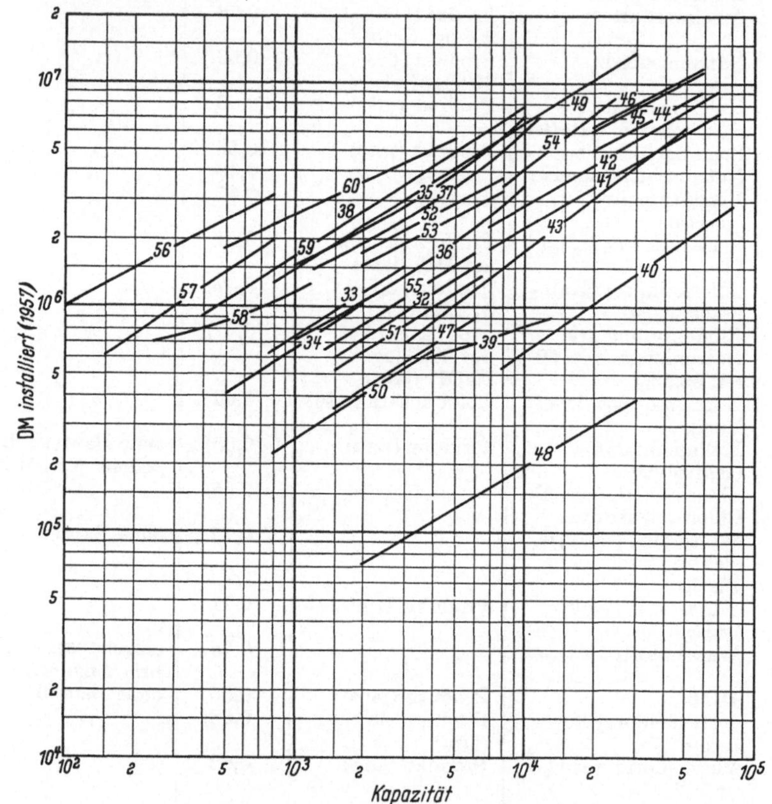

Abb. 77. Anschaffungskosten vollständiger chemischer Anlagen II

Erläuterungen zu Abb. 77

Kurve	Verfahren	Kapazitätsmaßstab	Degressionsexponent	Bemerkungen
32	Schwefelkohlenstoff nach dem Retortenverfahren	Produkt (jato)	(0,67)	ohne Bauteil
33	Schwefelkohlenstoff, elektrothermisch	,,	(0,67)	,,

Kurve	Verfahren	Kapazitätsmaßstab	Degressions-exponent	Bemerkungen
34	Natriumhydrosulfit	Produkt (jato)	(0,67)	ohne Bauteil
35	Sauerstoff nach dem Niederdruckverfahren, drucklos, ohne Gasometer	Produkt, 98%ig, Nm³/h	0,65	eingehaust
36	wie 35, nur Zerlegungsapparatur, ohne Verdichter und elektr. Ausstattung	,,	0,67	ab Werk
37	wie unter 35	Produkt, 90%ig, Nm³/h	0,65	eingehaust
38	wie unter 35, jedoch Lieferung bei etwa 30 atü	Produkt, 99,5%ig, Nm³/h	0,64	,,
39	Glycerindestillation	Produkt (jato)	0,32	eingehaust, brit. Angaben
40	Kalkbrennanlagen	,,	0,73	Freianlage, brit. Angaben
41	Salpetersäure, 55%ig, Ammoniakverbrennung und Absorption unter Druck	Produkt, bez. auf reine HNO_3 (jato)	0,60	teilw. Freianlage, brit. Angaben
42	wie vor, jedoch nur Absorption unter Druck	,,	0,60	,,
43	Ammoniumnitrat, kristallin	Produkt (jato)	0,78	,,
44	Harnstoff aus NH_3 und CO_2, gerader Gasdurchgang	,,	0,53	,,
45	wie vor, jedoch teilweiser Gaskreislauf	,,	0,53	,,
46	wie 44, jedoch vollkommener Gaskreislauf	,,	0,53	,,
47	Kryolith	,,	(0,67)	ohne Bauteil
48	Acetylen aus Carbid, ein Entwickler mit Carbid-Einfallsystem, ohne Gasometer	Produkt, Nm³/24 h	0,61	mit Bauteil
49	Chlor-Alkali-Elektrolyse, Quecksilberverfahren, ohne Quecksilber, mit Solereinigung u. Chlorverflüssigung	Produktion bez. auf reine NaOH (jato)	0,65	ohne Bauteil
50	Chlorverflüssigung	Produkt (jato)	(0,67)	ohne Bauteil, brit. Angaben
51	Trockeneis (CO_2)	,,	(0,67)	,,
52	Glykoläther aus Äthylenoxyd	,,	0,55	,,
53	Propylenoxyd	Produkt (jato)	0,55	,,
54	Isopropylalkohol	Produkt, 87%ig (jato)	0,82	,,
55	Phenolharze	Produkt (jato)	(0,67)	,,

Kurve	Verfahren	Kapazitätsmaßstab	Degressions-exponent	Bemerkungen
56	Gasentschwefelung mit Luxmasse, ohne Schwefelgewinnung, drucklos	Gasdurchsatz, 10^3 Nm³/h	0,54	Freianlage
57	wie vor, jedoch etwa 12 atü	,,	0,70	,,
58	Gasentschwefelung mit ammoniakalischer Naßwäsche, von etwa 8 auf 1,6 g H_2S/Nm³, ohne H_2S-Verarbeitung	,,	0,40	,,
59	Phthalsäureanhydrid	Produkt (jato)	0,67	ohne Bauteil
60	Phenol, Chlorbenzol-Ätznatron-Verfahren, mit Benzolchlorierung	,,	0,49	,,

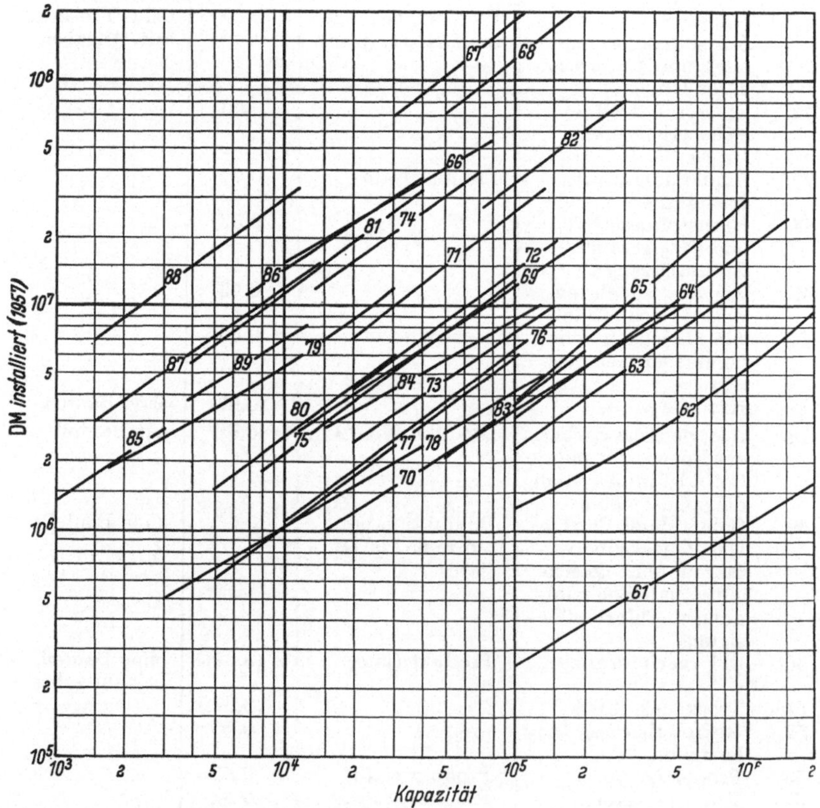

Abb. 78. Anschaffungskosten vollständiger chemischer Anlagen III

Erläuterungen zu Abb. 78

Kurve	Verfahren	Kapazitätsmaßstab	Degressions-exponent	Bemerkungen
61	Entwässerung und Entsalzung von Rohöl	Einsatz an Rohöl (jato)	(0,62)	Freianlage [Exponent nach W. L. NELSON, *480*, S. 27]
62	Atmosphärische Erdöldestillation	„	0,70	Freianlage
63	Atmosphärische Erdöldestillation mit anschl. Vakuum-Schmieröldestillation	„	(0,75)	Freianlage [Exponent geschätzt nach W. L. NELSON, *480*, S.27]
64	Katalyt. Cracken (TCC-Verfahren) mit Rohölaufbereitung, Flash-Produkt-Einsatz in den TCC-Reaktor 55–70% vom Rohöleinsatz	„	0,75	Freianlage
65	Katalyt. Reforming mit Rohölaufbereitung	„	(0,90)	Freianlage [Exponent nach W. L. NELSON, *480*, S. 28]
66	Äthylen aus Rohöl	Produkt, 99%ig (jato)	0,60	Freianlage
67	FISCHER-TROPSCH-Festbett-Gasphasesynthese	Produktion an Primärprodukten (jato)	0,79	[F. MARTIN u. E. WEINGAERTNER, *434*, S. 884, Exponent nach P. W. SHERWOOD, *633*]
68	FISCHER-TROPSCH-Flüssigphasesynthese (Rheinpreußen-Koppers)	„	0,79	geschätzt, Exponent wie vor
69	Schmieröl-Entparaffinierung mit Dichloräthan-Methylenchlorid	Einsatz (jato)	0,69	Freianlage
70	Kerosen-Extraktion mit SO_2	Einsatz (jato)	0,65	„
71	Wassergaserzeugung	Gaserzeugung, Nm^3/h	0,81	[nach P. W. SHERWOOD, *633*]
72	Entfernung von CO und CO_2 aus konvert. Wassergas	Gaseinsatz, Nm^3/h	0,74	„
73	Wassergaskonvertierung	„	0,69	„
74	Schwefelsäure nach Turmverfahren	Produkt, 60 Bé (jato)	0,73	„
75	Schwefelsäure aus Pyrit nach Kontaktverfahren	Produkt, Monohydrat (jato)	0,77	Freianlage
76	Schwefelsäure aus Röstgasen mit etwa	„	0,75	„

Kurve	Verfahren	Kapazitätsmaßstab	Degressionsexponent	Bemerkungen
77	10% SO_2 nach Kontaktverfahren Schwefelsäure aus H_2S nach Kontaktverfahren	Produkt, Monohydrat (jato)	0,74	Freianlage
78	Schwefelsäure aus Schwefel nach Kontaktverfahren	,,	0,60	,,
79	Koksgaszerlegung zur Erzeugung von NH_3-Synthesegas, mit Druckwasser- und NaOH-Wäsche sowie N_2-Erzeugung	Koksgaseinsatz Nm^3/h	0,64	mit Bauteil
80	wie vor, jedoch ohne Gaswäschen u. N_2-Erzeugung	,,	0,75	,,
81	NH_3-Synthese aus Koksgas	Produkt (jato)	0,78	teilw. Freianlage, brit. Angaben
82	Ammoniumsulfat aus Pyrit u. nichtbakkender Kohle	,,	(0,78)	mit Bauteil, Exp. geschätzt
83	Ammoniumsulfat aus NH_3 und H_2SO_4	Produkt (jato)	0,80	eingehaust, brit. Angaben
84	Superphosphat	Produkt, etwa 18%ig (jato)	0,59	teilw. Freianlage
85	Argon aus Abgasen der NH_3-Synthese	Abgaseinsatz Nm^3/h	(0,67)	ohne Bauteil, brit. Angaben
86	Acetylen nach BASF-Prozeß, mit Gasometer, ohne Sauerstofferzeugung	Produkt (jato)	0,67	teilw. Freianlage, brit. Angaben
87	Cyclohexanon aus Phenol	,,	0,87	ohne Bauteil
88	ε-Caprolactam aus Phenol	,,	0,77	,,
89	Perlon aus ε-Caprolactam, einschl. Verspinnen	,,	(0,67)	,,

Extrapolation nach beiden Seiten im Verhältnis 2:1 und Anwendung eines mittleren Exponenten von 0,67 oder aber durch Übernahme eines veröffentlichten Degressionsexponenten. Derartige Fälle sind besonders markiert, indem der Exponent in den Erläuterungen zu Abb. 76—78 in Klammern gesetzt ist.

8. Britische Angaben wurden im Verhältnis des offiziellen Wechselkurses konvertiert. Dieses Vorgehen wird im Rahmen der hier erreichbaren Genauigkeitsgrade als zulässig betrachtet.

Das Verfahren bietet trotz seiner geringen Genauigkeit oft große Vorteile, vor allem wenn der Mangel an technischen Informationen die Anwendung detaillierter Schätzungsmethoden ausschließt.

4.042 Methode 3: Globale Zuschlagfaktoren für Nebenpositionen

Lediglich die Hauptpositionen werden gesondert abgeschätzt [vgl. Kap. 4.03] — und zwar evtl. auch hiervon nur die wichtigsten Apparate und Maschinen, während sich der Rest durch Zuschlag von rd. 20% berücksichtigen läßt [70] — worauf man den gesamten Anlagekapitalbedarf durch Multiplikation dieses Wertes mit einem einzigen *Globalfaktor* erhält.

Das Verfahren wurde von H. J. LANG [397—399] dargestellt, dessen Verdienste übrigens auch H. MIESSNER in einer Arbeit gewürdigt hat [452]. LANG hat durch Analyse von 14 Projekten, in den Grundzügen etwa übereinstimmend mit Vorkalkulationsschema I, folgende mittlere Zuschlagfaktoren für Nebenpositionen und Globalfaktoren errechnet:

1. Anschaffungskosten der Apparate und Maschinen frei Baustelle auf Grund gesonderter Abschätzung: $= A$

2. plus Kosten der Fundamente, Stahlkonstruktionen und Montage der Apparate und Maschinen: $B = 1,43\ A$

3. plus Rohrleitungen, bei Aggregatzustand der durchgesetzten Produkte
   a) fest: $C = 1,10\ B$
   b) fest-fluid: $C = 1,25\ B$
   c) fluid: $C = 1,60\ B$

4. plus elektrische Einrichtungen, Gebäude, Hilfsbetriebe und Nebenanlagen: $D = 1,50\ C$

5. plus indirekte Nebenpositionen, bei Aggregatzustand der durchgesetzten Produkte
   a) fest: $E = 1,31\ D$ oder $= 3,10\ A$
   b) fest-fluid: $E = 1,35\ D$ oder $= 3,63\ A$
   c) fluid: $E = 1,38\ D$ oder $= 4,74\ A$

Ist man an den Zwischenwerten für die Nebenpositionen 2 bis 4 nicht interessiert, so kann man die Globalfaktoren durch Division der gesamten Baukosten der Projekte durch die Anschaffungskosten sämtlicher Apparate und Maschinen ermitteln.

Verschiedene Globalfaktoren aus angelsächsischen Literaturquellen wurden in Tab. 15 zusammengestellt.

Tabelle 15

Zusammenstellung verschiedener Globalfaktoren für Nebenpositionen

Anlage	Faktor
Basis: Apparate und Maschinen frei Baustelle	1,0
Chemische Fabrikanlagen allgemein:	
a) nach H. J. LANG [*398, 399*]:	
Aggregatzustand der durchgesetzten Produkte fest	3,10
Aggregatzustand der durchgesetzten Produkte fest-fluid	3,63
Aggregatzustand der durchgesetzten Produkte fluid	4,74
b) nach H. W. ASHTON u. G. T. MEIKLEJOHN [*21*]:	
Aggregatzustand der durchgesetzten Produkte fest	3,0
Aggregatzustand der durchgesetzten Produkte fest-fluid	3,6
Aggregatzustand der durchgesetzten Produkte fluid	4,5
c) nach P. BRETT [*70*]:	
Errichtung der Anlagen innerhalb bestehender Fabriken bei vorhandenen Hilfsbetrieben	2,9–5,5
d) nach N. G. BACH [*27*]:	
Ohne Hilfsbetriebe, Nebenanlagen und indirekte Nebenpositionen; Produktionsanlagen bei Aggregatzustand der durchgesetzten Produkte fluid	2,3–4,2
Energiebetriebe	1,7–2,6
Tankanlagen	2,8–4,8
Destillationsanlagen, nach R. E. JOHNSTONE [*338*]:	
Kontinuierlicher Betrieb	2,8
Chargenbetrieb	2,3
Tankanlagen	1,9
Sprengstoffabriken, nach R. E. JOHNSTONE [*338*]:	
3 Treibmittelfabriken (Standardabweichung = 0,64)	3,17
4 T. N. T.-Fabriken (Standardabweichung = 0,20)	2,57
1 R. D. X.-Fabrik	2,49
Kraftwerksanlagen, nach T. A. FEARNSIDE und F. C. CHENEY [*208*]:	
Kesselanlagen	3,61
Maschinensätze	1,69
Kondensationsanlagen	1,86

4.043 Methode 4: Differenzierte Zuschlagfaktoren für Nebenpositionen

Die Verfeinerung gegenüber Methode 3 besteht darin, daß man die Nebenpositionen zwar über Zuschlagfaktoren abschätzt, jedoch einzeln und unter besonderer Berücksichtigung der Bedingungen des Einzelfalls. Ein gutes Beurteilungsvermögen hierfür ist Grundvoraussetzung. Abweichungen vom durchschnittlichen Wertverhältnis zwischen Haupt- und Nebenpositionen erfordern immer entsprechende Korrekturen. Zur Erhöhung der Schätzungsgenauigkeit ist es vielfach ratsam, größere Anlagekomplexe mit sehr heterogenem apparativen Aufbau in einzelne Betriebsteile oder sogar Produktionsstufen aufzuspalten. Auch das

Fallen der Zuschlagsätze mit wachsenden Betriebsgrößen ist zu berücksichtigen [vgl. Kap. 4.051, 4.080 u. 4.09].

In der Praxis ermittelt man derartige Zuschlagfaktoren durch Analyse ausgeführter Projekte meist für engere Spezialgebiete oder sogar für einzelne Verfahren.

Nach Vorkalkulationsschema I werden die direkten Nebenpositionen 2a—h auf die Apparate und Maschinen bezogen, die Konstruktions- und Baustellengemeinkosten auf Zwischensumme 3 und die übrigen indirekten Nebenpositionen auf Zwischensumme 5 des Schemas [s. Kap. 4.02].

Nach Vorkalkulationsschema II und III, die für deutsche Verhältnisse zutreffender sind, dienen die Apparate und Maschinen nur als Basis für den Zuschlag des Materialwertes einiger direkter Nebenpositionen 2a—d. Wird das Projekt in eigener Regie der Produktionsunternehmung ausgeführt oder „schlüsselfertig“ durch eine Projektierungsfirma erstellt, so gilt etwa Vorkalkulationsschema II: Auf die Kosten des gesamten Materials für die Apparatur frei Baustelle (Zwischensumme 3) werden zunächst die Gesamt-Montagekosten und der gesamte Bauteil zugeschlagen, worauf eine neue Zwischensumme die Zuschlagsbasis für die restlichen indirekten Nebenpositionen ergibt.

Vorkalkulationsschema III betrifft dagegen die häufig anzutreffende Ausführung allein des apparativen Teils durch eine Projektierungsfirma, die auf die Materialkosten der Zwischensumme 3 ihre Konstruktionskosten usw. aufschlägt und damit den Angebotspreis für die gesamte Apparatur frei Baustelle unter Zwischensumme 5 bildet. Diese ist die Basis für eine Veranschlagung der Kosten der Gesamt-Montage und des Bauteils.

In der Praxis trifft man noch auf vielfältige Abweichungen von diesen Gliederungen, was im übrigen der allgemeinen Anwendbarkeit bekanntgewordener Zuschlagfaktoren oft sehr entgegensteht.

Numerische Werte solcher Zuschlagfaktoren werden zusammenfassend unter Kap. 4.080 und 4.09 wiedergegeben.

4.044 Methode 5: Einzelermittlung der Materialkosten der gesamten Apparatur

In Anlehnung an Vorkalkulationsschema II und III unterscheiden wir eine weitere Methode, bei der nicht nur die Apparate und Maschinen, sondern darüber hinaus auch die Materialkosten der direkten Nebenpositionen 2a—d (Rohrleitungen, Instrumente, Isolierungen, elektr. Einrichtungen) detailliert vorkalkuliert werden, und zwar vorwiegend auf Grund von Stücklisten. Die Anwendung prozentualer Zuschlagfaktoren beschränkt sich dann auf die Montagekosten — entweder differenziert nach einzelnen Nebenpositionen gemäß Vorkalkulationsschema I oder als Gesamt-Montagekosten — auf den Bauteil und die indirekten

Nebenpositionen. Der Bauteil läßt sich daneben, wenigstens hinsichtlich der Produktionsgebäude bei eingehausten Anlagen, über Kubikmeterpreise abschätzen, was im übrigen schon für Methode 4 gilt.

Obwohl dieses Verfahren einen erheblichen zeitlichen Mehraufwand verursacht, wird es doch in vielen Fällen für notwendig gehalten, besonders wenn es sich um die Vorkalkulation des Angebotspreises bei Projektierungsfirmen handelt.

4.045 Methode 6: Weitgehende Einzelermittlung sämtlicher Kapitalbedarfspositionen

Die höchsten Genauigkeitsgrade kann man dadurch erreichen, daß man über Methode 5 hinausgehend auch die direkten Montagelöhne, den Bauteil, die Baustellengemeinkosten und Konstruktionskosten auf Grund von Mengenermittlungen einzeln vorkalkuliert. Zuschlagfaktoren werden dann nur noch zur Berücksichtigung von allgemeinen Geschäftskosten, Gewinn und Sicherheiten angewandt.

Da bei der Einzelschätzung der Apparate und Maschinen sowie vieler Nebenpositionen ebenfalls sehr unterschiedliche Verfeinerungsgrade möglich sind, ergibt sich innerhalb der Methode 6 noch ein verhältnismäßig breiter Spielraum der Genauigkeitsgrade. Man kann z. B. die Montagekosten über den Zeitaufwand bei der Aufstellung jedes einzelnen Anlagenelementes oder über Erfahrungssätze je Gewichtseinheit vorrechnen, den Bauteil nach Kubikmeterpreisen oder auf Grund genauer Kostenanschläge durch Baufirmen einsetzen.

Diese Methode verlangt im allgemeinen eine Festlegung des Projektes in allen konstruktiven Einzelheiten und wird wegen der arbeitstechnischen Schwierigkeiten nur selten in wirklich konsequenter Form durchgeführt.

4.05 Die Bestimmung der Kapitalbedarfsdegression

4.050 Degression bei einzelnen Einheiten

Bei Vergrößerung der Kapazität einzelner Apparate und Maschinen nehmen Preis- bzw. Anschaffungskosten gewöhnlich innerhalb eines sehr breiten Bereiches nicht proportional, sondern unterproportional zu. Bezeichnet man den Preis der Einheit mit Y und die Kapazität mit X, so läßt sich die Korrelation beider Größen durch eine Regressionskurve erfassen, die in vielen Fällen die Gestalt einer einfachen Potenzfunktion aufweist:

$$Y = A \cdot X^m$$

Der *Exponent m* in dieser Gleichung ist ein *Maßstab* für die *Kapitalbedarfsdegression*, was nach Eliminierung des Parameters A und Darstellung

des Preisverhältnisses für zwei bestimmte, verschiedene Kapazitätsgrößen noch deutlicher wird:

$$\frac{Y_2}{Y_1} = \frac{A \cdot X_2^m}{A \cdot X_1^m} = \frac{X_2^m}{X_1^m} = \left(\frac{X_2}{X_1}\right)^m\,;$$

$$Y_2 = Y_1 \cdot \left(\frac{X_2}{X_1}\right)^m\,.$$

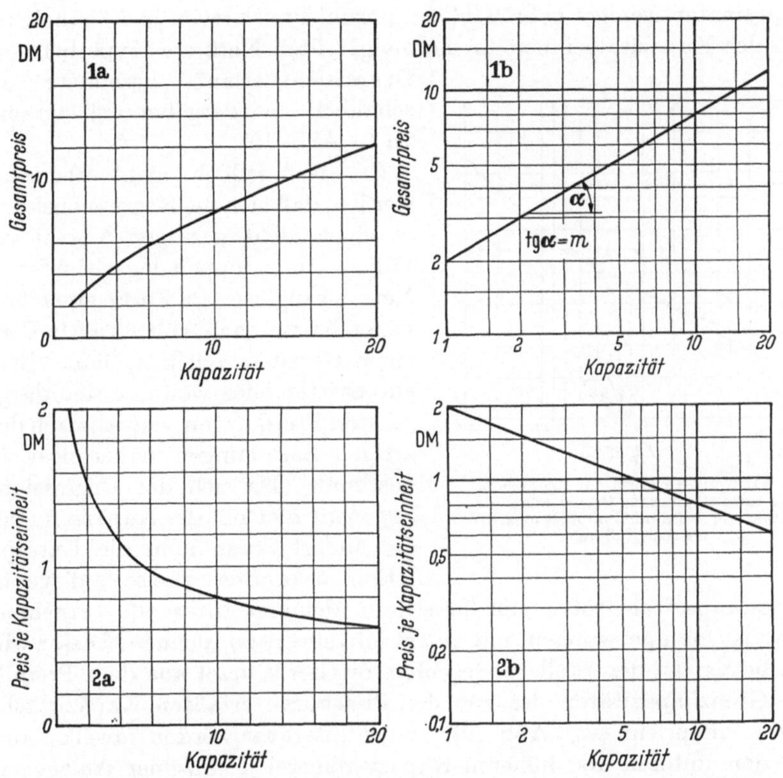

Abb. 79. Die Normalform der Regressionskurve einer empirischen Preis-Kapazitätsfunktion in verschiedenen Darstellungsweisen. Angenommener Degressionsexponent $m = 0{,}60$
1a Gesamtpreisfunktion im normalgeteilten Netz; *1b* Gesamtpreisfunktion im Netz mit doppelt-
logarithmischer Teilung; *2a* Funktion des Preises je Kapazitätseinheit im normalgeteilten Netz;
2b Funktion des Preises je Kapazitätseinheit im Netz mit doppelt-logarithmischer Teilung

Kennt man den Preis Y_1 einer Anlageneinheit der Kapazität X_1, so
läßt sich der Preis Y_2 bei der Kapazitätsgröße X_2 unter der Voraussetzung eines bekannten Degressionsexponenten m nach der zuletzt
genannten Beziehung errechnen.

Es hat sich in der Literatur eingebürgert, die empirisch gefundenen
Preiskurven im *Netz mit doppelt-logarithmischer Teilung* darzustellen

(Diagramm 1b in Abb. 79), weil auf diese Weise der Degressionsexponent m unmittelbar über den Tangens des Anstiegwinkels der erhaltenen Geraden abgelesen werden kann. Nimmt man nicht den Gesamtpreis, sondern den Preis je Kapazitätseinheit auf, so erhält man im doppeltlogarithmischen Netz, da m meistens kleiner als 1 ist, eine Gerade mit dem negativen Anstieg $m - 1$ (Diagramm 2b in Abb. 79). Diese Darstellungsform ist aber ebenso wie die Verwendung normalgeteilter Koordinaten weniger gebräuchlich, obwohl Preiskurven in Abhängigkeit von der Kapazitätseinheit im normalgeteilten Netz als Hyperbeln den Degressionsverlauf besonders anschaulich wiedergeben (Diagramm 2a in Abb. 79).

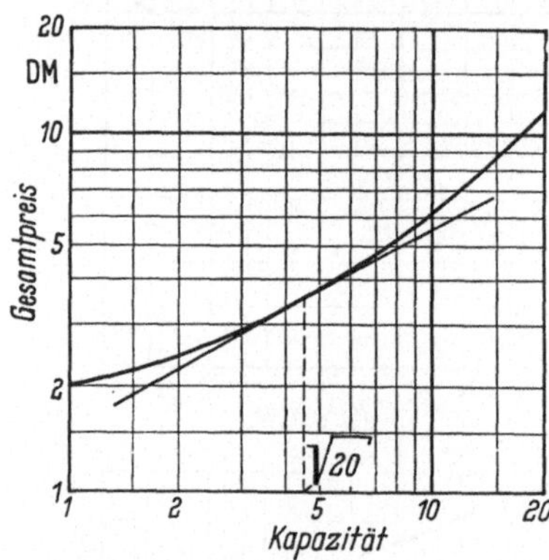

Abb. 80. Konvexe Form der Regressionskurve einer empirischen Preis-Kapazitätsfunktion im Netz mit doppelt-logarithmischer Teilung

Es darf jedoch nicht übersehen werden, daß sich die Regressionskurve in einer nicht geringen Anzahl von Fällen im doppelt-logarithmischen Netz zwangloser in Form einer konvexen Kurve nach Abb. 80 als in Form einer Geraden zeichnen läßt. Etwa ein Drittel aller weiter unten dargestellten Preiskurven wurden nach derartigen Beziehungen näherungsweise bestimmt. Da sich der Degressionsexponent hier mit der Kapazität ständig ändert, kann man die Extrapolation bekannter Preise auf veränderte Kapazitätsgrößen nur innerhalb kleinerer Intervalle vornehmen bzw. ist man gezwungen, mit einem Mittelwert zu rechnen. Dieser wird am besten an der Stelle abgegriffen, die der Wurzel aus dem Produkt der Grenzkapazitäten des von der Preiskurve erfaßten Kapazitätsbereichs entspricht (vgl. Abb. 80). In der Literatur werden zuweilen auch für den unteren und höheren Kapazitätsbereich einzelner Anlagenelemente unterschiedliche Degressionsexponenten genannt [z. B. *265*, S. 264].

R. WILLIAMS [*757*; *758*] berichtet von einer alten Erfahrungsregel in der amerikanischen Vorkalkulationspraxis, wonach der *Exponent durchschnittlich mit 0,6* angenommen werden kann („6/10-Regel"). Die statistische Nachprüfung dieses Wertes an Hand der Preiskurven von 7 verschiedenen Apparate- und Maschinentypen bestätigte die Richtigkeit [*757*]. Später hat auch C. H. CHILTON [*108*] übereinstimmend hiermit den Mittelwert des Exponenten mit 0,6 beziffert, wobei er seine Aussagen bereits auf eine weit größere Anzahl von Preiskurven stützen konnte. Unter britischen Verhältnissen nimmt R. E. JOHNSTONE [*338*] im Durchschnitt eine etwas schwächere Degression an und hält dementsprechend eine „2/3-Regel" für richtiger.

Die Degression der Anschaffungskosten beim Übergang zu größeren Einheiten läßt sich auf zwei Ursachen zurückführen [vgl. *162*]:

1. Abnahme des Gewichtes und damit des Bauaufwandes je Kapazitätseinheit;

2. Abnahme der Verarbeitungskosten und damit auch des Preises je Gewichtseinheit.

Ersteres wird bei der Kapazitätsvergrößerung von Behältern am deutlichsten. Hier wächst der Rauminhalt (= Kapazität) — Beibehaltung der geometrischen Ähnlichkeit vorausgesetzt — mit der 3. Potenz, die Oberfläche dagegen, welche bei unveränderter Wandstärke dem Gewicht direkt proportional ist, nur mit der 2. Potenz. Wäre die Abnahme des Preises je Gewichtseinheit zu vernachlässigen, so müßte sich hieraus ein Exponent von 2/3 ableiten. In Wirklichkeit aber muß die Wandstärke nach bestimmten Kapazitätsintervallen aus Festigkeitsgründen erhöht werden, während der Kilogramm-Preis gewöhnlich mit zunehmendem Gesamtgewicht fällt. Andererseits ist auch die umgekehrte Tendenz feststellbar, daß bei manchen Apparaten und Maschinen durch zunehmende fertigungstechnische Erschwernisse besonders in sehr hohen Kapazitätsbereichen der Kilogramm-Preis wieder ansteigt [*162*]. Diese einzelnen, z. T. gegeneinander wirkenden Einflüsse sind kaum deduktiv, sondern nur auf empirischem Wege durch Ermittlung des Exponenten bzw. seines Schwankungsbereichs auf Grund einer primär bestimmten Preiskurve feststellbar.

Die eigene Nachprüfung des *empirischen Degressionsgesetzes* hat für westdeutsche Verhältnisse in völliger Übereinstimmung mit den amerikanischen Erfahrungen sowohl einen arithmetischen Mittelwert als auch einen Medianwert des Exponenten von 0,60 ergeben, wobei eine statistische Masse von nicht weniger als 471 einzelnen Exponenten verschiedener Preiskurven zugrunde gelegt wurde (Tab. 16). Diese Kurven sind in Kap. 4.07 dargestellt, jedoch wurden Preiskurven mit ungeeigneten Kapazitätsmaßstäben hierbei nicht verwendet, wie z. B. bei Zentrifugen oder Kolonnen, die in Abhängigkeit vom Durchmesser aufgenommen sind. Bei im doppelt-logarithmischen Netz nur teilweise linearem Verlauf galt der lineare Kurventeil als maßgeblich, während der Anstieg durchgehend konvexer Kurven mit dem oben bezeichneten Mittelwert eingeführt wurde.

Die in Tab. 16 wiedergegebenen Ergebnisse zeigen aber gleichzeitig eine sehr beträchtliche Streuung der Werte, welche die Anwendbarkeit eines durchschnittlichen Exponenten einschränkt. Auch die Berechnung von Mittelwerten für verschiedene Apparate- und Maschinengruppen

Tabelle 16

Gesamtdurchschnitt der Degressionsexponenten von Preiskurven verschiedener Apparate und Maschinen

Anzahl der ermittelten Preiskurven *471*

    davon im doppelt-logarithmischen Netz ganz oder teilweise linear
approximiert .... 323 = 68,5%

    davon im doppelt-logarithmischen Netz als konvexe Kurven
approximiert .... 148 = 31,5%

Beobachtete *Extremwerte* des Degressionsexponenten:

oberer Extremwert	1,03
unterer Extremwert	0,05
Arithmetischer Mittelwert	0,60
Medianwert	0,60

Streuungsmaße:

mittlere lineare Abweichung vom arithmetischen Mittelwert	0,154
relative lineare Abweichung vom arithmetischen Mittelwert	25,7%
mittlere quadratische Abweichung vom arithmetischen Mittelwert	0,195
relative quadratische Abweichung vom arithmetischen Mittelwert	32,5%
oberer Quartilswert	0,75
unterer Quartilswert	0,51
quartile Streuung	0,12
relative quartile Streuung vom Medianwert	20%

(Tab. 17, aus dem gleichen statistischen Material) ergibt meist noch unbefriedigend hohe Streuungen, weil selbst innerhalb dieser Gruppen der Degressionsverlauf der einzelnen Apparate- und Maschinentypen zu stark voneinander abweicht. Stahlemaillierte Rührwerksautoklaven weisen z. B. wegen der erforderlichen hohen Mindestwandstärke für den Emaillierungsprozeß im kleinen Kapazitätsbereich Exponenten von 0,40 und darunter auf, während die Exponenten für Apparate aus Normalstahl oder Edelstahl zwischen 0,50 und 0,60 liegen. Drei Baureihen von Einkolben-Hochdruckpumpen für Drucke zwischen 200 und 1000 atü zeigen Exponenten um 0,20, wohingegen aus Tab. 17 für 22 verschiedene Preiskurven von Verdrängerpumpen ein arithmetischer Mittelwert von 0,48 hervorgeht.

Je weiter die Gruppenbildung verfeinert wird, desto mehr läßt sich die Genauigkeit erhöhen. Nach Möglichkeit aber sollte man es vorziehen, aus betriebseigenen oder veröffentlichten Preiskurven differenzierte Exponenten für die einzelnen Apparate- und Maschinentypen abzugreifen, sofern nicht der umständliche Weg der Angebotseinholung für mehrere in Betracht gezogene Baugrößen beschritten werden soll.

Da Extrapolationsaufgaben dieser Art zuweilen häufig vorkommen, ist es zweckmäßig, das gesuchte Preisverhältnis in Abhängigkeit vom Verhältnis der Kapazitätsänderung beim jeweils angenommenen Degressionsexponenten einem Diagramm (Abb. 81) zu entnehmen. Tabellarische

Tabelle 17

Degressionsexponenten verschiedener Gruppen von Apparaten und Maschinen

Apparate- oder Maschinengruppe	Gewählte unabhängige Variable der Preiskurven	Anzahl der ermittelten Preiskurven			Degressionsexponent		
		davon approximiert im lg-lg-Netz		gesamt	arithmetisches Mittel	mittl. quadr. Abweich. v. arithm. Mittel	
		linear*)	konvex			absolut	relativ
Fördergeräte:							
Bandförderer	Länge	—	6	6	0,59	0,05	8%
Becherwerke	„	—	12	12	0,53	0,05	9%
Förderschnecken und Redler	„	—	11	11	0,85	0,08	10%
Lüfter und Gebläse	Liefermenge	10	24	34	0,56	0,14	25%
Verdichter	„	21	5	26	0,66	0,10	15%
Vakuumpumpen:							
rotierend	„	8	1	9	0,49	0,14	29%
Öl-Treibmittelpumpen	„	3	—	3	0,67	0,09	13%
Dampfstrahl-Saugaggregate	„	—	6	6	0,28	0,03	10%
Flüssigkeitspumpen:							
nach Verdrängungsprinzip	Fördermenge	17	5	22	0,48	0,15	32%
Kreiselpumpen	„	8	17	25	0,36	0,17	47%
Zerkleinerungsmaschinen	mittlere Antriebsleistung	18	—	18	0,86	0,11	12%
Klassier- und Sortierapparate:							
Siebmaschinen	Siebfläche	1	6	7	0,79	0,07	9%
Rechenklassierer	Grundfläche	—	6	6	0,41	0,12	30%
Flotationszellen	Inhalt	—	1	1	0,53	—	—
Eindicker	Absitzfläche	1	—	1	0,49	—	—
Filterapparate	Filterfläche	38	—	38	0,49	0,09	17%
Separatoren	Maximalleistung	7	—	7	0,55	0,12	22%
Verdampfer	Heizfläche	14	—	14	0,74	0,07	10%
Kristallisierapparate	verschiedene	5	—	5	0,40	—	—
Trockner:							
Kammertrockner	Heizfläche	6	—	6	0,55	0,04	8%
Trommeltrockner für atm. Betrieb	Trommelvolumen	4	—	4	0,65	—	—
Trommeltrockner für Vakuum-Betr.	„	4	—	4	0,41	0,01	2%
Walzentrockner	Heizfläche	10	—	10	0,57	0,05	8%
Bandtrockner	„	4	—	4	0,87	0,03	3%
Zerstäubungstrockner	Verdampfungsleistung	2	—	2	0,90	—	—
Apparate zur mech. Gasentstaubung	Gasdurchsatz	14	—	14	0,70	0,13	19%
Apparate zur elektrostat. Gasentstaubung	„	6	—	6	0,80	0,12	15%

*) ganz oder teilweise

16*

Fortsetzung Tabelle 17

Apparate- oder Maschinengruppe	Gewählte unabhängige Variable der Preiskurven	Anzahl der ermittelten Preiskurven			Degressionsexponent		
		davon approximiert ·im lg-lg-Netz		gesamt	arithmetisches Mittel	mittl. quadr. Abweich. v. arithm. Mittel	
		linear*)	konvex			absolut	relativ
Zentrifugal-Extraktoren und -Mischer	Maximalleistung	2	2	4	0,55	0,06	12%
Mischmaschinen:							
Anklemm- u. Stativ-Propellerrührer	Antriebsleistung	—	9	9	0,10	0,04	46%
Einbau-Propellerrührer für höherviskose Massen	,,	—	4	4	0,61	0,05	8%
	Nutzinhalt	—	14	14	0,49	0,16	32%
Wärmeaustauscher	Austauschfläche	42	—	42	0,72	0,09	12%
Mischkondensatoren	maximaler Wasserdurchsatz	2	—	2	0,62	—	—
Reaktionsapparate:							
Druckkessel	Inhalt	—	1	1	0,75	—	—
Quecksilber- Elektrolysezellen	Leistung	—	1	1	0,78	—	—
Rührwerksautoklaven	Inhalt	15	10	25	0,52	0,06	13%
Öfen u. Generatoren	verschiedene	3	3	6	0,60	0,10	17%
Gefäße und Lagerbehälter:							
Stahltanks	Inhalt	16	1	17	0,65	0,14	22%
Steinzeuggefäße	,,	10	—	10	0,86	0,12	14%
Glocken- und Scheibengasbehälter	,,	4	—	4	0,61	0,06	9%
Kugelgasbehälter	,,	4	—	4	0,90	—	—
Elektromotoren	Nennleistung	23	—	23	0,77	0,11	14%
Dampfturbinen und Kolbendampfmaschinen	Leistung	4	—	4	0,69	0,10	15%

*) ganz oder teilweise

Zusammenstellungen [480, S. 36] oder Nomogramme dienen dem gleichen
Zweck. Die amerikanische ,,Chemical Construction Corporation'', New
York, hat hierfür sogar eine besondere Kreisrechenscheibe konstruiert
und unter der Bezeichnung ,,Chemico Cost Projector'' herausgebracht.

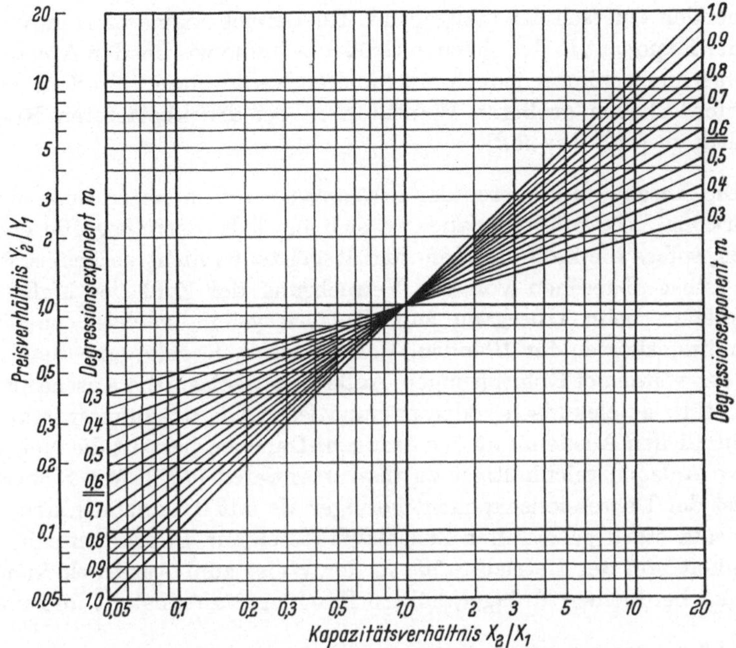

Abb. 81. Diagramm zur Bestimmung des Preisverhältnisses in Abhängigkeit vom Kapazitätsverhältnis bei verschiedenen Degressionsexponenten *m*

4.051 Degression bei vollständigen Anlagen

Eine Vorstellung über die Einflüsse auf den *Degressionsverlauf* bei *vollständigen Anlagen* gewinnt man durch gesonderte Betrachtung der einzelnen Teilpositionen:

1. *Apparate und Maschinen* weisen im Durchschnitt einen Exponenten von 0,6 auf. Jedoch läßt sich die Kapazität einzelner Einheiten nicht unbegrenzt erweitern, so daß mindestens nach Erreichen der technisch möglichen Maximalkapazität die Anzahl der Einheiten vermehrt werden muß (Batteriesystem). Die technische Kapazitätsgrenze der einzelnen Apparate und Maschinen wird unterschiedlich schnell erreicht. Schließlich wird der Exponent der gesamten Hauptpositionen mit ständig wachsender Betriebsgröße dem Wert 1 zustreben. Hinzu kommt noch die sich bei manchen Einheiten mit zunehmender Kapazität abschwächende Degression (konvexe Form der Preiskurve). Im übrigen ist darauf hinzuweisen, daß mit der wechselnden Kombination der Apparate und Maschinen mit oft recht unterschiedlichen Degressionsexponenten auch der Durchschnittswert von 0,6 erheblich abweichen kann.

2. Bei *Rohrleitungen* (einschließlich Rohrleitungsarmaturen) ist der Verlauf der Anschaffungskosten in Abhängigkeit vom kapazitätsbe-

stimmenden Querschnitt maßgebend. Im Bereich kleinerer Nennweiten liegt der Exponent in der gleichen Größenordnung wie bei den Apparaten und Maschinen, nimmt jedoch mit höheren Nennweiten vor allem wegen der erforderlichen größeren Wandstärken bei druckbelasteten Rohren erheblich zu [vgl. *38*; *162*].

3. Die Anschaffungskosten der *Instrumente* sind in erster Linie stück-proportional. Sie müßten daher an sich für jede Betriebsgröße gleich-bleiben, sofern die Zahl der Meß- und Regelstellen nicht verändert wird. Aber selbst abgesehen von der Vermehrung der Zahl der Meß- und Regelstellen beim Übergang zum Batteriesystem wachsen auch die Anschaffungskosten für Blenden, Venturidüsen, Regelorgane usw. mit den Nennweiten der Rohrleitungen. Außerdem wachsen die Anschaffungs-kosten für das elektrische oder pneumatische Übertragungssystem mit der räumlichen Ausdehnung der Anlagen. Daneben besteht die Neigung, größere Anlagen reichhaltiger zu instrumentieren [*162*]. Mit Sicherheit aber ist der Degressionsexponent geringer als mit 0,6 anzunehmen, was im Ansatz stark gestaffelter Zuschlagfaktoren für Instrumente in Ab-hängigkeit von der Betriebsgröße in der Weise zum Ausdruck kommt, daß man bei kleinen Anlagen höhere Zuschlagsätze einstellt und umge-kehrt.

4. Die Anschaffungskosten von *Isolierungen* sind den zu isolierenden Oberflächen etwa proportional. Diese wachsen bekanntlich relativ schwächer als der Rauminhalt von Apparaten und Behältern — es er-gäbe sich hierbei theoretisch ein Exponent von $^2/_3$ — oder als der Querschnitt von Rohrleitungen, was sogar zu einem Exponenten von nur 0,5 führen müßte. Auch hier hebt die Anwendung des Batteriesystems jede Degression auf. Im ganzen kann man für den Degressionsverlauf die gleichen Gesetzmäßigkeiten wie bei den Apparaten und Maschinen selbst annehmen.

5. Die *Montagekosten* einzelner Apparate und Maschinen zeigen über-wiegend einen wesentlich kleineren Degressionsexponenten als 0,6. H. C. BAUMAN hat nachgewiesen [*38*], daß z. B. die Kosten für die Montage von Wärmeaustauschern und Kreiselpumpen innerhalb eines breiten Intervalls unabhängig von der Kapazität sind, d. h. den Expo-nenten 0 aufweisen. Nach eigenen Erhebungen schwanken die Gesamt-Montagekosten, welche allerdings die gleichfalls stark degressiven Bau-stellengemeinkosten einschließen, bei einer Reihe von Freianlagen zwischen 25% bei Projekten in der Größenordnung von 0,5 Millionen DM und 15% bei solchen über 5 Millionen DM (Zwischensumme 5 in Vor-kalkulationsschema III). Der Übergang zum Batteriesystem müßte auch hier die gegenläufige Tendenz auslösen, was sich jedoch zumindest bei

den Gesamt-Montagekosten erst im Bereich größter Kapazitäten bemerkbar macht.

6. Analog zu den Gesamt-Montagekosten wurden für den *Bauteil* bei mehreren Freianlagen gestaffelte Zuschlagsätze zwischen 15 und 10% genannt, die auf der schon erwähnten Berechnungsgrundlage und bei den vorstehend genannten Größenordnungen der Projekte gelten. Hieraus ginge für den Bauteil ein geringerer Exponent als der Durchschnittswert für Apparate und Maschinen hervor. Bei Kapazitätserweiterungen nach dem Batteriesystem und vor allem bei zugleich eingehausten Anlagen müssen aber die Baukosten etwa proportional mit der Betriebsgröße wachsen.

7. Für sämtliche *indirekten Nebenpositionen* ist die Degression stärker als durchschnittlich für Apparate und Maschinen sowie direkte Nebenpositionen, was aus den Zahlenangaben in Kap. 4.09 hervorgeht.

Die einzelnen Bedarfspositionen reagieren also auf Kapazitätsänderungen unterschiedlich, wobei die Zusammenhänge so unübersichtlich sind, daß sich ein allgemeingültiger Degressionsexponent für *Gesamtanlagen* auf deduktivem Wege auch hier nicht herleiten läßt.

Die rein empirische Annäherung an die Lösung des Problems wurde zuerst von P. W. SHERWOOD [*633*] unternommen. Die Exponenten von 19 untersuchten Verfahren lagen in der Mehrzahl zwischen 0,58 und 0,82. Als Ausnahmen zeigten Hochdruck-Hydrieranlagen einen Mittelwert von 0,32 und Sauerstoffgewinnungsanlagen innerhalb eines extrem niedrigen Kapazitätsbereichs einen Exponenten von 0,47. SHERWOOD leitet aus diesen Ergebnissen die Regel ab, im Normalfall mit einem mittleren Exponenten von 0,7 zu arbeiten und nur bei Hochdruckprozessen sowie im Bereich sehr kleiner Kapazitäten den Wert zwischen 0,4 und 0,55 anzusetzen.

C. H. CHILTON [*109*] vertritt die Gültigkeit der 6/10-Regel auch bei Gesamtanlagen und stützt sich hierbei auf Untersuchungsergebnisse von 36 verschiedenen Verfahren. Er fand zunächst Grenzwerte von 0,33 und 1,02, ein arithmetisches Mittel von 0,68 und den Medianwert von 0,66. Nach Ausscheidung gewisser höherer Kapazitätsbereiche sowie von Verfahren, deren Kapazitätserweiterung nur nach dem Batteriesystem erfolgt, sank der arithmetische Mittelwert auf 0,62.

Kürzlich teilte W. L. NELSON [*480*, S. 32] seine Untersuchungsergebnisse an 48 Verfahren mit, die überwiegend der Erdölverarbeitung und zu einem kleinen Teil der anorganischen Schwerchemie zugehören. Der gefundene arithmetische Mittelwert von 0,79 wird in seiner Abweichung nach oben durch die hohen Kapazitätsbereiche erklärt, welche bei den untersuchten Verfahren zugrunde lagen. Nach dem oben Gesagten erscheint diese Erklärung übrigens plausibel.

Nach H. L. STRICKLING [*666*] sollte man den Durchschnittswert des Degressionsexponenten von 0,6 evtl. nach oben oder unten abwandeln, je nachdem, ob in besonders ausgedehntem Maße maschinelle Einrichtungen vorhanden sind (Exponenten zwischen 0,7 und 0,8) oder aber die Anlagen zu einem Großteil aus Behältern und Rohrleitungen bestehen (Exponenten zwischen 0,4 und 0,5).

Tab. 18 zeigt Durchschnittswerte und Streuungsmaße der Exponenten von 71 Preiskurven verschiedener Verfahren unter westdeutschen und britischen Verhältnissen. Der errechnete Mittelwert von 0,64 erscheint im Vergleich zu den bisher bekanntgewordenen Zahlen noch relativ niedrig. Die Erklärung hierfür dürfte nicht zuletzt darin zu suchen sein, daß es sich bei den untersuchten Anlagen vorzugsweise um solche mit kleineren Kapazitätsbereichen handelt.

Stehen keine genaueren Informationen zur Verfügung, so sollte man bei Extrapolationsaufgaben zweckmäßig mit einem Mittelwert von 0,67 rechnen.

Tabelle 18

Gesamtdurchschnitt der Degressionsexponenten von Preiskurven vollständiger chemischer Anlagen

Anzahl der ermittelten Preiskurven	*71*
Beobachtete *Extremwerte* des Degressionsexponenten:	
oberer Extremwert	0,87
unterer Extremwert	0,32
Arithmetischer Mittelwert	0,64
Medianwert...	0,64
Streuungsmaße:	
mittlere lineare Abweichung vom arithmetischen Mittelwert	0,09
relative lineare Abweichung vom arithmetischen Mittelwert	14%
mittlere quadratische Abweichung vom arithmetischen Mittelwert	0,11
relative quadratische Abweichung vom arithmetischen Mittelwert	17%
oberer Quartilswert	0,73
unterer Quartilswert	0,55
quartile Streuung	0,09
relative quartile Streuung vom Medianwert..........................	14%

4.06 Die Grundlagen der Darstellung eines Datensystems zur Vorkalkulation des Anlagekapitalbedarfs

Die nachfolgenden Ausführungen betreffen in erster Linie die Zusammenstellung von *Preisdaten für Apparate und Maschinen.*

Anstelle planloser Anhäufung des Datenmaterials ist nur eine sinnvolle, nach klaren Grundsätzen entwickelte Darstellungsweise geeignet, dem Schätzer zeitsparende und zweifelsfreie Orientierungsmöglichkeiten zur Erleichterung der Vorkalkulation zu bieten.

4.060 Aufstellung von Preiskurven

Bei der Erarbeitung eines Datensystems steht die graphische Darstellung von *Richtpreis-Kapazitätsbeziehungen* in Form der sog. *Preis-*

kurven im Mittelpunkt. Diese bietet gegenüber einfachen tabellarischen Zusammenstellungen folgende Vorteile: Große Übersichtlichkeit, bei der Wahl eines doppelt-logarithmischen Netzes eine unmittelbare Erfassung des Degressionsexponenten, leichte Inter- und Extrapolationsmöglichkeiten sowie die Zusammendrängung des Materials auf engstem Raum. Als Nachteil muß in Kauf genommen werden, daß typisierte Anlagenelemente nicht in allen Größen verfügbar sind.

Die Herleitung eines Datensystems, wie es z. B. in Kap. 4.07 und 4.08 wiedergegeben ist, erfordert die Beachtung folgender Gesichtspunkte:

1. Nach Möglichkeit sind *Preise auszuscheiden*, die auf Grund unausgeglichener Marktsituationen bzw. besonderer preispolitischer Maßnahmen der Hersteller unter extremen Abweichungen von den Mittelwerten — wofür nur die normalen Kostenpreise gelten können — zustande gekommen sind.

2. Bei einzelnen Anlagenelementen, vor allem Apparaten und Maschinen, sind nur *Verkaufspreise der Hersteller* miteinander vergleichbar und interessant. Die von Projektierungsfirmen ihren Kunden gegenüber bekanntgegebenen Preise enthalten die oft ungleichmäßig und willkürlich umgelegten Konstruktionskosten, allgemeinen Geschäftskosten und Gewinnzuschläge und sind in diesem Zusammenhang kaum brauchbar.

3. Jede Preiskurve soll nur in Abhängigkeit von *einem Kapazitätsmaßstab* als unabhängiger Variabler dargestellt werden. Hierbei ist ein für die Auslegung wesentlicher Leistungsmaßstab zu bevorzugen. Dieses ist jedoch nicht möglich, wenn die Leistung eine zu hohe Abhängigkeit von der Produkteigenart oder von den jeweiligen Betriebsbedingungen aufweist. Damit geht nämlich die Beziehung zu den baulichen Abmessungen verloren, welche den Preis in erster Linie beeinflussen. Bei Zentrifugen z. B. ist man daher oft gezwungen, den Trommeldurchmesser anstelle der Durchsatzleistung einzuführen. Sämtliche anderen Einflußfaktoren der Kapazität und des Preises müssen als Parameter konstant gehalten werden, falls sie nicht ganz zu vernachlässigen sind.

4. Die Anlagegegenstände erfordern eine *eindeutige technische Definition*. Die Vielzahl der Einflußfaktoren und ihrer Kombinationsmöglichkeiten zwingen zu einer Beschränkung auf wenige Merkmale. Bei Röhrenbündel-Wärmeaustauschern z. B. beeinflussen folgende Konstruktionsmerkmale den Preis: Größe der Austauschfläche, Druck innerhalb und außerhalb der Rohre, Werkstoff der Rohre, des Mantels und der Vorkammer, konstruktiv unterschiedlicher Dehnungsausgleich, Verhältnis zwischen Baulänge und Durchmesser, dreieckige oder quadratische Rohranordnung, Rohrabstände, Durchmesser der Rohre, Befestigungsart der Rohre in den Böden, Berechnung nach amerikanischen

oder deutschen Vorschriften usw. Um jeden Kombinationsfall zu erfassen, wären viele Preiskurven erforderlich, weshalb man sich zweckmäßig auf die Berücksichtigung der Austauschflächengröße, einiger Druckstufen, der Werkstoffe und wichtiger Konstruktionstypen beschränkt, alles andere aber in die Fehlergrenzen eingehen läßt [vgl. H. ECKHARDT, *187*]. In komplizierten Fällen bringt auch die Ableitung von Korrekturfaktoren zur Berücksichtigung der einzelnen Einflußgrößen Vorteile [vgl. Tab. 23—25 sowie Abb. 172—174 in Kap. 4.074.0].

5. Die Frage nach der *Aufnahme von Zubehöranlagen* ist für das ganze System möglichst *einheitlich* zu entscheiden. Das Einschließen der Zubehörteile vereinfacht das Schätzungsverfahren, beeinträchtigt aber die Genauigkeit. Zur Vermeidung dieses Nachteiles müssen sehr viele Diagramme entwickelt werden, wenn hinsichtlich der verwendbaren Zubehöreinrichtungen eine große Variabilität besteht. Stets notwendige und gleichbleibende Zubehöreinrichtungen sollte man einbeziehen, in anderen Fällen dagegen besser die getrennte Darstellung und Abschätzung bevorzugen.

6. Es ist möglichst die Basis *ab Werk* und nicht *installiert* (einschließlich Frachten, Verpackungskosten, Montagekosten) zu wählen, da man auf diese Weise bessere Vergleichs- und Korrekturmöglichkeiten hat. Die in der amerikanischen Literatur zuweilen anzutreffende Einrechnung auch der Fundamente, Stahlkonstruktionen, Instrumente, Isolierungen und elektrischen Einrichtungen ist nicht ratsam.

7. Zur Indexkorrektur ist eine *einheitliche zeitliche Preisbasis* unumgänglich.

8. Man kann *absolute Preisdaten* oder aber nur *Preisrelationen* gegenüber einer bestimmten Basis-Kapazitätsgröße darstellen. Durch Preisrelationen soll angeblich die Zeitlosigkeit der Diagramme erreicht werden [vgl. *168*; *220*; *457*]. Sachlich erreicht man jedoch nichts, denn auch der Preis der Basisgröße muß mit einem Index korrigiert werden, so daß es bequemer erscheint, sofort Absolutwerte aufzunehmen.

9. Für die *formale Darstellung der Richtpreis-Diagramme* gibt es folgende Möglichkeiten:

a) Aufnahme von *Streupunktdiagrammen* ohne Einzeichnung von Kurven. Man erhält zwar einen guten Einblick in die vorhandenen Daten und kann auch leicht Ergänzungen durch neues Zahlenmaterial vornehmen, die mangelnde Eindeutigkeit ist jedoch nachteilig. Außerdem kann in jedem Diagramm nur *ein* Abhängigkeitsverhältnis dargestellt werden, wenn man nicht mehrere unterschiedliche Punktmarkierungen benutzen will.

b) *Regressionskurve* für die Mittelwerte oder *zwei Begrenzungskurven* des Streufeldes. Begrenzungskurven sind nicht zu empfehlen, denn die Betonung der Fehlergrenzen macht den Benutzer der Diagramme unsicher [*189*]. Ausnahmsweise sind Begrenzungskurven zweckmäßig, wenn sie für eine Reihe technisch schwer abzugrenzender Konstruktionstypen verwandt werden. Die untere Begrenzungskurve entspricht dann der einfachsten und die obere der kompliziertesten Type, so daß der Schätzer den Preis nach dem jeweiligen Grad der technischen Vervollkommnung des Apparates zwischen den Grenzwerten anzusetzen hat. Eine solche Darstellung wurde von H. L. BULLOCK [*89*; *90*] z. B. für Siebmaschinen gewählt.

c) Regressionskurven für *Gesamtpreise* oder *Preise je Kapazitätseinheit* sowie Darstellung im *normalgeteilten* oder *doppelt-logarithmisch-geteilten Netz*. Auf die Vorteile der Kombination Gesamtpreis und doppelt-logarithmisch geteiltes Netz wurde bereits hingewiesen [Kap. 4.050].

10. Die Preiskurven sind evtl. durch wichtige *technische Informationen* zu ergänzen, sofern diese nicht leicht zugänglich und für die Projektierung von wesentlichem Interesse sind.

4.061 Normung der Darstellungsmethoden

Vorkalkulationsprobleme sind lange Zeit in der Literatur nicht behandelt worden. Nachdem vor etwa 15 Jahren in USA Fachleute in wachsender Anzahl damit begannen, durch literarische Beiträge über die gesammelten Erfahrungen die Diskussion auf überbetrieblicher Ebene zu fördern, zeigte es sich bald, daß die Unterschiedlichkeit der bekanntgegebenen Schätzungsmethoden und Datensammlungen der allgemeinen Vergleichbarkeit und Nutzanwendung Schwierigkeiten bereiteten. Schon sehr früh haben daher R. WILLIAMS [*758*] und H. ECKHARDT [*189*] auf die Notwendigkeit hingewiesen, bei der Aufstellung von allgemein zugänglichen Datensystemen eine einheitliche Entscheidung über die oben behandelten Alternativmöglichkeiten zu treffen.

Eine *Normung* läßt sich freilich auch auf diesem Gebiet nur schwer und langsam durchsetzen.

Diese Probleme konnten in Deutschland bei dem gegenwärtigen Entwicklungsstand der Vorkalkulationsliteratur noch nicht akut werden. Bei einigen Fortschritten ließen sich allerdings durch frühzeitige Beachtung dieser Forderungen wesentliche Vorteile erzielen.

Schließlich sei auf die Bedeutung auch der innerbetrieblichen Normung hingewiesen. Wenn es sich darum handelt, durch Analyse früher ausgeführter Projekte für die Vorkalkulation wichtige Erfahrungszahlen — etwa in Gestalt der Zuschlagfaktoren für Nebenpositionen — zu gewinnen, so ist eine Vereinheitlichung des Vorkalkulationsschemas sowie des gesamten methodischen Vorgehens unerläßlich [*37*].

4.062. Mathematische Bestimmung der Korrelation und der Fehlergrenzen

Anstelle freihändiger Einzeichnung kann man die Regressionskurven nach der Methode der kleinsten Quadrate und auch die Streuungen bzw. Fehlergrenzen berechnen, was freilich in der Literatur bisher kaum durchgeführt wurde. Dagegen hat P. FERENCZ [*206*; *207*] betont, daß bei einer durchgehenden Anwendung statistischer Methoden die Vorkalkulation des Kapitalbedarfs, der Kosten sowie die Wirtschaftlichkeitsanalyse eine sicherere Grundlage erhalten könnten. Die Berechnung der Fehlerfortpflanzung müßte damit zu einer *exakten Ausweisung des Sicherheitsgrades* jedes Endergebnisses der Vorkalkulation führen.

Diese Auffassung erscheint zunächst geeignet, die Vorkalkulation auf dem Wege von der Empirie zur rationalen Durchdringung ein gutes Stück vorwärts zu bringen. Es darf aber folgendes nicht übersehen werden:

1. Die *Streuung* der Werte um die Regressionskurve ist oft *zufallsbestimmt*, wenn nämlich die schwierige Zugänglichkeit des Materials dazu zwingt, die Kurven aus unzureichendem Zahlenmaterial abzuleiten. In diesen Fällen könnte man also nur noch von einer formalen Richtigkeit des Vorgehens sprechen.

2. Man braucht die Fehlergrenzen bei der Schätzung der Einzelpositionen nicht übermäßig zu betonen, da sich *Schätzungsfehler* im Endergebnis *ausgleichen*. Hierauf weist besonders R. E. JOHNSTONE [*338*] hin.

3. Eine konsequent durchgeführte Wahrscheinlichkeitsrechnung würde die Vorkalkulation mit einem beträchtlichen *zeitlichen Mehraufwand* belasten, den die erreichbaren Nutzeffekte oft nicht aufwiegen.

4. Schließlich führt die übermäßige Mathematisierung zu einer gewissen *Schematisierung* der Arbeiten und gleichzeitigen Beeinträchtigung der nie ganz ersetzbaren subjektiven Ermessensfreiheiten.

Um eine Vorstellung davon zu vermitteln, in welcher Größenordnung Bestimmtheitsmaß, Korrelationskoeffizient und Fehlergrenzen derartiger Preiskurven liegen können, wurden in Tab. 19 Erhebungswerte und in Tab. 20 die Berechnungsergebnisse zur Bestimmung einer Regressionskurve bei *Vakuum-Drehtrommelfiltern* wiedergegeben. Obwohl es sich hierbei um Apparate der Einzelfertigung handelt und die Angaben von 5 verschiedenen Herstellerfirmen benutzt wurden, ist die Korrelation recht gut. Im Lieferungsumfang sind eingeschlossen: Filtertrommel mit durchschnittlicher Zellenzahl, Filtertrog, Einfachpendel-

Tabelle 19

Zahlenwerte zur Bestimmung der Regressionskurve und der Fehlergrenzen bei einem Preisdiagramm für Vakuum-Drehtrommelfilter in Stahl. Preisbasis Sommer 1957

n	X_ν	Y_ν	$U = \lg X$	$V = \lg Y$	U^2	V^2	$U \cdot V$
1	1	11 000	0	4,041	0	16,330	0
2	1	13 000	0	4,114	0	16,925	0
3	1	14 000	0	4,146	0	17,189	0
4	2	13 000	0,301	4,114	0,0906	16,925	1,238
5	2	19 000	0,301	4,279	0,0906	18,310	1,288
6	2	23 000	0,301	4,362	0,0906	19,027	1,313
7	3	28 000	0,477	4,447	0,2275	19,776	2,121
8	4	22 000	0,602	4,342	0,3624	18,853	2,614
9	4	30 000	0,602	4,477	0,3624	20,044	2,695
10	5	35 000	0,699	4,544	0,4886	20,648	3,176
11	6	28 000	0,778	4,447	0,6053	19,776	3,460
12	7,7	35 000	0,886	4,544	0,7850	20,648	4,026
13	8	35 000	0,903	4,544	0,8154	20,648	4,103
14	8	40 000	0,903	4,602	0,8154	21,178	4,156
15	10	36 000	1,000	4,556	1,0000	20,757	4,556
16	10	52 000	1,000	4,716	1,0000	22,241	4,716
17	12	52 000	1,079	4,716	1,1642	22,241	5,089
18	13	47 000	1,114	4,672	1,2410	21,828	5,205
19	19,6	56 000	1,292	4,748	1,6693	22,544	6,134
20	19,6	62 000	1,292	4,792	1,6693	22,963	6,191
21	20	60 000	1,301	4,778	1,6926	22,829	6,216
22	20	66 000	1,301	4,820	1,6926	23,232	6,271
23	25	70 000	1,398	4,845	1,9544	23,474	6,773
24	28	76 000	1,447	4,881	2,0938	23,824	7,063
25	30	75 000	1,477	4,875	2,1815	23,766	7,200
26	31,4	78 000	1,497	4,892	2,2410	23,932	7,323
27	35	83 000	1,544	4,919	2,3839	24,197	7,595
28	40	112 000	1,602	5,049	2,5664	25,492	8,088
29	45	102 000	1,653	5,009	2,7324	25,090	8,280
			$\sum U =$ 26,750	$\sum V =$ 133,271	$\sum U^2 =$ 32,0162	$\sum V^2 =$ 614,687	$\sum U \cdot V =$ 126,890

$X_\nu =$ Filterfläche in m²; $Y_\nu =$ Preis ab Werk in DM.

ührwerk, Filterkuchen-Abnahmevorrichtung, Steuerkopf, Getriebe ür Haupt- und Rührwerksantrieb, nicht jedoch Antriebsmotoren, Trübe- und Filtratpumpen, Waschbandeinrichtung oder Vakuum-anlagen. Die Streuung der Preise um die Regressionskurve entsteht durch Vernachlässigung folgender Einflußgrößen: Variabilität des Verhält-nisses Durchmesser zu Länge der Filtertrommel etwa im Bereich zwischen 2:1 und 0,7:1, wechselnde Ausbildung der Abnahmevorrichtung als Schaber, Schnüren- oder Walzenabnahme, Verwendung starrer oder stufenlos regelbarer Getriebe, unterschiedliche Zellenzahl sowie endlich unterschiedliche Kostengebarung und Preispolitik der einzelnen Her-steller. Zur Veranschaulichung des Ergebnisses dient Abb. 82.

Tabelle 20

Berechnungsergebnisse zur Bestimmung der Regressionskurve und der Fehlergrenzen bei einem Preisdiagramm für Vakuum-Drehtrommelfilter in Stahl. Zahlenwerte nach Tabelle 19

Zahl der korrelierten Wertepaare $n = 29$

Angenommene Gleichung der Regressionskurve:

$$Y = A \cdot X^m$$
$$\lg Y = \lg A + m \cdot \lg X$$
$$V = a + m \cdot U$$

Koordinaten des Schwerpunktes des Punkthaufens im doppelt-logarithmischen Netz:

$$\overline{\overline{U}} = \frac{\sum U}{n} = 0{,}9224$$

$$\overline{\overline{V}} = \frac{\sum V}{n} = 4{,}5956$$

Anstieg der Geraden im doppelt-logarithmischen Netz bzw. Degressionsexponent:

$$m = \frac{\sum U \cdot V - n \cdot \overline{\overline{U}} \cdot \overline{\overline{V}}}{\sum U^2 - n \cdot \overline{\overline{U}}^2} = 0{,}539$$

Parameter: $a = \overline{\overline{V}} - m \cdot \overline{\overline{U}}$ $= 4{,}0984$

$$A = 12\,540$$

Berechnete Gleichung der Regressionskurve: $Y = 12\,540 \cdot X^{0{,}539}$

Bestimmtheitsmaß:

$$B = \frac{(\sum U \cdot V - n \cdot \overline{\overline{U}} \cdot \overline{\overline{V}})^2}{(\sum U^2 - n \cdot \overline{\overline{U}}^2)(\sum V^2 - n \cdot \overline{\overline{V}}^2)}$$

$$= 0{,}962 = 96{,}2\%$$

Korrelationskoeffizient: $r = \sqrt{B} = 0{,}981$

Gesamtstreuung[1]: $s_v^2 = s_r^2 + s_\varepsilon^2$

Reststreuung: $s_\varepsilon^2 = s_v^2 \cdot (1 - B)$

$$= \frac{1}{n-1}(\sum V^2 - n \cdot \overline{\overline{V}}^2)(1 - B)$$

$$= 0{,}003012$$

$$s_\varepsilon = 0{,}0549$$

Fehlergrenzen:

1) Sicherheitsgrad $= 50\%$: $+8{,}85$ bzw. $-8{,}0\%$;

2) Sicherheitsgrad $= 68\%$: $+13{,}5$ bzw. $-11{,}9\%$;

3) Sicherheitsgrad $= 95\%$: $+28{,}1$ bzw. $-21{,}9\%$.

---

[1] s_v^2: Streuung der erhobenen Werte V bezogen auf den Mittelwert $\overline{\overline{V}}$.

s_r^2: Streuung der gerechneten Werte (erklärt durch den Zusammenhang gemäß der Regressionskurve) bezogen auf $\overline{V}$.

s_ε^2: Streuung der erhobenen Werte V bezogen auf die Regressionskurve.

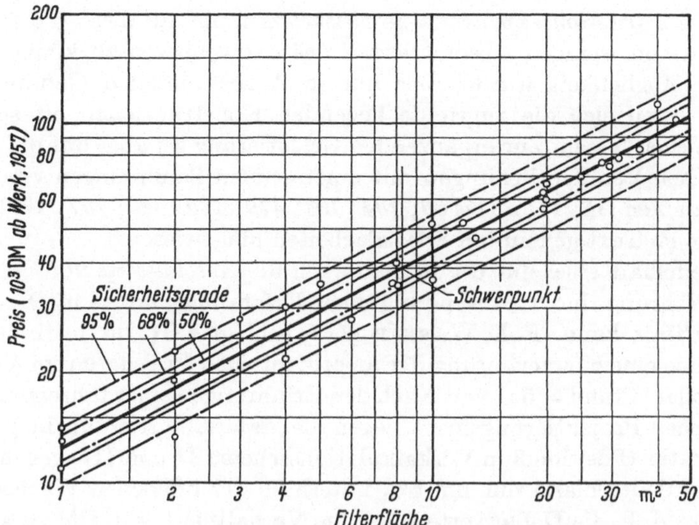

Abb. 82. Preisdiagramm mit Erhebungswerten, berechneter Regressionskurve und Fehlergrenzen für Vakuum-Drehtrommelfilter in Stahl

4.07 Daten zur Vorkalkulation des Kapitalbedarfs für Apparate und Maschinen

Da die *Apparate und Maschinen* einerseits eine zentrale Stellung im Vorkalkulationsschema einnehmen und ihre Anschaffungskosten in den meisten Fällen detailliert abgeschätzt werden müssen, andererseits aber die Benutzung veröffentlichter Preisinformationen wesentliche Vorteile mit sich bringt, wird auf die Wiedergabe eines entsprechenden *Datensystems* Wert gelegt. Wir beschränken uns in dieser Abhandlung über die Vorkalkulation nicht auf das rein Methodische, das in den vorangehenden Abschnitten zur Darstellung kam, sondern veröffentlichen hier für die Praxis wertvolles Zahlenmaterial.

4.070 Hinweise für die Benutzung der Richtpreis-Diagramme

Die nachfolgenden Richtpreis-Diagramme wurden überwiegend auf Grund vertraulicher Informationen von westdeutschen Apparate- und Maschinenbauanstalten sowie von Projektierungsfirmen entwickelt. Aus verständlichen Gründen muß auf Quellenangaben verzichtet werden.

Die *Gliederung* erfolgt nach *physikalischen Grundverfahren*, jedoch aus Zweckmäßigkeitsgründen stark vereinfacht.

Die Fehlergrenzen der Preiskurven werden bei $^2/_3$-Sicherheit auf durchschnittlich $\pm$ 10 bis 20% geschätzt.

M. C. MOLSTAD [464] hat angeregt, wegen des in Europa schwer zugänglichen Zahlenmaterials aus den *amerikanischen Richtpreis-Diagram-*

men die Degressionsexponenten zu übernehmen, um auf diese Weise Preiskurven von wenigen Absolutwerten aus extrapolieren zu können. Von dieser Möglichkeit wurde aber nur in Ausnahmefällen Gebrauch gemacht, weil sich die zugrunde liegenden Konstruktionen oft schlecht vergleichen lassen. Zur ergänzenden Orientierung sei aber auf die amerikanischen Veröffentlichungen mit umfassenden Sammlungen von Preisdiagrammen [II; *17*; *58 bis 60*; *104*; *108*; *479*; *480*; *520*; *707*; *776*] sowie auf die im Text genannten Spezialarbeiten hingewiesen.

Zweifelhaft erscheint es, ob man auch die *Absolutwerte* von der fremden Währung durch Anwendung eines Erfahrungsfaktors in DM-Werte *konvertieren* kann. F. E. WARNER [*719*] schlägt z. B. für britische Verhältnisse eine Konvertierung der amerikanischen Preisdaten im Verhältnis Dollar: Pfund = 5:1 vor. Nach den Erfahrungen einer führenden westdeutschen Projektierungsfirma liegen die Materialkosten für die gesamte Apparatur (Position 3 in Vorkalkulationsschema II und III) gegenwärtig in Westdeutschland nur um 5% unterhalb der offiziellen Wechselkurs-Parität, d. h. die Dollarwerte wären im Verhältnis 1:4 in DM zu konvertieren. Auf Grund der verschiedenen Lohnverhältnisse sind jedoch in Westdeutschland die Montagekosten, Baukosten und indirekten Nebenpositionen wesentlich niedriger als es der Parität entspräche, so daß man für Gesamtanlagen wahrscheinlich nur ein Umrechnungsverhältnis zwischen 1:3 und 3,5 anzusetzen hätte. Im einzelnen können sich aber hier so große Abweichungen ergeben, daß man von solchen Umrechnungen besser absehen sollte.

Folgende *Hinweise* seien *für die Benutzung der Diagramme* hervorgehoben:

1. Einheitliche *Preisbasis* ist *Sommer 1957*.

2. Es liegen ausschließlich die *Verhältnisse in Westdeutschland* zugrunde.

3. Es wird meistens die Preisbasis *ab Werk*, seltener *installiert* gewählt. Diese schließt Transport- und Montagekosten ein, nicht jedoch Fundamente und Stahlkonstruktionen.

4. *Antriebsmaschinen*, vor allem Elektromotoren, sind grundsätzlich *nicht eingeschlossen*, es sei denn, dies ist besonders vermerkt. Die Untersetzungsgetriebe für motorische Antriebe sind jedoch regelmäßig einbegriffen.

5. *Zubehöreinrichtungen* werden zur Erhöhung der Genauigkeit regelmäßig *nicht aufgenommen*. Andernfalls werden sie zur Vermeidung von Mißverständnissen besonders erwähnt.

6. Bei fehlenden Werkstoffbezeichnungen gilt Ausführung in *normalem Stahl*.

7. Werden einer Kurve bestimmte *Kennzeichnungsmerkmale* des zugrunde liegenden Anlagenelementes zugeordnet, so gelten angegebene

Grenzwerte, wenn sie durch die Präposition „*zwischen*" verbunden sind, für den jeweiligen *Anfangs- und Endpunkt* der Kurve. Heißt es z. B. bei einer Preiskurve für Kreiselpumpen, die Förderhöhe H liegt „zwischen 50 und 100 m", so sind dem Anfangspunkt der Kurve bei der kleinsten Kapazität 50 m, dem Endpunkt bei der größten Kapazität dagegen 100 m Förderhöhe zuzuordnen. Zwischen den Endpunkten bzw. Extremwerten kann dann entsprechend interpoliert werden. Die Zuordnung eines *unregelmäßigen Schwankungsbereichs* erfolgt dagegen durch die normale Schreibweise, wie etwa „Förderhöhe $H = 50 - 100$ m". In diesem Falle wäre bei jedem Abszissenwert der Kurve mit einer Schwankung der Förderhöhe innerhalb dieser Grenzwerte zu rechnen.

8. Wird ein *Merkmal als Kurvenparameter* berücksichtigt und zum Aufbau einer Kurvenschar benutzt, so kann zwischen den einzelnen Kurven, die mit willkürlicher Stufung dargestellt sind, in vertikaler Richtung *interpoliert* werden.

4.071 Apparate und Maschinen für die Stoff-Förderung

4.071.0 Fördergeräte für Feststoffe

Die nachstehenden Preisdiagramme erfassen die wichtigsten *Stetigförderer* für Feststoffe, während Umschlageinrichtungen hier außer acht bleiben.

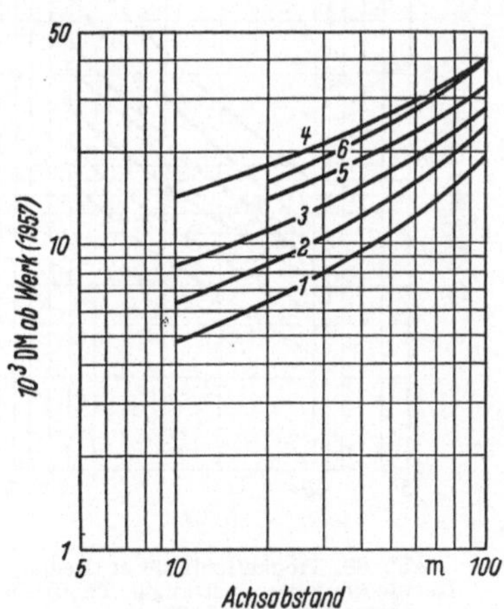

Abb. 83. Bandförderer
Gurtförderer mit muldenförmiger Gurtführung, einschließlich Untersetzungsgetriebe, jedoch ohne Gurt; Bandbreite:
1 400 mm; *2* 650 mm; *3* 800 mm;
4 1000 mm
Plattenbänder [*34*, S. 42]; Plattenbreite:
5 640 mm; *6* 800 mm

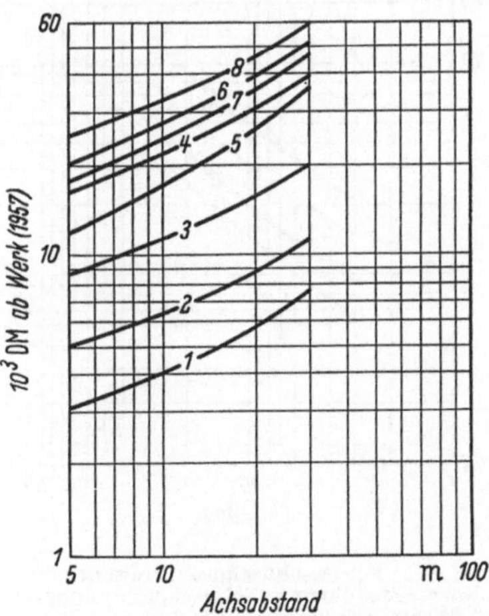

Abb. 84. Ketten-Becherwerke
Schöpfbecherwerke in Normalausführung nach DIN 15251, Tiefbecher nach DIN 15234; Becherbreite: *1* 160 mm; *2* 250 mm; *3* 500 mm; *4* 800 mm
Schwere Bauweise; Schöpfbecherwerke: *5* 400 mm breit, $t = 320$ mm; *6* 800 mm breit, $t = 400$ mm; Vollbecherwerke: *7* 400 mm breit, $t = 320$ mm; *8* 800 mm breit, $t = 400$ mm

Mit Ausnahme der *Gurttaschenförderer* wurde in allen anderen Fällen nicht die Leistung, sondern eine bezeichnende konstruktive Abmessung

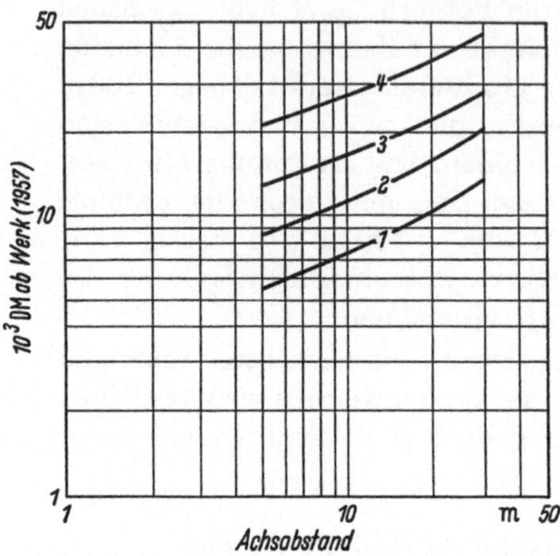

Abb. 85. Gurt-Schöpfbecherwerke. Für Fördergüter bis 1000 kg/m³ Schüttgewicht; *1* 160 mm breit, *t* = 400 mm; *2* 250 mm breit, *t* = 400 mm; *3* 500 mm breit, *t* = 500 mm; *4* 800 mm breit, *t* = 500 mm

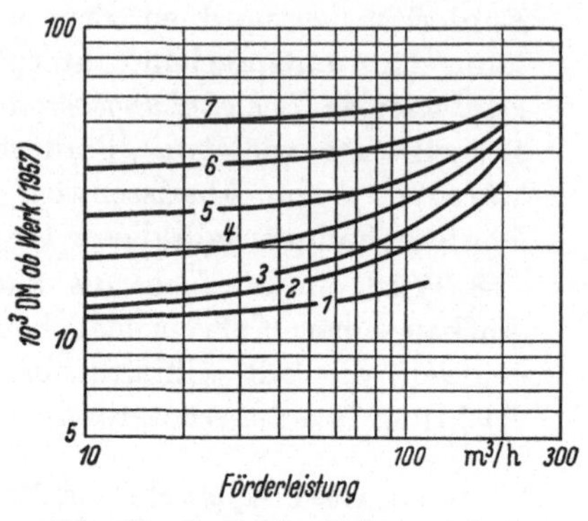

Abb. 86. Gurttaschenförderer. Achsabstand: *1* 8 m; *2* 10 m; *3* 15 m; *4* 20 m; *5* 25 m; *6* 35 m; *7* 60 m

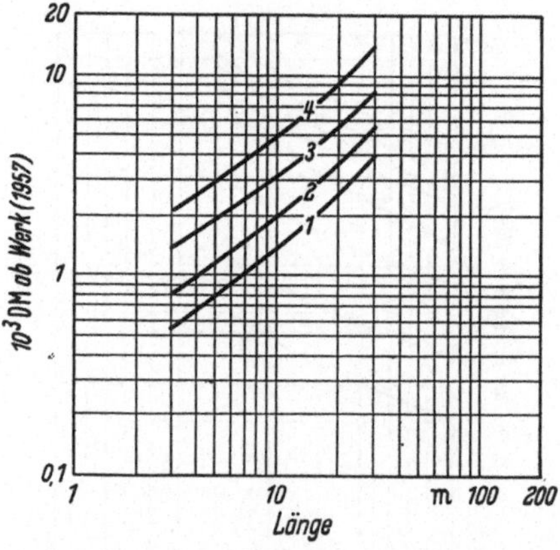

Abb. 87. Förderschnecken. Vollschnecken in Normalausführung; Schneckendurchmesser: *1* 160 mm; *2* 250 mm; *3* 500 mm; *4* 800 mm

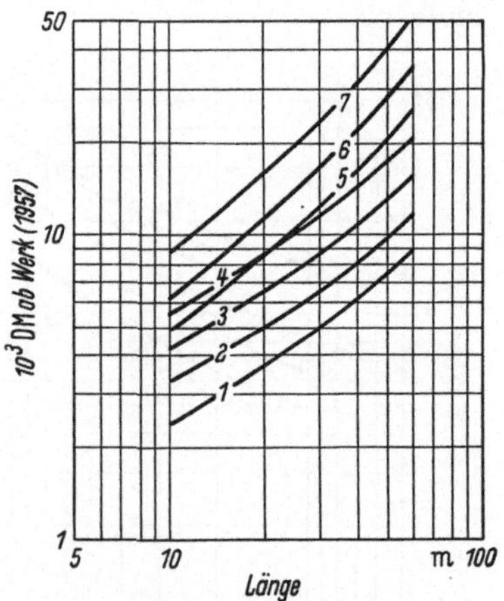

Abb. 88. Trogkettenförderer (Redler) Leichte Bauweise, einsträngig; Trogbreite: *1* 100 mm; *2* 250 mm; *3* 400 mm; *4* 500 mm; Schwere Bauweise, einsträngig; Trogbreite: *5* 250 mm Schwere Bauweise, zweisträngig; Trogbreite: *6* 400 mm; *7* 500 mm

als Bezugsgrundlage gewählt. Die Förderleistung ist hierzu wegen ihrer starken Abhängigkeit von den jeweiligen Betriebsbedingungen, insbesondere von der Art des Fördergutes und der gewählten Förder-geschwindigkeit, kaum geeignet. Hohe Fehlergrenzen bleiben ohnehin noch durch die unterschiedliche, an Fördergut und Betriebsweise ange-paßte Stabilität der Maschinen erhalten. Die Klassifizierung in leichte, normale und schwere Ausführung engt den Fehlerbereich nur unvoll-kommen ein.

Die Preiskurven der *Gurtförderer* (Abb. 83) beziehen sich auf das Trag-gerüst einschließlich Antriebs- und Umkehrstation mit Untersetzungs-getriebe für separaten Antrieb, jedoch nicht auf Motor oder Gurt. Für Staubverkleidungen, und zwar in der Ausbildung als aufklappbare Hauben aus 2 mm Stahlblech, können die Mehrpreise durch Anwendung folgender, der Bandlänge direkt proportionaler Richtwerte abgeschätzt werden:

Bandbreite	400 mm	650 mm	800 mm	1000 mm
Richtpreis/lfd. m	95 DM	125 DM	135 DM	150 DM

Einfache *Förderbandwaagen* sind je nach Größe zwischen 7000 und 10000 DM zu veranschlagen, während Dosierbandwaagen etwa 18—24000 DM bei Leistungsgrenzen zwischen 20 und 45 t/h kosten. Darüber hinaus ist eine Addition der Preise einzelner Bauelemente kaum sinnvoll. Aus diesem Grunde wurden auch die von H. ECKERT [186] zusammengestellten Preisdaten von Förderbändern hier nicht verwertet.

Außer den Gurttaschenförderern schließen sämtliche *Becherwerke* ein staubdichtes Gehäuse mit ein.

4.071.1 Lüfter und Gebläse

Es ist zweckmäßig, bei sämtlichen Maschinen zur Förderung und Ver-dichtung von Gasen die *angesaugte Gasmenge* als Kapazitätsbestim-mungsmerkmal zur *unabhängigen Variablen* zu machen und dabei den Druck als Parameter jeweils konstant zu halten. Darüber hinaus ist auch die Zuordnung einer konstanten Drehzahl zu jeder Kurve wün-schenswert, da man auf diese Weise eine Grundlage für Auslegung und Preisermittlung des Antriebes erhält.

Strömungsmaschinen gestatten allerdings eine Anwendung dieser Grundsätze nur in begrenztem Maße, da eine Erhöhung der Liefermenge oft durch Vergrößerung des Laufraddurchmessers erzielt wird und die hierdurch bedingte Erhöhung der Umfangsgeschwindigkeit — Konstanz der Drehzahl vorausgesetzt — gleichzeitig den Enddruck ansteigen läßt. Man wird daher vielfach vor die Alternative gestellt, einer Preis-kurve in Abhängigkeit von der Liefermenge einen konstanten Druck und einen größeren Drehzahlbereich oder umgekehrt einen ganzen Druckbereich und eine konstante Drehzahl zuzuordnen, wenn man die Kurvenzüge nicht auf kleinere Leistungsintervalle beschränken will.

Als weitere Schwierigkeit tritt bei Strömungsmaschinen die gegenseitige *Abhängigkeit von Liefermenge und Enddruck* auf, die bekanntlich durch die Q-H-Linie gekennzeichnet wird. Es ist allgemein üblich,

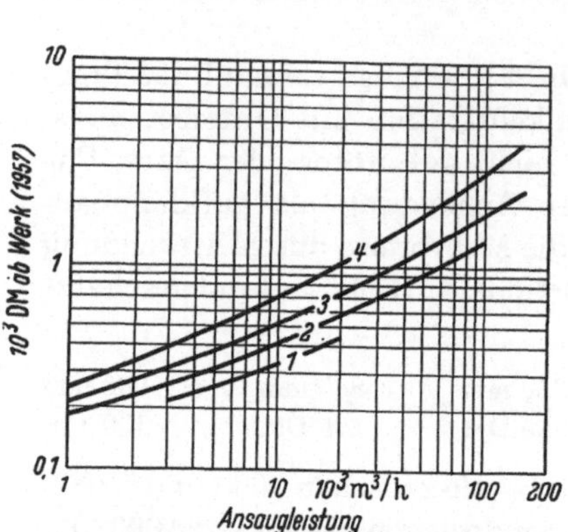

Abb. 89. Axiallüfter (mit Leitwerk)
Gehäuse und Läufer geschweißt, leichte Bauweise: *1* 2850 U/min, Gesamtdruck zwischen 50 und 200 mm WS; *2* 1450 U/min, Gesamtdruck zwischen 8 und 200 mm WS; *3* 920 U/min, Gesamtdruck zwischen 5 und 120 mm WS
Läufer gegossen; *4* 920 U/min, Gesamtdruck zwischen 6 und 140 mm WS

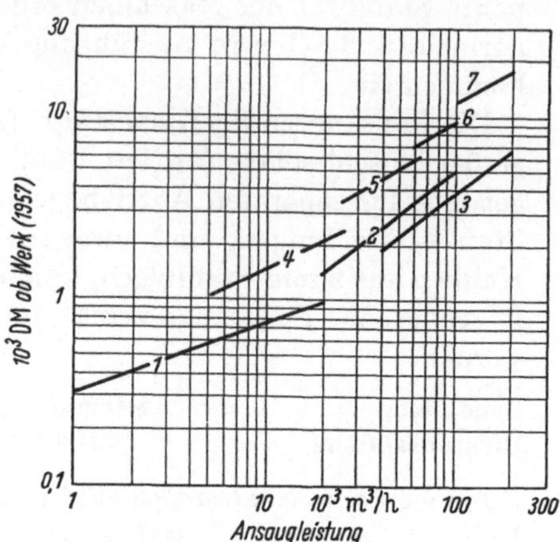

Abb. 90. Radiallüfter, geschweißt
Leichte Bauweise, stat. Pressung 50 mm WS, dyn. Pressung 13 mm WS: *1* Einseitig saugend, direkte Motorkupplung, Drehzahl zwischen 1450 und 720 U/min; *2* Einseitig saugend, Keilriemenantrieb, Drehzahl zwischen 720 und 400 U/min; *3* Zweiseitig saugend, sonst wie *2*
Schwere Bauweise, direkte Motorkupplung, einseitig saugend, 170 mm WS stat. und 30 mm WS dyn. Pressung; Drehzahl: *4* 2850 U/min; *5* 1450 U/min; *6* 960 U/min; *7* 720 U/min

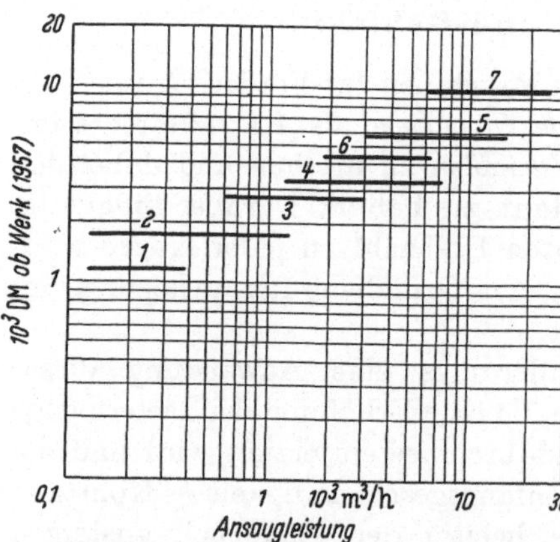

Abb. 91. Kreiselsauger aus Steinzeug
Drehzahl 1450 U/min; Statische Pressung: *1* Zwischen 30 und 20 mm WS; *2* Zwischen 80 und 40 mm WS; *3* Zwischen 140 und 70 mm WS; *4* Zwischen 180 und 80 mm WS; *5* Zwischen 240 und 100 mm WS
Drehzahl 940 U/min; Statische Pressung: *6* Zwischen 120 und 60 mm WS; *7* Zwischen 190 und 80 mm WS

die Leistungsdaten der Maschine dann am *optimalen Arbeitspunkt* abzugreifen. Andernfalls muß man auf die konventionelle Form der Preiskurve ganz verzichten und die Richtpreise an die Q-H-Linien der verschiedenen Maschinen selbst anschreiben — was z. B. R. Jorgensen für Radialgebläse bevorzugt [*341*] — oder man muß horizontale Preisgeraden über den Liefermengenbereichen der einzelnen Maschinen unter Zuordnung der jeweiligen Druckbereiche einzeichnen. Diese Darstellung wurde von uns für die Kreiselsauger aus Steinzeug gewählt (Abb. 91).

Schließlich ist der Einfluß des *spezifischen Gasgewichtes* auf den Enddruck ein beachtliches Charakteristikum der Strömungsmaschinen. Will man nicht nur Luft, sondern auch alle anderen Gasarten erfassen, so kann man die Diagramme zwar nicht nach Gasarten differenzieren, immerhin aber die *Förderhöhe* als allgemeineren Maßstab anstelle des Enddruckes einführen. Dieser Weg wurde bereits von O. A. SMITH für ein Preisdiagramm von Turbokompressoren beschritten [645]. Erschwerend aber bleibt auch hier die Tatsache, daß die Förderung anderer Medien als Luft oft eine veränderte Konstruktion erfordert, wenn man schon von Werkstoffunterschieden absieht, die sich näherungsweise durch Korrekturfaktoren berücksichtigen lassen. Die nachfolgend wiedergegebenen Diagramme beziehen sich ausschließlich auf die *Förderung von Luft*. Hierbei wurde ein normaler *Ansaugzustand* von *1 ata und 15—20 °C* zugrunde gelegt. Um eine erste Vorstellung von den Anschaffungskosten derartiger Maschinen zur Förderung anderer Gase zu erhalten, kann man von den gleichen Kurvenwerten ausgehen und den zugeordneten Druck im Verhältnis der spezifischen Gewichte zwischen Luft und dem betreffenden Gas korrigieren.

Legt man Parallelen zur Abszissenachse durch die Kurven 1—3 des Preisdiagramms für *Axiallüfter* (Abb. 89), so entspricht den geschnittenen Kurvenpunkten jeweils der gleiche Lüfter, woraus die Senkung der Anschaffungskosten beim Übergang zu einer höheren Drehzahl ersichtlich wird. Hierbei darf man allerdings nicht die zunehmende Geräuschbildung im Bereich höherer Drehzahlen und Laufraddurchmesser übersehen. Das Preisverhältnis von Kurve 4 gegenüber 3 gilt auch für die Kurven 1 und 2 bei Verwendung gegossener Laufräder. Letztere bewirken eine Drucksteigerung von durchschnittlich 15%.

Die Kurven 1—3 der *Radiallüfter* in Normalstahl (Abb. 90) wurden zwar für einen statischen Druck von 50 mm WS aufgenommen, sie gelten aber praktisch für einen viel größeren Druckbereich. Eine stärkere Differenzierung nach Druckstufen und Drehzahlen erwies sich insofern als zwecklos, da höhere Drücke zwar eine massivere und teurere Bauart verlangen, andererseits aber regelmäßig mit der Anwendung erhöhter Drehzahlen verknüpft sind, die durch die mögliche Verringerung der Laufraddurchmesser die genau umgekehrte, nämlich preissenkende Tendenz auslösen. Die Kurven 4—7 des gleichen Diagramms zeigen deutlich die sprunghaften Preiserhöhungen beim Übergang zu niedrigeren Drehzahlen.

Die Preiskurven der *Radialgebläse* in geschweißter und gegossener Ausführung (Abb. 92 u. 93) wurden für konstante Drucke und Drehzahlen aufgenommen, was die Liefermengenbereiche entsprechend einengen mußte.

Falls andere *Werkstoffe* als normaler Stahl oder Schutzüberzüge ver-

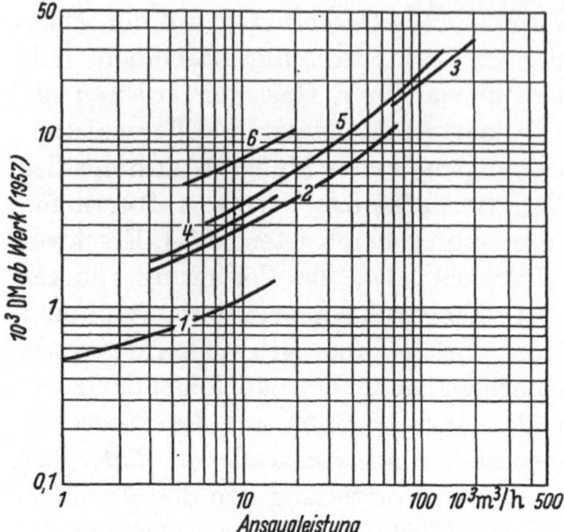

Abb. 92. Radialgebläse, geschweißt
Enddruck 1,05 ata; Drehzahl: *1* 2850 U/min;
2 1450 U/min; *3* 960 U/min
Enddruck 1,1 ata; Drehzahl: *4* 2850 U/min;
5 1450 U/min
Enddruck 1,2 ata; Drehzahl: *6* 2850 U/min

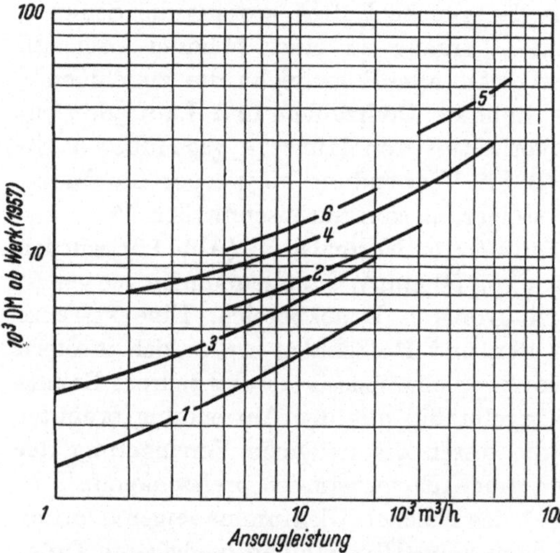

Abb. 93. Radialgebläse, gegossen
Enddruck 1,05 ata; Drehzahl: *1* 2850 U/min; *2* 1450 U/min
Enddruck 1,1 ata; Drehzahl: *3* 2850 U/min;
Enddruck 1,2 ata, Drehzahl: *4* 2850 U/min; *5* 1450 U/min
Enddruck 1,3 ata; Drehzahl: *6* 2850 U/min

wendet werden, empfiehlt JORGENSEN [*341*] die Benutzung folgender Korrekturfaktoren:

Kunststoffüberzüge:	1,5
Aluminium:	2,0
Gummierung:	2,5—3,0
Remanit:	3,0—3,75

Ähnliche Korrekturfaktoren, die sich nicht nur auf Werkstoffunterschiede, sondern auch auf konstruktive Varianten beziehen und im übrigen viel stärker nach einzelnen Typen differenziert sind, hat R. E. DENZLER [*153*] abgeleitet.

Abb. 94 erfaßt *Radial- und Axialgebläse für höhere Drucke und große Leistungen*, die bei Verwendung motorischer Antriebe die Zwischenschaltung eines Getriebes erfordern. Dieses wurde in die Preise nicht mit einbezogen, weil häufig auch Turbinenantriebe mit direkter Kupplung in Frage kommen.

Die am Anfang dieses Abschnitts geschilderten Schwierigkeiten entfallen größtenteils bei den nach dem Verdrängungsprinzip arbeitenden *Rotationsgebläsen* (Abb. 95). Die angegebenen Leistungsdaten gelten für sämtliche Gase, die Preise indessen nur für Normalausführungen in Stahl. Sofern die Maschinen mit Drehzahlen unter 950 U/min die Vorschaltung eines Getriebes verlangen, kann man dieses in erster Näherung durch einen Preiszuschlag von rd. 30% berücksichtigen.

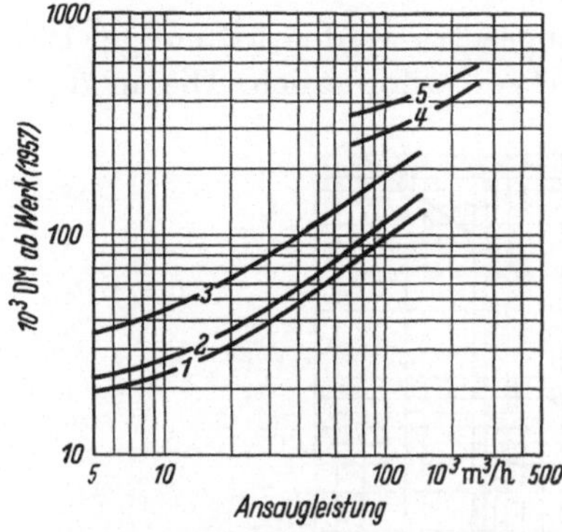

Abb. 94. Gebläse für höhere Drucke, gegossen

Einstufige Radialgebläse: *1* Enddruck 1,4 ata, Drehzahl zwischen 16000 und 4600 U/min; *2* Enddruck 2 ata, Drehzahl zwischen 20000 und 5000 U/min
Zweistufige Radialgebläse: *3* Enddruck 4 ata, Drehzahl wie *2*
Axialgebläse: *4* Enddruck 2 ata, Drehzahl zwischen 5000 und 3300 U/min; *5* Enddruck 4 ata, Drehzahl zwischen 5800 und 4000 U/min

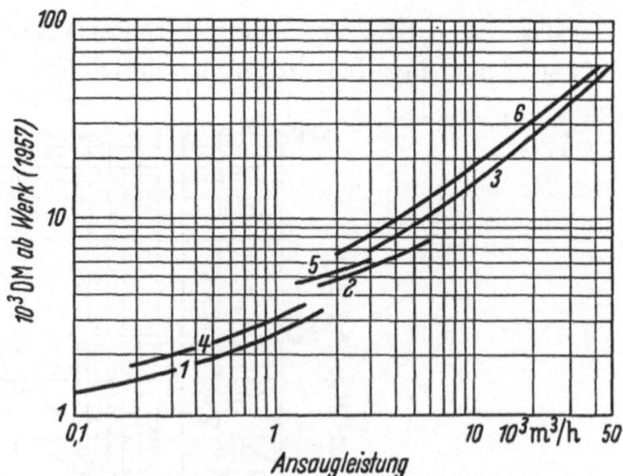

Abb. 95: Drehkolbengebläse nach Roots

Enddruck 2000 mm WS; Drehzahl: *1* 1450 U/min; *2* 950 U/min; *3* Zwischen 950 und 300 U/min
Enddruck 8000 mm WS; Drehzahl: *4* 1450 U/min; *5* 950 U/min; *6* Zwischen 950 und 300 U/min

4.071.2 Verdichter

Die Verdichterpreise gelten für Maschinen mit Normalausrüstung und Zwischenkühlern, falls diese bei mehrstufigen Maschinen vorgesehen sind. Sollen die Serienmaschinen der Abb. 96 zur Verdichtung anderer

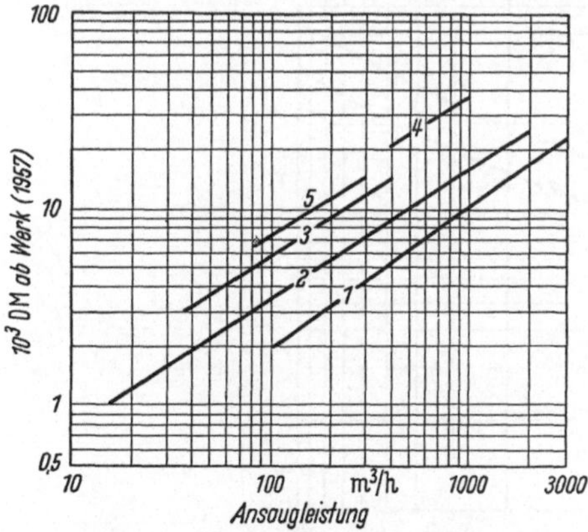

Abb. 96. Kolbenverdichter, Serienmaschinen für Luft. Stehende Bauart, 1—5 Zylinder, Drehzahl 750—1000 U/min:

1 Einstufig, Drucke zwischen 6 und 3 atü; *2* Einstufig bis etwa 150 m³/h, Drucke bis 8 atü; darüber zweistufig, Drucke bis 10 atü; *3* Zweistufig, Drucke bis 30 atü, 1000 U/min; *4* Dreistufig, Drucke bis 30 atü, 750 U/min; *5* Dreistufig, Drucke bis 60 atü, 1000 U/min

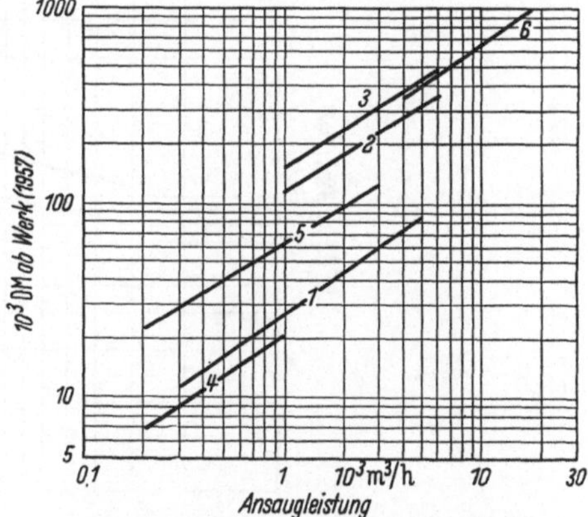

Abb. 97. Kolbenverdichter, Einzelfertigung

Stehende Bauart: *1* Zweistufig, zweikurblig, Drucke bis 10 atü; *2* Fünfstufig, dreikurblig, Drucke bis 200 atü; *3* Sechs- bis siebenstufig, drei- bis vierkurblig, Drucke bis 650 atü
Liegende Bauart: *4* Zweistufig, einkurblig, Drucke bis 8 atü, nur für Luft (Tauchkolben); *5* Dreistufig, einkurblig, Drucke bis 30 atü; *6* Sechs- bis siebenstufig, Drucke bis 400 atü

Gase als Luft, voı allem giftiger Gase, eingesetzt werden, ist ein gewisser Zuschlag für hochwertigere Stopfbüchsen erforderlich. Die in der

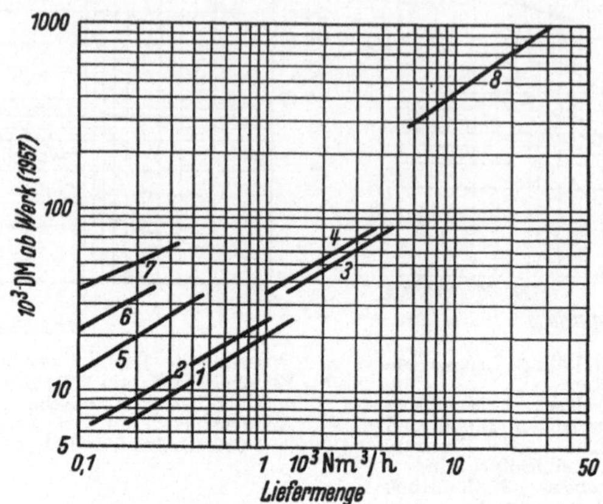

Abb. 98. Verdichter für verschiedene Gase
Ammoniak-Kolbenverdichter, stehend, Verdichtung von 2,4 auf 12 ata: *1* Einstufig, Drehzahl zwischen 950 und 720 U/min; *2* Zweistufig, Drehzahl wie unter *1*; *3* Einstufig, Drehzahl zwischen 470 und 300 U/min; *4* Zweistufig, Drehzahl wie unter *3*
Chlor-Verdichter: *5* H_2SO_4-Ring-Verdichter, einstufig, bis 3,5 ata; *6* Wie *5*, jedoch zweistufig, bis 7 ata; *7* Kolbenverdichter, Trockenläufer, dreistufig, bis 11 ata
Koksofengas-Verdichter: *8* Stehende oder liegende Kolbenverdichter, bis 26 ata

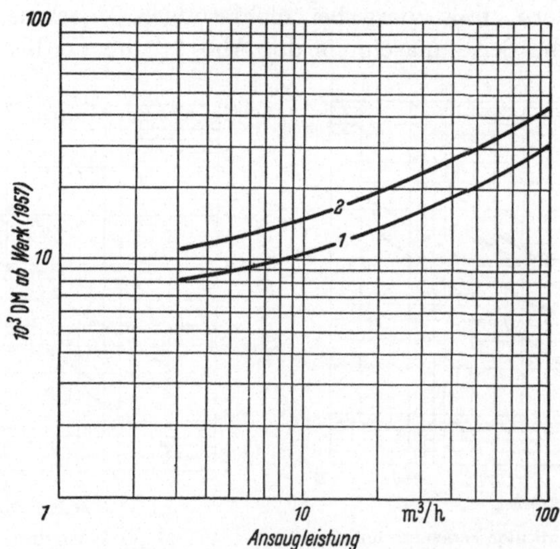

Abb. 99. Höchstdruck-Kolbenverdichter. Liegende Bauart, fünf- bis sechsstufig, einkurblig, Drucke bis 1000 atü: *1* Stahl; *2* 17% Cr-Stahl

Abb. 97 dargestellten Maschinen aus der Einzelfertigung schließen diese dagegen bereits mit ein. Weitere Preiskurven für Verdichter wurden nach drei wichtigen technischen Gasen differenziert (Abb. 98). Von diesen schließen die Chlor-Verdichter neben notwendigem Zubehör auch den Antriebsmotor mit ein.

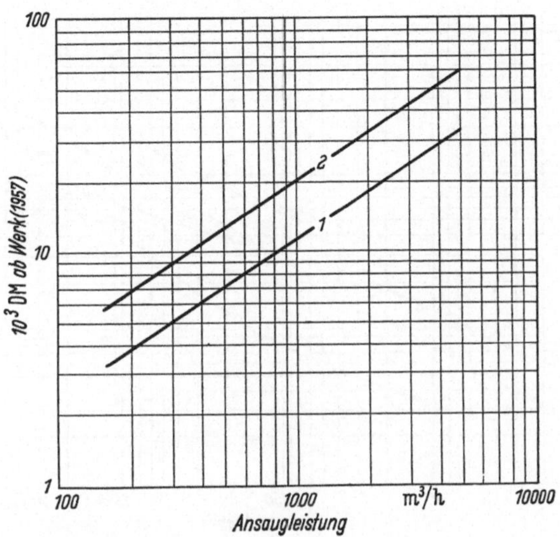

Abb. 100: Vielzellenverdichter. Drehzahlen zwischen 1450 und 370 U/min: *1* Einstufig, Drucke bis 3 atü; *2* Zweistufig, Drucke bis 8 atü

Bei den *Turbokompressoren* (Abb. 101) liegen Maschinen für die Luftverdichtung zugrunde. Die Umrechnung des Enddrucks bei Verdichtung anderer Gase im Verhältnis der spezifischen Gewichte ist nur mit großen Vorbehalten zulässig, da die Konstruktion dann oft völlig verändert ist. Für das bei motorischen Antrieben notwendige Getriebe und die Ölversorgung ist ein Zuschlag von rd. 20% angemessen.

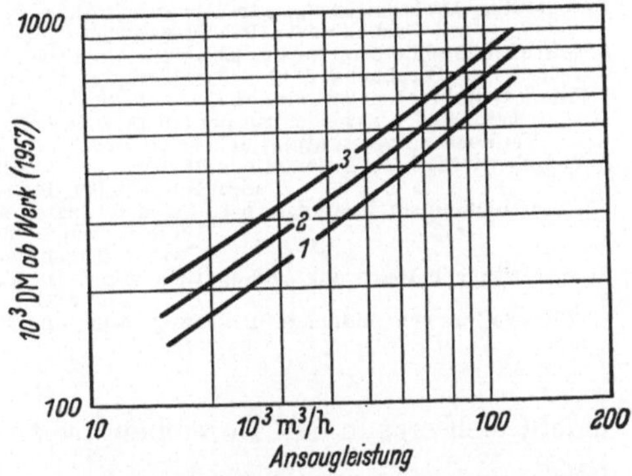

Abb. 101. Turboverdichter. Maschinen mit Außenkühlern, Drehzahlen zwischen 12000 und 4000 U/min: *1* Vierstufig, Enddruck bis 5,5 ata; *2* Fünfstufig, Enddruck bis 7,5 ata; *3* Sechsstufig, Enddruck bis 10,5 ata

4.071.3 Vakuumpumpen

Die Leistungen der *rotierenden Vakuumpumpen* unter Kurven 1—4 der Abb. 102 sind auf Atmosphärendruck bezogen, d. h. die Leistungen sind in Wirklichkeit bei gegebenem Vakuum geringer und müssen aus den Angaben über den erzielbaren Enddruck, bei welchem die Leistung auf 0 absinkt, geschätzt werden. Meistens ist der Leistungsabfall bis zum Grenzgebiet gegenüber dem Feinvakuum (1—10 Torr) gering und

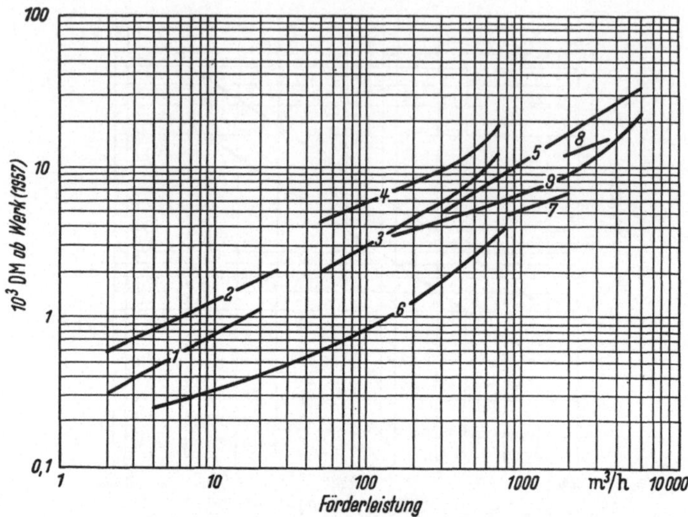

Abb. 102. Rotierende Vakuumpumpen
Verdichtung gegen atmosphärischen Druck, Förderleistung bezogen auf atmosphärischen Druck:
1 Einstufige Drehschieberpumpen, Enddruck ohne Gasballast $2 \cdot 10^{-3}$ Torr, mit Gasballast $6 \cdot 10^{-1}$ Torr, Zuschlag für Zubehör (2 Abscheider, Armaturen usw.) zwischen 100 und 50%
2 Zweistufige Drehschieberpumpen, Enddruck ohne Gasballast zwischen $2 \cdot 10^{-5}$ und $1 \cdot 10^{-4}$ Torr, mit Gasballast $6 \cdot 10^{-1}$ Torr, Zuschlag für Zubehör zwischen 60 und 25%
3 Einstufige Drehkolbenpumpen, Enddruck ohne Gasballast zwischen $2 \cdot 10^{-3}$ und $6 \cdot 10^{-3}$ Torr, mit Gasballast $5 \cdot 10^{-1}$ Torr, Zuschlag für Zubehör zwischen 35 und 10%
4 Pumpenkombination aus großer Drehkolbenpumpe und kleiner Vorpumpe, mit Zwischenkondensator und Abscheider auf der Auspuffseite, Enddruck mit Gasballast $1 \cdot 10^{-3}$ Torr
Verdichtung gegen atmosphärischen Druck, Förderleistung bezogen auf Ansaugdruck:
5 Vielzellenverdichter, Ansaugdruck 75 Torr, Leistungszunahme bei 400 Torr zwischen 10 und 5%, Drehzahlen zwischen 1450 und 370 U/min
6 Wasserringpumpen, Leistungen bei 15 °C Kühlwassertemperatur, Ansaugdruck 100 Torr, 1450 U/min
7 Wie *6*, jedoch 960 U/min
8 Wie *6*, jedoch 735 U/min
Förderleistung bezogen auf Ansaugdruck von $5 \cdot 10^{-2}$ Torr, höchstzulässige Vorvakua zwischen 20 und 5 Torr:
9 ROOTS-Pumpen; Zuschlag für Umwegleitung und Druckausgleichsventil zwischen 15 und 5%

macht sich erst in den Bereichen größeren Unterdrucks stärker bemerkbar.

Die Leistungen der *Wasserringpumpen* gelten für 100 Torr Ansaugdruck, während bei 30 Torr die Leistung auf etwa 70% zurückgeht.

ROOTS-*Pumpen* zeigen im Gebiet zwischen 1 und 10^{-3} Torr ziemlich konstante Förderleistung, während das vom Vorvakuum abhängige Verdichtungsverhältnis im Feinvakuumgebiet Bestwerte bis 1:50 und bei 1 Torr etwa 1:10 erreicht.

Die Pumpen der Kurven 1—4 und 12 in Abb. 102 sind mit Keilriemenantrieb ausgerüstet. Es sind Motoren mit 1450 U/min vorzusehen, die hier weder in den Basispreisen noch in den Zuschlagsätzen einbegriffen sind.

Von den Treibmittel-Vakuumpumpen besitzen insbesondere die *Dampfstrahl-Saugaggregate* (Abb. 104) für chemische Anlagen große Bedeutung. Anders als die *Öl-Treibmittelpumpen* (Abb. 103) sind sie Erzeugnisse der Einzelfertigung. Trotz der hierdurch bedingten weiten Streuungen ist jedoch eine Abhängigkeit der Preise vor allem von der Absaugleistung sowie von Ansaugdruck, Stufenzahl und Ausführungsart besonders hinsichtlich der Zwischenkondensation erkennbar. Ein von D. H. JACKSON angegebenes Schätzungsverfahren arbeitet mit vielen Korrekturfaktoren und erscheint wegen seiner Kompliziertheit weniger geeignet [*328*]. Dagegen besitzen die graphischen Darstellungen von J. C. TALLMAN [*673*] und C. G. LINCK [*413*] große Vorzüge. Die von diesen Autoren festgestellten Preisrelationen zwischen verschiedenen Ansaugdrucken, Ausführungen usw. sowie die mitgeteilten Verbrauchszahlen von Treibdampf und Kühlwasser können ohne weiteres zur Ergänzung der hier gegebenen Informationen herangezogen werden.

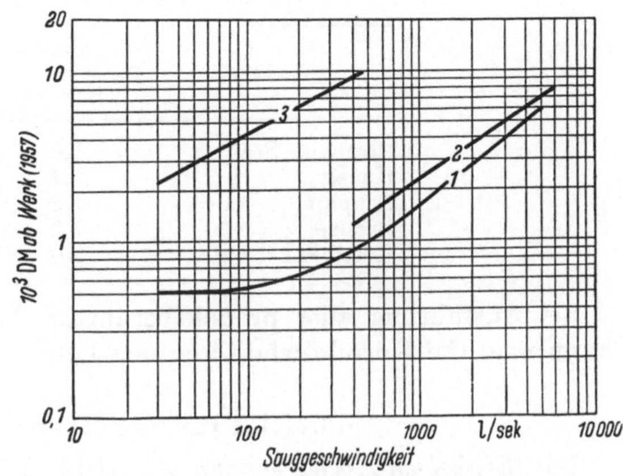

Abb. 103. Öl-Treibmittelpumpen
1 Öl-Diffusionspumpen, Sauggeschwindigkeit bezogen auf 10^{-5} Torr, Abfall derselben bei 10^{-3} Torr auf zwischen 0 und 40%, erforderliches Vorvakuum $2 \cdot 10^{-1}$ Torr, Endpartialdruck der Permanentgase $1 \cdot 10^{-7}$ Torr, Heizleistungen zwischen 0,12 und 3 kW, Zuschlag für saugseitiges Plattenventil und Ölfänger ab 100 l/sec zwischen 100 und 50%
2 Öl-Treibdampfpumpen, Sauggeschwindigkeit bezogen auf 10^{-3} Torr, Abfall derselben bei 10^{-2} Torr auf zwischen 50 und 60%, erforderliches Vorvakuum zwischen 1 und 0,3 Torr, Endpartialdruck der Permanentgase $1 \cdot 10^{-6}$ Torr, Heizleistungen zwischen 1 und 6 kW, Zubehör wie unter *1* zwischen 120 und 70%
3 Öl-Dampfstrahlpumpen, Sauggeschwindigkeit bezogen auf 10^{-1} Torr, erforderliches Vorvakuum 3 Torr, Enddruck 10^{-3} Torr, Heizleistungen zwischen 1,5 und 12 kW

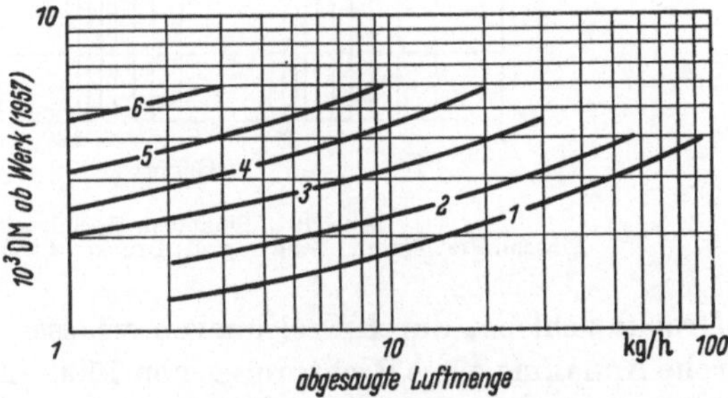

Abb. 104. Dampfstrahl-Saugaggregate
Barometrische Einspritz-Zwischenkondensation, Sauger aus Gußeisen, Treibdüsen aus Rotguß, Kondensatoren in Normalstahl
1 Dreistufig, 30 Torr; *2* Vierstufig, 20 Torr; *3* Vierstufig. 5 Torr; *4* Vierstufig, 1 Torr; *5* Fünfstufig, 1 Torr; *6* Sechsstufig, 0,1 Torr

Tabelle 21

Relationen der Preise von Dampfstrahl-Saugaggregaten aus verschiedenen Werkstoffen [J. C. TALLMAN, *673*]

Werkstoff	Strahlsauger	
	einstufig	mehrstufig
Normaler Stahl	1,0	1,0
Haveg	1,7	—
Graphit	1,2	1,7
Bronze	1,2	1,7
Rostfreier Stahl	2,0	2,75

Bei Ausführung aller produktberührten Teile in Sonderwerkstoffen kann man die Korrekturfaktoren der Tab. 21 anwenden.

4.071.4 Flüssigkeitspumpen

Die *Einkolben-Hochdruckpumpen* (Abb. 105) werden im untersten Leistungsbereich auch als *Dosierpumpen* verwendet. Da man Dosierpumpen wegen der wechselnden Zahl der Zylinder, Fördermengen und

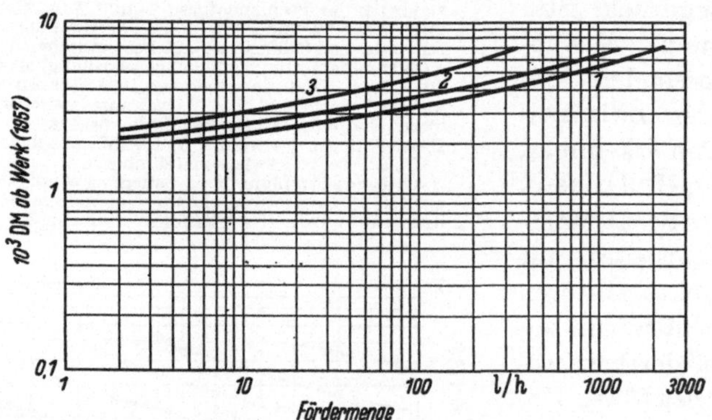

Abb. 105. Einkolben-Hochdruckpumpen
Einschl. Preßöler und Schwungrad; Drucke: *1* 200 atü, *2* 325 atü; *3* 1000 atü

Drucke schlecht durch Preiskurven erfassen kann, ist vielleicht die sehr rohe Annahme eines Richtpreises von 1500—2500 DM je Zylinder gerechtfertigt.

Bei den Preiskurven für *Duplex-Pumpen* (Abb. 107) sei die Zuordnung der Doppelhubzahlen hervorgehoben, die in weiten Grenzen schwanken und die Preise entsprechend beeinflussen.

Die Fördermengen und Förderhöhen dieser und aller nachfolgend dargestellten Pumpen beziehen sich auf Wasser, so daß andere Flüssigkeiten, insbesondere bei höherer Viskosität und bei Feststoffgehalt, entsprechende Leistungsabschläge erfordern.

Verschiedene der in Abb. 108 dargestellten *Sonderpumpen* können auch für höhere als die angegebenen Drucke eingesetzt werden, jedoch tritt auch dann ein bestimmter Abfall in der Förderleistung ein. Die

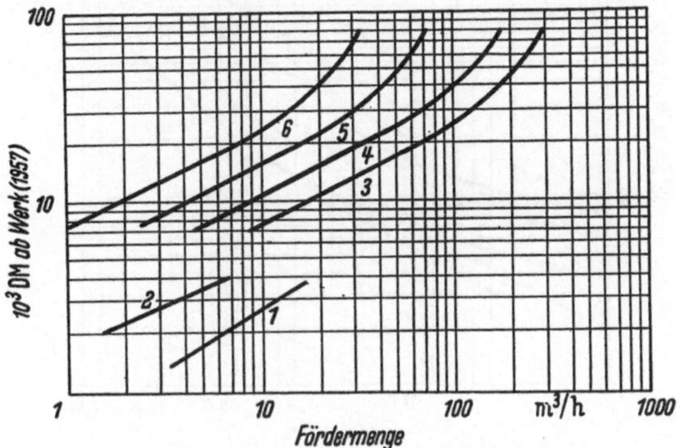

Abb. 106. Triplex-Kolbenpumpen
Ohne Preßöler und Schwungrad; Gußeisen, Drehzahlen zwischen 650 und 350 U/min; Drucke: *1* 16 atü; *2* 40 atü; Stahlguß, Drehzahlen zwischen 260 und 100 U/min; Drucke: *3* 30 atü; *4* 64 atü; *5* 160 atü; *6* 325 atü

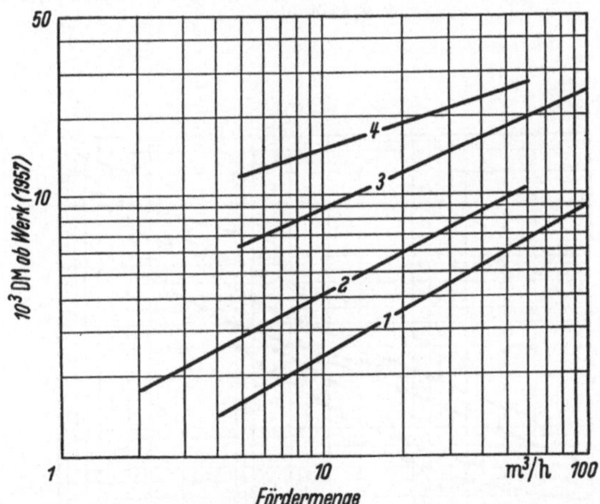

Abb. 107. Duplex-Pumpen mit Dampfantrieb
1 20 atü, Doppelhubzahl zwischen 130 und 70/min; *2* 32 atü, Doppelhubzahl zwischen 80 und 40/min; *3* 50 atü, Doppelhubzahl etwa 30/min; *4* 80 atü, Doppelhubzahl etwa 30/min

maximal erreichbare Förderhöhe z. B. der Membranpumpen von 12 m verursacht gegenüber freiem Auslauf einen Leistungsabfall von etwa 30%, während der Leistungsrückgang der ROOTS-Pumpen bei einer Drucksteigerung auf 6 atü zwischen etwa 30 und 15% an den Endpunkten der Preiskurven beträgt.

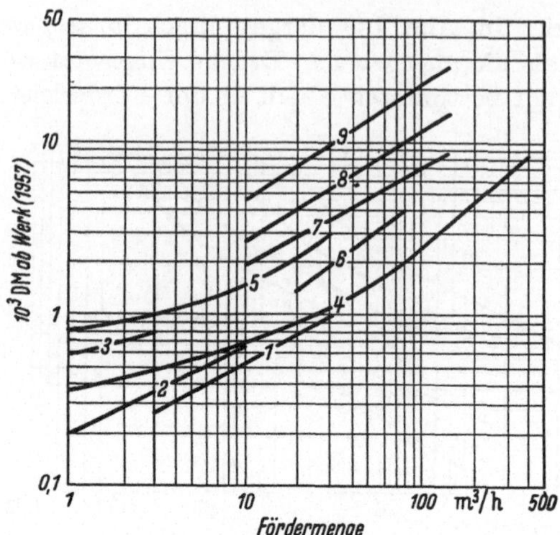

Abb. 108. Sonderpumpen

Zahnradpumpen, Drehzahl 1450 U/min; Drucke: *1* 10 atü, *2* 50 atü; *3* 160 atü

Schraubenpumpen; Drucke: *4* Bis 20 atü

Rotationspumpen für hochviskose Medien, mit Getriebemotor, Drehzahl 60 U/min; Drucke: *5* Bis 3 atü

Membranpumpen, 1—3fach wirkend, 60 Hübe/min: *6* 1 m Saughöhe und freier Auslauf

Roots-Pumpen, Drehzahlen zwischen 500 und 200 U/min, 1 atü: *7* Gußeisen; *8* Gußbronze; *9* V_2A-Stahl

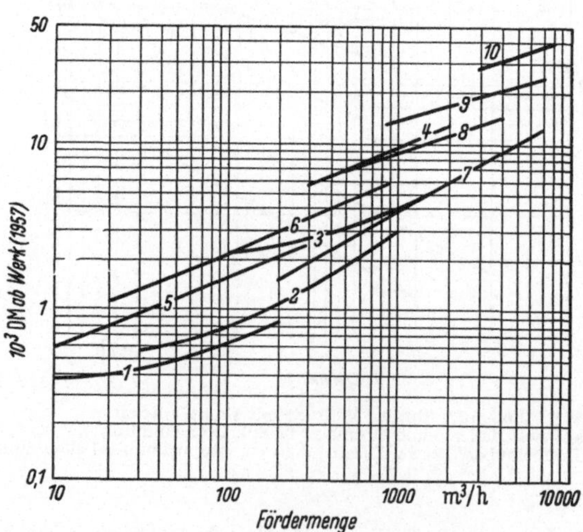

Abb. 109. Niederdruck-Kreiselpumpen

Standard-Pumpen, Drehzahl 1450 U/min; Förderhöhe: *1* 12 m; *2* 30 m; *3* 60 m; *4* 100 m, mit Leitapparat;

Einkanalrad-Pumpen, Drehzahl 970 U/min; Förderhöhe: *5* Zwischen 3,5 und 5,5 m; *6* Zwischen 9 und 18 m;

Halbaxiale Pumpen (Schraubenpumpen), Drehzahl zwischen 1450 und 730 U/min; Förderhöhe: *7* Zwischen 8 und 15 m

Horizontal geteilte Pumpen, Drehzahl 970 U/min; Förderhöhe: *8* 20 m; *9* 60 m; *10* 95 m

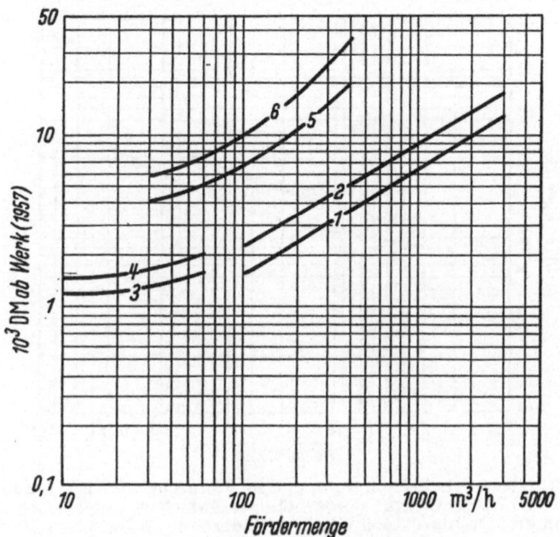

Abb. 110. Hochdruck-Kreiselpumpen

Gußeisen: *1* Einstufig, 1450 U/min, Förderhöhe zwischen 40 und 160 m; *2* Zweistufig, 1450 U/min, Förderhöhe zwischen 70 und 300 m; *3* Sechsstufig, 2900 U/min, Förderhöhe zwischen 120 und 320 m; *4* Achtstufig, 2900 U/min, Förderhöhe zwischen 160 und 400 m; Stahlguß: *5* Sechsstufig, Drehzahl zwischen 2900 und 1450 U/min, Förderhöhe zwischen 300 und 500 m; *6* Zwölfstufig, Drehzahl wie unter *5*, Förderhöhe zwischen 600 und 1000 m

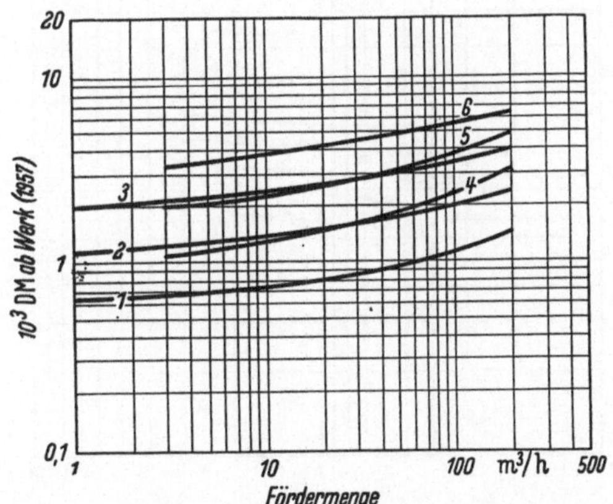

Abb. 111. Niederdruck-Kreiselpumpen, schwere Ausführung für chemische Industrie

Drehzahl 1450 U/min, Förderhöhe etwa 12 m: *1* Gußeisen; *2* Gußbronze; *3* V_4A-Stahl oder 30% Chromguß; Förderhöhe etwa 30 m: *4* Gußeisen; *5* Gußbronze; *6* V_4A-Stahl oder 30% Chromguß

Die Preise der *Kreiselpumpen* (Abb. 109—112) schließen jeweils Grundplatte und Kupplung mit ein, während der Antriebsmotor wiederum gesondert abzuschätzen ist.

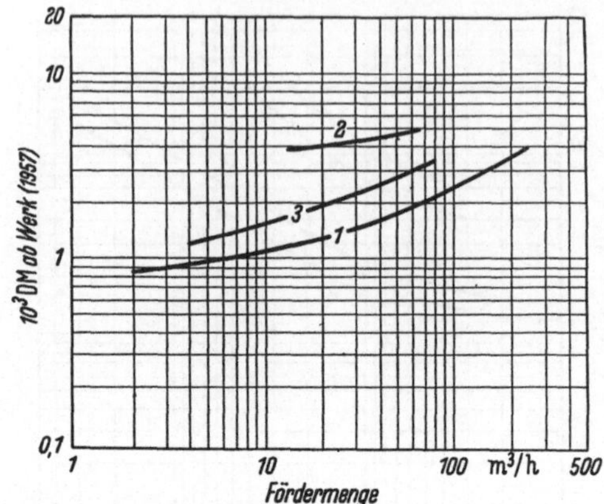

Abb. 112. Niederdruck-Kreiselpumpen in Steinzeug und Eisen gummiert
Steinzeug, Drehzahl 1450 U/min; Förderhöhe: *1* Zwischen 3 und 30 m; *2* Etwa 20 m
Eisen gummiert, Drehzahl 1450 U/min; Förderhöhe: *3* Zwischen 10 und 20 m

4.072 Maschinen für die Stoffmischung

Von den schnellaufenden *Propellerrührern* (Abb. 113) wurden nur
Standardausführungen wiedergegeben. Die einbegriffenen Antriebs-

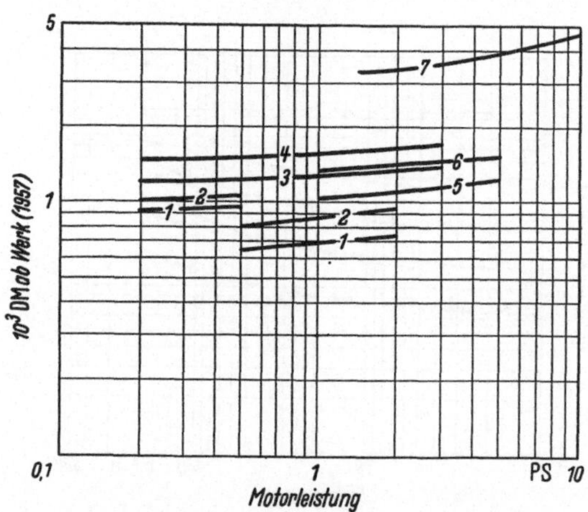

Abb. 113. Anklemm- und Stativ-Propellerrührer
Anklemm-Propellerrührer, mit Motor: *1* Leichte Ausführung, Stahl, bis 0,5 PS 340 U/min, darüber
1450 U/min; *2* Wie *1*, jedoch V₄A-Stahl; *3* Schwere Ausführung, Stahl, 340 U/min; *4* Wie *3*, jedoch
V₄A-Stahl; *5* Schwere Ausführung, Stahl, 1450 U/min; *6* Wie *5*, jedoch V₄A-Stahl
Stativ-Propellerrührer, mit Motor: *7* Stahl, Drehzahlen regelbar; Mehrpreis bei Ausführung von
Rührwelle und -organ in Edelstahl liegt innerhalb der Fehlergrenzen

motoren sind bei den *Anklemmrührern* geschlossen und explosionsgeschützt. *Einbaurührer* werden bevorzugt in Einzelfertigung hergestellt, so
daß Abb. 114 dieses Gebiet nur unvollständig erfaßt. Schwierigkeiten

treten auch bei der Einschließung der Stopfbüchsen auf, die je nach Betriebsbedingungen preislich in weiten Grenzen schwanken.

Die *Mischmaschinen I und II* (Abb. 115 u. 116), vorzugsweise für höherviskose Massen, werden heute fast ausschließlich in Serienbauweise hergestellt, wobei freilich eine große Typenvielfalt durch Variation solcher Konstruktionsmerkmale wie Stabilität der Ausführung, Art der Mischwerkzeuge, Werkstoffe, Beschickungs- und Entleerungsvorrichtungen, Getriebe, Steuerung usw. erhalten bleibt. Die Leistungsaufnahme ist in Abhängigkeit von der Viskosität der Medien wiederum Schwankungen unterworfen, weshalb der Nutzinhalt des Rührbehälters als geeigneteres Kapazitätsmerkmal gelten muß.

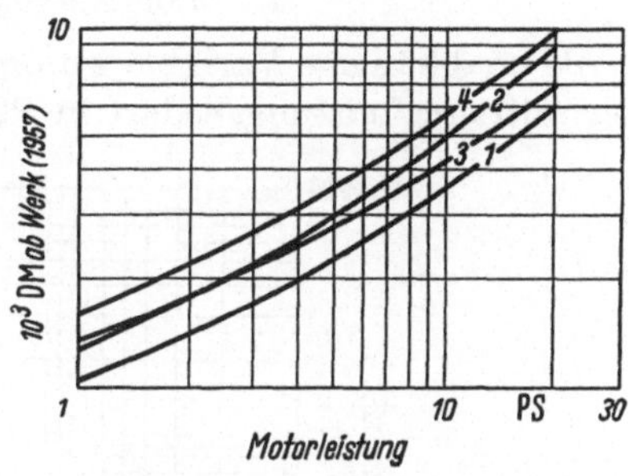

Abb. 114. Einbau-Propellerrührer
Einbau-Propellerrührer für geschlossene Gefäße, mit Motor: *1* Stahl, ohne Wellenabdichtung, 1000 U/min; *2* Wie *1*, jedoch V₄A-Stahl; *3* Wie *1*, jedoch mit Schleifringdichtung gegen Vakuum und Drucke bis 6 atü; *4* Wie *3*, jedoch V₄A-Stahl

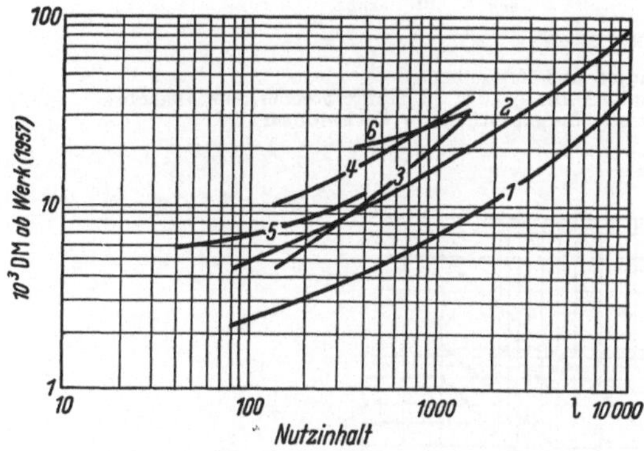

Abb. 115. Mischmaschinen I
Muldenmischer (Gegenstrommischer): *1* Stahl;
2 V₂A-Stahl
Zwangsmischer (Gegenstrom - Schnellrührer), mit Silo: *3* Stahl; *4* Wie *3*, jedoch mit Automatik
Doppel-Sigma-Mischer (Z-Kneter): *5* Stahl; *6* Wie *5*, jedoch mit Automatik

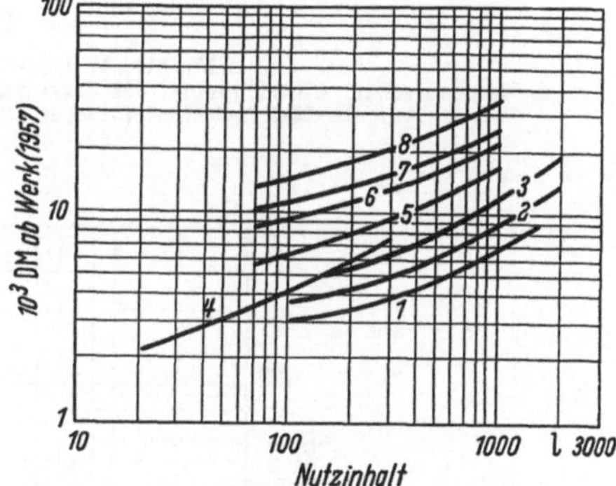

Abb. 116. Mischmaschinen II
Umwälz-Schnellrührer: *1* Mit Mischkorb; *2* Mit Reibeinsatz; *3* Mit Zahnkranz-Reibeinsatz für hochviskose Massen
Planeten-Misch- und Knetmaschinen: *4* Leichte Ausführung; *5* Schwere Ausführung; *6* Wie *5*, jedoch mit Automatik; *7* Wie *6*, jedoch mit stufenlosem Getriebe; *8* Wie *7*, jedoch V₂A-Stahl

Hinsichtlich amerikanischer Angaben sei vor allem auf die Arbeit von G. E. Lewis [*412*] verwiesen.

4.073 Apparate und Maschinen für die Stofftrennung

4.073.0 Trennung fester Stoffe

4.073.00 *Zerkleinerungsmaschinen*

Als unabhängige Variable wurde bei sämtlichen Maschinen einheitlich
der mittlere Leistungsbedarf in PS gewählt, obwohl dieser je nach der

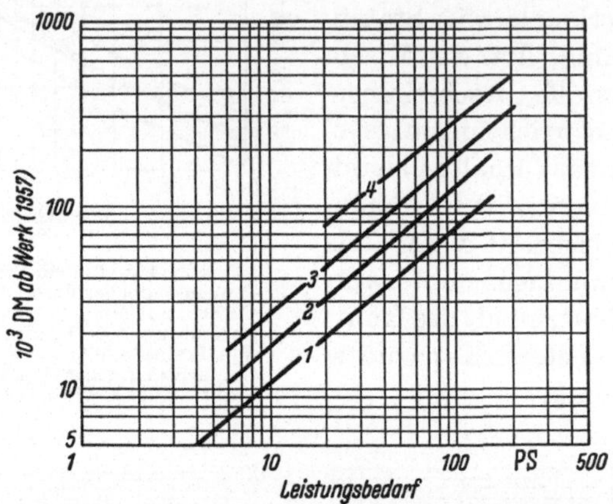

Abb. 117. Walzen-, Mantel- und Kreiselbecher
1 Walzenbrecher, Abweichungen des Leistungsbedarfs bis $\pm 40\%$; *2* Mantelbrecher, für kleinere
Aufgabestücke; *3* Mantelbrecher, für große Aufgabestücke; *4* Kreiselbrecher

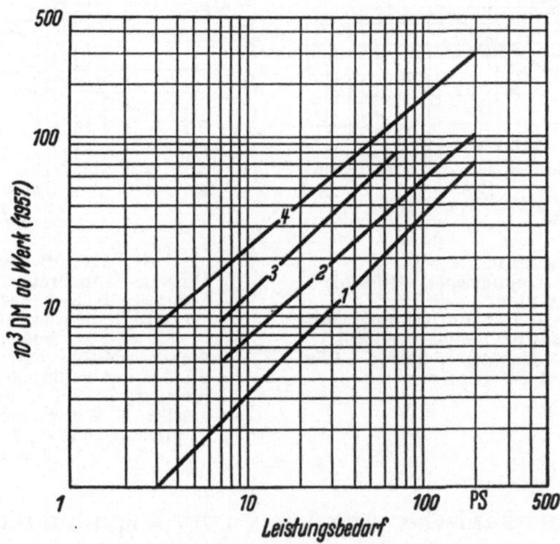

Abb. 118. Hammer-, Prall- und Backenbrecher
1 Hammerbrecher bzw. Hammermühlen, Abweichungen des Leistungsbedarfs bis $\pm 20\%$; *2* Prall-
brecher, Abweichungen des Leistungsbedarfs bis $\pm 40\%$; *3* Einschwingenbrecher, Abweichungen des
Leistungsbedarfs bis $\pm 20\%$; *4* Kniehebelbackenbrecher, Abweichungen des Leistungsbedarfs bis
$\pm 20\%$

Mahlbarkeit des Gutes sowie der Korngröße und Korngrößenverteilung im Aufgabe- und Feingut starken Schwankungen unterworfen ist. Man könnte auch an Hilfsgrößen aus den Abmessungen der Maschinen denken,

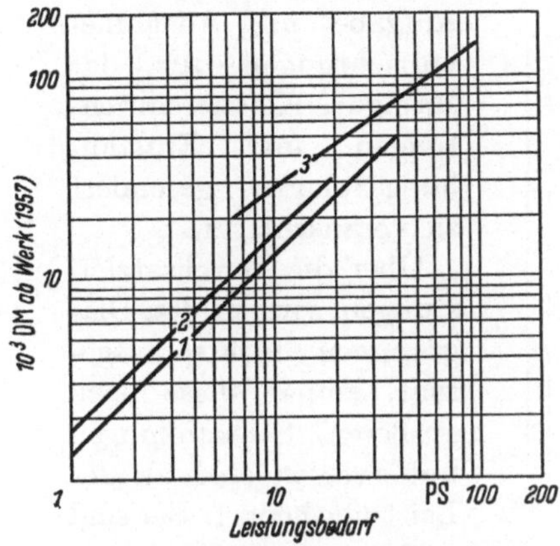

Abb. 119. Kugelmühlen
1 Sieblose Kugelmühlen für Chargenbetrieb, ohne Kugeln, Stahlausführung, Abweichungen des Leistungsbedarfs bis ±20%; 2 Wie 1, jedoch Porzellan-, Steatit- o. ä. Ausführung; 3 Siebkugelmühlen, einschl. Kugelfüllung, Abweichungen des Leistungsbedarfs bis ±20%

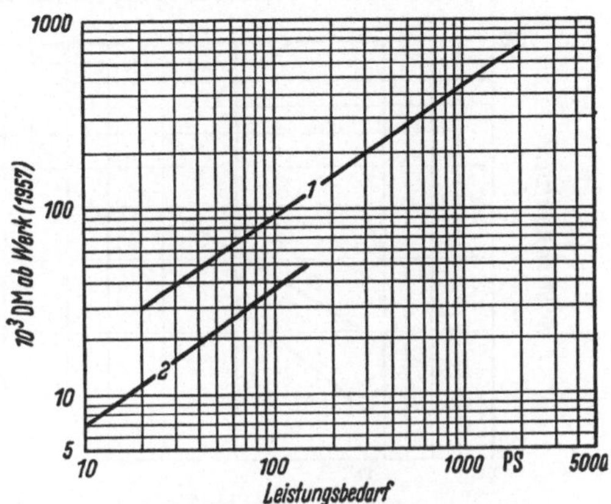

Abb. 120. Rohrmühlen und Ringrollenmühlen
1 Rohrmühlen, ohne Kugelfüllung, Abweichungen des Leistungsbedarfs bis ±10%; 2 Ringrollenmühlen

z. B. an die Schnittfläche aus Durchmesser mal Länge der Walzen bei Walzenbrechern oder den Maulquerschnitt bei Backenbrechern, jedoch erweisen sich diese Maßstäbe als zu ungenau. Die bei den einzelnen Typen angegebenen Schwankungen des Leistungsbedarfs wurden aus mehreren Firmenangaben gemittelt und mögen in der Mehrzahl der Fälle ausreichen; unter extremen Verhältnissen wird mit einer Überschreitung dieser Grenzwerte zu rechnen sein. Für die Auslegung bzw. Preisschätzung des zugehörigen Antriebsmotors empfiehlt es sich, mindestens die angegebene Obergrenze des Leistungsbedarfs ein-

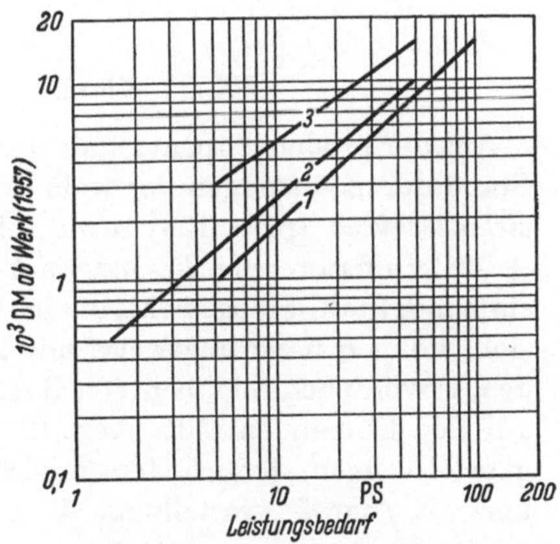

Abb. 121. Zahnscheiben- und Stiftmühlen
1 Zahnscheibenmühlen, Abweichungen des Leistungsbedarfs bis ±25%; 2 Sieblose Stiftmühlen mit feststehender und rotierender Scheibe (Schlagscheiben-, Schlagkreuz- und Schlaghammermühlen), Abweichungen des Leistungsbedarfs bis ±30%; 3 Wie 2, jedoch schwere Ausführung; ferner gegenläufige Stiftmühlen (Desintegratoren)

18*

zusetzen, zumal die Nennleistung des Motors grundsätzlich mit rd. 20% höher gewählt werden soll als der jeweilige durchschnittliche Leistungsbedarf der Arbeitsmaschine.

Neben dem Antriebsmotor sind auch die Zubehörausrüstungen wie Aufgabe- und Abnahmevorrichtungen für das Mahlgut, Klassiereinrichtungen und Entstaubungsanlagen gesondert zu veranschlagen.

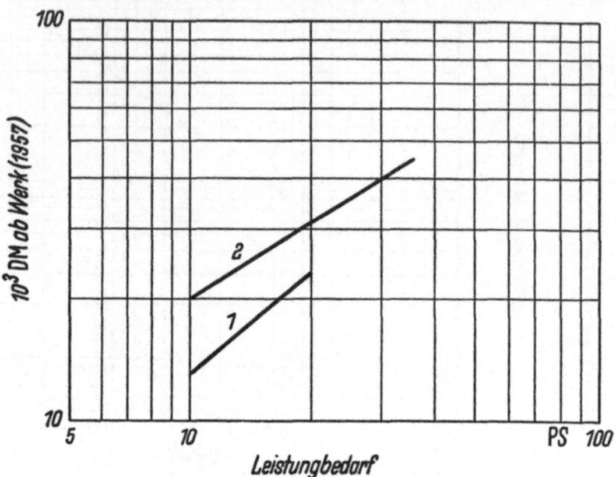

Abb. 122. Walzenstühle
1 Einwalzenmaschinen mit Automatik, Walzenlänge etwa zwischen 550 und 1000 mm; *2* Dreiwalzenwerke mit Automatik, horizontale oder schräge Walzenanordnung, Walzenlänge etwa zwischen 550 und 1000 mm

Über die Durchsatzleistungen wird in den Diagrammen nichts ausgesagt, zumal diese noch größeren Schwankungen unterworfen sind als der Leistungsbedarf. Sie sind genau wie die Abmessungen oder die Mahlkörperfüllungen bei Kugel- und Rohrmühlen technischen Handbüchern zu entnehmen. Die Richtpreise für Mahlkugeln betragen 2—2,50 DM/kg sowohl in Stahl als auch in Silex oder Porzellan.

4.073.01 *Klassier- und Sortierapparate*

Aus der großen Typenvielfalt der *Siebmaschinen* wurden die einfachen Standardausführungen der wohl am häufigsten eingesetzten *Vibrationssiebmaschinen* (Abb. 123) sowie mittlere Werte der preislich um etwa ± 30% differierenden *Resonanzsiebe* (Abb. 125) aufgenommen. Die Preise einfacher Stahl-Siebgewebe, die in den Diagrammen nicht berücksichtigt sind, können näherungsweise mit 200 DM/m² (1957) angenommen werden, wovon nach Angaben von H. L. BULLOCK [*89*] allein etwa die Hälfte auf den Einbau entfällt. Abb. 124 gibt Anhaltswerte für mittlere Aufgabeleistungen, jedoch lassen sich auf Grund genauerer Kenntnisse über Korngrößenverteilung, Korngestalt usw. zuverlässigere Werte ermitteln.

Durch Multiplikation der Hauptabmessungen, nämlich der Länge und Breite der *Rechenklassierer* wurde eine für die Aufnahme von Preiskurven brauchbare neue Bezugsgrundlage eingeführt. Die Kurvengruppen 1—3 und 4—6 der Abb. 126 sind als Grenzkurven der billigsten bzw. teuersten Ausführung aufzufassen.

Bei den *Kreisel-Windsichtern*, deren Richtpreise in Abhängigkeit vom Gehäusedurchmesser aufgenommen wurden (Abb. 127), bietet ein zusätzliches Diagramm Informationen über technische Daten, zumal

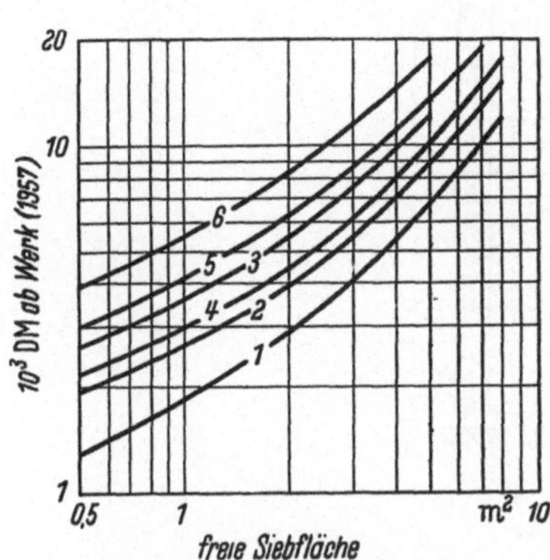

Abb. 123. Vibrationssiebe in Standardausführung
Offen: *1* Eindecker; *2* Zweidecker; *3* Dreidecker; Staubdicht geschlossen: *4* Eindecker; *5* Zweidecker; *6* Dreidecker

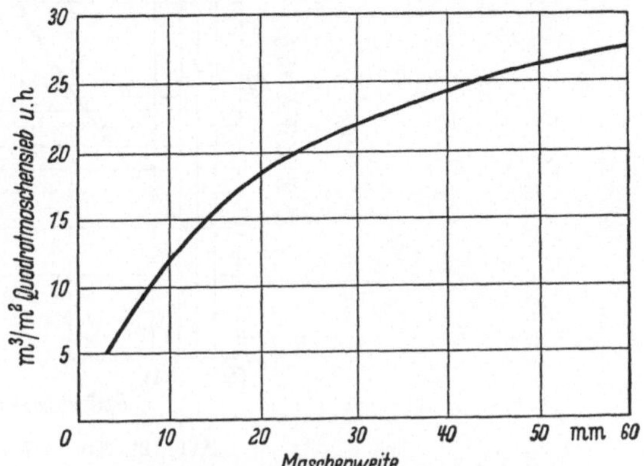

Abb. 124. Anhaltswerte für Aufgabeleistungen der Vibrationssiebe [H. Schütter, *623*, 142—1]

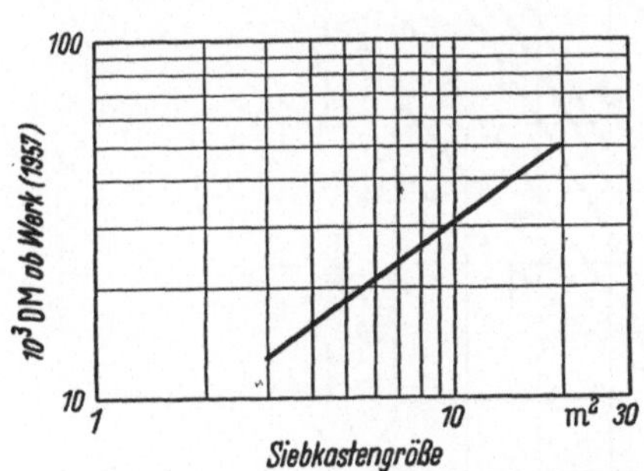

Abb. 125. Freischwingende Resonanzsiebe

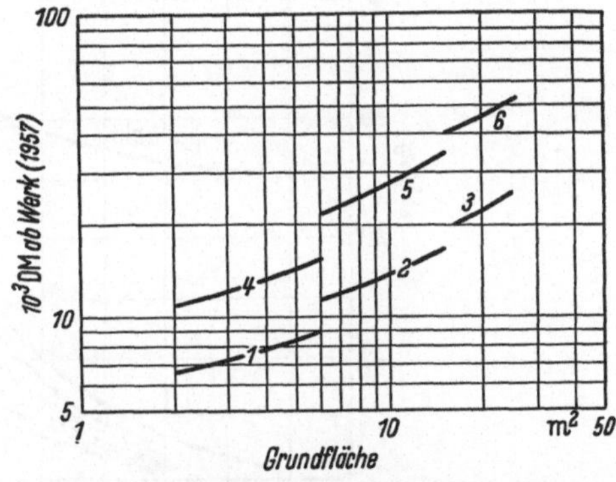

Abb. 126. Rechenklassierer
Einfache Ausführung: *1* Simplex-Klassierer, Verhältnis Breite zu Länge zwischen 1:10 und 1:7; *2* Duplex-Klassierer, Verhältnis Breite zu Länge etwa 1:4; *3* Triplex-Klassierer, Verhältnis Breite zu Länge zwischen 1:3 und 1:2,5
Schwere Ausführung, Abmessungen etwa wie unter *1—3*: *4* Simplex-Klassierer; *5* Duplex-Klassierer; *6* Triplex-Klassierer

diese Zusammenhänge bei den Kreisel-Windsichtern nicht so allgemein geläufig sind (Abb. 128).

Die Preise der *Flotationszellen* (Abb. 129) gelten für die eigentliche Zelle einschließlich sämtlicher Einbauten und Rührwerk mit Keilriemen-

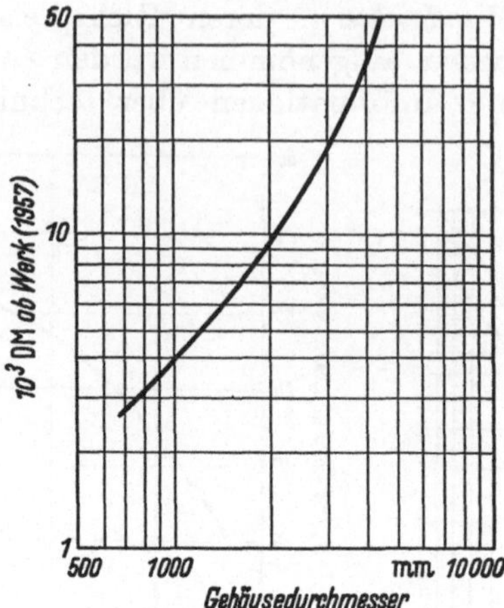

Abb. 127. Kreisel-Windsichter

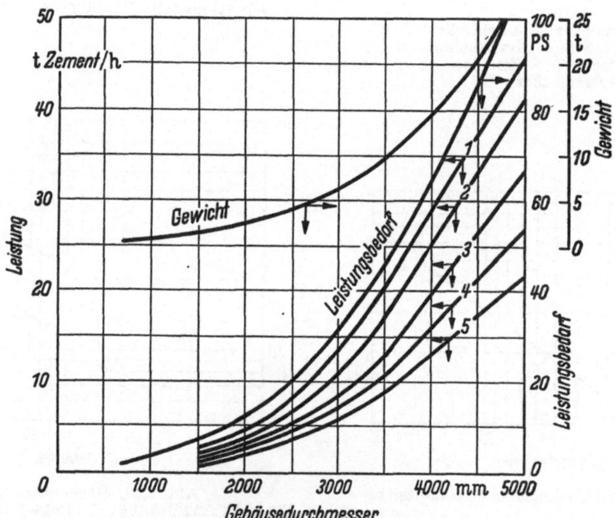

Abb. 128. Technische Daten der Kreisel-Windsichter unter Abb. 127
Leistungen bei Aufbereitung von Zement:

Kurve	Rückstand	Anzahl der Maschen/cm²
1	8%	900
2	8%	4900
3	8%	10000
4	1%	4900
5	1%	10000

Bei Feinheiten von etwa 12—15% Rückstand auf den drei Sieben erhöhen sich die Leistungen um etwa 20%. Schwankungsbreite der Leistungsdaten etwa ±5%. Vorausgesetzter Fertigmehlgehalt im Sichteraufgabegut etwa 30—40%

scheibe, jedoch wiederum ohne Motor. Der Leistungsbedarf wird mit 3,5 PS/m³ Zellenraum, die Leistung einer Zelle von 1,5 m³ Inhalt mit 1,5 bis 1,8 t/h trockenen Aufgabegutes angegeben [639].

Hinsichtlich weiterer Preisinformationen über Klassier- und Sortierapparate sei auf die Baugeräteliste [34] verwiesen, deren Bedeutung im vorliegenden Zusammenhang wegen ihrer speziellen Ausrichtung auf die Verhältnisse der Bauindustrie freilich eingeschränkt ist.

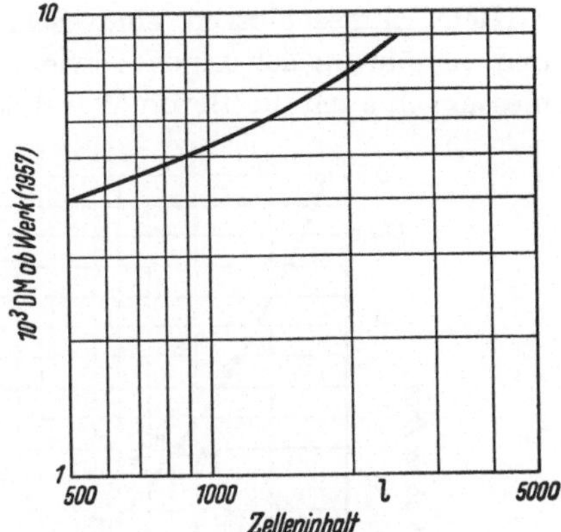

Abb. 129. Flotationszellen. Bauart: Doppelkreiselzelle

4.073.1 Trennung fest-flüssig nach mechanischen Verfahren

4.073.10 *Eindicker*

Obwohl der Durchmesser der *Eindicker* vielleicht eine noch anschaulichere Größenvorstellung vermittelt als die Absitzfläche, wurde diese

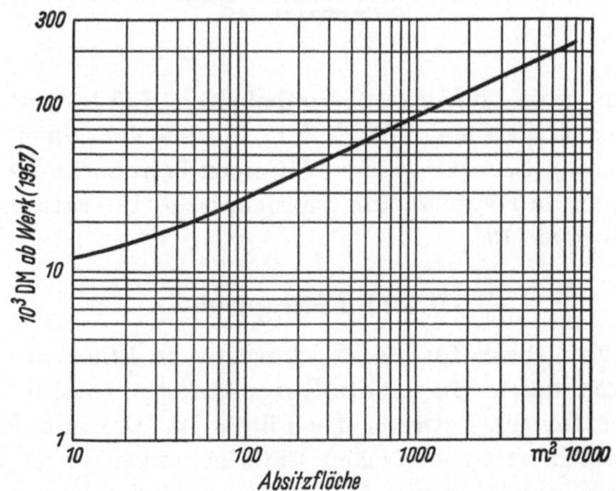

Abb. 130. Eindicker (mechanischer Teil). Etwa ab 300 m² Absitzfläche Ausführung mit Betonsäule in Beckenmitte

wegen ihrer unmittelbaren Beziehung zur Kapazität als Basis vorgezogen. Mit der Absitzfläche ist in Abb. 130 nur die vom Krählwerk bestrichene Fläche gemeint. Bei der Verwendung viereckiger Behälter und beim Einbau mehrerer Eindicker in ein gemeinsames Becken fällt diese Fläche mit der gesamten Absitzfläche nicht zusammen.

Nicht eingeschlossen sind Schlammaustragspumpen, Motoren, Zu-
und Abführungsleitungen sowie die Behälter, im Falle größerer Abmessungen auch die Beton-Mittelsäule zur Lagerung des Antriebs. Über-

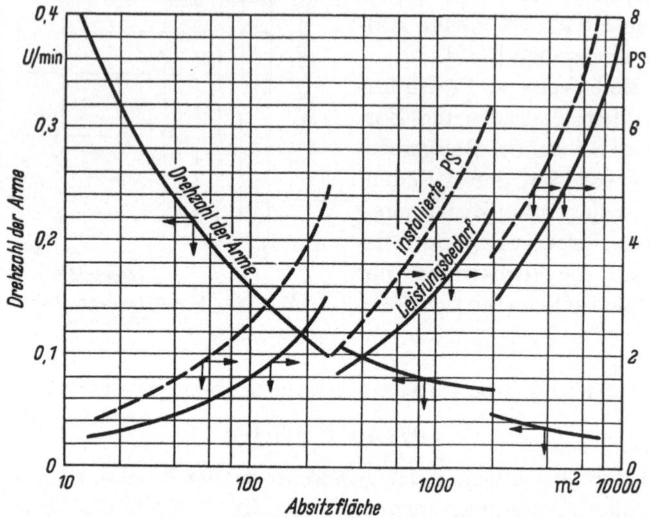

Abb. 131. Technische Daten der Eindicker (Anhaltswerte) [nach Zahlenangaben von
W. GUNDELACH, 255]

schlägig kann man für Stahlbetonbehälter 150 DM/m² Oberfläche
ansetzen. Über *Mehrkammer-Eindicker*, wie sie vor allem zur Gegen-
stromauswaschung benutzt werden, lag noch kein zusammenhängendes
Material vor, so daß vorerst auf amerikanische Literaturangaben verwiesen werden muß [*108*].

<h3 style="text-align:center">4.073.11 Filterapparate</h3>

Die beste Bezugsbasis für die Preiskurven von *Filterapparaten* ist die
freie Filterfläche, da sie ein unmittelbarer Maßstab sowohl für die Baugröße als auch für die Leistung des Filters ist. Die mit den einzelnen
Filtertypen erzielbaren spezifischen Filterleistungen je m² und Stunde
hängen dagegen von so vielen Variablen ab, daß erst auf Grund von
Experimenten zuverlässige Werte zu finden sind.

Hinsichtlich der Preiskurve für *Vakuum-Drehtrommelfilter* in Stahl
(Abb. 132) sei auf die Ausführungen unter Kap. 4.062 verwiesen. Der
Zuschlag für eine zusätzliche Waschbandeinrichtung wird mit etwa 20%
bei den kleinen und mit 12—15% bei den großen Apparaten angegeben.
Der Ausschluß der Vakuumanlagen gilt auch für die übrigen Vakuum-
filter.

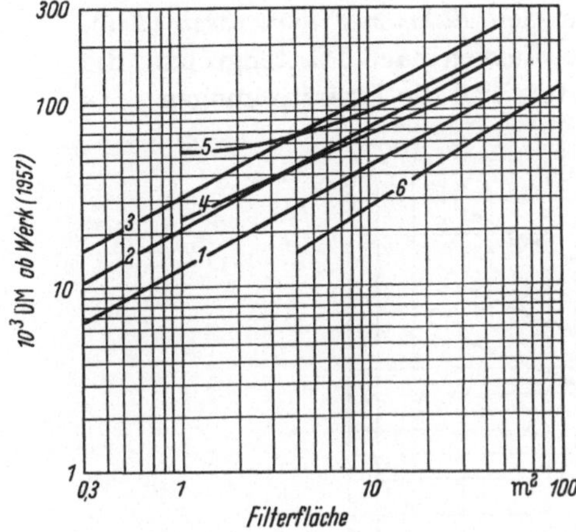

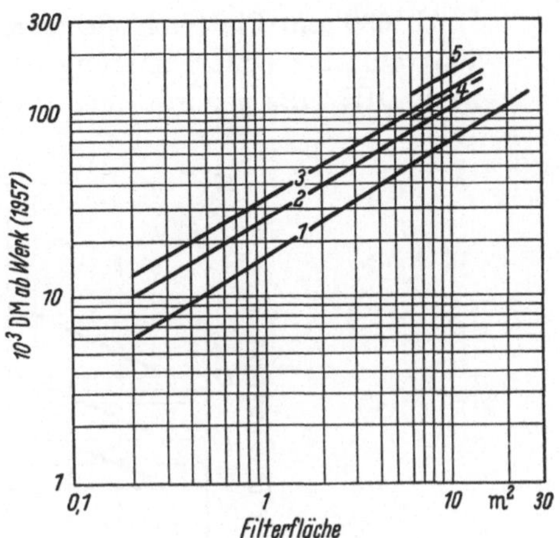

Abb. 132. Vakuum-Drehtrommelfilter und -Scheibenfilter

Vakuum-Drehtrommelfilter, Zellenbauweise, ohne Waschbandeinrichtung: *1* Stahl, *2* Stahl gummiert, *3* V_2A-Stahl; Mit Zellen-Waschband: *4* Stahl
Anschwemmfilter (Precoat-Filter), mit automatischer Precoat-Abnahmevorrichtung, einschließlich Vakuumanlagen: *5* Stahl
Scheibenfilter: *6* Bis etwa 50 m² Filterfläche; Sektoren aus Gußeisen, über 50 m² aus Silumin

Abb. 133. Vakuum-Planzellenfilter und -Bandzellenfilter

Planzellenfilter: *1* Stahl; *2* Stahl gummiert; *3* V_2A-Stahl
Bandzellenfilter: *4* Stahl gummiert; *5* V_2A-Stahl

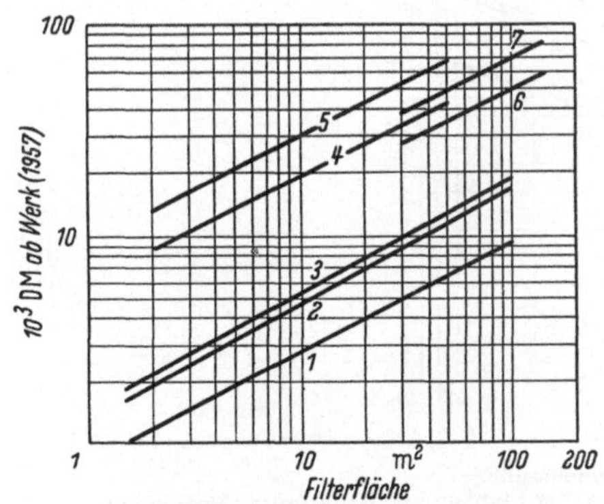

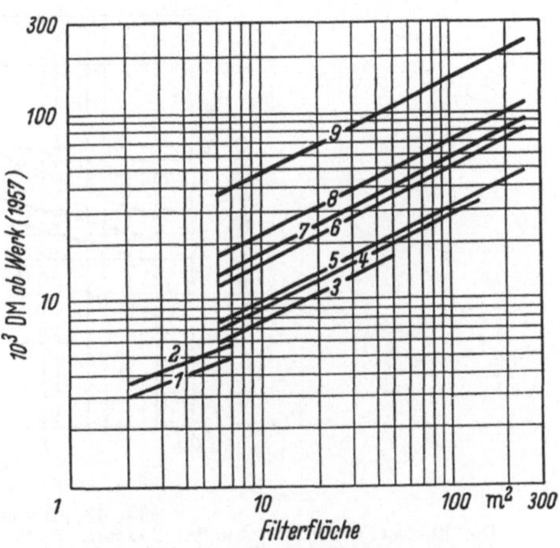

Abb. 134. Beutel- und Blattfilter
Beutelfilter (etwa Bauart Scheibler), Drucke bis 3 atü: *1* Stahl; *2* Stahl gummiert; *3* V_2A-Stahl
Sweetland-Filter, Drucke bis 3,5 atü: *4* Stahl; *5* Stahl gummiert
Kesselfilter, Drucke bis 3 atü: *6* Stahl; *7* Stahl gummiert

Abb. 135. Rahmen-Filterpressen [Kurven *7—9* übernommen nach Angaben von C. H. Chilton, *108*]
1 Plattengröße 470 mm, Handspindel, Gußeisen; *2* Wie *1*, jedoch Hydraulikspindel; *3* Plattengröße zwischen 630 und 800 mm, Handspindel, Gußeisen
Hydraulischer Verschluß mit Handpreßpumpe, Plattengröße zwischen 630 und 1450 mm: *4* Holz; *5* Gußeisen; *6* Gußeisen gummiert; *7* Aluminium; *8* Verbleit; *9* V_2A-Stahl

Ab 630 mm Plattengröße wurde bei den *Rahmen-Filterpressen* (Abb.
135) auf eine Differenzierung der Preiskurven nach Plattengrößen, die
nach DIN 7129 genormt sind, verzichtet, weil die Preisstreuungen — es

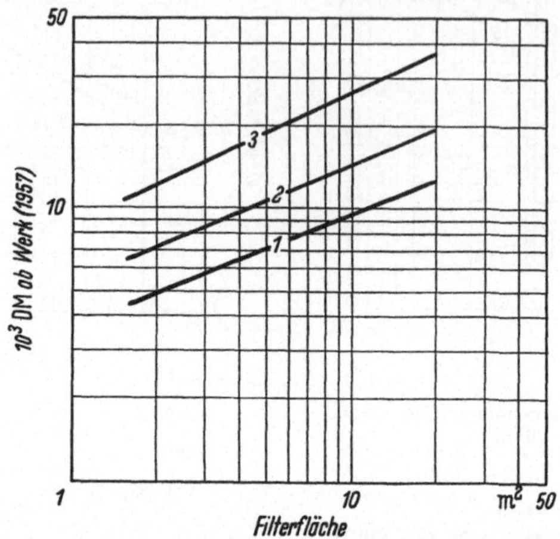

Abb. 136. Schichtenfilter in Filterpressenbauart.
Größe der Filterschichten zwischen 400×400 und 600×600 mm: *1* Leichtmetall; *2* Kunststoff;
3 V₂A-Stahl

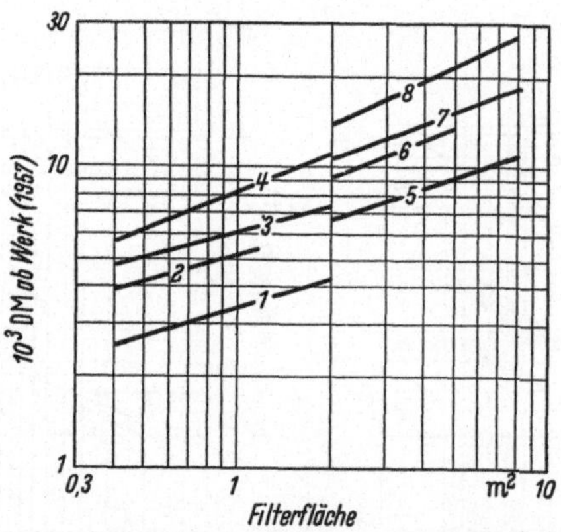

Abb. 137. Trommel-Schichtenfilter
Durchmesser der Filterschichten 300 mm: *1* Stahl; *2* Behälter Stahl gummiert, Einsätze Hartgummi;
3 Behälter V₂A-Stahl, Einsätze Aluminium; *4* V₂A-Stahl; Durchmesser der Filterschichten 600 mm:
Kurven *5—8* entsprechend Kurven *1—4*

wurden Angaben mehrerer Hersteller verarbeitet — die Kurvensprünge
an den Übergangsstellen zur jeweils nächsten Plattengröße verwischen.
Nach Plattengrößen differenzierte Preiskurven haben P. KRIEGEL [*392*]
und H. BLISS [*58—60*] veröffentlicht. Den Diagrammen von KRIEGEL

ist zu entnehmen, daß die auf die Filterfläche bezogenen Preise der *Kammer-Filterpressen* um etwa 8—25% niedriger liegen als diejenigen der Rahmen-Filterpressen. Die größte Verbilligung zeigt sich bei kleinen Plattengrößen und großen Plattenzahlen, während die Unterschiede umgekehrt mit zunehmender Plattengröße und abnehmender Plattenzahl geringer werden.

4.073.12 Zentrifugen

Die Preiskurven für *Zentrifugen* wurden nur im Falle der Separatoren auf die maximale Durchsatzleistung, sonst dagegen auf den *Trommel-*

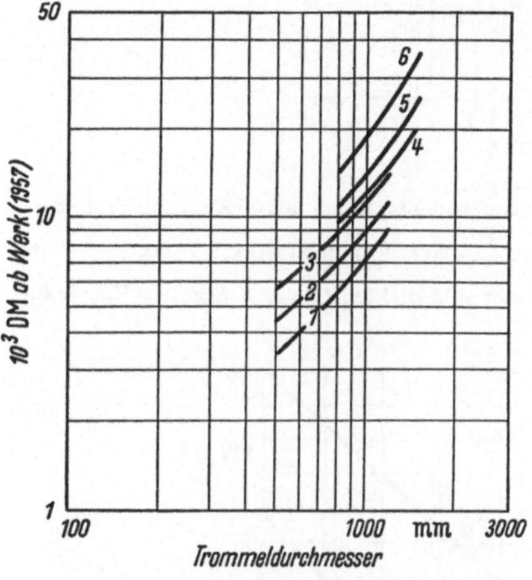

Abb. 138. Vertikal-Zentrifugen für Chargenbetrieb
Stehende Zentrifugen für Obenentleerung,
Dreisäulen-Bauart: *1* Stahl; *2* Stahl gummiert; *3* V₂A-Stahl; Hängende Zentrifugen
für Untenentleerung (Pendelzentrifugen):
4 Stahl; *5* Stahl gummiert; *6* V₂A-Stahl

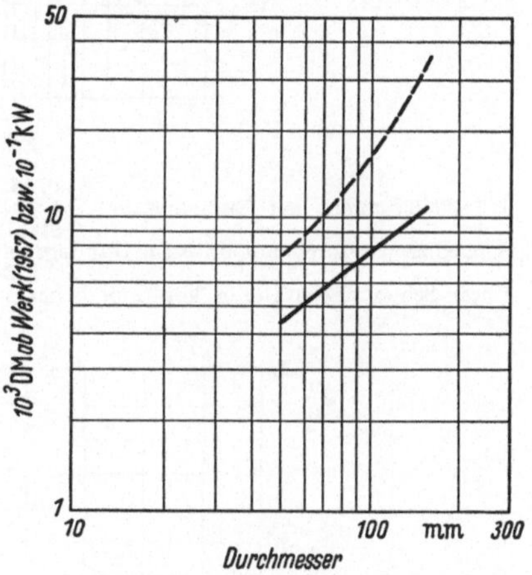

Abb. 139. Röhren-Zentrifugen. Ausführung in V₂A-Stahl, mit eingebautem Motor
(Drehzahl 2850 U/min), Zentrifugendreh-
zahl etwa zwischen 23000 und
13000 U/min
————: Preis; ------: Motorleistung

durchmesser als wichtigstes Kennzeichen der Baugröße bezogen. Die erreichbaren Durchsatzleistungen sind wegen ihrer Abhängigkeit von der Eigenart des Schleudergutes nur durch Versuche bestimmbar.

Von den *Vertikalzentrifugen für Chargenbetrieb* (Abb. 138) zeigten die hängenden Maschinen noch eine tragbare Korrelation, während bei der stehenden Dreisäulen-Bauart starke Streuungen beobachtet wurden. Die extremen Abweichungen bei der einfachen Stahlausführung betragen z. B. 70% nach oben.

Aus dem großen Gebiet der *Separatoren* (Abb. 140) wurden die folgenden wichtigsten Typen aufgenommen:

1. *Teller-Zentrifugen für die Zweiphasen-Trennung* von Flüssigkeitsge-mischen mit größerem Anteil schwerer Flüssigkeit und geringem Feststoff-gehalt;

2. *Kammer-Separatoren*, die vor allem zur Flüssigkeitsklärung bei ebenfalls geringem Feststoffgehalt geeignet sind;

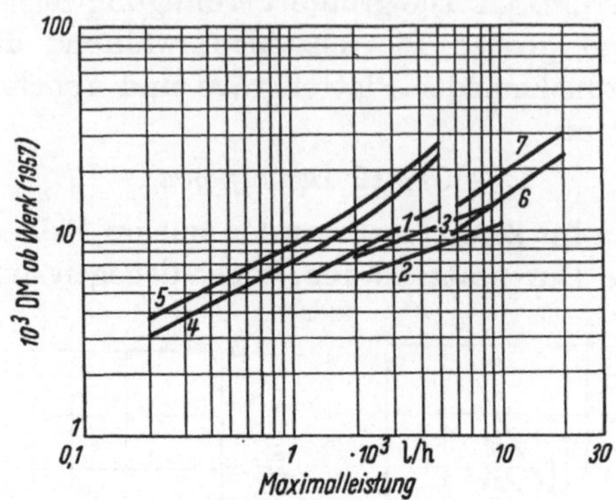

Abb. 140. Separatoren

1 Teller-Trommel, mit Einbaumotor, V_2A-Stahl; Kammer-Separatoren mit 6-Kammer-Trommel: *2* Stahl; *3* V_4A-Stahl
Schlammseparatoren mit unterem Öffnungskolben, periodischer Schlammaustrag: *4* Stahl; *5* 17% Cr-Stahl
Düsen-Schlammseparatoren, kontinuierlicher Austrag der eingedickten Phase: *6* Stahl; *7* V_4A-Stahl

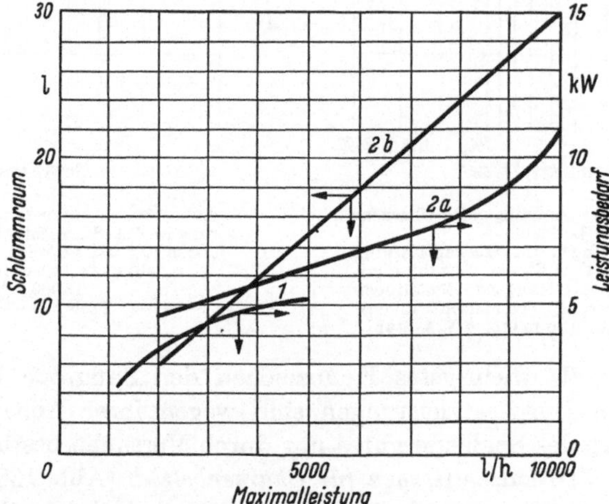

Abb. 141. Technische Daten der Separatoren unter Abb. 140. *1* Separatoren mit Teller-Trommel; *2* Kammer-Separatoren

3. *Schlammseparatoren* mit unterem Öffnungskolben und periodischem Schlammaustrag, die vorzugsweise zur Drei-Phasentrennung bei Feststoffgehalten bis zu etwa 2% eingesetzt werden;

4. *Düsen-Schlammseparatoren* mit kontinuierlichem Austrag der eingedickten Phase. Hierbei kann der Feststoffgehalt bis zu etwa 20% betragen.

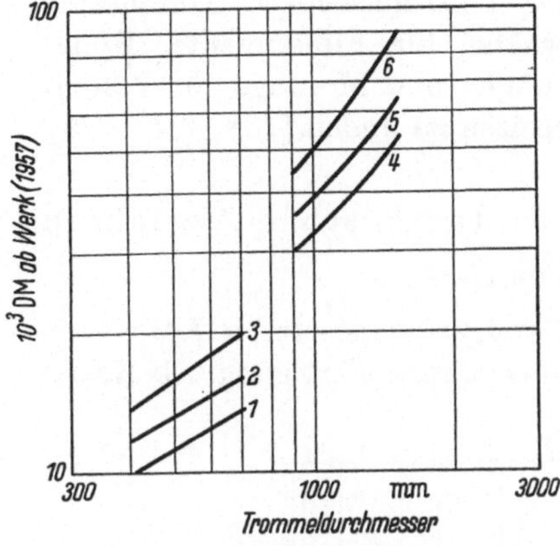

Abb. 142. Schäl-Zentrifugen für kleinere Leistungen

Leichte Bauweise, mit Handsteuerung: 1 Stahl; 2 Stahl gummiert; 3 V₄A-Stahl Normalausführung, fliegende Lagerung, als Sieb-, Klär- und Überlaufzentrifuge, mit Automatik: 4 Stahl; 5 Stahl gummiert; 6 V₄A-Stahl

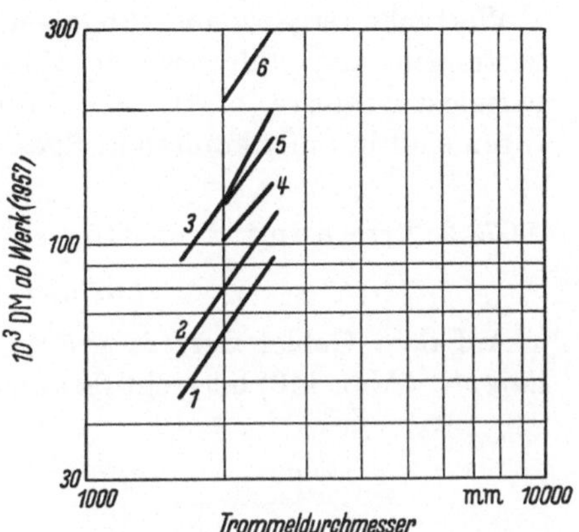

Abb. 143. Schäl-Zentrifugen für große Leistungen

Doppelte Lagerung, mit Automatik: 1 Stahl; 2 Stahl gummiert; 3 V₄A-Stahl Doppelzentrifugen, mit Automatik: 4 Stahl; 5 Stahl gummiert; 6 V₄A-Stahl

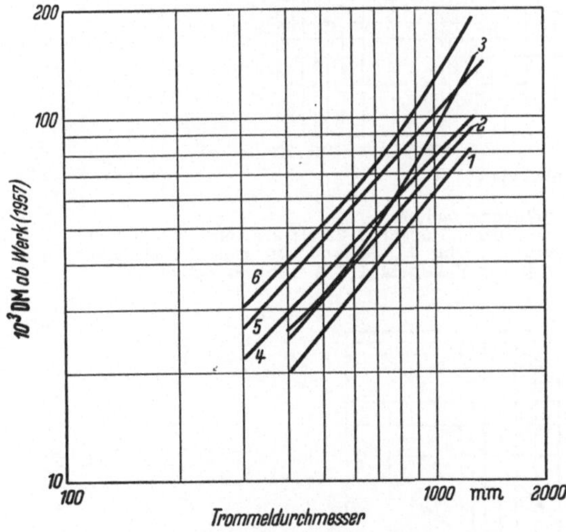

Abb. 144: Schub-Zentrifugen

Einstufige Bauart: 1 Stahl; 2 Stahl gummiert; 3 V₄A-Stahl Dreistufige Bauart: 4 Stahl; 5 Stahl gummiert; 6 V₄A-Stahl

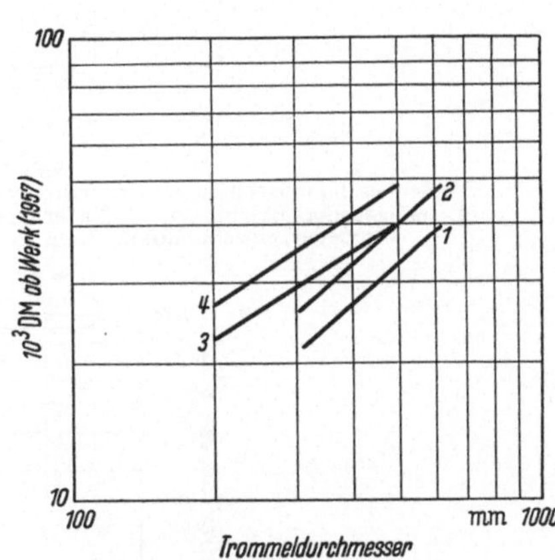

Abb. 145. Schnecken-Zentrifugen

Zentrifugen mit konischer Trommel, bezogen auf größten Trommeldurchmesser: 1 Stahl; 2 V₄A-Stahl Zentrifugen mit zylindrischer Trommel: 3 Stahl; 4 V₄A-Stahl

Richtpreise verschiedener Typen von Großleistungs-Zentrifugen sind in den Abb. 142—145 wiedergegeben.

Wertvolle ergänzende Angaben über Leistungsbedarf, Durchsatzleistungen und differenzierte Zuschlagsätze für Fundamente, Rohrleitungsanschlüsse, elektrische Ausrüstungen und Montage für Zentrifugen sind in amerikanischen Spezialarbeiten zu finden [*188; 215; 642*].

4.073.2 Trennung fest-flüssig nach thermischen Verfahren

4.073.20 Verdampfer

Auf dem Gebiet der für größte Leistungen eingesetzten *Röhrenverdampfer* (Abb. 146) herrscht fast ausnahmslos Einzelfertigung. Als Kapa-

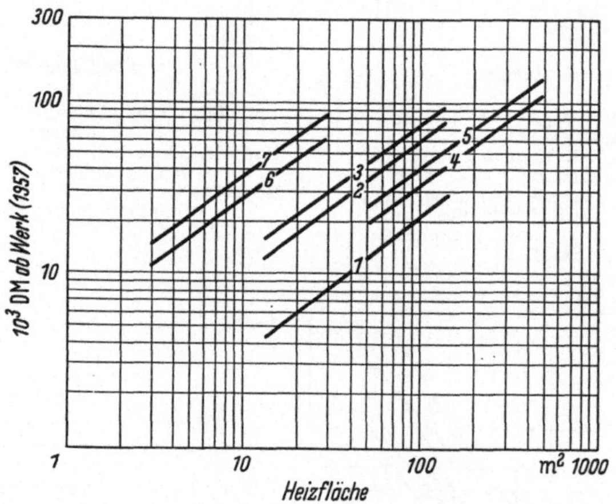

Abb. 146. Röhrenverdampfer

Außenliegender Heizkörper, Normalbauweise, natürlicher Umlauf: *1* Stahl; *2* Kupfer; *3* V₂A-Stahl
Innenliegender Heizkörper: *4* Natürlicher Umlauf, Stahl; *5* Zwangsumlauf, zentral eingebauter
Propeller, einschl. Motor, Stahl; *6* Wie *4*, jedoch V₄A-Stahl; *7* Wie *5*, jedoch V₄A-Stahl

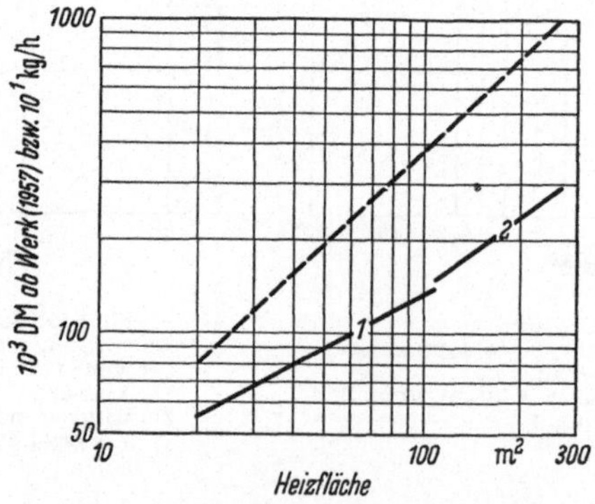

Abb. 147. Fallstromverdampfer

Vollständige Anlagen mit Brüdenkompression, brüdenberührte Teile in V₂A-Stahl, Steigrohre aus
18% Cr-Stahl: *1* Anlagen zweistufig; *2* Anlagen dreistufig. Leistung bezogen auf Wasserverdampfung
(Maximalwerte). ————: Preis; - - - - - -: Leistung

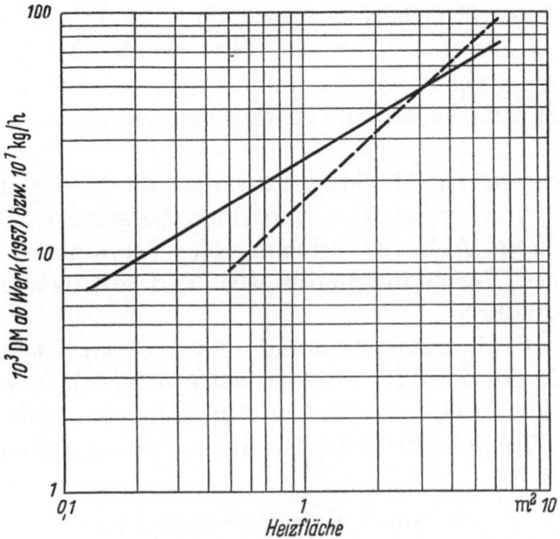

Abb. 148. Dünnschichtverdampfer I
V_4A-Stahl, Heizdampfdrucke zwischen 20 und 4 atü; Leistung bezogen auf Wasserverdampfung (Maximalwerte) bei angenommener Temperaturdifferenz von 80° C. ————: Preis; ------: Leistung

zitätsmerkmal kommt nur die *Heizfläche* in Frage, deren Bezug zur Verdampfungsleistung nach Festlegung der Betriebsbedingungen und Berechnung der Wärmedurchgangszahlen ohne weiteres möglich ist. Die Aufnahme kompletter Verdampferstationen, die bei größeren Leistungen regelmäßig mehrstufig ausgeführt werden, wurde zugunsten der einzelnen Verdampferapparate aufgegeben. Trotz gleicher Heizfläche sind die Anschaffungskosten einer dreistufigen Anlage beispielsweise höher als die einer zweistufigen. Daher bringt die Beschränkung auf den einzelnen Verdampferkörper und die spätere Summierung derselben sowie die getrennte Abschätzung der Zubehöranlagen wie Pumpen, Kondensatoren, Anlagen zur Brüdenkompression,

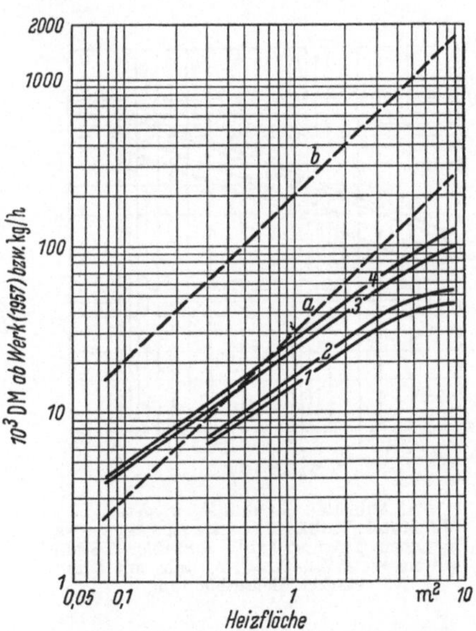

Abb. 149. Dünnschichtverdampfer II
Ausführung in Stahl: *1* Heizdampfdruck etwa 10 atü; *2* Heizdampfdruck etwa 30 atü
Ausführung in V_4A-Stahl: *3* Heizdampfdruck etwa 10 atü; *4* Heizdampfdruck etwa 30 atü
————: Preis; ------: Leistung; a Untere Verdampfungsleistung; b Maximale Verdampfungsleistung

Bedienungsbühnen, Rohrleitungen usw. eine Erhöhung der Genauigkeit. Während den Kurven 1–3 der Abb. 146 besondere Kalkulationen einer führenden Apparatebaufirma zugrunde liegen, wurden die Kurven 4–7 aus nicht allzu zahlreichen und stärker streuenden Einzelwerten abgeleitet.

Die in den weiteren Abbildungen dargestellten Verdampfer werden dagegen bereits in typisierten Baureihen hergestellt. Die *Fallstrom-Verdampferanlagen* (Abb. 147) schließen ein: Verdampfer, Mischkondensatoren, Pumpen, Verbindungsleitungen, Tragkonstruktion, jedoch nicht die Bedienungsbühne.

Die obere Verdampfungsleistung der *Dünnschichtverdampfer II* (Abb. 149) gilt für Produkte mit geringer Zähigkeit bzw. für Wasser, während die untere Grenzkurve die Minimalwerte angibt, die bei Produkten mit großer Zähigkeit oder Einengung bis zur Pulverform erreicht werden [vgl. *271*].

4.073.21 Kristallisierapparate

Auf dem Gebiet der *Kristallisierapparate* gibt es fast nur spezielle Auslegungen für begrenzte Anwendungsgebiete, so daß die Ableitung

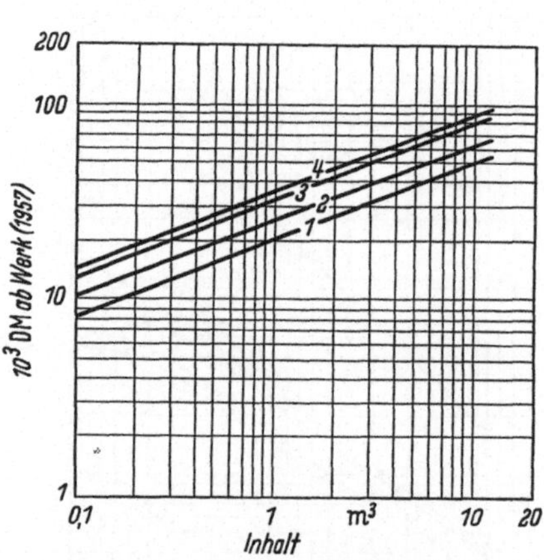

Abb. 150. Kristallisierwiegen
Mit Motor, Verhältnis Breite zu Länge etwa zwischen 1:5 und 1:10: *1* Stahl; *2* Stahl gummiert; *3* V₂A-Stahl; *4* Stahl mit 4 mm starker Bleiauskleidung

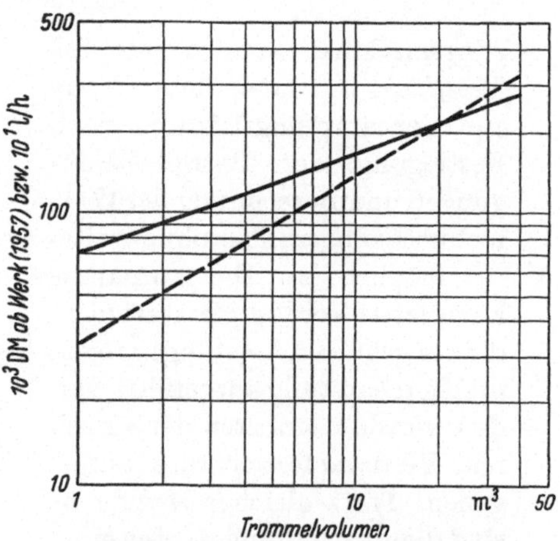

Abb. 151. Drehrohr-Kristallisatoren
Einschließlich Zubehöranlagen, Verhältnis Durchmesser zu Länge der Trommel etwa 1: 6,5—7; Leistungsdaten sind Anhaltswerte für die Regeneration von Beizlösungen
————: Preis; ------: Leistung

von Preiskurven erschwert ist. Lediglich Preiskurven von *Kristallisierwiegen* (Abb. 150) und *Drehrohr-Kristallisatoren* (Abb. 151) werden wiedergegeben. Umfassende amerikanische Angaben s. unter [230].

4.073.22 Trockner

Das geeignete Kapazitätsmerkmal der *Trockner* ist an sich die *Trocknungsfläche bzw. Heizfläche*, die bei *Kammertrocknern* (Abb. 152), *Band-*

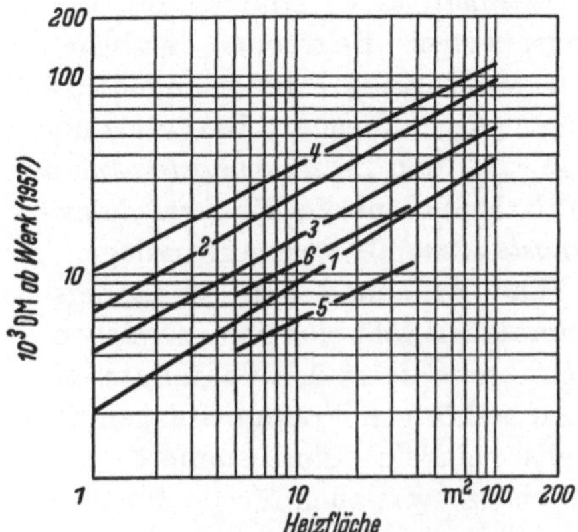

Abb. 152. Kammertrockner
Vakuum-Trockenschränke: *1* Stahl; *2* V$_2$A-Stahl; mit Oberflächenkondensator und Vakuumpumpe: *3* Stahl; *4* V$_2$A-Stahl
Kammertrockner für Normaldruck, mit Belüftungseinrichtung (Ventilatoren und Motoren) und Hordenwagen: *5* Stahl; *6* Schrankinnenflächen und Horden V$_2$A-Stahl, Wagen in Stahl

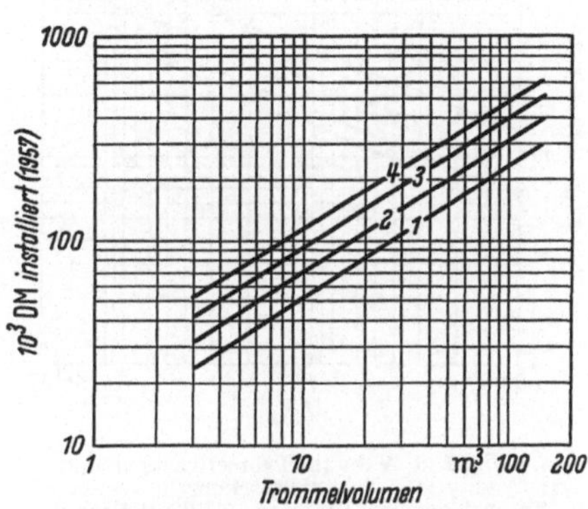

Abb. 153. Drehtrommeltrockner für Normaldruck. Schwere Bauweise, reiche Einbauten, hohe Verdampfungsleistungen:
1 Trommel mit Einbauten, Lagerung, Antrieb, Aufgabevorrichtung und Ausfallgehäuse; *2* Wie *1*, jedoch mit Zyklon-Entstaubungsanlage, Ventilatoren, Leitungen usw.; *3* Wie *2*, jedoch einschl. Feuerungsanlage für direkte Beheizung (Öl- oder Rostfeuerung); *4* Wie *3*, jedoch für indirekte Beheizung (Feuerung mit Wärmeaustauscher für Lufterhitzung)

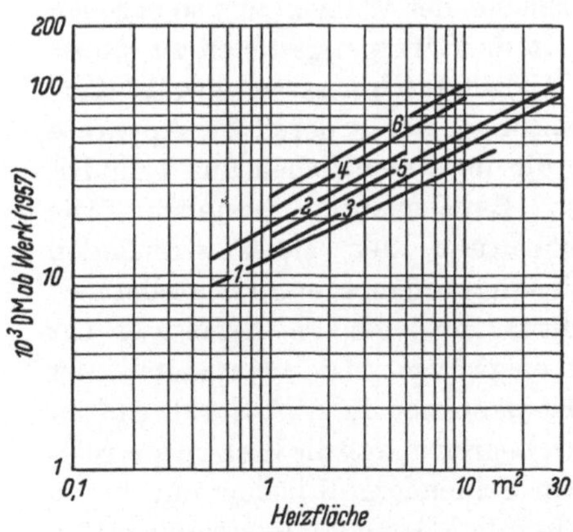

Abb. 154. Walzentrockner für Normaldruck.
Verhältnis Walzendurchmesser zu -länge etwa zwischen 1:2 und 1:2,5
Einwalzentrockner: *1* Stahl; *2* V$_2$A-Stahl; Zweiwalzentrockner: *3* Stahl; *4* V$_2$A-Stahl Zweiwalzen-Sprühtrockner: *5* Stahl; *6* V$_2$A-Stahl

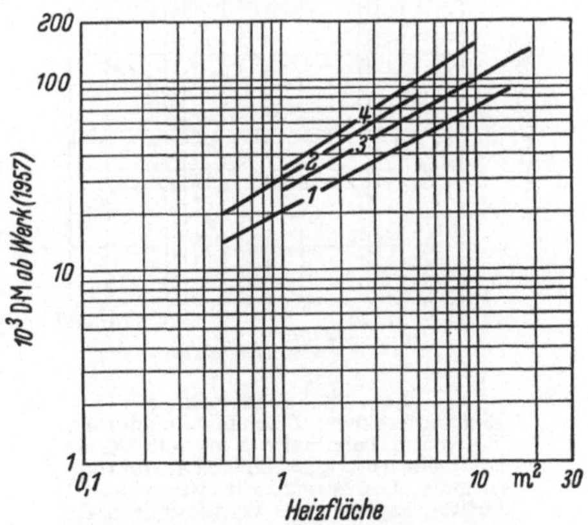

Abb. 155. Vakuum-Walzentrockner. Verhältnis Walzendurchmesser zu -länge wie unter Abb. 154. Einwalzentrockner: *1* Stahl;
2 V$_2$A-Stahl; Zweiwalzentrockner: *3* Stahl; *4* V$_2$A-Stahl

trocknern (Abb. 157) und *Walzentrocknern* (Abb. 154 u. 155) auch als unabhängige Variable gewählt wurde. Für *Trommeltrockner* (Abb. 153), *Vakuum-Schaufeltrockner* und *-Taumeltrockner* (Abb. 156) erwies sich der *Rauminhalt* in Verbindung mit den angegebenen Relationen zwischen den wichtigsten Abmessungen als eine anschaulichere Bezugsgrundlage. Bei den *Zerstäubungstrocknern* (Abb. 158) dient die *Wasserverdampfungsleistung* als Bezugsgrundlage.

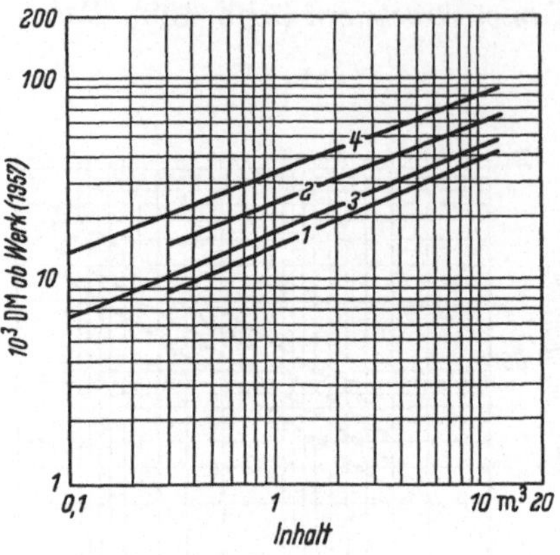

Abb. 156. Vakuum-Taumeltrockner und -Schaufeltrockner
Taumeltrockner für etwa 0,1 Torr Betriebsvakuum, Verhältnis Durchmesser zu Länge etwa 1,5:1. *1* Stahl; *2* V$_2$A-Stahl (plattiert) Schaufeltrockner für etwa 25 Torr Betriebsvakuum, diskontinuierlicher Betrieb, beheiztes Rührwerk und Heizmantel für Drucke bis 2 atü, Verhältnis Durchmesser zu Länge zwischen etwa 1:2,5 und 1:4. *3* Stahl; *4* V$_2$A-Stahl

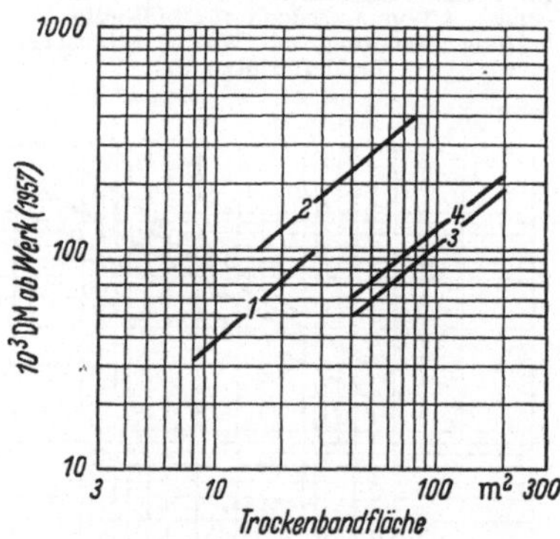

Abb. 157. Bandtrockner
Einbandtrockner: *1* Leichte Ausführung, V$_2$A-Stahl, Bandbreite 2 m, mit Verformungseinrichtung; *2* Schwere Ausführung, normale Ausrüstung mit Heizregistern, Luftführungsteile und Ventilatoren Stahl, Band V$_2$A-Stahl
Vierbandtrockner: *3* Stahl; *4* V$_2$A-Stahl

Eine Erhöhung der Schätzungsgenauigkeit läßt sich dann erreichen, wenn man die zu den Vakuumtrocknern gehörigen Vakuumanlagen jeweils einzeln dimensioniert und abschätzt, was auch für die Zubehöranlagen der atmosphärisch betriebenen Trockner gilt. Vereinzelt wurden jedoch auch Zubehöranlagen aufgenommen, um bei unzureichenden technischen Informationen eine Schätzungsgrundlage zu haben.

Trägt man die Preise von *Walzentrocknern* gegen die Heizfläche, d. h. die Oberfläche der Walzen auf, so ergeben sich an den Übergangsstellen zu größeren Walzendurchmessern jeweils Kurvensprünge, was generell für Apparate gilt, die im wesentlichen aus zylindrischen Bauelementen bestehen. Die Verarbeitung der stark streuenden Zahlenangaben mehrerer Hersteller verhinderte eine genaue Erfassung der Kurvensprünge. Die Kapazität der Walzentrockner in V$_2$A-Stahl ist dadurch begrenzt, daß die Walzen aus rostfreiem Schleuderguß bisher nur bis zu bestimmten Maximalabmessungen hergestellt werden konnten. Über diese Abmessungen hinaus kommen nur noch gußeiserne Walzen mit Hartverchromung in Frage, die mit den Edelstahlausführungen preislich nicht vergleichbar sind.

Die Verdampfungsleistung der *Zerstäubungstrockner* bezieht sich auf eine einheitliche Eintrittstemperatur von 160 °C bei indirekter Beheizung. Über Leistungsänderungen in Abhängigkeit von der Eintrittstemperatur — es kommen vor allem höhere Werte in Frage — unterrichten Handbücher und Firmenprospekte. Die hohen Fehlergrenzen gerade bei Zerstäubungstrocknern haben einige Autoren dazu bewogen, Begrenzungskurven

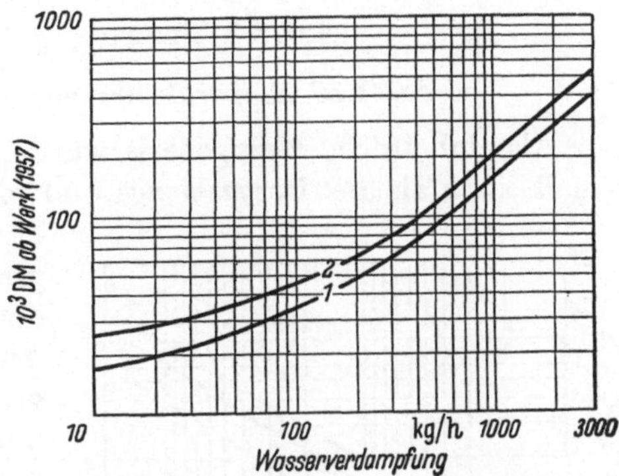

Abb. 158. Zerstäubungstrockner. Ausführung in Reinaluminium: *1* Trockner ohne Zubehör; *2* Vollständige Trocknungsanlage, einschl. Entstaubungsanlage, Lufterhitzer, Pumpen, Isolierungen, Leitungen. Verdampfungsleistung bezogen auf etwa 160 °C Eintrittstemperatur, Beheizung indirekt

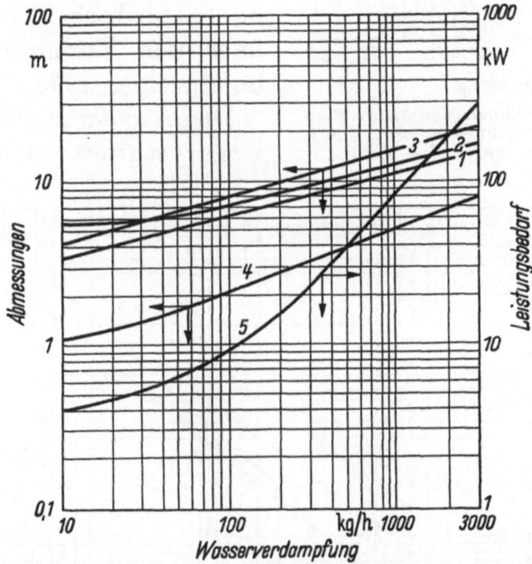

Abb. 159. Technische Daten der Zerstäubungstrockner unter Abb. 158
Hauptabmessungen der Trocknungsanlage: *1* Breite; *2* Höhe; *3* Länge; *4* Durchmesser des Trockenturmes; *5* Leistungsbedarf bei Herstellung von Trockenpulvern mittlerer Körnungen und Schüttgewichte

gegenüber Einzelkurven für Durchschnittspreise zu bevorzugen [*198*; *431*].

Eine Zusammenstellung von Preisen und technischen Daten der verschiedensten Trockner s. unter [*179*].

4.073.3 Trennung fest-gasförmig

4.073.30 Apparate zur mechanischen Gasentstaubung

Als einheitliche Bezugsbasis wurde überall der *Gasdurchsatz* gewählt, und zwar als *Betriebsgasmenge* und nicht in Normalkubikmetern. Eine Differenzierung nach Entstaubungsgraden war wegen des unzureichenden Materials noch nicht möglich. Anhaltswerte über Entstaubungsgrade für verschiedene Abscheider finden sich bei J. M. DALLAVALLE [*138*]; desgleichen sei auf die gesonderte Erfassung der Preise von Zyklonen nach verschiedenen Entstaubungsgraden durch H. B. LOCKE [*415*] verwiesen. Die Anwendbarkeit der Staubabscheider richtet sich u. a. nach den Korngrößenbereichen [s. im einzelnen *169*; *177*].

Den *Standardzyklonen* in Abb. 160 liegen schwere, d. h. solche Kon-

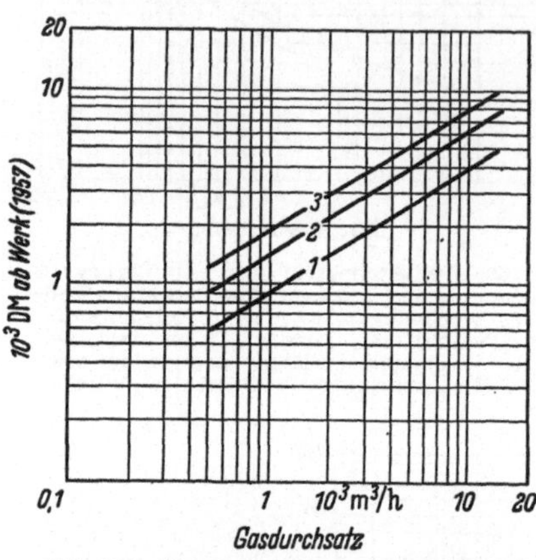

Abb. 160. Standardzyklone. Verhältnis Bauhöhe zu größtem Durchmesser etwa 1,8:1. *1* Stahl; *2* Aluminium; *3* V$_2$A-Stahl

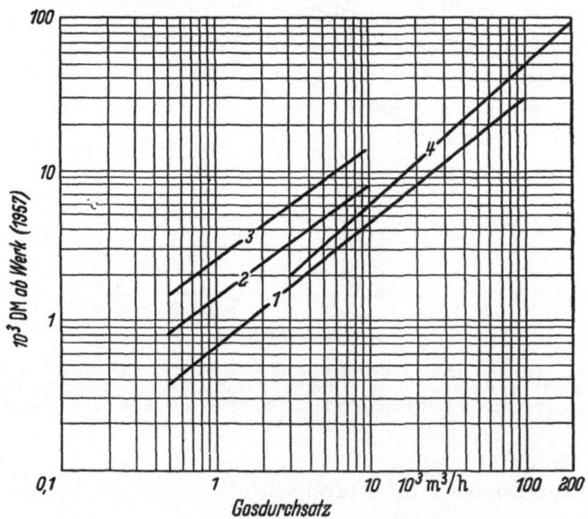

Abb. 161. VAN TONGEREN-Zyklone und Vielzellenabscheider
VAN TONGEREN-Zyklone: *1* Stahl; *2* Aluminium; *3* V$_2$A-Stahl
Vielzellenabscheider: *4* Stahl

struktionen zugrunde, die auf Gewinnung der festen Phase abgestellt sind. Es handelt sich dagegen nicht um leichte Zyklone mit wesentlich geringeren Blechstärken zur Luftreinigung. Während die Standardzyklone, VAN-TONGEREN-*Zyklone* und *Vielzellenabscheider* (Abb. 161) keinerlei Zubehör einschließen, erfaßt ein weiteres Diagramm vollständige *Zyklon-Entstaubungsanlagen* (Abb. 162). Diese dienen vor allem der Rauchgasentstaubung. Hierin sind eingeschlossen: Ein oder mehrere Zyklone entsprechend der Gasmenge, Roh- und Reingaskanal, Staubbunker mit Staubaustragsorganen, Rauchgasventilator mit Druckkanal, Gerüstkonstruk-

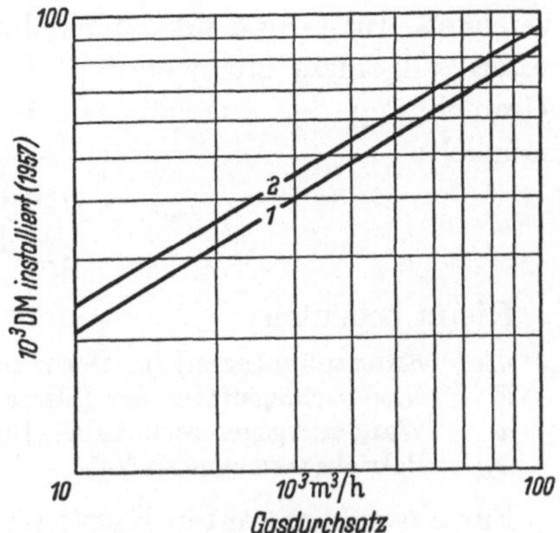

Abb. 162. Vollständige Zyklon-Entstaubungsanlagen
1 Einfachzyklone; *2* Vielzellenabscheider

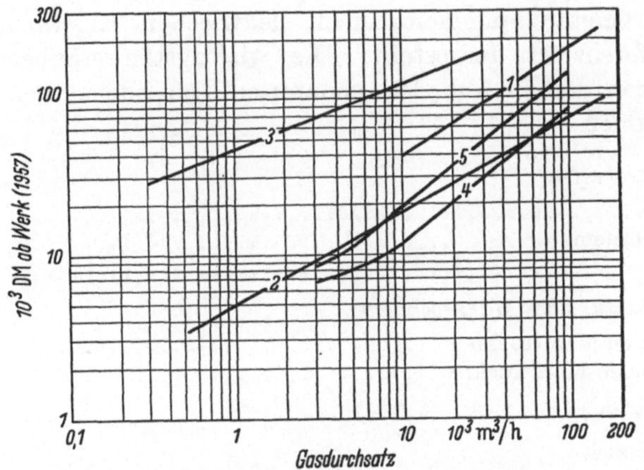

Abb. 163. Gaswäscher und Schlauchfilter
1 Druckzonen-Waschkühler; *2* Desintegrator-Wäscher; *3* FELD-Wäscher mit 10 Waschstufen
Automatische Schlauchfilter mit Abklopfvorrichtung: *4* Leichter Betrieb, z. B. für Luftreinigung;
5 Schwerer Betrieb, zur Gewinnung der festen Phase

tion, Isolierungen und Montage, jedoch nicht der Antriebsmotor des Rauchgasventilators.

Die von L. DIETRICH [*171*] angegebenen Richtpreise vernachlässigen die Abhängigkeit von der Kapazität.

4.073.31 Elektrofilter

Die Preiskurven der *Elektrofilter* in Abb. 164 wurden zunächst auf den am häufigsten vorkommenden Entstaubungsgrad von 98% bezogen, wobei der Gasdurchsatz wiederum die Betriebsgasmenge bezeichnet. Auf Grund der nachstehenden, bei der Auslegung von Elektrofiltern allgemein angewandten Gleichungen, ist jedoch auch leicht eine Umrechnung der angegebenen Werte auf andere Entstaubungsgrade möglich:

$$\eta = 1 - e^{-k}$$

$$k = \frac{F \cdot w}{G_B}.$$

Hierin bedeuten:

η Entstaubungsgrad (in Dezimalschreibweise)
F Niederschlagsfläche des Filters [m²]
w Wanderungsgeschwindigkeit [m/h]
G_B Betriebsgasmenge [m³/h]

Für einen bestimmten Kurvenpunkt gilt die Voraussetzung:

$$k_1 \cdot G_{B1} = k_2 \cdot G_{B2};$$

hieraus läßt sich die Änderung des Abszissenmaßstabes errechnen.

Zur Vermeidung zu hoher Fehlergrenzen wurden die Preiskurven nach den als Parameter aufgenommenen elektrischen Eigenschaften des Staubes differenziert dargestellt. Die wichtigsten stauberzeugenden Anlagen wären den in Abb. 164 genannten Kennbuchstaben etwa wie folgt zuzuordnen:

1. *Zement-Drehrohröfen*:
    a) naß .... E
    b) naß mit Calcinator .... C–D
    c) trocken .... A

2. *Brüdenabscheidung bei Mahltrocknern*:
    a) Steinkohlen-Mahltrockner .... D–E
    b) Braunkohlen-Mahltrockner .... A–B

3. *Raumentstaubung* .... E

4. *Steinkohlenkessel*:
    a) Rostfeuerung .... D
    b) Staubfeuerung mit trockenem Ascheabzug .... C–D
    c) Schmelzkammer C
    d) Zyklon .... B

5. *Braunkohlenkessel*:
    a) Rostfeuerung .... E
    b) Staubfeuerung mit trockenem Ascheabzug .... E
    c) Schmelzkammer .... D
    d) Zyklon .... B

Andere Entstaubungsarten lassen sich nach den genannten Beispielen evtl. durch Schätzung zuordnen.

In den Richtpreisen sind einbegriffen: Elektrofilter einschl. Staubbunker und Inneneinrichtung, die gesamte Hochspannungsanlage,

Isolierungen und die Montage. Kanäle und Unterstützungskonstruktionen sind wegen ihrer starken Abhängigkeit von örtlichen Verhältnissen besser getrennt abzuschätzen, jedoch ist für überschlägige Ermittlungen die Einstellung eines Zuschlagsatzes von rd. 30% angemessen. Außerdem gelten die Werte nur für Elektrofilter horizontaler Bauart, während die Preise für vertikale Filter, wie sie z. B. für Brüdenabscheidung und Raumentstaubung wegen der Explosionsgefahr ausschließlich in Frage kommen, durchschnittlich um 15% höher liegen.

Im Gebiet zwischen 500000 und 700000 DM sind die Streuungen der Kurven stärker, weil sich hier der Übergang vom Einkammersystem zum Filter mit zwei parallelen Entstaubungskammern vollzieht. Unsicher sind auch die Angaben im Bereich unter 100000 DM, wo der feste, von der Größe der Niederschlagsfläche unabhängige Preisanteil immer stärker ins Gewicht fällt. Nach Angaben einer namhaften Herstellerfirma werden sogar Preise von 70—80000 DM überhaupt nicht unterschritten.

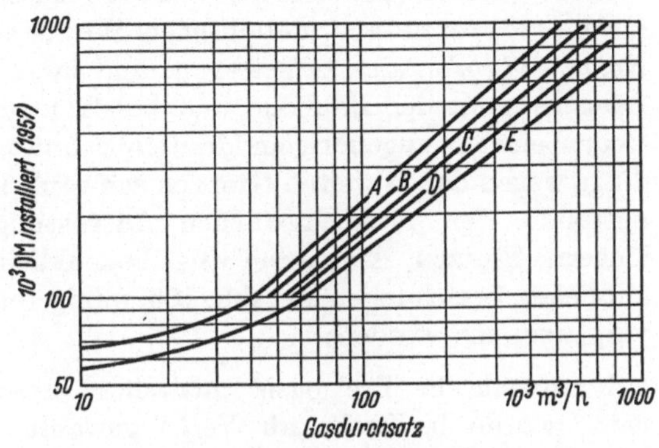

Abb. 164. Elektrofilter I
Horizontale Bauart, Entstaubungsgrad 98%: *A* Extrem schlecht leitende Stäube; *E* Extrem gut leitende Stäube

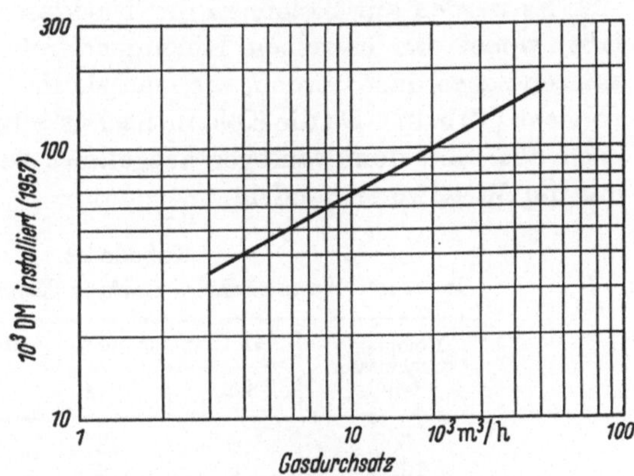

Abb. 165. Elektrofilter II
Koksofengas-Entteerungsfilter, vertikale Bauart, Abscheidegrad 99,9%

Dem Preisdiagramm für *Koksofengas-Entteerungsfilter* (Abb. 165) liegt eine völlig andere Baureihe zugrunde. Es handelt sich hier um vertikale Filter mit höherem Abscheidegrad von 99,9% und abweichender Bauweise. Der Lieferungsumfang entspricht etwa dem oben genannten.

4.073.4 Trennung flüssig-flüssig

4.073.40 Kolonnenapparate

C. H. CHILTON [*108*] hat als erster die Anschaffungskosten installierter *Kolonnenapparate* aus metallischen Werkstoffen in Abhängigkeit vom *Kolonnendurchmesser* aufgetragen, und zwar bei Füllkörperkolonnen je Längeneinheit der Bauhöhe und bei Glockenbodenkolonnen für einen Boden einschl. zugehörigem Mantelabschnitt. Dieses Vorgehen ist allerdings wegen der in weiten Grenzen schwankenden Wandstärken, Bodenabstände, der unterschiedlichen Ausrüstung mit Mann- und Handlöchern, Stutzen, Einbauten usw. bedenklich, so daß bei der Ableitung ähnlicher Beziehungen in Abb. 166 wenigstens folgende Eingrenzungen vorgenommen wurden:

1. Anstelle der Preisbasis „installiert einschl. Montage, Fundamente usw." wurde die Basis „ab Werk" gewählt. Nebenpositionen, auch die äußeren Stahlkonstruktionen, wie Bühnen mit Geländern und Leitern, sind getrennt abzuschätzen.

2. Es werden nur Kolonnen für drucklosen Betrieb oder Vakuum erfaßt, wobei den einzelnen Kolonnendurchmessern bestimmte Wandstärken zugeordnet werden, wie man sie im Kolonnenbau am häufigsten vorsieht (Tab. 22). Da die Kolonnenschüsse bei größeren Kolonnenhöhen nach oben hin dünnwandiger ausgeführt werden, kann es sich hierbei nur um Mittelwerte handeln.

Tabelle 22

Bevorzugte Wandstärken druckloser Kolonnenapparate (mm)

Kolonnen-durchmesser (mm)	Füllkörperkolonnen		Glockenbodenkolonnen	
	Stahl	V_2A	Stahl	V_2A
500	6	3	6	3
1000	10	5	8	4
1600	12	6	10	4
2000	14	7	12	5
3000	16	—	14	—
5000	—	—	16	—

3. Die Abstände der Böden werden bei Glockenbodenkolonnen in Normalstahl durchweg mit 400 mm, in V_2A-Stahl dagegen mit 300 mm angenommen. Die Böden sind über Kopf auszubauen.

4. Es wird normale Ausrüstung mit Stutzen, jedoch nur minimale Ausrüstung mit Mannlöchern an Kopf und Sumpf der Kolonne unterstellt. Zusätzliche, etwa je Boden durchgehend angeordnete Mannlöcher sind getrennt abzuschätzen [vgl. *218*; *480*, S. 7]. Bei den Füllkörperkolonnen

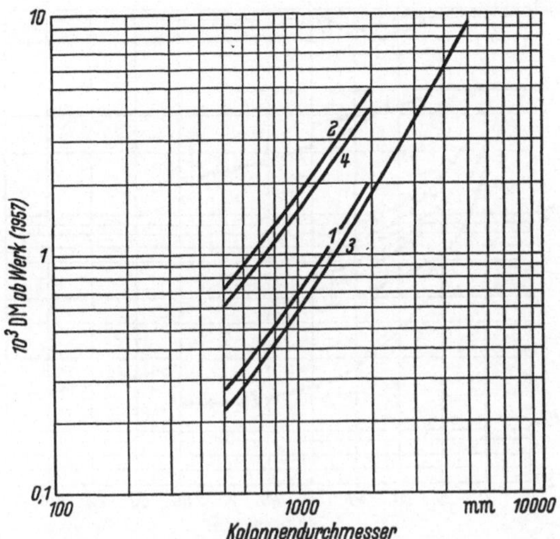

Abb. 166. Kolonnenapparate aus metallischen Werkstoffen
Füllkörperkolonnen, bezogen auf 1 m Kolonnenhöhe: 1 Stahl; 2 V₂A-Stahl
Glockenbodenkolonnen, bezogen auf einen Boden einschl. zugehörigem Mantelabschnitt: 3 Stahl;
4 V₂A-Stahl

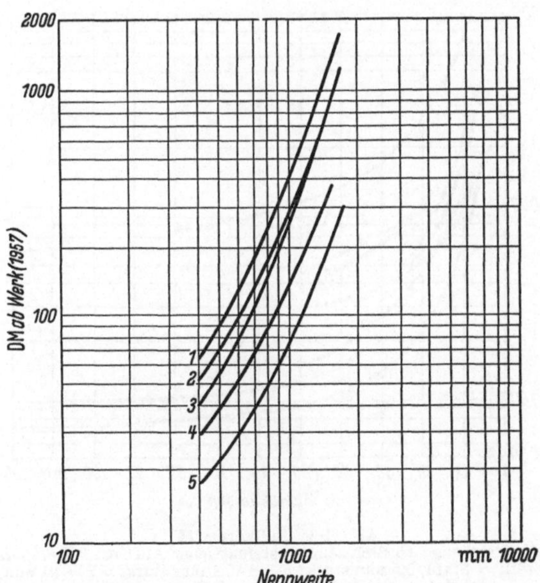

Abb. 167. Steinzeug-Türme
1 Turm-Unterteile nach DIN 7024; 2 Turm-Oberteile nach DIN 7026
Turm-Mittelteile nach DIN 7025 bis 800 mm NW etwa wie Kurve 1, über 800 mm etwa wie Kurve 2;
3 Hauben oder gewölbte Deckel; 4 Prellknopfplatten (als Flüssigkeitsverteiler); Verteilerböden etwa
im Gebiet von Kurven 1 und 2; 5 Lochplatten nach DIN 7027

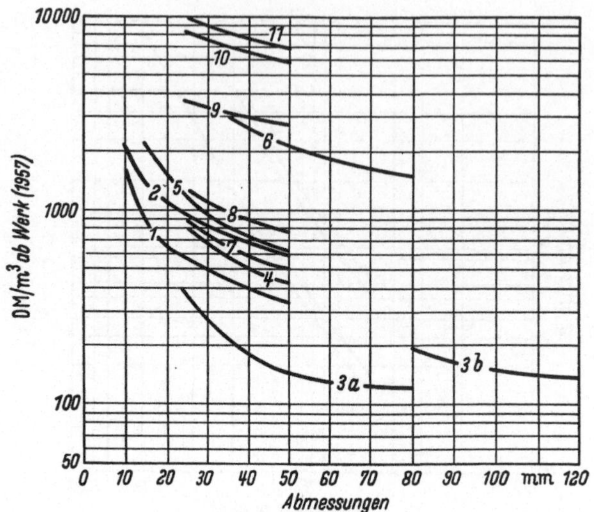

Abb. 168. Füllkörper I
BERL-Sättel: *1* Steinzeug; *2* Hartporzellan
PALL-Ringe: *3a* Steinzeug; *3b* Steinzeug, systematischer Aufbau; *4* Hartporzellan; *5* Flußstahl; *6* PVC;
Perfo-Ringe: *7* Flußstahl; *8* Aluminium; *9* Kupfer; *10* V$_2$A-Stahl; *11* V$_4$A-Stahl

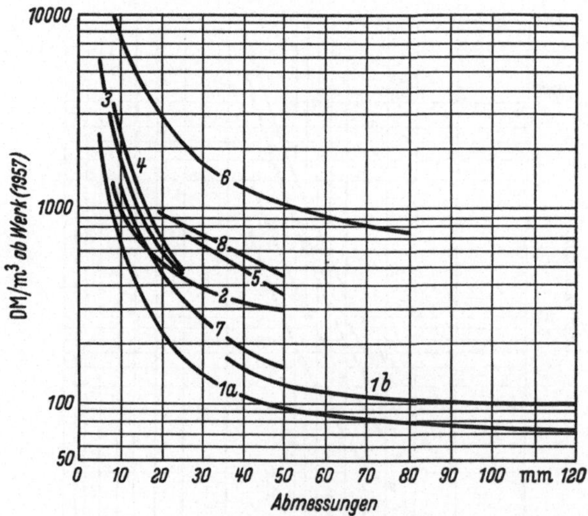

Abb. 169. Füllkörper II
RASCHIG-Ringe: *1a* Steinzeug; *1b* Steinzeug, systematischer Aufbau; *2* Hartporzellan; *3* Stahl,
0,3 mm stark; *4* Stahl, 0,5 mm stark; *5* Stahl, 1 mm stark; *6* PVC, 1 mm stark
Intalox-Sättel: *7* Steinzeug; *8* Hartporzellan

werden weder besondere Einbauten noch Füllkörper oder Tragroste für
diese berücksichtigt, die wiederum gesondert zu veranschlagen sind.

Im allgemeinen aber ist die Abschätzung über das Gewicht zu bevorzugen, was bei Druckkolonnen stets erforderlich ist, wenn man nicht zu Lieferantenfragen übergehen will. Im Falle der Preisabschätzung über das Gewicht ist eine getrennte Veranschlagung von Mantel und Einbauten anzustreben [vgl. *218*; *480*, S. 7].

Für die Abschätzung der Anschaffungskosten von *Steinzeugtürmen* aus den einzelnen Bauelementen bietet Abb. 167 einige Anhaltspunkte.

Die Richtpreise der *Füllkörper* (Abb. 168 u. 169) gelten — sofern nichts anderes vermerkt ist — für regellose Schüttung.

4.073.41 Extraktionsapparate und -maschinen

Die für die Solventextraktion eingesetzten *Kolonnenapparate* fanden wegen ihrer allgemeineren Verwendbarkeit bereits im vorigen Abschnitt

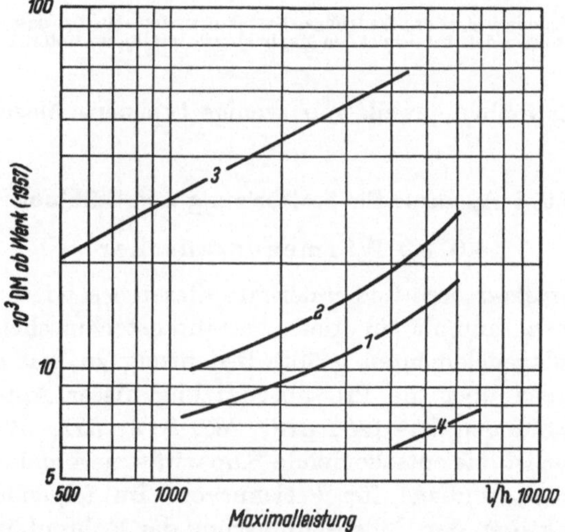

Abb. 170. Zentrifugal-Extraktoren und -Mischer mit explosionsgeschütztem Einbaumotor
Einstufen-Extraktoren: *1* Stahl; *2* V$_4$A-Stahl
Dreistufen-Extraktoren: *3* V$_4$A-Stahl
Zentrifugal-Mischer: *4* V$_4$A-Stahl

Erwähnung, so daß an dieser Stelle nur *Zentrifugal-Extraktoren* in 1- und 3-stufiger Ausführung und die in Zusammenhang mit den 1-stufigen Maschinen eingesetzten *Zentrifugal-Mischer* (Abb. 170) aufgeführt werden. Die Preiskurven beziehen sich wie bei den Separatoren auf die Maximalleistung. Abb. 171 gibt die entsprechenden Antriebsleistungen der Einbaumotoren wieder. Nach dem Anwendungsgebiet der Extraktionsmaschinen kommen vornehmlich Ausführungen in Edelstahl in Betracht. Die kurvenmäßige Darstellung ist hier etwas willkürlich, weil innerhalb

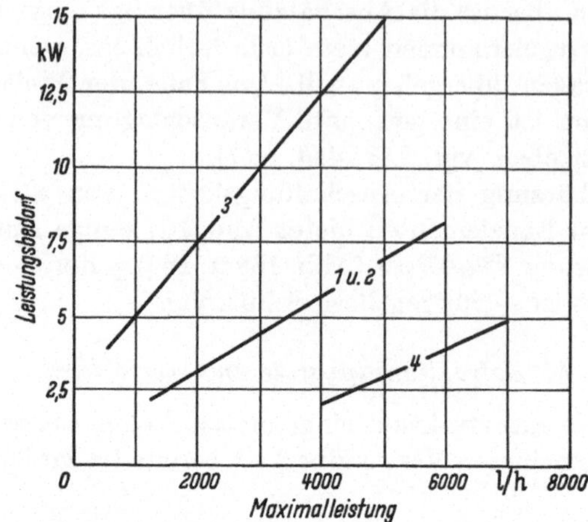

Abb. 171. Leistungsbedarf der Zentrifugal-Extraktoren und -Mischer unter Abb. 170
Der Leistungsbedarf bezeichnet den Maximalwert (installierte Motorleistung)

der erfaßten Baureihen jeweils nur wenige typisierte Maschinen hergestellt werden.

4.074 Apparate für Stoffheizung und -kühlung

4.074.0 Wärmeaustauscher

Den *Wärmeaustauschern* und innerhalb dieser besonders den *Röhren-
bündel-Apparaten* kommt in den verfahrenstechnischen Industriezweigen als Anlagenelementen größte Bedeutung zu, was auch in zahlreichen Aufsätzen über die Preisabschätzung dieser Apparate seinen
Niederschlag gefunden hat [*10*; *348*; *480*, S. 2; *591*; *592*; *601*]. Die
Austauschfläche ist das entscheidende Kapazitätsmerkmal und die allein
geeignete Bezugsgrundlage für Preiskurven. Im folgenden seien die
wichtigsten Faktoren der Preisbeeinflussung der Röhrenbündel-Wärmeaustauscher kurz erläutert:

1. *Konstruktionstyp.* Der Konstruktionstyp wird vor allem durch die
Art der Aufnahme der Wärmespannungen bestimmt. Setzt man den
Preis der überwiegend verwendeten Wärmeaustauscher mit innerem
Schwimmkopf gleich 1, so können die Preise anderer Konstruktions-
typen unter sonst gleichbleibenden Bedingungen (Druck, Temperatur,
Werkstoff usw.) mit Hilfe der in Tab. 23 wiedergegebenen Relationen
abgeschätzt werden.

Die Relationen gelten an sich nur für Apparate, die nach amerikanischen Normen gebaut sind, im Rahmen der hier erreichbaren Genauigkeitsgrade aber auch angenähert für nach DIN-Vorschriften konstruierte
Apparate.

Tabelle 23

Relationen der Preise von Röhrenbündel-Wärmeaustauschern verschiedener Konstruktionstypen [W. L. NELSON, *480*, S. 2]

Innerer Schwimmkopf	1,0
Feste Böden	0,5 −0,82
Rohrbündel nicht ausziehbar	0,5 −0,7
Konstruktion mit Spaltring (clamp-ring)	0,9 −1,0
U-Rohr-Verdampfer (reboiler)	0,88−1,2
Wärmeaustauscher für Vakuum (weite Rohrabstände)	1,3 −1,4
Mantel-Kompensation	1,0 −1,1
Äußerer Schwimmkopf	1,1 −1,2
Einsteckvorwärmer	0,35−0,65

2. *Werkstoff.* Die Preisrelationen der Tab. 24 beziehen sich auf normale Schwimmkopf-Wärmeaustauscher mit beiderseitigen Drucken bis 10 atü. Hierbei bestehen der Mantel jeweils aus Stahl, dagegen Rohrbündel und — mit Ausnahme der Messing-Ausführung — auch Schwimmkopf und Vorkammer aus dem angegebenen Sonderwerkstoff. Die Korrekturfaktoren können näherungsweise auch für andere Konstruktionstypen, vor allem auch für U-Rohr-Austauscher und Röhrenbündel-Apparate mit festen Böden herangezogen werden [*348*]. Für die noch komplizierteren Fälle, in denen auch der Mantel in anderen Werkstoffen als in normalem Kohlenstoffstahl ausgeführt ist, hat W. L. NELSON [*480*, S. 2] einige weitere Korrekturfaktoren angegeben.

Tabelle 24

Relationen der Preise von Röhrenbündel-Wärmeaustauschern verschiedener Werkstoffe [D. Q. KERN, *348*]

Werkstoff	Innerer Manteldurchmesser (mm)		
	335	635	1050
Stahl	1,0	1,0	1,0
Aluminium	1,20	1,22	1,25
Messing	1,50	1,55	1,63
4−6% Cr-Stahl	1,90	2,00	2,20
V_2A-Stahl	2,00	2,78	3,00
V_4A-Stahl	2,50	3,50	4,10
Inconel	2,65	3,72	4,25

3. *Betriebsdrucke und Temperaturen.* Für höhere Drucke als 10 atü können die Korrekturfaktoren der Abb. 172 und der Tab. 25 angesetzt werden. Die in Abb. 172 angegebenen Drucke gelten nur innerhalb der Rohre, wohingegen für den Mantelraum konstant 21 atü zugrunde gelegt sind. Die Faktoren basieren auf den stärker differenzierten Werten F. L. RUBINS [*592*, Teil II) bzw. wurden aus diesen gemittelt. Die nach inneren Manteldurchmessern unterschiedenen Korrekturfaktoren der Tab. 25 gelten an sich wiederum für Schwimmkopf-Wärmeaustauscher, begrenzt aber auch für andere Konstruktionstypen [*348*].

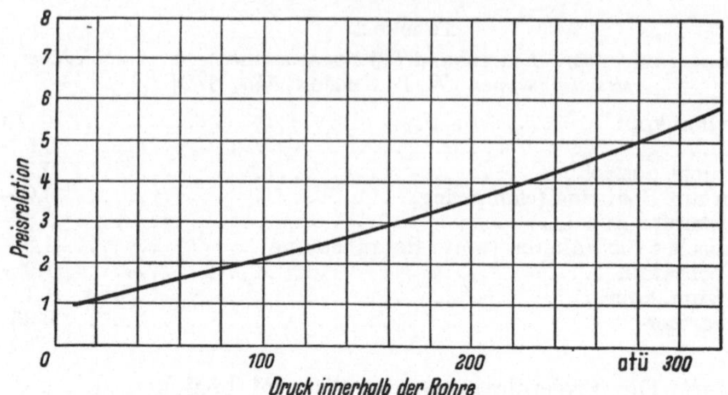

Abb. 172. Relationen der Preise von Röhrenbündel-Wärmeaustauschern verschiedener Druckstufen (10,5 atü = 1) [nach Zahlenangaben von W. L. NELSON, *480*, S. 2]

Bei Betriebstemperaturen zwischen 350 und 480 °C soll der Preisanstieg durchschnittlich 8% gegenüber Temperaturen unterhalb 350 °C betragen [*480*, S. 2].

Tabelle 25

Relationen der Preise von Röhrenbündel-Wärmeaustauschern verschiedener Druckstufen [D. Q. KERN, *348*]

Druck inner-halb der Rohre und im Mantelraum	Innerer Manteldurchmesser (mm)		
	335	635	1050
10,5 atü	1,0	1,0	1,0
21,0 atü	1,04	1,065	1,085
31,5 atü	1,09	1,165	1,20
42,0 atü	1,19	1,275	1,30

4. *Abmessungen der Wärmeaustauscher, Rohrdurchmesser und Anordnung der Rohre.* Wie aus den Abb. 173 u. 174 ersichtlich wird, ergeben möglichst kleine Rohrdurchmesser, andererseits möglichst große Rohr-

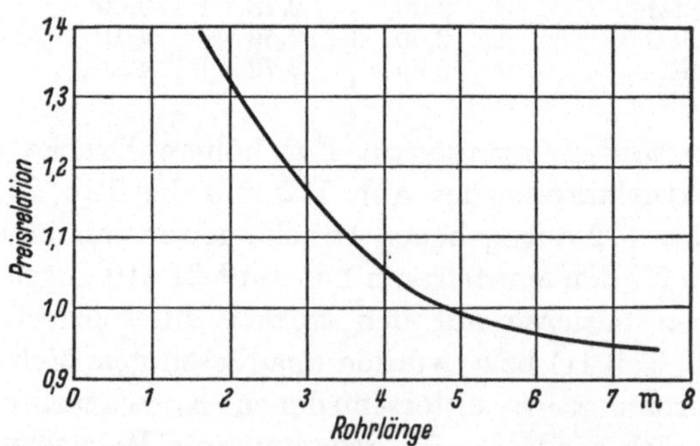

Abb. 173. Relationen der Preise von Röhrenbündel-Wärmeaustauschern verschiedener Rohrlängen (4,88 m = 1) [nach Zahlenangaben von W. L. NELSON, *480*, S. 2]

und damit Austauscherlängen. Verbilligungen. In gleicher Richtung wirken sehr enge Rohranordnungen, da die äußeren Abmessungen des Austauschers bei gleicher Austauschfläche auf diese Weise kleiner werden.

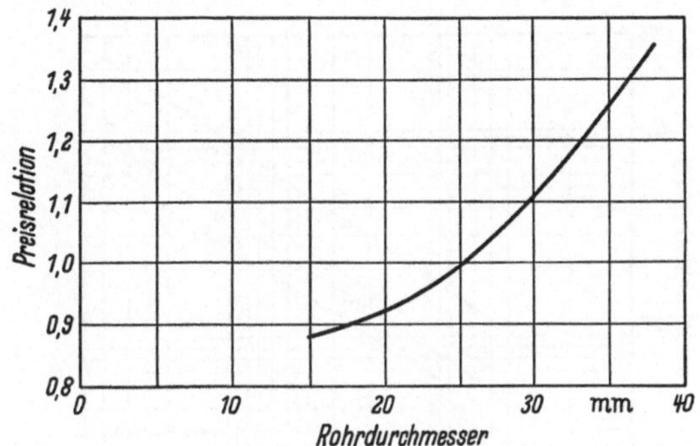

Abb. 174. Relationen der Preise von Röhrenbündel-Wärmeaustauschern verschiedener Rohrdurchmesser (25,4 mm = 1) [M. S. Peters, *520*, S. 342]

Die Preisrelationen zwischen Austauschern mit dreieckiger und quadratischer Rohranordnung — erstere sind billiger — wurden von D. Q. Kern [*348*] sowie von E. D. Anderson und E. W. Flaxbart [*10*] besonders anschaulich auf graphischem Wege dargestellt.

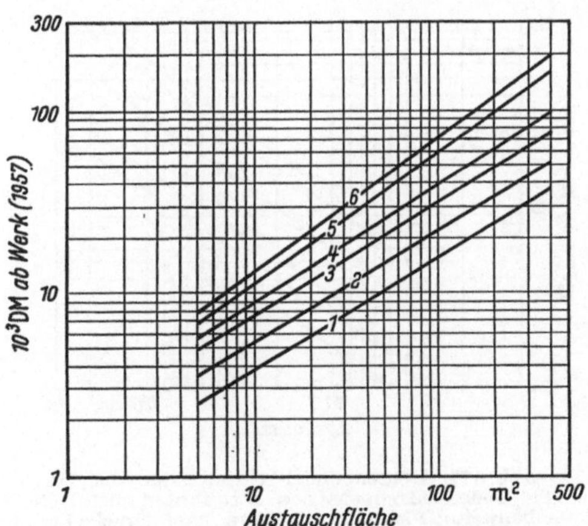

Abb. 175: Röhrenbündel-Wärmeaustauscher I
Schwimmkopf, Rohre etwa 25—30 mm ⌀, Drucke bis 10 atü innerhalb der Rohre und im Mantelraum:
1 Mantel und Rohre Stahl, Ausführung nach DIN
2 Mantel und Rohre Stahl, Ausführung nach amerikanischen Normen
3 Mantel Stahl, Rohre Messing, Ausführung nach amerikanischen Normen
4 Mantel Stahl, Rohre und Böden 4—6% Cr-Stahl, Ausführung nach amerikanischen Normen
5 Mantel Stahl, Rohre und Böden V₂A-Stahl
6 Mantel Stahl, Rohre und Böden V₄A-Stahl

Eigene Ermittlungen, deren Ergebnisse in den Preisdiagrammen Abb. 175 bis 183 wiedergegeben sind, bestätigten die größenordnungsmäßige Richtigkeit der obigen Korrekturfaktoren.

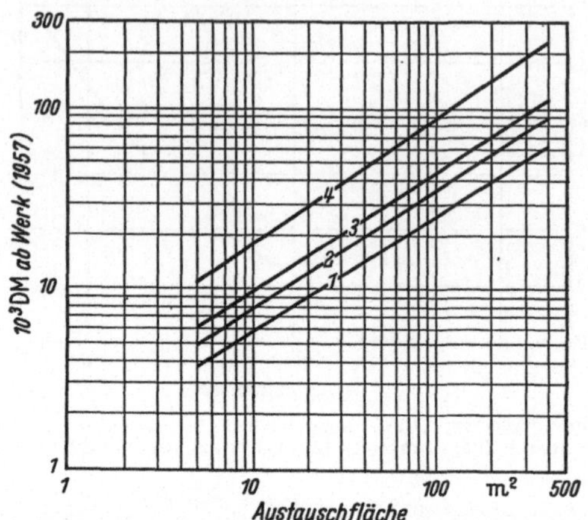

Abb. 176. Röhrenbündel-Wärmeaustauscher II
Schwimmkopf, Rohre etwa 25—30 mm ⌀, Ausführung nach amerikanischen Normen
1 Mantel und Rohre Stahl, Drucke innerhalb und außerhalb der Rohre bis 30 atü
2 Mantel und Rohre warmfester Stahl 13 CrMo 44, Drucke wie unter 1
3 Mantel Stahl, Rohre Messing, Drucke innerhalb der Rohre bis 10 atü, außerhalb bis 30 atü
4 Mantel V₂A-Stahl-plattiert, Rohre 4—6% Cr-Stahl, Drucke innerhalb und außerhalb der Rohre bis
20 atü

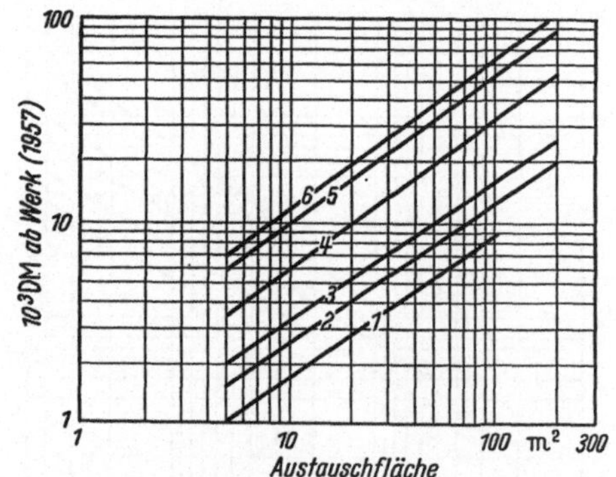

Abb. 177. Röhrenbündel-Wärmeaustauscher III
Stopfbüchsenkompensation, Ausführung nach DIN
Serienbauweise: 1 Mantel und Rohre Stahl, Drucke bis 5 atü
Einzelfertigung: 2 Mantel und Rohre Stahl, Drucke bis 10 atü
3 Mantel und Rohre Aluminium, Drucke bis 2 atü
4 Mantel und Rohre Kupfer, Drucke bis 5 atü
5 Mantel Stahl, Rohre und Böden V₂A-Stahl, Drucke bis 10 atü
6 Mantel Stahl, Rohre und Böden V₄A-Stahl, Drucke bis 10 atü

Die *U-Rohr-Verdampfer* (Abb. 178), die in der erdölverarbeitenden Industrie unter der Bezeichnung „reboiler" bekannt sind, wurden wegen ihrer konstruktiven Ähnlichkeit mit den U-Rohr-Wärmeaustauschern zusammen mit diesen erfaßt.

Wird bei den Preiskurven nur *ein* Druck angegeben, so gilt dieser für

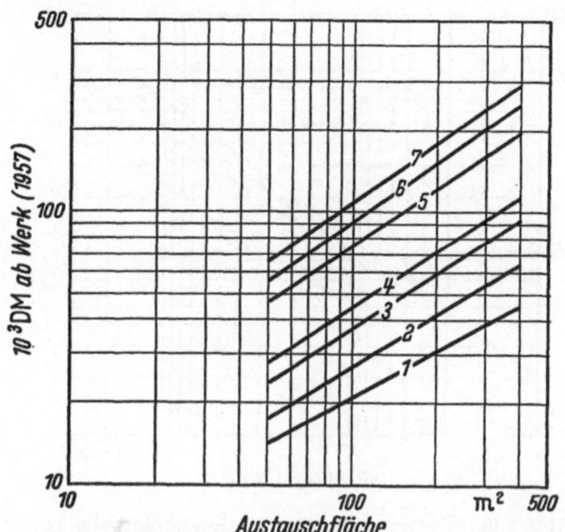

Abb. 178. U-Rohr-Wärmeaustauscher und -Verdampfer
U-Rohr-Wärmeaustauscher, Ausführung nach amerikanischen Normen:
1 Mantel und Rohre Stahl, Drucke bis 10 atü
2 Mantel und Rohre Stahl, Drucke bis 50 atü
3 Mantel Stahl, Rohre 4—6% Cr-Stahl, Drucke bis 10 atü
4 Wie 3, jedoch bis 50 atü
5 Mantel V_2A-Stahl-plattiert, Rohre 4—6% Cr-Stahl, Drucke bis 10 atü
6 Wie 5, jedoch bis 50 atü
U-Rohr-Verdampfer:
7 Mantel V_2A-Stahl-plattiert, Rohre 4—6% Cr-Stahl, Drucke innerhalb der Rohre bis 50 atü, außerhalb bis 30 atü

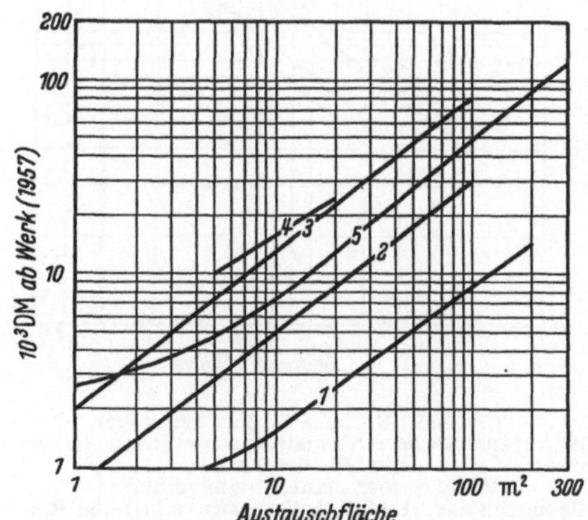

Abb. 179. Wärmeaustauscher in Sonderbauweise I
1 Einsteckvorwärmer und Öl-Durchlaufvorwärmer, Stahl, Drucke bis 8 atü
Doppelrohr-Wärmeaustauscher:
2 Stahl; 3 Innen- und Außenrohr V_2A-Stahl
Doppelmantel-Wärmeaustauscher, Verhältnis Durchmesser zu Länge etwa 1:2,5
4 Stahl emailliert
Lamellen-Wärmeaustauscher: 5 V_2A-Stahl

Rohre und Mantelraum. Die in Wirklichkeit auftretende Vielfalt verschiedener Druckabstufungen innerhalb und außerhalb der Rohre kann man hier natürlich nicht berücksichtigen.

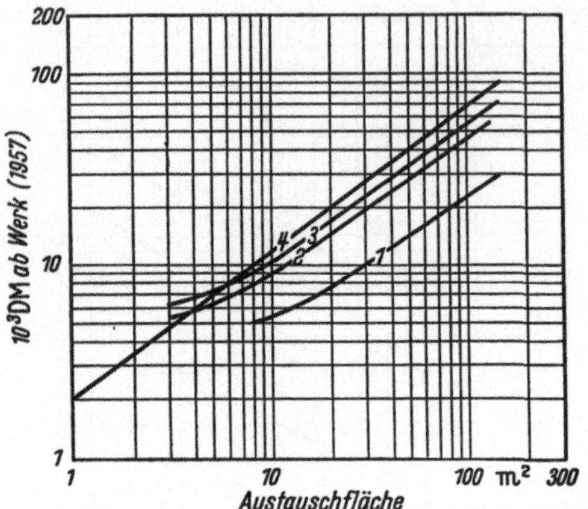

Abb. 180. Wärmeaustauscher in Sonderbauweise II
Spiral-Wärmeaustauscher: *1* Stahl, Drucke bis 12 atü; *2* V₂A-Stahl, Drucke bis 5 atü; *3* V₄A-Stahl, Drucke bis 5 atü
Platten-Wärmeaustauscher mit Stativ, Platten geschliffen: *4* V₄A-Stahl

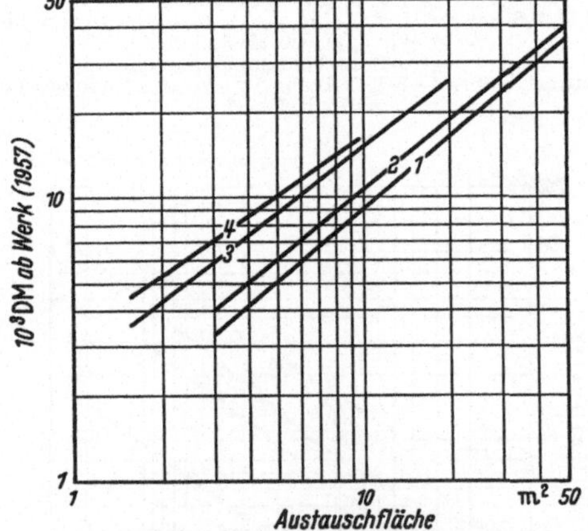

Abb. 181. Graphit-Wärmeaustauscher
1 Röhrenbündel-Wärmeaustauscher, Normalbauweise, Rohre Graphit, Mantel Stahl, Drucke bis 3 atü
2 Wie *1*, jedoch Mantel Stahl gummiert
3 Austauscher vollkommen aus Graphit, Aufbau aus verkitteten Rohrbündel-Schüssen
4 Wie *3*, jedoch Blockbauweise, nicht gekittet

An *Graphit-Wärmeaustauschern* ist gegenwärtig eine große Zahl verschiedener Konstruktionstypen auf dem Markt, von denen das Preisdiagramm unter Abb. 181 nur einen kleinen Teil erfaßt. Für amerikanische Verhältnisse sind auch auf diesem Gebiet bereits umfassende Preisinformationen vorhanden [562].

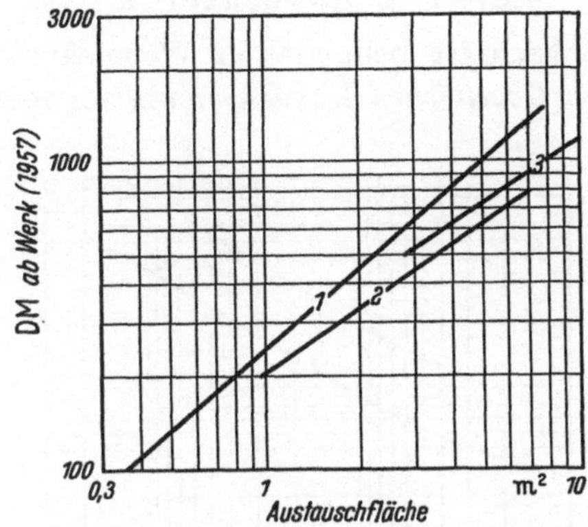

Abb. 182. Heiz- und Kühlschlangen aus Steinzeug
1 Einrohrschlangen; 2 Zweirohrschlangen; 3 Dreirohrschlangen

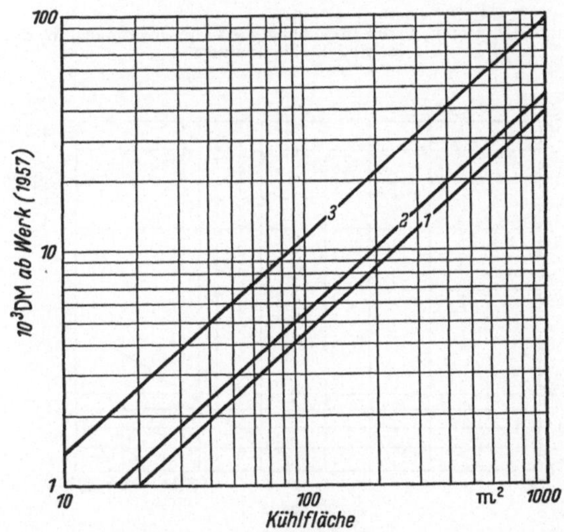

Abb. 183. Luftkühler
Kühler mit Ventilator, jedoch ohne Getriebe, Motor und Stützgerüst
1 Stahl, Drucke bis 6 atü; 2 Stahl, Drucke bis 20 atü; 3 V₂A-Stahl, Drucke bis 6 atü

Heiz- und Kühlschlangen zum Einbau in Behälter können bei Ausführung in V_2A-Stahl mit etwa 600—800 DM/m² Austauschfläche veranschlagt werden. Für Steinzeugschlangen sind genauere Angaben aus Abb. 182 ersichtlich.

20*

Zur Ergänzung des dargestellten Preisdiagramms von *Luftkühlern* (Abb. 183) sei auf eine Arbeit von E. C. Smith [*641*] verwiesen.

4.074.1 Kondensatoren

Die im vorigen Abschnitt behandelten Wärmeaustauscher sind in vielen Fällen auch als *Oberflächen-Kondensatoren* verwendbar.

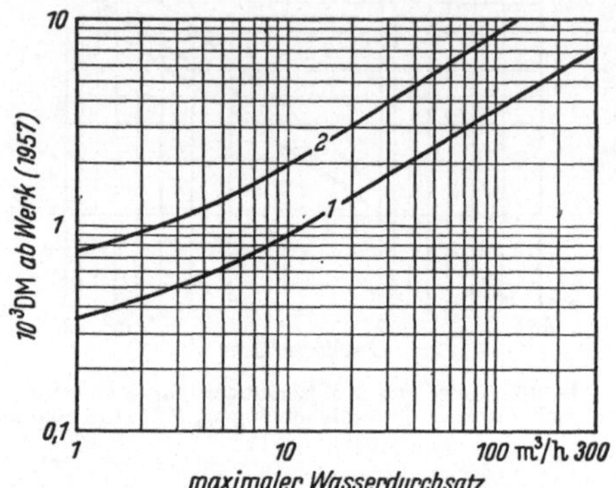

Abb. 184. Mischkondensatoren, Preise in Abhängigkeit vom maximalen Wasserdurchsatz
1 Stahl; *2* Stahl gummiert

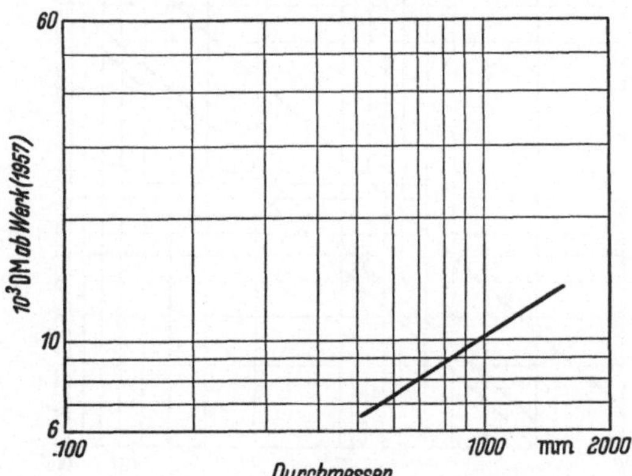

Abb. 185. Mischkondensatoren, Preise in Abhängigkeit vom Durchmesser, Ausführung in Stahl
gummiert

Bei den *Misch- oder Einspritzkondensatoren* läßt sich schwer eine brauchbare Bezugsbasis für die Preiskurven finden. Die Wahl des maximalen Wasserdurchsatzes als Leistungsmaßstab und daneben des Durchmessers als Kriterium für die Größe der Abmessungen ist kein befriedigender Notbehelf (Abb. 184 u. 185).

4.075 Reaktionsapparate

4.075.0 Allgemeines

Die *Reaktionsapparate* sind durch zwei Fakten gekennzeichnet, die ihre Erfassung innerhalb von Preisdiagrammen wenig sinnvoll erscheinen lassen:

1. Die Auslegung ist überwiegend so speziell und nur auf einen einzigen

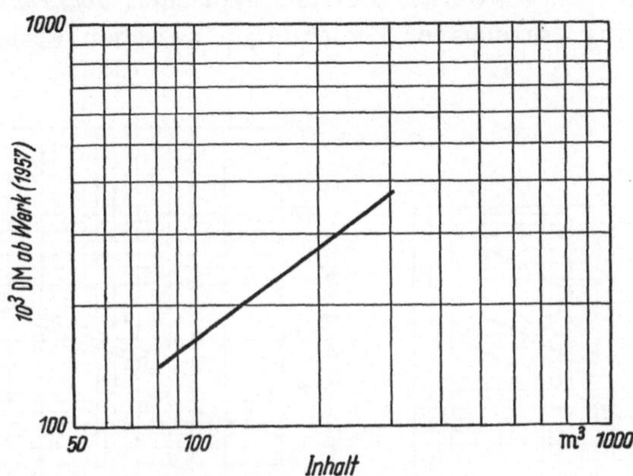

Abb. 186. Druckkessel. Oberteil gewölbt, Boden konisch, bis 8 atü, Verhältnis Durchmesser zu Höhe etwa 1:2,5, 3 mm V_4A-Stahl-Plattierung

Produktionsprozeß zugeschnitten, daß eine allgemeinere Anwendbarkeit der Diagramme nicht möglich ist.

2. Viele Reaktionsapparate werden von einem bestimmten physikalischen Grundverfahren beherrscht, das mit der Reaktion gekoppelt ist. In solchen Fällen wird man Preisinformationen an anderen Stellen in Kap. 4.07 finden.

Auch mit einer Systematisierung nach chemischen Grundverfahren („Unit Processes") kommt man nicht weiter.

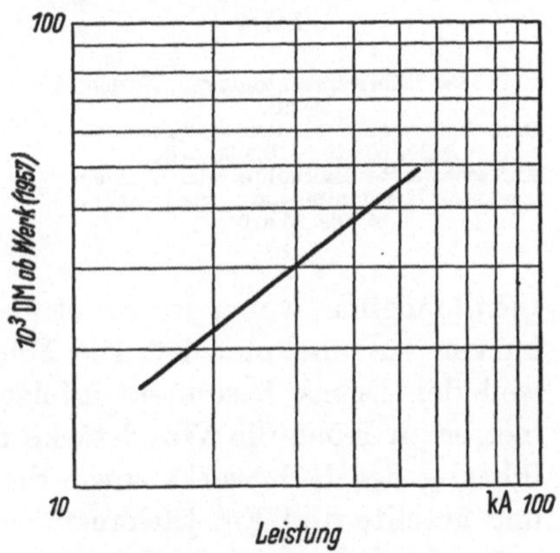

Abb. 187. Quecksilber-Elektrolysezellen. Komplett mit Zersetzer, ohne Quecksilber, kathodische Stromdichte etwa 4000 Amp/m²

Die dargestellten zwei Diagramme — V_4A-Stahl-plattierte *Druckkessel* (Abb. 186), die als Kocher in der Zellstoffindustrie Verwendung finden, sowie *Quecksilber-Elektrolysezellen* (Abb. 187) — sollen daher nur als Beispiele dafür gelten, daß die Ableitung solcher Preiskurven zwar möglich ist, jedoch begrenzten Allgemeinwert hat. Sie sollen aber zugleich auch auf die Zweckmäßigkeit hinweisen, solche Diagramme im Einzelfall herzuleiten, wenn man häufig mit bestimmten Produktionsprozessen zu tun hat.

4.075.1 Rührwerksautoklaven

Bei den für chargenweisen Betrieb typischen *Rührwerksautoklaven* ist die Ableitung korrelativer Beziehungen zwischen Preis und *Raum-*

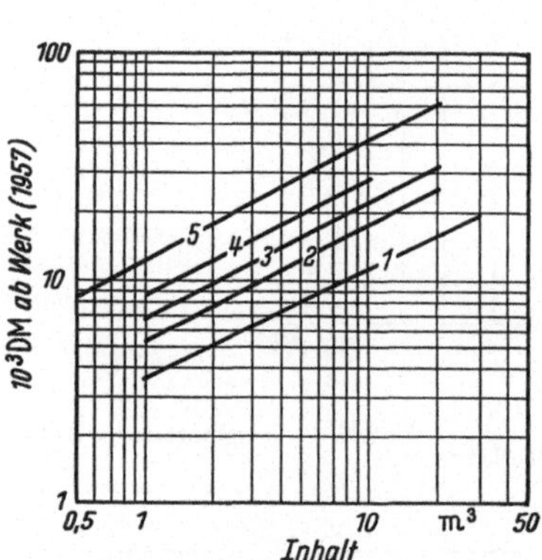

Abb. 188. Rührwerksautoklaven, Normalstahl
Ohne Heizmantel: *1* Drucklos; *2* Bis 6 atü; *3* Bis 20 atü; *4* Bis 30 atü;
Aufgeschweißte Halbrohre oder Warzenmantel, Heizdampfdrucke bis 50 atü: *5* Bis 25 atü

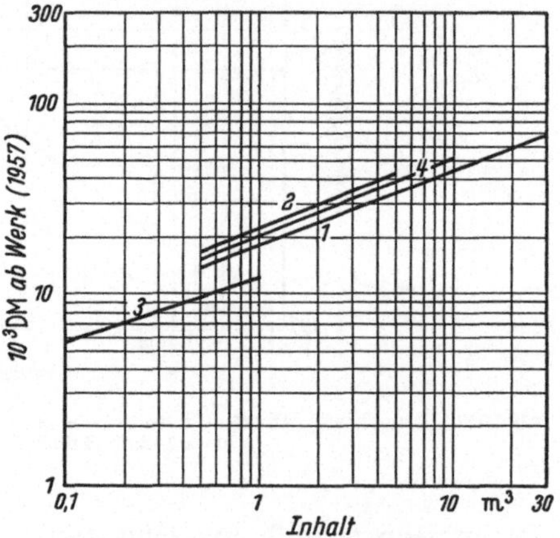

Abb. 189. Rührwerksautoklaven, Stahl emailliert.
Heizmantel für Drucke bis 6 atü
Einstückausführung: *1* Bis 6 atü oder Vakuum; *2* Bis 20 atü
Geteilte Ausführung: *3* Bis 1,5 atü oder Vakuum; *4* Bis 6 atü oder Vakuum

inhalt möglich, wobei der Druck als Parameter der einzelnen Regressionskurven aufzunehmen ist. Die Fehlergrenzen bleiben hier freilich hoch, weil der Druck besonders infolge des variablen Verhältnisses Durchmesser zu Höhe die Wandstärke nicht eindeutig festlegt, weil die Ausführung des Rührwerks sowie die Ausrüstung mit Stutzen schwanken und geteilte und Einstückausführungen auftreten.

In sämtlichen Diagrammen wurde eine Ausrüstung der Autoklaven mit normalem Ankerrührwerk einschließlich Motor und Stopfbüchse, jedoch nicht mit Armaturen vorausgesetzt.

Im allgemeinen werden Geraden mit verhältnismäßig geringem Anstieg, d. h. erheblicher Kapitalbedarfsdegression, erhalten. Diese Degression ist bei den emaillierten Autoklaven besonders groß, weil die hohen Mindestwandstärken die kleinen Größen preislich stark benachteiligen. Eine genauere Bearbeitung der Preiskurven durch firmen-individuelle Kalkulationen hat jedoch bei den *Hochdruck-Autoklaven*

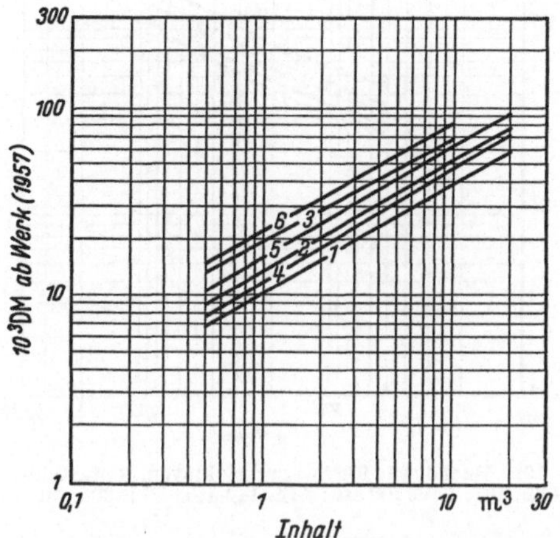

Abb. 190. Rührwerksautoklaven, V$_2$A-Stahl
Ohne Heizmantel: *1* Bis 3 atü; *2* Bis 6 atü; *3* Bis 20 atü;
Mit Heizmantel für Drucke bis 6 atü: *4* Bis 3 atü; *5* Bis 6 atü; *6* Bis 20 atü

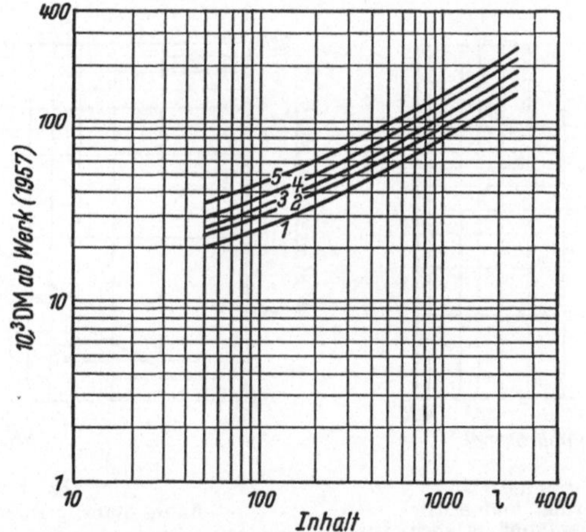

Abb. 191. Hochdruck-Rührwerksautoklaven, warmfester Stahl
Mit explosionsgeschützter elektrischer Beheizungseinrichtung für etwa 300 °C, bis 100 atü geschweißt,
darüber nahtlos: *1* Bis 100 atü; *2* Bis 110 atü; *3* Bis 300 atü; *4* Bis 400 atü; *5* Bis 500 atü

zu schwach konvexen Kurven im doppelt-logarithmischen Netz geführt
(Abb. 191 u. 192).

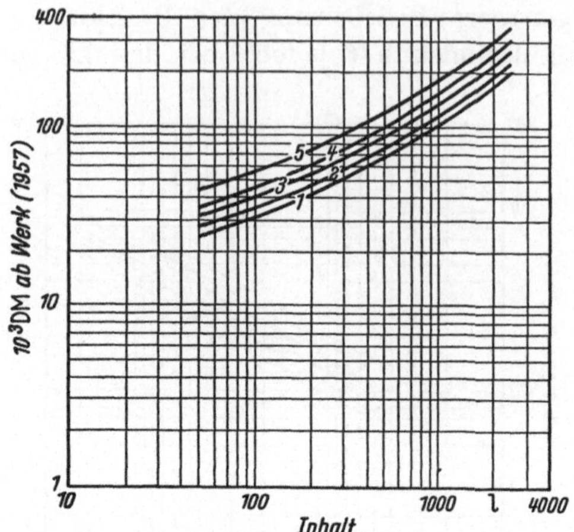

Abb. 192. Hochdruck-Rührwerksautoklaven, V₂A-Stahl-plattiert
Ausführung wie unter Abb. 191. *1* Bis 100 atü; *2* Bis 110 atü; *3* Bis 300 atü; *4* Bis 400 atü; *5* Bis 500 atü

4.075.2 Öfen und Generatoren

Öfen und Generatoren (Gaserzeuger) kann man im weiteren Sinne zu den Reaktionsapparaten rechnen. Bei den Röhrenöfen für Destil-

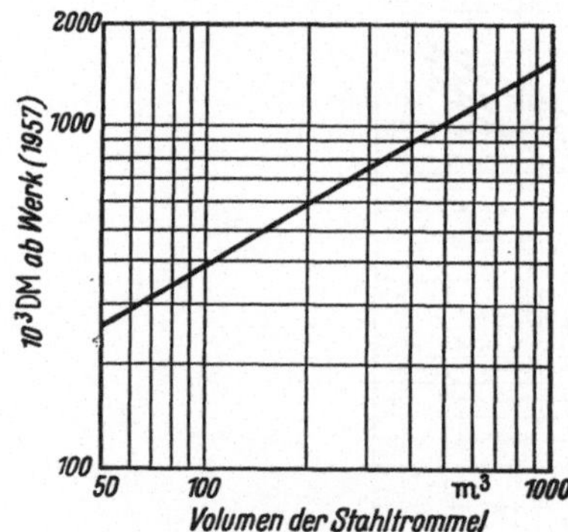

Abb. 193. Drehtrommelöfen
Trommel mit Lagerung und Antrieben, Ein- und Auslaufkopf, Abdichtung, jedoch ohne Bunker, Staubabscheider usw. Verhältnis Durchmesser zu Länge etwa zwischen 1:20 und 1:30, im mittleren Kurvenbereich überwiegend 1:24

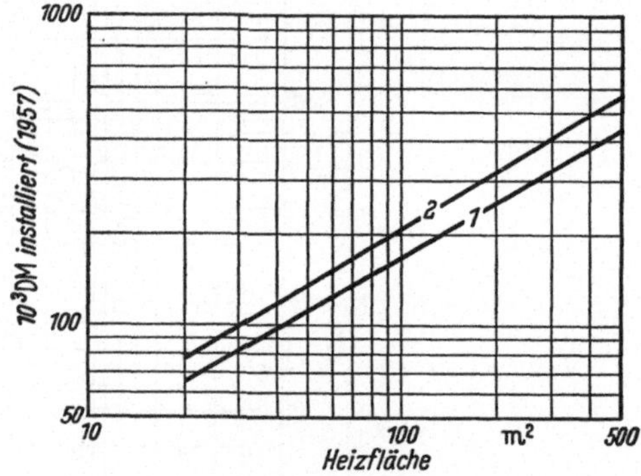

Abb. 194. Röhrenöfen
1 Rohre Stahl; *2* Rohre 4—6% Cr-Stahl

lationsanlagen trifft dies freilich nicht zu, denn sie sind nichts anderes als direkt beheizte Verdampfer. Die Generatoren besitzen andererseits oft den Charakter von Hilfsbetriebsanlagen.

Die von W. L. NELSON [*480*, S. 13] bei *Röhrenöfen* (Abb. 194) als Bezugsbasis gewählte thermische Belastung wurde durch die hierfür geeigneter erscheinende *Heizfläche* ersetzt.

Die Wahl der Gaserzeugungsleistung als unabhängige Variable der Preiskurven für *Drehrost-Generatoren* (Abb. 195) wäre zwar für die Schätzung sehr bequem, sie ist aber wegen ihrer starken Abhängigkeit von der Koksbeschaffenheit und der geforderten Gasqualität ungeeignet. Auch eine Aufnahme des Schachtquerschnitts ist insofern unzulänglich, da bei größeren Leistungen mehrere Generatoren zusammengefaßt werden und dann gemeinsame Zubehöranlagen erhalten. Ein Schachtdurchmesser von rd. 3 m stellt etwa die Obergrenze dar, was einem Koksdurchsatz von etwa 65 t/24 h entsprechen würde. Damit erscheint der *Koksdurchsatz* als Bezugsbasis noch am brauchbarsten. Zur Berechnung der Wärmeleistung der Generatoren ist ein Wirkungsgrad von etwa 76% anzunehmen, während der Reingehalt des Kokses überwiegend in den Grenzen zwischen 75 und 82% schwankt. Für überschlägige Ermittlungen kann ein Wärmeausbringen von 4500 kcal/kg Rohkoks angenommen werden.

Die Gaserzeugungsleistungen der vornehmlich für die Braunkohlenvergasung eingesetzten WINKLER-*Generatoren* (Abb. 196), deren Preise in Abhängigkeit vom Schachtquerschnitt einer Einheit aufgenommen wurden, schwanken je nach Brennstoffbeschaffenheit und erzeugter Gasart zwischen 1000 und 4000 m³/m² Schachtquerschnitt und Stunde. Die Zubehöranlagen wirken der Wahl des *Schachtquerschnitts* als Bezugs-

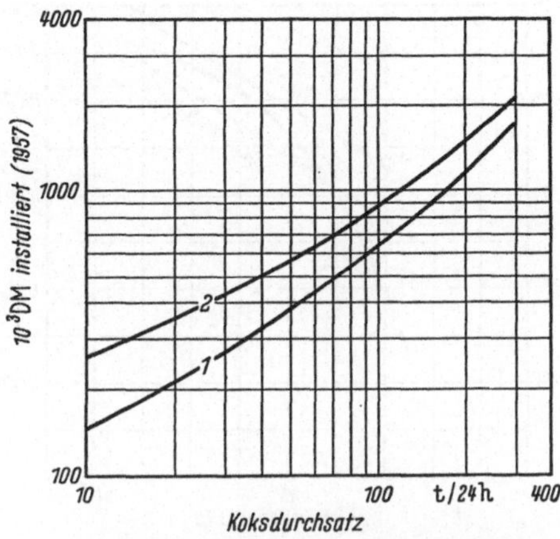

Abb. 195. Drehrost-Generatoren-Anlagen
Anlagen mit Kühlwascher, Gebläsen, Aschetransportwagen, Begichtungskübel und Nebenpositionen, jedoch ohne Bauteil und Bunker
Kleinste Anlage: 1 Generator mit 1,6 m Schachtdurchmesser; größte Anlage: 8 Generatoren mit je 3 m Schachtdurchmesser. *1* Ohne Reservegenerator; *2* Mit Reservegenerator

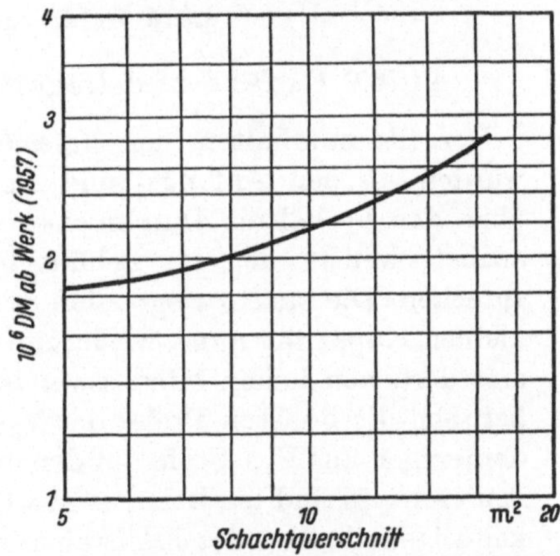

Abb. 196. WINKLER-Generatoren
Anlagen mit Bunker, Abhitzekessel, Vielzellen-Entstaubungsanlage, Wascher, Desintegrator und sämtlichen Nebenpositionen, jedoch ohne Bauteil und Montage. Vergasungsmaterial: Braunkohle mit 8% Wassergehalt

basis insofern weniger entgegen, als diese oft für einen Generator gesondert ausgelegt werden. Trotzdem war die Zuordnung der Gasleistung
wegen des Einflusses auf die
Dimensionierung einzelner
Zubehöranlagen angezeigt.
Die Montagekosten sowie die
Anschaffungskosten der erforderlichen keramischen
Auskleidung sind gesondert
abzuschätzen. Hierfür bieten
die Gewichtsangaben in Abb.
197 Anhaltspunkte.

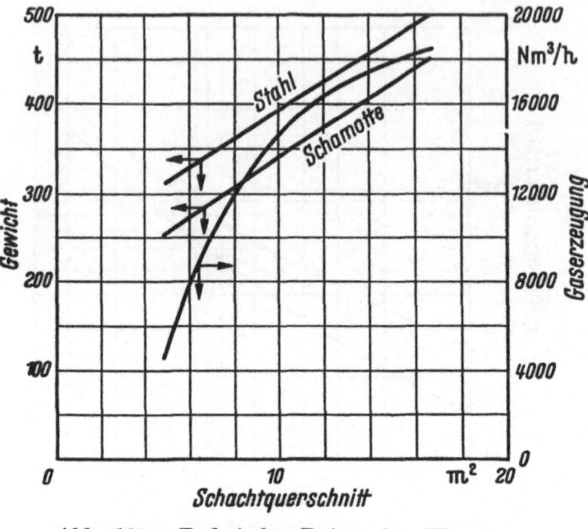

Abb. 197. Technische Daten der WINKLER-
Generatoren unter Abb. 196

In den WINKLER-Genera-
toren läßt sich nur Braunkohle vergasen, die auf eine
Körnung von 0—8 mm vor-
gebrochen und deren Rest-
wassergehalt auf mindestens
8—10% durch Vortrocknung

gesenkt wurde. Die Mahl- und Trocknungsanlagen sind im Preisdiagramm
nicht berücksichtigt.

4.076 Gefäße und Lagerbehälter

4.076.0 Gefäße und Lagerbehälter für Flüssigkeiten

Den Rauminhalten der *liegenden zylindrischen Tanks* (Abb. 198)
wurden an den Anfangs- und Endpunkten der Kurven Zahlenwerte
über das Verhältnis Durchmesser zu Länge sowie Wandstärken zugeordnet, welche den im Behälterbau bevorzugten Abmessungen entsprechen. Die starke Degression der emaillierten Stahltanks im Bereich
kleiner Kapazitäten ist wiederum auf die für den Emaillierungsprozeß
erforderlichen hohen Mindestwandstärken zurückzuführen. Desgleichen
beruhen die höheren Preise der V_2A-Stahl-plattierten Tanks gegenüber
denjenigen aus V_2A-Stahl auf den erforderlichen erhöhten Wandstärken.
Andererseits sind die Behälter aus V_2A-Stahl infolge der besseren Festigkeitseigenschaften des Edelstahls dünnwandiger herstellbar. Die Werte
der Kurve 2 liegen im mittleren Bereich etwa 25% höher als die Preise
einfacher Stahltanks nach DIN 6608. Höhere Wandstärken, reichere
Ausrüstung mit Stutzen usw. führen jedoch zu Preisanstiegen.

Im Unterschied zu den liegenden Tanks kommt bei den großräumigen
stehenden zylindrischen Lagertanks eine nennenswerte Variabilität des
Verhältnisses zwischen Durchmesser und Höhe weniger in Betracht.
Den Kurven der Abb. 199 u. 200 liegt bis zur Bauhöhe von rd. 10 m

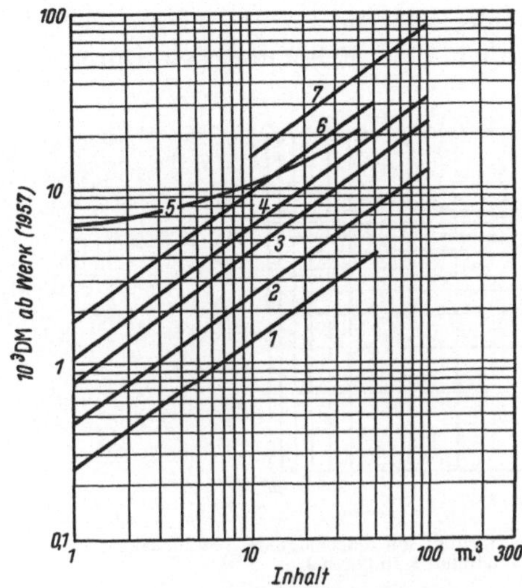

Abb. 198. Batterietanks und liegende zylindrische Lagertanks
Viereckige Batterietanks
1 Stahl
Liegende zylindrische Tanks
2 Stahl, D:L etwa zwischen 1:1,2 und 1:6, Wandstärken zwischen 5 und 9 mm
3 Stahl gummiert, sonst wie unter *2*
4 Aluminium, D:L etwa zwischen 1:1,2 und 1:5, Wandstärken zwischen 8 und 15 mm
5 Stahl emailliert, D:L etwa zwischen 1:2 und 1:3
6 V₂A-Stahl massiv, D:L etwa zwischen 1:1,5 und 1:3, Wandstärken zwischen 2,5 und 4 mm
7 V₂A-Stahl-plattiert, D:L etwa zwischen 1:2,5 und 1:5, Wandstärken zwischen 7 und 10 mm, Plattierung 2 mm

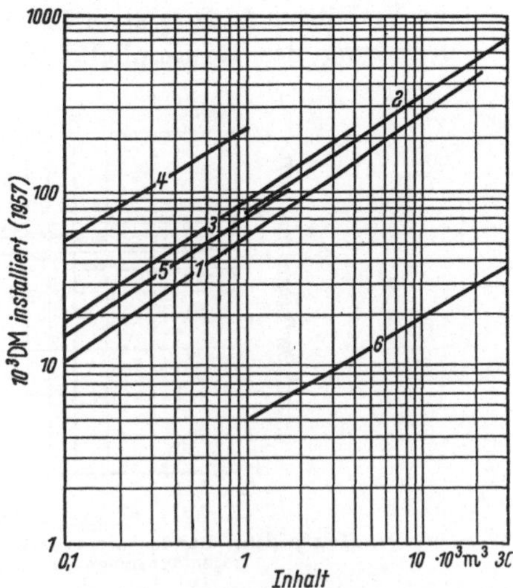

Abb. 199. Stehende zylindrische Lagertanks
1 Festdachtanks, Stahl
2 Schwimmdachtanks, Stahl
3 Festdachtanks, Stahl gummiert
4 Festdachtanks, V₂A-Stahl-plattiert, D:H etwa 1:1,1
5 Behälter aus Stahlbeton, vorgespannt, offen
6 Tankfundament. Ausbildung als normales Ringfundament mit Kiesbett und Isolierschichten bei mittelgutem Baugrund

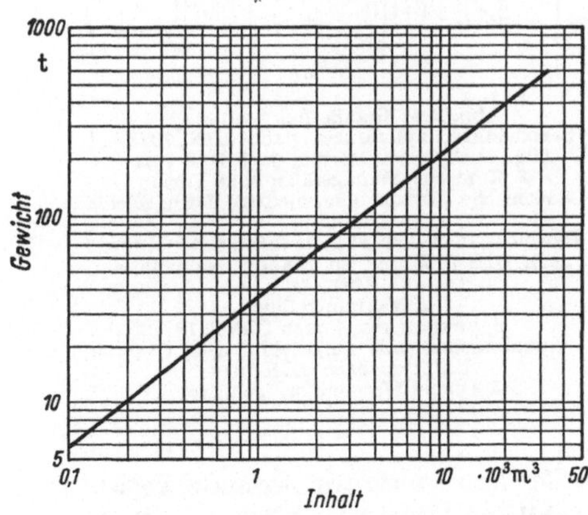

Abb. 200. Gewichte der stehenden zylindrischen Stahltanks

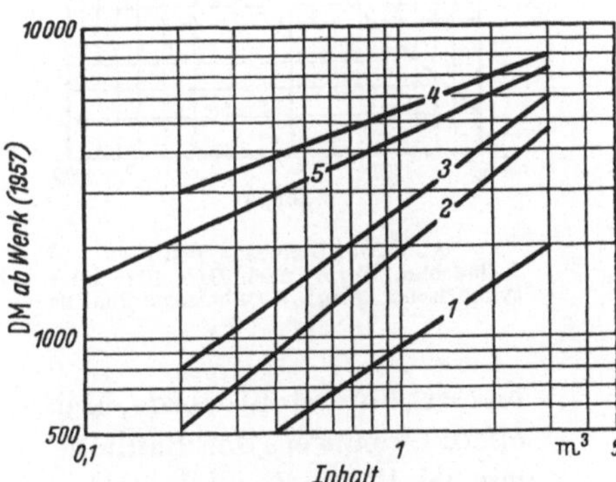

Abb. 201. Kleinere Vorlagen und Standgefäße
Vorlagen für Hochvakuum und Betriebsdrucke bis 6 atü: *1* Stahl, Wandstärken zwischen 5 und 7 mm; *2* Aluminium, Wandstärken zwischen 9 und 22 mm; *3* V₂A-Stahl, Wandstärken zwischen 3 und 5 mm; *4* Stahl emailliert, bis 800 l geteilte Ausführung, darüber Einstückausführung
Standgefäße: *5* Offen, mit Heizmantel für Drucke bis 6 atü, Stahl emailliert

ein Verhältnis $D:H =$ etwa $1:1$ zugrunde, während für die weitere Vergrößerung des Rauminhalts vornehmlich eine Erhöhung des Durch-

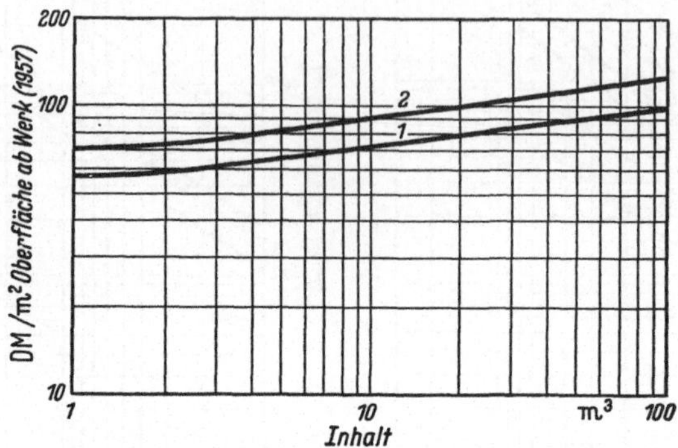

Abb. 202. Holzbottiche. Runde oder viereckige Ausführung, mit nachziehbaren Stahlankern, bezogen auf innere Wandfläche: *1* Lärche; *2* Importhölzer

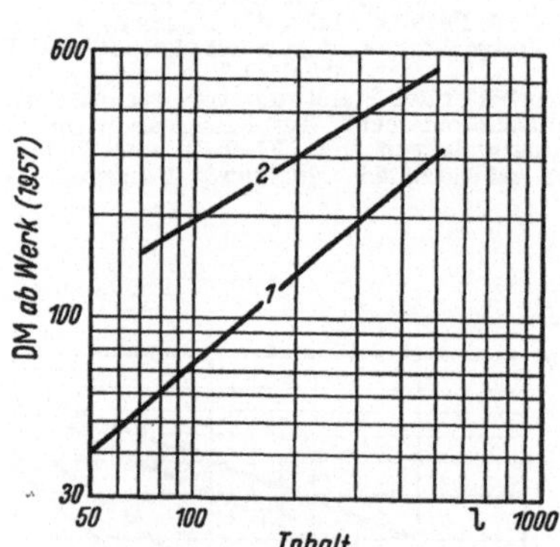

Abb. 203. Steinzeug-Tourills
1 Bauchige Form nach DIN 7028 oder zylindrische Form; *2* CELLARIUS-Tourills

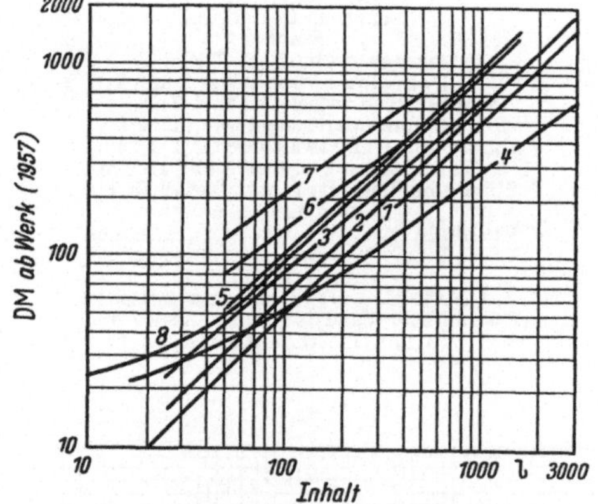

Abb. 204. Gefäße aus Steinzeug
1 Standgefäße, zylindrisch nach DIN 7022, ab 500 l auch flaschenförmig nach DIN 7020
2 Konische Standgefäße, hohe Form
3 Konische Standgefäße, niedrige Form nach DIN 7023
4 Gewölbte Deckel zu Standgefäßen unter Kurve *1* nach DIN 7022 und zu Standgefäßen unter Kurve *2*
5 Vakuumgefäße
6 Vakuumkessel nach DIN 7018
7 Vakuumkessel mit aufgeschliffenem Oberteil, Unterteil nach DIN 7019
8 Offene Wannen, eckige Form

messers unterstellt wurde. Der obere Grenzwert der Bauhöhe lag bei 13 m. Zusätzliche Informationen hierüber s. unter [*219*; *421*; *422*]. Bei der Abschätzung der Anschaffungskosten fertig errichteter *Stahlbetonbehälter* kann man für normale, rechteckige Behälter etwa 400 DM je m³ Stahlbeton und für stehende zylindrische Behälter (vorgespannt) im Mittel 600 DM je m³ Stahlbeton ansetzen.

Bei den *Vorlagen* (Abb. 201) handelt es sich um kleinere Behälter, die meistens mit einer größeren Anzahl von Stutzen ausgerüstet sind.

Als Korrosionsschutz aufgebrachte *Überzüge* können leicht über Quadratmeter-Richtpreise abgeschätzt werden. Für Neopren-Kaltgummierungen werden z. B. genannt: 0,3 mm stark: 40 DM/m²; 0,6 mm stark: 65 DM/m²; 0,9 mm stark: 95 DM/m². Säurefeste Kunststoff-Überzüge kosten zwischen 40 und 80 DM/m², während eine 5 mm starke Homogenverbleiung etwa mit 150 DM/m² und eine ebenso starke, einfache Bleiauskleidung mit 90—100 DM/m² zu veranschlagen ist. Die Anschaffungskosten von Keramik-Auskleidungen bei Stahlbetonbehältern liegen im Mittel bei 150 DM/m² (1957).

4.076.1 Gasometer

Der Lieferungsumfang der *Glockengasbehälter* (Abb. 205) erstreckt sich auf den fertig montierten Gasometer einschließlich mechanischem Inhaltsanzeiger, Vakuumdeckel, Heizung ohne Dampferzeuger, Zuleitung

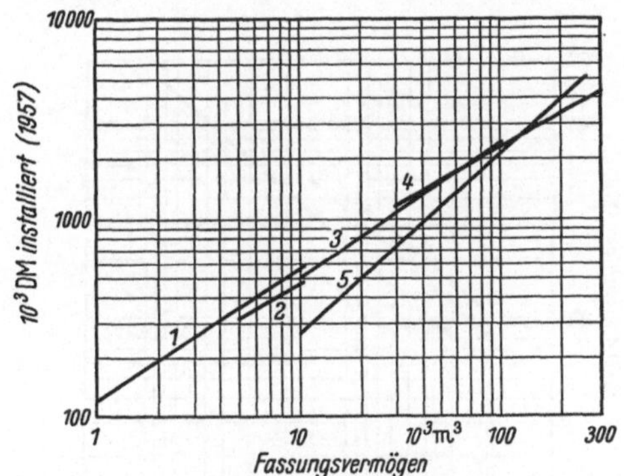

Abb. 205. Gasometer
Glockengasbehälter
1 Einhübig; *2* Zweihübig; *3* Dreihübig;
4 Scheibengasbehälter;
5 Kugelgasbehälter, bezogen auf Fassungsvermögen an entspanntem Gas, Drucke bis etwa 75000 m³
7—8 atü, darüber 5 atü

und Isolierung, Blitzschutzklemmen und Überflutungseinrichtung, jedoch nicht auf den Grundanstrich und das Fundament. Bei den *Scheibengasbehältern* (Abb. 205) sind eingeschlossen: Montierter Behälter mit Fahrrohr, Außenaufzug, Innenaufzug, ein Schnellverschluß mit 800 mm Durchmesser sowie übliches Zubehör, nicht dagegen wiederum Anstrich, Fundamente und Ballast.

Abweichend hiervon sind in den Richtpreisen der *Kugelgasbehälter* (Abb. 205 u. 207) das Fundament, ein zweifacher Grund- und Deckanstrich sowie sämtliche Armaturen einbegriffen. Die letzten drei Positionen nehmen hier nicht mehr als 10% bei den kleinsten und 3% bei den größten Behältern vom Gesamtpreis in Anspruch.

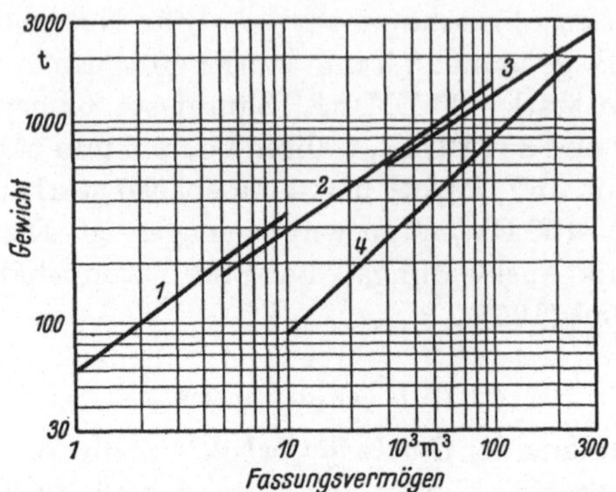

Abb. 206. Gewichte der Gasometer unter Abb. 205
Glockengasbehälter
1 Einhübig; *2* Zweihübig bis 10000 m³, darüber dreihübig; *3* Scheibengasbehälter; *4* Kugelgasbehälter,
bezogen auf Fassungsvermögen an entspanntem Gas, Drucke wie unter Kurve *5* in Abb. 205

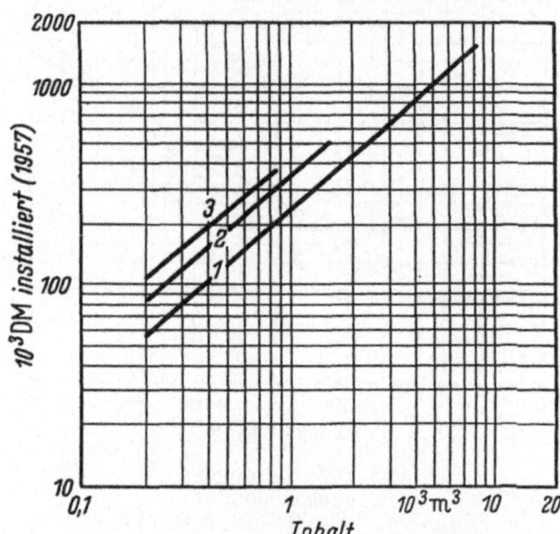

Abb. 207. Kugelgasbehälter
Bezogen auf geometrischen Inhalt: *1* Bis 8 atü; *2* Bis 15 atü; *3* Bis 20 atü

Insbesondere die noch zusätzlich abzuschätzenden Fundamentkosten der Glocken- und Scheibengasbehälter dürfen beim Preisvergleich mit den Kugelgasbehältern nicht außer acht gelassen werden.

4.077 Antriebsmaschinen

Obwohl Preislisten für *Elektromotoren* leicht zugänglich sind, bieten die Richtpreisdiagramme durch Übersichtlichkeit und bequeme Handhabung arbeitstechnische Vorteile. Hierbei wurden wiederum Nettopreise ab Werk zugrunde gelegt (Abb. 208—212).

Die Preiskurven erfassen ausschließlich *Asynchronmaschinen*; hinsichtlich der schwierigen Preisschätzung von *Synchronmotoren* sei auf das Preisdiagramm für Generatoren verwiesen (Abb. 224 in Kap. 4.081.61),

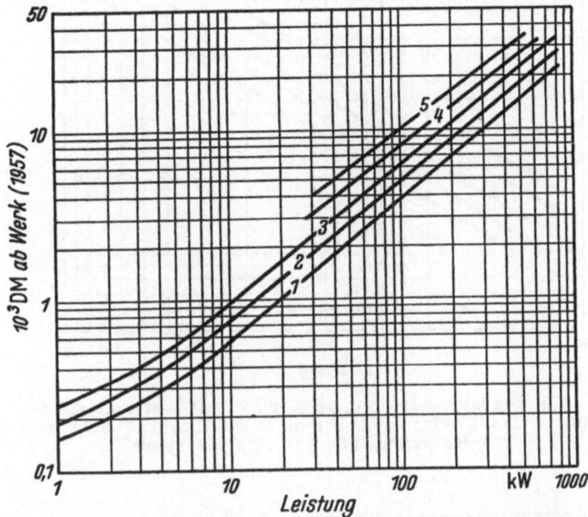

Abb. 208. Drehstrommotoren, offen, mit Kurzschlußläufer
Spannung bis 500 V; Drehzahl: *1* 1500 U/min; *2* 1000 U/min; *3* 750 U/min; *4* 600 U/min; *5* 500 U/min

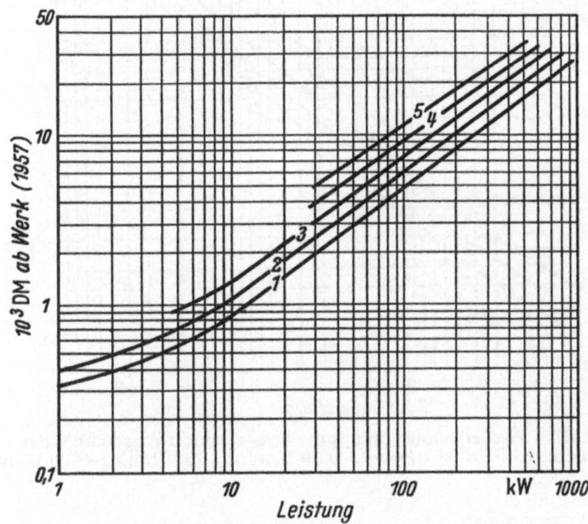

Abb. 209 Drehstrommotoren, offen, mit Schleifringläufer
Spannung bis 500 V; Drehzahl: *1* 1500 U/min; *2* 1000 U/min; *3* 750 U/min; *4* 600 U/min; *5* 500 U/min

das Anhaltspunkte für eine Analogieschätzung gibt. Die Preise der zweipoligen Maschinen — in den Diagrammen gleichfalls nicht besonders dargestellt — können näherungsweise mit den Preisen der vierpoligen Maschinen gleichgesetzt werden.

Die Kurve 1 in Abb. 213 gilt nur für *Kondensations-Dampfturbinen* mit Kondensations-Gegendrucken entsprechend Kühlwasser-Rückkühlbetrieb, da die sogenannten „Kaltwasser-Maschinen" mit niedrigeren

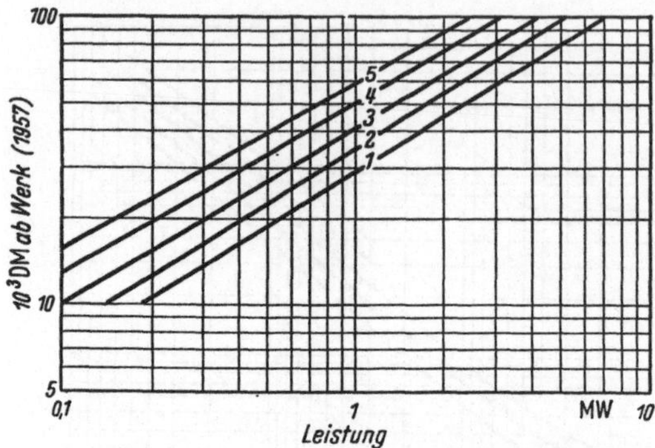

Abb. 210. Drehstrommotoren, offen, 6 kV, mit Kurzschlußläufer
Drehzahl: *1* 1500 U/min; *2* 1000 U/min; *3* 750 U/min; *4* 600 U/min; *5* 500 U/min. Bei Ausführung mit Schleifringläufer 10—20% Mehrpreis

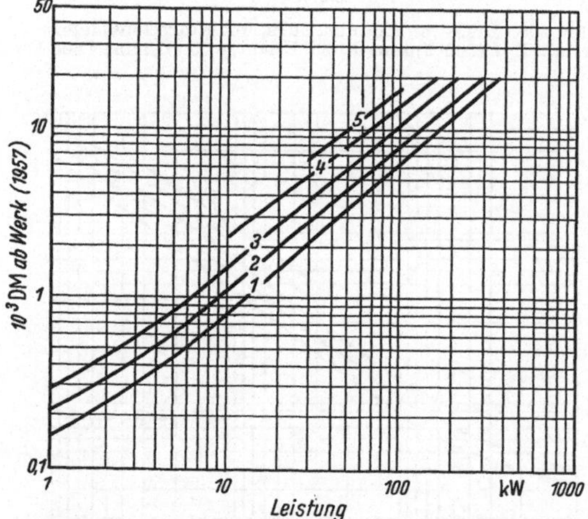

Abb. 211. Drehstrommotoren, geschlossen, mit Kurzschlußläufer
Spannung bis 500 V; Drehzahl: *1* 1500 U/min; *2* 1000 U/min; *3* 750 U/min; *4* 600 U/min; *5* 500 U/min

Kondensations-Gegendrucken bei Verwendung des kälteren Oberflächenwassers erheblich teurer sind und eine gesonderte Betrachtung verlangen. Hierfür lag leider noch nicht genügend Material vor. Bei *Entnahmeturbinen* wird im Leistungsbereich um etwa 5 MW für jede gesteuerte Entnahme ein Mehrpreis von rd. 25000 DM als Richtwert genannt.

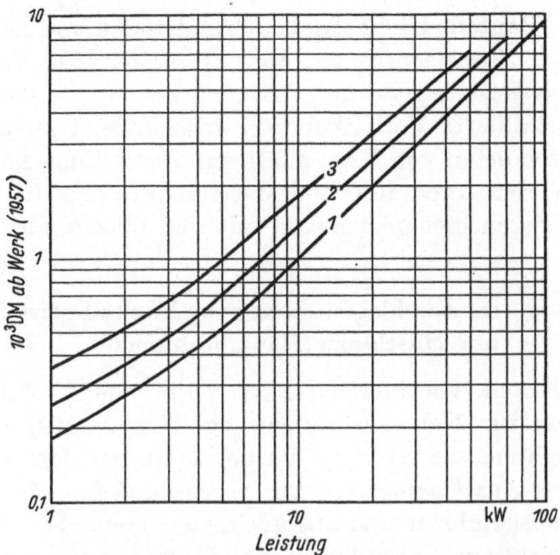

Abb. 212. Drehstrommotoren, explosionsgeschützt, mit Kurzschlußläufer
Drehzahl: *1* 1500 U/min; *2* 1000 U/min; *3* 750 U/min

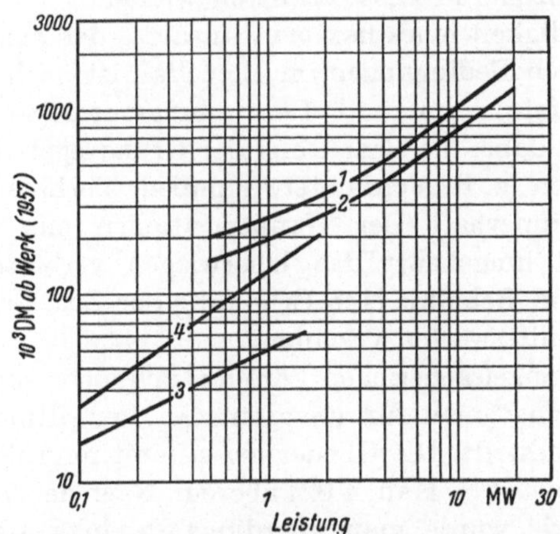

Abb. 213. Dampfturbinen und Kolbendampfmaschinen
1 Kondensations-Dampfturbinen, mit Kondensationsanlage, Ölversorgung usw., Frischdampfzustand bis 140 atü/535° C, Kondensations-Gegendruck entsprechend Rückkühlbetrieb
2 Gegendruck-Dampfturbinen, Frischdampfzustand wie unter *1*, Gegendrucke bis etwa 25 atü
3 Gegendruck-Dampfturbinen in Serienbauweise, Frischdampfdrucke zwischen 100 und 130 atü,
Gegendrucke bis zwischen 10 und 16 atü
4 Kolbendampfmaschinen, Frischdampfzustand bis 40 atü/380° C, ohne Kondensationsanlage; bis
etwa 220 kW liegende Bauart, einzylindrig, Drehzahl zwischen 330 und 250 U/min; über 220 kW
stehende Bauart, 2—4 kurblig, Drehzahl zwischen 750 und 375 U/min

4.08 Methoden und Daten zur Vorkalkulation des Kapitalbedarfs der direkten Nebenpositionen

Die *direkten* Nebenpositionen, das sind Rohrleitungen und Rohrleitungsarmaturen, Instrumente, Isolierungen, elektrische Einrichtungen,

Montagekosten, Bauteil, Hilfsbetriebe, Grundstücke und Nebenanlagen, lassen sich über *Zuschlagfaktoren* und *detailliert* vorkalkulieren. Der Anwendung von Zuschlagfaktoren ist zunächst Kap. 4.080 gewidmet, während die detaillierte Vorkalkulation anschließend in den verschiedenen Unterabschnitten von Kap. 4.081 zur Darstellung kommt.

Anders als bei den Apparaten und Maschinen erfolgt die Abhandlung methodischer Fragen hier gemeinsam mit der Wiedergabe von Daten.

4.080 Anwendung von Zuschlagfaktoren zum Kapitalbedarf der Apparate und Maschinen (Hauptpositionen)

Die Brauchbarkeit vor allem des als „Methode 4" [Differenzierte Zuschlagfaktoren für Nebenpositionen, vgl. Kap. 4.043] bezeichneten Schätzungsverfahrens hängt vom Vorliegen hinlänglich *differenzierter* und zuverlässiger *Zuschlagfaktoren für Nebenpositionen* ab, die sich nur durch Analyse ausgeführter und abgerechneter oder auch detailliert vorkalkulierter Projekte gewinnen lassen. Die Genauigkeit solcher Faktoren steigt, wenn sie nicht für chemische Anlagen allgemein, wie hier, sondern speziell für einzelne Prozesse ermittelt werden.

Auf die Notwendigkeit eines flexiblen Ansatzes der Zuschlagfaktoren nach den besonderen Bedingungen im Einzelfall ist nachdrücklich hinzuweisen, was Erfahrungen und Beurteilungsvermögen voraussetzt. Am wichtigsten ist dabei die Beachtung der Grundregel, daß ein großer Anteil an Maschinen (z. B. Verdichter, Pumpen, Turbinen) und teuren Spezialapparaten innerhalb der Hauptpositionen eine beträchtliche Herabsetzung und umgekehrt das Überwiegen verhältnismäßig einfacher Apparate und Behälter eine Erhöhung der Zuschlagsätze gegenüber den Durchschnittswerten verlangen.

Zahlenwerte aus angelsächsischen Veröffentlichungen sowie die Ergebnisse eigener Informationen für westdeutsche Verhältnisse wurden in Tab. 26 zusammengestellt. Die Gliederung stimmt in großen Zügen mit *Vorkalkulationsschema I* [s. Kap. 4.02] überein. Nach der in Deutschland vorwaltenden Praxis würde man allerdings Produktionsgebäude und Hilfsbetriebe möglichst nicht über Zuschlagfaktoren, sondern einzeln abschätzen. Bei Zugrundelegung von Vorkalkulationsschema II oder III würden allein die Zahlenangaben über Materialkosten in den Zeilen II bis V der Tab. 26 interessieren, weil hiernach eine Zusammenfassung der Montagekosten zur Position „Gesamt-Montage" sowie des gesamten Bauteils vorausgesetzt ist. Es wurde hier bewußt Schema I zugrunde gelegt, um die angelsächsische Literatur auswerten zu können.

Dem Charakter solcher Faktoren als *Anhaltswerte* trägt die Angabe von ungefähren Grenzwerten anstelle von Mittelwerten besonders Rechnung.

Bei vielen Nebenpositionen ist mit Sicherheit eine Kapitalbedarfs-Degression anzunehmen, die stärker ist als die durchschnittliche 6/10-Degression der Apparate und Maschinen. Aus diesem Grunde hält C. H. CHILTON die Erhöhung des Gesamtwertes der Zuschlagfaktoren durch zusätzliche Einstellung eines *Betriebsgrößen-Korrekturfaktors* für gerechtfertigt (vgl. Anm. 6 zu Tab. 26). Man kann diese Einflüsse allerdings bereits durch differenzierten Ansatz der einzelnen Zuschlagfaktoren selbst berücksichtigen.

Im einzelnen ist auszuführen:

Wurden die Hauptpositionen auf der Basis ,,ab Werk" veranschlagt, so sind zunächst für *Verpackungskosten und Frachten* unter Inlands-verhältnissen etwa 3—5% hinzuzurechnen, um die Basis ,,frei Baustelle" zu gewinnen. Für überseeische Transporte werden bis zu 15 und 20% Zuschlag erforderlich, jedoch sind die Verpackungskosten und Frachten dann nicht in die Basis einzubeziehen, sondern getrennt zu behandeln. Auch die in Tab. 26 angegebenen Zuschlagfaktoren für die Material-kosten der Nebenpositionen wären dann entsprechend zu erhöhen.

Die Zusammenfassung der Fundamente, Stahlkonstruktionen und Montage zu einer gemeinsamen Nebenposition ,,*Errichtung der Apparate und Maschinen*" ist bei uns nicht üblich. Vielmehr bevorzugt man die Zusammenfassung von Fundamenten, Stahlkonstruktionen, Gebäuden und Geländeerschließung im gesamten Bauteil.

Die Angaben angelsächsischer Autoren über *Montagekosten* betreffen überwiegend nur die direkten Montagelöhne, während sich unsere eigenen Zahlenwerte auch auf die Baustellengemeinkosten erstrecken. Der Mittelwert für die Montage der Apparate und Maschinen liegt etwa bei 15%.

Der Zuschlagsatz für *Rohrleitungen und Rohrleitungsarmaturen* soll bei Flüssigphase-Prozessen nach neueren Informationen von N. G. BACH [*27*] die in Tab. 26 hierfür angegebenen Höchstwerte zuweilen noch übersteigen. Bei Hochdruckanlagen wären danach rd. 90%, bei sehr komplizierten Rohrleitungssystemen über 100% und bei der Verwendung von Edelstahl-Rohrleitungen kleiner Nennweiten sogar über 120% Zu-schlag angemessen. Die Aufwendungen für die Montage der Rohrleitun-gen betragen unter westdeutschen Verhältnissen 30—50% vom Material-wert, wobei der untere Grenzwert nur bei günstigen Montagebedingungen und überwiegend langen und geraden Rohrleitungssträngen in Betracht kommt. In der Mehrzahl der Fälle ist der obere Grenzwert realistischer. P. BRETT [*70*] nennt für britische Verhältnisse 20—40%, während in USA bedeutend höhere Werte von durchschnittlich 75% [*479*, S. 48] oder sogar 100% [*265*, S. 105] angegeben werden.

Generalisierende Aussagen über den Zuschlagsatz für die *Instrumen-*

Tabelle 2(
Zuschlagfaktoren für direkte Nebenpositionen in %

| Gegenstand | Basis: Apparate und Maschinei | | | |
| | J. Happel u. a.[1] | | | H. J. Lang[2] |
	Material	Montage	gesamt	gesamt
I. *Errichtung der Apparate und Maschinen*	–	–	–	43
a) Fundamente	4–8	3–12	7–20	–
b) Stahlkonstruktionen	2–10	0,6–5	2,6–15	–
c) Montage	–	–	–	–
II. *Rohrleitungen mit Armaturen* Aggregatzustand der durchgesetzten Medien:				
fest				14,3
fest–fluid	20–50	14–50	34–100	35,3
fluid				85,7
III. *Instrumente* Instrumentierungsgrad:				
gering	–	–	–	
mittel	–	–	–	je nach
hoch	–	–	–	Aggregat-
IV. *Isolierungen*	5–15	6–22,5	11–37,5	zustand der durchge-
V. *Elektrische Einrichtungen*	7–15	10–30	17–45	setzten Medien
VI. *Produktionsgebäude*				entspr.
wenig	–	–	–	Zeile II:
mittelmäßig	–	–	–	78,5,
hoch	–	–	–	89,2 oder
VII. *Hilfsbetriebe*				114,0
wenig	–	–	–	
mittelmäßig	–	–	–	
hoch	–	–	–	

[1] Quelle: [*266; 267*]. Als Montagekosten für die Apparate und Maschinen werden nur nach einzelnen Gruppen differenzierte Sätze, jedoch kein Gesamtdurchschnitt angegeben. Die Montagekosten der Nebenpositionen sind in % vom Materialwert bezeichnet, so daß die Tabellenwerte nach der veränderten Basis errechnet wurden.

[2] Quelle: [*398; 399*]. Die Zuschlagsätze in den Originalveröffentlichungen basieren auf der Summe des Kapitalbedarfs bis zur jeweils vorhergehenden Position, vgl. oben Kap. 4.042. Die Tabellenwerte wurden hieraus errechnet.

[3] Quelle: [*17*, S. 75]. Die Wertepaare für die Baukosten der Produktionsgebäude beziehen sich auf Freianlagen und eingehauste Anlagen. Die 3 Klassen werden dabei wie folgt abgegrenzt: Niedrigste Sätze bei Anschaffungskosten der Apparate und Maschinen über 1 Mill. \$, mittlere Werte bei Basiswerten zwischen 0,25 und 1 Mill. \$ und höchste Sätze im Falle niedrigster Basiswerte unter 0,25 Mill. \$. Die Klassenbildung beim Zuschlagsatz für Hilfsbetriebe ist ähnlich wie unter Anm. 6.

[4] Quelle: [*21*]. Der hohe Zuschlaggrenzwert für die Montage der Apparate und Maschinen (50%) ist offenbar nachkriegsbedingt und heute nicht mehr zutreffend.

der Anschaffungskosten der Hauptpositionen Apparate und Maschinen

| *(Hauptpositionen) frei Baustelle* | | | | | | | | *Basis: Apparate und Maschinen installiert* (einschl. Zeilen I a—c) |
| R. S. Aries u. R. D. Newton[3] | | | H. W. Ashton u. G. T. Meiklejohn[4] | Eigene Informationen[5] | | | H. J. Lang[2] | C. H. Chilton[6] |
Material	Montage	gesamt	gesamt	Material	Montage	gesamt	gesamt	gesamt
11	32	43	–	–	–	25–40	–	–
4	3	7	10	–	–	5–20	–	–
7	4	11	–	5–10	2–5	7–15	–	–
–	25	25	20–50	–	15	15	–	–
8	6	14	50–70	10	5	15	10	7–10
21	15	36		20	10	30	25	10–30
49	37	86		30–50	15–25	45–75	60	30–60
4	1	5	10–12	3	1	4	je nach Aggregatzustand der durchgesetzten Medien entspr. Zeile II: 55, 62,5 oder 80	2–5
12	3	15		11	4	15		5–10
24	6	30		22	8	30		10–15
3	5	8	5–10	5	5	10		–
–	–	10–15	5	5–15	5–15	10–30		–
–	–	30/50	50–100	–	–	–		5–20
–	–	40/65		–	–	–		20–60
–	–	50/80		–	–	–		60–100
–	–	25						0–5
–	–	40	–	–	–	–		5–25
–	–	75		•				25–100

[5] Vgl. die Anmerkungen im Text.

[6] Quelle: [*108*]. Für die Energie-Verteilungsleitungen zwischen Hilfsbetrieben und Produktionsanlagen werden zusätzlich 0–25% genannt, je nach Lage der Produktionsanlagen und ihrer räumlichen Entfernung von den Hilfsbetrieben. Der Zuschlagsatz für Produktionsgebäude ist nach Freianlagen (niedrigste Werte), teils im Freien errichteten und teils eingehausten Anlagen (mittlere Werte) sowie völlig eingehauster Bauweise (höchste Werte) abgestuft. Der Investitionsbedarf für die Hilfsbetriebe ist minimal bei kleineren Erweiterungen bereits bestehender Fabrikanlagen, erreicht mittlere Werte bei großen Erweiterungen und Maximalwerte bei der völligen Neuerrichtung von Fabrikanlagen einschließlich sämtlicher Hilfsbetriebe. Zur Berücksichtigung der regelmäßig stärkeren Degression der Neben- als der Hauptpositionen wird die Einstellung von Betriebsgrößen-Korrekturfaktoren empfohlen. Diese sollen bei großen Produktionsanlagen mit 0 bis 5%, bei mittelgroßen Anlagen mit 5 bis 15% und bei technischen Versuchsanlagen mit 15 bis 35% angesetzt werden.

tierung sind besonders schwierig, weil die einzelnen Verfahren sehr unterschiedliche Anforderungen hieran stellen und vor allem auch subjektive Momente eine große Rolle spielen. Unter diesen Umständen erscheint es verständlich, wenn J. HAPPEL [*265*, S. 105] ein Vorkalkulationsschema darstellt, in dem die Instrumente zu den Hauptpositionen gerechnet werden und eine Abschätzung über Zuschlagfaktoren überhaupt nicht vorgesehen wird. Eine Vorstellung von den möglichen Schwankungen vermittelt Tab. 27, jedoch sind diese zeitlich zurückliegenden Zahlenangaben bereits mit Vorbehalten zu betrachten, da sich heute eine

Tabelle 27

Anteil der Kosten für Instrumente am Gesamtanlagekapitalbedarf verschiedener Anlagen in USA 1949 [G. W. McCULLOUGH, zit. in 772, S. 11]

	%
Äthylen	4
Solvent-Entparaffinierung	3
Katalytische Crackanlagen (TCC-Verfahren)	3,4
Viskoseseide	2,9
Ammoniak-Synthese	3,2
Kontakt-Schwefelsäure	3
Salpetersäure	2
Salzsäure	1,9
Superphosphat	vernachlässigbar
Styrol	4
Pharmazeutika	15
Seifen	2–3,2
Elektrolytische Raffination von NE-Metallen	0,91
Kalk	0,45
Papier	3
Textilien	1,5
Ammoniumnitrat	2
Ammoniumsulfat	2,2
Butadien	5,8
FISCHER-TROPSCH-Anlagen (geschätzt)	10
Erdölraffinerien	5,5

immer stärkere Tendenz zu reichhaltiger Instrumentierung bemerkbar macht. Die Anforderungen an die Ausrüstung mit Meß- und Regelgeräten sind bei Chargenprozessen, dem überwiegenden Durchsatz von Feststoffen und dem Vorherrschen der physikalischen Grundverfahren Zerkleinerung, Mischung und Filtration gewöhnlich am geringsten und erreichen andererseits ein Höchstmaß bei kontinuierlichen Prozessen mit dem vorzugsweisen Durchsatz fluider Medien [*122*]. Für kontinuierliche Destillationsanlagen ist nach BACH [*27*] sogar ein Zuschlagsatz von über 50% auf die Hauptpositionen erforderlich. Es sei hier aber nochmals darauf hingewiesen, daß unter entsprechendem Mehraufwand für die Instrumentierung auch solche Prozesse automatisiert werden können, die ihrer Natur nach wie die oben genannten Verfahren hierfür weniger günstige Voraussetzungen bieten [vgl. Kap. 2.042.5]. Bezogen auf den Anteil am gesamten Anlagekapitalbedarf werden nach einer neueren Veröffentlichung für chemische Fabrikanlagen unter britischen Verhältnissen genannt [*551*, S. 160]:

Anschaffungskosten der Instrumente frei Baustelle 4–10%
Anschaffungskosten der Instrumentierung installiert 5–15%
Anschaffungskosten der Instrumentierung installiert und einschließlich
indirekter Nebenpositionen 6–18%

In einer deutschen Veröffentlichung [*25*] wird der Anteil der Instrumente an den gesamten Baukosten für eine neue Bunafabrik (1958) mit 15% gegenüber bisher in Deutschland üblichen Durchschnittswerten von 4–5% beziffert. Diese Sätze wären bei der hier in Rede stehenden Schätzungsbasis zu verdreifachen, wenn der Anteil der Apparate und Maschinen frei Baustelle an den gesamten Baukosten rd. $^1/_3$ betragen würde.

Der Zuschlagsatz für *Isolierungen* bezieht sich normalerweise sowohl auf die Isolierungen der Apparate als auch der Rohrleitungen. Die Werte in Tab. 26 gelten ausschließlich für Wärmeisolierungen. Kälteisolierungen sind bedeutend teurer und bedingen entsprechend höhere Zuschlagsätze. Nach BACH [*27*] sind bei Tieftemperatur-Destillationsanlagen für die Kälteisolierungen allein 35%, bei kälteisolierten Tanklagern sogar fast 70% einzustellen.

Die Kosten des *ersten Anstrichs* der Anlagen sind in Tab. 26 nicht gesondert aufgeführt. BRETT [*70*] faßt diese mit den Kosten der Isolierungen zusammen und nennt für beide Positionen 6–20% im Falle großer Projekte. Bei ausgedehnten Stahlkonstruktionen und Rohrleitungen sollen die Anstrichkosten 10%, bei Tanklagern rd. 15% betragen [*27*].

Für die Abschätzung der *elektrischen Einrichtungen* wird ein verhältnismäßig weiter Schwankungsbereich zwischen 10 und 30% angegeben. Die Höchstsätze wären bei Freianlagen mit einer Vielzahl von Außenbeleuchtungsstellen und bei besonders zahlreichen elektrischen Antrieben anzuwenden. Im Falle elektrochemischer oder elektrothermischer Prozesse würde der obere Grenzwert freilich noch nicht ausreichen. In einer neueren Arbeit hat H. C. BAUMAN [*41*] für 18 Anlagen verschiedener Größenklassen und Verfahrenstypen höhere Sätze, nämlich zwischen 18,8 und 44% und als Mittelwert 25%, genannt. Außerdem werden in dieser Veröffentlichung Hinweise über die relativen Anteile von Kabeln, Beleuchtungsanlagen, elektrischen Instrumenten und Transformatorenanlagen am gesamten Kapitalbedarf für elektrische Einrichtungen gegeben. Die besonders teuren *Gleichrichteranlagen* sind nicht in den Zuschlagsatz einzubeziehen, sondern getrennt vorzukalkulieren.

Bei der im allgemeinen wenig gebräuchlichen Abschätzung der Gebäude über Zuschlagfaktoren können die in Tab. 28 wiedergegebenen Daten einige Anhaltspunkte bieten. Mit „Apparatur" als Zuschlagsbasis

Tabelle 28

*Gebäudekosten in % der Anschaffungskosten der Apparatur in verschiedenen Industrie-
zweigen Großbritanniens 1948/49 [88]*

Kokereien mit Nebenproduktgewinnung 10
Farbenindustrie 32
Düngemittel, Desinfektionsmittel, Schädlingsbekämpfungsmittel und
verwandte Industriezweige 46
Steinkohlenteer-Produkte 29
Chemikalien allgemein 24
Drogen und Pharmazeutika 53
Parfümerien und Kosmetika 25
Sprengstoffe 26
Anstrichmittel und Lacke 58
Seifen, Kerzen, Glycerin 18
Schleif- und Poliermittel 44
Druckfarben 28
Streichhölzer 37
Erdölverarbeitung 20
Verarbeitung von Ölsaaten 23
Leim, Klebstoffe und verwandte Industriezweige 19
Durchschnitt für Chemie und verwandte Industriezweige 31

ist hier jedoch der gesamte Anlagekapitalbedarf mit Ausnahme desjenigen für Gebäude gemeint.

Mitunter werden auch die Kosten für *Geländeerschließung* und *Nebenanlagen* über einen Zuschlagfaktor geschätzt, wofür z. B. 10—15% angegeben wurden [*17*, S. 108]. Als Zuschlagfaktor für den Kapitalbedarf der *Grundstücke* sollen im Mittel 6% angemessen sein [*520*, S. 101].

Für *Vorkalkulationsschema II oder III* [s. Kap 4.02 und 4.043] werden Zuschlagsätze für die *Gesamt-Montagekosten* sowie für den gesamten *Bauteil* gebraucht. Auf Basis der Zwischensumme 5 in Vorkalkulationsschema III (Angebotspreis einer Projektierungsfirma für die gesamte Apparatur frei Baustelle) kann man mit folgenden Richtwerten rechnen:

Die *Gesamt-Montagekosten* betragen bei eingehausten Anlagen sowie Freianlagen mit hohem Anteil an Rohrleitungen, Instrumenten und Isolierungen bei nicht allzu teuren Apparaten und Maschinen durchschnittlich 25%. Als Beispiele hierfür mögen Erdöl-Verarbeitungsanlagen angesehen werden, deren Gesamt-Montagekosten nach einer größeren Zahl von Angaben westdeutscher Projektierungsfirmen zwischen 20 und 28% pendeln. Bei anderen Freianlagen mit kostspieligeren Apparaten und Maschinen sowie mit weniger teuren Rohrleitungen sollen die Gesamt-Montagekosten in Abhängigkeit von der Größe des Projektes etwa zwischen 25 und 15% bei zugeordneten Basiswerten von rd. 0,5 und 5 Mill. DM schwanken.

Die Kosten des gesamten *Bauteils* nimmt man unter Beibehaltung dieser Zuordnung bei Freianlagen vielfach zwischen 15 und 10% an. Erdöl-Verarbeitungsanlagen beanspruchen im Mittel etwa 12%. Bei eingehausten Anlagen wird die Schätzung erheblich erschwert und unsicher. BRETT [*70*] bildet den Zuschlagsatz des gesamten Bauteils auf der bisherigen Basis „Apparate und Maschinen frei Baustelle" und nennt hierfür Extremwerte von 50 und 170%, unter mittleren Verhältnissen (teils eingehauste und teils im Freien errichtete Anlagen) 60—90%.

Die in Tab. 26 alternativ angegebene Zuschlagsbasis „Apparate und Maschinen installiert" sollte nach Möglichkeit nicht benutzt werden.

4.081 Einzelschätzung der direkten Nebenpositionen

Nach der Abschätzung über Zuschlagfaktoren zu den Anschaffungskosten der Apparate und Maschinen frei Baustelle kommt in den nächsten Abschnitten die alternativ mögliche *detaillierte Vorkalkulation* der einzelnen *direkten Nebenpositionen* wie Rohrleitungen, Instrumente usw. zur Darstellung. Die Systematik dieses Abschnittes ist ähnlich der in Tab. 26 des vorigen Abschnittes gewählten Gliederung.

4.081.0 Errichtung der Apparate und Maschinen

4.081.00 Fundamente

Eine detaillierte Vorkalkulation der *Fundamentkosten* setzt die technische Vorbestimmung der Fundamente sowie der Gestaltungsformen und des Materials für die Fundamente voraus. Nach einer solchen Dimensionierung kann die Abschätzung der Baukosten auf zwei Wegen erfolgen:

1. Anwendung von *Einheitspreisen*, die sich auf die fertig errichteten Fundamente beziehen und aus der Erfahrung abgeleitet wurden. In Tab. 29 wurden einige Richtwerte hierfür zusammengestellt, jedoch sind höhere Genauigkeitsgrade nur bei sorgfältiger Prüfung der Verhältnisse des Einzelfalls und entsprechend differenzierter Anwendung der

Tabelle 29. *Richtpreise für Fundamente in Westdeutschland (1957)*

	DM
Stampfbetonfundamente, unbewehrt, ohne Schalung eingebaut, größere Massen, nach B 80	60/m³
Wie vor, jedoch nach B 160	90/m³
Einfache Fundamentschalung	10/m²
Stahlbetonfundamente, je nach Größe, Bewehrung und Form	100–400/m³
a) Einfache Streifenfundamente	100/m³
b) Ringfundamente für Behälter	300/m³
Stahlbeton-Säulenfundamente, bezogen auf eingebauten Fundamentraum	50– 80/m³
a) Sohlplatte	100–150/m³
b) Tischplatte und Säulen	200–250/m³
Pfähle	
a) Holzpfähle	25– 35/lfd. m
b) Beton-Fertigpfähle und Ortpfähle	55– 65/lfd. m
Chemische Bodenverfestigung	300–350/m³

Richtpreise erreichbar. Große Schwankungen ergeben sich z. B. bei den Stahlbetonfundamenten in Abhängigkeit vom Ausmaß der Bewehrung sowie von Form und Größe der zu schalenden Flächen. G. E. Brooks [78, Teil III] hat die Bildung von 4 Preisklassen für Stahlbetonfundamente nach bestimmten Apparatetypen mit unterschiedlichen Fundamentanforderungen vorgeschlagen. Dagegen differenziert H. C. Bauman [37] entsprechende Richtpreisangaben nach Bauelementen (z. B. viereckige oder runde Säulen, Ringe) und Abmessungen derselben.

2. *Einzelermittlung* des Bedarfs an *Baustoffen* sowie der erforderlichen *Arbeitsstunden* und anschließende *Bewertung* auf Grund der örtlich geltenden Baustoffpreise und Lohnsätze, Annahme bestimmter Gemeinkostenzuschläge usw. Das Verfahren kommt mehr für die Vorkalkulation der Angebotspreise durch die unterverpflichteten Bauunternehmer als für Kostenschätzungen durch Projektierungsfirmen oder projektierende Chemie-Unternehmungen in Betracht.

4.081.01 Stahlkonstruktionen

Die Vorkalkulation des Kapitalbedarfs für *Stahlkonstruktionen* ist neben der Zuschlagsmethode praktisch nur noch über das *Gewicht* möglich. Eine zuverlässige Gewichtsermittlung setzt aber einen weit fortgeschrittenen Stand der Entwurfsarbeiten voraus und ist wegen der Vielzahl kleinerer Positionen eine zeitraubende Aufgabe. In Anbetracht der oft verhältnismäßig geringen Bedeutung der Stahlkonstruktionen für das Gesamtprojekt ist die Anwendung von Erfahrungswerten, wie sie z. B. in Tab. 30 und Abb. 214 wiedergegeben sind, für die Gewichtsermittlung zu empfehlen. Als Richtpreise wurden im Sommer 1957 für die schweren Profile der Unterstützungskonstruktionen im Mittel 1100 DM/t und für

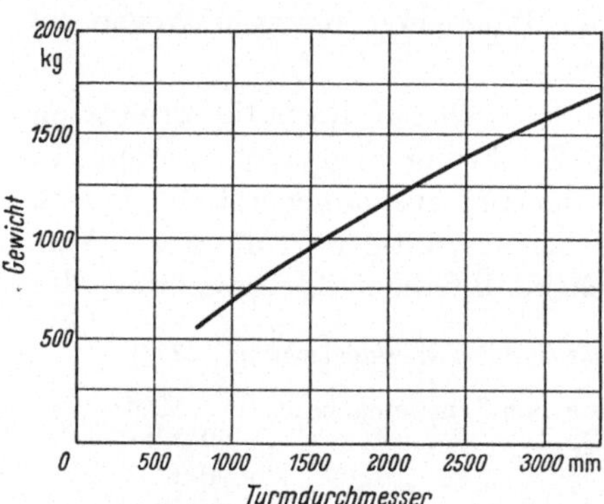

Abb. 214. Bühnengewichte in Abhängigkeit vom Turmdurchmesser [F. C. Fowler u. G. G. Brown, *218*]

leichte Profile, wie z. B. bei Bühnen, Geländern und Leitern, 1400 DM/t genannt, während die Montagekosten im ersten Fall 200—250 DM/t, im zweiten dagegen 300—400 DM/t betragen sollen. Weitergehende Differenzierungen, insbesondere der Montageaufwendungen in Abhängigkeit von der Art der Stahlkonstruktionen und der Bauhöhe, sind bereits diskutiert worden [671].

Tabelle 30

Anhaltswerte für die Gewichtsermittlung von Stahlkonstruktionen [G. E. BROOKS, 78, Teil III]

Haupt-Unterstützungskonstruktionen, bezogen auf umbautes
Volumen . . . .   35 kg/m³
Stahltreppen, bezogen auf vertikale Höhe . . . .   300 kg/m
Laufgänge . . . .   156 kg/m²
Leitern . . . .   27 kg/lfd. m
Geländer . . . .   16 kg/lfd. m

4.081.02 Montage der Apparate und Maschinen

Als Vorkalkulationsmethoden für die Kosten der Montage von Apparaten und Maschinen kommen in Betracht:

1. Anwendung *nach einzelnen Apparaten und Maschinen differenzierter Zuschlagsätze* vom Anschaffungspreis frei Baustelle, wobei die Zuschlagsätze vor allem aus betriebseigenen Erfahrungen abzuleiten sind. Etwas vereinfachend gibt H. C. BAUMAN [*37*] folgende Richtwertgrenzen für 4 Apparate- und Maschinengruppen an:

Pumpen, Motoren, kleine Behälter und Lagertanks aus Normalstahl   4–6   %
Gebläse, Kompressoren, Druckgefäße, Wärmeaustauscher, Verdampfer, Transformationen, vorgefertigte Schaltanlagen . . . .   7–11 %
Förderanlagen, Elevatoren, Filter, Trockner, Mühlen, Brecher, Zentrifugen, Autoklaven . . . .   10–16 %
Kolonnenapparate, Spezialbehälter mit Auskleidung der Innenflächen mit keramischen Material oder Blei, Installierung der Böden in Kolonnenapparate usw. . . . .   120–135 %

Die Werte der letzten Gruppe erscheinen freilich für deutsche Verhältnisse als sehr hoch. Das gleiche gilt von einer umfangreichen Zusammenstellung derartiger Zuschlagsätze bei F. C. VILBRANDT [*707*, S. 510]. Der Nachteil des Verfahrens besteht darin, daß die Montagekosten *mehr gewichts- als wertproportionalen Charakter* haben. Bei komplizierten oder aus Edelstahl gefertigten Apparaten und Maschinen sind die normalen Zuschlagsätze regelmäßig zu hoch und umgekehrt.

2. Die Abschätzung der Montagekosten über *Einheitssätze*, die auf das *Gewicht bezogen* sind, vermeidet den oben bezeichneten Nachteil, verlangt aber einen stärkeren Ausführungsgrad der technischen Unterlagen, weil die Gewichte bekannt sein müssen. Für Grobmontagen, d. h. die Aufstellung schwerer Apparate und Behälter, wird unter deutschen Verhältnissen ein Richtwert von 200 DM/t genannt (1957), während leichtere Einheiten und ungünstigere Montagebedingungen gegen 300 DM/t erfordern.

3. Die genaueste Methode besteht in der *Vorrechnung des Arbeitsstundenbedarfs* für die Montage (aufgeteilt nach den verschiedenen Facharbeiter- und Hilfsarbeiterstunden), in dessen Bewertung zu geltenden

Lohnsätzen und in dem prozentualen Zuschlag der Gemeinkosten. Das Verfahren läßt sich im Anschluß an die ohnehin aus technischen Gründen erforderliche Planung des Bedarfs an Montagearbeitskräften und die Terminplanung unschwer durchführen. Eine Sammlung von Richtwerten über den Zeitbedarf zahlreicher Montagearbeiten hat H. HERKIMER [*289*] veröffentlicht. Die erforderlichen Arbeitsstunden zur Montage von Behältern hat BAUMAN in Abhängigkeit von deren Gewicht dargestellt [*39*]. Die Kosten des Einsatzes größerer Montagegeräte sind möglichst gesondert zu ermitteln. Auch bei diesem detaillierten Verfahren verbleiben noch Unsicherheiten, da die Montageplanung durch den Eintritt unvorhergesehener Ereignisse schnell durchkreuzt werden kann.

Den unter 1 und 2 genannten Verfahren ist im übrigen noch der Mangel gemeinsam, daß die erhebliche Degression der Montagekosten mit wachsenden Einheitsgrößen der Apparate und Maschinen regelmäßig nicht genügend berücksichtigt wird [s. Kap. 4.051].

4.081.1 Rohrleitungen einschließlich Rohrleitungsarmaturen

Die detaillierte Vorkalkulation der Rohrleitungen wird überwiegend nach Material und Montage getrennt vorgenommen.

Die *Ermittlung der Materialmengen* erfolgt auf Grundlage der Materialstücklisten. Die restlose Erfassung sämtlicher Kleinteile ist jedoch kaum üblich und auch wirtschaftlich nicht vertretbar.

Für die *Bewertung der Materialmengen* bieten sich folgende Verfahren an:

1. Anwendung von *Kilogramm-Preisen*, die zunächst nach Rohrleitungen und Armaturen und dann wiederum nach Werkstoffen, Nennweiten, Nenndrücken, Herstellungsweise usw. differenziert werden können. Hierbei ist jedoch stets nur eine Unterscheidung nach größeren Gruppen und nicht nach einzelnen Rohrabmessungen zweckmäßig. Geltende Richtpreise wurden in Tab. 31 zusammengestellt. Dabei entsprechen die niedrigen Grenzwerte den hohen Nennweiten und umgekehrt.

Tabelle 31

Richtpreise für nahtlose Rohre und Rohrleitungsarmaturen ab Werk in Westdeutschland 1957

Werkstoff	Rohre DM/kg	Armaturen DM/kg
Normalstahl	1,20– 1,50	3,50– 6
Gußeisen	–	2,20– 3,50
13 CrMo 44-Stahl	2,50– 3,50	6 – 8
4–6% Cr-Stahl	4 – 5	8 –12
V_2A-Stahl	10 –25	12 –25
V_4A-Stahl	12 –30	15 –30

2. Benutzung von *Preiskurven* für Rohre (auf die Längeneinheit bezogen), Verbindungsstücke und Absperrorgane in Abhängigkeit von der Nennweite, mit Wandstärke oder Druckstufe und Werkstoff als Parameter. Solche Preisdiagramme sind von mehreren amerikanischen Autoren dargestellt worden [*17*, S. 80; *26*; *58*; *59*; *520*, S. 279; *775*]. Man kann sich allerdings nicht von dem Gedanken freimachen, daß die Anwendung eines solchen Kurvensystems eine gewisse Disparität in sich birgt, und zwar zwischen der umständlichen, bis zur Erfassung der Dimensionen aller Bauelemente vordringenden Materialbedarfsermittlung und den trotzdem relativ ungenauen Schätzungsergebnissen. In Deutschland wäre die Erarbeitung derartiger Hilfsmittel wegen der ungleich größeren Zahl der verwendeten Rohrabmessungen mit erheblichen Schwierigkeiten verknüpft.

3. Systematische *tabellarische Zusammenstellungen* der geltenden Preise sind immer anzuraten. Bei vierteljährlicher Überarbeitung der Tabellen lassen sich nach W. G. CLARK [*117*] die Fehlergrenzen bis auf $\pm 3\%$ einengen.

Die Vorkalkulation der *Kosten für die Montage* der Rohrleitungen stößt weniger hinsichtlich der *Bewertung* als der vorgelagerten *Arbeitszeitermittlung* auf große Schwierigkeiten. Der Arbeitsstundenbedarf hängt nicht nur von Zahl und Art der Verbindungsstellen sowie von Längen, Durchmessern, Wandstärken und Werkstoffen der Rohrleitungen ab, sondern auch von den Montagehöhen und allgemeinen Montagebedingungen. Hier sind vor allem die räumlichen Verhältnisse entscheidend, die sich in ihrer Auswirkung auf den Arbeitsstundenbedarf kaum im voraus genau erfassen lassen. Es sei auf die umfassende Zusammenstellung von Erfahrungswerten über den Zeitbedarf von Rohrleitungsmontagen bei H. HERKIMER [*289*] hingewiesen. Folgende Näherungsverfahren sind zu erwähnen:

1. *Prozentuale Zuschlagsätze zu den Materialkosten.* Solche Werte haben R. S. ARIES und R. D. NEWTON [*17*, S. 80] sowie M. S. PETERS [*520*, S. 279] auf Grund der Berechnungen von R. A. DICKSON [*166—168*] für Rohre, Verbindungselemente und Absperrorgane angegeben. Für deutsche Verhältnisse wurden für Normalstahl bereits weiter oben durchschnittlich 30—50% genannt, wobei die Rohre allein höhere, andererseits die Armaturen geringere Werte erfordern würden.

2. *Auf das Gewicht bezogene Montagekosten-Richtwerte.* Gegenwärtig (1957) ist in Deutschland ein Durchschnittssatz von rd. 1000 DM/t zutreffend, d. h. das 3- bis 4-fache gegenüber den entsprechenden Richtsätzen bei Apparaten und Maschinen.

Aus amerikanischen Veröffentlichungen wurden an weiteren Vorkalkulationsmethoden bekannt:

3. Das *Verfahren von* L. L. MRACHEK [*469*]. Zunächst werden die Montagekosten für die Herstellung der *Rohrleitungsstränge* nach der *Zahl der Verbindungsstellen* berechnet, deren durchschnittliche *Einheitskosten* für verschiedene Nennweiten und Verbindungsarten (Stumpfschweißung, Schweiß- oder Schraubflanschverbindung) gesondert angegeben werden. Anschließend erfolgt die Schätzung der Montagekosten für die eigentliche *Verlegung* der vorgefertigten *Stränge* ebenfalls über Richtsätze, die auf die Längeneinheit bezogen sind und in Abhängigkeit von der Nennweite für zwei verschiedene Verlegungshöhen, nämlich unter und über 3 m, wiedergegeben werden. Die Richtsätze basieren auf bestimmten Grundlöhnen und schließen Montagematerial und Montagegemeinkosten in durchschnittlicher Höhe mit ein.

4. Zur Ermittlung des *Zeitaufwands* hat R. J. SCHRADER [*620*] eine empirische Approximation entwickelt in Gestalt der Formel

$$L = B \cdot P + A \cdot (0{,}6 \cdot X + C) \cdot F.$$

Hierin bedeuten:

L Zeitaufwand in Stunden zur Herstellung und Verlegung eines Rohrleitungsstranges

X Nennweite der Rohrleitung in Zoll

P Länge der Rohrleitung in foot

F Äquivalente Rohrlänge für Verbindungselemente und Armaturen, z. B. 45°- und 90°-Krümmer = 1,0; Ventile = 1,3; T- und Y-Stücke = 1,5; Kreuzstücke = 2,0; Flanschen = 0,1

A, B und C: Konstanten, die von der Rohrleitung und Art der Verbindungen abhängig sind. Im Mittel gelten: $A = 3{,}7$, $B = 0{,}23$ und $C = 0{,}7$

Die besonderen *Arbeitsbedingungen* der Montage werden durch folgende Korrekturfaktoren berücksichtigt:

a) Völlig neue Anlage, normale Arbeitsbedingungen mit wenig Erschwernissen, die Herstellung der Rohrleitungsstränge ist am eigentlichen Verlegungsort zulässig: Zuschlag = 0%.

b) Stark beschränkter Arbeitsraum: Zuschlag = 15%.

c) Bei der Verlegung der Stränge ist die Aufstellung von Leitern oder Rüstungen erforderlich: Zuschlag = 15%.

d) Die Rohrleitungen werden in ein bereits vorhandenes Rohrleitungssystem eingebaut: Zuschlag = 15%.

e) Die Herstellung der Stränge ist nicht am Verlegungsort zulässig (erforderliche Zwischentransporte): Zuschlag = 10%.

f) Verbindungs- und Werkstoff-Korrekturfaktoren: Nur Flanschverbindungen: −15%; Glas: + 110%; Porzellan: +85%; Edelstahl: +8%.

Zwei von CLARK [*117*] beschriebene Verfahren erstrecken sich gleichfalls auf die Ermittlung des *Arbeitsstundenbedarfs*:

5. Es werden Richtwerte für den *Arbeitsstundenbedarf je Längeneinheit* des fertig verlegten Rohrleitungsstranges in Abhängigkeit von der Nennweite und sehr vielen Bestimmungsfaktoren entwickelt („lineal

foot method"). Die Anwendung bleibt ungenau und setzt ein Höchstmaß an Spezialerfahrungen voraus.

6. Der *Arbeitsstundenbedarf* für die Montage ergibt sich als *Produkt* aus der *Zahl sämtlicher Verbindungsstellen*, ihren *Nennweiten* in Zoll und bestimmten „*Arbeitsbedarfsfaktoren*" („diameter inch method"). Diese besitzen die Dimension „Arbeitsstunden je Verbindungsstelle und Zoll" und sind durch Analyse früher ausgeführter Projekte für Montagebedingungen durchschnittlichen Schwierigkeitsgrades abzuleiten. Unter komplizierten Verhältnissen sind 10—30% und bei Verlegung in größerer als vom Erdboden aus erreichbarer Höhe (Rüstung) 10—20% zuzuschlagen. Beim Vorherrschen langer und gerader Rohrleitungsstränge sind dagegen 8—12% vom Gesamtwert in Abzug zu bringen.

Einen anderen Weg hat DICKSON mit seinem „N-System" beschritten [*166—168*]. Für die gebräuchlichsten Werkstoffe und Wandstärken, mit und ohne Isolierungen, wurden die *Herstellkosten* — also Material- *und* Montagekosten — der Längeneinheit (ft) eines installierten geraden Rohrleitungsstranges, eines installierten Verbindungselementes (T-Stück) und Absperrorgans (meist Absperrschieber) kalkuliert. Hinsichtlich der Herstellungsweise der geraden Rohrleitung lag die Annahme einer den Normalverhältnissen am meisten entsprechenden Anzahl und Art von Verbindungsstellen zugrunde: Die Rohre werden in Längen zu je 6 m angeliefert, vom Lagerplatz zum Schweißplatz gebracht und dort zu 30 m langen Abschnitten stumpf zusammengeschweißt. Nach einem zweiten Transport zur eigentlichen Verlegungsstelle — da Schweißarbeiten an der Verlegungsstelle selbst oft unzulässig sind — erfolgt die Verbindung dieser größeren Abschnitte durch Flanschen. Durch Beziehung der Herstellkosten der Längeneinheit der geraden Rohrleitung, des montierten Verbindungselementes und Absperrorgans bei den verschiedenen Nennweiten auf die entsprechenden Herstellkosten bei einer Standardnennweite werden die „*N-Faktoren*" erhalten, welche also keine absoluten Kostenwerte, sondern nur *Kostenrelationen zwischen den einzelnen Nennweiten* wiedergeben. Ihre Gültigkeit wird von zeitlichen Preisschwankungen kaum beeinflußt, so daß man lediglich die Herstellkosten der als Bezugsgrundlage gewählten Standardgröße laufend zu korrigieren braucht, und zwar entweder mit einem bekannten Preisindex oder im Falle höherer Anforderungen an die Genauigkeit durch ständig wiederholte Neukalkulationen.

Der Einwand gegen die Brauchbarkeit des „N-Systems" besteht darin, daß die Zugrundelegung stets gleichbleibender Voraussetzungen für alle Montagefälle kaum zutrifft. Sie führt bei der in Wirklichkeit auftretenden Vielfalt der Konstruktionsweisen und den ständig wechselnden Arbeitsbedingungen zu solchen Fehlergrenzen, die größenordnungsmäßig mit dieser stark detaillierten Vorkalkulationsmethode nicht mehr in Einklang stehen.

Eine sehr vereinfachte Methode besteht nach H. C. BAUMAN [40] darin, die *Herstellkosten der mit einzelnen Apparate- und Maschineneinheiten verbundenen Rohrleitungen global* abzuschätzen. Hier entfällt also die sonst notwendige detaillierte Vorkalkulation der Material- und Montagekosten, vielmehr ist die Bestimmung der Zahl der mit Rohrleitungsanschlüssen zu versehenden Einheiten und ihre Klassifizierung nach verschiedenen Arten und Größen auf Grund von Fließbildern ausreichend. Dabei liegt die Annahme zugrunde, daß die Rohrleitungsausrüstungen von Pumpen, Wärmeaustauschern, Verdampfern, Tanks, Kolonnenapparaten usw. bei den einzelnen Projekten konstruktive Ähnlichkeit besitzen. Die Länge der angeschlossenen Leitungen dagegen ist ein untergeordneter Einflußfaktor, den man durch Annahme mittlerer Verhältnisse berücksichtigen kann. In der genannten Veröffentlichung werden z. B. in einem Diagramm die Herstellkosten der Rohrleitungsanschlüsse von Kreiselpumpen zur Förderung von Wasser in Abhängigkeit von der Förderleistung und unter Benutzung weiterer technischer Daten als Kurvenparameter dargestellt. Das Verfahren erscheint als sehr brauchbar, setzt aber doch umfassende statistische Analysen zur Beschaffung des notwendigen Datenmaterials für die Schätzungen voraus.

Hilfsweise kann man schließlich von der Erfahrungsregel ausgehen, daß die Rohrleitungsorgane, die sich schon mit Hilfe von konstruktiven Fließbildern bzw. Rohrleitungsdiagrammen detailliert vorkalkulieren lassen, innerhalb der gesamten Materialkosten für Rohrleitungen und Absperrorgane normalerweise etwa 40% beanspruchen [265, S. 106]. Nach Einzelermittlung der Anschaffungskosten für Absperrorgane wären dann die Materialkosten der Rohrleitungen genau wie die Montagekosten über einfache Zuschlagsätze zu ermitteln.

Die angeführten Beispiele lassen erkennen, wie schwierig für die gerade bei chemischen Anlagen so bedeutsamen Rohrleitungen genaue und andererseits zeitsparende, allgemein anwendbare Vorkalkulationsmethoden herzuleiten sind.

4.081.2 Instrumente

Nach Vorliegen konstruktiver Fließbilder oder spezieller Instrumentierungsdiagramme ist eine detaillierte Vorkalkulation der Kosten für die Instrumentierung möglich, wobei drei Teilpositionen zu unterscheiden sind:

1. Die eigentlichen *Instrumente*;
2. *Zubehörmaterial*;
3. *Montagekosten*.

Die genaueste Methode für die Ermittlung der Anschaffungskosten der *Instrumente selbst* besteht zweifellos in der eindeutigen technischen Festlegung aller einzelnen Typen und in der anschließenden Auspreisung auf Grund von Lieferantenangeboten. Bereits die Anwendung von *Durchschnittspreisen* bestimmter Grundtypen, die einen weit geringeren Grad der technischen Detailbestimmung erfordern, ermöglicht allerdings bedeutende Zeitersparnisse. Für die wichtigsten Meß- und Regelgeräte wurden Durchschnitts- oder Grenzwerte auf Grund der Preisangaben einiger führender Herstellerfirmen in Tab. 32 zusammengestellt. Richtpreisangaben in der angelsächsischen Literatur s. unter [*17*, S. 96; *122*; *480*, S. 19; *520*, S. 96; *716*; *723*]. Noch weiter vereinfachend kann man evtl. sogar mit einem einzigen Durchschnittspreis für sämtliche Meß- und Regelgeräte rechnen. Für amerikanische Verhältnisse wurden z. B. 700—900 $ je Instrument (1957) genannt [*265*, S. 271].

Eine hierzu analoge Einzelermittlung der Kosten des *Zubehörmaterials* kommt wegen Geringfügigkeit und der schwierigen mengenmäßigen

Tabelle 32

Richtpreise für Meß- und Regelgeräte in Westdeutschland 1957

I. *Temperaturmessung:* — DM

	DM
Widerstandsthermometer	60—100
Thermoelemente[1]	
Eisen-Konstantan, bis 900 °C	10—30
Nickelchrom-Nickel, bis 1200 °C	15—40
Platinrhodium-Platin, bis 1600 °C	50—150
Schutzhüllen[2]	30—150
Netzanschlußgerät mit Kompensationsdose	100
Anzeiger für Schalttafeleinbau	200—400
Einfarben-Linienschreiber	1000
Zweifarben-Linienschreiber	1300
Einfarben-Punktschreiber	700—1100
Sechsfarben-Punktschreiber	1500—1800
Elektrischer Regler	1000—1600
Pneumatischer Regler, anzeigend und regelnd oder schreibend und regelnd	1600
Strahlungspyrometer[3]	
Ardometer, Meßbereich 500 bis 2000 °C	250—400
Ardometer, Meßbereich −40 bis 600 °C	700
Lichtelektrischer Verstärker hierzu	1200

II. *Druckmessung:*

	DM
Rundmanometer für Aufbau[4]	15—100
Rundmanometer für Aufbau mit Fernsender	150—300
Druckmesser für Schalttafeleinbau	100—300
Druckschreiber, pneumatisch	800

---

[1] Preisschwankungen je nach Einbaulänge.
[2] Preisschwankungen je nach Werkstoff und Einbaulänge.
[3] Anzeiger und Schreiber wie bei den übrigen Temperaturmeßgeräten.
[4] Preisschwankungen je nach Durchmesser und Ausführung.

Tabelle 32 (Fortsetzung)

	DM
Druckregler, pneumatisch, anzeigend und regelnd oder schreibend und regelnd	1500
Membran-Vakuummeter	300
Bimetall-Vakuummeter	450
PIRANI-Manometer mit 1–3 Meßröhren	600–1000
PENNING-Vakuummeter mit Meßröhre	600

III. *Durchflußmessung:*

			DM
Normblenden, komplett, bis 400 °C[5]	NW	50:	150
	NW	250:	350
	NW	500:	700
Venturidüsen	NW	50:	200
	NW	250:	800
	NW	500:	1700
	NW	1000:	5000
Schwimmermanometer, anzeigend			1000–2000
hierzu Zählwerk			400
hierzu Fernsender, einfach			150
hierzu Fernsender, doppelt			220
Schwimmermanometer, schreibend			1500–3000
Elektronischer Transmitter			1300
hierzu Zählwerk			400
hierzu Anzeiger			250
hierzu Schreiber			1000
hierzu Regler			1200
Ringwaagen, anzeigend			800
Ringwaagen, schreibend			1100

IV. *Höhenstandsmessung[6]:*

	DM
Flüssigkeitsstandmesser mit Schwimmerantrieb, Meßbereich 0–25 m, mit Zubehör, anzeigend	700
wie vor, jedoch schreibend	1500
Niveau-Regler, mit Kugelschwimmer	1500–2300
Niveau-Regler, mit Verdrängungskörper	2300–2800
Bunkerstandmesser, anzeigend	1200

V. *Leitfähigkeitsmessung[7]:*

		DM
Leitfähigkeitsgeber, bis 100 °C und 10 atü, je nach Konzentration		200–450
hierzu Kühl- und Entspannungseinrichtung für höhere Temperaturen und Drucke	bis 20 atü:	500
	bis 80 atü:	700
	bis 120 atü:	900

VI. pH-*Messung[7]:*

	DM
pH-Geber, Elektrode	200–450
Verstärker hierzu bei Verwendung von Glaselektroden	1200

---

[5] Bei Sonderstahl mit Temperaturbereichen bis 530 °C etwa 60% Mehrpreis.

[6] Auch Verwendung elektronischer Transmitter, Preise einschl. Zubehör wie unter Durchflußmessung.

[7] Anzeiger und Schreiber wie unter Temperaturmessung.

Erfaßbarkeit des Zubehörmaterials kaum in Frage, sofern es sich um Kleinmaterialien und Verbindungsleitungen handelt. Die Berücksichtigung des Zubehörmaterials erfolgt am besten durch globalen Zuschlag zu den Anschaffungskosten der eigentlichen Instrumente, wofür in Deutschland Sätze zwischen 3 und 8% genannt werden. D. M. Considine [*122*] und S. W. J. Wallis [*716*] haben bedeutend höhere, und zwar nach einzelnen Instrumenten differenzierte Zuschlagsätze in den Grenzen zwischen etwa 10 und 60% angegeben, die aber in der sehr weiten Fassung des Zubehörbegriffs bei diesen Autoren begründet sind. Sie erstrecken sich z. B. auch auf Ventile, Blenden, Kondensationseinrichtungen, Thermoelemente mit Schutzhüllen usw., die wegen ihrer Kostspieligkeit besser zusammen mit den Instrumenten einzeln erfaßt und damit auch in die Basis einbezogen werden sollten.

Auch die Berücksichtigung der *Montagekosten* erfolgt am besten durch Zuschlag zu den Anschaffungskosten der Instrumente, wofür in Deutschland normalerweise 25—50% ausreichen sollen. Für die schwierige Montage bei zentralen Leitständen wird jedoch selbst der obere Grenzwert kaum ausreichen. Für deutsche Verhältnisse erscheint andererseits die Angabe eines Zuschlagsatzes von 125—135% durch H. C. Bauman [*37*] als zu hoch. Auch hier wurden bereits für einzelne Instrumente gesonderte Sätze [*122*] oder Absolutwerte [*678*] mitgeteilt, denen jedoch bislang noch keine deutschen Erfahrungszahlen gegenüberzustellen sind.

4.081.3 Isolierungen

Die Abschätzung der Kosten für das eigentliche *Isolationsmaterial* über Quadratmeter-Preise, evtl. auch über Richtpreise je laufenden Meter bei Rohrleitungen, ist bei Kenntnis über die Größe der zu isolierenden Flächen und der gewünschten Isolierstärken relativ einfach. Veröffentlichte Daten genügen hohen Genauigkeitsansprüchen nicht mehr, da sich regionale Unterschiede und eingeräumte Rabattsätze hierdurch nicht mehr erfassen lassen.

Schwieriger ist dagegen die Vorkalkulation der Kosten für *Zubehör- und Hilfsmaterialien*, wie z. B. Bandagen, Manschetten, Klammern und sonstige Verbindungselemente, Material zur Herstellung der Schutzdecke usw., sowie der *Montagekosten*.

F. C. Otto hat in seinen Veröffentlichungen [*504—506*] eine interessante Vorkalkulationsmethode dargestellt. Diese geht von der Zusammenfassung der Zubehörmaterial- und Montagekosten zu Richtwerten aus, die von der Art des Isolationsmaterials, der Isolierstärke und den verschiedenen Montagehöhenbereichen abhängen. Die sich hieraus ergebenden Relationen zwischen den Kosten des eigentlichen Isolationsmaterials einerseits und den Zubehörmaterial- und Montagekosten andererseits müßten auch in Deutschland mit Vorteil für Schätzungszwecke verwendbar sein, wenn gewisse Korrekturen im Hinblick auf das unterschiedliche Material-Arbeitskostenverhältnis in den beiden

Ländern vorgenommen werden könnten. Hierfür liegen freilich wenig Anhaltspunkte vor.

Für deutsche Verhältnisse werden gegenwärtig etwa folgende durchschnittliche Materialkostenanteile an den gesamten Herstellkosten für

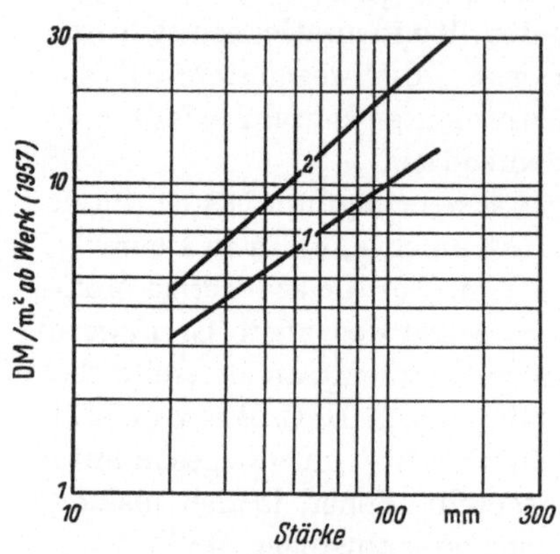

Abb. 215. Steinwollematten und Korksteinplatten
1 Steinwollematten auf Drahtgeflecht, Dichte 110—120 kg/m³
2 Korksteinplatten, Dichte 145 kg/m³, $\lambda = 0{,}032$ kcal/m h grd bei 0 °C Mitteltemperatur

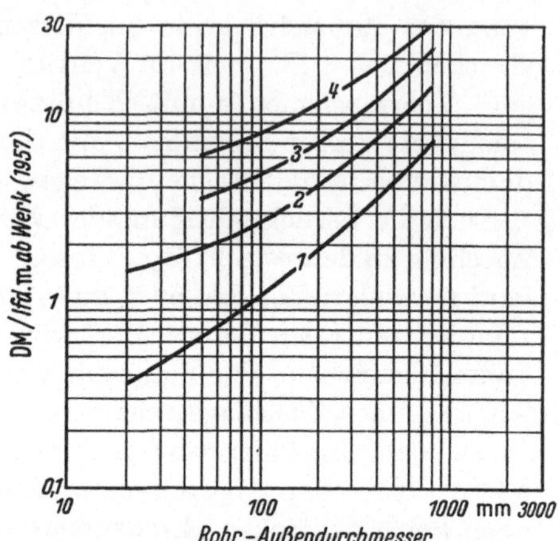

Abb. 216. Rohrleitungsisolierung mit Steinwollematten (nur Kosten der Matten)
Mattenstärke: *1* 20 mm; *2* 50 mm; *3* 80 mm; *4* 120 mm

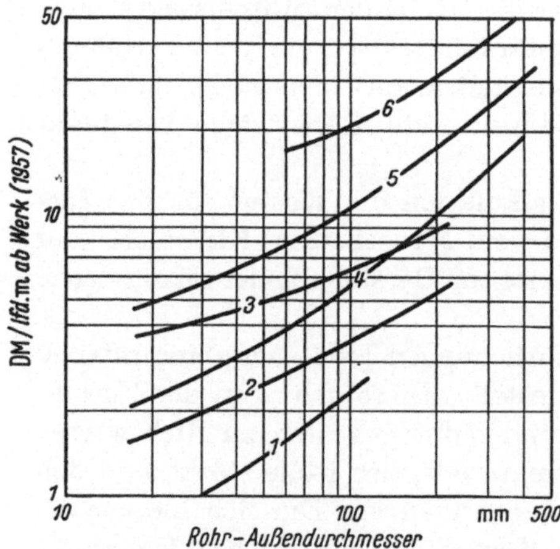

Abb. 217. Rohrleitungsisolierung mit Steinwolleschalen und Korksteinschalen (nur Kosten der Schalen)
Steinwolleschalen bei Schalenstärke: *1* 20 mm; *2* 30 mm; *3* 50 mm
Korksteinschalen bei Schalenstärke: *4* 30 mm; *5* 50 mm; *6* 80 mm

Isolierungen genannt: Steinwolleisolierungen mit Hartmantel = 40%; Steinwolleisolierungen mit Blechmantel = 50%; Kälteisolierungen = 60—70%. Hieraus kann man zwar Zuschlagsätze auf die gesamten Materialkosten zur Schätzung der Montagekosten ermitteln, die schwierige Aufgabe der detaillierten Erfassung des Zubehörmaterials bleibt aber bestehen.

Zweckmäßiger erscheint daher die Anwendung von Quadratmeter-Preisen, die sich auf die gesamten Herstellkosten bzw. den Angebotspreis für die fertige Isolierung seitens der Isolierfirmen beziehen. In Tab. 33 wurden entsprechende

Tabelle 33. *Richtpreise fertiger Isolationsarbeiten in Westdeutschland 1957* [1]

Steinwolleisolierungen: DM/m²

Behälterisolierungen mit 20 mm Steinwollematte [2] plus 10 mm Hartmantel .. 15
Behälterisolierungen mit 20 mm Steinwollematte [2] und Blechmantel
   zylindrischer Teil.. 35
   flache Böden 40
   gewölbte Böden... 65
Rohrleitungsisolierungen mit 20 mm Steinwollematte [2]
   Außenmantel Bitumenpappe 8
   Abschluß durch 10 mm Hartmantel plus Endmanschette 12
   verblechte Isolierungen
      glatte Leitungen 25
      Rohrbögen 32
      Kappen im Mittel 35
      Kappen, Façon 45
Rohrleitungsisolierungen mit 20 mm Steinwolleschalen [3], Abschluß durch
10 mm Hartmantel plus Endmanschette 15

Kälteisolierungen:

Montage von Korksteinplatten [4]
   einfache Lagen (bis 160 mm) 5
   doppelte Lagen 8
Montage von Korksteinschalen bei Rohrleitungsisolierungen [4]
   einfache Lagen (bis 80 mm) 6
   doppelte Lagen 9
Hartmantel für Korksteinisolierungen, 10 mm stark 2

---

[1] Die Größe der Isolierflächen bei Flanschverbindungen und Absperrorganen der Rohrleitungen sind technischen Handbüchern zu entnehmen. Die angegebenen Quadratmeterpreise sind auf die *Außenflächen* der fertigen Isolierung bezogen.

[2] Je weitere 10 mm Mattenstärke 1,00 DM Zuschlag.

[3] Die Zunahme der Materialkosten bei höheren Isolierstärken ist aus den Angaben in Abb. 217 zu errechnen.

[4] In den Richtpreisen für die Montage sind Kleinmaterial, Gemeinkosten und Gewinn der Isolierfirma mit eingeschlossen. Der Gesamtpreis ergibt sich durch Hinzurechnung der Materialkosten (Abb. 215 u. 217) sowie des Preises für einen Hartmantelabschluß o. ä.

Mittelwerte aus den Angaben mehrerer Isolierfirmen zusammengestellt.

Die Richtpreisdiagramme für die Abschätzung der Kosten des eigentlichen Isolationsmaterials (Abb. 215—217) wurden gleichfalls nach Informationen westdeutscher Lieferfirmen aufgestellt.

4.081.4 Elektrische Einrichtungen

Selbst bei genauen Konstruktionsunterlagen ist die detaillierte Vorkalkulation der *elektrischen Einrichtungen* schwierig und nur unvollkommen durchführbar. Es handelt sich hierbei in erster Linie um das gesamte elektrische Leitungsnetz einschließlich der erforderlichen Transformatoren bzw. der kompletten Umspannstationen sowie um die Außenbeleuchtungsstellen. Nicht einbegriffen sind dagegen Elektromotoren, Elektrolysezellen und elektrische Beheizungsanlagen für Apparate, die zu den Hauptpositionen gehören, ferner die Gebäude-Innenbeleuchtung, die bei den Gebäudekosten erfaßt wird. Es ist daher verständlich, wenn gerade hier die Entwicklung von globalen Planungs-Richtwerten angestrebt wird. Es werden dann statistisch ermittelt und bei der Vorkalku-

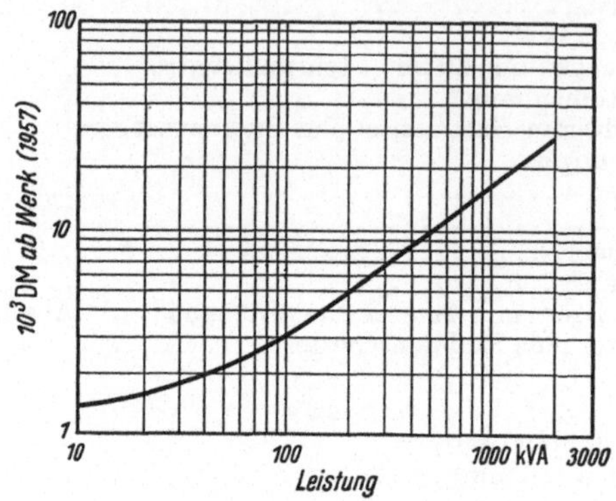

Abb. 218. Transformatoren
Oberspannung 5, 6 und 10 kV, Unterspannung bis 500 kVA etwa 400 V, darüber 525/6300 V; bei Oberspannungen von 15 und 20 kV zwischen 10 und 4% Mehrpreis.

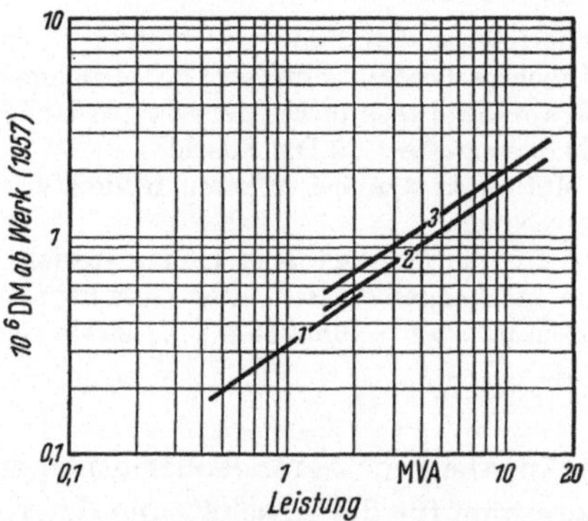

Abb. 219. Gleichrichteranlagen
Vollständige Anlagen einschließlich Transformatoren (Umspannung von etwa 6—10 kV auf Niederspannung), Instrumenten, Schaltanlagen: *1* Selen-Gleichrichter; *2* Kontakt-Gleichrichter; *3* Silicium- und Germanium-Gleichrichter

lation angesetzt: Anschaffungskosten je Außenbeleuchtungsstelle, je laufenden Meter Kabel, je kVA bei Abspannstationen usw.

Einen bequemen Richtwert für die Kosten des gesamten elektrischen Verteilungsnetzes chemischer Fabrikanlagen, einschließlich der Transformatoren usw., hat 1954 R. E. JOHNSTONE [*338*] für britische Verhältnisse mit 25—45 Pfund je kW installierter Leistung angegeben, doch fehlen hierfür jegliche Vergleichsmöglichkeiten.

Tabelle 34. *Richtpreise elektrischer Einrichtungen in Westdeutschland 1957*

DM

Direkt verlegte Erdkabel, Cu/Pb, Abdeckung mit Steinplatten, Verlegungs-tiefe 80 cm, eingerechnet mittlere Verlegungskosten von 10 DM/lfd. m[1]:

380 V:	70	kW..	15/lfd. m
	160	kW..	25/lfd. m
	340	kW..	57/lfd. m
6 kV:	1,0	MW...	17/lfd. m
	2,4	MW...	26/lfd. m
	5,1	MW...	51/lfd. m
30 kV:	8,5	MW...	35/lfd. m
	14,0	MW...	48/lfd. m
	20,7	MW...	70/lfd. m

Abspannstationen, Aufstellung innerhalb von Gebäuden[2]:

15000 kVA, 30/6 kV, Transformator, 2 Hochspannungsschalter, Stahlblechgehäuse, Instrumente, Fundamente und Montage 13/kVA
3000 kVA, 6000/500 V, wie vor, jedoch einschließlich Niederspannungs-Schaltanlage mit etwa 10–15 Abzweigungen, Ausführung als Schalt-schrank 20/kVA
1000 kVA, 6000/500 V, sonst wie vor 28/kVA
500 kVA, 6000/500 V, sonst wie vor 40/kVA

---

[1] Bei zusammengefaßter Verlegung mehrerer Kabel in einem Schacht und günsti-gen Bedingungen können die Verlegungskosten bis auf etwa 5 DM/lfd. m absinken.
[2] Bei Aufstellung im Freien etwa 15% Preiszuschlag.

Angaben für *erdverlegte Kabel* und *Abspannstationen* sind Tab. 34, für *Transformatoren* und vollständige *Gleichrichteranlagen* den Abb. 218 und 219 zu entnehmen. Diese Daten gelten für westdeutsche Verhält-nisse. Außerdem sei auf die Richtpreisangaben für elektrische Leitun-gen im „Ringbuch der Energiewirtschaft" [703, Abschn. 212,15 und 212,25] sowie auf amerikanische Veröffentlichungen [35; 41; 480, S. 18] hingewiesen.

4.081.5 Gebäude

Die Abschätzung der *Baukosten von Gebäuden* kann nach drei Ver-fahren erfolgen:

1. Anwendung von *Richtpreisen je Kubikmeter umbauten Raumes* oder *je Quadratmeter überbauter Fläche*. Das Verfahren hat sich im Bauwesen zur Durchführung von Kostenvoranschlägen seit langem bewährt, obwohl auch hier und zwar besonders auf dem Gebiete des Industrie-baus die Vielfalt der Beeinflussungsfaktoren die Ableitung allgemein-gültiger Richtwerte erschwert. Zusammenstellungen derartiger Richt-werte finden sich nicht nur in der amerikanischen [17, S. 106; 35; 84; 334; 520, S. 98; 707, S. 438], sondern auch in der deutschen Literatur [7; 45, S. 29; 244, S. 24 u. 74; 594, S. 119; 737, S. 105]. Für die Projek-tierung chemischer Anlagen kommt dieses Verfahren in erster Linie in Betracht. Die Kennzeichnung der Gebäudetypen in Tab. 35 weist einen

Tabelle 35. *Mittlere Baukosten von Industriegebäuden in Westdeutschland 1957*

1. *Fabrikationsgebäude:*　　　　　　　　　　　　　　　　　　　　　　　DM/m³

Stahlbetonbauweise, hohe Deckentragfähigkeit .... 70—90
Wie vor, jedoch geringere Deckentragfähigkeit .... 60—80
Offene Stahlgerüste mit Stahlbetondecken 40
Hallenbauten mit massiven Umfassungswänden .... 50—70
Hallenbauten in Stahlbauweise .... 40—60

2. *Laboratoriumsgebäude:*

Stahlbetonbauweise, neben Normaleinrichtung Abzüge, Rohrleitungsanschlüsse für Energie, Abwasser usw., säurefeste Fußböden, jedoch
ohne Labormöbel und Geräte .... 150—200

3. *Lagergebäude:*

Flachbauten, massiv .... 35—50
Lagerschuppen in Holzbauweise .... 20—30

4. *Bürogebäude:*

Stahlbetonbauweise .... 80—150

bewußt hohen Abstraktionsgrad auf, was die Anwendbarkeit auf überschlägige Schätzungen begrenzt. Inneneinrichtungen wie Beleuchtung,
Zentralheizung und sanitäre Anlagen sind eingeschlossen, sofern das dem
betreffenden Gebäudetyp üblicherweise entspricht, nicht dagegen Außenanlagen, Baunebenkosten oder besondere Betriebseinrichtungen.

2. Anwendung von *Richtpreisen für Teilleistungen*, d. h. für fertig
errichtete Bauelemente. Hierzu sind zunächst Größen und Konstruk-
tionsweise der wichtigsten Bauteile wie der Wände, Decken, Fußböden,
des Daches usw. festzulegen und anschließend die Baukosten nach
Erfahrungszahlen bzw. bekanntgewordenen Angebotspreisen zu veranschlagen. Solche Richtpreise, z. B. je m² Stahlsteindecke, je m³
Ziegelmauerwerk usw., finden sich in der amerikanischen Literatur
[*17*, S. 106; *662*; *707*, S. 438 mit weiteren Literaturhinweisen], jedoch
wird hier von der Wiedergabe entsprechender Werte für westdeutsche
Verhältnisse abgesehen, weil die Bedeutung dieses Verfahrens für die
Baukostenermittlung ganzer Gebäude im Rahmen der Projektierung
chemischer Anlagen gering ist.

3. Im Rahmen eines *vollständigen Kostenanschlags* werden in Analogie
zur Vorkalkulation in der Bauindustrie mehr oder minder detailliert
ermittelt: Einzelkosten der Teilleistungen (Einzelstoffkosten und Einzel-
lohnkosten), Baustellengemeinkosten sowie allgemeine Geschäftskosten,
Gewinn und Umsatzsteuer der unterverpflichteten Baufirmen [vgl. hierzu im einzelnen K. MELLEROWICZ *444*, Bd. II, 2, S. 309]. Nur bei den
Mengenermittlungen über den Materialbedarf und die erforderlichen
Arbeitsstunden für die Teilleistungen kann man auf veröffentlichte
Daten [*44*; *411*; *521*; *535*; *544*; *709*; *710*] zurückgreifen, die Wertansätze
müssen dagegen in örtlich und zeitlich gültiger Höhe erfolgen. Ver-

einfachend werden die Baustellengemeinkosten nicht gesondert erfaßt, sondern zusammen mit den allgemeinen Geschäftskosten in einem Globalzuschlag auf die Einzelkosten berücksichtigt [*444*, Bd. II, 2, S. 319]. Eine derartige Vorkalkulation wird aber seitens der projektierenden Stelle nur in den seltensten Fällen aufgemacht und bleibt regelmäßig den anbietenden Baufirmen vorbehalten, deren Angebotspreise bei der Vorkalkulation des Gesamtprojektes als Daten eingehen.

4.081.6 Hilfsbetriebe

Für die innerhalb dieses Abschnitts dargestellten Richtpreisdiagramme gelten die *Hinweise unter Kap. 4.070 entsprechend*. Es geht hier vor allem um die Abschätzung der apparativen Einrichtungen, nicht der bereits im vorigen Abschnitt behandelten Gebäude.

4.081.60 Dampfkesselanlagen

Die Abschätzung des Investitionsbedarfs für *Kesselanlagen* wird allgemein über Richtpreise vorgenommen, die auf die Dampferzeugungsleistung in Stundentonnen bezogen sind. Neben der Dampfleistung, die

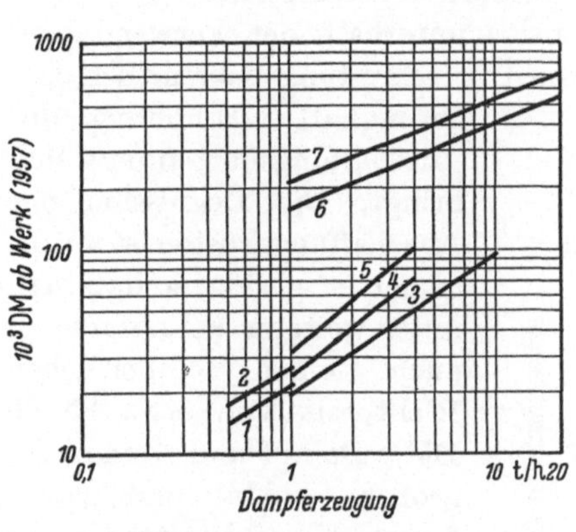

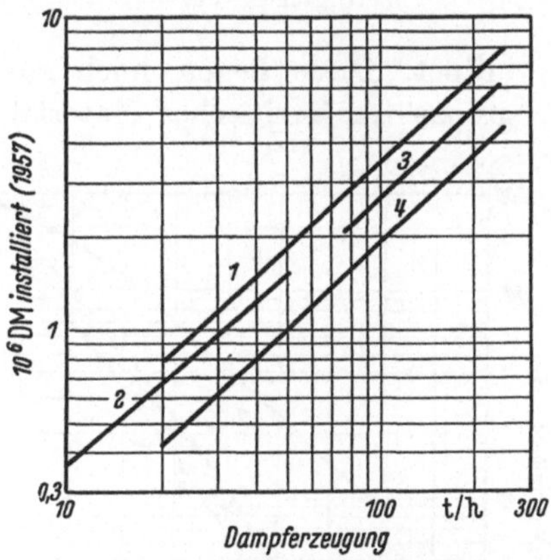

Abb. 220. Kleinkessel
Einflammrohrkessel, mit Planrost:
1 10 atü/325 °C; *2* 16 atü/350 °C
Dreizug-Flammrohr-Rauchrohrkessel, Rostfeuerung: *3* 6 atü/325 °C, bei 13 atü 10%, bei Ölfeuerung 20% Zuschlag
Zweiflammrohrkessel, mit Planrost:
4 10 atü/325 °C; *5* 18 atü/350 °C
Kleinwasserrohrkessel im Stahlblechgehäuse, Wanderrostfeuerung, einschließlich Speisepumpen: *6* 16 atü/350 °C; *7* 42 atü/400 °C

Abb. 221. Großleistungs-Wasserrohrkessel
1 Kohlenstaubfeuerung, zwischen
80 atü/450 °C und 140 atü/535 °C
2 Kohlenstaub- oder Rostfeuerung
25 atü/450 °C
3 Ölfeuerung, zwischen 110 atü/535 °C
und 140 atü/535 °C
4 Ölfeuerung, zwischen 42 atü/450 °C
und 80 atü/450 °C

der Kesselheizfläche und damit der Baugröße weitgehend proportional ist, sind noch Druck, Überhitzungstemperatur, Feuerungsart und Kesseltyp wesentliche Einflußgrößen.

Die Richtwerte für die bereits überwiegend typisiert hergestellten *Kleinkessel* (Abb. 220) gelten meistens ohne Zubehöreinrichtungen. Für

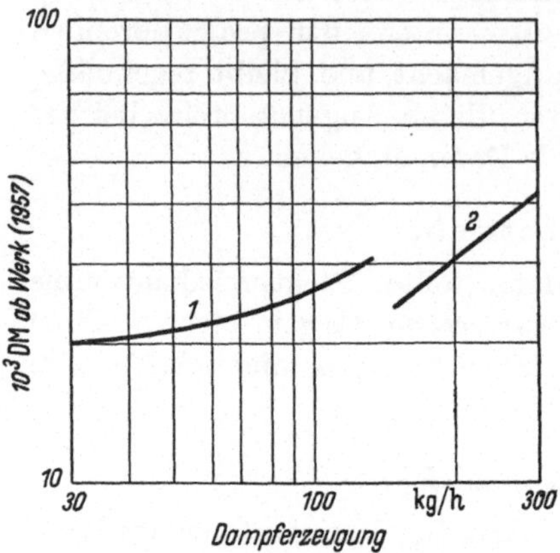

Abb. 222. Hochdruck-Dampferzeuger
1 Ausführung in Stahlblechgehäuse, aufstellungsbereit
2 Ausführung für Einmauerung, Stahlteil ohne Einmauerung

die Montage sind 10% Zuschlag ausreichend. Die Anschaffungskosten der *Großleistungs-Wasserrohrkessel* (Abb. 221) gelten dagegen für den betriebsfertig aufgestellten Kessel einschließlich Speisewasserpumpen, Saugzuganlagen, Entaschung sowie Kohlenmahlanlagen bei Kohlenstaubfeuerung, jedoch ohne Bauteil und Rauchgasentstaubung. Die preislichen Unterschiede zwischen kohle- und gasgefeuerten Kesseln sind gering, zwischen diesen beiden und ölgefeuerten Kesseln dagegen erheblich. Den Leistungsgrenzen der Kessel wurden die im Normalfall üblichen Drucke und Überhitzungstemperaturen zugeordnet. Diese liegen noch ausnahmslos unterhalb der Verwendungsgrenze für ferritisches Material, deren Überschreitung bekanntlich eine

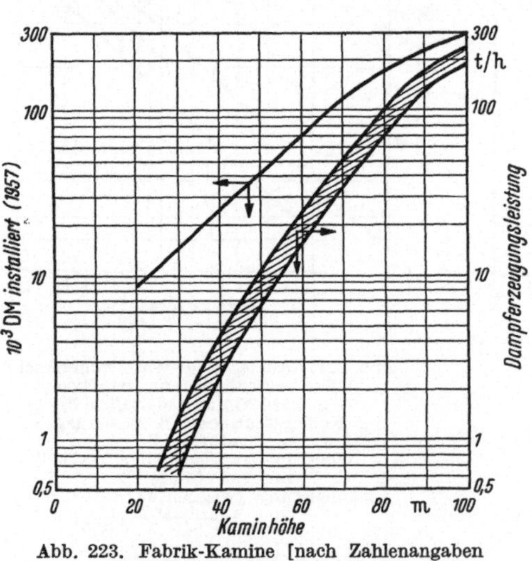

Abb. 223. Fabrik-Kamine [nach Zahlenangaben von H. SCHÜTTER, *623*, 183—1]

sprunghafte Erhöhung der Anschaffungskosten mit sich bringt. Die Degression der Anschaffungskosten ist im allgemeinen gering, so daß man unter weiterer Vereinfachung auch einen einheitlichen Richtpreis von etwa 35000 DM/t Dampf und Stunde für größere kohle- und gasgefeuerte Kessel ansetzen kann; dieser Wert würde sich bei Ölkesseln um etwa 30% erniedrigen.

Die *Hochdruck-Dampferzeuger* (Abb. 222) finden in der chemischen Industrie zur Sattdampf-Beheizung von Apparaten bei höheren Temperaturen bis zu etwa 370 °C vielfache Verwendung.

4.081.61 Kraftwerksanlagen

In den meisten Fällen verlangt man von Industriekraftwerken, ganz
besonders aber in der chemischen Industrie, neben der Stromerzeugung

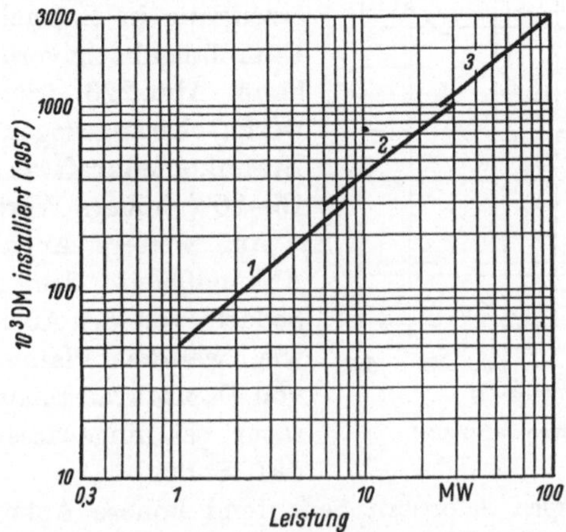

Abb. 224. Drehstrom-Generatoren
1 Vierpolig (1500 U/min), 6,3 kV, mit Luftkühlung, Zuschlag für Luftkühler zwischen 10 und 7%
2 Zweipolig (3000 U/min), 6,3 kV, mit Luftkühlung, Zuschlag für Luftkühler zwischen 6 und 4%
3 Zweipolig (3000 U/min), 10,5 kV, mit Wasserstoffkühlung (Kühler eingebaut)

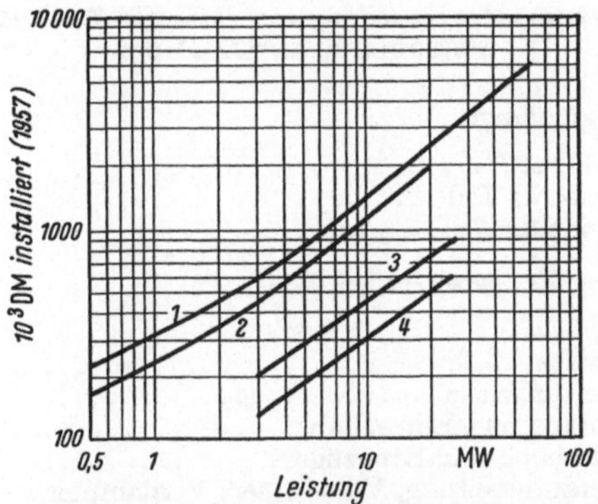

Abb. 225. Generatoren einschl. Turbinenantrieb
1 Kondensations-Dampfturbinen mit Kondensationsanlage und Generator, Frischdampfzustand
zwischen 42 atü/450°C und 140 atü/535°C, Kondensations-Gegendruck entsprechend Rückkühlbetrieb
2 Gegendruck-Dampfturbinen mit Generator, Frischdampfzustand wie unter 1, Gegendrucke bis
etwa 25 atü
3 Gasturbinen mit Generator, offener Prozeß, mit Luftvorwärmer, etwa ab 10 MW zweiwellig,
Serienbauweise
4 Wie 3, jedoch ohne Luftvorwärmer

die gleichzeitige Abgabe von Dampf für Heiz- und Fabrikationszwecke
(Gegendruckbetrieb). Daraus ergibt sich oft eine sehr spezielle Auslegung
der Kraftwerksanlagen, so daß die Ermittlung des Kapitalbedarfs durch
Einzelschätzung der Dampfkessel, Turboaggregate und des Bauteils

erfolgen muß. Für die Abschätzung des *maschinellen Teils* geben Abb. 224 und 225, für die Veranschaulichung der *Nebenpositionen* die Zahlenwerte der Tab. 36 einen Anhalt. Kommt in Ausnahmefällen nur die Stromerzeugung in Betracht oder ist die Dampfabgabe zu vernachlässigen, so kann Abb. 226 (Steinkohlenkraftwerke) herangezogen werden. Für Braunkohlenkraftwerke werden um 15—20% höhere Werte genannt.

Auf weitere Angaben über die Abhängigkeit des Anlagekapitalbedarfs von der Ausbauleistung sowie weitere Planungs-Richtwerte von Dampfkraftanlagen in der Literatur sei hingewiesen [*473*, S. 36; *621*, S. 652].

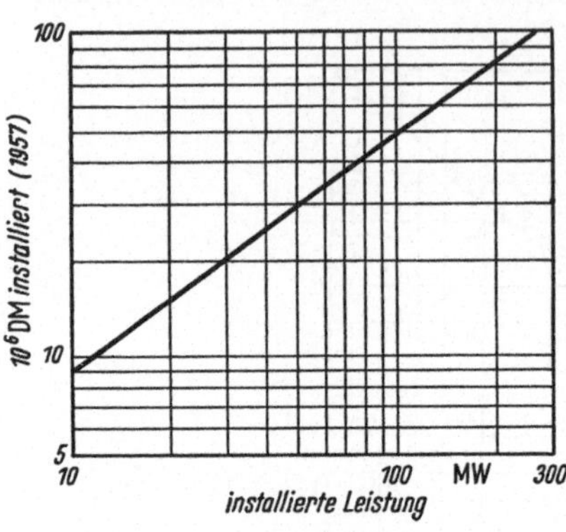

Abb. 226. Steinkohlenkraftwerke[1]

Wasserkraftanlagen erfordern bedeutend höhere Anlageinvestitionen als Dampfkraftwerke. Nähere Aufschlüsse hierüber vermittelt eine Arbeit von W. BORKENSTEIN [*63*, S. 734 mit weiteren Literaturhinweisen].

Tabelle 36. *Baukostenunterteilung von Dampfkraftwerken (1953)*
[K. SCHRÖDER u. a., *621*, S. 652]

Gesamtaufteilung: %

Bauteil	19
Elektrischer Teil	16
Maschineller Teil	65

Aufteilung des maschinellen Teils:

Kessel	35
Turbosatz	33
Rohrleitungen	10
Bekohlung und Entaschung	5
Entstaubung und Saugzüge	4
Wasseraufbereitung, Vorwärmer, Verdampfer	4
Überwachung, Regelung	4
Speisepumpen	2
Krane, Hebezeuge, Transport	2
Kühlwasserreinigungsanlage	1

4.081.62 *Wasseraufbereitungs- und Wasserrückkühlanlagen*

Abb. 227 gibt zunächst über den Investitionsbedarf für übliche *Wasseraufbereitungsanlagen* Auskunft, und zwar betriebsfertig aufgestellt mit

---

[1] Nach Daten einer Mitteilung von Dr. H. GAEDECKE, Technische Universität Berlin.

sämtlichen Verbindungsleitungen, Steuerorganen, Instrumenten usw. Hinsichtlich der Rohwasserbeschaffenheit wurden mittlere Verhältnisse zugrunde gelegt und Unterschiede aus wechselndem Salzgehalt und

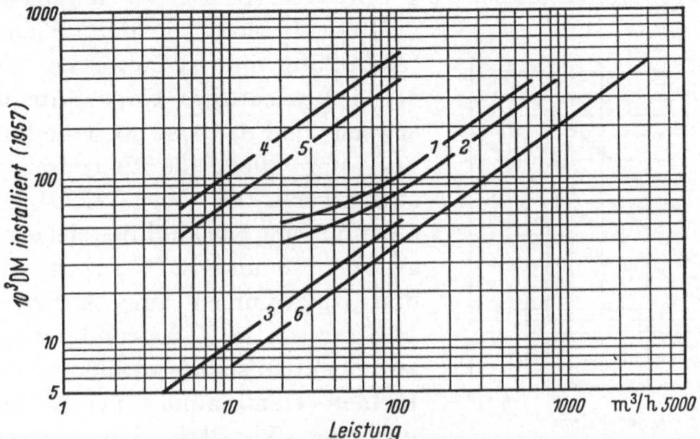

Abb. 227. Wasseraufbereitungsanlagen

1 Entkarbonisierunganlagen nach dem Fällungsverfahren mit automatischer Chemikaliendosierung und Reservefilter für die Spülzeitüberbrückung; für Kühlwasser, Gebrauchswasser und zusammen mit Basenaustauschern auch für Kesselspeisewasser
2 Schnell-Entkarbonisierungsanlagen mit Spitzreaktor, automatischer Chemikaliendosierung und Reservefilter für die Spülzeitüberbrückung, Verwendung wie unter 1
3 Basenaustauschanlagen, etwa 15° Gesamthärte, vollständige Enthärtung ohne Entsalzung für Gebrauchswasser und Kesselspeisewasser, ohne Reservefilter
4 Vollentsalzungsanlagen mit doppelter Filterstraße (100% Reserve für kontinuierlichen Betrieb), zwischengeschaltetem CO_2-Rieseler und nachgeschaltetem Mischbettfilter, 4stufige Ausführung, Salzgehalt etwa 400 g/m³
5 Wie unter 4, jedoch ohne Reservefilter
6 Filteranlagen zur Entfernung von Schwebestoffen (Klärung), Filtriergeschwindigkeiten zwischen 10 und 30 m/h

wechselnder Zusammensetzung vernachlässigt. Besonders schwierige Aufbereitungsfälle, wie die Beseitigung von Eisen oder Mangan, sind nicht berücksichtigt. Von einigen Autoren wurden auch die Einflüsse der Rohwasserbeschaffenheit auf die Anschaffungskosten bereits untersucht [291; 490; 513].

Bei den Innenausrüstungen der *Schnell-Fällungsreaktoren* (Abb. 228) sind zusätzlich die Behälterkosten zu schätzen. Die Dimensionierung der Behälter richtet sich nach den anwendbaren Steiggeschwindigkeiten. Diese schwanken je nach dem Aufbereitungsfall zwischen etwa 2,5 und

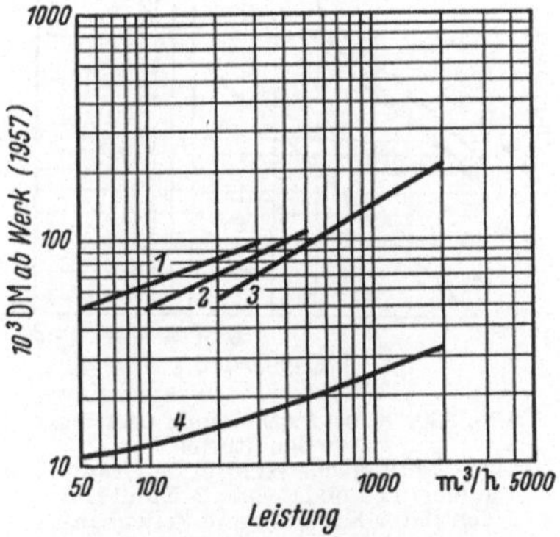

Abb. 228. Ausrüstungen für Schnell-Fällungsreaktoren

1 Ausrüstung für Einbau in runden Ganzstahlbehälter
2 Ausrüstung für Einbau in runden Stahlbehälter mit Betonsohle
3 Ausrüstung für Einbau in runden oder quadratischen Stahlbetonbehälter
4 Vollständige Dosiereinrichtungen für 2—4 Chemikalien

6 m/h. Für die Montage sind übliche Werte von 10—12% zuzuschlagen.

In Abb. 229 sind die Anschaffungskosten von *Ionen-Austauschern* (Filter einschl. Innenausrüstung und Austauschermaterial) über dem Austauschervolumen, unabhängig vom Wasserdurchsatz, aufgetragen.

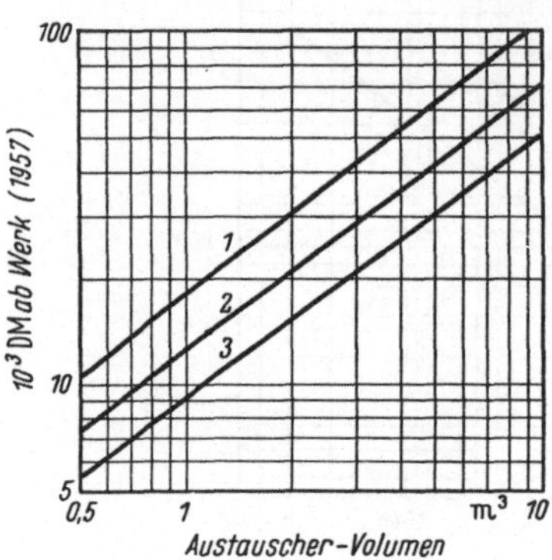

Abb. 229. Ionen-Austauscher
1 Anionen-Austauscher, stark basisch;
2 Wasserstoff-Austauscher, stark sauer;
3 Kationen-Austauscher, mit Na^+-
Kreislauf

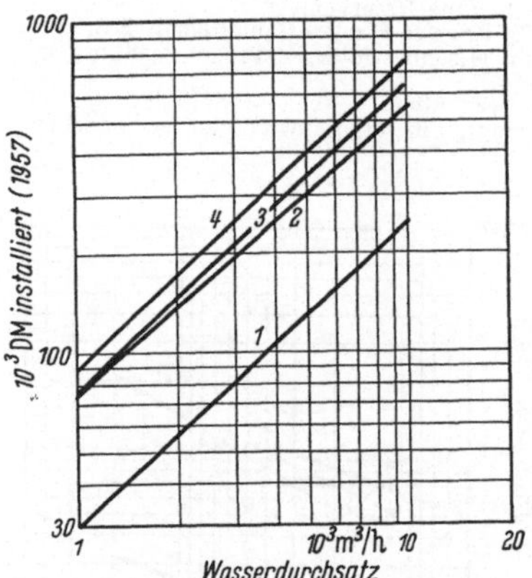

Abb. 230. Selbstventilierende und Ventilator-Kühltürme
Selbstventilierende Kühltürme (Kaminkühler): *1* Fundament; *2* Kühlturm
Ventilator-Kühltürme in Zellenbauweise: *3* Betonteil; *4* Einbauten

Obwohl sich bei den *Kühltürmen* (Abb. 230) die hydraulische Leistung als der wichtigste Kapazitätsmaßstab erweist, sind daneben noch die Bauweise und vor allem die thermischen Leistungswerte zu berücksichtigen. Da die üblichen Rückkühlbereiche vielfach zwischen 8 und 12 °C liegen, wurde in den Diagrammen eine *mittlere Rückkühlung von 10 °C* zugrunde gelegt, und zwar bei den selbstventilierenden Kühltürmen (Kaminkühlern) von 37 auf 27 °C und den Ventilator-Kühltürmen von 33 auf 23 °C unter der weiteren Voraussetzung eines Luftzustandes von 15 °C und 70% Feuchte. Die Becken sind in beiden Fällen aus Beton, der Schlot der Kaminkühler in Stahlkonstruktion mit Wellasbestzement-Verkleidung und der Schlot der Ventilator-Kühltürme in Stahlbeton gehalten, die Einbauten jeweils aus Holz. Die Wassereinlaufhöhe beträgt bei den Kaminkühlern zwischen 7 und 8 m, bei den Ventilator-Kühltürmen dagegen 9 m. Die Turmhöhe dieser ist unabhängig von der hydraulischen Leistung mit 17 m anzunehmen.

Über Relationen zwischen Anschaffungskosten von Kühltürmen unterschiedlicher thermischer Leistungen vermitteln W. L. NELSON [*480*, S. 25] und H. C. BAUMAN [*35*] Hinweise, während sich J. JACKSON mit den Kosten einzelner Bauelemente befaßt [*330*, S. 29].

Bei den eigentlichen *Wassergewinnungsanlagen*, vor allem Brunnenanlagen, läßt sich noch schwerer etwas Allgemeingültiges aussagen. Wäre eine Kaufkraftparität zwischen $ und DM von ungefähr 3:1 zutreffend, so könnte man nach den Angaben F. C. FOWLERS [*217*] bei Bohrtiefen

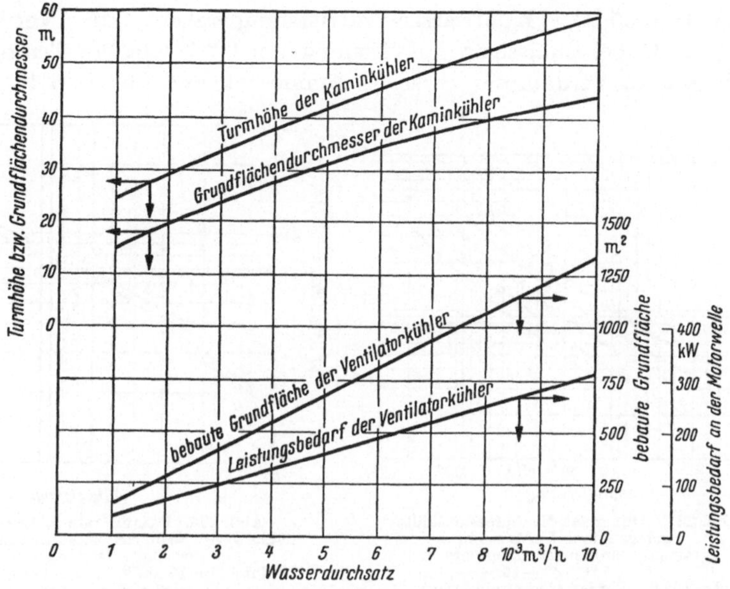

Abb. 231. Technische Daten der Kühltürme unter Abb. 230

von 20—45 m mit Baukosten vollständiger Brunnenanlagen von etwa 6000 DM bei 0,5 m³/min und 30000 DM bei 5 m³/min Leistung rechnen (1957).

4.081.63 Kälteanlagen

In den Richtpreisen der *Ammoniak-Kompressionskälteanlagen* sind einbegriffen: Kolbenverdichter (ohne Reserve), Röhrenverflüssiger, Verbindungsleitungen, Antriebe, Schaltgeräte, sonstige Zubehörteile sowie die gesamten Isolierungen der kalten Leitungen und Apparate, im Falle der Abb. 232 auch ein Röhrenverdampfer. Dieser kommt in Wegfall, wenn es sich nicht um normale Solekühlanlagen handelt, sondern die Entspannung direkt in Spezial-Apparaten erfolgen soll. Den Diagrammen liegen folgende, auf Normalverhältnisse abgestellte Annahmen zugrunde: Ammoniak - Verflüssigungstempe-

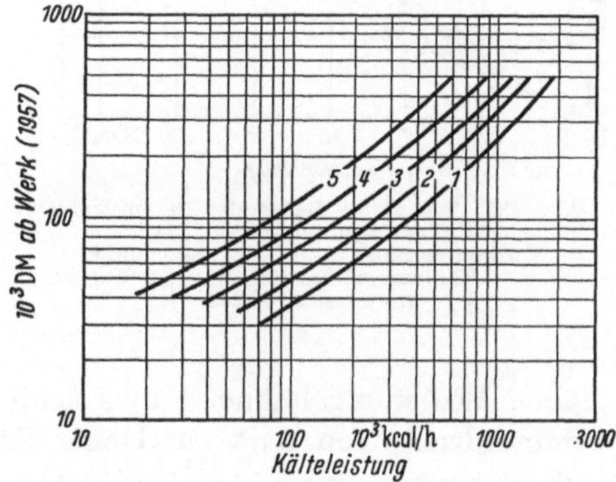

Abb. 232. Ammoniak-Kompressionskälteanlagen
Einstufig, Verdampfungstemperatur: *1* —5 °C;
2 —15° C
Zweistufig, Verdampfungstemperatur: *3* —25 °C;
4 —35 °C; *5* —45 °C

ratur $= + 35\,°C$, Kühlwasser-Eintrittstemperatur im Verflüssiger $= + 22\,°C$ bei zulässiger Aufwärmung um $6\,°C$, mittlere Temperaturdifferenz im Verdampfer zwischen Ammoniak und Sole $= 5\,°C$.

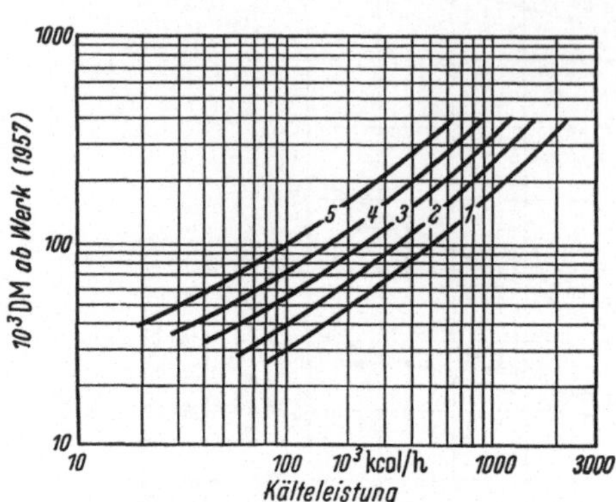

Abb. 233. Ammoniak-Kompressionskälteanlagen ohne Verdampfer
Einstufig, Verdampfungstemperatur:
1 —5 °C; *2* —15 °C
Zweistufig, Verdampfungstemperatur:
3 —25 °C; *4* —35 °C; *5* —45 °C

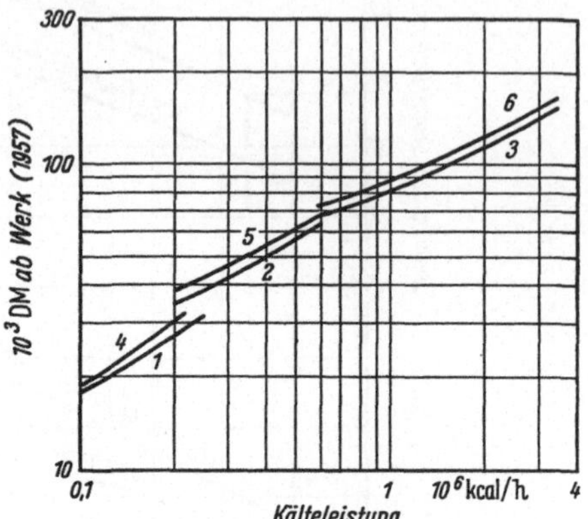

Abb. 234. Dampfstrahl-Kälteanlagen
Kühlung von 20 auf 12 °C: *1* Einstufig; *2* Zweistufig; *3* Dreistufig
Kühlung von 15 auf 7 °C: *4* Einstufig; *5* Zweistufig; *6* Dreistufig

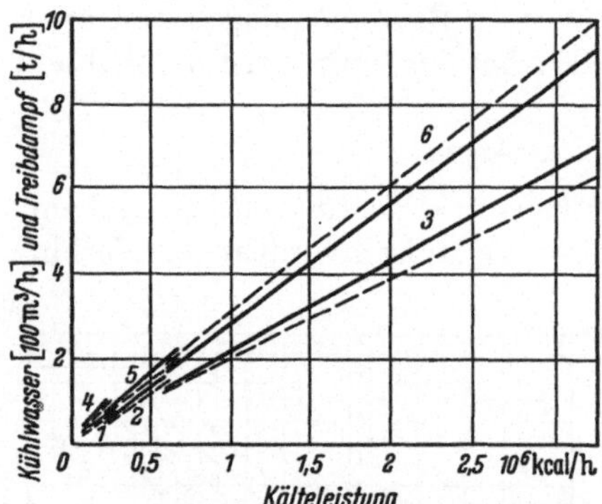

Abb. 235. Technische Daten der Dampfstrahl-
Kälteanlagen unter Abb. 234
Verbrauchszahlen: - - - - - -: Treibdampf;
————: Kühlwasser; Bezeichnung der Kurven
wie unter Abb. 234

Die angegebenen Leistungsbereiche sind in der Mehrzahl der Fälle ausreichend. Anlagen mit größeren Leistungen als etwa 500 000 kcal/h bei $- 5\,°C$ bzw. 200 000 kcal/h bei $- 45\,°C$ Verdampfungstemperatur wird man meistens nicht wählen, dagegen aus Gründen der Betriebssicherheit und Reservehaltung eher die Zahl der Anlageneinheiten vermehren.

Für Fundamente und Montage sind etwa 15% zuzuschlagen.

Bei den häufig eingesetzten *Dampfstrahl-Kälteanlagen* (Preise ohne Bedienungsbühne, Fundamente und Montage) wurden ein Treibdampfdruck von 2 atü und eine Kühlwasser-Eintrittstemperatur von 22 °C angenommen (Abb. 234). Abb. 235 enthält Angaben über Treibdampf- und Kühlwasserverbrauch. Der Kaltwasserdurchsatz ergibt sich leicht aus der Kälteleistung und den Temperaturdifferenzen zwischen den Abkühlungsgrenzen des Kaltwassers.

Die Ableitung von Preiskurven für *Ammoniak-Absorptionskälteanlagen* (Abb. 236) ist wegen deren viel stärkerer Anpassung an spezielle Betriebsverhältnisse schwieriger. Die Anschaffungskosten variieren vor allem mit der Kühlwasser-Eintrittstemperatur, je nach Parallel- oder Hintereinanderschaltung von Verflüssiger und Absorber hinsichtlich des Kühlwasserdurchlaufs, sowie mit der Entgasungsbreite. Je kleiner diese gewählt wird, desto mehr steigt der apparative Aufwand. Die Preiskurven gelten für die Gesamtapparatur mit Nebenpositionen (Isolierungen, Stahlkonstruktionen). Die Kühlwasser - Eintrittstemperaturen der Anlagen, deren Preise für die Ableitung der Kurven benutzt wurden, schwankten meist zwischen 18 und 28 °C. Die Entgasungsbreiten betrugen zwischen 8 und 10%.

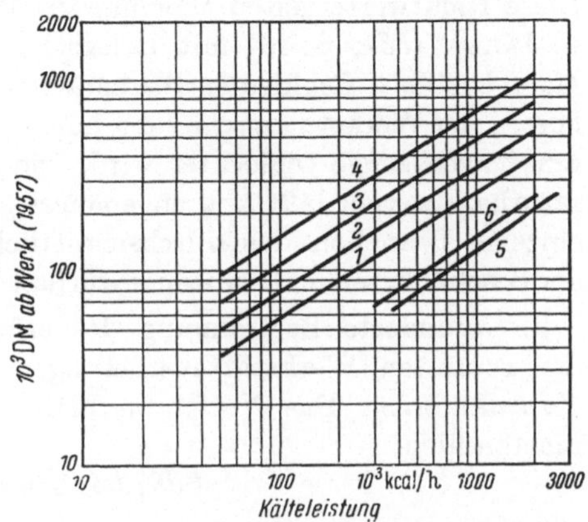

Abb. 236. Absorptionskälteanlagen. Kältemittel Ammoniak, Verdampfungstemperatur: *1* +5 °C; *2* —15 °C; *3* —35 °C; *4* —55 °C Kältemittel Lithiumbromid, Kaltwassertemperatur: *5* +10 °C; *6* +5 °C

Wegen der größeren Anzahl von Bauelementen sind die Montagekosten höher als bei Kompressionskälteanlagen. Für Gesamt-Montage und Fundamente der bevorzugt im Freien errichteten Anlagen sind 25% Zuschlag angemessen.

Beim Wegfall der normalen Solekühlung kann der Verdampferanteil mit rund 15% am Gesamtpreis angenommen und hiervon abgezogen werden. Über Energieverbrauchszahlen und technische Einzelheiten gibt eine Arbeit von K. H. RICHTER [565] wertvolle Hinweise.

Die Richtpreise der *Lithiumbromid-Absorptionskälteanlagen* (Abb. 236) gelten nur bei Herstellung in Deutschland, während für aus USA importierte Anlagen etwa 70% zuzuschlagen wären. Anstelle der Verdampfungstemperatur wurde hier die Kaltwassertemperatur als Kurvenparameter eingeführt.

4.081.64 Reparaturwerkstätten

Der für Neuerrichtung oder Erweiterung von *Reparaturwerkstätten* erforderliche Investitionsbedarf läßt sich auf zwei Wegen ermitteln:

1. Angenäherte Schätzung über Erfahrungswerte, die den *spezifischen Kapitalbedarf je Reparaturhandwerker* angeben. Ein chemischer Großbetrieb Westdeutschlands nennt z. B. folgende Planungs-Richtwerte je Reparaturhandwerker (1957):

Gebäudegrundfläche .... 26 m²
Gebäudenutzfläche .... 13 m²
Gebäudekosten mit Außenanlagen .... 12000 DM
Anschaffungskosten der Werkstattausrüstung .... 3000 DM

Diese Richtwerte gelten aber nur für Werkstätten normaler Größe, die F. JÄHNE [*331*, S. 40] mit Belegschaftsstärken zwischen 40 und 100 Mann beziffert. Bei kleinen Werkstätten sind besonders die Anschaffungs-kosten der Werkstattausrüstung höher, weil die Ausnutzung der Gemein-schaftswerkzeuge schlechter wird. Die Anzahl der erforderlichen Repa-raturhandwerker läßt sich angenähert über Kennziffern schätzen, die für einzelne Branchen das durchschnittliche Verhältnis zwischen der Zahl der Beschäftigten und der Reparaturhandwerker angeben [vgl. Kap. 4.224].

2. Gesonderte Bestimmung des erforderlichen Gebäuderaumes und der gesamten Werkstattausrüstungen sowie anschließende *detaillierte Vorkalkulation*. Das Verfahren bietet keine Besonderheiten, ist aber umständlich.

4.081.65 *Laboratorien*

Die Bestimmung der Baukosten vollzieht sich nach den bereits oben erwähnten Methoden [s. Kap. 4.081.5]. Die Anschaffungskosten der *Laboreinrichtungen* lassen sich durch Globalschätzung wegen der großen Unterschiede in der Ausstattung nur schwer vorausbestimmen, wenn die detaillierte Vorkalkulation vermieden werden soll. Unter normalen Ver-hältnissen werden in Westdeutschland für die Einrichtungen 150 bis 200 DM/m³ umbauten Raumes genannt (1957), so daß die Anschaffungs-kosten der Laboreinrichtung den reinen Baukosten etwa die Waage halten würden. Die auf die Gebäudegrundfläche bezogenen Richt-werte von P. JANDRISEVITS [*334*] würden gleichfalls einen Zuschlag von 100% auf die Gebäudekosten zur Berücksichtigung der Laboreinrich-tung rechtfertigen.

Daneben nennt ein Großbetrieb der chemischen Industrie West-deutschlands für normale Betriebslaboratorien einen globalen Planungs-Richtwert von 7000 DM/Arbeitsplatz (Gebäude plus Einrichtungen).

4.081.7 Verwaltungsbetriebe

Die aufschlußreichen Ergebnisse einer statistischen Erhebung und Berechnung des durchschnittlichen *Kapitalbedarfs wichtiger Typen von Büroarbeitsplätzen* durch E. GAUGLER [*231*] sind in Tab. 37 mitgeteilt. Den Untersuchungsergebnissen lag Zahlenmaterial aus der Inventari-sierung und Neubewertung der Vermögensgegenstände von nicht weniger als 600 Arbeitsplätzen zugrunde, die 70 Unternehmungen verschiedener Größe und Branche angehörten. Unter dem anteiligen Kapitalbedarf für Gebäude wurde nur der Nutzraum erfaßt, dagegen blieben alle Arten von Nebenräumen unberücksichtigt. Der Nutzraum wurde mit 120 DM/ m³ bewertet. Der insgesamt erforderliche umbaute Raum liegt natürlich höher als der Nutzraum, worüber hier allerdings nichts angegeben wird.

Die Richtwerte in Tab. 37 besitzen für die Vorkalkulation des Kapitalbedarfs im Verwaltungsbereich großes Interesse. Allerdings ist für die Anwendbarkeit Voraussetzung, daß die Zahl der erforderlichen Büroarbeitsplätze nach derartigen Typen differenziert festgelegt wurde. Schätzt man dagegen die Zahl der Büroarbeitsplätze nur global, so kann man nach den Angaben eines chemischen Großbetriebes in der Bundesrepublik vereinfachend mit einem mittleren Kapitalbedarf von etwa 8000 DM (Gebäude plus Einrichtungen) je Arbeitsplatz rechnen (1957). In der Werkzeitschrift der Zellstoffabrik Waldhof, Wiesbaden, wurde 1956 allerdings für ein neues Verwaltungsgebäude der höhere Wert von 12000 DM/ Arbeitsplatz genannt [*231*, S. 682, Fußnote 3].

Tabelle 37
Spezifischer Kapitalbedarf verschiedener Arbeitsplatztypen in der Verwaltung
[E. GAUGLER, *231*]

Arbeitsplatz-Typ	Bedarf an Arbeitsraum (Nutzraum) (m³)	Kapitalbedarf (DM)			Anteil des Arbeitsraumes am Gesamtwert (%)
		Arbeitsraum	Maschinen, Einrichtung, Büromaterial	Gesamtwert	
Abteilungsleiter	70	8400	5200	13600	61,8
Sachbearbeiter	26	3100	3100	6200	50,0
Technischer Zeichner	32	3800	1800	5600	67,9
Maschinenbuchhalter	30	3600	14000	17600	20,8
Handbuchhalter	21	2500	3000	5500	45,5
Chefsekretärin	48	5800	4500	10300	56,3
Stenotypistin	21	2500	2100	4600	54,3
Pförtner	52	6200	13400	19600	31,6
Fernschreiberin	33	5000	12500	17500	28,6
Telefonistin	26	3100	14100	17200	18,0
Poststelle	192	23000	6700	29700	77,4
Registratur	300	36000	12200	48200	74,7

4.081.8 Grundstücke, Geländeerschließung und Nebenanlagen

Wegen der großen örtlichen Schwankungen der *Grundstückspreise* wird man so früh wie möglich genauere Informationen hierüber zu beschaffen suchen. Liegt aber der Standort der geplanten Anlagen überhaupt noch nicht fest, so mögen etwa folgende Richtwerte als Anhaltspunkte für größenordnungsmäßige Schätzungen dienen: Unaufgeschlossenes Gelände in ländlichen Bezirken etwa 0,50—3,00 DM/m², Industriegegenden und Vorstadtbezirke 3—10 DM/m² (1957).

Allgemeingültige Richtwerte für *Geländeerschließungskosten* (Tab. 38) sind gleichfalls recht ungenau, da es sehr auf die Geländebeschaffenheit und die Einsatzmöglichkeiten von Maschinen ankommt. Die Genauigkeit ist aber trotzdem meistens ausreichend, zumal der Anteil dieser Neben-

Tabelle 38. *Richtpreise für Geländeerschließungsarbeiten in Westdeutschland 1957*

	DM
Abstechen und Aufheben von Rasen, bis 20 cm stark, Transport auf mittl. Entfernungen von 50 m und Stapeln	$2-2,50/m^2$
Herstellen eines Rohplanums, Auf- und Abtrag bis ± 30 cm	$1-1,50/m^2$
Schachtarbeiten bei geringem Erdaushub von Hand, einschl. Beiseitesetzen, ohne Erdtransport	$6/m^3$
Schachtarbeiten bei großem Erdaushub und Maschineneinsatz	$1,50-2,50/m^3$
Erdtransport bis 5 km (auf feste Masse bezogen)	$2/m^3$
Erdtransport je weiteren km	$0,10/m^3$
Errichtung von Erdaufschüttungen (Dämmen usw.), ohne Erdaushub und -transport, maschinell	$2-3/m^3$
Herstellen von Feinplanum	$1,50/m^2$
Herstellen von Entwässerungsgräben	$6/lfd. m$
Durchschnittspreis für gesamte Erdbewegung	$5/m^3$

Tabelle 39. *Richtpreise für Nebenanlagen in Westdeutschland 1957*

I. *Straßen:*

	DM
Betonstraße, 20 cm Gesamtstärke	$25/m^2$
Betonstraße, 25 cm Gesamtstärke	$30/m^2$
Gußasphaltstraße, leichte Ausführung, 15 cm Unterbeton $(17/m^2)$ und 2,5 cm Asphaltdecke $(8/m^2)$	$25/m^2$
Gußasphaltstraße, schwere Ausführung, 25 cm Unterbeton $(22/m^2)$ und 4 cm Asphaltdecke $(12/m^2)$	$34/m^2$
Schotterstraße, 25 cm Hartsteinpacklage $(15/m^2)$ und 8 cm wassergebundene Decke $(8/m^2)$	$23/m^2$
Straßenunterbau	$10/m^2$
Unbefestigte Werkstraße	$15/m^2$

II. *Gleisanlagen (Normalspur)*[1]:

	DM
Gleis	$190/lfd. m$
Einfache Weichen	16500
Doppelweichen	30000
Kreuzungen	24000
Gleis mit durchschnittlicher Weichenzahl	$250-300/lfd. m$

III. *Kanalisationsanlagen*[2]:

	DM
Steinzeugrohre, 15 cm $\varnothing$, 1,50 m tief verlegt	$21/lfd. m$
Steinzeugrohre, 30 cm $\varnothing$, 2 m tief verlegt	$43/lfd. m$
Betonkanäle, 50 cm $\varnothing$, 2,50 m tief verlegt	$53/lfd. m$
Kontrollschacht	$425-700/stgd. m$

IV. *Zäune:*

	DM
Drahtzaun mit Maschinengeflecht, T-Eisenpfosten, etwa 1,80 m hoch	$15- 20/lfd. m$
Gestanztes Drahtgitterwerk auf massivem Sockel, etwa 2 m hoch	$100-150/lfd. m$

---

[1] Schienenprofile sämtlich K 49, Holzschwellen, Weichen und Kreuzungen 1:9, Preise einschließlich Schotterbettung und Verlegen.

[2] Nach Angaben von W. GRAFF [*244*, S. 32] korrigiert mit einem Baukostenindex von 354 gegenüber 1913 = 100 und abgerundet.

position am gesamten Anlagekapitalbedarf für Neuanlagen oft weniger als 0,5% beträgt [*638*].

Tab. 39 gibt Richtpreise für verschiedene *Nebenanlagen*. Hinsichtlich weiterer Angaben sei auf amerikanische Literaturquellen [*35*; *334*; *479*, S. 54; *480*, S. 68; *772*, S. 14] sowie auf die Arbeit von H. MIESSNER [*451*] verwiesen.

4.09 Die Vorkalkulation des Kapitalbedarfs der indirekten Nebenpositionen

Zu den *indirekten Nebenpositionen* werden gerechnet:

1. *Konstruktionskosten*. Der Begriff ist eigentlich etwas zu eng, denn in der Praxis meint man hiermit die gesamten Kosten der Projektierung, freilich nicht die Kosten der Forschung und Entwicklung bei neuen Verfahren.

2. *Baustellengemeinkosten*. Die wichtigsten hierin zusammengefaßten Kostenarten wurden bereits oben aufgezählt [Kap. 4.02]. Im übrigen ist die Zusammensetzung dieser Kostengruppe etwa die gleiche wie bei der Kalkulation in der Bauindustrie [*444*, Bd. II, 2, S. 309].

3. *Allgemeine Geschäftskosten* und evtl. *Gewinn* bei Übernahme des Projektes durch eine selbständige Projektierungsfirma. Bei Ausführung des Projektes in eigener Regie sind ebenfalls anteilige Verwaltungskosten wenigstens für Vergleichszwecke vorzukalkulieren, obwohl sie dann später nicht aktiviert werden.

4. *Sicherheitszuschläge*. Ihre Einstellung erfolgt mit Rücksicht auf mögliche spätere konstruktive Änderungen, Erschwerung der Montagen durch verzögerte Materialanlieferungen, ungünstige Witterungsverhältnisse, Preissteigerungen während der Bauzeit usw.

In der Vorkalkulation kommt in erster Linie die *Veranschlagung über Erfahrungssätze* in Betracht, deren Höhe mit der Bezugsbasis in Abhängigkeit vom jeweils angewandten Vorkalkulationsschema, mit Umfang und Schwierigkeitsgrad der Projektierungsaufgaben sowie länderweise erheblich schwanken kann.

In der amerikanischen Projektierungspraxis werden die Konstruktions- und Baustellengemeinkosten („engineering and construction") fast ausnahmslos in Prozent der Haupt- und direkten Nebenpositionen (Zwischensumme 3 in Vorkalkulationsschema I) verrechnet. Allgemeine Geschäftskosten und Gewinn einer Projektierungsfirma werden entweder auf gleicher Basis zugeschlagen oder in Prozent der Zwischensumme 5 in Vorkalkulationsschema I geschätzt. H. J. LANG [*398*; *399*] nennt auf der zuerst genannten Grundlage Gesamtsätze von 31, 35 und 38% je nachdem, ob die durchgesetzten Produkte fester, fester und fluider oder nur fluider Natur sind. J. P. O'DONNELL differenziert die Werte nach der

Größe der Projekte und gibt die Grenzwerte des Gesamt-Zuschlagsatzes mit etwa 45% bei einem Wert der Zuschlagsbasis von 100000 $ und 28% bei 5 Mill. $ an. Die Aufteilung auf die einzelnen indirekten Nebenpositionen sowie die genauere Abhängigkeit vom Wert der Zuschlagsbasis ist einem Diagramm der Originalveröffentlichung zu entnehmen [*494*]. Nach C. H. CHILTON [*108*] betragen die Konstruktions- und Baustellengemeinkosten zusammen im Normalfall 20—35%, bei sehr komplizierten Projekten dagegen bis 50%, während die Sicherheitszuschläge je nach Neuartigkeit des Verfahrens zwischen 10 und 50% rangieren sollen.

Für britische Verhältnisse rechnet P. BRETT [*70*] auf ähnlicher Basis, die jedoch offenbar schon den größten Teil der Baustellengemeinkosten einschließt, allein für Konstruktionskosten, Montageaufsicht und allgemeine Geschäftskosten mit 5—12% bei sehr großen und 10—20% bei kleinen Projekten, wobei es vor allem auf Anzahl und Schwierigkeit der anzufertigenden Zeichnungen ankommen soll.

Eigene Informationen über indirekte Nebenpositionen unter westdeutschen Verhältnissen beziehen sich nur auf Position 4 in *Vorkalkulationsschema III*, d. h. auf den Gesamtzuschlag für Konstruktionskosten, allgemeine Geschäftskosten, Gewinn und Sicherheiten selbständiger Projektierungsfirmen. Dieser wird in Prozent des Materialwertes der Apparatur frei Baustelle berechnet. Selbstverständlich ist auch die Basis „Materialkosten ab Werk" möglich, doch ist der Unterschied hier unerheblich. Bei Auslandsaufträgen wird der Angebotspreis regelmäßig nur „frei deutsche Grenze" oder „f. o. b. Exporthafen" gestellt. Als Zuschlagsätze werden angegeben: 20—30% bei größeren Projekten, bei kleineren Projekten im Mittel 40%, im Falle sehr schwieriger Konstruktionsarbeit, geringer Materialkosten und kleiner Anlagen als Extremwert etwa 50%. Außerdem erfolgt innerhalb größerer Projekte oft eine Differenzierung des Zuschlagsatzes, so daß auf große und wertvolle Objekte, die von Unterlieferanten geschlossen übernommen werden, wie etwa Turbosätze, vollständige Gleichrichteranlagen, Hilfsbetriebseinrichtungen usw., niedrigere Sätze berechnet werden als auf Anlageteile, die aus einer Vielzahl von Bauelementen selbst konstruiert werden müssen.

Die Benutzung von *Vorkalkulationsschema II* — das der vollständigen Eigenausführung durch die Produktionsfirma oder der schlüsselfertigen Erstellung des Projektes seitens einer Projektierungsfirma entspricht — erfordert eine Herabminderung der genannten Zuschlagsätze. Erstens verbreitert sich die Zuschlagsbasis erheblich, und zweitens sind in den Gesamt-Montagekosten sowie in den Kosten des Bauteils eigentlich nicht nur Baustellengemeinkosten, sondern bei der Untervergabe dieser Positionen an Montage- und Baufirmen auch allgemeine Geschäftskosten und Gewinne dieser Firmen enthalten.

Für den Fall, daß die *Baustellengemeinkosten* durch prozentualen Zuschlag zu den direkten Montagelöhnen berücksichtigt werden und dieser Zuschlagsatz nach einzelnen Kostenarten differenziert werden soll, gibt L. C. Knox [*368*] interessante Richtwerte für amerikanische Verhältnisse an: Sozialkosten 5—10% (unter westdeutschen Verhältnissen wären gegenwärtig mindestens 20—30% erforderlich), Montageaufsicht 4—10%, Baustellenbüros 3—5%, Kleinwerkzeuge und Versorgungsgüter 3—6%, Montagegeräte 10—25%, Baustelleneinrichtung 6—12%, oder insgesamt 40—60% von den direkten Montagelöhnen.

Daneben können die Konstruktions- und Baustellengemeinkosten auch *detailliert vorkalkuliert* werden. Voraussetzung hierfür ist eine zuverlässige zeitliche Vorplanung der Konstruktions- und Montagearbeiten.

Die bei Großprojekten mit oft nach Jahren zählender Bauzeit sehr gewichtige Position der *Bauzinsen* sollte möglichst gesonderte Berücksichtigung finden. Der Berechnung sind sämtliche von der Aufnahme der Projektierungsarbeiten bis zum Produktionsbeginn entstehenden Ausgaben zugrunde zu legen, wobei man angenähert einen linearen Ausgabenanstieg im Zeitverlauf annehmen kann. Zuverlässiger ist die Berechnung auf Grund eines Ausgabenplanes, zumal die zeitliche Ausgabenverteilung oft sehr ungleichmäßig ist. Während die Ausgaben innerhalb der Konstruktionsphase noch verhältnismäßig gering bleiben, steigen sie mit Einsetzen der Auftragsvergebung an Unterlieferanten sprunghaft an [vgl. F. C. Lawton, *406*].

4.1 Die Vorkalkulation des Umlaufkapitalbedarfs

Anlagen allein genügen noch nicht zur Durchführung der Produktion. Dazu sind außerdem Vorräte an Roh-, Hilfs- und Betriebsstoffen, gewisse noch in Produktion befindliche Mengen von Zwischenprodukten, Bestände an verkaufsfähigen Produkten, weiter Forderungen und schließlich Barmittel zur Aufrechterhaltung der laufenden Zahlungsbereitschaft notwendig. Die *Kapitalbindung* in diesen *Umlaufgütern* kommt also zu derjenigen in den Anlagen hinzu und darf keinesfalls in der Vorkalkulation vernachlässigt werden. Nachfolgend sind einige Methoden zur Vorkalkulation des Umlaufkapitals dargestellt.

4.10 Kapitalstruktur-Kennziffern

Die einfachste, aber auch ungenaueste Methode der Abschätzung des Umlaufkapitalbedarfs besteht in der Anwendung von *Kennziffern*, die das *Verhältnis* von *Anlage- zu Umlaufkapital* bzw. den *Anteil des Anlage- oder Umlaufkapitals am Gesamtkapital* charakterisieren. Für ihre Ermittlung bieten sich vor allem vorhandene *Bilanzen* an, wobei jedoch zwei Schwierigkeiten auftreten:

1. Die aus der Bilanz ersichtliche Anlagekapitalbindung ist unterschiedlich je nach Alter und Abschreibungsgrad der Anlagen, den bisher angewandten Abschreibungsmethoden und dem Vorhandensein mehr oder minder zahlreicher bereits völlig abgeschriebener, andererseits noch in Betrieb befindlicher Anlagen. Diese binden nach wie vor Umlaufkapital, dem aber bilanzmäßig kein Anlagekapital mehr gegenübersteht, was insgesamt sehr zu einer Erhöhung des Umlaufkapitalanteils führen kann. Hier sind erst entsprechende, mitunter schwierige Korrekturen notwendig, um das allein wesentliche Verhältnis zwischen Umlaufkapital und *Neuwert* der Anlagen auffinden zu können.

2. Der erhaltene *Durchschnittswert* läßt die Besonderheiten einzelner Verfahren nicht erkennen, was bei sehr heterogenem Produktionsprogramm zu beträchtlichen Fehlern führen kann.

Günstiger sind daher Erfahrungswerte, die durch Analyse früher ausgeführter Projekte speziell für die Zwecke der Vorkalkulation festgestellt wurden. Unter amerikanischen Verhältnissen gibt man demgemäß bei neuen Anlagen den durchschnittlichen Anteil des Anlagekapitals am Gesamtkapital mit 85—90% an [*532*]. In Ausnahmefällen können allerdings Anlage- und Umlaufkapitalbedarf auch ein Verhältnis von 1:1 erreichen [*520*, S. 20; *630*, S. 71].

4.11 Umschlagkoeffizienten des Umlaufkapitals

In Analogie zur Ermittlung des Anlagekapitalbedarfs über die Umschlaggeschwindigkeit nach „Methode 1" [s. Kap. 4.040] kann man den Umlaufkapitalbedarf nach folgender Beziehung abschätzen:

$$\text{Umlaufkapitalbedarf} = \frac{\text{Jahresumsatz}}{\text{Umschlagkoeffizient des Umlaufkapitals}}$$

Vielfach arbeitet man auch mit dem Reziprokwert der Umschlaggeschwindigkeit, d. h. mit Kennziffern, die das Verhältnis Umlaufkapital zu Umsatz charakterisieren. Auf die Eignung dieses Verfahrens für Schätzungszwecke bei neuen Anlagen hat besonders H. E. WESSEL [*741*] hingewiesen. Sofern man zur Ermittlung dieser und der im vorigen Abschnitt genannten Kennziffern auf die Bilanz zurückgreifen muß, dürfte die Abschätzung über Umschlagkoeffizienten derjenigen über Kapitalstruktur-Kennziffern vorzuziehen sein. Erstens entfällt hier die Korrektur des Anlagekapitalwertes, und zweitens besteht ein engeres Entsprechungsverhältnis zwischen Umlaufkapital und Umsatz als zwischen Umlauf- und Anlagekapital.

Die von H. E. WESSEL [*741*] durchgeführte Bilanzanalyse 100 amerikanischer Chemieunternehmungen ergab ein durchschnittliches Verhältnis zwischen Umlaufkapital und Jahresumsatz in Höhe von 0,246:1. N. W. KRASE [*386*] schätzt den Mittelwert auf 0,3 und hält Streuungen zwischen 0,10 und 0,50 für möglich. Dem würden also Umschlagkoeffizienten zwischen 10,0 und 2,0 entsprechen.

Im Normalfall kann man einen derartigen auf überbetrieblicher Ebene geltenden Richtwert oder eine Kennziffer, die aus der eigenen Bilanz abgeleitet wurde, ansetzen. Auf besonders hohen oder niedrigen Umlaufkapitalbedarf hindeutende Verhältnisse sollten aber zu entsprechenden Zu- oder Abschlägen führen. Zuschläge sind immer beim Zwang zur Bevorratung großer und womöglich noch wertvoller Rohstoffmengen erforderlich und umgekehrt. Beim Einsatz oder bei der Erzeugung gasförmiger sowie geringwertiger flüssiger Produkte sind die Lagerungsmöglichkeiten meistens beschränkt.

4.12 Progressive Vorkalkulation über einzelne Bedarfspositionen

Zur Erreichung höherer Genauigkeitsgrade ist der *Umlaufkapitalbedarf* in die wichtigsten *Bedarfspositionen aufzuspalten*. Diese sind dann gesondert vorzukalkulieren.

Das in Tab. 40 dargestellte Schema sowie die angegebenen Richtwerte sind bei mehreren amerikanischen Autoren ziemlich übereinstimmend anzutreffen [*17*, S. 11; *111*; *183*; *630*, S. 70; *741*]. Die Richtwerte beziehen

Tabelle 40. *Richtwerte für die Ermittlung des Umlaufkapitalbedarfs in USA*

Bedarfsposition	Richtwert
Rohstoffvorräte	Rohstoffkosten eines Monats bewertet zu Einstandspreisen
Zwischenprodukte	Herstellkosten einer Woche oder der halben Produktionsdauer
Fertigproduktlager	Herstellkosten eines Monats
Barmittel für laufende Zahlungen	Herstellkosten eines Monats
Forderungsbestand	Umsatz eines Monats

sich wiederum nur auf mittlere Verhältnisse und legen im Einzelfall Korrekturen nahe. Bei vielstufigen Chargenprozessen unterlaufen z. B. mit dem angegebenen Richtwert für Zwischenproduktlager leicht Unterschätzungen. Diese Position wird dagegen bei den rasch ablaufenden katalytischen Gasphaseprozessen evtl. ganz zu vernachlässigen sein. Neben den Rohstoffen kommt zuweilen auch den Hilfsstoffen, wie z. B. Lösungsmitteln und Kontaktmaterialien, größere Bedeutung zu, so daß sie eine gesonderte Betrachtung erfordern.

Im Falle noch höherer Genauigkeitsansprüche darf man sich überhaupt nicht an derartige Richtwerte halten, sondern muß die Berechnung jeder Position nach den besonderen Bedingungen des Einzelfalls vornehmen. Man muß also die Lagermengen nach einzelnen Stoffarten (Rohstoffe,

Zwischenprodukte und Endprodukte) gesondert und möglichst mit dem Ziel der Erreichung optimaler Bestandsgrößen festlegen, die Höhe des Forderungsbestandes nach den für die Abnehmer in Aussicht genommenen Zahlungszielen schätzen usw. Auf Grund der mit der Betriebsgröße und Umsatzausweitung sinkenden Herstellkosten bzw. Verkaufspreise für das Endprodukt müßte man ein Absinken des auf die Kapazitätseinheit bezogenen spezifischen Umlaufkapitalbedarfs [z. B. DM/jato] in Abhängigkeit von der Betriebsgröße erwarten. Diese Abhängigkeitsbeziehung wird jedoch in der Vorkalkulation selten genauer verfolgt.

4.2 Die Vorkalkulation der Kosten

Die im nachfolgenden Abschnitt behandelte Vorkalkulation der Kosten betrifft die Ermittlung der mit der laufenden Produktion verbundenen Kosten je Zeiteinheit (Periodenkosten) und je Erzeugniseinheit (Einheitskosten). Die Feststellung des Kapitalbedarfs und insbesondere der „Baukosten" der neuen Anlagen (Anlagekapitalbedarf) ist dieser Aufgabe regelmäßig vorgelagert, da nur auf diese Weise die Grundlage zu einer genaueren Berechnung der kapitalabhängigen Kostenarten (Abschreibungen, kalkulatorische Zinsen, Kapitalsteuern, Kapitalwagnisse, Reparaturkosten) und ihrer Einführung in die Kostenvorrechnung geschaffen werden kann. Die weiter oben [Kap. 4.0] behandelte Vorkalkulation der „Baukosten" neuer Anlagen ist sowohl eine Angelegenheit der in eigener Regie projektierenden Chemiebetriebe als auch der Projektierungsfirmen zur Bildung des Angebotspreises. Dagegen betrifft die hier gemeinte Vorkalkulation der Kosten eigentlich nur die Produktionsfirmen, d. h. die Chemiebetriebe, welche die Neuaufnahme oder Erweiterung einer bestimmten Produktion planen.

4.20 Abgekürzte Verfahren

Eine progressive Vorkalkulation der Kosten setzt wegen der verhältnismäßig schwierigen Feststellbarkeit einzelner Kostenarten ziemlich weit ausgeführte technische Berechnungen voraus. Daher ist man wenigstens in den frühen Stadien der Forschung und überhaupt bei sehr unvollständigen Projektierungsunterlagen oft darum bemüht, stark *vereinfachte Schätzungsmethoden* anzuwenden. Als solche werden hier die wichtigere Schätzung über einzelne Schlüsselkostenarten und die bislang noch wenig bekannte Vorkalkulation über Einheitskosten physikalischer Grundverfahren erwähnt.

4.200 Schlüsselkostenarten

Als *Schlüsselkostenarten* werden hier einzelne Kostenarten bezeichnet, die verhältnismäßig leicht erfaßbar sind und deren Multiplikation mit einem Globalfaktor sofort die Gesamtkosten ergibt. Nur eine Schlüsselkostenart braucht also jeweils detailliert vorkalkuliert zu werden, während alle anderen Kostenarten im Globalfaktor Berücksichtigung finden. Voraussetzung ist die aus der Erfahrung zu gewinnende Kenntnis über den durchschnittlichen Anteil der betreffenden Schlüsselkostenart — wofür praktisch nur die *Rohstoffkosten* in Frage kommen — an den Gesamtkosten, d. h. eine ungefähre Kenntnis der *Kostenstruktur*. Der Globalfaktor ist der Reziprokwert des Anteils der Schlüsselkostenart an den Gesamtkosten. Aus den detailliert vorkalkulierten Rohstoffkosten K_R erhält man die Gesamtkosten K bei bekanntem Rohstoffkostenanteil an den Gesamtkosten k_R nach der Beziehung

$$K = \frac{K_R}{k_R}.$$

Auf eine gewisse Analogie dieses Schätzungsverfahrens zur Vorkalkulation des Anlagekapitalbedarfs über die detaillierte Ermittlung der Anschaffungskosten der Apparate und Maschinen und die anschließende Einstellung eines Globalfaktors zur Berücksichtigung sämtlicher Nebenpositionen sei hingewiesen [vgl. Kap. 4.042].

Die Kostenstrukturen chemischer Produkte schwanken in weiten Grenzen, weshalb man für Schätzungszwecke hier eigentlich keine generellen Aussagen treffen kann, sondern die Notwendigkeit der Ableitung betriebsindividueller Erfahrungswerte betonen muß. Für den Anteil der Rohstoffkosten ist vor allem die Produktionstiefe eines Verfahrens maßgebend in der Weise, daß eine große Produktionstiefe mit vielen Verfahrensstufen und regelmäßig geringwertigem Materialeinsatz den Rohstoffkostenanteil senkt und umgekehrt. Die Zahlenwerte der Tab. 41 und Abb. 237 sollen hier daher nur Anhaltspunkte über das etwaige durchschnittliche Gewicht der einzelnen Kostenarten in der chemischen Industrie vermitteln. Größenordnungsmäßig dürften diese Zahlen auch für westdeutsche Verhältnisse zutreffen. Bei hiervon abweichender Gliederung und Unterscheidung von lediglich drei Kostenartengruppen wurde 1956 für die chemische Industrie Westdeutschlands folgende Kostenstruktur nachgewiesen [*443*, S. 33]:

Löhne und Gehälter	15%
Materialeinsatz	52%
Kapitalkosten und andere Kosten	33%

M. G. Dyson [*184*, Teil I] gibt an, daß man bei den Kostenschätzungen nach diesem Verfahren die Gesamtkosten meistens in 1,5- bis 3facher Höhe der Rohstoffkosten annimmt.

Nach einer genauen Analyse dieses Schätzungsverfahrens hat Dyson zur verfeinerten Anwendung nachstehende Formel entwickelt:

Tabelle 41. *Kostenstruktur der chemischen Industrie in USA*
[nach M. S. PETERS, *520*, S. 20 u. 108]

Kostenart	Angaben von M. S. Peters		Angenommene mittlere Relativzahlen	Auf 100% abgeglichene Werte (%)
1. Rohstoffe	10–50%	d. Gesamtkosten	30	25
2. Betriebsarbeiterlöhne	15%	„	15	13
3. Gehälter des techn. Überw.personals	15%	von 2	2,3	2
4. Reparaturkosten	2–10%	v. Neuwert des Anlagekapitals	7,5	6
5. Betriebsstoffe	15%	von 4	1,1	1
6. Energiekosten	10–20%	d. Gesamtkosten	15	13
7. Lizenzgebühren u. Patentkosten	0– 6%	„	3	2
8. Kapitalkosten	10–20%	„	15	13
9. Werksgemeinkosten	5–15%	„	10	9
10. Verwaltungskosten	2– 5%	„	3,5	3
11. Vertriebskosten	2–20%	„	11	9
12. Forschungs- und Entwicklungskosten	5%	„	5	4
			118,4	100

$$K = \frac{M_1}{M_2} \cdot \frac{(k)^n \cdot K_R}{A_1 \cdot A_2 \cdot A_3}$$

Hierin bedeuten:

K Gesamtkosten;
M_1 Molekulargewicht des eingesetzten Rohstoffs;
M_2 Molekulargewicht des Endproduktes;
n Zahl der Verfahrensstufen;
A_1, A_2, A_3 usw.: Ausbeuten der einzelnen Verfahrensstufen in Dezimalschreibweise;
K_R Rohstoffkosten;
k Faktor.

K und K_R besitzen als Perioden- oder Einheitskosten die gleiche Dimension, während alle anderen Größen dimensionslos sind. Die eigentliche Schwierigkeit besteht in der Bestimmung des Faktors k, dessen Wert zwischen 1,3 bei sehr einfachen und 2,0 bei sehr komplizierten Prozessen schwanken soll. Die Berechnungsmethode wurde aber offenbar vorzugsweise auf organisch-chemische sowie pharmazeutische Prozesse mit dem Einsatz verhältnismäßig wertvoller Zwischenprodukte abgestellt, kaum jedoch auf die Erzeugung von Zwischenprodukten sowie von Schwerchemikalien auf der Basis einfacher Grundstoffe. In der Formel werden nur *ein* Ausgangsrohstoff, nicht dagegen die für dessen Umsetzung in den einzelnen Stufen erforderlichen weiteren Rohstoffe berücksichtigt. Man kann die Formel demnach nur bei Geringwertigkeit der zusätzlich verwendeten Rohstoffe benutzen oder muß einen nicht unerheblichen rechnerischen Mehraufwand in Kauf nehmen [vgl. *184*, Teil I].

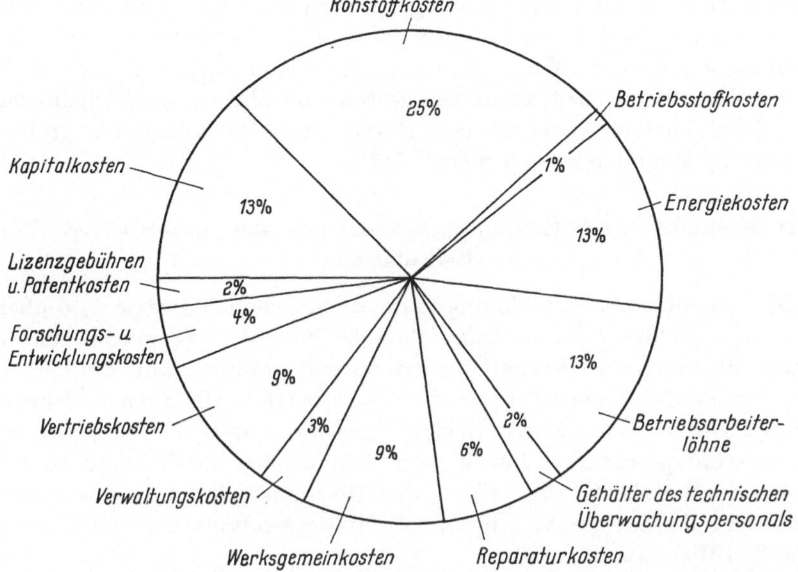

Abb. 237. Kostenstruktur der chemischen Industrie in USA [nach Zahlenwerten von Spalte 4 in Tab. 41]

Immerhin lassen sich beim Ansatz aus der Erfahrung festgestellter Grenzwerte für k die maximal und minimal erwartbaren Kosten schätzen, schließlich die Einflüsse verschiedener Ausbeuten in den einzelnen Produktionsstufen sowie von Schwankungen des wichtigsten Rohstoffpreises auf die Kostenhöhe erfassen. Für die ersten wirtschaftlichen Überlegungen im Forschungsstadium mögen solche Näherungsmethoden mitunter brauchbar sein, selten jedoch für wesentliche Entscheidungen.

4.201 Einheitskosten physikalischer Grundverfahren

Sind *Erfahrungswerte* über die *Höhe der Einheitskosten physikalischer Grundverfahren*, d. h. also etwa der Zerkleinerungs-, Flotations-, Filtrations-, Trocknungs-, Destillationskosten je t Einsatz oder Ausbringen, bekannt, so kann man durch Addition dieser Teil-Verarbeitungskosten und der gesondert vorzukalkulierenden Rohstoffkosten die Einheitskosten des Produktes verhältnismäßig schnell ermitteln. Gewöhnlich wird man auf diese Weise nur die Kosten des Herstellkostenbereichs erfassen. Zwar geht hier die Eigenart des Verarbeitungsprozesses schon stärker ein als bei der zuerst genannten Näherungsmethode über Schlüsselkostenarten, aber auch dieses Verfahren bleibt noch sehr roh. Die möglichen technischen Varianten der physikalischen Grundverfahren (Rohstoffeinflüsse) sowie die Kapazität werden nämlich entweder überhaupt nicht oder nur ungenügend berücksichtigt. Außerdem wird der Mangel an geeigneten Erfahrungswerten der Anwendbarkeit dieses Verfahrens häufig im Wege stehen. Einige Daten dieser Art hat H. E. SCHWEYER [*630*, S. 389] zusammengestellt, im übrigen aber scheint das Verfahren bislang weder in der Praxis noch im Schrifttum größere Beachtung gefunden zu haben [vgl. *113*].

4.21 Methodik und Kostenartengliederung der progressiven Vorkalkulation

Die Einheitskostenberechnung in der chemischen Industrie wird überwiegend von der *Divisionskalkulation* beherrscht, was sowohl für die Nach- als auch die Vorkalkulation zutrifft. Selten füllt freilich ein einziger Produktionsprozeß einen Gesamtbetrieb allein aus, vielmehr werden überwiegend mehrere in sich abgeschlossene Produktionsprozesse in einer entsprechenden Anzahl von Teilbetrieben unabhängig voneinander durchgeführt, auf welche die Divisionsrechnung dann jeweils gesondert als sogenannte „simultane Divisionskalkulation" [E. KOSIOL, *378*, S. 19] anzuwenden ist.

Die Nachrechnungsmethoden sind für die Vorkalkulation nur beschränkt maßgeblich. In zweifacher Hinsicht ist aber eine gewisse Maßgeblichkeit gegeben:

1. Anlehnung an den *Aufbau* und die *Kostenartengliederung* der Nachrechnung. Die Kosten solcher (allgemeinen) Bereiche, deren Leistungen von mehreren oder allen Erzeugungsbereichen in Anspruch genommen werden, sind auf diese nach bestimmten Schlüsseln umzulegen. Hierhin gehören etwa die Material- und Werksgemeinkosten, Verwaltungs-, Vertriebs- sowie Forschungs- und Entwicklungskosten. Wenn es bei der Vorkalkulation darum geht, die Kosten eines neu geplanten Teilbetriebes bzw. die Einheitskosten der neu herzustellenden Produkte zu ermitteln, so bietet diese Anlehnung in der Weise Vorteile, daß aus der Nachrechnung bekannte Zuschlagsätze für diese anteilig zu tragenden Bereichskosten leichter in die Vorrechnung übernommen werden können.

2. *Differenzierung* der Vorkalkulation für einen Produktionsprozeß nach *Produktionsstufen* oder noch tiefer gegliederten *Kostenstellen* sowie entsprechende Ermittlung von Verrechnungspreisen für Zwischenprodukte. Zwar ist die für die Nachrechnung entscheidende Kontrolle der Betriebsgebarung hier unwesentlich; auch für die Feststellung der Gesamtwirtschaftlichkeit eines Verfahrens wäre diese Verfeinerung entbehrlich. Sie ermöglicht aber eine nach Produktionsstufen differenzierende Kostenanalyse und ist damit bei der Projektierung zur Bestimmung der wirtschaftlichsten Durchführung einzelner Verfahrensschritte wegen der vielfachen Alternativmöglichkeiten sehr zweckmäßig.

Gegenüber der Nachrechnung besitzt die Vorkalkulation trotzdem sehr unterschiedliche Wesensmerkmale. Sie ist als Sonderrechnung viel elastischer und wandlungsfähiger. Diese notwendige Flexibilität bezieht sich vor allem auf die Methoden der Abschätzung einzelner Kostenarten, die in erster Linie vom Stand der technischen Informationen bestimmt werden. Hinsichtlich der Kostenartengliederung ist eher ein fest umrissenes Schema anzustreben, um das Auslassen von Kostenarten und Überschneidungen oder Doppelzählungen durch unklare Abgrenzung und Definition der Kostenarten zu vermeiden [*632*, Teil II]. Meistens weist die Kostenartengliederung auch betriebsindividuelle Züge auf, so daß die in den nachstehenden Abschnitten zugrunde gelegte Gliederung nur in den methodischen Grundzügen allgemeingültig sein kann.

Die *Abschätzungsmethoden* einzelner Kostenarten sind mit den Erfassungsmethoden in der Nachrechnung oft nicht vergleichbar. In der Vorkalkulation spielen vor allem das Aufsuchen und die zahlenmäßige Feststellung von *Proportionalitätsverhältnissen* zwischen einzelnen Kostenarten bzw. zwischen Kostenarten und anderen Beziehungsgrößen eine erhebliche Rolle. Dadurch lassen sich schwierig erfaßbare, meist sekundäre Kostenarten auf der Grundlage bestimmter Basisgrößen über entsprechende Erfahrungssätze leicht schätzen. Beispiele hierfür bieten die Abschätzung der Reparaturkosten prozentual vom Anlagekapitalbedarf, der Gehälter für technisches Überwachungspersonal in Prozent der Betriebsarbeiterlöhne usw. Derartige Sätze haben Kennzahlcharakter und müssen aus dem Zahlenwerk der betrieblichen Nachrechnung durch statistische Analysen gewonnen werden. Einzelheiten über die Methoden sowie für die chemische Industrie geltende Richtwerte sind in den nachfolgenden Abschnitten wiedergegeben. Die für Westdeutschland geltenden Richtwerte zeigen gute Übereinstimmung mit amerikanischen Literaturangaben [*17*, S. 118; *111*; *217*; *265*, S. 109; *484*; *520*, S. 20; *669*; *699*].

Die Frage, ob *Grenzkosten oder Durchschnittskosten* in der Vorkalkulation maßgebend sind, hat hier nicht die Bedeutung wie in den mechanisch-technologischen Industriezweigen, weil die Differenz zwischen beiden meistens geringer ist. Ursächlich ist die Eigenart der chemisch-technologischen Produktionsweise, bei der ein neues Produkt meistens einen völlig neuen Anlagenapparat erfordert. Die Möglichkeit, unterbeschäftigte Produktionsanlagen nach geringen Umstellungen für neue Produktionen auszunutzen, ist oft eingeschränkt. Erhält man geringere Grenzkosten als Durchschnittskosten, so ist das vorwiegend auf Unterbeschäftigung von Hilfsbetrieben und allgemeinen Bereichen zurückzuführen. Im ganzen aber gilt auch hier der Grundsatz, daß bei langfristig wirksamen Investitionsentscheidungen die vollen Kosten und nicht nur die Grenzkosten maßgeblich sind.

Wichtig ist die Zugrundelegung eines *realistischen Kapazitätsaus-nutzungsgrades* der neuen Anlagen. Dieser richtet sich außer nach dem Markt auch nach der betriebstechnischen Eigenart der Anlagen im Hinblick auf die wahrscheinliche Häufigkeit von Betriebsunterbrechungen. Im Durchschnitt werden bei vollkontinuierlichem Betrieb 330 Arbeitstage oder etwa 8000 Betriebsstunden pro Jahr angenommen, was einer rd. 90%igen Ausnutzung der installierten Kapazität entsprechen würde. Häufig kann man jedoch mit reichlich instrumentierten Anlagen auch höhere Kapazitätsausnutzungsgrade von 95% und mehr erreichen. Absatzgesichtspunkte spielen besonders dann eine Rolle, wenn mit einem späteren Anwachsen des Absatzes gerechnet und die Kapazität daher zunächst überdimensioniert wird.

4.22 Die Vorkalkulation der Herstellkosten

Innerhalb der progressiven Vorkalkulation der Kosten werden zunächst die *Herstellkosten* als wichtigster und größter Teil der Gesamtkosten behandelt. Herstellkosten sind „die Kosten, die durch die reine Produktion und in den ihr vorgelagerten Kostenbereichen: Beschaffung und Lagerhaltung verursacht werden" [K. MELLEROWICZ, *444*, Bd. II, 2, S. 40]. Die Vorkalkulation der Kosten anderer Bereiche wird anschließend unter Kap. 4.23 dargestellt.

4.220 Kapitalkosten

Als *Kapitalkostenarten* sind in diesem Abschnitt *Abschreibungen*, *Kapitalwagnisse* und *kalkulatorische Zinsen* zusammengefaßt, während die an sich gleichfalls zu den Kapitalkosten gehörigen Kapitalsteuern weiter unten zusammen mit den sonstigen Kostensteuern Erwähnung finden [s. Kap. 4.227].

4.220.0 Abschreibungen

Für den Ansatz der *kalkulatorischen Abschreibungen* sind vier Faktoren maßgeblich:

1. *Neuwert der Anlagen*;
2. Voraussichtlich *wirtschaftlich nutzbare Lebensdauer*;
3. *Restwert*;
4. *Abschreibungsverfahren*.

Zu 1. Die Ermittlung des *Neuwertes* bzw. der *Anschaffungskosten* der Anlagen erfordert beträchtlichen Zeitaufwand und ist in den frühen Projektierungsstadien nur näherungsweise möglich. Hierbei begangene Schätzungsfehler sind jedoch in der Kostenvorrechnung nicht so schwerwiegend, weil die Abschreibungen bzw. überhaupt vom Anlagekapital berechnete Kosten nur einen Teil der Gesamtkosten einnehmen.

Zu 2. Die voraussichtlich *wirtschaftlich nutzbare Lebensdauer* der Anlagen wird einmal durch die *technisch bedingte Abnutzung* und zweitens durch die *wirtschaftliche Entwertungsgefahr* bestimmt. Das Ausmaß der auf Korrosion und mechanischem Verschleiß beruhenden technischen Abnutzung ist nicht ausschließlich verfahrensbedingt, sondern wird auch durch die konstruktive Auslegung, Werkstoffauswahl sowie Intensität späterer Instandhaltungsarbeiten beeinflußt. Im Zeitalter der ständigen Neuentwicklung von Produkten und Verfahren gibt die wirtschaftliche Entwertungsgefahr für die Lebensdauer meistens den Ausschlag. Hierfür kann man im einzelnen etwa vier Gründe nennen [*403*]:

a) *Produktveraltung*, d. h. die Verdrängung eines Erzeugnisses aus dem Markt durch billigere oder qualitativ hochwertigere Konkurrenzprodukte bzw. durch Nachfrageverschiebungen.

b) *Überholung des chemischen Verfahrens* tritt ein, wenn das betreffende Produkt durch ein anderes neues Verfahren, aus anderen Rohstoffen usw. wirtschaftlicher hergestellt werden kann.

c) *Verfahrenstechnische Überholung des Prozesses.* Die Verfahrensschritte sind durch den Einsatz neuer, leistungsfähigerer Apparate, Übergang von der Chargenproduktion zur kontinuierlichen Betriebsform und nach regeltechnischen Fortschritten wirtschaftlicher zu gestalten.

d) *Kapazitätsüberholung.* Nach Marktausweitung und Verbilligung eines Produktes können Anlagen mit zu geringer Kapazität wegen überhöhter Kostengestaltung unwirtschaftlich werden.

Einen Anhaltspunkt für die Schätzung der wirtschaftlich nutzbaren Lebensdauer der Anlagen und damit des jeweiligen Abschreibungszeitraumes bieten die *steuerlich* zulässigen *Maximalabschreibungssätze* bzw. anzunehmenden *Nutzungszeiten*, die z. B. in USA von der Finanzbehörde zuletzt im Jahre 1942 bekanntgegeben wurden. Einige Daten aus diesen Abschreibungstabellen sind in Tab. 42 und 43 wiedergegeben. Meistens werden die Abschreibungszeiträume heute jedoch kürzer angenommen, was übrigens auch die Gegenüberstellung „allgemein üblicher Werte" mit denen der Finanzbehörde für Erdölanlagen durch W. L. Nelson [*480*, S. 11] sowie einige deutsche Angaben [*50*, S. 214; *235*, S. 32; *380*, S. 237] bestätigen. Die kostentheoretische Konzeption, daß bei den kalkulatorischen Abschreibungen „nur solche Wertminderungen erfaßt werden dürfen, die ausreichend sicher feststellbar sind" [K. Mellero-wicz, *444*, Bd. I, S. 76], sollte allerdings immer beachtet werden. Wegen der großen Schwierigkeiten einer richtigen Lebensdauerschätzung und der beträchtlichen Unsicherheiten, mit denen jede derartige Schätzung behaftet ist, sollte man auch den Einfluß eines als variabel angenommenen Nutzungszeitraumes auf Kosten und Wirtschaftlichkeit untersuchen.

Tabelle 42. *Steuerliche Richtwerte der nutzbaren Lebensdauer von Apparaten und Maschinen in USA (1942)*[1]

Jahre

Schwefelsäureindustrie:

Säurepumpen aus Gußeisen	7
Säurepumpen aus Blei	8
Absorptionstürme	9
Luftverdichter	15
Vorwärmer	14
Motoren	17
Lagertanks aus Stahl	17
Lagertanks, verbleit	20
Gebläse	20
Platin, im Kontakt	50

Essigsäureindustrie:

Kondensatoren aus Blei	6
Kondensatoren aus Kupfer	10
Fraktionierkolonnen	8
Vakuumpumpen	7
Säurevorlagen aus Steinzeug	14
Wäscher aus Steinzeug	14
Lagerbehälter aus Stahl	12
Lagerbehälter aus Holz	25

Alkalien:

Eindampfanlagen für Natronlauge	17
Pumpen für Natronlauge	18
Chlorgasgebläse	18
Solekühler	20
Klassierapparate	20
Kalk-Brennöfen	22
Kompressoren für Kohlendioxyd	25
Kompressoren für trockenes Chlorgas	28
Absorber	30
Lagertanks	30
Destillationstürme	33
Wäscher	37

Elektrochemische und elektrothermische Anlagen:

Schneckenförderer	10
Kristallisierapparate	15
Elektrolysezellen	15
Staubabscheider	15
Verdampfer, verbleit	15
Drehrohröfen	15
Filterapparate	20
Elektroöfen	20
Gebläse für nicht korrosive Gase	25

Erdölverarbeitung:

Cracköfen	15
Wärmeaustauscher	20
Rührwerksbehälter	25
Kondensatoren	25
Lagertanks	30

---

[1] Auszugsweise abgedruckt z. B. unter [*277*; *480*, S. 11; *520*, S. 474].

Tabelle 43. *Steuerliche Richtwerte der wirtschaftlich nutzbaren Lebensdauer vollständiger Anlagen in USA (1942)*[1]

	Jahre		Jahre
Säuren	15	Gefäßglas	15
Alkalien	22	Fensterglas	17—20
Anilinfarben	20	Sauerstoff	17—20
Stickstoff	15	Farben und Lacke	20
Brauereien	20	Verpackungsanlagen	20
Flaschenabfüllanlagen	13	Erdölverarbeitung	25
Carbid	15	Pharmazeutika	20
Kohlensäure	16	Natronzellstoff	20
Zement	20—25	Sulfatzellstoff	17
Chromsalze	15	Sulfitzellstoff	20
Keramische Erzeugnisse	15—20	Kunstseide	16
Teerprodukte	20	Gummi	17
Baumwollsamenöl	25	Seifen	20
Destillationsanlagen	15—20	Zuckerfabriken	28—30
Elektrochem. Anlagen	17		

[1] Abgedruckt bei E. M. PROCHAZKA, Jr. [*542*, S. 1832].

Zu 3. Ist nach Ablauf des Nutzungszeitraumes noch ein *Restwert* der Anlagen anzunehmen, so ist dieser zur Ermittlung der Abschreibungssumme vom Anlagenneuwert abzuziehen. Auf die Veranschlagung eines Restwertes wird allerdings in der Vorkalkulation häufig verzichtet, denn er ist meistens zu unsicher feststellbar oder auch für das Gesamtergebnis zu unbedeutend.

Zu 4. Liegen Abschreibungssumme und wirtschaftlich nutzbare Lebensdauer der Anlagen fest, so können die in die Vorkalkulation zu übernehmenden jährlichen Abschreibungsbeträge nach verschiedenen *Abschreibungsverfahren* berechnet werden. Es seien hier erwähnt:

a) *Lineare Abschreibung.* Der jährliche Abschreibungsbetrag ergibt sich durch Division des Anlagenneuwertes I_a — bzw. beim Restwert R am Ende der Lebensdauer: der Abschreibungssumme I_a minus R — durch den geschätzten Nutzungszeitraum n in Jahren. Der noch nicht abgeschriebene Restwert fällt entsprechend linear. Diese Methode kommt für die Vorkalkulation überwiegend in Betracht.

b) *Arithmetisch degressive Abschreibung mit gleichbleibendem Abfall (Digitalmethode).* Die Abschreibungsbelastung der einzelnen Jahre ist hier wie bei den folgenden Methoden ungleichmäßig. Bei der Digitalmethode beträgt die jährliche Abschreibungsminderung bei der Abschreibungssumme I_a minus R und n Nutzungsjahren

$$\frac{(I_a - R)}{1 + 2 + \cdots + n}$$

und betragen die Abschreibungsbeträge im 1., 2. usw. bis n ten Nutzungsjahr

$$\frac{n(I_a - R)}{1 + 2 + \cdots + n}; \quad \frac{(n-1)(I_a - R)}{1 + 2 + \cdots + n}; \quad \cdots\cdots\cdots \quad \frac{(I_a - R)}{1 + 2 + \cdots + n}.$$

Die Digitalmethode hat für die Berechnung bilanzieller Abschreibungen größere Bedeutung, in der Vorkalkulation der Kosten kommt sie dagegen kaum zur Anwendung. Sie wird hier trotzdem der Vollständigkeit halber erwähnt, weil die Abschreibungsverfahren in ihrer Gesamtheit in Kapitel 4.3 benutzt werden.

c) *Geometrisch degressive Abschreibung.* Bei dieser gleichfalls für die bilanzielle Abschreibung wichtigen Methode wird der jährliche Abschreibungsbetrag durch einen gleichbleibenden Prozentsatz vom jeweiligen Buchwert, d. h. noch nicht abgeschriebenen Restwert der Anlagen, berechnet. Sollen die Anlagen in n Jahren vom Neuwert I_a auf den Restwert R abgeschrieben werden, so errechnet sich der anzuwendende Abschreibungssatz a (Dezimalschreibweise) nach der Beziehung

$$a = 1 - \sqrt[n]{\frac{R}{I_a}}\,.$$

Genau wie bei der Digitalmethode erhält man einen mit der Nutzungsdauer fallenden jährlichen Abschreibungsbetrag.

d) *Progressive Abschreibung als Teil einer Kapitaldienst-Annuität.* Denkt man sich die Abschreibungssumme gewissermaßen als Schuldbetrag, der durch gleiche nachschüssige, d. h. jeweils am Jahresende zahlbare Annuitäten getilgt und verzinst werden soll, so ergibt sich diese Annuität oder der *Kapitaldienst J* beim Zinssatz i (Dezimalschreibweise) und beim Fehlen eines Restwertes am Ende der Lebensdauer n aus der Beziehung

$$J = I_a \frac{i \cdot (1 + i)^n}{(1 + i)^n - 1}\,.$$

Der gesamte Kapitaldienst wird also durch Multiplikation der Abschreibungssumme mit dem *Annuitätenfaktor* oder *Wiedergewinnungsfaktor* errechnet. Ist am Ende der Lebensdauer der Anlagen noch ein Restwert R vorhanden, so verringert sich die gleichzeitig zu tilgende und zu verzinsende Abschreibungssumme entsprechend, außerdem ist jedoch der Restwert laufend zu verzinsen:

$$J = (I_a - R) \frac{i \cdot (1 + i)^n}{(1 + i)^n - 1} + i \cdot R\,.$$

Da sich der zu verzinsende Anlagenwert während der Nutzungsdauer ständig verringert, müssen die jährlichen Tilgungs- bzw. Abschreibungsbeträge um die jeweils ersparten Zinsen größer werden.

Auf Grund des progressiven Abschreibungsverlaufs und der hier maßgeblichen finanztechnischen Denkweise hat diese Methode bei der Berechnung kalkulatorischer Abschreibungen in der Kostenrechnung keine Bedeutung erlangt. In der Vorkalkulation können die genannten finanzmathematischen Beziehungen jedoch wahlweise Anwendung finden.

Es handelt sich dann um jene Form der Vorkalkulation, die sich von den konventionellen Methoden der Nachrechnung am weitesten löst und unter Berücksichtigung des Zeitwertes des Geldes sowie Einführung der Zinseszinsrechnung unmittelbar auf die mit einem Investitionsvorhaben zusammenhängenden Ausgaben und Einnahmen stützt [vgl. Kap.2.042.1, 4.30, 4.350.1, 4.351.1].

e) *Leistungsabschreibung*. Die bisher genannten Methoden berechnen die Abschreibungen nach der Zeit, unabhängig von den Leistungen in den einzelnen Nutzungszeiträumen. Bei der Leistungsabschreibung wird die Abschreibungssumme da-gegen nicht primär auf einen Zeitraum, sondern auf die Ge-samtzahl der geschätzten Lei-stungseinheiten (Ausbringen, Laufstunden usw.) verteilt. Nur im Falle gleichbleibender Kapazitätsausnutzung ergeben sich in den einzelnen Nut-zungszeiträumen gleichblei-bende Abschreibungsbeträge, während andererseits die Ab-schreibungsbelastung der Lei-stungseinheiten stets konstant bleibt. Da in der chemischen Industrie die zeitabhängige wirtschaftliche Entwertungs-gefahr vor der leistungsbezo-genen technisch bedingten Abnutzung meistens den Aus-schlag gibt, kommt dem Ver-fahren hier eine geringere Be-deutung zu. Für die Vorkalku-lation ganzer Projekte gilt das

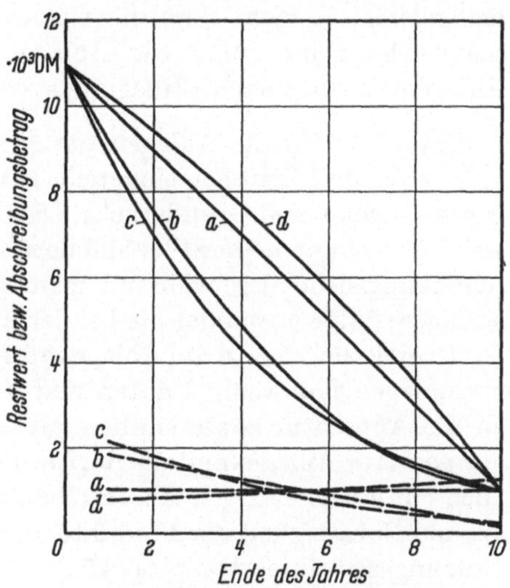

Abb. 238. Abschreibungsverlauf bei verschie-denen Abschreibungsverfahren
———: Restwert; ------: Abschreibungs-betrag
a Lineare Abschreibung; *b* Arithmetisch de-gressive Abschreibung mit gleichbleibendem Abfall (Digitalmethode); *c* Geometrisch de-gressive Abschreibung; *d* Progressive Ab-schreibung als Teil einer Kapitaldienst-Annui-tät bei einem Zinssatz von 6%

um so mehr, als die hierdurch eintretende Erschwerung und Komplizie-rung des Rechnungsganges häufig mit dem zu geringen Genauigkeitsgrad der geschätzten Daten unvereinbar sein wird. Der Vollständigkeit halber sei auch dieses Abschreibungsverfahren hier erwähnt.

Die Unterschiede im Abschreibungsverlauf der unter a) bis d) genannten Verfahren verdeutlicht Abb. 238, worin eine Anschaffungssumme von 11 000 DM und ein Restwert nach 10 jähriger Nutzungsdauer von 1000 DM zugrunde gelegt wurden.

Ob die Abschreibungen für die Anlagenelemente *einzeln* oder nur global als *Sammelabschreibung* für die Verfahrensausrüstung insgesamt vorzukalkulieren sind, richtet sich nach folgenden Gesichtspunkten:

1. Bei noch unzureichenden technischen Informationen und relativ geringen Genauigkeitsansprüchen sind Einzelabschreibungen unzweckmäßig.

2. Stark unterschiedliche Nutzungszeiten der einzelnen Anlagenelemente auf Grund technisch bedingter Abnutzung zwingen evtl. zur gesonderten Berechnung der Abschreibungen.

3. Ist die wirtschaftliche Entwertungsgefahr für die Nutzungsdauer maßgeblich, so zieht man die Gesamtabschreibung vor, weil die wirtschaftliche Entwertung die Anlagen als Ganzes trifft und einzelne Anlagenelemente nach Stillegung stark entwertet sind.

Häufig werden die Anlagen für Abschreibungszwecke in der Vorkalkulation in drei Gruppen eingeteilt, nämlich in die eigentliche Apparatur, in die Gebäude und Grundstücke. Die Grundstücke unterliegen normalerweise überhaupt keiner Wertminderung und sind damit auch nicht abschreibungsbedürftig, während man bei der Gebäudeabschreibung weit geringere Sätze anwendet als bei der Apparatur. Bei dem geringen Anteil der Grundstückswerte am Anlagekapital, den immer stärker bevorzugten Freianlagen mit wenig Bauten und der speziellen Anpassung derselben an die Apparatur sowie endlich zur Vereinfachung der Rechnung wird der gesamte Anlagekapitalbedarf in der Vorkalkulation jedoch vielfach auch nur einem einzigen Abschreibungssatz unterworfen. Je nach Eigenart und Neuartigkeit der Produkte sowie der Verfahren legt man meistens Nutzungszeiträume von 8 bis 15 Jahren zugrunde.

4.220.1 Kapitalwagnisse

In der Vorkalkulation werden *Wagniskosten* im allgemeinen nicht detailliert, dagegen überwiegend innerhalb funktioneller Kostenarten global berücksichtigt, z. B. Beständewagnisse für Roh- und Hilfsstoffe innerhalb der Materialgemeinkosten, Vertriebswagnisse bei den Vertriebskosten usw. Kommt aber dennoch die gesonderte Veranschlagung in Betracht, so ist von den aus der Erfahrung und in Relation zu geeigneten Bezugsbasen gebildeten Wagnissätzen der Nachrechnung bei ähnlichen Anlagen auszugehen [vgl. *444*, Bd. II, 1, S. 279].

Größere Bedeutung besitzt in Chemiebetrieben regelmäßig das *Anlagenwagnis*, und von diesem wiederum das meistens durch Fremdversicherung abgedeckte *Katastrophenwagnis*. C. W. VAN NOY u. a. [*699*] geben hierfür 1% vom Neuwert des gefahrbedrohten Anlagekapitals als Mittelwert an. Mit dem Grad der Katastrophengefährdung schwankt dieser Satz aber erheblich. Die von westdeutschen Chemiebetrieben genannten Sätze liegen zwischen 0,2 und 1% vom Anlagekapitalneuwert jährlich.

4.220.2 Kalkulatorische Zinsen

In der üblichen Kostenrechnung werden *kalkulatorische Zinsen* von den kalkulatorischen Restwerten der betriebsnotwendigen Anlagen als Kostenbestandteile verrechnet. Die Art der Finanzierung dieser Anlagen mit Eigen- oder Fremdkapital ist dabei unmaßgeblich. Die Höhe des kalkulatorischen Zinssatzes wird meistens mit dem herrschenden landesüblichen Zinsfuß, d. h. dem Zinssatz für langfristiges und praktisch risikofreies Fremdkapital, gleichgesetzt. In den letzten Jahren waren durchschnittlich etwa 6% angemessen.

Beim Ansatz kalkulatorischer Zinsen in der Vorkalkulation wird es meistens als nachteilig empfunden, daß in den einzelnen Jahren der Lebensdauer der Anlagen infolge der abschreibungsbedingten Verminderung der restlichen Anlagekapitalbindung jährlich fallende Zinsbelastungen entstehen. Um dies zu vermeiden und bei der linearen Abschreibungsmethode mit einem zeitlich konstanten Kapitaldienst rechnen zu können, werden die kalkulatorischen Zinsen für die gesamte Lebensdauer des Projektes in durchschnittlicher Höhe berechnet und in die Vorkalkulation übernommen. Die durchschnittlichen jährlichen kalkulatorischen Zinsen Z betragen bei linearer Abschreibung, dem Anlagenneuwert I_a, n Nutzungsjahren und dem kalkulatorischen Zinssatz i

$$Z = \frac{I_a \cdot i}{2} \cdot \frac{n+1}{n} \quad [\text{DM/Jahr}].$$

Bei einem angenommenen Restwert R am Ende der Abschreibungszeit ist

$$Z = \frac{(I_a - R) \cdot i}{2} \cdot \frac{n+1}{n} + R \cdot i \quad [\text{DM/Jahr}].$$

Da das Umlaufkapital konstant ist, sind auch die hiervon zu berechnenden kalkulatorischen Zinsen gleichbleibend. Zuweilen erfaßt man jedoch die kalkulatorischen Zinsen vom Umlaufkapital gar nicht gesondert, sondern berücksichtigt diese innerhalb funktioneller Kostenarten wie Materialgemeinkosten, Vertriebskosten usw.

An die Stelle des landesüblichen Zinssatzes treten bei der späteren Auswertung der vorkalkulierten Kosten in der Wirtschaftlichkeitsanalyse effektive Fremdkapitalzinsen als Aufwandsgröße. Weiter entwickelt man Rentabilitätskennziffern und „kürzeste Amortisationszeiten“ z. T. ohne Abzug irgendeines Zinsendienstes und errechnet eine Mindestverzinsung über einen *Kalkulationszinssatz* oder *Mindestrentabilitätswert*, wobei die Finanzierungsform und vor allem die Investitionsrisiken zu berücksichtigen sind [vgl. Kap. 4.35 u. 4.37]. Die Einstellung kalkulatorischer Zinsen in Höhe des landesüblichen Zinssatzes wäre hier jedenfalls nicht ausreichend. Das gilt auch für Kostenvergleichsrechnungen zur Bestimmung der wirtschaftlichen Optima bei der Dimensionierung von Anlagenelementen [s. besonders Kap. 2.042.1, Ziffer 1], wo kalkulatorische Zinsen nur im genannten Sinne einer vom Einzelfall abhängigen geforderten Mindestverzinsung anzusetzen sind.

4.221 Materialkosten

4.221.0 Rohstoffkosten

Die erforderlichen *Rohstoffmengen* ergeben sich aus den *Materialbilanzen* [s. Kap. 2.02]. Bei bekannten Prozessen kann man in erster Näherung auch auf die in der Fachliteratur zuweilen angegebenen spezifischen Materialbedarfszahlen zurückgreifen.

Die *Bewertung* der Bedarfsmengen erfolgt zu *Bezugspreisen frei Werk* oder zu *Verrechnungspreisen* im Falle eigener Vorproduktion. Das Benutzen veröffentlichter Preisdaten — etwa nach den Angaben der „Chemiker-Zeitung" in Deutschland — ist nur mit Vorbehalten zulässig. Diese Preise gelten oft nur für Bezüge kleinerer Mengen vom Großhandel und für bestimmte Frachtbasen. Demgegenüber lassen sich bei langfristigen Großabnahmen direkt vom Hersteller beträchtliche Preisreduktionen erzielen. Aus diesen Gründen sind für eine zuverlässige Kostenbewertung so früh wie möglich direkte Preisverhandlungen mit den Lieferanten einzuleiten.

Wird ein Rohstoff noch nicht in nennenswertem Umfang marktmäßig gehandelt, so müssen die für die Herstellung in Frage kommenden Lieferanten selbst erst Kosten- und Preisschätzungen vornehmen. Die in Aussicht genommene eigene Vorproduktion verlangt eine entsprechende Vorkalkulation des Verrechnungspreises.

Eine genauere *Bezugskostenkalkulation* (Einrechnung von Frachten, Verpackungskosten usw.) zur Ermittlung des *Einstandspreises* wird bei bekannten Ab-Werk-Preisen der Lieferanten insbesondere bei spezifisch geringwertigen Massengütern notwendig.

4.221.1 Hilfsstoffkosten

Als *Hilfsstoffe* gelten in der chemischen Technik z. B. Katalysatoren sowie Lösungs-, Adsorptions- und Absorptionsmittel. Vielfach wäre die Bezeichnung *Kreislaufstoffe* richtiger, denn es fehlt hier meistens das für Hilfsstoffe eigentlich begriffsnotwendige Eingehen in das Endprodukt.

Diese Stoffe bleiben vielfach längere Zeit im Produktionsprozeß. Die Erneuerung und Ergänzung wird entweder absatzweise in bestimmten Zeitabständen oder aber kontinuierlich vorgenommen.

Wegen der völligen Abhängigkeit vom einzelnen Verfahren ist der Hilfsstoffverbrauch auf Grund technischer Berechnungen vorzugeben;

generalisierende Angaben wie bei den Betriebsstoffkosten sind nicht möglich. Für die Bewertung gilt das gleiche wie bei den Rohstoffkosten.

4.221.2 Betriebsstoffkosten

Betriebsstoffe dienen der Aufrechterhaltung des Betriebes, ohne stofflich in das Endprodukt einzugehen. In der chemischen Technik versteht man unter Betriebsstoffen nur die wenig bedeutenden Bedarfsgüter wie Schmiermittel, Filtertücher, Reinigungsmittel, Arbeitsschutzbekleidung, Diagrammpapier für Instrumente usw.

Anstelle gesonderter Berücksichtigung ist zuweilen auch die Einbeziehung in die Reparaturkosten anzutreffen.

Wegen ihrer geringen Bedeutung erfolgt die Vorkalkulation der Betriebsstoffkosten über Erfahrungssätze in Relation zu bestimmten Bezugsbasen. In der Literatur werden folgende Richtwerte angegeben:

1. Vom Neuwert der Anlagen 0,5—1% jährlich [*183*; *184*; *628*];

2. Von den Reparaturkosten 10—20%, bei hohen Reparaturkosten aber nur 5—10% [*669*];

3. Von den Betriebsarbeiterlöhnen 5—20%, im Mittel 10% [*111*].

Die meisten Angaben westdeutscher Chemiebetriebe basieren auf den Betriebsarbeiterlöhnen. Die extremen Werte betragen danach 3 und 27%, in den meisten Fällen liegen die Sätze jedoch zwischen 10 und 15%.

4.221.3 Materialgemeinkosten

Ein *Materialgemeinkostenzuschlag* auf die Materialkosten kommt überwiegend nur für zentral und in geringerem Umfang gelagerte Stoffe in Betracht, wofür einige westdeutsche Chemiefirmen etwa 3% angeben. Die Kosten für die Lagerung in unmittelbarer Nähe der Verbrauchsstellen befindlicher wichtiger Stoffe werden dagegen unter den primären Kostenarten erfaßt (Energie-, Arbeits-, Kapitalkosten usw.).

4.222 Energiekosten

Zu den *Energiekosten* zählen im einzelnen:

a) *Dampf* für Antriebsmaschinen, für chemische Umsetzungen sowie für Heizungszwecke;

b) *Elektrische Energie* vorwiegend für Antriebe, daneben für die Beheizung von Apparaten und zur Elektrolyse, ferner für Beleuchtungszwecke;

c) *Wasser* für chemische Umsetzungen, als Lösungsmittel, Waschwasser und Kühlwasser;

d) *Brennstoffe*;

e) *Inertgas*;

f) *Druckluft*;

g) *Kälteenergie*.

Die zuverlässige Ermittlung des *Energiebedarfs* ist im allgemeinen schwieriger als die Feststellung des Stoffbedarfs und setzt weitergehende Kenntnisse über die Apparatur voraus [s. Kap. 2.03]. Für bekannte Verfahren finden sich *spezifische Energiebedarfszahlen* verstreut in der chemisch-technischen Literatur [*76*, S. 272; *132*, S. 475; *203*; *285*, S. 194 u. 206; *702*; *704*], sie wurden aber zuweilen auch speziell für die Zwecke der Kostenschätzung bei Projektierungen zusammengestellt [*197*; *541*]. Die Brauchbarkeit solcher Daten erschöpft sich nicht unbedingt in ihrer Anwendbarkeit auf den betreffenden bekannten Prozeß, sondern es ist bei neuen Verfahren evtl. die Möglichkeit einer Analogieschätzung gegeben. Ungenauigkeiten resultieren vor allem daraus, daß zwischen den einzelnen Energiearten mitunter Substitutionsmöglichkeiten bestehen und bei Dampf und Wasser selten die Zustände bzw. Qualitäten angegeben werden.

Für die *Kostenbewertung* ist zunächst wesentlich, ob *Eigenversorgung durch Hilfsbetriebe* oder *Fremdbezug* in Aussicht genommen wird. Ersteres trifft fast immer für Dampf, Wasser, Druckluft und Kälteenergie zu, in größeren Betrieben auch für elektrischen Strom. Bei vorhandenen und dem hinzutretenden Neubedarf gewachsenen Hilfsbetrieben sind geltende *Verrechnungspreise* leicht zu übernehmen, während andererseits eine notwendige Neuerrichtung oder wesentliche Erweiterung der Hilfsbetriebe die Vorkalkulation der Verrechnungspreise voraussetzt.

Die Vorkalkulation der *Verrechnungspreise* bzw. der Herstellkosten kann man für erste Schätzungen in der Weise vereinfachen, daß man in Analogie zu dem unter Kap. 4.200 beschriebenen Verfahren nur eine bestimmte *Schlüsselkostenart* einzeln ermittelt und diese anschließend zur Auffindung der gesamten Herstellkosten mit einem globalen Erfahrungsfaktor multipliziert.

Die Kosten für *Frischdampf* würde man z. B. über die *Brennstoffkosten* als Schlüsselkostenart veranschlagen. Die zur Erzeugung einer bestimmten Frischdampfmenge pro Zeiteinheit G_D [kg/h] aufzuwendenden Brennstoffkosten K_B [DM/h] würden sich zu

$$K_B = \frac{G_D \cdot i_D \cdot P_B}{\eta_{ges} \cdot 10^6} \quad [\text{DM/h}]$$

ergeben, wenn i_D den Wärmeinhalt des Dampfes [kcal/kg], P_B den Wärmepreis des Brennstoffes [DM/10^6 kcal] und η_{ges} den Gesamtwirkungsgrad der Kesselanlage bedeuten. Der Gesamtwirkungsgrad erfaßt die Wärmeverluste durch unvollkommene Brennstoffausnutzung im Kessel selbst, d. h. den eigentlichen Kesselwirkungsgrad, ferner den Energie-Eigenbedarf der Kesselanlage und die Wärmeabstrahlungsverluste, wobei Werte zwischen 0,75 und 0,80 angemessen sein mögen [vgl. *488*]. Mit i_D dürfte man eigentlich nicht den gesamten Wärmeinhalt des Dampfes, sondern nur die unter Berücksichtigung des Wärmeinhaltes des Speisewassers aufzuwendende Wärmemenge einsetzen, doch sind die Unterschiede hieraus größenordnungsmäßig vernachlässigbar. Die Dampfkosten K_D [DM/h] ergeben sich dann als Quotient aus den ermittelten Brennstoffkosten K_B und dem Brennstoffkostenanteil k_B an den gesamten Herstellkosten:

$$K_D = \frac{K_B}{k_B} \quad [\text{DM/h}].$$

Der Faktor k_B schwankt in Abhängigkeit von Brennstoff, Kesseltyp und -größe, Ausnutzungsgrad usw. etwa in den Grenzen zwischen 0,50 und 0,75. Von einer Reihe westdeutscher Chemiebetriebe wurden für Steinkohlenkessel 60—75% Brennstoffkostenanteil genannt (1957). Braunkohlenkessel würden dagegen zum unteren Grenzwert tendieren. Die Bewertung von Gegendruckdampf und Abdampf, die Kuppelprodukte darstellen, hat nach anderen Regeln zu erfolgen.

Als Verrechnungspreise für Mitteldruckdampf (15—40 atü) werden zur Zeit Grenzwerte von 9 und 16 DM/t genannt (1957).

Die Brennstoffkosten bilden auch die Schlüsselkostenart für eine entsprechende Veranschlagung der Herstellkosten von *elektrischem Strom* und *Generatorgas*, während die Stromkosten wiederum die Basis zur Abschätzung der *Kosten für Kühlwasser*, das rückgekühlt und im Kreislauf geführt wird, sowie für Druckluft und Kälteenergie bilden können.

Die *Strompreise* liegen bei Fremdbezug meistens zwischen 5 und 10 Dpfg/kWh, bei Eigenerzeugung überwiegend zwischen 4 und 8 Dpfg/kWh. Die bei unseren Erhebungen beobachteten Bestwerte in der chemischen Industrie betrugen 3,8 Dpfg/kWh für das 6-kV-Netz und 4,5 Dpfg/kWh für das 0,5-kV-Netz im Falle der Eigenerzeugung auf Basis Steinkohle. Auf Basis Wasserkraft werden beispielsweise 3 Dpfg/kWh genannt (1957).

Tab. 44 bringt die häufigsten Schwankungsbreiten für *Wasserkosten* nach Informationen aus der Praxis zur Darstellung. Die *Rohwasserkosten* sind von den örtlichen Bedingungen, *Grundwasserkosten* vor allem

Tabelle 44. *Richtwerte für Wasserkosten in Westdeutschland 1957*

Dpfg/m³

Rohwasserkosten:

Oberflächenwasser (Flußwasser)	1 — 3
Grundwasser	3 — 10
Leitungswasser aus öffentl. Netz	10 — 40

Kühlwasserkosten bei Rückkühlung in Kühltürmen .... 1,5— 6

Aufbereitungskosten (ohne Rohwasser):

Vorklärung von Oberflächenwasser	1 — 4
Enthärtung mit Na-Basenaustauschern	6 — 15
Schnell-Entkarbonisierung mit Kalk	3 — 8
Entsalzung mit Ionenaustauschern, ohne Entkieselung	8 — 25
Vollentsalzung	12 — 35
Destillation	70 —180

von der Förderhöhe und vom Strompreis abhängig. Die Förderhöhe ist bei Hangquellen und artesischen Brunnen am geringsten und erreicht bei Tiefbrunnen Werte bis zu über 100 m. Der spezifische Energiebedarf für die Förderung schwankt etwa zwischen 0,1 und 0,8 kWh/m³. B. Waeser [*711*, S. 40] gibt für Tiefbrunnenwasser eine geringere Schwankungsbreite der Kosten zwischen 6,5 und 7 Dpfg/m³ an.

Nach einzelnen Kühlsystemen differenzierte Preise für *Rückkühlwasser* unter amerikanischen Verhältnissen s. unter [*142*].

Die *Aufbereitungskosten* hängen vor allem von der Rohwasserqualität, dem geforderten Reinheitsgrad nach der Aufbereitung sowie vom angewandten Aufbereitungsverfahren ab [*291*; *342*; *465*; *650*, S. 356], und zwar in so starkem Maße, daß die Angaben in Tab. 44 eigentlich nur als Kostenrelationen zwischen den einzelnen Aufbereitungsverfahren dienen. Die progressive Vorkalkulation der Aufbereitungskosten an Hand der Rohwasseranalyse ist in jedem Falle zu bevorzugen [vgl. Berechnungsbeispiel unter *515*, S. 78].

Die Minimalwerte der angegebenen *Druckluftkosten* (3—5 atü) betragen etwa 6 DM/1000 Nm³, während im Mittel 8—12 DM/1000 Nm³ gelten (1957).

4.223 Arbeitskosten

Es werden hier *Arbeitskosten* nur insoweit behandelt, als sie durch den Einsatz von Arbeitskräften zur unmittelbaren Durchführung der Produktion verursacht werden. Dagegen bleiben die in Hilfsbetrieben und Nebenanlagen entstehenden Arbeitskosten hier außer Betracht.

4.223.0 Betriebsarbeiterlöhne

Den Betriebsarbeitern obliegt die Bedienung und Kontrolle der Produktionsapparatur. Das vorkalkulatorische Problem liegt in erster Linie bei der *mengenmäßigen* Ermittlung der Zahl der erforderlichen *Arbeitskräfte* bzw. *Arbeitsstunden*. An Schätzungsverfahren bieten sich etwa nach zunehmender Genauigkeit geordnet an:

1. Anwendung von Richtzahlen über den *Anlagekapitalbedarf je Beschäftigten*. In USA rechnete man noch 1945 durchschnittlich mit 6000 $ je Arbeitsplatz, während heute bereits 11000 $ für konventionelle und 100000 $ für automatisierte Anlagen gelten. Im Vergleich dazu werden 300000 DM je Arbeitsplatz für die neue hoch automatisierte Bunafabrik in Hüls genannt [*25*]. Weiter gibt W. G. Rodenacker [*580*] für westdeutsche Verhältnisse folgende Werte an: 7000 DM bei alten pharmazeutischen Betrieben, 30000 DM bei modernen kontinuierlichen Betrieben, 400000 DM bei neuen petrochemischen Anlagen. Statistisch ermittelte Branchendurchschnittswerte für eine Reihe von Industriezweigen in Großbritannien sind auszugsweise in Tab. 45 wiedergegeben.

Da es sich hierbei jedoch um durchschnittliche spezifische Kapitalbedarfszahlen für sämtliche Beschäftigte handelt, müssen zur Umrechnung dieser Zahlen auf den Kapitalbedarf je Betriebsarbeiter weitere Richtwerte über das Verhältnis von Betriebsarbeitern zu Gesamtbeschäftigten zur Verfügung stehen.

Tabelle 45. *Anlagekapitalbedarf je Beschäftigten in verschiedenen Industriezweigen Großbritanniens, Stand 1955 [96]*

	£
Keramische Erzeugnisse	590
Glas	1140
Farben und Lacke	1400
Drogen, Kosmetika	1520
Pappe und Papiererzeugnisse	1630
Gummi	1660
NE-Metalle	2370
Seifenindustrie	2560
Zement	2950
Eisen und Stahl	3480
Papier und Zellstoff	4460
Getreidemühlen	4690
Chemikalien allgemein, Kunststoffe usw.	5000
Zuckerraffinerien	5150
Kokereien	8450
Erdölraffinerien	12680

2. Anwendung von Richtzahlen über das *Bruttoausbringen je Beschäftigten.* Die Zahl der erforderlichen Beschäftigten ergibt sich durch Division des Umsatzes bei normaler Kapazitätsausnutzung durch den entsprechenden Richtwert. Unter britischen Verhältnissen wurden derartige Richtwerte vom Board of Trade u. a. für 18 verfahrenstechnische Industriezweige bekanntgeben [518]. Aus der Gesamtbeschäftigtenzahl ergibt sich die Zahl der erforderlichen Betriebsarbeiter nach der gleichen wie unter Ziffer 1 bereits erwähnten Umrechnung.

3. H. E. WESSEL [740] hat ein Diagramm entwickelt, aus dem der *Arbeitsstundenbedarf je t Erzeugnis und Produktionsstufe* für 3 verschiedene Verfahrenstypen in Abhängigkeit von der Betriebsgröße entnommen werden kann, Abb. 239:

Kurve 1: Überwiegender Chargenbetrieb oder Anwendung des Batteriesystems bedingen höchsten Arbeitskräftebedarf.

Kurve 2: Für Chargenbetrieb als auch kontinuierliche Betriebsform — im Bereich hoher Kapazitäten — gelten mittlere Verhältnisse.

Kurve 3: Vollkontinuierliche Betriebsform bei ausschließlichem Durchsatz fluider Medien und höchstem Instrumentierungsgrad verursacht den geringsten Arbeitskräftebedarf.

Hier würde also bereits die Kenntnis der eingeschlossenen Produktionsstufen sowie der Betriebsgröße ausreichen, jedoch läßt die erreichbare Genauigkeit wahrscheinlich noch sehr zu wünschen übrig.

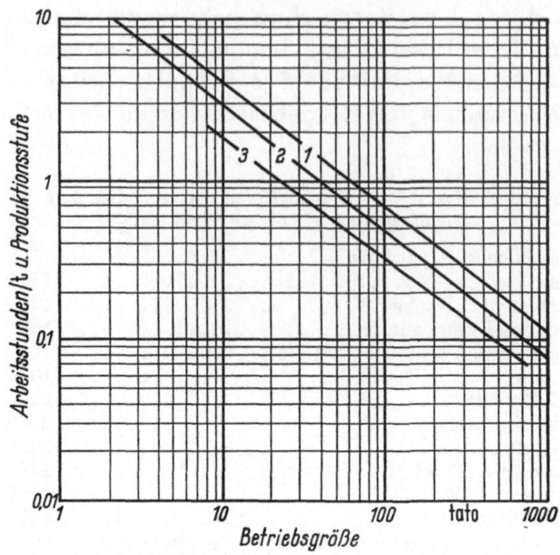

Abb. 239. Arbeitsstundenbedarf je Produktionsstufe und t Erzeugnis in Abhängigkeit von Betriebsgröße und Verfahrenstyp [H. E. Wessel, *740*]
1 Batteriesystem oder Chargenbetrieb; *2* Mittlere Verhältnisse; *3* Kontinuierlicher Betrieb

Tabelle 46
Spezifischer Arbeitsstundenbedarf verschiedener Verfahren [C. H. Chilton, *110*]

	Arbeitsstunden/t[1]		Arbeitsstunden/t[1]
Acetatseide	80	Tonerdeaufschluß nach dem BAYER-Verfahren	3,7
Cumarin	80	Soda nach Solvay	3,5
Cellulosenitrat	60	HCl aus H_2 und Cl_2	3,2
Sauerstoff, kleine Anlagen	48	Alkohol aus Melasse	3,1
Essigsäure aus Carbid	29	Calciumcarbid	3,0
Magnesium, elektrolytisch	27	Phosphorsäure (Schachtofen)	3,0
Lactose	24	Wasserglas, 40 Bè	2,7
Aluminium	16	Baumwollsamenöl (Einsatz)	2,4
Natriumbichromat	15	Portlandzement	2,1
Natrium, metallisch	13	Phosphorsäure (Dorr-Prozeß)	1,7
Schwefeldioxyd, flüssig	10	Harnstoff	1,6
Chlor-Alkali-Elektrolyse, (bez. auf $Cl_2 + NaOH$)	9,5	Aluminiumsulfat	1,5
Äthylenglykol	9,0	Hydrierung von Baumwollsamenöl	1,3
Phenol über Sulfonierung	8,5		
Trockeneis aus Abgas	8,0	Salpetersäure, synthetisch	1,0
Natriumchlorat	8,0	NaOH n. Kalk-Soda-Verfahren	0,9
Calciumcyanamid	5,5	Phosphorsäure (Elektroofen)	0,8
HCl aus Steinsalz	5,2	Ammoniumphosphat	0,7
Zinkoxyd	5,0	Schwefelsäure	0,61
KCl aus Sylvinit	4,3	Superphosphat	0,6
Dynamit (Basis Nitroglycerin)	4,3	Benzin, katalytisch	0,25
Glycerin	4,0	Sauerstoff, 95%ig, große Anlagen	0,2

---

[1] Die Gewichtseinheit ist regelmäßig auf das Erzeugnis bezogen. Abweichungen hiervon sind besonders vermerkt, z. B. Einsatz als Bezugsbasis oder mehrere Produkte.

4. Benutzung von Erfahrungszahlen über den *spezifischen Arbeitsstundenbedarf je t Fertigprodukt*. Dieses bei bekannten Verfahren sehr bequeme Orientierungsmittel versagt freilich bei neuartigen und mit bekannten Verfahren kaum vergleichbaren Prozessen. Die in Tab. 46 zusammengestellten Daten wurden von C. H. CHILTON speziell für die

Tabelle 47. *Zahl der erforderlichen Betriebsarbeiter für wichtige Apparate und Maschinen* [*17*, S. 162; *179*; *404*, S. 68; *642*; *707*, S. 515; *772*, S. 22]

Arbeiter/Einheit

Reaktoren:

Chargenbetrieb, Reaktionszeit 4 Stunden und mehr	0,33 −0,5
Chargenbetrieb, kurze Reaktionszeiten	1,0
Kontinuierlicher Betrieb, hohe Kontrollnotwendigkeit, nicht automatisch	1,0
Kontinuierlicher Betrieb, automatisch	0,33 −0,5

Destillationsanlagen:

Chargenbetrieb, Betriebsdauer 24 Stunden und mehr	0,5
Chargenbetrieb, Betriebsdauer 12 Stunden und weniger	1,0
Rektifikationsanlagen	1,0

Verdampfer	0,25

Filterapparate:

Filterpressen	2
Vakuumfilter, kontinuierlich	0,125−0,2
Vakuumfilter, absatzweise	0,25
Blattfilter	0,5

Kristallisierapparate:

Mechanisch	0,15
Vakuum-Kristallisatoren	0,25

Trockner:

Walzentrockner	0,5
Zerstäubungstrockner	0,5 −1,0
Trommeltrockner, direkt und indirekt beheizt	0,2 −0,33
Schnecken- und Schaufeltrockner	0,2 −0,33
Turbinentrockner	unter 0,17
Vakuum-Trommeltrockner	0,17 −1,0
Kammertrockner	0,5

Zerkleinerungsmaschinen	0,25 −1,0

Zentrifugen:

Röhren- und Tellerzentrifugen (Separatoren)	0,05 −0,25
Vertikalzentrifugen, hängend	0,33 −0,5
Vertikalzentrifugen, stehend	0,5 −1,0
Vertikalzentrifugen, mit Automatik	0,2
Schneckenzentrifugen	0,05 −0,2

Förderanlagen:

Bandförderer	0,25
Kratzförderer (Redler)	0,5
Förderschnecken	0,5
Becherwerke	1,0
Pendel-Becherwerke	1,0

Dampfkesselanlagen, je etwa 50 t/h	3

Zwecke der Vorkalkulation veröffentlicht. In der Fachliteratur finden sich solche Daten selten. Sie gelten regelmäßig für eine „mittlere Betriebsgröße", jedoch resultieren aus der fehlenden zahlenmäßigen Festlegung der Betriebsgröße erhebliche Ungenauigkeiten. Auch die Substitutionsmöglichkeiten zwischen Kapital und Arbeit werden vernachlässigt.

5. Die Zahl der erforderlichen Betriebsarbeiter wird an Hand einfacher Fließbilder und von *Richtzahlen* ermittelt, die den *spezifischen Bedarf an Arbeitskräften je Apparate- und Maschineneinheit* kennzeichnen. Richtzahlen dieser Art wurden in Tab. 47 aus einer größeren Zahl amerikanischer Literaturquellen zusammengestellt. Ungenauigkeiten entstehen hier durch fehlende oder unzureichende Berücksichtigung der Größe, konstruktiven Eigenarten in bezug auf Bedienungserfordernisse und der räumlichen Anordnung.

6. Die sicherste Grundlage bietet ein detailliert ausgearbeiteter *Stellenbesetzungsplan*, dessen Aufstellung in den Rahmen der technischen Projektierungsaufgaben fällt [vgl. Kap. 2.09].

Nach der Ermittlung des Arbeitskräftebedarfs bietet die *Bewertung* nach geltenden Lohnsätzen der Tarifverträge bzw. bereits vorliegenden Erfahrungen kaum Schwierigkeiten. Ein gewisses Kontingent stellen die ungelernten Arbeiter. Daneben unterscheidet man die angelernten „Chemiebetriebsfachwerker" — früher „Chemiewerker" — mit zweijähriger Ausbildungszeit und Bezahlung nach Lohngruppe III sowie die „Chemie-Facharbeiter" mit dreijähriger Lehrzeit und Bezahlung nach Lohngruppe IV [*568*, S. 17]. Zur Errechnung des Gesamtlohnes sind dem Grundlohn evtl. Berufs- und Betriebszulagen, Zulagen für Nachtarbeit (10%), Sonntagsarbeit (50%) und Feiertagsarbeit (100 bzw. 150%) zuzuschlagen.

4.223.1 Gehälter des technischen Überwachungspersonals

Die *Gehaltskosten* für das *technische Überwachungspersonal*, d. h. für Meister, Betriebschemiker, Techniker und Betriebsingenieure, denen die unmittelbare Beaufsichtigung und Überwachung des Betriebsablaufs obliegt, sind wie folgt zu ermitteln:

1. Anwendung von *Richtzahlen*, die das Verhältnis von *Betriebsarbeitern zu technischen Angestellten im Produktionsbereich* kennzeichnen. Meistens sind nur die weniger geeigneten Richtzahlen über das Verhältnis von Arbeitern zu Angestellten — das für die chemische Industrie Westdeutschlands gegenwärtig im Durchschnitt 2,5:1 beträgt [*12*, S. 63] — bekannt, d. h. es sind auch Arbeiter und Angestellte der allgemeinen Bereiche eingeschlossen. Wegen des hohen Anteils der Verwaltungsangestellten an der Gesamtzahl der Angestellten liegen die hier gemeinten Richtzahlen viel höher.

2. Ohne vorherige Feststellung der Zahl der erforderlichen Arbeitskräfte schätzt man die Gehaltskosten über *Erfahrungswerte prozentual von den Betriebsarbeiterlöhnen*. C. H. CHILTON [*111*] nennt hierfür Extremwerte von 10% bei einfachsten Prozessen und 50% bei sehr komplizierten Verhältnissen und vollkontinuierlicher Betriebsweise sowie 15—30% als Mittelwerte. Die Angaben westdeutscher Chemiebetriebe liegen innerhalb dieses Schwankungsbereichs, vorzugsweise bei 30%. Dieses Schätzungsverfahren vermeidet auch die Schwierigkeiten, die beim gleichzeitigen Einsatz technischer Kräfte für mehrere Prozesse entstehen.

3. Detaillierte *Stellenbesetzungsplanung* [vgl. Kap. 2.09].

Die Vorarbeiterlöhne werden gewöhnlich nicht hier, sondern bei den Betriebsarbeiterlöhnen, die Kosten der Betriebsleitung unter Werksgemeinkosten und die Gehälter der Angestellten im Betriebslabor unter Analysenkosten erfaßt.

Beim Ansatz der Gehälter sind neben dem allgemeinen Gehaltsniveau, tarifvertraglichen Regelungen usw. die geforderten technischen Fähigkeiten und Erfahrungen entscheidend, doch sind solche Überlegungen erst am Platze, wenn schon eine detaillierte Stellenbesetzungsplanung vorgenommen wurde.

4.223.2 Lohn- und Gehaltsnebenkosten

Den Betriebsarbeiterlöhnen sind etwa 10% für Urlaubs- und Feiertagslöhne, daneben sind diesen und den Gehältern 25—40% für gesetzliche und freiwillige soziale Leistungen zuzuschlagen. Großbetriebe nennen z. T. noch höhere Sozialleistungssätze.

4.224 Reparaturkosten

Das in der chemischen Industrie sich immer stärker durchsetzende Fließprinzip und die verstärkte Mechanisierung führen zu einer laufend zunehmenden Komplizierung der Apparatur, wodurch unter gleichzeitiger Herabsetzung der Arbeitskosten die *Reparaturkosten* beachtlich ansteigen. Dies belegen anschaulich die Zahlenwerte der Tab. 48 sowie die Mitteilung, daß die chemische und erdölverarbeitende Industrie heute in USA bereits 5—6% vom Umsatz für Reparaturen ausgeben [*136*].

Tabelle 48. *Das Verhältnis Reparaturhandwerker zu Gesamtzahl der Beschäftigten verschiedener Industriezweige in USA* [*747*]

Nahrungsmittelindustrie	1:12	Hüttenindustrie	1:9
Steine und Erden, Glas, Keramik	1:10	Chemische Industrie	1:8
Zellstoff und Papier	1:10	Erdölindustrie	1:3

Unter den Reparaturkosten werden auch die Kosten solcher Arbeiten erfaßt, die begrifflich zwar keine eigentlichen Reparaturen sind, andererseits aber regelmäßig von dem Reparaturkräften mit ausgeführt werden.

Hierhin gehören: Kleinere Umbauten und zusätzliche Installationen an den Anlagen, ferner Arbeiten, die mit einer gewissen Periodizität auftreten und unmittelbar zur Aufrechterhaltung des Betriebes erforderlich sind, wie etwa Reinigung von Wärmeaustauschern und Kondensatoren, Ventilen, Rohrleitungen usw. [*665*]. Es wäre daher vielleicht richtiger, von Unterhaltungs- oder Instandhaltungskosten zu sprechen.

Die Reparaturkosten setzen sich zusammen aus den *Reparaturhandwerkerlöhnen*, den *Reparaturmaterialkosten* und den *Gemeinkosten der Werkstätten*. Das durchschnittliche Kostenverhältnis zwischen Reparaturlöhnen und Reparaturmaterial wurde in der amerikanischen Literatur meist mit 1:1, nach einer neueren Untersuchung dagegen mit 57:43 in der Erdölindustrie und mit 43,5:56,5 in der chemischen Industrie angegeben [*8*; *747*]. Interessant ist die Mitteilung, daß in einem chemischen Großbetrieb der Bundesrepublik fast in völliger Übereinstimmung hiermit ein Lohnanteil von 43—54% beobachtet wurde [*8*].

Da die Reparaturkosten während der Lebensdauer der Anlagen nicht konstant bleiben, sondern zunehmen, kommt es in der Vorkalkulation meistens auf die Bestimmung eines Mittelwertes an. Die Erfahrungszahlen aus der Nachrechnung sind nach den besonderen Verhältnissen des neuen Projektes abzuwandeln.

An Vorkalkulationsmethoden sind im einzelnen vorgeschlagen worden:

1. Die jährlichen Reparaturkosten werden *prozentual vom Neuwert des Anlagekapitals* geschätzt. Als Richtwerte der amerikanischen Praxis nennt R. M. CZINER [*136*] 2—4% bei einfacher Apparatur, 6—7% unter mittleren Verhältnissen und 8—10% für komplizierte Apparaturen und schweren Betrieb. Besonders die Anwendung extrem hoher Drucke und Temperaturen, starke Korrosivität der durchgesetzten Medien sowie ein großer Anteil maschineller Anlagen werden regelmäßig höhere als durchschnittliche Reparaturkostensätze verlangen. Die Angaben westdeutscher Chemiebetriebe liegen meistens zwischen 5 und 10%, obwohl in Einzelfällen auch 2% als unterster Grenzwert beobachtet wurden. Im Mittel werden jedoch 5% selbst bei Großbetrieben mit moderner Organisation und Planung der Reparaturarbeiten nicht unterschritten.

2. Eine höhere Genauigkeit ist dadurch erzielbar, daß man die Reparaturkosten *nach Anlagegruppen oder Anlageneinheiten gesondert* veranschlagt, und zwar entweder über Prozentsätze wie oben unter Ziffer 1 oder nach Absolutbeträgen. Für beide Verfahren wurden unter amerikanischen Verhältnissen bereits Richtwerte in größerer Zahl veröffentlicht, Prozentsätze durch F. C. VILBRANDT [*707*, S. 519] und Absolutbeträge durch J. D. LEONARD [*409*]. In einer britischen Arbeit [*716*] sind Absolutbeträge für verschiedene Typen von Instrumenten wiedergegeben. Die mitgeteilten Richtwerte weisen erhebliche Schwankungen auf. Die

Untergrenze liegt etwa mit 1% bei Rohrleitungen [*707*, S. 519], wohingegen die laufende Instandhaltung der Instrumentierung nicht weniger als im Durchschnitt 25% jährlich von den Anschaffungskosten derselben erfordern soll [*551*, S. 177]. In Deutschland wurden derartige Erfahrungswerte noch nicht bekanntgegeben, bei sorgfältiger Erfassung der Kosten bereits ausgeführter und abgerechneter Reparaturen in den Anlagenkarteien wären diese aber innerbetrieblich unschwer festzustellen.

3. *Anwendung der „*PIERCE*-Relation".* D. E. PIERCE [*524*; *525*] hat nachgewiesen, daß sich die Reparaturkosten in Chemiebetrieben gegenüber dem Stromverbrauch weitgehend proportional verhalten. Für die Budgetierung der Reparaturkosten bestehender Anlagen wurde die Benutzung der Formel

$$K_P = x\,(a + b \cdot y)$$

vorgeschlagen, in welcher bedeuten:

K_P Reparaturkosten/Jahr;

x Jährlicher Stromverbrauch (kWh/1000);

y Kosten der Reparaturarbeitsstunde einschl. Gemeinkosten;

a Reparaturmaterialkosten-Index, d. h. Kosten des Reparaturmaterials je 1000 kWh;

b Reparaturarbeitsstunden-Index, d. h. erforderliche Reparaturarbeitsstunden je 1000 kWh.

Die Größen a, b und y sind Faktoren, die statistisch aus der Nachrechnung zu bestimmen sind. Die Brauchbarkeit dieser an sich für die laufende Ausgabenbudgetierung entwickelten Beziehung bei der Vorkalkulation neuer Projekte ist nur dann gegeben, wenn auf Grund weitgehender technologischer Verwandtschaft zwischen den bereits vorhandenen und neu geplanten Anlagen eine angenäherte Übereinstimmung der Reparaturmaterialkosten- und Reparaturarbeitsstunden-Indices zu vermuten ist.

4. R. L. GLAUZ [*241*] hat nicht die Gesamtreparaturkosten, sondern nur die erforderlichen jährlichen *Reparaturarbeitsstunden mit der Investitionssumme einzelner Anlagen in Beziehung gesetzt.* Die statistisch ermittelten Abhängigkeitsbeziehungen sind in Abb. 240 wiedergegeben. Die Unterscheidung der Anlagegruppen erfolgt vornehmlich nach physikalischen Grundverfahren. In die Anlagenwerte sind anteilige Nebenpositionen wie Rohrleitungen, Stahlkonstruktionen, Gebäude usw. eingeschlossen. Aus dem Diagramm kann der jährliche Bedarf an Reparaturarbeitsstunden mit Fehlergrenzen von $\pm 25\%$ abgelesen werden. Die Gesamtreparaturkosten ergeben sich aus der Bewertung der Arbeitsstunden mit den geltenden Lohnsätzen, den Gemeinkostenzuschlägen und Addition der gleichfalls angegebenen Reparaturmaterialkosten. Zur ersten orientierenden Abschätzung unter westdeutschen Verhältnissen

wurden die Angaben in Dollar bei den Anlagenneuwerten im Verhältnis
1:3 und bei den Reparaturmaterialkosten je Arbeitsstunde im Verhältnis
1:4 in DM konvertiert [vgl. Kap. 4.070].

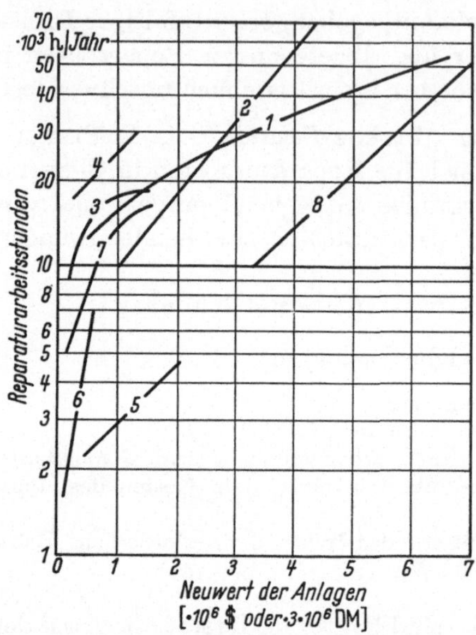

Abb. 240. Jährlicher Bedarf an Reparaturarbeitsstunden in der amerikanischen chemischen Industrie [R. L. GLAUZ, Jr., *241*]

Kurve	Anlagentyp	Reparaturmaterialkosten je Reparaturarbeitsstunde	
		$	DM
1	Trocknungs- und Röstanlagen	1,20	4,80
2	Verdampferanlagen	1,33	5,32
3	Mahlanlagen	1,42	5,68
4	Reaktionsapparate	1,75	7,00
5	Pumpen	1,12	4,48
6	Förderung und Lagerung flüssiger Produkte	1,60	6,40
7	Förderung von Feststoffen (Krananlagen, Stetigförderer)	1,70	6,80
8	Energiebetriebe	1,48	5,92

5. Der Bedarf an Reparaturpersonal wird auf Grund vorausgegangener
Analysen in Form eines *Stellenbesetzungsplanes* festgelegt, wobei alle
Besonderheiten des Einzelfalls Berücksichtigung finden. Da hieraus
Anzahl und Arten der erforderlichen Reparaturhandwerker sowie von
Hilfskräften hervorgehen, lassen sich die Reparaturarbeitskosten nach
Einstellung der geltenden Lohnsätze genau ermitteln. Diese können dann
als Basis für den Zuschlag der Reparaturmaterialkosten und der Gemein-
kosten der Werkstätten über Erfahrungssätze dienen.

Während eine Bestätigung der allgemeinen Anwendbarkeit der unter Ziffer 3 und 4 genannten Methoden noch aussteht, andererseits die Aufstellung eines Stellenbesetzungsplanes nach Methode 5 vielfach zu umständlich oder zu schwierig sein wird, sind die ersten beiden Methoden bereits zum Allgemeingut in der Vorkalkulationspraxis geworden. Durch Bekanntgabe betriebseigener Erfahrungszahlen wäre im Hinblick auf die Ableitung überbetrieblich geltender Richtwerte noch mancher Fortschritt zu erzielen.

Die durchschnittlichen *Reparaturgemeinkosten* wurden je nach Verfahrenstyp mit 40 bis 75% der Reparaturlöhne beziffert [*404*, S. 68].

4.225 Analysenkosten

Die *Kosten für laufende analytische Kontrollen* der Rohstoffe, Zwischenprodukte und Endprodukte werden in der Vorkalkulation häufig *prozentual von den Betriebsarbeiterlöhnen* geschätzt. Die aus Erhebungen in der westdeutschen chemischen Industrie festgestellten Richtwerte stimmen mit denjenigen von C. H. CHILTON [*111*] überein, wonach als Extremwerte etwa 5—35%, im Mittel jedoch 10—20% von den Betriebsarbeiterlöhnen gelten. Im Einzelfall sollte man den Wertansatz nach Häufigkeit und Schwierigkeit der erforderlichen Analysen differenzieren. Die Annahme einer Proportionalität zur Lohnsumme ist vielleicht dadurch gerechtfertigt, daß sowohl der Arbeitskräftebedarf als auch die Anforderungen an labormäßige Qualitätskontrollen mit zunehmender Mechanisierung abnehmen und umgekehrt bei einfacher Apparatur und Chargenbetrieb anwachsen. Eine detaillierte Vorkalkulation über die Kosten der Analysenchemikalien, Laborarbeit und die Gemeinkosten des Laboratoriums kommt nicht in Betracht.

4.226 Verpackungskosten

Die *Verpackungskosten* werden zuweilen, besonders beim Vorliegen kostspieliger Verkaufspackungen, nicht an dieser Stelle, sondern als Vertriebs-Sonderkosten erfaßt.

Die Vorkalkulation der Verpackungskosten erfolgt getrennt nach den Kosten der Verpackungsmittel, Löhnen und Gemeinkosten der Packereibetriebe. Die Kosten fremdbezogener Verpackungsmittel für einfache Versandpackungen meist gröberer Erzeugnisse, wie z. B. von Trommeln, Fässern, Hobbocks, Kanistern, Säcken usw., sind leicht aus Preislisten der Lieferanten bestimmbar. Bei eigener Herstellung von Verpackungsmitteln, was überwiegend für die als Werbehilfen dienenden Verkaufspackungen kleinerer konsumreifer Erzeugnismengen zutrifft, stehen Verrechnungspreise zur Verfügung oder müssen vorkalkuliert werden.

Zur schnellen Veranschlagung der Arbeits- und Gemeinkosten empfiehlt es sich, bei den einzelnen Verpackungsmitteln und Größen Einheits-

Verpackungskosten je Gewichts- oder Volumeneinheit des Erzeugnisses abzuleiten. Auch die Verladekosten können in diese Einheitskostensätze einbezogen werden, wenn etwa die Selbstkosten auf der Basis „frei Waggon" o. ä. vorzukalkulieren sind. Richtwerte dieser Art haben R. S. ARIES und R. D. NEWTON [*17*, S. 176] bekanntgegeben.

4.227 Steuern

Als Kostensteuern wären hier *Vermögensteuer, Grundsteuer, Gewerbekapital-* und evtl. *Lohnsummensteuer* zu berücksichtigen.

Unter vereinfachender Annahme 50%iger Eigen- und Fremdfinanzierung wäre die *Vermögensteuer* — der Steuersatz beträgt 1% — mit 0,5% vom Umlaufkapital und etwa 0,3% vom Anlagekapitalneuwert jährlich zu veranschlagen. Hierbei ist berücksichtigt, daß der größte Teil des Anlagekapitals der abschreibungsbedingten Wertminderung unterliegt.

Aus dem gleichen Grunde wären bei der *Gewerbekapitalsteuer* — es sei ein Hebesatz von durchschnittlich 300% vorausgesetzt (Steuermeßzahl = 0,2%) — 0,6% vom Umlaufkapital, dagegen nur schätzungsweise 0,35% vom Anlagekapitalneuwert einzustellen.

Rechnet man mit einem Anteil des Umlaufkapitals am Gesamtkapital bei Betriebsbeginn von 20%, so wäre für beide Steuerarten ein Gesamtsatz von höchstens 0,8% vom Gesamtkapitalbedarf jährlich ausreichend.

Anstelle gesonderter Berechnung der *Grundsteuer* ist am besten das Gesamtkapital in der Vorkalkulation einheitlich der Gewerbesteuer zu unterwerfen, da die hierbei entstehenden Fehler in dieser Größenordnung unbeachtlich sind. Andernfalls müßte das von der Grundsteuer erfaßte Kapital bei der Berechnung der Gewerbesteuer ausgeschieden werden, da sich beide Steuerarten gegenseitig ausschließen.

Die *Gewerbeertragsteuer* wäre höchstens bei den Kostenarten des Verwaltungsbereichs zu erfassen, sie ist zweckmäßiger aber wegen ihrer Gewinnabhängigkeit überhaupt aus der Kostenrechnung auszuscheiden.

Falls eine *Lohnsummensteuer* erhoben wird, ist sie durch Anwendung eines Steuersatzes, der durch Multiplikation des Steuermeßbetrags (0,2% der Lohn- und Gehaltssumme) mit dem gültigen Hebesatz (600 bis 1000%) zu bilden ist, unschwer zu schätzen.

Genauere Rechnungen, insbesondere eine Berücksichtigung der Feststellungszeiträume anstelle der Annahme einer linearen Herabminderung der steuerpflichtigen Anlagekapitalbindung, sind kaum gerechtfertigt.

4.228 Werksgemeinkosten

Das gleichzeitige Bestehen mehrerer Produktionsanlagen innerhalb eines größeren Werksverbandes zwingt zu einer Schlüsselung bestimmter

Kostenarten auf die einzelnen Erzeugungsbereiche, weil die entsprechenden Leistungen mehreren Erzeugungsbereichen gemeinsam dienen. Nach dem vorstehenden Gliederungsschema wird hier unterstellt, daß in den Werksgemeinkosten etwa die Kosten der Werksleitung, die innerwerklichen Verkehrskosten, die Unterhaltungskosten für die gesamten Nebenanlagen wie Sicherheitseinrichtungen, Unfallstationen, Umkleideräume, Werkskantine, Kosten der Betriebsbüros usw. enthalten sind. Manchmal werden hier auch die Kosten der Lager, Lohn- und Gehaltsnebenkosten, ferner Steuern und Versicherungen erfaßt.

Umfang und Schätzungsmethode richten sich in erster Linie nach der betriebsindividuell sehr verschiedenen Behandlung in der Nachrechnung. Es kommt nur die Anwendung von Erfahrungssätzen prozentual von einer oder mehreren Basis-Kostenarten in Betracht. Die in der Literatur angegebenen Richtwerte beziehen sich vorzugsweise auf die Lohn- und Gehaltssumme als Zuschlagsbasis. A. E. LAWRENCE u. a. [*404*, S. 68] nennen hierfür 20—30% bei großen Betrieben, 50—80% dagegen, wenn es sich um neue, noch stark in Ausweitung begriffene Anlagen handelt, und schließlich 50—100% für kleine Betriebe. Die Zahlenangaben westdeutscher Chemiebetriebe liegen meistens zwischen 15 und 40% der Lohn- und Gehaltssumme.

4.23 Die Vorkalkulation der Kosten anderer Bereiche

Die nachfolgenden *funktionellen Kostenarten* werden regelmäßig über Erfahrungssätze prozentual von den Herstellkosten oder vom Umsatz geschätzt. Eine Einzelermittlung aus primären Kostenbestandteilen kommt nur ausnahmsweise dann in Betracht, wenn bei der völligen Neuplanung oder starken Erweiterung von Unternehmungen eine gänzliche Neuerrichtung der betreffenden Funktionskreise erforderlich wird, nicht dagegen bei der Projektierung neuer Anlagen innerhalb schon vorhandener Werke.

4.230 Verwaltungskosten

Die *Zentral-Verwaltungskosten* von Unternehmungen der chemischen Industrie betragen nach amerikanischen Literaturangaben 3—6% von den Herstellkosten oder 2—3% vom Umsatz [*532*], nach westdeutschen Informationen etwa hiermit übereinstimmend 2,5—5% bzw. 1,7—3%.

4.231 Vertriebskosten

Die Höhe der *Vertriebskosten* wird für amerikanische Verhältnisse mit 5—22% von den Herstellkosten oder 3—12% vom Umsatz angegeben [*532*]. Von seiten westdeutscher Chemiebetriebe wurden vorzugsweise 2—7% vom Umsatz genannt.

Diese Sätze schließen nur die *Vertriebsgemeinkosten* ein, die übrigens oft nach verschiedenen Vertriebsbereichen differenziert vorgegeben werden können. Die *Sondereinzelkosten des Vertriebes* sind getrennt vorzukalkulieren, und zwar entweder detailliert oder über einen entsprechenden globalen Erfahrungssatz. Ein Chemiebetrieb der Bundesrepublik nennt z. B. für Umsatzsteuer, Provisionen, Frachten und Verpackungskosten 8% vom Umsatz als Durchschnittssatz.

Zu den Sondereinzelkosten des Vertriebes können auch *Lizenzgebühren* gezählt werden, sofern sie für die abgesetzten Mengen erhoben und vom Umsatz berechnet werden. Vor der endgültigen vertraglichen Vereinbarung mit dem Patentinhaber müssen die Sätze nach den Verhältnissen in der betreffenden Branche, der Neuartigkeit und den Rentabilitätschancen des Verfahrens geschätzt werden. Die „Richtlinien für die Vergütung von Arbeitnehmererfindungen" in der zweiten Fassung v. 10.10.1944 beziffern die üblichen Lizenzsätze in der chemischen Industrie mit 2—5%, in der pharmazeutischen Industrie sogar bis 10% vom Umsatz [*14*; *49*; *417*; *555*, S. 39].

4.232 Forschungs- und Entwicklungskosten

Die *Forschungs- und Entwicklungskosten* werden entweder für das vorkalkulierte Projekt *gesondert* erfaßt oder *global* über einen Erfahrungssatz prozentual von den Herstellkosten oder häufiger noch vom Umsatz geschätzt.

Die *gesonderte Erfassung* ist zweifellos richtiger, da die einzelnen Vorhaben Forschungs- und Entwicklungskosten in sehr unterschiedlicher Höhe verursachen. Sind Forschungs- und Entwicklungstätigkeit für ein Projekt abgeschlossen und damit auch die entstandenen Kosten bekannt, so entsteht nur noch das auch in der Nachrechnung bekannte Problem, die zeitliche Verteilung dieser Kosten auf die wirtschaftlich nutzbare Lebensdauer der Anlagen richtig vorzunehmen. In allen früheren Zeitpunkten der noch nicht beendeten Forschungs- und Entwicklungsarbeiten ist aber darüber hinaus die Höhe der voraussichtlich noch entstehenden Forschungs- und Entwicklungskosten selbst zu schätzen. Solche Schätzungen sind mit großen Unsicherheitsfaktoren behaftet, und zwar um so mehr, je weniger es sich dabei um Routineaufgaben [*668*] handelt. Immerhin ließe sich die Wirtschaftlichkeitsanalyse eines Projektes bei gesonderter Vorkalkulation der Forschungs- und Entwicklungskosten über den Zeitverlauf ihrer Entstehung bedeutend vertiefen, indem man den Charakter dieser Aufwendungen als zeitliche Vorleistungen stärker betont und die vorkalkulierten Ausgaben- und Einnahmenströme in genauer zeitlicher Profilierung gegenüberstellt. Fast automatisch kommt man damit zu einer Berücksichtigung des Zeitwertes des Geldes, wobei sich die Anwendung der finanzmathematischen

Rentabilitätskennziffer [vgl. Kap. 4.351.1] als besonders vorteilhaft erweist. Man kann auch aus der Höhe der erwarteten Erträge, des Kapitalbedarfs für die späteren Investitionen und aus dem geforderten Gewinn retrograd den Betrag errechnen, der maximal für Forschung und Entwicklung aufgewandt werden darf, wenn das Vorhaben als wirtschaftlich aussichtsreich weitergeführt werden soll [445, S. 112]. Dieser Maximalbetrag wäre dann mit den vorkalkulierten Forschungs- und Entwicklungskosten zu vergleichen.

Die *globale Schätzung* der Forschungs- und Entwicklungskosten ist bedeutend einfacher und wird überwiegend angewandt. Sie beruht auf einem Kontinuitätsgedanken: Die Belastung des in Aussicht genommenen Projektes wird in der Vorkalkulation für spätere Neuentwicklungen vorgenommen, während andererseits die Forschungs- und Entwicklungskosten des vorkalkulierten Projektes selbst bereits vor dessen Verwirklichung von der laufenden Produktion getragen wurden. Die Sätze schwanken je nach Branche, nach der Betriebsgröße und in gewissen Grenzen nach der subjektiven Einstellung zur Forschung und Entwicklung. Die Sätze liegen bei Pharmazeutika und Spezialitäten am höchsten und andererseits in Industriezweigen mit altbewährten Verfahren zur Erzeugung von Grundstoffen am niedrigsten. In USA wird der Durchschnitt mit 3,5—8% von den Herstellkosten oder 2—4% vom Umsatz angegeben [532]. In Deutschland schwanken die Sätze zwischen 0 und 5% vom Umsatz [453], wobei der obere Grenzwert von Großbetrieben mit gemischtem Programm regelmäßig erreicht wird. In der besonders entwicklungsintensiven pharmazeutischen Industrie sollen nach E. KIPPER [360] sogar Sätze von 9 und 10% vom Umsatz vorkommen. In jedem Falle wird man auch hier bevorzugt auf die Zahlenwerte aus der eigenen Nachrechnung zurückgreifen.

4.24 Schematische Vorkalkulationsformeln

Nach dem Gesagten ließen sich die *Periodenkosten* etwa nach folgender Formel vorkalkulieren [vgl. *118*]:

$$K = K_E + (1 + a) \cdot K_L + b \cdot I_a + c \cdot I_u + d \cdot E \,.$$

Hierin bedeuten:

K Gesamtkosten während der zugrunde gelegten Produktionszeit. Von dieser ist auch bei der Berechnung der Summanden als Teilkosten auszugehen;

K_E Einzeln zu ermittelnde Kosten, die nicht als Basis für die Abschätzung anderer Kostenarten dienen, z. B. Stoff- und Energiekosten, Verpackungskosten;

K_L Betriebsarbeiterlöhne pun Gehälter des technischen Überwachungspersonals;

a Summe der Zuschlagsätze für prozentual von K_L geschätzte Kostenarten, z. B. Lohn- und Gehaltsnebenkosten, Analysenkosten, Kosten für Betriebsstoffe, Werksgemeinkosten;

I_a　　Neuwert der Anlagen;

b　　Summe der Richtsätze für Kostenarten, die prozentual von I_a berechnet werden, z. B. Kapitalkosten, Steuern, Reparaturkosten;

I_u　　Umlaufkapital;

c　　Summe der Richtsätze für Kostenarten, die prozentual von I_u berechnet werden, z. B. kalkulatorische Zinsen, Steuern;

E　　Umsatz bzw. Ertrag;

d　　Summe der Richtsätze für Kostenarten, die prozentual von E berechnet werden, z. B. Verwaltungskosten, Vertriebskosten, Forschungs- und Entwicklungskosten.

Die Zuschlag- und Richtsätze sind in Dezimalschreibweise in die Rechnung einzuführen. Durch Division der Periodenkosten durch die Produktionsmenge während des betreffenden Zeitabschnitts erhält man die *Einheitskosten.*

Die Vorteile derartiger Formeln bestehen darin, daß einmal Kostenarten nicht mehr so leicht zu übersehen sind, zum anderen aber bei einer Vorgabe gleichbleibender Durchschnittswerte für die Faktoren a bis d die gesamte Vorkalkulation stark vereinfacht und zur Durchführung auch an weniger fachkundiges Personal übertragen werden kann. Gegenüber solchen Vereinfachungsvorteilen darf man freilich nicht übersehen, daß ein flexibler Ansatz der Faktoren nach den Bedingungen des Einzelfalls zu höheren Genauigkeiten führt.

4.25 Die Berücksichtigung der Anlaufkosten

In der ersten Zeit nach Produktionsaufnahme ist mit Betriebsschwierigkeiten zu rechnen, die zu notwendigen Änderungsarbeiten an der Apparatur, häufigen Betriebsunterbrechungen, verschlechterten Produktqualitäten und damit zu Selbstkostenerhöhungen gegenüber dem normalen Betrieb führen können. Vielfach ist der anfänglich zu geringe Kapazitätsausnutzungsgrad auch die Folge einer noch unzureichenden Markterschließung, so daß die Vollausnutzung erst bei einer Besserung der Absatzverhältnisse zu erreichen ist.

Eine genaue Voraussage über Art und Umfang der *Anlaufschwierigkeiten* und ihre Einflüsse auf die Kostengestaltung ist äußerst schwierig. Falls man aber auf die Einbeziehung dieser Faktoren in die Vorkalkulation trotzdem nicht verzichten möchte, bieten sich hierfür zwei Wege:

1. Unter Modifizierung der zunächst für Normalverhältnisse geschätzten Kosten nach den vorausgesetzten Anlaufschwierigkeiten werden Durchschnittskosten für die Gesamtlebensdauer der Anlagen abgeleitet.

2. Für die einzelnen Rechnungszeiträume, d. h. meistens Jahre, werden Kapazitätsausnutzungsgrade, Kosten und schließlich auch die Wirtschaftlichkeitskennziffern differenziert ermittelt.

Das erste Verfahren ist höchstens bei sehr kurzlebigen Projekten sinnvoll. Das zweite Verfahren ist genauer, jedoch führt eine nach Jahren differenzierte Vorkalkulation zu gewissen Erschwernissen. Eine Berücksichtigung der Anlaufkosten ist daher eigentlich nur zu befürworten, wenn mit überdurchschnittlichen und zeitlich ausgedehnten Betriebsschwierigkeiten gerechnet werden muß.

4.26 Die Vorkalkulation der Stufenleistungen

Es besteht kein Zwang, die Vorkalkulation so weitgehend nach Kostenstellen zu gliedern, wie man es etwa nach Verwirklichung des Projektes in der Nachrechnung tun würde. Die ersten Schätzungen im Forschungsstadium wird man sogar regelmäßig unter Verzicht auf jegliche Differenzierung nach Produktionsstufen und Kostenstellen in der einfachen summarischen Form der Divisionsrechnung durchführen. Spätestens im Entwicklungsstadium und besonders bei vielstufigen Prozessen bringt aber die getrennte Vorkalkulation der Produktionsstufen Vorteile. Kostenanalyse und Kostenvergleiche können auf diese Weise zur weiteren Vervollkommnung des Prozesses durchgeführt werden.

Wie in der Nachrechnung erfolgt die Vorkalkulation der Stufenleistungen grundsätzlich zu *Herstellkosten*, die von Stufe zu Stufe weitergewälzt werden. Nur im Falle eines beabsichtigten Verkaufs marktfähiger Zwischenprodukte sind die Selbstkosten unter Hinzurechnung eines Teils der Verwaltungs-, Vertriebs- sowie Forschungs- und Entwicklungskosten zu den Herstellkosten der Zwischenprodukte zu bestimmen, während sich im Normalfall die genannten allgemeinen Kostenbereiche erst an die letzte Produktionsstufe anschließen.

Anstelle der Herstellkosten kann man unter Ausschluß der Rohstoffkosten auch lediglich die *Verarbeitungskosten* der Stufen berechnen (Veredlungskalkulation).

4.27 Die Vorkalkulation bei Kuppelproduktion

Die Schwierigkeiten der Kostenzurechnung beim Anfall vom *Kuppelprodukten* treten in der Vorkalkulation eigentlich nur dann auf, wenn bestimmte Erzeugnisse keinen Marktpreis besitzen und in nachgelagerten Produktionsverfahren innerhalb des eigenen Betriebes weiterverarbeitet werden sollen. Erfolgt dagegen eine unmittelbare Verwertung der Erzeugnisse durch Verkauf oder besteht wenigstens eine sichere Bewertungsgrundlage durch bekannte Marktpreise, so hat die Aufteilung der Kosten auf die einzelnen Spaltprodukte durchaus sekundäre Bedeutung. Denn es ist hier vielfach ausreichend, wenn die Kosten des Verfahrens den Spaltprodukten insgesamt zugerechnet und in der späteren Wirtschaftlichkeitsrechnung den Gesamterträgen gegenübergestellt werden. Die Summe der Spaltprodukte wird als „fiktive Kuppelprodukteinheit" in die Rechnung eingeführt. Bei der vielfach vorliegenden rivalisierenden Produktion müssen freilich Gesamtkosten und Gesamterträge sämtlicher technisch in Betracht kommenden Variationsfälle vorgeschätzt werden, um das günstigste Produktionsverhältnis der Spaltprodukte auffinden zu können [*567*, S. 110].

Im übrigen sind die in der Nachrechnung entwickelten Hilfslösungen anwendbar [*444*, Bd. II, 2, S. 192].

4.28 Die Erfassung der Kostenstruktur

Die *Kostenstruktur* zeigt die relativen Anteile einzelner Kostenarten und Kostenartengruppen an den Gesamtkosten. Die Ermittlung der Kostenstruktur ist möglichst nicht nur auf Endprodukte zu beschränken, sondern auch auf die Herstellkosten der Zwischenprodukte (Stufenleistungen) auszudehnen. Vor allem in den verschiedenen Stadien der Vorprojektierung vermittelt die Kenntnis der Kostenstrukturen von Zwischen- und Endprodukten wesentliche Anregungen für die einzuschlagende Richtung weiterer Entwicklungsarbeiten (Lenkungsfunktion der Vorkalkulation). Die Intensität dieser Arbeiten soll bei den Bemühungen zur Kostensenkung der relativen Bedeutung der einzelnen Kostenarten proportional sein.

4.29 Die Berücksichtigung der Variabilität der Ausgangsdaten

Während es die Nachrechnung mit eindeutig feststehenden Ereignissen der Vergangenheit in ihren kostenmäßigen Auswirkungen zu tun hat, liegen die Verhältnisse bei Vorkalkulationen zur Vorbereitung langfristig wirksamer Investitionsentscheidungen grundsätzlich anders. Wenn man die Rechnung zunächst einmal auf gewisse grundlegende Daten und Annahmen stützt, die mit größter Wahrscheinlichkeit erwartbar sind, so darf es sich dabei nur um einen Ausgangspunkt handeln. Anschließend sind zur Gewinnung eines wirklich umfassenden Bildes von den wirtschaftlichen Durchsetzungschancen eines Prozesses die determinierenden *technischen und wirtschaftlichen Größen* in ihrer gesamten, irgendwie für möglich gehaltenen *Variabilität* in die Betrachtung einzubeziehen. Anstelle der Auffindung nur eines Resultates sind also vor allem Abhängigkeitsbeziehungen aufzudecken. Die Kostenverfolgung in Abhängigkeit von der Variabilität der Ausgangsdaten ist geradezu ein Wesensmerkmal der Vorkalkulation im hier verstandenen Sinne.

4.290 Technische Alternativlösungen

Sowohl für das Gesamtverfahren als auch für einzelne Verfahrensstufen und Einzelapparate sind die Kostenauswirkungen aller *technischen Alternativlösungen* zu erfassen und miteinander zu vergleichen.

In dieser Hinsicht ist die Vorkalkulation ein Hilfsmittel für die verfahrens-technisch-konstruktive Auslegung der Apparatur [vgl. besonders Kap. 2.042].

4.291 Ungewisse technische Daten und Schätzungsfehler

Insbesondere in den frühen Projektierungsstadien sind viele *technische Daten* wie Ausbeuten, Energiebedarf, Kontaktbelastung, Produkt-qualitäten usw. oft noch *ungewiß*, so daß die Vorkalkulation auf mehrere Annahmen gestützt werden muß. Das gleiche gilt auch hinsichtlich schwierig und nur innerhalb weiter Fehlergrenzen erfaßbarer *wirtschaft-licher Ausgangsdaten*, wie z. B. des Anlagekapitalbedarfs.

4.292 Betriebsgröße

Da es zeitraubend wäre, die Kosten für mehrere *Betriebsgrößen* unab-hängig voneinander vorauszubestimmen, ist man bestrebt, von allgemein-gültigen *Abhängigkeitsbeziehungen zwischen* einzelnen *Kostenarten* und der *Betriebsgröße* auszugehen. In den wenigen Arbeiten, die der Ergrün-dung dieser wichtigen Zusammenhänge gewidmet sind, wurden hier-für einfache *Potenzfunktionen* mit als charakteristisch angesehenen Degressionsexponenten zugrunde gelegt, ähnlich wie bei den im Kap. 4.0 besprochenen Preiskurven für Anlagen [*17*, S. 200; *484*; *486*; *740*]. In Anlehnung an die bisherigen Untersuchungsergebnisse kann man etwa folgende Grundsätze gelten lassen:

1. Abschreibungen, kalkulatorische Zinsen vom Anlagekapital, Anlagenwagnisse, Vermögen- und Gewerbekapitalsteuer vom Anlagekapital sowie Reparaturkosten besitzen den gleichen Degressionsexponenten wie die Abhängigkeitsbeziehung zwischen Anlagekapitalbedarf und Betriebsgröße, d. h. im Mittel 0,67.

2. Roh- und Hilfsstoffkosten sind Betriebsgrößenänderungen direkt proportional (Exponent = 1,0). Das relative Absinken der Materialverluste bei größeren Anlagen ist meist zu vernachlässigen.

3. Die Energiekosten sind praktisch nicht degressiv. Sollen die Verbesserung der Energiewirtschaftlichkeit bei größeren Anlagen oder die Variabilität der Kosten selbsterzeugter Energie in Abhängigkeit von der Größe der Hilfsbetriebe unter-sucht werden, so reicht die Genauigkeit des hier behandelten Schätzungsverfahrens ohnehin nicht mehr aus. Statt dessen werden detaillierte Rechnungen erforderlich.

4. Werden bestimmte Kostenarten, wie etwa kalkulatorische Zinsen, Wagnisse und Steuern, prozentual vom Umlaufkapitalbedarf errechnet, sind sie der Kapazität direkt proportional, sofern man die Abhängigkeit des Umlaufkapitalbedarfs von der Betriebsgröße als direkt proportional annimmt.

5. Betriebsarbeiterlöhne und Gehälter des technischen Überwachungspersonals verhalten sich gegenüber Kapazitätsänderungen, die nach dem Batteriesystem erfolgen, direkt proportional, gegenüber Kapazitätsänderungen auf Grund einer Größenänderung der Anlageneinheiten dagegen stark degressiv mit einem Expo-nenten von 0,25 [*740*]. Nach den gleichen Gesetzmäßigkeiten verlaufen die prozen-tual hiervon veranschlagten Lohn- und Gehaltsnebenkosten, Lohnsummensteuer, Betriebsstoffkosten, Analysenkosten und Werksgemeinkosten.

6. Sondereinzelkosten des Vertriebes sind dem Umsatz und damit der Kapazität direkt proportional. Keinen großen Fehler begeht man, wenn auch für die Vertriebsgemeinkosten, Zentral-Verwaltungskosten sowie Forschungs- und Entwicklungskosten gleichbleibende Prozentsätze vom Umsatz angenommen werden. Richtiger wären diese Kostenarten als degressiv zu betrachten und dann am besten durch gleichbleibende Prozentsätze von den (degressiven) Herstellkosten zu berechnen. Man kann auch einen Exponenten ähnlich wie unter Ziffer 5 schätzen.

Der Gesamtkostenverlauf kann nur im Einzelfall über den individuellen Ansatz der Exponenten bei den einzelnen Kostenarten sowie unter

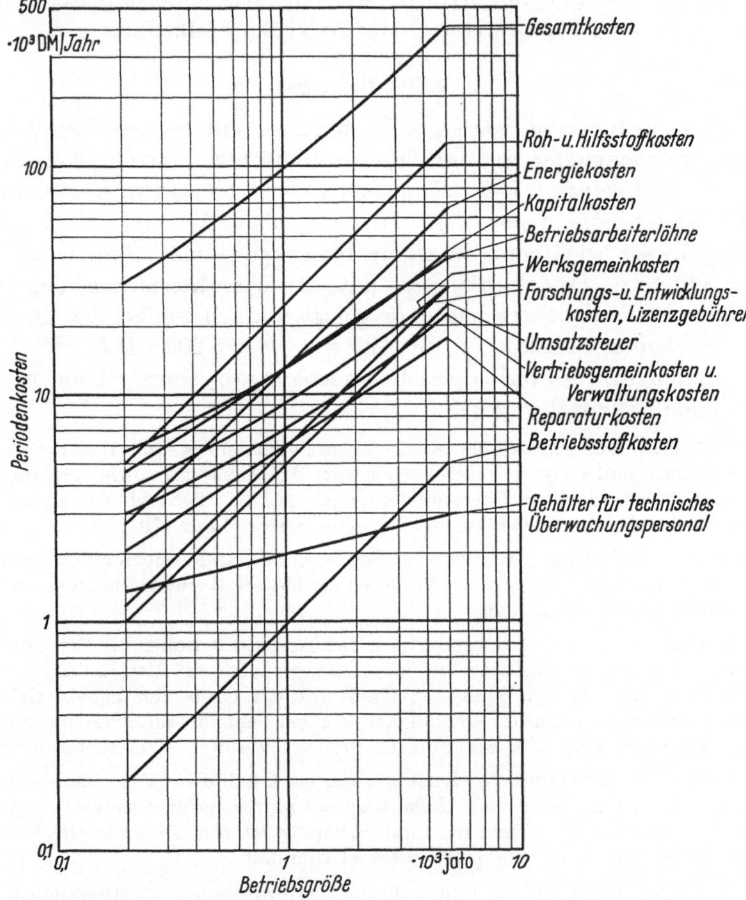

Abb. 241. Periodenkosten in Abhängigkeit von der Betriebsgröße

Berücksichtigung der jeweiligen Kostenstruktur gefunden werden, wobei auch die Basis-Betriebsgröße und die Höhe des Extrapolationsverhältnisses eine Rolle spielen.

Lediglich zur Veranschaulichung des Gesagten wurden in Abb. 241 und 242 auf Grund der weiter oben wiedergegebenen Kostenstrukturzahlen [Abb. 237 in Kap. 4.200] die Beziehungen graphisch dargestellt, wobei diese Diagramme jedoch keinesfalls Allgemeingültigkeit beanspruchen. Die Extrapolation wurde von einer Basis-Betriebsgröße von 1000 jato aus — bei der die genannten Kostenstrukturzahlen gelten sollen — nach beiden Seiten im Verhältnis 1:5 vorgenommen. Zur Bestimmung des Degressionsverlaufs der Betriebsarbeiterlöhne und Werksgemeinkosten lag als vereinfachende Annahme zugrunde, die Kapazitätsänderung erfolge zu 50% nach dem Batteriesystem und zu 50% durch Größenänderung der Einheiten. Von den Vertriebskosten wurden 5% als Umsatzsteuer, der Rest als Vertriebsgemeinkosten gerechnet und zusammen mit

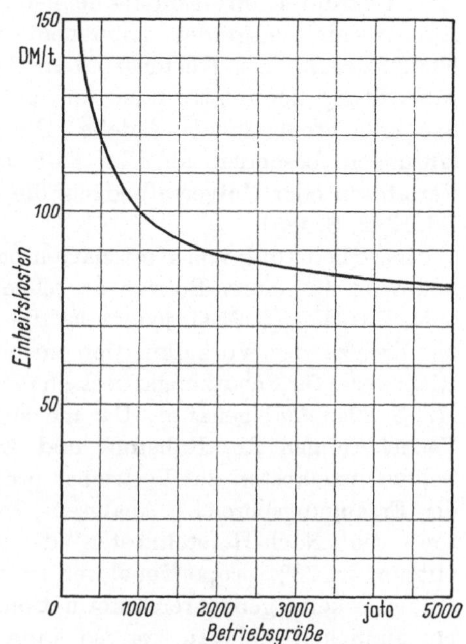

Abb. 242. Einheitskosten in Abhängigkeit von der Betriebsgröße

den Verwaltungskosten nach den Funktionen für die Betriebsarbeiterlöhne bzw. Werksgemeinkosten extrapoliert. Wegen ihrer Geringfügigkeit galten für die Betriebsstoffkosten direkte Proportionalität, für die Gehälter des technischen Überwachungspersonals ein einheitlicher Exponent von 0,25.

4.293 Kapazitätsausnutzungsgrad

Die Bestimmung der Kosten auf der Grundlage eines *normalen Kapazitätsausnutzungsgrades* ist zwar der Ausgangspunkt in der Vorkalkulation, es muß sich aber die wichtige Schätzung des Kostenverlaufs bei *verringerten* Ausnutzungsgraden anschließen. Als normaler Kapazitätsausnutzungsgrad wird in der chemischen Industrie und insbesondere bei kontinuierlichen Prozessen mit Rücksicht auf unvermeidliche Betriebsunterbrechungen und Reparaturarbeiten meistens eine rd. 90%ige Ausnutzung der „installierten" Kapazität angenommen, obwohl auch höhere Werte erreicht werden.

Zweckmäßig wird diese Normalausnutzung in der Vorkalkulation gleich

100% gesetzt. Um den Kostenverlauf bei geringeren Kapazitätsausnutzungsgraden zu ermitteln, müssen die einzelnen Kostenarten auf ihren Charakter, ihre Empfindlichkeit gegenüber Änderungen des Kapazitätsausnutzungsgrades untersucht werden. Das Ergebnis ist eine Klassifizierung der Kostenarten in fixe und proportionale sowie eine Aufspaltung der relativ fixen und unterproportionalen Kostenarten in fixe und proportionale Anteile. Hierfür bieten eigenbetriebliche Erfahrungen, besonders aber im Falle angewandter Plankostenrechnung Variatoren oder Universalbudgets die wertvollsten Anhaltspunkte [*444*, Bd. II, 2, S. 488].

Eine Gliederung von Kostenarten nach ihrem Charakter hat K. MELLEROWICZ für einen Betrieb der chemischen Industrie wiedergegeben [*444*, Bd. II, 1, S. 334], jedoch ist die Abgrenzung der Kostenarten für die Zwecke der Vorkalkulation zu stark verfeinert. Allgemeingültige Richtwerte für Schätzungszwecke haben R. S. ARIES und R. D. NEWTON [*17*, S. 204; *485*] genannt. Danach sind Abschreibungen, Steuern und Versicherungen fix, Rohstoff- und Energiekosten sowie verschiedene Sondereinzelkosten des Vertriebes proportional, dagegen Arbeitskosten des Erzeugungsbereichs, Analysen-, Betriebstoff- und Reparaturkosten sowie die „Nach-Herstellkosten" der allgemeinen Bereiche bei Vollausnutzung zu 70% proportional und zu 30% als fix anzusehen.

Liegen keine genaueren Informationen aus der eigenen Nachrechnung bei ähnlichen Anlagen vor, so kann man die Schätzung etwa nach folgenden Grundregeln vornehmen:

1. Abschreibungen, vom Anlagekapital berechnete kalkulatorische Zinsen, Wagniskosten und Steuern sind fix;

2. Roh- und Hilfsstoffkosten, fremdbezogene Energie, selbsterzeugte Energie bei geringem Energiekostenanteil, Sondereinzelkosten des Vertriebes sind proportional. Im Falle sehr beachtlicher Hilfsstoffkosten ist der eigentlich unterproportionale Charakter dieser Kostenart in Rechnung zu stellen, schätzungsweise mit 50%igem Proportionalkostenanteil bei Vollausnutzung.

3. Ist der Verbrauch an selbsterzeugter Energie so wesentlich, daß eine verminderte Kapazitätsausnutzung zu einem merklichen Rückgang in der Beschäftigung der Hilfsbetriebe führen würde, so ist die Aufspaltung der Energiekostenarten nach den Kostenstrukturen der Verrechnungspreise vorzunehmen. Bei Dampf- und Stromverrechnungspreisen kann man den Brennstoffkostenanteil als proportional, die restlichen Kostenanteile als fix betrachten. Überschlägig sind bei Vollausnutzung 50% als fix und 50% als proportional anzunehmen.

4. Die Reparaturkosten können gleichfalls in erster Näherung zur Hälfte als fix und zur Hälfte als proportional gelten.

5. Werden die Betriebsarbeiter mehr zur manuellen Bedienung der Apparatur – vorzugsweise bei Chargenbetrieb – eingesetzt, so haben die Betriebsarbeiterlöhne mehr proportionalen Charakter. Andererseits sind die Lohnkosten für Arbeitskräfte zur Überwachung weitgehend mechanisierter Apparaturen praktisch fix. Freilich spielt hierbei noch eine Rolle, ob der Beschäftigungsrückgang die Abschal-

tung parallel arbeitender Aggregate und dadurch die Freisetzung von Bedienungskräften ermöglicht. Durchschnittlich kann man die fixen und proportionalen Anteile gleichhoch auf je 50% bei Vollausnutzung schätzen, genau wie bei den auf der Basis der Betriebsarbeiterlöhne berechneten Gehältern, Lohn- und Gehaltsnebenkosten, Analysen- und Betriebsstoffkosten.

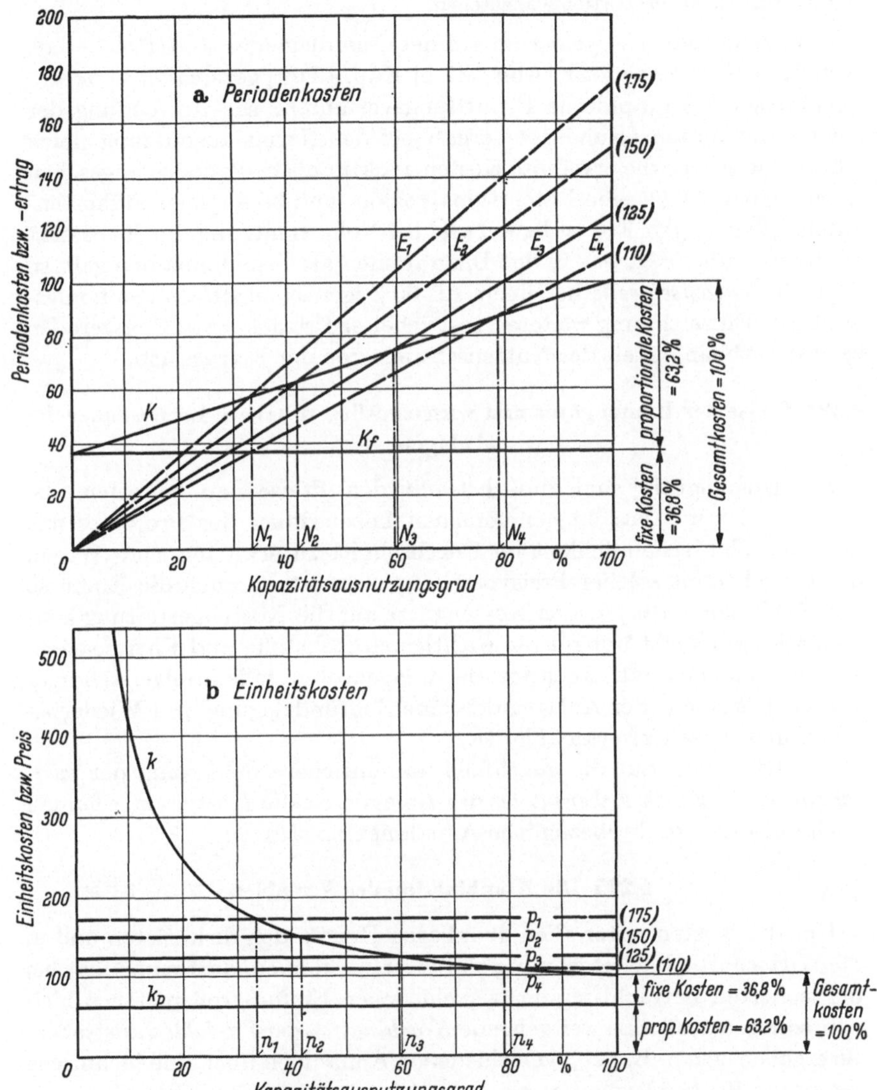

Abb. 243 a u. b. Kosten in Abhängigkeit vom Kapazitätsausnutzungsgrad
Die Großbuchstaben beziehen sich auf das Diagramm der Periodenkosten, die Kleinbuchstaben auf das der Einheitskosten. K_f Fixe Kosten; k_p Proportionale Kosten; K bzw. k Gesamtkosten; E Ertragsgeraden; p Preisgeraden; N bzw. n Nutzenschwellen

6. Werksgemeinkosten, Zentral-Verwaltungskosten und Vertriebsgemeinkosten haben überwiegend fixen Charakter. Den fixen Anteil kann man auf 80% bei Vollausnutzung schätzen.

7. Über Forschungs- und Entwicklungskosten, die meist prozentual vom Gewinn budgetiert werden, lassen sich hier überhaupt schwer Aussagen treffen. Vereinfachend sind sie als proportional anzusehen.

Abb. 243a und b — wiederum auf der Grundlage der weiter oben dargestellten Kostenstruktur [Abb. 237 in Kap. 4.200] gezeichnet — veranschaulichen das graphische Ermittlungsverfahren. Die Anwendung der zuletzt genannten Grundsätze ergab bei der Normalausnutzung gleich 100%, für welche die erwähnte Kostenstruktur als maßgeblich angesehen wurde, einen 63,2%igen Proportionalkosten- und 36,8%igen Fixkostenanteil. Übersteigen Ertrag bzw. Preis bei Vollausnutzung der Kapazität die Kosten um 25%, was in den Diagrammen als Grundannahme galt, so liegt die *Nutzenschwelle* bei einem rd. 60%igen Kapazitätsausnutzungsgrad. Die Einzeichnung weiterer, gestrichelter Ertrags- bzw. Preisgeraden zeigt die Abhängigkeit der Nutzenschwelle von der Ertragslage.

4.294 Preise der Kostengüter und wirtschaftlich nutzbare Lebensdauer der Anlagen

Die Kostengüter sind zunächst mit den Preisen zu bewerten, die während der in Aussicht genommenen Lebensdauer des Projektes mit höchster Wahrscheinlichkeit im Durchschnitt zu erwarten sind. Wegen der Unsicherheit solcher Preisvoraussagen muß man auch die Einflüsse von *Preisschwankungen* der Kostengüter auf die Kostengestaltung kennen. Dies gilt nicht nur für die wichtigsten Rohstoffe und Energiearten, sondern daneben evtl. auch für die Anlagekosten, falls infolge ständiger Preissteigerungen der Anlagegüter eine Zugrundelegung von Wiederbeschaffungspreisen zweckmäßig ist.

Mit Rücksicht auf die gleichfalls nur unsichere Schätzung der *wirtschaftlich nutzbaren Lebensdauer* der Anlagen ist die Kostenvorrechnung auch auf mehrere diesbezügliche Annahmen zu stützen.

4.295 Die Kombination der Variablen

Um die Kosten unter allen denkbaren Umständen diskutieren und in die Wirtschaftlichkeitsrechnung einführen zu können, darf man nicht bei der isolierten Betrachtung der verschiedenen Einflußgrößen stehen bleiben, sondern muß eine weitgehende *Kombination der Variablen* anstreben. So ergeben sich z. B. bei 3 verschiedenen Annahmen über eine technische Größe, z. B. die Ausbeute, bei je 5 verschiedenen Betriebsgrößen und Kapazitätsausnutzungsgraden, 3 Lebensdauerschätzungen und bei je 5 verschiedenen Preisannahmen eines Rohstoffs und einer Energiekostenart bereits über 5000 Berechnungsfälle! Bezieht man weiter 5 verschiedene Preise für nur ein Endprodukt in den Rechnungsgang ein, so erhöht sich die Zahl der Resultate im Hinblick auf den Gewinn und die gewinnabhängigen Wirtschaftlichkeitskennziffern wiederum um das 5fache. Selbst wenn man annehmen darf, daß sich aus praktischen Gründen die Zahl der gleichzeitig erfaßten Variablen beschränken läßt, bleiben immer noch umfangreiche Rechenarbeiten zu bewältigen. Arbeitstechnik und Darstellungsmethoden der Vorkalkulationsergebnisse werden hiervon nicht unwesentlich beeinflußt [s. Kap. 4.38].

4.3 Die Wirtschaftlichkeitsanalyse

4.30 Vorbemerkungen zur Wirtschaftlichkeitsanalyse der Vorrechnung

Die *Wirtschaftlichkeitsanalyse* ist der letzte Schritt innerhalb der Vorkalkulation. Die Ergebnisse dienen der Vorbereitung folgender Entscheidungen:

1. Auswahl konkurrierender Vorhaben in den einzelnen Forschungs- und Entwicklungsstadien;

2. Investitionsentscheidungen über ausführungsreife großtechnische Projekte;

3. Festlegung der zeitlichen Reihenfolge, in der die als wirtschaftlich erkannten Forschungs-, Entwicklungs- und Investitionsvorhaben unter 1 und 2 zur Verwirklichung gelangen sollen.

Im Mittelpunkt steht die Ableitung von *Wirtschaftlichkeitskennziffern* auf der Grundlage des geschätzten Kapitabedarfs sowie der geschätzten Kosten und Erträge. Als charakteristische Beziehungsgrößen sollen die Kennziffern quantitative Aussagen über den Wirtschaftlichkeitsgrad ermöglichen. Dies erfolgt durch Vergleich der entsprechenden Kennziffernwerte konkurrierender Vorhaben untereinander bzw. durch Vergleich derselben mit betriebsindividuell gesetzten oder überbetrieblich geltenden *Richtwerten* als Normgrößen, womit gleichzeitig die wichtigsten Kriterien zur Lösung der oben erwähnten Entscheidungsprobleme geschaffen werden.

Ohne an dieser Stelle auf die umstrittene Problematik des Wirtschaftlichkeitsbegriffes näher einzugehen, schließen wir uns bei der nachfolgenden Gliederung der Wirtschaftlichkeitskennziffern dem Sprachgebrauch von E. GUTENBERG [*256*] an. Nach diesem besitzt das Wirtschaftlichkeitsprinzip den Charakter eines „formalen Regulativs". Für den Bereich der Betriebswirtschaft sind zwei Anwendungsfälle des Wirtschaftlichkeitsprinzips und entsprechend auch zwei Gruppen von Wirtschaftlichkeitskennziffern zu unterscheiden: Innerhalb der *Produktionssphäre* fordert das Wirtschaftlichkeitsprinzip bei minimalem Einsatz an Produktionsfaktoren und damit minimalen Kosten höchste Betriebsleistungen, innerhalb der *Unternehmungs- oder Finanzsphäre* soll dagegen auf das investierte Kapital ein möglichst hoher Gewinn erwirtschaftet werden.

Zwischen Wirtschaftlichkeitsanalysen der Vor- und Nachrechnung bestehen wesentliche Unterschiede, welche einige Autoren so weit betonen, daß sie den Begriff der „Wirtschaftlichkeitsrechnung" ausschließlich für die Wirtschaftlichkeitsanalyse der Vorrechnung anwenden [*256*; *257*; *470*; *593*; *610*]. Die Wirtschaftlichkeitsanalyse der Nachrechnung bezweckt vor allem Messung und Kontrolle der Kosten und Leistungen eines bereits bestehenden Produktionsapparates, während hier die Wirtschaftlichkeit beabsichtigter Veränderungen der Anlagenstruktur untersucht werden soll, die regelmäßig mit mehr oder minder einschneidenden Finanztransaktionen verbunden sind. Zur Charakterisierung der Wirtschaftlichkeitsanalyse der Vorrechnung und besonders ihrer Beziehungen zu derjenigen der Nachrechnung ist allerdings nachdrücklich darauf hinzuweisen, daß diese in zwei verschiedenen Richtungen entwickelt werden kann.

Die *erste Form* der Wirtschaftlichkeitsvorrechnung basiert auf einer *stärkeren Anlehnung* an die *Begriffe und Methoden der Nachrechnung*. Es werden vorkalkulierte Kosten und geschätzte Betriebserträge miteinander sowie Gewinngrößen oder, unter Hinzurechnung von Abschreibungen, Größen des Kapitalrückstromes mit dem Kapitalbedarf in Beziehung gebracht. Auf Grund der ermittelten Wirtschaftlichkeitskennziffern der Produktionssphäre [Kap. 4.34], vor allem aber der ungleich bedeutenderen konventionellen Kennziffern der Finanzsphäre [Kap. 4.350.0 u. 4.351.0] lassen sich Aussagen über die Wirtschaftlichkeit von Investitionsvorhaben treffen. Auf Abweichungen und Besonderheiten gegenüber der Nachrechnung wird im einzelnen weiter unten eingegangen.

Die *zweite Form* der Wirtschaftlichkeitsvorrechnung ist dagegen durch eine *weitgehende Loslösung von der Denkweise der Nachrechnung* gekennzeichnet. Sie wird auf der Grundlage aller mit einem Investitionsvorhaben in Zusammenhang gebrachten Ausgaben und Einnahmen, unter Berücksichtigung des Zeitwertes des Geldes sowie mit Hilfe finanzmathematischer Berechnungsmethoden (Zinseszinsrechnung) durchgeführt. Kosten als „betriebsnotwendiger Gutsverzehr" sind hier an sich unmaßgeblich, jedoch werden die vorkalkulierten Kosten freilich in großen Teilen mit den Ausgaben gleichzusetzen sein [vgl. *380*, S. 133; *610*, S. 7]. Hierhin gehören die finanzmathematischen Formen der „kürzesten Amortisationszeit" [Kap. 4.350.1] und der Rentabilität [Kap. 4.351.1] bzw. die sich aus den gleichen Grundprinzipien ableitenden weiteren Methoden der Wirtschaftlichkeitsvorrechnung.

Infolge der zentralen Stellung des Investitionsproblems in der chemischen Industrie hat die Wirtschaftlichkeitsanalyse bei der Projektierung große Bedeutung und erfordert daher eine eingehendere Behandlung.

4.31 Ertragsvorschätzungen und Verkaufspreiskalkulation

Die Schätzung der erzielbaren *Absatzmengen* und *Verkaufspreise* der Betriebsprodukte ist neben der Kapitalbedarfs- und Kostenermittlung eine weitere Voraussetzung der Wirtschaftlichkeitsanalyse.

Man kann Verkaufspreise und Absatzmengen unabhängig von der Kostenseite schätzen. Bei bekannten Produkten oder Substitutionsgütern und angenähert vollständigen Konkurrenzverhältnissen ist die Preisbestimmung relativ einfach, da bekannte Marktpreise eine brauchbare Orientierungsgrundlage bieten. Bedeutend schwieriger ist die Schätzung der realisierbaren Absatzmengen und Marktanteile. Im Falle der Entwicklung gänzlich neuartiger Produkte sowie generell bei unvollständigen Konkurrenzverhältnissen ist möglichst das Abhängigkeitsverhältnis zwischen Verkaufspreisen und Absatzmengen in Gestalt einer konjekturalen, betriebsindividuellen Preis-Absatzfunktion zu ergründen.

Man kann auch ausgehend von Kapitalbedarf und Kosten die Verkaufspreise vorkalkulieren, die zur Erreichung z. B. einer bestimmten Rentabilitätshöhe erzielt werden müßten. Oft gibt man gestaffelte Rentabilitätswerte vor und veranschlagt die Realisierbarkeit der jeweils korrespondierenden Verkaufspreise.

Die Genauigkeitsgrade der Ertragsvorschätzungen hängen von der Durchsichtigkeit der Marktverhältnisse und vom Ausmaß der betriebenen Marktforschung ab. Trotz intensiver Bemühungen bleiben aber beträchtliche Unsicherheitsfaktoren bestehen, die noch größer sind als bei der Kapitalbedarfs- und Kostenermittlung.

4.32 „Dringlichkeitsgrade" von Forschungs-, Entwicklungs- und Investitionsvorhaben

Mitunter richten sich Auswahl und Rangfolge der Vorhaben nach „*Dringlichkeitsgraden*", über deren Feststellung allein das freie, subjektive Ermessen entscheidet [J. DEAN, *145*]. Dieses einfache Vorgehen könnte in folgenden Fällen gerechtfertigt erscheinen:

1. Die *Wirtschaftlichkeit* ist offensichtlich so *überragend*, daß man jede nähere Untersuchung für überflüssig hält. Dies trifft oft für Ersatzinvestitionen zu, wo eine Unterlassung der Investition die Leistung des Betriebes stark herabmindern würde [*145*]. Vereinzelt mag das auch für besonders verlockende Forschungsvorhaben und Investitionspläne zur Verwirklichung neuer, geschlossener Produktionsanlagen gelten.

2. Die Entscheidungen werden in erster Linie von *imponderablen, nicht quantifizierbaren Faktoren* beeinflußt, so daß Wirtschaftlichkeitskennziffern nicht den Ausschlag geben können. Forschungsvorhaben zur Entwicklung oder Qualitätsverbesserung bestimmter Produkte können eine so überragende Bedeutung für die Marktgeltung der Unternehmung besitzen, daß man sie ohne weitere Bedenken aufgreift, obwohl sich die erwartbaren wirtschaftlichen Vorteile einer quantitativen Messung entziehen.

In beiden Fällen verzichtet man also auf eine Wirtschaftlichkeitsanalyse, weil sie entweder für überflüssig oder undurchführbar gilt. Dabei spielt oft noch der Zeitfaktor dergestalt eine wesentliche Rolle, daß bei zeitlichen Verzögerungen durch langwierige Berechnungen der Entgang von Gewinnchancen infolge möglicher Konkurrenzeinbrüche befürchtet wird.

Die wirtschaftliche Bewertung neuer Projekte auf derartig rein subjektiver Ermessensgrundlage ohne Rückgriff auf quantitative Maßstäbe und Normen ist aber gefährlich und führt oft zu willkürlichen Rangfolgen und Unwirtschaftlichkeit. Die Anerkennung der Vordringlichkeit von Projekten unter Entbindung von der scharfen Kontrolle der Wirtschaftlichkeitsrechnungen ist daher auf ein Minimum zu beschränken.

4.33 Produktivitätskennziffern

Die *Produktivität* oder technische Ergiebigkeit ist der Wirtschaftlichkeit vorgelagert [*442*, Bd. III, S. 34; *444*, Bd. II, 2, S. 536]. Produktivitätskennziffern werden als Verhältniszahlen *technischer Mengengrößen* gewonnen, z. B. für Stoffausbringen und Stoffeinsatz (Ausbeuten), nutzbar gemachte und aufgewandte Energiemengen (energetische Wirkungsgrade), Leistungsmengen und Zahl der Beschäftigten, produktive Arbeitsstunden, Leistungsmengen und Kapazitätsmaßstäbe der Apparatur (Raum-Zeit-Ausbeuten, Kontaktbelastungen). Produktivitätskennziffern kennzeichnen den Ausnutzungsgrad der eingesetzten technischen Mittel im Hinblick auf die Erreichung des Produktionszieles.

In der Wirtschaftlichkeitsanalyse der Vorrechnung besitzen die Produktivitätskennziffern für sich allein keine Aussagefähigkeit. Ihre Bedeutung ist subsidiärer Natur und liegt in etwas Zweifachem:

1. In den Stadien der Forschung, Entwicklung und Detailprojektierung können Produktivitätskennziffern unter der Voraussetzung des *ceteris paribus* zur Entscheidung über Alternativmöglichkeiten herangezogen werden. Der Einsatz eines hochaktiven Katalysators mit langer Lebensdauer ist z. B. gegenüber einem schnell erlahmenden Kontakt selbstverständlich zu bevorzugen, wenn etwa die Kontakt-Herstellkosten und die anzuwendenden Betriebsbedingungen die gleichen

sind. Diese Voraussetzung ist aber nur relativ selten verwirklicht, weil die technischen Größen eine weitgehende gegenseitige Abhängigkeit aufweisen. Eine Erhöhung der Ausbeute durch Steigerung der Betriebstemperatur kann z. B. unwirtschaftlich sein, weil die Energiekosten oder auch die Kapitalkosten wegen etwa erforderlicher teurer warmfester Stähle außer Verhältnis geraten. Mitunter wird man geringfügige Rückwirkungen auf andere technische Größen vernachlässigen können, wenn bedeutende Produktivitätserhöhungen unzweifelhaft auch eine günstige Beeinflussung der Wirtschaftlichkeit eines Verfahrens versprechen. Im ganzen aber ist auch hier die Bestimmung des Optimums mit Hilfe von Kosten- und Wirtschaftlichkeitsvergleichen der alternativen Lösungsmöglichkeiten zuverlässiger [vgl. Kap. 2.042].

2. Die Verfolgung der Produktivitätskennziffern und der hierfür maßgebenden technischen Daten führt innerhalb der Wirtschaftlichkeitsanalyse zu einer schärferen Durchdringung der zugrunde liegenden Sachverhalte. Damit werden die Beeinflussungsfaktoren der Wirtschaftlichkeit besser erkannt, und die Wirtschaftlichkeitsanalyse erhält dadurch als Lenkungsinstrument während sämtlicher Projektierungsstadien eine noch größere Wirksamkeit.

4.34 Wirtschaftlichkeitskennziffern der Produktionssphäre

Aussagen über den Grad der Erfüllung des wirtschaftlichen Prinzips lassen sich erst nach Transformation der technischen Größen in Wertkategorien treffen. Als *Wirtschaftlichkeitskennziffern der Produktionssphäre* kommen vorzugsweise die beiden Größen:

$$\frac{\text{Kosten}}{\text{Betriebsertrag}} \quad \text{und} \quad \frac{\text{Aufwand}}{\text{Betriebsertrag}}$$

in Betracht [*442*, Bd. III, S. 34; *443*, S. 121; *444*, Bd. II, 2, S. 542], worin der Wert der eingesetzten mit dem Wert der erzeugten Güter ins Verhältnis gesetzt wird. In der dargestellten Form der Kennziffern ist der Wirtschaftlichkeitsgrad um so höher, je kleiner die Werte ausfallen. Es wird auch das umgekehrte Verhältnis benutzt; dann ist die Zunahme der Kennziffernwerte mit einer Erhöhung des Wirtschaftlichkeitsgrades gleichbedeutend.

Die Unterscheidung zwischen Kosten und Aufwand hat bei der hier behandelten Vorkalkulation nur den Sinn, daß in der Aufwandsberechnung die kalkulatorischen Kosten — vor allem die kalkulatorischen Zinsen und Abschreibungen — zugunsten der entsprechenden Aufwandsarten ausgeschieden und evtl. auch gewinnabhängige Steuern berücksichtigt werden. Nachteilig wirkt dabei allerdings, daß die Art der Finanzierung das Ergebnis der Wirtschaftlichkeitsanalyse beeinflußt. Der Ansatz weiterer kostenverschiedener Aufwandsgrößen kommt wegen der Ausrichtung der Wirtschaftlichkeitsanalyse allein auf die betrieblichen Erfordernisse des einzelnen Verfahrens kaum in Frage, genau wie für die Ertragsseite nur der Betriebsertrag und keine neutralen Ertragsbestandteile maßgebend sein dürfen.

Auf der Grundlage des Aufwands läßt sich sofort der *prozentuale Umsatzgewinn* nach der Beziehung

$$\frac{(\text{Betriebsertrag} - \text{Aufwand})}{\text{Betriebsertrag}} \cdot 100$$

errechnen („Umsatzrentabilität"), der über einen Kapitalumschlagkoeffizienten mit der konventionellen Rentabilitätskennziffer in Verbindung gebracht werden kann.

Die Aussagefähigkeit der genannten Kennziffern ist in der Vorrechnung eingeschränkt, weil Kapitalanforderung und Kapitalleistung zu wenig eingehen. Ein Verfahren mit einem Umsatzgewinn von 40% ist einem anderen Verfahren mit nur 20% Umsatzgewinn wirtschaftlich unterlegen, wenn die Kapitalumschlaggeschwindigkeit des letzteren gegenüber dem ersten Verfahren mehr als doppelt so hoch ist. Auch eine Vorgabe von Normwerten wäre ohne Berücksichtigung der verschiedenen Kapitalumschlaggeschwindigkeiten sinnlos, woraus ersichtlich wird, daß nur die Kennziffern der Finanzsphäre, vor allem die Rentabilität, in der Vorrechnung eine wirklich entscheidende Stellung einnehmen können.

Die Anwendbarkeit dieser Kennziffern zur Vorbereitung programmpolitischer Entscheidungen ist daher regelmäßig nur im Zusammenhang mit den Wirtschaftlichkeitskennziffern der Finanzsphäre gewährleistet. Ausnahmsweise könnten sie vielleicht in den frühen Projektierungsstadien bei relativ geringen Genauigkeitsansprüchen zum allein maßgeblichen Kriterium werden, wenn sich für die konkurrierenden Projekte etwa gleichgroße Kapitalumschlagkoeffizienten voraussetzen ließen.

Darüber hinaus sind die Wirtschaftlichkeitskennziffern der Produktionssphäre in gewissem Sinne zur Kennzeichnung der von der Absatzseite her drohenden Risiken geeignet. Sie weisen in dieser Ausdeutung ein Analogieverhältnis zur *Nutzenschwelle* auf [R. A. WIEGAND, 754]. Die Nutzenschwelle im üblichen Sinne als kritischer Punkt der Kostenkurve gibt an, wieweit die Kapazitätsausnutzung bei einer Verschlechterung der Absatzverhältnisse und gleichbleibenden Verkaufspreisen herabgesetzt werden kann, ohne die Verlustzone zu erreichen. Die Kennziffer: Aufwand/Betriebsertrag läßt nun im umgekehrten Fall einer angenommenen gleichbleibenden Vollausnutzung der Kapazität und damit gleichbleibender Kosten erkennen, wieweit eine Reduktion des Verkaufspreises bis zur Erreichung des „Toten Punktes" möglich ist. Die Kennziffer wird damit zum Maßstab für die Widerstandsfähigkeit gegenüber Preiseinbrüchen.

4.35 Wirtschaftlichkeitskennziffern der Finanzsphäre

In der vom Finanzdenken beherrschten Unternehmungssphäre haben die Wirtschaftlichkeitskennziffern aufzuzeigen, welchen *Wirkungsgrad des Kapitaleinsatzes* ein in Aussicht genommenes Projekt verspricht, wobei das Ziel der Gewinnmaximierung übergeordnet ist.

Als grundlegende Maßstäbe für die Beurteilung dieses Wirkungsgrades kommen in Frage:

1. Die Höhe der *Verzinsung des einzusetzenden Kapitals*;

2. Die Höhe der den Kapitaleinsatz bedrohenden Verlustgefahren, d. h. der *eingeschlossenen Investitionsrisiken*.

Diesen Maßstäben entsprechen innerhalb der nachfolgenden Systematik die *Rentabilitätskennziffern* einerseits und die *Liquiditäts- und Risikokennziffern* andererseits. Obwohl vielleicht zunächst nur die Rentabilitätskennziffern eine Aussagefähigkeit über die Gewinnchancen eines Projektes zu haben scheinen, ist eine isolierte Rentabilitätsbetrachtung ohne gebührende Berücksichtigung der mit jeder Investition verbundenen Risiken unzulässig. Neben angemessener Verzinsung des Kapitaleinsatzes muß bei einem neuen Projekt auch eine hinreichende Gewähr dafür vorhanden sein, daß das eingesetzte Kapital selbst nicht verlorengeht, sondern zurückgewonnen werden kann. Da das Risiko eine Funktion der Zeit ist, erfährt es mit zunehmender Schnelligkeit des Kapitalrückstroms eine Abschwächung. Kennziffern, welche die Zeitdauer einer Liquidisierung der eingesetzten Mittel angeben, dienen damit jenseits reiner Finanzierungsgesichtspunkte vor allem der Messung des Investitionsrisikos.

Die Investitionsrisiken lassen sich neben der gesonderten Verfolgung durch spezielle Kennziffern auch noch auf andere Weise berücksichtigen. Bereits bei der Schätzung der grundlegenden Daten (Kapitalbedarf, Kosten, Erträge) können die Risiken durch entsprechend ungünstigere Annahmen kompensiert werden, so daß die Ableitung der übrigen Kennziffern, besonders der Rentabilität, in einer von Risiken weitgehend bereinigten Form erfolgt. Außerdem bieten sich die gleichen Möglichkeiten bei der Auswertung der zunächst möglichst objektiv berechneten Kennziffern für die Investitionsentscheidung: Hier kommt es nämlich letztlich auf den Vergleich derselben mit vorzugebenden Wirtschaftlichkeitszahlen mit Normcharakter, sogn. Richtwerten, an, die je nach der Höhe der eingeschlossenen Risiken variiert zu werden pflegen. Im besonderen werden die berechneten Rentabilitätskennziffern mit den im Einzelfall zu fordernden Mindestwerten oder Kalkulationszinssätzen verglichen.

Bei der Berechnung der Wirtschaftlichkeitskennziffern der Finanzsphäre dürfen kalkulatorische Zinsen in die Kosten nicht einbezogen bzw. vom Gewinn nicht gekürzt werden.

4.350 Liquiditäts- und Risikokennziffern

4.350.0 Die konventionellen Kennziffern der „kürzesten Amortisationszeit"

Die konventionellen Kennziffern der „*kürzesten Amortisationszeit*" — in der angelsächsischen Literatur als „Payout- oder Payoff-Time" bekannt — beruhen im wesentlichen immer auf dem *Verhältnis zwischen Kapitalbedarf* und einer unterschiedlich weit gefaßten *Größe des Kapitalrückstroms*. Sie sind in gewissem Sinne als Reziprokwerte der Rentabilität aufzufassen, streng genommen freilich nur dann, wenn es sich um eine auf die ursprüngliche Kapitalbindung bezogene „Bruttorentabilität" vor Abzug der Abschreibungen handelt [s. u. Kap. 4.351.0, Ziffer 6]. Diese typische Risikokennziffer bringt zum Ausdruck, welcher Mindestzeitraum für eine Wiederverflüssigung des Investitionskapitals unter bestimmten Annahmen erforderlich wäre. Mit dem Kürzerwerden dieses Zeitraumes sinkt das Investitionsrisiko.

„Kürzeste Amortisationszeiten" werden ausschließlich innerhalb der Wirtschaftlichkeitsanalyse der Vorrechnung bestimmt. Immerhin soll die Bezeichnung der nachfolgend dargestellten Kennziffern als „konventionell" darauf hindeuten, daß Berechnungsart und Terminologie an die Denkweise der Nachrechnung anknüpfen, und zwar im Gegensatz zur später behandelten finanzmathematischen Form der Kennziffer.

Für die *einfachste* und zugleich am häufigsten benutzte Form der Kennziffer gelten die Beziehungen

$$T = \frac{I_a}{G_b + A} = \frac{I_a}{G_v + Z + A} \quad [\text{Jahre}].$$

Hierin bedeuten:

T Kürzeste Amortisationszeit [Jahre];
I_a Anlagekapital (Neuwert) [DM];
G_b Bruttogewinn vor Abzug der Körperschaftsteuer und Fremdkapitalzinsen [DM/Jahr];
G_v Gewinn vor Abzug der Körperschaftsteuer [DM/Jahr];
Z Fremdkapitalzinsen [DM/Jahr];
A Abschreibungen [DM/Jahr].

Die Höhe der angesetzten Abschreibungsbeträge ist hier ziemlich gleichgültig, da die Summe aus Gewinn und Abschreibungsbeträgen gleichbleibt. Lediglich zur Berechnung der Gewerbeertragsteuer, die man auch hier vorwiegend vom Gewinn absetzen wird, wären die steuerlich zulässigen Abschreibungen zu ermitteln. Der Ausdruck im Nenner ist gleichbedeutend mit dem jährlichen Überschuß der Einnahmen über die Ausgaben, wobei Körperschaftsteuer und Zinszahlungen in die Ausgaben noch nicht eingerechnet wurden. Charakteristisch und vorteilhaft ist die

Tatsache, daß die Notwendigkeit der schwierigen und meistens nur sehr unsicheren Lebensdauerschätzung des Projektes entfällt.

Dieser grundlegenden Form der Kennziffer liegt die fiktive Annahme zugrunde, daß man in den ersten Nutzungsjahren der Anlagen auf jede Verzinsung des Kapitals verzichtet und sich den gesamten Kapitalrückstrom zur möglichst schnellen Amortisation der Anlagen aufgebraucht denkt. Die eigentlichen Gewinne denkt man sich bis auf die Zeit *nach* restloser Wiederverflüssigung hinausgeschoben. Im Zähler steht gewöhnlich *nur das Anlagekapital*. Das Umlaufkapital bleibt in der Regel außer acht, da es im Verhältnis zum Anlagekapital stets als liquide und risikofrei gilt. Der Einschluß des Umlaufkapitals, d. h. die Einführung des Gesamtkapitals im Zähler des obigen Ausdrucks, muß als Ausnahme gelten, obwohl auch eine solche alternative Berechnungsweise als möglich erwähnt wird [*433*] oder zuweilen aus Vereinfachungsgründen erfolgt [*630*, S. 171]. Andererseits ist es nicht üblich, die nicht abschreibungsbedürftigen Grundstückswerte vom Anlagekapital im Zähler abzusetzen, wenngleich hier eine analoge Behandlung zum Umlaufkapital naheliegen würde. Nach den Voraussetzungen der obigen Formel darf auch das hierin nicht berücksichtigte Umlaufkapital keine Bedienung mit Zins- oder Dividendenzahlungen erfahren.

Der häufige Vorwurf, die dargestellte einfachste Form der Kennziffer ergäbe infolge Ignorierung der Körperschaftsteuer und Fremdkapitalzinsen zu günstige und damit irreale Werte, greift nicht unbedingt durch. Die Kennziffern besitzen nämlich nicht für sich absolute Aussagefähigkeit, sondern erst nach Vergleich mit Richtzahlen. Die Richtzahlen aber können speziell nach Eigenart und Berechnungsweise vorgegeben werden [vgl. H. J. Lang, *400*].

Selbstverständlich können die vereinfachenden Annahmen durch wirklichkeitsnähere ersetzt werden. Von der Vielzahl der bereits entwickelten und im amerikanischen Schrifttum diskutierten Varianten werden hier nur die wichtigsten wiedergegeben, um eine Vorstellung von der Flexibilität der Kennziffer zu vermitteln [vgl. *33*; *85*; *202*; *263*; *265*, S. 5; *630*, S. 172].

Der erste Schritt in dieser Richtung besteht gewöhnlich im *Abzug der Körperschaftsteuer* (bei Nicht-Kapitalgesellschaften der Einkommensteuer) vom Gewinn, wodurch die Werte der Kennziffer entsprechend anwachsen. Diese realistischere Fassung der „kürzesten Amortisationszeit" bringt aber einige *Nachteile* mit sich:

1. Für die richtige Ermittlung der Körperschaftsteuerabzüge gewinnt die *Lebensdauerschätzung* der Anlagen *erhöhtes Gewicht*.

2. Zur Feststellung der Körperschaftsteuerabzüge sind die *Fremdkapitalzinsen* vorher vom Bruttogewinn *abzusetzen*, was die besondere Verfolgung und eine Bestimmung der Finanzierungsform voraussetzt. Bei

der einfachsten Form braucht die Finanzierungsform dagegen nicht berücksichtigt zu werden.

3. Bekanntlich erfährt die Anlagekapitalbindung durch die Abschreibungen während der Lebensdauer der Anlagen eine stete Verminderung. Nimmt man während dieser gesamten Lebensdauer ein konstant bleibendes Verhältnis zwischen Eigen- und Fremdkapital an, so erfolgt im Laufe der Jahre eine fortschreitende *Verringerung* der *Summe* aus *versteuertem Gewinn plus Fremdkapitalzinsen*, da der Zinsanteil zugunsten des steuerbaren Gewinns fällt und die Körperschaftsteuerabzüge damit im Zeitverlauf zunehmen müssen. Die Zugrundelegung einer mittleren, nämlich etwa der halben Anlagekapitalbindung für die Berechnung des Gewinns und der Zinsen würde dem Wesen der Kennziffer, die ja eine Abschreibungsdauer erst feststellen und nicht auf ihr basieren soll, eigentlich widersprechen. Sieht man aber die Verhältnisse bei Betriebsbeginn (Neuwert der Anlagen) für die Berechnung als maßgeblich an, so fallen die Körperschaftsteuerabzüge etwas zu niedrig aus.

4. Ein gespaltener Körperschaftsteuersatz für zurückbehaltene und ausgeschüttete Gewinne führt zu weiteren Schwierigkeiten und erfordert eine relativ willkürliche Festlegung auf den unteren, höheren oder auch einen mittleren Satz. Außerdem wirken Änderungen des Körperschaftsteuersatzes störend.

Diese Schwierigkeiten begründen nicht unwesentliche Argumente gegen einen Abzug der Körperschaftsteuer.

Beim Abzug auch eines bestimmten Zinsendienstes wird die Vorausbestimmung der *Finanzierungsform* noch wichtiger. Die von W. L. FAGLEY und G. W. BLUM [202] hierzu angegebenen Berechnungsformeln werden anschließend nur auszugsweise behandelt.

Im Grenzfall einer angenommenen *100%igen Fremdfinanzierung*, etwa mit Obligationen, gelten die Beziehungen

$$T = \frac{I_a}{G_n + A} \quad \text{[Jahre]};$$

$$T = \frac{I_a}{G_b(1 - t) + A - i' \cdot I_a} \quad \text{[Jahre]};$$

$$G_n = G_v(1 - t) \quad \text{[DM/Jahr]};$$

$$i' = i(1 - t).$$

Unter Beibehaltung der bereits weiter oben benutzten Symbole gelten weiterhin:

G_n Gewinn nach Abzug der Körperschaftsteuer [DM/Jahr];
t Körperschaftsteuersatz (in Dezimalschreibweise);
i' Für die Gewinnreduktion maßgeblicher Fremdkapitalzinssatz (in Dezimalschreibweise);
i Nomineller Fremdkapitalzinssatz (in Dezimalschreibweise).

Die Notwendigkeit der Einführung des korrigierten Wertes i' anstelle des nominellen Fremdkapitalzinssatzes i in der zweiten Berechnungsformel liegt in der Fassung von G_b begründet. G_b enthält als Bruttogröße noch den gesamten Fremdkapitalzins und unterwirft diesen fälschlicherweise nach der Formel der Besteuerung, so daß zum Ausgleich später der um den Betrag $t \cdot i$ verminderte Nominalzinssatz eingestellt werden muß.

Denkt man sich die Finanzierung dagegen im anderen Extrem ausschließlich mit Hilfe von *Eigenkapital* durchgeführt, und wird hierauf die laufende Ausschüttung von Dividenden in bestimmter Höhe gefordert, so braucht in der oben dargestellten Gleichung der korrigierte Fremdkapitalzinssatz i' nur durch den gewählten Dividendensatz — hier r' genannt — ersetzt zu werden:

$$T = \frac{I_a}{G_b(1-t) + A - r' \cdot I_a} \quad \text{[Jahre]}.$$

G_b bezieht sich dann auf den unversteuerten Gewinn vor der Dividendenausschüttung.

Bei Annahme einer *teils mit Fremd- und teils mit Eigenkapital* durchgeführten Finanzierung wäre die „kürzeste Amortisationszeit" nach der Beziehung

$$T = \frac{I_a}{G_b \cdot (1-t) + A - x \cdot i' \cdot I_a - y \cdot r' \cdot I_a} \quad \text{[Jahre]}$$

zu ermitteln; x und y bezeichnen hierin die mit Fremd- bzw. Eigenkapital finanzierten Anteile des Anlagekapitals in Dezimalschreibweise und G_b wiederum den unversteuerten Bruttogewinn vor Abzug der Fremdkapitalzinsen und Gewinnausschüttungen. Der Ausdruck läßt sich unter weiterer Differenzierung der Effektivzinssätze, z. B. für verschiedene Aktiengattungen, auch noch leicht erweitern. Setzt man $r' = O$, so erfolgen keine Dividendenzahlungen und nur das Fremdkapital wird mit Zinsen bedient.

Eine so starke Berücksichtigung von Finanzierungsgesichtspunkten in der Wirtschaftlichkeitsrechnung ist nicht immer unbedenklich. Die eingangs erwähnte Grundkonzeption, daß man sich bis zur völligen Liquidisierung des Anlagekapitals den Kapitaldienst zurückgestellt denkt, wird fallengelassen. Die angestrebte stärkere Annäherung an die Wirklichkeit bleibt indessen aus folgenden Gründen noch unvollkommen:

1. Auch das *Umlaufkapital* müßte eine *Mindestverzinsung* erfahren. Hierzu wären im Nenner der einzelnen Gleichungen das für die Berechnung des Zinsendienstes letzten Endes maßgebliche Gesamtkapital einzuführen und nur im Zähler das Anlagekapital beizubehalten. Dadurch erfolgt eine weitere Verringerung des für die Amortisation nutzbaren Kapitalrückstroms.

2. Wie bereits weiter oben zu erwähnen war, führt die abschreibungsbedingte Kapitalfreisetzung während der Lebensdauer des Projektes zu einer ständigen Herabminderung der restlichen und der Berechnung des jährlichen Zinsendienstes zugrunde zu legenden Kapitalbindung. Der entsprechend absinkende Zinsendienst für Eigen- und Fremdkapital hat also unmittelbar zur Folge, daß der *jährliche* residuale, amortisationswirksame *Kapitalrückstrom* mit der Zeit stark *anwächst*. Hält man für die Berechnung des Zinsendienstes die Verhältnisse bei Betriebsbeginn für maßgeblich, wie es überwiegend geschieht, so erhält man ein zu ungünstiges Resultat, während andererseits die Annahme einer mittleren Kapitalbindung ebenfalls ungenau und außerdem mit dem Wesen der Kennziffer schlecht vereinbar wäre.

Dieser Einwand läßt sich auch nicht mit dem Hinweis darauf entkräften, daß Abschreibungen normalerweise nur eine Veränderung der Kapitalstruktur auf der Aktivseite der Bilanz durch Liquidisierung von Anlagenwerten zur Folge haben, nicht dagegen etwa eine hiermit gleichlaufende Tilgung der passivischen Kapitalrechte mit Hilfe der verflüssigten Kapitalteile. Gewiß ist die obige Unterstellung nur fiktiv; trotzdem verlieren die freigesetzten Beträge des Anlagekapitals aber insofern ihre Maßgeblichkeit für das Investitionskalkül, als diese anderweitig ertragbringend angelegt werden können und die hieraus erwirtschafteten Gewinne nicht im Kapitalrückstrom des Projektes in Erscheinung treten. Eine solche Einbeziehung wäre als Alternative denkbar, was jedoch den amortisationswirksamen Kapitalrückstrom von Jahr zu Jahr anwachsen ließe und damit eine gleichgerichtete Wirkung wie bei der ersten, naheliegenderen Annahme hervorrufen müßte.

Aus dem Gesagten ergeben sich gewisse Ungenauigkeiten, die jedoch zu unbedeutend sind, um die Körperschaftsteuer- und Zinsabzüge nach einzelnen Jahren getrennt zu berechnen und die „kürzeste Amortisationszeit" dann schrittweise anzunähern. Hat aber die Vorkalkulation zur Voraussage einer im Zeitverlauf stark schwankenden Kosten- und Ertragsentwicklung und damit auch *nach Jahren differenzierter Größen des Kapitalrückstroms* geführt, so wäre es verfehlt, diese etwa in Durchschnittswerte umzurechnen. Stattdessen ist die Kennziffer dann schrittweise zu bestimmen, indem die jährlichen Gewinn- und Abschreibungsbeträge in fortschreitender Reihenfolge für so viele Jahre addiert werden, bis ihre Summe dem Neuwert des Anlagekapitals gleichkommt. Liegt eine im Zeitverlauf zunehmende Gewinnentwicklung vor, so muß deren Berücksichtigung bedeutend ungünstigere Kennziffernwerte ergeben als das Rechnen mit Durchschnittswerten.

Die für Auswertung und Beurteilung der im Einzelfall gefundenen Kennziffern vorzugebenden *Richtwerte* sind nach Branche, Neuartigkeit der Produkte usw. zu staffeln. In Tab. 49 sind einige unter amerikanischen Verhältnissen geltende Richtwerte maximal annehmbarer „kürzester Amortisationszeiten" in verschiedenen Industriezweigen zusammengestellt. Die Richtwerte beziehen sich auf die einfachste

Tabelle 49. *Richtwerte der zulässigen „kürzesten Amortisationszeit" unter amerikanischen Verhältnissen* [263; 268].

$$\text{Kürzeste Amortisationszeit} = \frac{\text{Anlagekapital (Neuwert)}}{\text{Bruttogewinn} + \text{Abschreibungen}}$$

$$T = \frac{I_a}{G_b + A} \quad [\text{Jahre}]$$

Industriezweig	Kürzeste Amortisationszeit (Jahre)	
	bei niedrigem Risiko	bei hohem Risiko
Chemische Grund- und Zwischenprodukte	5	1
Erdölindustrie	3	1
Zellstoff und Papier	5	2
Drogen und Pharmazeutika	3	1
Hüttenindustrie..............................	8	3
Farben und Lacke	3	2
Gärungsgewerbe	5	2

Berechnungsmethode der Kennziffer ohne Abzug der Körperschaftsteuer und der Fremdkapitalzinsen. Die niedrigen Werte gelten für völlig neuartige Verfahren und Produkte mit noch ungeklärten Marktchancen, die hohen dagegen für bewährte, alteingeführte Prozesse. Da Investitionen in Hilfsbetrieben und Nebenanlagen viel weniger risikobelastet sind, sollten die entsprechenden Kapitalbindungen bei der Berechnung der Kennziffer ausgeschlossen bzw. gesondert erfaßt werden, was bei den Richtwerten in Tab. 49 berücksichtigt wurde [263]. Obwohl Informationen westdeutscher Chemiebetriebe kaum vorliegen, ist die Vermutung gerechtfertigt, daß man sich hier allgemein mit etwas höheren Richtwerten begnügt. Für das Gebiet der Schwerchemikalien und Zwischenprodukte werden z. B. von einigen Firmen bei niedrigem Risiko 5—8 Jahre, bei höheren Risiken dagegen 1,5—3 Jahre auf der gleichen Berechnungsgrundlage genannt. In der Kohlenwertstoffchemie betrachtet man durchschnittlich 6 Jahre als angemessen, während ein Werk der organischen Großsynthese 4 Jahre als Richtwert angibt. Hierbei handelt es sich nur um Anhaltspunkte für die Größenordnung.

J. DEAN hat die in USA viel geübte Praxis, der „Payout-Time" innerhalb der Wirtschaftlichkeitsanalyse der Vorrechnung eine zentrale Stellung einzuräumen, scharf kritisiert [143, S. 24; 144, S. 565; 145; 146]:

1. Durch Beschränkung der Analyse auf einen Einnahmen-Überschuß vor Abzug der Abschreibungen verzichtet man auf die Bestimmung der

voraussichtlich wirtschaftlich nutzbaren Lebensdauer der Anlagen, wodurch ein wichtiger Gesichtspunkt im Investitionskalkül verlorengeht.

2. Es wird nichts über die Höhe der Gewinne ausgesagt, die nach Ablauf der „kürzesten Amortisationszeit" erwartbar sind. Bei einer solchen von 3 Jahren könnte z.B. eine 30%ige Rentabilität auf das durchschnittlich investierte Kapital herauskommen, wenn die Anlagen eine sehr lange Lebensdauer besitzen würden, dagegen vielleicht nur eine Rentabilität von 12% bei 4jähriger und eine solche von 0% bei nur 3jähriger Lebensdauer.

3. Liquiditäts- und Finanzierungsgesichtspunkte werden übertrieben. Zwar sind diese nicht zu vernachlässigen, aber eine Ausrichtung der gesamten Investitionspolitik hieran ist verfehlt. Größeres Schwergewicht sollte man der Kennziffer nur ausnahmsweise bei überragender Fremdkapitalbelastung und dementsprechend hohen Anforderungen an einen schnellen Kapitalrückstrom zumessen.

Selten wird man darauf verzichten, sich wenigstens eine ungefähre Vorstellung von der etwa erwartbaren nutzbaren Lebensdauer eines Projektes zu verschaffen. Je stärker dann die geschätzte Lebensdauer von der errechneten „kürzesten Amortisationszeit" im positiven Sinne abweicht, desto günstiger müssen die Rentabilitätserwartungen ausfallen. Im übrigen möchten wir uns aber der kritischen Haltung DEANS durchaus anschließen, sofern die Eignung der Kennziffer als *allein* entscheidender Maßstab innerhalb der Wirtschaftlichkeitsanalyse bestritten werden soll. Denn der Vorrang kommt immer den Rentabilitätskennziffern zu. Gegenüber diesen behält die „kürzeste Amortisationszeit" subsidiäre Bedeutung, da sie ergänzende Aussagen über die Schnelligkeit des Kapitalrückstroms, den späteren Beitrag eines Projektes zur Liquiditätslage der Unternehmung und die Höhe der eingeschlossenen zeitabhängigen Risiken ermöglicht. Ausnahmsweise rückt diese gegenüber der Rentabilität sogar in den Vordergrund, wenn Rentabilitätsvoraussagen infolge übermäßig hoher Risiken und dementsprechend erschwerter Lebensdauerschätzung nur noch hypothetischen Charakter besitzen.

Die „Payout-Time" spielt in der amerikanischen Praxis der Wirtschaftlichkeitsanalyse eine große Rolle. Während sie in der Erdölindustrie sogar allgemein als die wichtigste Kennziffer betrachtet wird, kommt sie in der chemischen Industrie hilfsweise neben der Rentabilität zur Anwendung [754]. Obwohl in der deutschen Literatur kaum erwähnt, weisen Informationen darauf hin, daß die Kennziffer — vor allem in der erwähnten einfachsten Form — auch bei uns in der Praxis der Wirtschaftlichkeitsvorrechnung der chemischen Industrie Bedeutung besitzt.

4.350.1 Die finanzmathematische Form der „kürzesten Amortisationszeit"

Die weiter unten zur Berechnung der finanzmathematischen Rentabilität unter gewissen vereinfachenden Annahmen angegebene Formel [s. Kap. 4.351.1]

$$I_g = D\,\frac{(1+i)^n - 1}{i\,(1+i)^n}$$

kann unter Ersetzung der Lebensdauer des Projektes n durch die „kürzeste Amortisationszeit" T und im Anschluß an die Logarithmierung nach T aufgelöst werden:

$$T = \frac{-\lg\left(1 - \dfrac{i \cdot I_g}{D}\right)}{\lg\,(1+i)} \quad [\text{Jahre}]\,.$$

Hierin bedeuten I_g das Gesamtkapital (Neuwert), das hier aus Gründen der rechnerischen Vereinfachung anstelle des Anlagekapitals eingesetzt wird, i den als Mindestverzinsung vorzugebenden Kalkulationszinssatz, der mit dem bisher erwähnten nominellen Fremdkapitalzinssatz nicht verwechselt werden darf, und D den laufenden jährlichen Einnahmen-Ausgabenüberschuß, von dem keinerlei Kapitaldienst (Abschreibungen plus Fremdkapitalzinsen), wohl aber die Körperschaftsteuer abgesetzt wurden. Um den Einfluß der Finanzierungsform möglichst herabzumindern, wird der Körperschaftsteuerabzug stets in einer solchen Höhe berechnet, als ob ausschließliche Eigenfinanzierung vorläge. Um Wiederholungen zu vermeiden, sei in bezug auf Einzelheiten über das zugrunde liegende Berechnungsprinzip und die genannten eingeschlossenen Größen auf die späteren Ausführungen im Zusammenhang mit der finanzmathematischen Rentabilität verwiesen [Kap. 4.351.1]. Die Berechnung dieser finanzmathematischen Form der „kürzesten Amortisationszeit" hat am eingehendsten H. E. Schweyer [*630*, S. 172] behandelt, der sie als „Economic Payout Time" bezeichnet.

Die Bedeutung von T in der obigen Beziehung wird leichter plausibel, wenn man die genannte Gleichung in folgender Form schreibt:

$$I_g\,(1+i)^T = D \cdot \frac{(1+i)^T - 1}{i}\,.$$

Man sieht, daß genau T Jahre erforderlich sind, bis Gleichheit zwischen dem Endwert der sich aufzinsenden Investitionssumme I_g und der Summe aus den sich gleichermaßen aufzinsenden jährlichen Einnahmen-Ausgabenüberschüssen D erreicht ist. D kann man finanzmathematisch als Rate einer gleichbleibenden, nachschüssigen Zeitrente auffassen. Erst von diesem Zeitpunkt der Gleichheit an bis zum Ende der Lebensdauer des Projektes ist ein über die mit dem Kalkulationszinssatz festgelegte Verzinsung hinausgehender Gewinn zu erzielen. Die Zusammenhänge sind in Abb. 244 nochmals graphisch anhand eines Zahlenbeispiels verdeutlicht, in dem I_g mit 10 Mill. DM, D mit 2 Mill. DM und i mit 0,06 angenommen wurden.

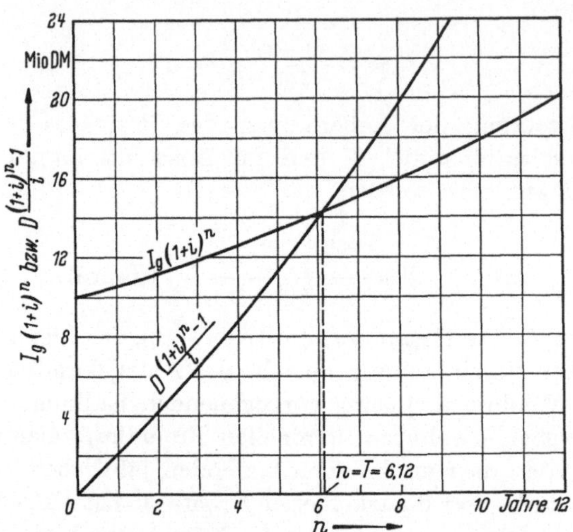

Abb. 244. Veranschaulichung der finanzmathematischen Form der „kürzesten Amortisationszeit". Gewählter Kalkulationszinssatz = 6%

Neben der expliziten Berechnung von T kommen auch die graphische Bestimmung aus dem weiter unten in Abb. 245 [Kap. 4.351.1] wiedergegebenen Diagramm sowie die Ermittlung aus finanzmathematischen Tabellen, in denen nachschüssige Rentenbarwertfaktoren in Abhängigkeit von n und i tabelliert sind, in Frage, da sich der jeweilige Rentenbarwertfaktor sofort durch Division von I_g durch D ergibt [weitere Einzelheiten und Literaturhinweise s. Kap. 4.351.1].

4.350.2 Die Summe des Kapitalrückstroms

Unter der Summe des Kapitalrückstroms („Cash Position") wird der über die Zahl der Betriebsjahre eines Projektes summierte jährliche Kapitalrückstrom aus versteuertem Gewinn plus Abschreibungen abzüglich der für die Anlagen verausgabten Investitionssumme I_a verstanden [*17*, S. 196; *268*; *269*]:

$$H = [G_v (1 - t) + A] \cdot n_b - I_a \quad [\text{DM}],$$

$$\text{für } n_b \leqq n;$$

$$H = [G_v (1 - t) + A] \cdot n - I_a + (G_v + A)(1 - t)(n_b - n) \quad [\text{DM}],$$

$$\text{für } n_b > n.$$

Hierin bedeuten:

H Summe des Kapitalrückstroms [DM];

G_v Gewinn vor Abzug der Körperschaftsteuer [DM/Jahr];

t Körperschaftsteuersatz in Dezimalschreibweise;

A Abschreibungen [DM/Jahr];

I_a Anlagekapital (Neuwert) [DM];

n_b Zahl der Betriebsjahre;

n Der Abschreibungsberechnung zugrunde gelegte Lebensdauer der Anlagen [Jahre].

Die erste Gleichung gibt an, wie sich die Summe des Kapitalrückstroms in Abhängigkeit von der Zahl der Betriebsjahre bis zum Ende der kalkulatorisch und steuerlich vorausgesetzten wirtschaftlich nutzbaren Lebensdauer des Projektes entwickelt, die zweite Gleichung betrifft den Zeitraum danach. Da man hierbei von der linearen Abschreibungsmethode ausgeht, gilt für die Jahresabschreibungen die Beziehung: $A = I_a/n$. Den Abzug der Fremdkapitalzinsen zur Errechnung von G_v wird man zweckmäßig auf der Basis einer mittleren Kapitalbindung vornehmen, da sonst G_v nach den obigen Ausführungen [Kap. 4.350.0] nicht als konstant angesehen werden dürfte. Es ist andererseits auch möglich, die Fremdkapitalzinsen vom Kapitalrückstrom nicht abzusetzen.

Man ermittelt hier keine Beziehungszahlen, wie sie die Rentabilitätskennziffern oder „kürzesten Amortisationszeiten" darstellen, sondern absolute Kapitalbeträge, die innerhalb verschieden langer Zeiträume aus einer bestimmten Investition verfügbar werden. Für die Zeitspanne vor Amortisation der Anlagen ergeben sich negative Werte, welche dann den durch Abschreibungen und Gewinne noch nicht gedeckten Teil der Investitionssumme kennzeichnen. Vergleicht man nun bei verschiedenen konkurrierenden Projekten die Summen des Kapitalrückstroms für eine bestimmte einheitliche Betriebsdauer, z. B. für 10 Jahre, so wären die Projekte mit den höheren Werten als günstiger anzusehen. Hierin kommt zum Ausdruck, daß ein Projekt nicht nur mit *relativ* gegenüber der Investitionssumme zunehmendem Kapitalrückstrom, sondern auch mit dem Ansteigen der *Absolutbeträge*, die aus der Investition zurückgewonnen werden können, an Interesse gewinnt. Dem Vergleich von Absolutwerten auf dieser Berechnungsgrundlage gegenüber dem Vergleich von Kennzahlen darf man nur eine eingeschränkte Bedeutung einräumen. Die nach Jahren differenzierte Verfolgung des gesamten Kapitalrückstroms aus einzelnen Investitionen ist für die Finanz- und Liquiditätsplanung der Unternehmung allerdings von größerer Wichtigkeit.

4.351 Rentabilitätskennziffern

4.351.0 Konventionelle Rentabilitätskennziffern

Von ,,konventionellen'' Rentabilitätskennziffern ist dann die Rede, wenn ihre Berechnung in Übereinstimmung oder Anlehnung an die in der Nachrechnung üblichen Methoden erfolgt, womit gleichzeitig eine Abgrenzung gegenüber der im nächsten Abschnitt behandelten ,,finanzmathematischen'' Rentabilitätskennziffer vorgenommen wird.

Während die Rentabilitätskennziffern der Nachrechnung nur in wenigen und eindeutigen Formen auftreten, lassen die in vieler Hinsicht andersgearteten Verhältnisse der Vorrechnung eine größere Zahl von Alternativmöglichkeiten in der Berechnungsweise offen. Die Beziehung einer Gewinngröße zu einem Kapitalbetrag und damit die Kennzeichnung des *Verzinsungsgrades des Kapitaleinsatzes* bleibt aber als gemeinsames Merkmal aufrechterhalten. Im einzelnen sind etwa folgende *Varianten* von Berechnungsmöglichkeiten zu unterscheiden:

1. Rentabilität des *Gesamt- oder Eigenkapitals*. Diese in der Nachrechnung geläufige, von der Passivseite der Bilanz bzw. der Finanzierungsform ausgehende Unterscheidung ist in der Wirtschaftlichkeitsanalyse der Vorrechnung weniger bedeutsam, denn es kommt hier vornehmlich nur eine Berechnung der Gesamtkapitalrentabilität in Betracht. Diese setzt Gewinn und Fremdkapitalzinsen zum Gesamtkapital (Summe aus Eigen- und Fremdkapital) in Beziehung und zeigt damit die Wirksamkeit des Kapitaleinsatzes vor allem auf Grund des spezifischen Verwendungszwecks, dagegen weitgehend unabhängig von der Art der Finanzierung. Im Falle des Abzugs der Körperschaftsteuer vom Gewinn ist diese Unabhängigkeit zwar nicht vollständig, da die Summe aus versteuertem Gewinn plus Fremdkapitalzinsen mit der Zunahme des Fremdkapitalanteils infolge Steuerfreiheit der Fremdkapitalzinsen ansteigt. Bei der Eigenkapitalrentabilität wird die Verzinsung des Eigenkapitals berechnet, indem der Gewinn durch den Eigenkapitalanteil dividiert wird. Entgegen diesen Definitionen wird zuweilen auch eine Berechnungsweise genannt, bei der lediglich der Gewinn auf das Gesamtkapital bezogen wird [*630*, S. 169 u. 180].

2. Rentabilität des *Gesamt- oder Anlagekapitals*. Für diesen Dualismus ist nicht die Kapitalherkunft, wie oben, sondern die Kapitalverwendung und damit die Aktivseite der Bilanz maßgebend. Auf den ersten Blick mag nur die Einbeziehung auch des Umlaufkapitals sinnvoll erscheinen. Eine isolierte Darstellung der Anlagekapitalrentabilität kann aber beim Wirtschaftlichkeitsvergleich von Projekten mit stark voneinander abweichenden Kapitalstrukturen durchaus zweckmäßig sein, um nämlich auf diese Weise die Differenzierung der als Vergleichsgrößen vorzu-

gebenden Richtwerte nach der Risikobelastung der Anlageinvestitionen zu erleichtern (s. u.).

3. Rentabilität auf die *ursprüngliche Kapitalbindung* bei Betriebsbeginn oder eine *mittlere Kapitalbindung*. Stellt man in Rechnung, daß sich die Anlagekapitalbindung als Bezugsbasis für die Rentabilitätsberechnung auf Grund der Abschreibungen im Zeitverlauf ständig verringert, so müssen bei etwa gleichbleibender Gewinnentwicklung jährlich zunehmende Rentabilitätswerte die Folge sein. Da man die konventionellen Rentabilitätskennziffern in der Wirtschaftlichkeitsvorrechnung seltener nach einzelnen Jahren differenziert berechnet, sondern vornehmlich für jedes Investitionsvorhaben nur einen einheitlichen Wert ermittelt (s. u. Ziffer 4), ließe sich diese zeitliche Variabilität der Kapitalbindung nur durch Einstellen eines Durchschnittswertes berücksichtigen. Für Aussagen über die Wirtschaftlichkeit eines Projektes während seiner gesamten Lebensdauer ist die Zugrundelegung einer mittleren Kapitalbindung somit bedeutend realistischer als das Rechnen mit der ursprünglichen Kapitalbindung bei Betriebsbeginn, die ein zu ungünstiges Ergebnis liefert.

Die mittlere Anlagekapitalbindung ist durch Addition der kalkulatorischen Restwerte in den einzelnen Nutzungsjahren und Division des gefundenen Wertes durch die Gesamtzahl der Nutzungsjahre zu bestimmen. Bei der überwiegend angewandten linearen Abschreibungsmethode erhält man als *mittlere Anlagekapitalbindung:*

$$\frac{I_a}{2} \cdot \frac{n+1}{n},$$

wenn I_a den Neuwert der Anlagen und n die geschätzte Lebensdauer in Jahren bedeuten. Die Berechnung nach dieser Formel empfiehlt sich immer bei kürzeren Nutzungszeiträumen, während in anderen Fällen auch vereinfachend der Ansatz des halben Anlagenneuwertes zulässig sein mag. Degressive Abschreibungsmethoden ergeben geringere, progressive Abschreibungsmethoden höhere Durchschnittswerte. Zur Ermittlung der durchschnittlichen Gesamtkapitalbindung ist das zeitlich als konstant zu betrachtende Umlaufkapital hinzuzuzählen. Streng genommen wären die nicht abschreibungsbedürftigen Teile des Anlagekapitals, wie vor allem die Grundstückswerte, dem Umlaufkapital gleich zu behandeln.

Nachteilig wirkt sich die Vernachlässigung des Zeitfaktors aus, da eine erst in ferner Zukunft erreichbare Rentabilitätshöhe weniger Wert besitzt als bei Betriebsbeginn. Daher behält auch die in besonders einfacher Weise auf die ursprüngliche Kapitalbindung zu berechnende Rentabilität ein gewisses Interesse, vor allem wenn man sich die Relativität der Aussagefähigkeit von Kennziffern vor Augen hält.

4. *Durchschnittsrentabilität* oder *nach einzelnen Jahren differenzierte Rentabilitätskennziffern.* Die zweite Berechnungsweise setzt voraus, daß die grundlegenden Daten wie Aufwand, Ertrag, Gewinn und Kapitalbindung in den einzelnen Jahren gesondert veranschlagt werden. Dies läßt sich nur selten mit größerer Genauigkeit durchführen. Bei starker zeitlicher Schwankung in der Gewinnentwicklung greift man andererseits besser auf die finanzmathematische Form der Rentabilitätskennziffer zurück, weil man dann nur *eine* Kennziffer anstelle einer Vielzahl differenzierter Werte erhält.

5. Für die Berücksichtigung der *Kapitalbindungen in Hilfsbetrieben und Nebenanlagen* eröffnen sich zwei Möglichkeiten [vgl. *599*]:

a) Die Kapitalbindung in den Produktionsanlagen wird um diejenige in Hilfsbetrieben und Nebenanlagen anteilig vermehrt, wobei die Aufteilung der zuletzt genannten Kapitalbeträge nach Schlüsseln proportional der Nutzung und Inanspruchnahme zu erfolgen hat. Wurden die Kosten der Hilfsbetriebe und Nebenanlagen über Verrechnungspreise und funktionelle Zuschlagsätze in die Kostenvorrechnung eingeführt, sind evtl. gewisse Kostenbestandteile hieraus durch Rückrechnung wieder zu entfernen. Das betrifft z. B. regelmäßig die kalkulatorischen Zinsen, ausnahmsweise auch die Abschreibungen, wenn diese bei der unter Ziffer 6 genannten Variante dem Gewinn hinzuzurechnen sind.

b) Die Hilfsbetriebe und Nebenanlagen werden aus der speziellen Rentabilitätsvorrechnung für neue Projekte ausgeschlossen. Für die hierin investierten Kapitalbeträge verlangt man neben sonstiger Kapitalkostenerstattung auch eine angemessene Verzinsung. Die Realisierung der Verzinsung erfolgt über die kalkulatorischen Zinsen der Verrechnungspreise und der funktionellen Zuschlagsätze.

Verfahren a) ist zwar theoretisch richtiger, bei einer Vielzahl von Produktionsanlagen aber in der Handhabung kompliziert und zeitraubend, weshalb es oft zugunsten des Verfahrens b) verworfen wird. Auch eine kombinierte Anwendung der beiden Verfahren kann mitunter zweckmäßig sein.

6. Absetzung oder Einbeziehung von *Abschreibungen.* Obwohl normalerweise nur der Gewinn oder die Summe aus Gewinn und Fremdkapitalzinsen zu einem Kapitalbetrag in Beziehung gesetzt wird, findet mitunter auch die Berechnung einer „Bruttorentabilität" Erwähnung, bei der im Zähler des Rentabilitätsausdruckes darüber hinaus die Abschreibungen erscheinen. Diese Kennziffer hat sich in der amerikanischen Wirtschaftlichkeitsrechnung unter der Bezeichnung „Operator's Method" [*433*, S. 87], „Cash Return" und „Cash Generated" eingebürgert. Im Sinne der in der Nachrechnung üblichen Terminologie könnte man hier nicht mehr von einer Rentabilitätskennziffer sprechen.

Die Einbeziehung der Abschreibungen führt zu einer Größe des Kapitalrückstroms, die unmittelbar mit derjenigen vergleichbar ist, wie sie zur Berechnung der „kürzesten Amortisationszeit" benutzt wird. Auch der Abzug der Körperschaftsteuer und Fremdkapitalzinsen ist wahlweise möglich. Beim Vergleich von Projekten mit stark divergierender Lebensdauer kann diese Kennziffer leicht irreführen, weil gleichen Kennziffernwerten dann eben sehr unterschiedliche Abschreibungserfordernisse gegenüberstehen, über die nichts ausgesagt wird. Praktisch lassen sich hier ähnliche Einwendungen wie gegen die konventionellen Kennziffern der „kürzesten Amortisationszeit" erheben.

7. *Gewinn vor oder nach Abzug der Körperschaftsteuer.* Zwischen diesen Alternativen ist weder begrifflich aus der Aufwandsnatur der Körperschaftsteuer (neutraler Aufwand, aus dem Gewinn zu deckende Aufwendung oder Gewinnverwendung) noch aus praktischen Erwägungen heraus eindeutig zu entscheiden. Der Ansatz eines um den Körperschaftsteuerabzug bereinigten Gewinns hat zwar den Vorteil der größeren Wirklichkeitsnähe, führt aber wegen der zeitlichen Schwankungen der Summe aus Gewinn plus Fremdkapitalzinsen und bei Änderungen des Körperschaftsteuersatzes zu unsicheren Vergleichsgrundlagen. Außerdem erhält die Finanzierungsform wieder erhöhtes Gewicht, weil sie das Ausmaß der Körperschaftsteuerabzüge erheblich beeinflußt.

8. Darstellung der Rentabilität in einer von *Unsicherheitsfaktoren und Risiken bereinigten Form* oder *objektive Berechnung der Kennziffern* und Berücksichtigung der Risiken erst bei deren Auswertung [vgl. unten Kap. 4.37]. Das zuletzt genannte Verfahren ist zu bevorzugen.

Offensichtlich erhält man durch Kombination der aufgezählten Möglichkeiten eine ansehnliche Zahl von Berechnungsvarianten. Es ist aber bei Verwendung der Kennziffern als *Vergleichsgrößen* nicht so wichtig, welche Berechnungsweise zugrunde liegt, wenn sie nur in stets unveränderter Form beibehalten wird. Erst wenn auf die absolute Gültigkeit größerer Wert gelegt wird, d. h. genau wie in der Nachrechnung die effektive Verzinsung des Kapitaleinsatzes wirklichkeitsgetreu aufgezeigt werden soll, dürften sich einige Kombinationen als unbrauchbar erweisen.

Die Vorgabe von *Richtwerten* der zu fordernden Mindestrentabilität erfolgt ähnlich wie bei der „kürzesten Amortisationszeit" differenziert vor allem nach der Höhe der Risiken. Daneben ist von den Zinskosten für Fremdkapital, der bisherigen durchschnittlichen Eigenkapitalverzinsung, von den anderweitig bestehenden Ertragsmöglichkeiten sowie von der allgemeinen Lage der betrieblichen Kapitalversorgung auszugehen [vgl. 727]. Tab. 50 gibt Richtwerte für amerikanische Verhältnisse, wobei wiederum die Werte hohen Risikos neuartigen Produkten bei minimaler Markterkundung, diejenigen niedrigen Risikos dagegen eingeführten Prozessen und Produkten mit bekannten Marktverhältnissen zugehören. Bei der zugrunde liegenden Berechnungsweise wurde der Gewinn vor Körperschaftsteuerabzug zum Neuwert des Anlagekapitals in Beziehung gesetzt. Auf ähnlicher Berechnungsbasis, jedoch unter Hinzurechnung der Fremdkapitalzinsen zum Gewinn, nennt ein Werk der organischen Großsynthese in der Bundesrepublik 33%.

Tabelle 50. *Richtwerte für die Mindestrentabilität des Anlagekapitals (Neuwert) vor Körperschaftsteuerabzug unter amerikanischen Verhältnissen [17, S. 193]*

$$\text{Rentabilität} = \frac{\text{Gewinn vor Abzug der Körperschaftsteuer} \cdot 100}{\text{Anlagekapital (Neuwert)}} \quad [\%]$$

$$r = \frac{G_v \cdot 100}{I_a} \quad [\%]$$

Industriezweig	Mindestrentabilität (%)	
	bei niedrigem Risiko	bei hohem Risiko
Chemische Grund- und Zwischenprodukte	11	44
Erdölindustrie	16	39
Zellstoff und Papier	18	40
Drogen und Pharmazeutika	24	56
Hüttenindustrie...............................	8	24
Farben und Lacke	21	44
Gärungsgewerbe	10	49

Ein *Vergleich* der *Rentabilitäten des Anlagekapitals* unter Vernachlässigung der Verzinsung des Umlaufkapitals bleibt nur so lange sinnvoll, wie bei den verglichenen Projekten etwa *übereinstimmende Kapitalstrukturen* voraussetzbar sind. Will man besser Gesamtkapitalrentabilitäten oder diese zusätzlich berechnen, so läßt sich in diesen Fällen leicht eine Umrechnung der Kennziffern- und Richtwerte nach der angenommenen Kapitalstruktur durchführen, wobei die Kapitalbasis verbreitert wird und die Werte entsprechend absinken. Schwierigkeiten entstehen dagegen bei stark voneinander abweichenden Kapitalstrukturen. Hier darf man nicht einfach das Umlaufkapital vernachlässigen und den Gesamtgewinn auf das Anlagekapital beziehen, weil dadurch die Verfahren mit besonders hohem Umlaufkapitalbedarf viel zu günstige und damit falsche Ergebnisse liefern würden. Andererseits ist aber auch ein Vergleich der Gesamtkapitalrentabilitäten nicht gut möglich, da sich hierfür kaum Richtwerte ableiten lassen, die ja vornehmlich nach den mit den Anlageinvestitionen verbundenen Risiken differenziert werden. Um auch in diesen Fällen einen wirtschaftlich richtigen Rentabilitätsvergleich zu ermöglichen, müßte man zunächst den Gewinn nach der im Einzelfall vorliegenden Kapitalstruktur auf Umlauf- und Anlagekapital verteilen. Man würde dann erst das Umlaufkapital mit einer gleichbleibenden, relativ geringen Verzinsung bedienen und dann auf Grund des restlichen Gewinns die Anlagekapitalrentabilität berechnen.

Die Überlegungen seien an einem Zahlenbeispiel verdeutlicht: Zwei Investitionsvorhaben sind mit gleichhohen Risiken behaftet und versprechen die gleiche Gesamtkapitalrentabilität vor Körperschaftsteuerabzug von 40%. Projekt I weist ein Verhältnis Anlage- zu Umlaufkapital von 80:20, Projekt II ein solches von 50:50 auf. Verlangt man in beiden Fällen eine Umlaufkapitalverzinsung von 12%, so ergibt sich im ersten Fall eine Anlagekapitalrentabilität von 47% und im zweiten Fall eine solche von 68%. Würde man z. B. einen Richtwert von 50% als Untergrenze für die von der Umlaufkapitalverzinsung bereinigte Anlagekapitalrentabilität vorgeben, müßte Projekt I ausscheiden. Ein Vergleich der Gesamtkapitalrentabilitäten wäre hier irreführend und nichtssagend, ein Vergleich der Anlagekapitalrentabilitäten unter Vernachlässigung des Umlaufkapitals noch eher möglich, wenn auch ungenauer.

Nur wenn die *Risiken* bereits vor der Berechnung der Kennziffern durch ungünstigere Annahmen und dauernde Einbeziehung von Sicherheiten eliminiert wurden, lassen sich die Rentabilitätswerte der im Wirtschaftlichkeitsvergleich stehenden Projekte unmittelbar miteinander vergleichen. Die Einordnung der konkurrierenden Investitionsvorhaben in eine Rangreihe fallender Rentabilitäten würde klar zum Ausdruck bringen, wie sich die wirtschaftlichen Durchsetzungschancen der einzelnen Projekte zueinander verhalten. Sollen die Risiken dagegen erst bei der Auswertung der Kennziffern berücksichtigt werden, besteht keine solche unmittelbare Vergleichbarkeit. Ob ein Vorhaben wirtschaftlich als attraktiv anzusprechen ist, richtet sich dann danach, wie weit der in der betreffenden Risikoklasse zu fordernde Richtwert der Mindestrentabilität überschritten wird. Erst die *Mehrverzinsungssätze* gegenüber den Mindestrentabilitäts-Richtwerten bieten dann allgemeine Vergleichsmaßstäbe für sämtliche Projekte. Man kann dann sagen, daß ein Projekt um so vorteilhafter erscheint, je höher der Mehrverzinsungssatz gegenüber der im Einzelfall geforderten Mindestrentabilität ausfällt.

Die Nachteile der konventionellen Rentabilitätskennziffern liegen in ihrer fehlenden Eindeutigkeit, mangelnden Eignung zur Berücksichtigung des Zeitfaktors sowie in den Schwierigkeiten, bei zeitlich variablem Verlauf der Gewinnentwicklung eine einheitliche Kennziffer abzuleiten. Trotzdem besitzen sie auf Grund ihrer einfachen Berechnungsweise und leichten Verständlichkeit in der Wirtschaftlichkeitsanalyse der Vorrechnung eine große Bedeutung. In der einen oder anderen Form sind sie bislang meistens das wichtigste Kriterium bei Entscheidungen in der Forschungsprogrammierung und Investitionspolitik.

4.351.1 Die finanzmathematische Rentabilität

Im Gegensatz zu den konventionellen Rentabilitätskennziffern, die an Begriffen und Denkweise der betrieblichen Erfolgs-Nachrechnung ausgerichtet sind, leitet sich die finanzmathematische Rentabilität aus einem einheitlichen, theoretischen Berechnungsprinzip ab. Hierfür sind die Einführung der Zinseszinsrechnung, die volle Berücksichtigung des Zeitwertes des Geldes und das reine Gelddenken in den mit einer Investition verbundenen Ausgaben und Einnahmen charakteristisch. Sämtliche zu verschiedenen Zeitpunkten während der Lebensdauer eines Projektes erfolgenden Ausgaben und Einnahmen werden dadurch miteinander vergleichbar gemacht, daß sie auf einen einheitlichen Bezugszeitpunkt auf- oder abgezinst werden. Jener Zinssatz, bei dem die auf diesen Zeitpunkt bezogenen Gegenwartswerte der beiden Zahlungsreihen der Ausgaben und Einnahmen einander gleich werden, stellt nun — nach der hier gewählten Terminologie — die *finanzmathematische Rentabilität* der Investition dar.

Die Berechnung der finanzmathematischen Rentabilität sei zunächst an einem einfachen Fall dargestellt. Nimmt man an, daß das Gesamtkapital I_g bei Betriebsbeginn, also zu Beginn des ersten Nutzungsjahres der Anlagen, verausgabt wird, und setzt man weiter voraus, daß die mit dem laufenden Betrieb der Anlagen verbundenen jährlichen Einnahmen E sowie Ausgaben B (Betriebsausgaben) in gleichbleibender Höhe jeweils am Ende der einzelnen Nutzungsjahre entstehen, so wäre die finanzmathematische Rentabilität i bei einer geschätzten Lebensdauer von n Jahren aus der Beziehung

$$I_g = \frac{E - B}{(1 + i)^1} + \frac{E - B}{(1 + i)^2} + \cdots + \frac{E - B}{(1 + i)^n}$$

zu errechnen. Bezeichnet man den jährlichen Einnahmen-Ausgabenüberschuß $E - B$ mit D und addiert die geometrische Reihe auf der rechten Seite der Gleichung, so erhält man

$$I_g = D\,\frac{(1 + i)^n - 1}{i\,(1 + i)^n}\,.$$

Hierin kann I_g als Gegenwartswert einer nachschüssigen Zeitrente mit der Ratenzahlung D aufgefaßt werden. Da I_g und D als geschätzte Daten vorgegeben werden, läßt sich der nachschüssige Rentenbarwertfaktor oder Barwert der nachschüssig zahlbaren Zeitrente 1 als Quotient aus I_g und D berechnen. Da die Nutzungsdauer n gleichfalls vorzugeben ist, liefert der Rentenbarwertfaktor auch die zugehörige finanzmathematische Rentabilität i, und zwar entweder aus Tabellenwerken, aus einem Diagramm der in Abb. 245 dargestellten Art oder durch iterative Berechnung von Rentenbarwertfaktoren für verschiedene angenommene

Werte von i und durch Interpolation. Die Benutzung finanzmathematischer Tabellenwerke (s. u.) ist bequem und ermöglicht bei hinreichend feiner Abstufung zwischen den i-Werten auch genaue Interpolationsergebnisse. Häufig fehlen jedoch in den Tabellen Angaben für höhere Zinssätze als 5—10%, die in diesem Zusammenhang häufig gebraucht werden, so daß dann die weniger genaue Bestimmung aus einem Abb. 245

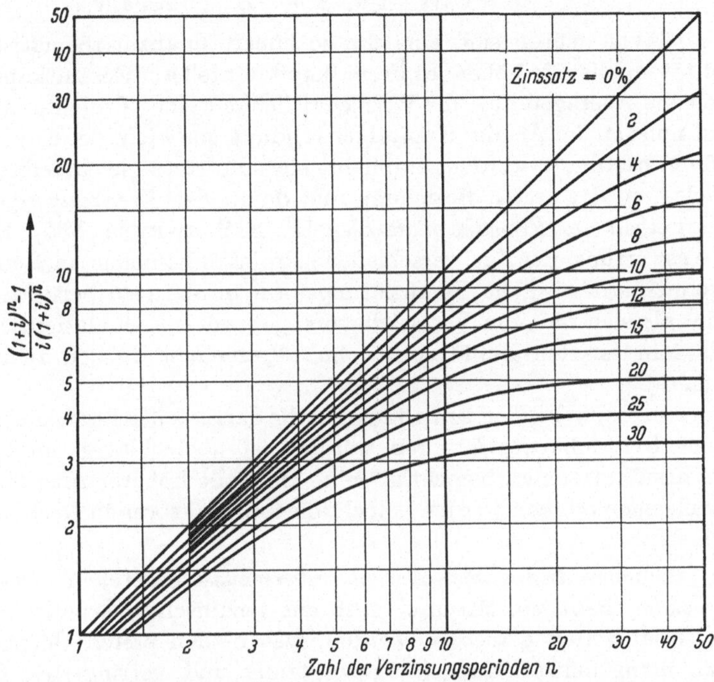

Abb. 245. Nachschüssiger Rentenbarwertfaktor in Abhängigkeit von der Zahl der Verzinsungsperioden und vom Zinssatz [H. E. SCHWEYER, *630*, S. 11]

entsprechenden Diagramm bzw. die iterative Berechnung unumgänglich werden.

Die obige Formel besagt, daß nach dem Ablauf von n Jahren das eingesetzte Investitionskapital I_g mit Hilfe der jährlichen Einnahmen-Ausgabenüberschüsse D mit einer bestimmten Verzinsung i wiedergewonnen ist. Aus dem jährlichen Einnahmen-Ausgabenüberschuß dürfen demnach weder Abschreibungen noch Fremdkapitalzinsen abgesetzt werden, wohl aber ist die Körperschaftsteuer als eine effektive Geldausgabe in Abzug zu bringen. Unter Einführung der Größen, wie sie im Zusammenhang mit den konventionellen Kennziffern der Finanzsphäre gebraucht wurden, wäre zu setzen

$$D = G_b \, (1 - t) + A \quad \text{[DM/Jahr]},$$

worin G_b den Jahres-Bruttogewinn vor Abzug der Körperschaftsteuer und Fremdkapitalzinsen, t den Körperschaftsteuersatz und A die Jahresabschreibungen bedeuten. Da jedoch Fremdkapitalzinsen nicht der Körperschaftsteuer unterliegen, würde der Einnahmen-Ausgabenüberschuß bei Fremdfinanzierung bzw. gemischter Finanzierung und zu zahlenden Fremdkapitalzinsen Z anwachsen auf

$$D = G_b\,(1 - t) + A + t \cdot Z \quad [\mathrm{DM/Jahr}].$$

Als Folge davon würde sich eine um so höhere finanzmathematische Rentabilität ergeben, je höher der Fremdkapitalanteil am Gesamtkapital ist. Damit die Aussagen über die Wirtschaftlichkeit eines Projektes aber möglichst nur von der Art der Kapitalverwendung und nicht der Kapitalbeschaffung bestimmt werden, empfiehlt sich die stets gleichbleibende Zugrundelegung der ersten Beziehung und damit der *Vernachlässigung der Steuerfreiheit der Fremdkapitalzinsen* [F. E. SCHWEYER, 630]. Erst bei der Auswertung der für verschiedene Projekte berechneten Rentabilitätskennziffern wird die Finanzierungsform insofern zu berücksichtigen sein, als sich die zum Vergleich vorzugebenden Kalkulationszinssätze als Mindest-Rentabilitätswerte im allgemeinen danach richten müssen (s. u.).

Die stark vereinfachenden Annahmen für die dargestellte Berechnungsweise über Rentenbarwertfaktoren werden bei überschlägig durchgeführten Vorkalkulationen berechtigt sein. Im Falle höherer Ansprüche an die Rechengenauigkeit werden jedoch folgende Faktoren in Rechnung zu stellen sein:

1. Die jährlichen *Einnahmen-Ausgabenüberschüsse* entstehen *nicht* in *gleichbleibenden Beträgen*. Mitunter muß aus technischen Gründen mit längeren Anlaufzeiten gerechnet werden, was in den ersten Betriebsjahren zu mangelhafter Kapazitätsausnutzung und verringerten Gewinnen oder sogar zu Verlusten führt. Eine in den ersten Betriebsjahren ansteigende Ertragsentwicklung müßte auch bei allmählicher Markterschließung und Umsatzausweitung eintreten. Andererseits muß besonders bei neuartigen Produkten gegen Ende der Nutzungszeit oft mit abfallender Ertragsgestaltung auf Grund von Konkurrenzeinbrüchen, Produktveraltung oder Absatzrückgang gerechnet werden. Schließlich ist an Schwankungen in der Gewinnentwicklung durch Ansatz nichtlinearer Abschreibungen zu denken, die wegen der Steuerfreiheit der Abschreibungen Unterschiede in der jährlichen Körperschaftsteuerbelastung hervorrufen.

2. Zum betriebsbedingten Einnahmen-Ausgabenüberschuß des letzten, n-ten Nutzungsjahres müßte stets der *Liquidationserlös* aus noch vorhandenen *Anlagenrestwerten, Grundstückswerten* und vor allem aus dem *Umlaufkapital* hinzugerechnet werden. Der aus einer Vernachlässigung

dieser Beträge resultierende Fehler ist um so geringer, je kleiner die effektive Höhe dieser Beträge und je länger die Nutzungsdauer des Projektes sind.

3. Die bei den Großprojekten oft über mehrere Jahre hinweg ausgedehnte Bauzeit zwingt zur Aufgabe der Annahme, daß die gesamte *Investitionssumme I_g zu Beginn des ersten Betriebsjahres* und damit genau im üblichen Bezugszeitpunkt für die Berechnung der Gegenwartswerte der Zahlungsreihen fällig wird. In Wirklichkeit wird der größte Teil des Anlagekapitals bereits vorher verausgabt, während andererseits das Umlaufkapital häufig genug erst später bis zur vollen Höhe aufgestockt wird.

4. Die Annahme, daß *sämtliche Ausgaben und Einnahmen* jeweils *zu Beginn* oder *am Ende eines Jahres* erfolgen, ist eine zur Vereinfachung des Rechnungsganges getroffene Fiktion. Statt dessen wäre es richtiger, nicht mit derartigen Zahlungsreihen, sondern vielmehr mit *Zahlungsströmen* zu rechnen. Außerdem wird anstelle der jährlichen Verzinsung mitunter eine *kontinuierliche, momentane Verzinsung* befürwortet (s. u.).

Die Berechnung der finanzmathematischen Rentabilität erfolgt unter diesen weniger vereinfachten Bedingungen nach einem etwas umständlicheren *Verfahren der Iteration und graphischen Interpolation*, das nachfolgend in Anlehnung an die Darstellungen von R. I. REUL [*558; 559*] anhand eines Zahlenbeispiels veranschaulicht sei. In Tab. 51 sind in der ersten Spalte unter „Zeitbestimmung" zunächst die für ein bestimmtes Projekt geschätzten maßgeblichen Zeiträume für die Einnahmen und Ausgaben nach Kalenderjahren und zeitlichen Abständen gegenüber dem Bezugszeitpunkt aufgeführt. Bezugszeitpunkt für die Berechnung der Gegenwartswerte ist das Ende des Jahres 1957 bzw. der Beginn des Jahres 1958, in dem die Bauzeit beendet sein und die Aufnahme der Produktion erfolgen sollen. Eine derartige Festlegung des Bezugszeitpunktes auf den Termin des Betriebsbeginns wird allgemein bevorzugt, sie ist jedoch für das Rechenergebnis unbeachtlich. In der folgenden Spalte stehen im oberen Teil der Tabelle die effektiven Investitionsausgaben, von denen die Ausgaben für Anlagegüter (6 Mill. DM) die ersten drei Jahre vor Betriebsbeginn, diejenigen für Güter des Umlaufkapitals (0,9 Mill. DM) dagegen erst die beiden Jahre nach Betriebsbeginn betreffen sollen. Darunter erscheinen die jährlichen Überschüsse der Einnahmen über die Ausgaben, die im vierten Betriebsjahr ihre volle und dann als gleichbleibend angenommene Höhe (1,4 Mill. DM) erreicht haben und im letzten Nutzungsjahr eine Vermehrung um den Liquidationserlös vornehmlich aus dem Umlaufkapital (auf 2,5 Mill. DM) erfahren. Die Zahlenwerte dieser Spalte sind Effektivbeträge, wie sie in der gleichen Höhe früher oder später vereinnahmt oder verausgabt werden. Sie entsprechen

Tabelle 51. *Beispiel zur iterativen Bestimmung der finanzmathematischen Rentabilität bei Annahme jährlicher Zahlungsreihen und jährlicher Verzinsung (i = Probezinssatz) [abgeändert und vereinfacht nach R. I. REUL, 559]*

Zeitbestimmung		Probe Nr. 1: $i = 0$		Probe Nr. 2: $i = 0{,}05$		Probe Nr. 3: $i = 0{,}10$		Probe Nr. 4: $i = 0{,}15$		Probe Nr. 5: $i = 0{,}20$
Kalenderjahr	Periode	Effektive Investitionsausgaben (DM)	Faktor	Gegenwartswert (DM)	Faktor	Gegenwartswert (DM)	Faktor	Gegenwartswert (DM)	Faktor	Gegenwartswert (DM)
vor Betriebsbeginn 1955	3. Jahr, Ende	1000000	1,10	1100000	1,21	1210000	1,32	1320000	1,44	1440000
1956	2. Jahr, Ende	2000000	1,05	2100000	1,10	2200000	1,15	2300000	1,20	2400000
1957	1. Jahr, Ende	3000000	1,00	3000000	1,00	3000000	1,00	3000000	1,00	3000000
nach 1958	1. Jahr, Ende	600000	0,95	570000	0,91	546000	0,87	522000	0,83	498000
1959	2. Jahr, Ende	300000	0,91	273000	0,83	249000	0,76	228000	0,69	207000
Summe		6900000		7043000		7205000		7370000		7545000

Kalenderjahr	Periode	Überschüsse der Einnahmen über die Ausgaben	Faktor	Gegenwartswert (DM)	Faktor	Gegenwartswert (DM)	Faktor	Gegenwartswert (DM)	Faktor	Gegenwartswert (DM)
nach Betriebsbeginn 1958	1. Jahr, Ende	800000	0,95	760000	0,91	728000	0,87	696000	0,83	664000
1959	2. Jahr, Ende	1000000	0,91	910000	0,83	830000	0,76	760000	0,69	690000
1960	3. Jahr, Ende	1300000	0,86	1118000	0,75	975000	0,66	858000	0,58	754000
1961	4. Jahr, Ende	1400000	0,82	1148000	0,68	952000	0,57	798000	0,48	672000
1962	5. Jahr, Ende	1400000	0,78	1092000	0,62	868000	0,50	700000	0,40	560000
1963	6. Jahr, Ende	1400000	0,75	1050000	0,56	784000	0,43	602000	0,34	476000
1964	7. Jahr, Ende	1400000	0,71	994000	0,51	714000	0,38	532000	0,28	392000
1965	8. Jahr, Ende	1400000	0,68	952000	0,47	658000	0,33	462000	0,23	322000
1966	9. Jahr, Ende	1400000	0,64	896000	0,42	588000	0,28	392000	0,19	266000
1967	10. Jahr, Ende	2500000	0,61	1525000	0,39	975000	0,25	625000	0,16	400000
Summe		14000000		10445000		8072000		6425000		5196000
Verhältnis zwischen den Gegenwartswerten der Investitionsausgaben und der jährl. Überschüsse der Einnahmen über die Ausgaben		0,49		0,67		0,89		1,15		1,45

Tabelle 52. *Beispiel zur iterativen Bestimmung der finanzmathematischen Rentabilität bei Annahme von Zahlungsströmen und kontinuierlicher Verzinsung* ($i = $ *Probezinssatz*) [*abgeändert und vereinfacht nach* R. I. REUL, 559]

Zeitbestimmung			Probe Nr. 1: $i = 0$		Probe Nr. 2: $i = 0,05$		Probe Nr. 3: $i = 0,10$		Probe Nr. 4: $i = 0,15$		Probe Nr. 5: $i = 0,20$
	Kalenderjahr	Periode	Effektive Investitionsausgaben (DM)	Faktor	Gegenwartswert (DM)	Faktor	Gegenwartswert (DM)	Faktor	Gegenwartswert (DM)	Faktor	Gegenwartswert (DM)
vor Betriebsbeginn	1955	während d. 3. Jahres	1 000 000	1,14	1 140 000	1,28	1 280 000	1,45	1 450 000	1,64	1 640 000
	1956	während d. 2. Jahres	2 000 000	1,08	2 160 000	1,16	2 320 000	1,25	2 500 000	1,35	2 700 000
	1957	während d. 1. Jahres	3 000 000	1,02	3 060 000	1,05	3 150 000	1,08	3 240 000	1,10	3 300 000
nach	1958	während d. 1. Jahres	600 000	0,98	588 000	0,95	570 000	0,93	558 000	0,91	546 000
	1959	während d. 2. Jahres	300 000	0,93	279 000	0,86	258 000	0,80	240 000	0,74	222 000
Summe			6 900 000		7 227 000		7 578 000		7 988 000		8 408 000

	Kalenderjahr	Periode	Überschüsse der Einnahmen über die Ausgaben	Faktor	Gegenwartswert (DM)	Faktor	Gegenwartswert (DM)	Faktor	Gegenwartswert (DM)	Faktor	Gegenwartswert (DM)
nach Betriebsbeginn	1958	während d. 1. Jahres	800 000	0,98	784 000	0,95	760 000	0,93	744 000	0,91	728 000
	1959	während d. 2. Jahres	1 000 000	0,93	930 000	0,86	860 000	0,80	800 000	0,74	740 000
	1960	während d. 3. Jahres	1 300 000	0,88	1 144 000	0,78	1 014 000	0,69	897 000	0,61	793 000
	1961	während d. 4. Jahres	1 400 000	0,84	1 176 000	0,70	980 000	0,59	826 000	0,50	700 000
	1962	während d. 5. Jahres	1 400 000	0,80	1 120 000	0,64	896 000	0,51	714 000	0,41	574 000
	1963	während d. 6. Jahres	1 400 000	0,76	1 064 000	0,58	812 000	0,44	616 000	0,33	462 000
	1964	während d. 7. Jahres	1 400 000	0,72	1 008 000	0,52	728 000	0,38	532 000	0,27	378 000
	1965	während d. 8. Jahres	1 400 000	0,69	966 000	0,47	658 000	0,32	448 000	0,22	308 000
	1966	während d. 9. Jahres	1 400 000	0,65	910 000	0,43	602 000	0,28	392 000	0,18	252 000
	1967	während d. 10. Jahres	2 500 000	0,62	1 550 000	0,39	975 000	0,24	600 000	0,15	375 000
Summe			14 000 000		10 652 000		8 285 000		6 569 000		5 310 000
Verhältnis zwischen den Gegenwartswerten der Investitionsausgaben und der jährl. Überschüsse der Einnahmen über die Ausgaben			0,49		0,68		0,92		1,21		1,58

damit einem Probezinssatz von 0%. In den anschließenden Spalten
werden nunmehr die hieraus durch Auf- oder Abzinsung mit den willkürlich gewählten Probezinssätzen von 0,05, 0,1, 0,15 und 0,2 gewonnenen
Gegenwartswerte verzeichnet und die zu den einzelnen Probezinssätzen
gehörigen Verhältniszahlen aus den Gegenwartswerten der Investitionsausgaben und jährlichen Einnahmen-Ausgabenüberschüsse gebildet. Die
gesuchte finanzmathematische Rentabilität würde einem Probezinssatz

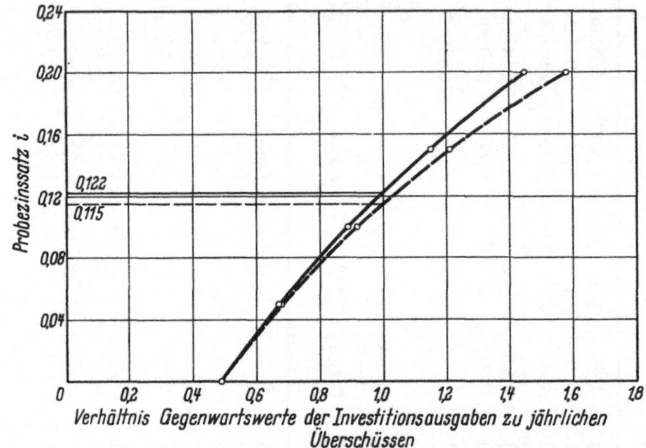

Abb. 246. Interpolationsverfahren zur Bestimmung der finanzmathematischen Rentabilität [nach
R. I. REUL, 559]
————: Probewerte nach Tab. 51 (Zahlungsreihen und jährliche Verzinzung)
- - - - - -: Probewerte nach Tab. 52 (Zahlungsströme und kontinuierliche Verzinsung)

entsprechen, der das genannte Verhältnis gleich 1 oder den Gegenwartswert der Einnahmen gleich dem der Ausgaben werden ließe. Der Kapitalwert der Investition ist dann gleich 0. Dieser Zinssatz wird nicht durch
weitere Iterationen, sondern zweckmäßig auf graphischem Wege als
Interpolationswert nach Abb. 246 gefunden. In dem hier dargestellten
Diagramm wurde die ausgezogene Kurve auf Grund der in Tab. 51 bestimmten 5 Probezinssätze und Verhältniswerte gezeichnet. Sie ergibt
eine finanzmathematische Rentabilität von 0,122 bzw. 12,2%.
Da in diesem Beispiel immer noch mit jährlichen Zahlungsreihen und
jährlicher Verzinsung gerechnet wurde, ist das Iterationsverfahren
verhältnismäßig leicht durchführbar, weil die benötigten Auf- und Ab-
zinsungsfaktoren für die meisten Werte von n und i unmittelbar aus
finanzmathematischen Tabellen [I; 56; 64; 180; 216; 245; 323; 379; 432;
467; 610; 630; 672; 679; 681] verfügbar sind. Das Rechnen mit Zahlungsströmen sowie kontinuierlicher Verzinsung ist dagegen schwierig, da
kontinuierliche Zinstabellen weit seltener veröffentlicht wurden [248;
477; 734]. Die Abweichungen zwischen den Ergebnissen der beiden Berechnungsmethoden sind normalerweise gering, was durch den Hinweis

auf Tab. 52 sowie die gestrichelte Kurve in Abb. 246 belegt sei. Ausgehend von den gleichen Effektivbeträgen wie im ersten Berechnungsbeispiel ergab sich bei Zugrundelegung von Zahlungsströmen und kontinuierlicher Verzinsung eine finanzmathematische Rentabilität in Höhe von etwa 0,115 bzw. 11,5% gegenüber 12,2%. Man erhält also einen ungünstigeren Wert. Eine weitere Verfeinerung ist dadurch möglich, daß man etwa den größten Teil der Zahlungen als Ströme, bestimmte Beträge dagegen wiederum als einmalige Jahreszahlungen erfaßt [vgl. *558*; *559*]. Dieses wird z. B. oft für den Ankauf von Grundstücken oder bereits fertig errichteten Anlagen bzw. Anlagen-Teilkomplexen in Frage kommen.

Das genannte Berechnungsprinzip bzw. die hiermit formal unmittelbar zusammenhängenden anderen Methoden der Wirtschaftlichkeitsvorrechnung (Diskontierungsmethode, Annuitätsmethode, s. u.) sind in einer größeren Zahl deutscher und vor allem amerikanischer Arbeiten diskutiert worden [*33*; *143* bis *146*; *180*; *213*; *245*; *256*; *257*; *265*, S. 32; *380*, S. 133; *408*; *419*; *558*; *559*; *582*; *606*; *610*; *630*; *734*]. In der amerikanischen Literatur wird die Kennziffer der finanzmathematischen Rentabilität mit unterschiedlichen Begriffen wie „Profitability Index", „Interest Rate of Return", „Economic Rate of Return", „Discounted Cash Flow Method", „Investors' Method" usw. belegt. E. SCHNEIDER [*610*] unterscheidet *drei* auf dem gleichen Prinzip beruhende *Methoden der Wirtschaftlichkeitsvorrechnung*:

1. *Interne Zinsfußmethode*. Der interne Zinsfuß ist mit dem hier benutzten Begriff der finanzmathematischen Rentabilität identisch. Für Wirtschaftlichkeitsvergleiche gilt der Satz: Je höher der interne Zinsfuß, desto vorteilhafter ist das Investitionsvorhaben.

2. *Diskontierungsmethode*. Man gibt zunächst einen bestimmten Kalkulationszinssatz als geforderte Mindestverzinsung vor und errechnet die Höhe der Kapitalwerte der einzelnen Investitionsvorhaben, d. h. die Gegenwartswerte der Zahlungsreihen. Positive Kapitalwerte sind ein Zeichen dafür, daß die geforderte Mindestverzinsung überschritten wird und umgekehrt. Beim Wirtschaftlichkeitsvergleich gilt: Je größer der Kapitalwert, desto vorteilhafter ist ein Investitionsvorhaben. In der amerikanischen Literatur ist die Diskontierungsmethode besonders von J. HAPPEL [*264, 265*] vertreten worden.

3. *Annuitätsmethode*. Bei der Annuitätsmethode werden, gleichfalls auf der Grundlage eines bestimmten Kalkulationszinssatzes als Mindestverzinsung, die durchschnittlichen jährlichen Einnahmen-Ausgabenüberschüsse der einzelnen Projekte berechnet und miteinander verglichen. Mit der Höhe dieses Überschusses steigt der Anreiz zur Verwirklichung eines Projektes. Der für die Berechnung der finanzmathematischen

Rentabilität maßgebliche Überschuß der laufenden jährlichen Einnahmen über die Betriebsausgaben

$$D = E - B \quad [\text{DM/Jahr}]$$

ist nunmehr um den Kapitaldienst zur Amortisation und Verzinsung der Investitionssumme I_g weiter zu kürzen. Der Kapitaldienst wird als eine Annuität berechnet, d. h. durch Multiplikation der Investitionssumme mit dem *Wiedergewinnungs- oder Annuitätenfaktor*:

$$\frac{i(1 + i)^n}{(1 + i)^n - 1}$$

gefunden. Hierin ist i der angesetzte Kalkulationszinssatz. Man erhält damit als maßgebliche Vergleichsgröße D_a der Annuitätsmethode bei Vernachlässigung eines Anlagenrestwertes bzw. Liquidationserlöses am Ende der Lebensdauer des Projektes

$$D_a = D - I_g \frac{i(1 + i)^n}{(1 + i)^n - 1} \quad [\text{DM/Jahr}].$$

Im Falle der Berücksichtigung eines Anlagenrestwertes R und der Wiederverflüssigung des gesamten Umlaufkapitals I_u hätte zu gelten

$$D_a = D - (I_a - R)\frac{i(1 + i)^n}{(1 + i)^n - 1} - (R + I_u) \cdot i \quad [\text{DM/Jahr}],$$

d. h. nur der abschreibungsbedürftige Teil des Anlagekapitals I_a wäre mit Zinsen zu amortisieren, der Anlagenrestwert und das Umlaufkapital dagegen nur zu verzinsen. Man kann in anderer Bezeichnungsweise auch schreiben

$$D_a = E - S \quad [\text{DM/Jahr}],$$

wenn S die gesamten jährlichen Ausgaben (Betriebsausgaben plus Kapitaldienst) bedeuten.

Sind die jährlichen Einnahmen-Ausgabenüberschüsse D verschieden groß, so muß zur Anwendung der Annuitätsmethode erst eine Transformation der nicht uniformen in eine uniforme Zahlungsreihe vorgenommen werden, was durch Multiplikation ihres Gegenwartswertes mit dem Wiedergewinnungsfaktor geschieht. Der Gegenwartswert der Zahlungsreihe wird wiederum durch Abzinsung sämtlicher Glieder mit dem Kalkulationszinssatz i auf den Bezugszeitpunkt und anschließende Addition gebildet.

Beim Wirtschaftlichkeitsvergleich größerer Projekte sollte der Berechnung der finanzmathematischen Rentabilität vor den anderen beiden Methoden der Vorzug gegeben werden, und zwar besonders wegen ihrer Anschaulichkeit und inneren Wesensverwandtschaft mit den konventionellen Rentabilitätskennziffern. Freilich ist der rechnerische Aufwand beim Vorliegen nicht uniformer Zahlungsreihen wegen des dann notwendigen iterativen Vorgehens hier am größten. Kann man dagegen von gleichgroßen jährlichen Einnahmen-Ausgabenüberschüssen ausgehen, so ist die Berechnung der finanzmathematischen Rentabilität genau wie die Anwendung der Annuitätsmethode einfach. Bei nicht uniformen Zahlungsreihen ist auch die Durchführung der Annuitätsmethode umständlicher, weshalb SCHNEIDER [*610*, S. 28] in solchen Fällen vor allem die Diskontierungsmethode für die gegebene hält. Das bevorzugte Anwendungsgebiet sowohl der Annuitätsmethode als auch in zweiter Linie der Diskontierungsmethode scheint allerdings nicht den Wirtschaftlichkeitsvergleich geschlossener Projekte, sondern vielmehr die weiter oben behandelte Ermittlung wirtschaftlicher Optima bei der Projektierung zu betreffen [vgl. Kap. 2.042, besonders 2.042.1]. Es sind dann vornehmlich nur Ausgabenreihen alternativer technischer Lösungsmöglichkeiten miteinander zu vergleichen. Darüber hinaus verdient die Diskontierungsmethode stärkeres Interesse, wenn beschränkte Finanzierungsmöglichkeiten eine Verwirklichung aller Projekte, deren finanzmathematische Rentabilität den geforderten Kalkulationszinssatz übersteigt, nicht zulassen und unter diesen Verhältnissen die günstigste Projektkombination bestimmt werden soll [s. Kap. 4.36].

Für die Höhe des *Kalkulationszinssatzes*, der mit der finanzmathematischen Rentabilität zu vergleichen ist bzw. bei der Annuitäts- und Diskontierungsmethode unmittelbar in die Rechnung eingeht, gelten ähnliche Überlegungen wie bei der im vorigen Abschnitt behandelten Festsetzung von Mindest-Rentabilitätswerten. Diese sind wegen der andersgearteten Berechnungsweise hier nicht unmittelbar zu vergleichen. Werden die Kennziffern in einer von Risiken bereinigten Form berechnet, so ist die Vorgabe eines einzigen Kalkulationszinssatzes ausreichend, da die Kennziffern aller Projekte dann miteinander vergleichbar sind. Andernfalls wäre auch hier der Kalkulationszinssatz nach Risikoklassen zu staffeln. Daneben verlangt die *Finanzierungsform* Berücksichtigung. Bei Fremdfinanzierung bildet der Fremdkapitalzinssatz die Untergrenze, der dann durch bestimmte Risikozuschläge zu erhöhen ist, während sich der Kalkulationszinssatz bei Eigenfinanzierung im allgemeinen nach der Verzinsung in anderweitigen Investitionsmöglichkeiten der gleichen Risikoklasse richtet. Bei mit Fremd- als auch mit Eigenkapital durchgeführter Finanzierung würde sich der Kalkulationszinssatz als gewogenes arithmetisches Mittel aus dem geforderten Kalkulationszinssatz i_b für den Fremdkapitalanteil x und dem Kalkulationszinssatz i_e für den Eigenkapitalanteil y ergeben nach [E. SCHNEIDER, *610*, S. 67]:

$$i = x \cdot i_b + y \cdot i_e .$$

J. DEAN [*145*] hat die *Vorteile* der finanzmathematischen gegenüber der konventionellen Rentabilitätsberechnung zusammengefaßt:

28*

1. Die strikte *Loslösung* von den *Begriffen der betrieblichen Nachrechnung* führt zu einer ökonomisch richtigen Messung der Wirksamkeit des Kapitaleinsatzes.

2. Die Erfassung der *zeitlichen Verteilung der Gewinne* über die Lebensdauer des Projektes wird begünstigt. Dies ist besonders dann wichtig, wenn die Einbeziehung der Forschungs- und Entwicklungszeit, längere Bauzeiten, Anlaufzeiten, Zeiten anfänglicher Unterbeschäftigung sowie variable, vor allem sinkende Verkaufspreise im Zeitverlauf in Frage kommen.

3. Gewinnerwartungen in naher Zukunft wiegen schwerer als entferntere, d. h. der *Zeitwert des Geldes* wird in vollem Umfang berücksichtigt.

4. Die *Abhängigkeit*, die zwischen *zeitlicher Verteilung der Abschreibungen und Rentabilitätshöhe* wegen der Steuerfreiheit der Abschreibungen besteht, wird erkennbar, so daß die günstigste Abschreibungsmethode ermittelt werden kann.

5. Den *Risiken* und *Unsicherfeitsfaktoren* ist durch differenzierten Ansatz der Gewinne in den einzelnen Jahren bequem Rechnung zu tragen, so daß man leicht eine von Risiken bereinigte und wegen ihrer Eindeutigkeit für den Wirtschaftlichkeitsvergleich besonders geeignete Kennziffer erhalten kann.

Wenngleich gegen die theoretische Richtigkeit und Überlegenheit der finanzmathematischen Rentabilität im Vergleich zu allen anderen Maßstäben kaum etwas einzuwenden ist, treten doch bei der Einführung dieser relativ komplizierten und dem Betriebspraktiker zunächst ungewohnten Berechnungsmethode gewisse Schwierigkeiten auf. Selbst DEAN hat daher trotz seiner grundsätzlichen Befürwortung dieser Methode darauf hingewiesen, daß ihre Anwendung aus rein praktischen Erwägungen durchaus nicht immer gerechtfertigt ist, nämlich nur bei zeitlich stark variierender Gewinnentwicklung, besonders hohen Rentabilitäten sowie stärker voneinander abweichenden Lebensdauererwartungen der miteinander verglichenen Projekte. In umgekehrten Fällen und besonders bei zu geringer Genauigkeit der zugrunde liegenden Daten lohnt sich dagegen die Einführung dieser umständlichen Berechnungsmethode anstelle der bekannten konventionellen Rentabilitätskennziffern kaum. Abwegig erscheint jedenfalls die Auffassung, daß die gesamte Wirtschaftlichkeitsanalyse der Vorrechnung nur auf diesem einzigen Grundprinzip aufbauen dürfe, denn die konventionellen Berechnungsmethoden werden stets daneben ihre Bedeutung behalten.

4.36 Die Berücksichtigung von Finanzierungsgesichtspunkten

Bei der Benutzung der Wirtschaftlichkeits- und besonders der Rentabilitätskennziffern als Kriterien für Investitionsentscheidungen geht man regelmäßig von der Voraussetzung unbegrenzter Finanzierungsmöglichkeiten aus. Sofern die Ergebnisse der Wirtschaftlichkeitsanalyse die Verzinsung einzelner Investitionsvorhaben in Höhe der geforderten Mindestrentabilität bzw. des vorgegebenen Kalkulationszinssatzes sichergestellt haben, erscheint deren Verwirklichung ausnahmslos als wirtschaftlich gerechtfertigt; denn man unterstellt unbeschränkte Möglichkeiten der Kapitalbereitstellung zu diesen oder noch darunterliegenden Sätzen. Sind jedoch die verfügbaren investitionsbereiten Kapitalbeträge limitiert und übersteigt beim geltenden Mindestverzinsungssatz die Nachfrage das Angebot, so kann die Maßgeblichkeit bestimmter Aussagen der Wirtschaftlichkeitsrechnung für die Investitionsentscheidungen von seiten der Finanzierung Einschränkungen erfahren. In Anlehnung an J. HAPPEL [*265*, S. 19 u. 58] wären derartige Finanzierungsgesichtspunkte für zwei verschiedene Gruppen von Investitionsproblemen gesondert zu betrachten:

1. Limitiertes Kapitalangebot bei alternativen, sich *gegenseitig ausschließenden* Investitionsgelegenheiten, wobei das verfügbare Kapital zur Finanzierung der als wirtschaftlich optimal erkannten Investition nicht ausreicht. Es handelt sich hier um die weiter oben [Kap. 2.042] dargestellte Ermittlung wirtschaftlicher Optima bei der Projektierung einzelner geschlossener Produktionsanlagen, wie etwa um die Bestimmung der optimalen Betriebsgröße eines Projektes, Entscheidungen über verfahrenstechnische und apparative Alternativmöglichkeiten, die optimale Dimensionierung einzelner Anlagenelemente usw. Allein auf Grund wirtschaftlicher Überlegungen würde man von den konkurrierenden Investitionsmöglichkeiten jeweils diejenige als wirtschaftlich optimal auszuwählen haben, deren Kapitalbindung soweit ausgedehnt ist, daß die letzte Kapitalschicht die geforderte Mindestverzinsung noch abwirft. Die Rentabilität der letzten noch zur Verwirklichung kommenden Differenzinvestition oder die entsprechende Grenzrentabilität darf also diesen Mindestverzinsungssatz noch nicht unterschreiten. Ein begrenzt verfügbarer, zur Realisierung der optimalen Kapitalbindung nicht mehr ausreichender Kapitalbetrag zwingt demnach allein wegen Finanzierungsschwierigkeiten zu einem mehr oder minder starken Abweichen vom wirtschaftlichen Optimum in Richtung verringerter Kapitalbindung.

2. Limitiert verfügbares Kapital bei voneinander *unabhängigen*, sich *gegenseitig nicht ausschließenden* Investitionsgelegenheiten, wobei der insgesamt verfügbare Kapitalbetrag nicht ausreicht, um sämtliche Projekte, deren vorausberechnete Rentabilität die geforderte Mindestver-

zinsung übersteigt, zu finanzieren. Ordnet man hier die Projekte in einer Reihe fallender Mehrverzinsungssätze gegenüber der Mindestverzinsung, um die Projekte dann in dieser Reihenfolge bis zur Erreichung des finanziellen Limites zu verwirklichen, so geht man vielleicht an der günstigsten Projektkombination vorbei. Das gilt vor allem dann, wenn über wenige Investitionsvorhaben entschieden werden soll, deren Kapitalerfordernisse im Verhältnis zur verfügbaren gesamten Kapitalsumme groß sind. Besonders auch dann wird das leicht eintreten, wenn durch eine solche Projektkombination ein beachtlicher Teil des insgesamt verfügbaren Kapitalbetrages nicht in Anspruch genommen und investiert werden kann.

Die Bestimmung der günstigsten Projektkombination sollte daher in diesen Fällen beschränkter Finanzierungsmöglichkeiten nicht auf Maximierung der Rentabilitätswerte bzw. Mehrverzinsungssätze, sondern auf Maximierung der über die Mindestverzinsung hinaus insgesamt erzielbaren *absoluten Gewinnbeträge* abgestellt werden. Rechnerisch müssen hierzu die über die Mindestverzinsung hinausgehenden Gewinne bei allen zur Auswahl stehenden Projekten berechnet und für sämtliche, innerhalb des gezogenen Finanzierungslimites mögliche Projektkombinationen addiert werden, worauf diejenige Kombination mit der höchsten absoluten Gewinnsumme die vorteilhafteste Projektauswahl ergibt. Die vom jährlichen Gewinn der einzelnen Projekte auf die Mindestverzinsung entfallenden Anteile sind leicht über eine konventionelle Rentabilitätskennziffer zu berechnen [vgl. *265*, S. 21], während bei Anwendung finanzmathematischer Methoden die Diskontierungsmethode besonders geeignet ist. An die Stelle der über die Mindestrentabilität hinausgehenden Gewinne treten dann die bei bestimmten Kalkulationszinssätzen errechneten Kapitalwerte der verschiedenen Projekte. Bezüglich der auszuwählenden günstigsten Projektkombination wird die Maximierung der absoluten Jahresgewinne durch die Kapitalwertmaximierung ersetzt.

Außer in diesen Fällen beschränkter Finanzierungsmöglichkeiten spielen Finanzierungsgesichtspunkte in der Wirtschaftlichkeitsrechnung hauptsächlich bei der oben erwähnten Festsetzung der Kalkulationszinssätze bzw. Mindestrentabilitäts-Richtwerte eine Rolle.

4.37 Die Berücksichtigung der Unsicherheitsfaktoren und Risiken

Hat es die Nachrechnung mit der Erfassung und Auswertung feststehender Daten der Vergangenheit zu tun, so ist es für die Vorrechnung charakteristisch, daß mehr oder minder große *Unsicherheitsfaktoren und Risiken* in Rechnung zu stellen sind. Diese werden mit zunehmender Ausführungsreife des Projektes stetig vermindert: Während bei der letzten Wirtschaftlichkeitsanalyse, die der eigentlichen Investitionsentscheidung und Ausführungsprojektierung vorangeht, im wesentlichen nur noch die wirtschaftlichen Risiken zu beachten sind, kommen in den Vorprojektierungsstadien auch noch die technisch bedingten Risiken hinzu. Diese beruhen einmal auf der Unvollständigkeit der Projektierungsunterlagen, zum anderen resultieren sie aus der Ungewissheit, ob und bis zu welchem Grade gesteckte Forschungs- und Entwicklungsziele überhaupt erreicht werden können. Mit zunehmender Ausführungsreife eines Projektes nehmen nicht nur die Ergebnisse der Kapitalbedarfs-, Kosten- und evtl. der Ertragsschätzung, sondern auch der Wirtschaftlichkeitsanalyse an Verlässlichkeit zu.

Wie bereits früher in anderem Zusammenhang mehrfach anzudeuten war, stehen für die Berücksichtigung der Unsicherheitsfaktoren und Risiken *zwei Wege* offen:

1. Bei der Schätzung und Berechnung aller wirtschaftlichen Daten und Kennziffern werden zunächst unter Vernachlässigung aller nicht mit hinlänglicher Sicherheit feststellbaren Risiken Ergebnisse angestrebt, welche den höchsten Wahrscheinlichkeitsgrad und das Kennzeichen der *Objektivität* für sich haben. Mit anderen Worten: Die Wahrscheinlichkeit einer Abweichung der Ergebnisse soll nach oben und unten bzw. zur günstigen und ungünstigen Seite hin gleich sein. Alle weiteren Risiken und ihre Maßgeblichkeit werden erst bei der Auswertung der Vorkalkulationsergebnisse eingeschätzt. Dieses ist meistens Aufgabe derjenigen Instanzen, welche die Entscheidungen selbst zu treffen haben. Diese Einschätzung kommt vor allem in der Vorgabe von Richtwerten zum Ausdruck, die als Vergleichswerte zu den im Einzelfall zunächst objektiv berechneten Wirtschaftlichkeitskennziffern vorzugeben sind, wie etwa von Mindestrentabilitätswerten bzw. Kalkulationszinssätzen oder maximal akzeptierbaren „kürzesten Amortisationszeiten“.

2. Alle Unsicherheitsmomente werden gleich bei der Ermittlung der *Ausgangsdaten* durch entsprechend *ungünstigere Annahmen* und die Einstellung zahlreicher *Sicherheitszuschläge* eliminiert. Im Extremfall können die Ergebnisse der Wirtschaftlichkeitsanalyse so den für die letzte Entscheidung zuständigen Instanzen in einer von Risiken bereinigten Form vorgelegt werden.

Die Grenzen zwischen beiden Methoden sind fließend. Die Praxis neigt vielfach zur Anwendung der zweiten Methode, die indessen schwerwiegende Mängel aufweist. Durch das ständige, unkontrollierte „Einschmuggeln“ von Sicherheitszuschlägen, die nichts anderes als „freiwillige Irrtümer“ [G. V. ROHLEDER, 582] darstellen, kommt es in den Endergebnissen zu einer Kumulierung der einbezogenen Sicherheiten, deren Umfang kaum noch zu übersehen oder rechnerisch exakt zu erfassen ist. Ein übertriebenes und vor allem unsystematisches Nachgeben gegenüber den an sich durchaus berechtigten Vorsichtsmotiven führt leicht zu einer völligen Verfälschung der Wirtschaftlichkeitsrechnung und wird oft genug zur Ursache dafür, daß in Wirklichkeit aussichtsreiche Vorhaben als wirtschaftlich undiskutabel abgetan werden.

4.38 Die Darstellung der Wirtschaftlichkeitskennziffern unter besonderer Berücksichtigung ihrer Variabilität

Nach dem Gesagten bietet allein die Konzentration auf eine möglichst objektive Erfassung der technischen und wirtschaftlichen Größen eine genaue Kontrolle der Unsicherheitsfaktoren und eine Minimierung der Schätzungsfehler. Bei der Einschätzung der Risiken im Zusammenhang mit den letzten Entscheidungen ist es aber wesentlich, die Einflüsse von *Änderungen grundlegender Daten und Annahmen* auf das wirtschaftliche Gesamtergebnis zu kennen. Waren bereits die Kosten der Produkte in Abhängigkeit von einer Vielzahl variabler Größen darzustellen [s. Kap. 4.29], so ist nunmehr auch die Berechnung der Wirtschaftlichkeitskennziffern auf die verschiedenen für möglich gehaltenen Kosten- und Ertragsannahmen zu stützen.

Obwohl man zugunsten einer sinnvoll beschränkenden Auswahl auf die rein schematische Erfassung sämtlicher Kombinationsfälle verzichten kann, sind in jedem Falle noch umfangreiche Rechenaufgaben zu bewältigen. Es erscheint verständlich, daß in USA für diese Arbeiten elektronische Rechenmaschinen eingesetzt werden [2].

Wegen der Vielzahl der zu berücksichtigenden Daten und Abhängigkeitsverhältnisse gewinnen auch *formale Darstellungsfragen* sehr an Interesse. Als *Darstellungsmethoden* für die Wirtschaftlichkeitskennziffern und vorgelagerte Größen wie etwa Kosten und Erträge sowie deren Abhängigkeitsbeziehungen kommen in Betracht:

1. *Tabellen.* Sie besitzen den Vorteil der Einfachheit, der Eignung zur gleichzeitigen Aufnahme zweier unabhängiger Variabler sowie zur Gegenüberstellung der Ausgangsdaten und Kennziffern mehrerer konkurrierender Projekte. Zur Veranschaulichung von Abhängigkeitsbeziehungen ist die Tabelle den graphischen Methoden unterlegen. Ihr bevorzugtes Anwendungsgebiet liegt in der übersichtlichen Zusammenfassung der Ausgangsdaten und Kennziffern für ein oder mehrere Projekte unter angenommenen konstanten Bedingungen.

Tab. 53 zeigt als Beispiel die Zusammenstellung einer Reihe von Daten und Kennziffern zur Wirtschaftlichkeitsberechnung eines Vorprojektes der Chloralkali-Elektrolyse nach dem Quecksilberverfahren mit einer installierten Zellenleistung von 50 tato Chlor bei kontinuierlichem Betrieb. Die Ergebnisse der für die Verhältnisse in Westdeutschland etwa 1958 aufgemachten Vorkalkulation des Anlage- und Umlaufkapital-

Tabelle 53. *Daten und Kennziffern zur Wirtschaftlichkeitsberechnung einer Chlor-alkali-Elektrolyseanlage*

Zeile	Bezeichnung	Berechnung		
	Kosten, Ertrag, Ergebnis:		DM/t Cl_2	10^3 DM/Jahr
1	Selbstkosten ohne Umsatzsteuer u. kalkulatorische Zinsen	—	606,60	7764
2	Abschreibungen	—	88,77	1136
3	Ertrag ab Werk	—	744,70	9531
4	Ertrag ·/· 4% Umsatzsteuer	0,96 ·Zeile 3	714,60	9146
5	Gewinn + Fremdkapitalzinsen	Zeile 4 − Zeile 1	108,00	1382
6	Gewinn + Fremdkapitalzinsen nach Gewerbeertragsteuerabzug (13%)	0,87 ·Zeile 5	93,96	1203
7	Fremdkapitalzinsen bei Betriebsbeginn	$\dfrac{0,08 \cdot \text{Zeile } 15}{2}$	52,68	674,00
8	Fremdkapitalzinsen nach halber Abschreibungszeit	$\dfrac{0,08 \cdot \text{Zeile } 16}{2}$	31,36	401,20
9	Gewinn bei Betriebsbeginn	Zeile 6 − Zeile 7	41,28	529,00
10	Gewinn nach halber Abschreibungszeit	Zeile 6 − Zeile 8	62,60	801,80
11	Gewinn nach Körperschaftsteuerabzug, bei Betriebsbeginn	0,60 ·Zeile 9	24,77	317,40
12	Gewinn nach Körperschaftsteuerabzug, nach halber Abschreibungszeit	0,60 ·Zeile 10	37,56	481,08
	Kapitalbindung:		DM/jato Cl_2	10^6 DM
13	Anlagekapital, bei Betriebsbeginn	—	1066	13,64
14	Anlagekapital, nach halber Abschreibungszeit	$\dfrac{\text{Zeile } 13}{2}$	533	6,82
15	Gesamtkapital, bei Betriebsbeginn	—	1317	16,85
16	Gesamtkapital, nach halber Abschreibungszeit	—	784	10,03
	Wirtschaftlichkeitskennziffern [siehe Kap. 4.34]:			%
17	Aufwand ohne Körperschaftsteuer, bei Betriebsbeginn, zu Betriebsertrag	$\dfrac{(\text{Zeile } 4 - \text{Zeile } 9) \cdot 100}{\text{Zeile } 4}$		94,2
18	Wie 17, jedoch nach halber Abschreibungszeit	$\dfrac{(\text{Zeile } 4 - \text{Zeile } 10) \cdot 100}{\text{Zeile } 4}$		91,2
19	Aufwand einschl. Körperschaftsteuer bei Betriebsbeginn zu Betriebsertrag	$\dfrac{(\text{Zeile } 4 - \text{Zeile } 11) \cdot 100}{\text{Zeile } 4}$		96,5
20	Wie 19, jedoch ohne halber Abschreibungszeit	$\dfrac{(\text{Zeile } 4 - \text{Zeile } 12) \cdot 100}{\text{Zeile } 4}$		94,7

Fortsetzung (Tabelle 53)

	„*Kürzeste Amortisationszeiten*“ [siehe Kap. 4.350.0 u. 4.350.1]:		Jahre
21	Einfachste Form	$\dfrac{\text{Zeile 13}}{\text{Zeile 6 + Zeile 2}}$	5,8
22	Nach Abzug der Körperschaftsteuer	$\dfrac{\text{Zeile 13}}{\text{Zeile 11 + Zeile 7 + Zeile 2}}$	6,4
23	Nach Abzug der Körperschaftsteuer und Fremdkapitalzinsen	$\dfrac{\text{Zeile 13}}{\text{Zeile 11 + Zeile 2}}$	9,4
24	Finanzmathematische Form, Kalkulationszinssatz = 8%	$\dfrac{-\lg\left(1 - \dfrac{0{,}08 \cdot \text{Zeile 15}}{0{,}60 \cdot \text{Zeile 6 + Zeile 2}}\right)}{\lg\,(1 + 0{,}08)}$	16,8
	Rentabilitätskennziffern [siehe Kap. 4.351]:		%
25	Gesamtkapitalrentabilität vor Körperschaftsteuerabzug, bei Betriebsbeginn	$\dfrac{\text{Zeile 6} \cdot 100}{\text{Zeile 15}}$	7,1
26	Wie 25, jedoch nach halber Abschreibungszeit	$\dfrac{\text{Zeile 6} \cdot 100}{\text{Zeile 16}}$	12,0
27	Gesamtkapitalrentabilität nach Körperschaftsteuerabzug, bei Betriebsbeginn	$\dfrac{(\text{Zeile 11 + Zeile 7}) \cdot 100}{\text{Zeile 15}}$	5,9
28	Wie 27, jedoch nach halber Abschreibungszeit	$\dfrac{(\text{Zeile 12 + Zeile 8}) \cdot 100}{\text{Zeile 16}}$	8,8
29	Eigenkapitalrentabilität vor Körperschaftsteuerabzug, bei Betriebsbeginn	$\dfrac{\text{Zeile 9} \cdot 100}{\text{Zeile 15/2}}$	6,3
30	Wie 29, jedoch nach halber Abschreibungszeit	$\dfrac{\text{Zeile 10} \cdot 100}{\text{Zeile 16/2}}$	16,0
31	Eigenkapitalrentabilität nach Körperschaftsteuerabzug, bei Betriebsbeginn	$\dfrac{\text{Zeile 11} \cdot 100}{\text{Zeile 15/2}}$	3,8
32	Wie 31, jedoch nach halber Abschreibungszeit	$\dfrac{\text{Zeile 12} \cdot 100}{\text{Zeile 16/2}}$	9,6
33	Rentabilität bei Hinzurechnung der Abschreibungen (Operator's Method), bei Betriebsbeginn, vor Abzug der Körperschaftsteuer	$\dfrac{(\text{Zeile 6 + Zeile 2}) \cdot 100}{\text{Zeile 15}}$	13,9
34	Wie 33, jedoch nach Körperschaftsteuerabzug	$\dfrac{(\text{Zeile 11 + Zeile 7 + Zeile 2}) \cdot 100}{\text{Zeile 15}}$	12,6
35	Finanzmathematische Rentabilität		

$$\text{Zeile 15} = (0{,}60 \cdot \text{Zeile 6 + Zeile 2})\,\frac{(1+i)^{12} - 1}{i\,(1+i)^{12}}$$

$$i = 0{,}046 \qquad\qquad 4{,}6$$

bedarfs (Zeilen 13 und 15), der Selbstkosten (Zeilen 1 und 2) sowie der Ertragschätzung (Zeile 3) wurden aus vorausgegangenen Berechnungen übernommen. Hierbei wurden eine Kapazitätsausnutzung von 330 Betriebstagen/Jahr, eine wirtschaftlich nutzbare Lebensdauer der Anlagen von 12 Jahren bei linearer Abschreibung, als Strompreis 4 Dpfg/kWh und eine Verteilung der Chlorproduktion auf 77,6% Flüssigchlor, 20% Salzsäure und 2,4% Bleilauge zugrunde gelegt. Der Körperschaftsteuerabzug wurde mit rd. 40% [vgl. hierzu *443*, S. 540], der Fremdkapitalzinssatz mit 8% und das Verhältnis zwischen Eigen- und Fremdkapital gleichbleibend mit 1:1 angenommen. Die „Tonne Chlor" als Mengeneinheit der Vorkalkulation ist eine fiktive Kuppelprodukteinheit und enthält als solche auch die entsprechenden Nebenproduktanteile.

Die Zusammenstellung ist auch ein Beispiel für die mögliche Auswahl der Kennziffern und deren zahlenmäßige Verschiedenheit je nach angewandter Berechnungsvariante.

2. *Diagramme mit kartesischen Koordinaten.* Die kurvenmäßige Darstellung im kartesischen Koordinatensystem hat den Nachteil, daß immer nur die Abhängigkeit von *einer* unabhängigen Variablen aufgezeigt werden kann, abgesehen von der Möglichkeit der Einführung einer zweiten Variablen als Funktionsparameter bei der Einzeichnung ganzer Kurvenscharen. Aus diesem Grunde ist man oft gezwungen, eine große Anzahl von Diagrammen zu entwickeln, die untereinander schlecht in Zusammenhang zu bringen sind. Man benutzt diese Darstellungsform zur Wiedergabe von Berechnungsergebnissen beim Vorliegen variabler Bedingungen, die in der Vorkalkulation bekanntlich eine große Rolle spielen.

Für dasselbe Vorprojekt einer Chloralkali-Elektrolyse sind z. B. in Abb. 247 „kürzeste Amortisationszeiten" sowie in Abb. 248 verschiedene Rentabilitätskennziffern in Abhängigkeit von der Betriebsgröße und unter Einführung zweier verschiedener Strompreise als Parameter dargestellt. Die Extrapolation der Kennziffern bzw. der vorgelagerten Größen erfolgte nach den weiter oben behandelten Näherungsmethoden [vgl. Kap. 4.051 und 4.292], wobei eine Abhängigkeit der erzielbaren Verkaufspreise von der Betriebsgröße nicht berücksichtigt wurde. Die beschränkte Aussagefähigkeit dieser beiden Diagramme wird offenbar, wenn man daran denkt, daß auch eine Darstellung folgender Einflüsse erwünscht wäre: Kapazitätsausnutzungsgrad, verschiedene Lebensdauerschätzungen, Steinsalzpreis, Strompreis in feinerer Abstufung, Ab-Werk-Preis für die wichtigsten Spaltprodukte Flüssigchlor und Natronlauge.

3. *Dreiecks-Diagramme.* Nach einem von M. M. REYNOLDS [*561*] speziell für die Zwecke der Wirtschaftlichkeitsvorrechnung benutzten Verfahren können gleichseitige Dreiecke zur graphischen Darstellung der

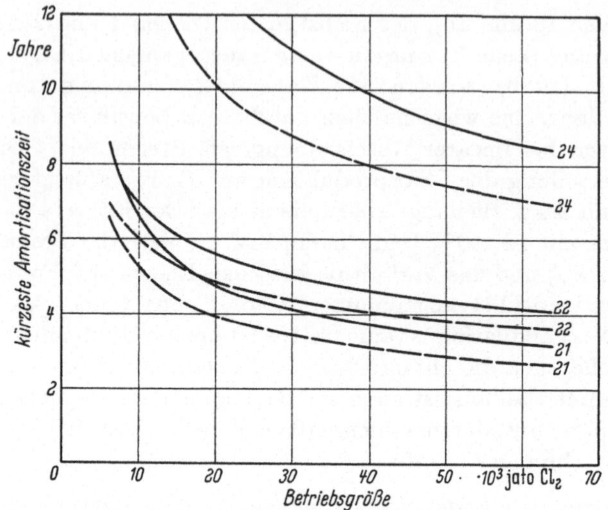

Abb. 247. „Kürzeste Amortisationszeiten" in Abhängigkeit von der Betriebsgröße (Chloralkali-Elektrolyse)[1]
21 Einfachste Form; 22 „Kürzeste Amortisationszeit" nach Abzug der Körperschaftsteuer;
24 Finanzmathematische Form, Kalkulationszinssatz = 8%
————: Strompreis 4 Dpfg/kWh; - - - - - -: Strompreis 3 Dpfg/kWh

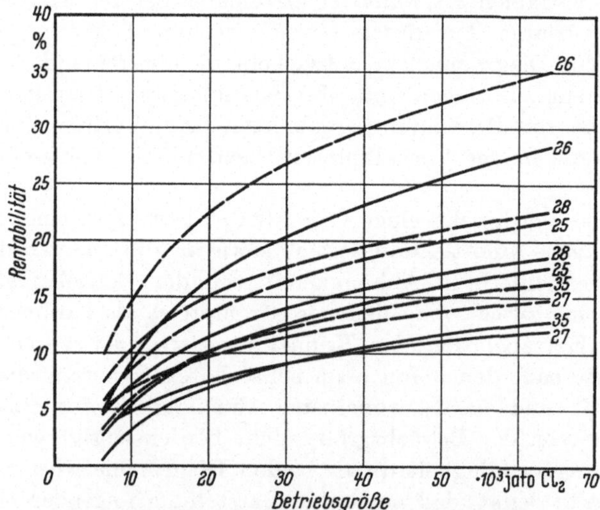

Abb. 248. Rentabilitätskennziffern in Abhängigkeit von der Betriebsgröße (Chloralkali-Elektrolyse)[1]
25 Gesamtkapitalrentabilität vor Körperschaftsteuerabzug bei Betriebsbeginn
26 Wie 25, jedoch nach halber Abschreibungszeit
27 Gesamtkapitalrentabilität nach Körperschaftsteuerabzug bei Betriebsbeginn
28 Wie 27, jedoch nach halber Abschreibungszeit
35 Finanzmathematische Rentabilität
————: Strompreis 4 Dpfg/kWh; - - - - - -: Strompreis 3 Dpfg/kWh

[1] Die Numerierung der Kurven verweist auf die entsprechenden Zeilen in Tab. 53.

Abhängigkeit einer Größe von zwei unabhängigen Veränderlichen benutzt werden, sofern diese nur durch Addition und Subtraktion miteinander verknüpft zu werden brauchen. Durch geschickte Kombination mehrerer Dreiecke läßt sich z. B. die Größe „Ertrag minus Rohstoffkosten" mit Hilfe graphischer Addition und Subtraktion einer größeren Anzahl variabler Rohstoffkosten sowie Verkaufserlöse für Haupt- und Nebenprodukte leicht ermitteln. Das Verfahren ist besonders in Verbindung mit dem Nomogramm vorteilhaft. Eine größere Verbreitung ist nicht bekannt geworden, was offenbar darauf zurückzuführen ist, daß die Konstruktion des graphischen Rechenschemas etwas umständlich ist.

4. *Nomogramme.* Obwohl die Anfertigung von Nomogrammen stets einen größeren Zeitaufwand erfordert, bleiben die Vorzüge der nomographischen Darstellung in der Wirtschaftlichkeitsanalyse der Vorrechnung unbestritten. Sämtliche wirtschaftlich wesentlichen Aussagen und Abhängigkeiten lassen sich in konzentrierter Form darbieten, wodurch eine umfassende und trotzdem übersichtliche Orientierungsgrundlage geschaffen wird. Die Tatsache, daß das Ergebnis erst durch Anlegen eines Weisers in den Leiter- oder Netztafeln aufgesucht werden muß, wiegt als Nachteil nicht schwer, vor allem nicht im Hinblick auf den Vorzug, daß eine große Zahl von Variablen eingeführt werden kann. In einigen neueren Arbeiten ist die praktische Anwendung der Nomographie auf die Wirtschaftlichkeitsanalyse der Vorrechnung beschrieben worden [*6; 227; 295; 424; 769*].

In Abb. 249 ist ein Nomogramm für die Wirtschaftlichkeitsanalyse der bereits oben als Beispiel gewählten Chloralkali-Elektrolyse wiedergegeben. Hierin sind 6 unabhängige Variable (Lebensdauer der Anlagen, Betriebsgröße, Strompreis, Steinsalzpreis und Ab-Werk-Preise für Flüssigchlor und Natronlauge) aufgenommen, während andererseits Selbstkosten, Ertrag und Gewinn je Kuppelprodukteinheit und 3 verschiedene Wirtschaftlichkeitskennziffern daraus hervorgehen. Die Kuppelprodukteinheit ist die „Tonne Flüssigchlor einschließlich Nebenprodukte", wobei die Annahme zugrunde liegt, daß die Chlorerzeugung das Haupt-Produktionsziel ist. Die Zahl der Variablen ließe sich noch erweitern, jedoch nicht ohne Komplizierung und weitere Ausdehnung des Nomogramms.

Die Kenntnis der elementaren Konstruktionsregeln für Nomogramme wird hier vorausgesetzt. Nachfolgend sind nur Aufbau und Benutzung des dargestellten Nomogramms kurz zu erläutern:

a) Nach dem Abgreifen der geschätzten Anlagen-Lebensdauer auf Leiter (1), die einem bestimmten Abschreibungssatz entspricht, und Verbinden dieses Punktes mit einer gewählten Betriebsgröße auf der zwischen 6400 und 64000 jato Cl_2 gültigen Betriebsgrößenskala erhält man durch Verlängerung dieser Linie auf Leiter (2) die spezifischen

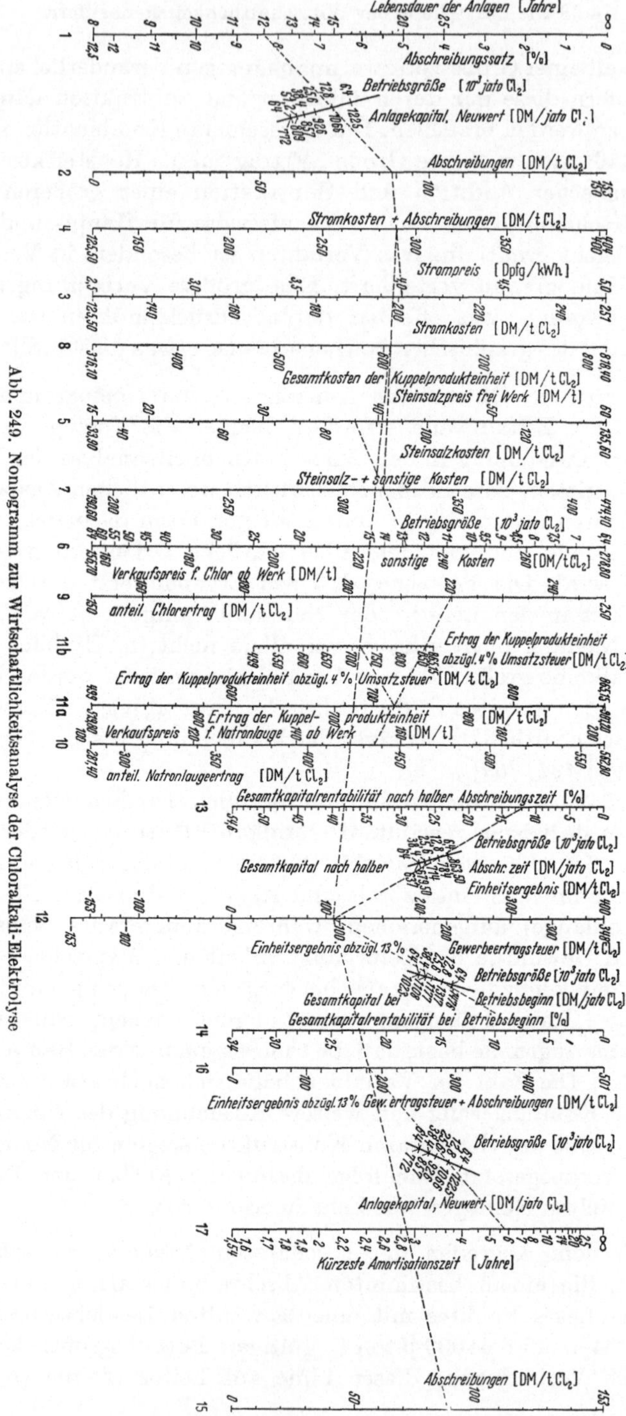

Abb. 249. Nomogramm zur Wirtschaftlichkeitsanalyse der Chloralkali-Elektrolyse

Abschreibungen je Kuppelprodukteinheit in DM/t Cl_2. Der untersuchte Betriebsgrößenbereich ist mit installierten Zellenleistungen zwischen 25 und 250 tato Cl_2 identisch. Bei dieser Operation handelt es sich also um die Multiplikation eines linearen Abschreibungssatzes mit dem spezifischen Anlagekapitalbedarf in DM/jato Cl_2.

b) Diesem Multiplikationsschritt folgt eine Addition zwischen (2) und (3), was die Stromkosten (3) plus Abschreibungen (2) auf Leiter (4) ergibt. Doppelleiter (3) zeigt auf der linken Seite die Strompreise und auf der rechten Seite die entsprechenden spezifischen Stromkosten in DM/t Cl_2, welche dem Additionsschritt zugrunde zu legen sind.

c) Analog wird aus den Steinsalzkosten in Abhängigkeit vom Steinsalzpreis (5) und den sonstigen von der Betriebsgröße abhängigen Kosten (6) eine weitere Teilkostensumme durch Addition auf Leiter (7) gebildet.

d) Die Addition zwischen den Teilkostensummen (4) und (7) ergibt die gesamten Selbstkosten der Kuppelprodukteinheit auf Leiter (8), womit die Kostenermittlung beendet ist. Es sei darauf hingewiesen, daß in den Selbstkosten keinerlei Zinsendienst enthalten ist, da dieser sonst bei der späteren Ermittlung der Kennziffern wieder ausgeschieden werden müßte. Auch die ertragsabhängige Umsatzsteuer wird hier noch nicht berücksichtigt, sondern zweckmäßig nach der Ermittlung des Ertrages von diesem gekürzt (s. u.).

e) Die Addition des vom Verkaufspreis für Chlor abhängigen anteiligen Chlorertrages (9) und des vom Verkaufspreis für Natronlauge abhängigen anteiligen Natronlaugeertrages (10) ergibt auf der rechten Seite der Doppelleiter (11a) den gesamten Ertrag der Kuppelprodukteinheit. Die Summe der anteiligen Erträge für Salzsäure, Bleichlauge und Wasserstoff wurden in Anbetracht ihrer relativen Geringfügigkeit in diese Leiter als Konstante eingeführt. Unter Benutzung einer multiplikativen Konstante von 0,96 wird daraus auf der linken Seite von (11a) der um die Umsatzsteuer von 4% verminderte Ertrag abgeleitet.

f) Mit Rücksicht auf die Maßstabverhältnisse des Nomogramms wird Leiter (11a) unter (11b) nochmals und zwar stark verkleinert gezeichnet, um den nun folgenden Subtraktionsschritt zu ermöglichen, bei dem die Kosten (8) von den Erträgen abgezogen werden sollen. Ein zwischen (8) und (11b) angelegter Weiser ergibt auf der Doppelleiter (12) links den Rohüberschuß und rechts diesen gekürzt um 13% Gewerbeertragsteuer. Wie bereits ausgeführt, enthält dieser Überschuß noch den gesamten Zinsendienst.

g) Die zuletzt auf der rechten Seite von Leiter (12) ermittelte Größe ist die Ausgangsbasis zur Feststellung der Gesamtkapitalrentabilität nach halber Abschreibungszeit (13) und bei Betriebsbeginn (14), was durch

Multiplikation von (12, rechts) mit der spezifischen Kapitalbindung der schon eingangs angenommenen Betriebsgröße erfolgt.

h) Indem die Abschreibungen (15) zum Einheitsergebnis (12, rechts) wieder hinzugezählt werden (16), gelangt man schließlich über die Betriebsgröße zur Kennziffer der „kürzesten Amortisationszeit" in ihrer einfachsten Form (17).

Die an den Endpunkten der Leitern angegebenen Werte bezeichnen die angenommenen Wahlbereiche der Variablen, bzw. sie entstehen durch die rechnerische Kombination der Variablen. Da sich der Wahlbereich mit dem Fortschreiten dieser Kombination ständig ausweitet, ist es mitunter zweckmäßig, die extremen Bereiche bei der ohnehin geringen Wahrscheinlichkeit des Eintretens dieser Werte auszuscheiden. Andernfalls müßte man eine zunehmende Verkleinerung des Maßstabes in Kauf nehmen. Die Ergebnisse der Kosten- und Wirtschaftlichkeitsberechnung in Tab. 53 sind im Nomogramm mit Hilfe gestrichelt eingezeichneter Weiser nochmals dargestellt worden.

4.39 Wirtschaftlichkeitskennziffern und programmpolitische Entscheidungen

So groß die Bedeutung der Wirtschaftlichkeitskennziffern für programmpolitische Entscheidungen auch sein mag, sind sie doch allein für diese Entscheidungen nicht maßgebend. Die determinierenden Faktoren solcher Entscheidungen sind nämlich nicht alle rational ableitbar und auch nicht vollständig quantifizierbar, und zwar aus folgenden Gründen:

1. Stets spielt die zu einem großen Teil *subjektive* Einschätzung der *Unsicherheitsfaktoren und Risiken* eine Rolle. Zwar kann man bei Anwendung statistischer Methoden die Unsicherheitsfaktoren und Risiken zahlenmäßig eingrenzen, aber trotzdem lassen sich subjektive Momente für die Entscheidung nicht ausschalten. Abb. 250 zeigt z. B., daß Projekt *A* bei ge-

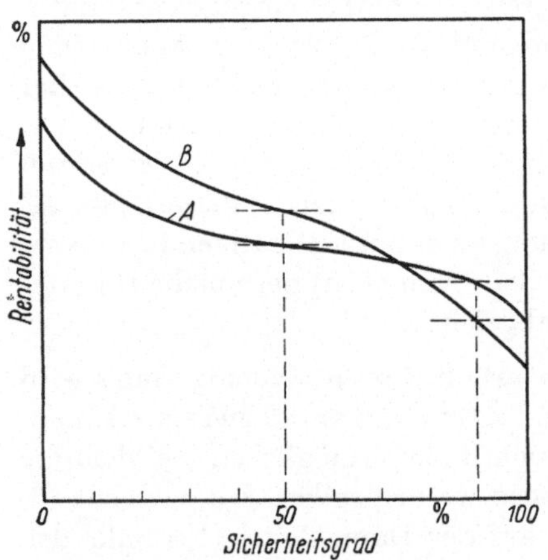

Abb. 250. Rentabilität zweier Projekte in Abhängigkeit vom Sicherheitsgrad [246]

forderter 90%iger Sicherheit der Rentabilitätserwartungen dem Projekt *B* überlegen, dagegen bei nur 50%iger Sicherheit unterlegen ist und umgekehrt. Welcher Sicherheitsgrad soll aber nun im Einzelfall für die Investitionsentscheidung maßgeblich sein? Diese Frage kann nur unter Würdigung einer Vielzahl imponderabler Faktoren aus der Gesamtsicht der Unternehmung heraus beantwortet werden.

2. Die Entscheidungen werden auch von Nutzenschätzungen diktiert, die einer *quantitativen Messung nicht oder nur schwer zugänglich* sind (Imponderabilien). Hierhin gehören z. B. alle Faktoren, welche die Erhöhung der Marktgeltung der Unternehmung als Ganzes und auf lange Sicht betreffen, die Eignung eines Produktes zum vorhandenen Produktionsprogramm, zur Vertriebsorganisation usw.

Angesichts dieser Schwierigkeiten wird es zweckmäßig sein, in Ergänzung zur Kennziffernberechnung irgendwie bedeutsam erscheinende Faktoren systematisch und qualitativ zu prüfen und zu bewerten. Interessant ist in diesem Zusammenhang die Katalogisierung aller Einflußfaktoren durch T. T. MILLER [*455*], die hier in den Grundzügen erwähnt sei:

1. *Stabilitätsfaktoren*:

Dauerhaftigkeit des Marktes; diese ist bei Schwerchemikalien und Zwischenprodukten, wie z. B. Schwefelsäure, größer als etwa bei neuen Kunststoffen.
Marktbreite; ein Produkt, das überall gebraucht wird, ist günstiger zu beurteilen als ein Produkt, für das nur wenige Abnehmer in Frage kommen.
Möglichkeit der Konkurrenzproduktion.
Konjunkturempfindlichkeit u. a.

2. *Wachstumsfaktoren*:

Eignung zur Marktausweitung, besonders durch Substitution anderer Produkte infolge günstigerer Preisstellung;
Ausmaß des technischen Fortschritts auf dem betreffenden Produktionsgebiet.
Exportmöglichkeiten u. a.

3. *Vertriebsfaktoren*:

Eignung für das vorhandene Produktionsprogramm, für Vertriebsorganisation und Kundenkreis.
Stellung zum Produktionsprogramm der Konkurrenz; das Interesse der Konkurrenz an dem betreffenden Produkt soll möglichst gering sein.
Möglichkeit des Kundendienstes.
Stellung zum Produktionsprogramm der Kunden; das Produkt soll von den eigenen Kunden möglichst nicht hergestellt werden.
Größe der Verkaufseinheit.
Grad der erforderlichen Produktdifferenzierung; Massengüter sind gegenüber Produkten mit dem Zwang zur ständigen Differenzierung zu bevorzugen u. a.

4. *Lagefaktoren*:

Erforderliche Zeitspanne bis zur Aufnahme der Produktion; lange Entwicklungs- und Bauzeiten sind ungünstig, da sich die Bedingungen bis zur Aufnahme der Produktion wieder ändern können.
Produktionstiefe des Prozesses; der Veredlungsgrad soll hoch sein.
Zugang zu den Rohstoffen.
Verbesserung der Bezugsbedingungen, z. B. durch Erhöhung der Bezugsmengen für die betreffenden Rohstoffe.
Verwertung von Rohstoffen, die in der eigenen Unternehmung hergestellt werden.

5. Faktoren der Forschung und Entwicklung:

Ausnutzungsgrad vorhandener Kenntnisse und Erfahrungen.

Verhältnis zur zukünftigen Hauptrichtung der Forschung und Entwicklung.

Nutzbarmachung vorhandener Laboratorien und technischer Versuchsanlagen.

Verfügbarkeit geeigneten Personals.

6. Technische Faktoren:

Verläßlichkeit der verfahrenstechnischen Kenntnisse.

Möglichkeit des Einsatzes von Standardapparaten; diese wird gegenüber dem Zwang zum Einsatz von Spezialapparaten als günstig betrachtet, da die Risiken vermindert werden.

Verfügbarkeit technischen Personals.

7. Faktoren der Produktion:

Verwendbarkeit unausgenutzter Produktionsanlagen.

Ausnutzung vorhandener Hilfsbetriebs-Kapazitäten; erforderliche Neuinvestitionen in Hilfsbetrieben sind ungünstig.

Verwertungsmöglichkeit vorhandener Nebenprodukte.

Eignung des Betriebspersonals für den betreffenden Prozeß.

Verfügbarkeit von Reparaturhandwerkern.

Das Fehlen gefährlicher Betriebsbedingungen, schwerer Reparaturanforderungen und schwieriger Abfallbeseitigung.

Tabelle 54. *Bewertung von Forschungsvorhaben*
[*nach* B. H. ROSEN u. A. L. REGNIER, *585*]

I. „*Kürzeste Amortisationszeit*" (maximal 20 Punkte)   Punktzahl

	Punktzahl
3,21–6,4 Jahre	2
1,61–3,2 Jahre	5
0,81–1,6 Jahre	8
0,41–0,8 Jahre	11
0,21–0,4 Jahre	14
0,11–0,2 Jahre	17
0,00–0,1 Jahre	20

II. *Summe des Kapitalrückstroms* (Cash Position) nach 10 Jahren (maximal 10 Punkte)

10000– 35000 $	2
35001– 120000 $	4
120001– 420000 $	6
420001–1500000 $	8
1500001–5000000 $	10

III. *Erfolgschancen* (maximal 10 Punkte)

gering	2
ungewiß	4
mittelmäßig	6
gut	8
sehr gut	10

IV. *Sonstige Faktoren* (maximal 10 Punkte)
z. B.

günstige Rohstofflage	1
gesicherter Absatz oder innerbetriebliche Verwendung	1
Mögliche Erzielung von Lizenzeinnahmen	1
Mäßige Forschungskosten (unter 250000 $)	1
Verbesserung der Produktqualität	1

u. a.

Um das subjektive Moment einzuschränken, vor allem aber einen festen Rahmen für Erfassung und Bewertung der einzelnen Kennziffern sowie qualitativ einzuschätzenden Faktoren in die Hand zu bekommen, kann man einen solchen Katalog und daneben ein bestimmtes *Punktsystem* als *Bewertungsschema* vorgeben. Hierdurch werden das relative Gewicht der Kennziffern und der Faktoren in großen Zügen festgelegt und der subjektive Ermessensspielraum stark zurückgedrängt. Dies ist besonders für Entscheidungen über die Weiterführung oder Aussetzung von Forschungsvorhaben wichtig, die auf diese Weise vereinfacht und beschleunigt, daneben aber auch in besserer Übereinstimmung mit den allgemeinen betriebspolitischen Zielsetzungen gehalten werden können. Hierfür bietet das Punktschema in Tab. 54 ein Beispiel. Schließlich sind auch die zuweilen willkürlich anmutenden *formelmäßigen Ausdrücke* zur Bestimmung der wirtschaftlichen Chancen von Forschungsvorhaben [*265*, S. 129; *426*; *455*; *585*; *590*; *648*; *724*] unter diesem Gesichtspunkt zu beurteilen.

Literaturverzeichnis [1]

A. Verzeichnis wichtiger Sammelwerke [2]

[I] Chemical Business Handbook, Hrsgb. J. H. PERRY, New York 1954.

[II] Chemical Engineering Costs, Hrsgb. O. T. ZIMMERMAN u. I. LAVINE, Dover N. H. 1950.

[III] Chemical Engineering Economics, Hrsgb. C. TYLER, New York 1948.

[IV] Chemical Engineering in Practice, Hrsgb. J. I. HARPER, New York 1954.

[V] Chemical Engineering Practice, Hrsgb. H. W. CREMER u. T. D. DAVIES, London 1956 ff.

[VI] Chemical Engineers' Handbook, Hrsgb. J. H. PERRY, 3. Aufl. New York 1950.

[VII] Chemical Process Economics in Practice, Hrsgb. J. J. HUR, New York 1956.

[VIII] Chemische Technologie, Hrsgb. K. WINNACKER u. E. WEINGAERTNER, Bd. I—V, München 1950—54.

[IX] Chemische Technologie, Hrsgb. K. WINNACKER u. L. KÜCHLER, München 1958 ff.

[X] Der Chemie-Ingenieur, Hrsgb. A. EUCKEN u. M. JAKOB, Bd. I—IV, Leipzig 1933—40.

[XI] Encyclopedia of Chemical Technology, Hrsgb. R. E. KIRK u. D. F. OTHMER, Bd. I—XV, New York 1947—56.

[XII] Joint Symposium on The Organisation of Chemical Engineering Projects, The Institution of Chemical Engineers, London 1958.

[XIII] Proceedings of the Symposium on the Scaling-Up of Chemical Plant and Processes, The Institution of Chemical Engineers, London 1957.

[XIV] Scale-Up in Practice, Hrsgb. R. FLEMING, New York 1958.

[XV] ULLMANNS Encyclopädie der technischen Chemie, Hrsgb. W. FOERST, München-Berlin 1951 ff.

B. Verzeichnis der Bücher, Sonderdrucke und Aufsätze in Sammelwerken oder Zeitschriften

[1] ABBOTT, L. S.: Equipment Economics, a Road towards Cost Reduction, Chem. & Met. Eng. 38 (1931), S. 204.

[2] ADAMS, J. F. u. a.: Engineering Evaluation — Tool for Research Management, Ind. Eng. Chem. 49 (1957), 5, S. 40 A.

[3] ADAMS, R.: The Analysis and Future Use of Project Records, in [XII], S. 101.

[4] AEG-Hilfsbuch für elektrische Licht- und Kraftanlagen, 7. Aufl. Essen 1956.

---

[1] Die Literatur wurde soweit wie möglich bis zum 1. 8. 1959 berücksichtigt.

[2] Auf diese Sammelwerke wird im Text und im Literaturverzeichnis unter *B* durch die angegebenen römischen Zahlen verwiesen.

[5] AIKMAN, A. R.: Automatic Control and Plant Design, DECHEMA-Monographien 21, Weinheim 1952, S. 130.

[6] ALBERTS, L. W. u. a.: Production of Methane from Coal, An Economic Study, Chem. Eng. Prog. 48 (1952), S. 486.

[7] ALBERT, M.: Die Schätzung der Grund- und Gebäudewerte, 4. Aufl. Bochum-Langendrehr 1950.

[8] ALTHOF, P. u. K. D. MÜLLER: Das Problem der Reparaturkosten in den USA, Chemische Industrie 8 (1956), S. 295.

[9] ANDERSEN, S. E.: How to Determine Economic Batch Sizes, Chem. & Met. Eng. 53 (1946), 7, S. 137.

[10] ANDERSON, E. D. u. E. W. FLAXBART: Economics of Heat Exchanger Design, Petr. Ref. 34 (1955), 1, S. 159.

[11] ANDROS A.: Chemical Plant and Equipment Ratios, Chem. Eng. Costs Quat. 4 (1954), S. 4.

[12] ANTOINE, H.: Kennzahlen, Richtzahlen, Planungszahlen, Wiesbaden 1956.

[13] ARIES, R. S.: Break-Even Points Threaten, Chem. Eng. 56 (1949), 2, S. 110.

[14] — Methoden der Lizensierung und Finanzierung chemischer Betriebe im Ausland, DECHEMA-Monographien 28, Weinheim 1956, S. 237.

[15] — Plant Location, in [XI], Bd. X, S. 744.

[16] — Plant Location, in [VI], Abschn. 26.

[17] — u. R. D. NEWTON: Chemical Engineering Cost Estimation, New York 1955.

[18] — u. D. F. OTHMER: Methods of Determining Plant Location, Chem. Eng. Prog. 45 (1949), S. 285.

[19] ARNOLD, T. H., Process Piping Designs, Chem. Eng. 66, 1. 6. 1959, S. 103.

[20] ARNOLD, W.: Der Apparatebau, München 1958.

[21] ASHTON, H. W. u. G. T. MEIKLEJOHN: Cost Estimating in Process Development, Soc. Chem. Ind. Proc. Chem. Eng. Group 32 (1950), S. 27.

[22] ASQUITH, J. P. u. L. S. DAVIS: Design Data and Specification of Requirements Including Site Selection, in [XII], S. 25.

[23] AUSPITZER, O.: Bau und Betrieb chemischer Fabriken, Wien 1950.

[24] AUSTIN, G. T.: Check Your Design Jobs, Chem. Eng. 57 (1950), 6, S. 137.

[25] Automatisierung in der Chemie, Chem.-Ing.-Techn. 29 (1957), S. 229.

[26] BACH, N. G.: Fabrication Costs of Steel Piping, Chem. Eng. Costs Quat. 5 (1955), S. 17.

[27] — How to Get More Accurate Plant Cost Estimates, Chem. Eng. 65, 22. 9. 1958, S. 155.

[28] BAKER, L. B.: Functions of the Contractor, in [XII], S. 46.

[29] BALLS, B. W. u. A. H. ISAAC: Automatic Control and Chemical Engineering, Trans. Instn. Chem. Engrs. (London) 33 (1955), S. 177.

[30] BARKER, D. W. K.: Plant Commissioning, in [XII], S. 83.

[31] BARTON, P. D.: Plant Design, in [I], Abschn. 8.

[32] BASS, L. W.: Management of the Well Developed Research Program, Chem. Eng. 54 (1947), 7, S. 127.

[33] BATES, A. u. J. B. WEAVER: Report on 6 Profitability Yardsticks, Chem. Week 80, 15. 6. 1957, S. 116.

[34] Baugeräteliste 1952, 3. Aufl. Wiesbaden 1954.

[35] BAUMAN, H. C.: Estimating Costs of Process Plants Auxiliaries, Chem. Eng. Prog. 51 (1955), 1, S. 45 J.

[36] — Accuracy Considerations for Capital Cost Estimation, Ind. Eng. Chem. 50 (1958), 4, S. 55 A.

[37] — Analytical Approach to High Accurarcy "Short-Cut" Estimation of Fixed Capital Projects, Ind. Eng. Chem. 50 (1958), 6, S. 65 A.

[38] — Factoring Costs of Chemical Plant Installations, Ind. Eng. Chem. 50 (1958), 8, S. 69 A.

[39] — Fixed Capital Cost Estimation from Charts and Curves, Ind. Eng. Chem. 50 (1958), 11, S. 61 A.

[40] — Costing Piping, the Bugaboo of Chemical Plant Estimating, Ind. Eng. Chem. 51 (1959), 1, S. 81 A.

[41] — How Much for Electrical Installation? Ind. Eng. Chem. 51 (1959), 3, S. 67 A.

[42] — Capital Cost Control, Ind. Eng. Chem. 51 (1959), 5, S. 69 A.

[43] — Mechanics of Project Cost Control, Ind. Eng. Chem. 51 (1959), 7, S. 63 A.

[44] BAUMEISTER, L.: Preisermittlung und Veranschlagen von Hoch-, Tief- und Stahlbetonbauten, 11. Aufl. Berlin 1955.

[45] Baupreisbuch, Bd. V: Preisvergleiche, Bücher der „Neuen Bauwelt" zur VOB, Berlin 1950.

[46] BEAN, T. W.: Estimating Construction Costs in Chemical Process Industries, Ind. Eng. Chem. 43 (1951), S. 2302.

[47] BEATTIE, R. D. u. J. E. VIVIAN: Watch Your Language When Making Cost Estimates, Chem. Eng. 60 (1953), 1, S. 172.

[48] BEHRENS, J. R.: Estimating Installations of Chemical Equipment, Chem. Eng. 54 (1947), 7, S. 106.

[49] BEIL, W.: Die angemessene Lizenzgebühr, Chem.-Ing.-Techn. 29 (1957), S. 129.

[50] BEISEL, K.: Neuzeitliches industrielles Rechnungswesen, 4. Aufl. Stuttgart 1952.

[51] BERGER, K.: Drucktechnik, in [XV], Bd. I, S. 95.

[52] BERRY, C. E. u. a.: Size Reduction and Size Enlargement, in [VI], Abschn. 16

[53] BESCH, F.: Rohrleitungen in Dampfkraftwerken, in: Handbuch der Energiewirtschaft, Hrsgb. H. WITTE, Berlin 1957, S. 441.

[54] BESSKOW, S. D.: Technisch-chemische Berechnungen, Berlin 1953.

[55] BESTE, TH.: Die optimale Betriebsgröße als betriebswirtschaftliches Problem, Leipzig 1933.

[56] BEYRODT, G. u. A. REISSNER: Tabellenbuch zur Wirtschaftsmathematik, Leipzig 1949.

[57] BIERWERT, D. V. u. F. A. KRONE: How to Find Best Site for New Plant, Chem. Eng. 62 (1955), 12, S. 191.

[58] BLISS, H.: The Costs of Process Equipment and Accessories, Trans. A. I. Ch. E. 37 (1941), S. 763.

[59] — Data for Equipment Cost Estimates, Chem. Eng. 54 (1947), 5, S. 126.

[60] — Equipment Cost Estimating Data II, Chem. Eng. 54 (1947), 6, S. 100.

[61] BOBERG, I. E. u. W. R. FICKETT: Relative Costs of Alternate Types of Reactor Vessel Construction, Petr. Proc. 8 (1953), S. 690.

[62] BÖRNER, H.: Die Fabrik auf einen Blick, Goslar 1949.

[63] BORKENSTEIN, W.: Wasserkraftanlagen, in: RZIHA, E. v., Starkstromtechnik, Taschenbuch für Elektrotechniker, Hrsgb. R. GENTHE, Bd. I, 8. Aufl. Berlin 1955, S. 723.

[64] BOSNJAK, K.: Aufzinsung, Amortisation, Rentabilität bei Kapitalanlagen und Anleihen, Leipzig, Berlin u. Wien 1932.

[65] BOŠNJAKOWIĆ, F. u. a.: Einheitliche Berechnung von Rekuperatoren, VDI-Forschungsheft 432, Düsseldorf 1951.

[66] BOTTOMLEY, H.: How to Prepare Cost Estimates, Petr. Ref. 32 (1953), 9, S. 211.

[67] — Definitive Cost Estimating, Petr. Ref. 32 (1953), 10, S. 110.

[68] BOWEN, H. J.: Why Make a Model? Chem. Eng. 56 (1949), 8, S. 98.

[69] BRACKETT, W. S.: Who Does the Designing? Ind. Eng. Chem. 47 (1955), 5, S. 27 A.

[70] BRETT, P.: Cost Estimating and Control, in [XII], S. 76.

[71] BRIDGMAN, P. W. u. H. HOLL: Theorie der physikalischen Dimensionen, Leipzig 1932.

[72] BRÖTZ, W.: Modellgesetze chemisch-technischer Umsetzungen, Z. Elektrochemie 57 (1953), S. 470.

[73] — Ähnlichkeitslehre und Modellgesetze, Gas-Wärme 3 (1954), S. 235.

[74] — Physikalisch-chemische Grundlagen der technischen Reaktionsführung, Chem.-Ing.-Techn. 26 (1954), S. 121.

[75] — Zur Entwicklung der chemischen Technologie in Deutschland, Chem.-Ing.-Techn. 29 (1957), S. 765.

[76] — Grundriß der chemischen Reaktionstechnik, Weinheim 1958.

[77] BROMLEY, R. D.: Safety in a Modern Chemical Factory, Chem. & Proc. Eng. 39 (1958), S. 114.

[78] BROOKS, G. E.: How to Estimate Plant Construction Costs, Teil I: Fundamentals of Cost Estimation, Petr. Eng. 22 (1950), 3, S. C—7; Teil II: The Preliminary Estimate, ebenda, 4, S. C—21; Teil III: The Check Estimate, ebenda, 6, S. C—31.

[79] BROWN, C. O.: Ind. Eng. Chem. 40 (1948), 1, S. 77 A; 2, S. 75 A; 3, S. 65 A.

[80] BROWN, G. G. u. a.: Unit Operations, New York 1950.

[81] BRUCKART, R. F.: Productivity in the Chemical Industry, Chem. Eng. Prog. 50 (1954), S. 173.

[82] BRUMMERSTEDT, E. F.: Petr. Ref. 22 (1943), S. 315.

[83] — Natl. Petroleum News 36 (1944), R 282, R 362, R 497.

[84] BRYANT, G. A.: Plant Design for Minimum Cost, Chem. Eng. 54 (1947), 5, S. 113.

[85] BUELL, W. H., Calculating Payout Time for Equipment Investments, Chem. Eng. 54 (1947), 10, S. 97.

[86] — Don't Be Fooled by Interest Rates, Chem. Eng. 61 (1954), 5, S. 183.

[87] Building Costs, Chem. Eng. 54 (1947), 5, S. 111.

[88] Building Costs in the Chemical Process Industries, Chem. & Proc. Eng. 38 (1957), S. 213.

[89] BULLOCK, H. L.: Vibrating Screen Estimation, Chem. Eng. 54 (1947), 6, S. 97.

[90] — Wet Screens, Chem. Eng. 62 (1955), 6, S. 185.

[91] BUSSARD, W. A.: It Pays to Build Design Models, Petr. Proc. 12 (1957), 4, S. 90.

[92] BUTLER, C. A. jr.: Keep Cost Estimates Realistic, Chem. Eng. 62 (1955), 1, S. 171.

[93] BYWATER, R. E.: A System of Project Organisation, in [XII], S. 40.

[94] CALCOTT, W. S. u. T. R. OLIVE: Choosing and Using Materials for Chemical Plant Construction, Chem. & Met. Eng. 39 (1932), S. 477.

[95] CANNON, R.: Models Simplify and Cut Costs of Big Revamp Job, Petr. Proc. 12 (1957), 8, S. 48.

[96] Capital in Manufacturing, The Economist 181, 24. 11. 1956, S. 709.

[97] CAPON, F. S.: Recognizing and Evaluating Profit Opportunities, The Controller 25 (1957), S. 475.

[98] CARD, S. T.: The Analysis and Future Use of Project Records, in [XII], S. 96.

[99] CASE, E. L.: Reciprocating Compressors, in [II], S. 234.

[*100*] CEAGLSKE, N. H.: Automatic Process Control for Chemical Engineers, New York 1956.

[*101*] CHALMERS, J. M.: Filters, Chem. Eng. 62 (1955), 6, S. 191.

[*102*] CHASE, F. D.: The Modern Chemical Plant, Chem. & Met. Eng. 27 (1922), S. 432.

[*103*] Chemical Engineering and Fire Protection, Chem. & Proc. Eng. 39 (1958), S. 167.

[*104*] Chemical Engineering Cost File, laufende Veröffentlichung von Preisdaten in Chem. Eng. ab Juni 1958.

[*105*] Chemical Plant Construction Cost Index, Chem. & Proc. Eng. 38 (1957), S. 113.

[*106*] Chemical Plant Equipment Cost Index, Chem. & Proc. Eng. 38 (1957), S. 139.

[*107*] Chem. & Proc. Eng. 32 (1951), S. 29.

[*108*] CHILTON, C. H.: Cost Data Correlated, Chem. Eng. 56 (1949), 6, S. 97.

[*109*] — „Six Tenths Factor" Applies to Complete Plant Costs, Chem. Eng. 57 (1950), 4, S. 112.

[*110*] — Process Labor Requirements, Chem. Eng. 58 (1951), 2, S. 151.

[*111*] — Cost Estimating Simplified, Chem. Eng. 58 (1951), 6, S. 109.

[*112*] — What is Cost Engineering? Chem. Eng. 64 (1957), 7, S. 237.

[*113*] — What Today's Cost Engineer Needs, Chem. Eng. 66, 12. 1. 1959, S. 131.

[*114*] CHISWELL, E. B. u. J. J. MERRILL, These Capital Cost Considerations, Petr. Ref. 33 (1954), 6, S. 127.

[*115*] CLARK, E. L.: Pilot Plants in Process Technology, Chem. Eng. 65, 21. 4. 1958, S. 155.

[*116*] — How to Scale Up Pilot Plant Data and Equipment, Chem. Eng. 65, 6. 10. 1958, S. 129.

[*117*] CLARK, W. G.: Accurate Way to Estimate Pipe Costs, Chem. Eng. 64 (1957), 7, S. 243.

[*118*] CLARKE, L.: Cost Estimates Answer Questions, Chem. Eng. 58 (1951), 12, S. 144.

[*119*] COE, E. H.: These Short-Cuts Will Speed Your Design and Estimation of Tanks, Chem. Eng. 55 (1948), 9, S. 107.

[*120*] Commercializing Research Results, Chem. Eng. News 35, 28. 1. 1957, S. 38.

[*121*] Computers and Engineering Design, Chem. Eng. Prog. 53 (1957), S. 92.

[*122*] CONSIDINE, D. M.: Estimation of Instrument Costs, Chem. Eng. 54 (1947), 7, S. 108.

[*123*] Construction and the Consultant, Ind. Chemist 34 (1958), S. 318.

[*124*] COOKE, W. F.: Project Engineering, in [*VI*], S. 73.

[*125*] COPULSKY, W. u. R. CZINER: Dynamic Cost Estimating, Ind. Eng. Chem. 50 (1958), 9, S. 73 A.

[*126*] Costs of Horizontal, Mild-steel Drums with Domed Ends, Chem. & Proc. Eng. 39 (1958), S. 167.

[*127*] COTTRELL, A. F.: Plant Commissioning, Commissioning a Coke Oven Plant, in [*XII*], S. 90.

[*128*] COTTRELL, C. E.: More on Estimation of Vessel Costs, Chem. Eng. 60 (1953), 2, S. 143.

[*129*] COULTHURST, L. J.: Preliminary Process Design, Chem. Eng. Prog. 44 (1948), S. 257.

[*130*] CRAWFORD, R. M.: Economic Comparison of Batch and Continuous Processing, Chem. & Met. Eng. 52 (1945), 5, S. 106.

[*131*] CRISP, A. E. u. P. W. HESELGRAVE: Factors in the Design of Pipeline Systems, Chem. & Proc. Eng. 39 (1958), S. 399.

[*132*] Cruse, A.: Elektrolyse, in [$\overset{\vee}{X}V$], Bd. VI, S. 429.

[*133*] Cullo, L. A. u. W. P. Colman: Development of a Process — A Case History, Ind. Eng. Chem. 50 (1958), S. 1529.

[*134*] Cuno, C. W.: Economic Factors in Chemical Plant Location, Ind. Eng. Chem. 21 (1929), S. 738.

[*135*] Curwen, K. M.: Systems of Project Organisation, in [*XII*], S. 33.

[*136*] Cziner, R. M.: How to Control Maintenance Costs, Petr. Ref. 33 (1954), 1, S. 106.

[*137*] Daeves, K.: Größenverteilung in der chemischen Industrie, Chemische Industrie 11 (1959), S. 322.

[*138*] Dallavalle, J. M.: Dust Collector Costs, Chem. Eng. 60 (1953), 11, S. 177.

[*139*] Damköhler, G.: Einflüsse der Strömung, Diffusion und des Wärmeüberganges auf die Leistung von Reaktionsöfen, Z. Elektrochemie 42 (1936), S. 846.

[*140*] — Einfluß von Diffusion, Strömung und Wärmetransport auf die Ausbeute bei chemisch-technischen Reaktionen, in [*X*], Bd. III, 1, S. 359.

[*141*] Dangerous Properties of Industrial Materials, Hrsgb. N. I. Sax, New York 1957.

[*142*] Dangl, K.: Verdunstungskühlung, in [*XV*], Bd. I, S. 247.

[*143*] Dean, J.: Capital Budgeting, New York 1951.

[*144*] — Managerial Economics, New York 1951.

[*145*] — Measuring the Productivity of Capital, Harv. Bus. Rev. 32 (1954), 1/2, S. 120.

[*146*] — Better Management of Capital Expenditures Through Research, J. Finance 8 (1953), 3, S. 119.

[*147*] DECHEMA-Erfahrungsaustausch, DECHEMA Werkstofftabelle, bearb. von E. Rabald u. H. Bretschneider, Frankfurt 1953ff.

[*148*] — Fließbilder der chemischen Technik, Blattfolge: Sinnbilder für Apparate, Frankfurt 1957.

[*149*] De Lamater, H. J.: Determine Vessel Weights Graphically, Petr. Ref. 34 (1955), 7, S. 157.

[*150*] De Luca, J. A.: Safety in Plant Construction, Ind. Eng. Chem. 51 (1959), 1, S. 97 A.

[*151*] Demuth, W. H. H.: Some Principles of Chemical Plant Design, Trans. Instn. Chem. Engrs. (London) 22 (1944), S. 135.

[*152*] Denbigh, K. G.: The Scaling-Up of Reactors from a Knowledge of Kinetics, in [*XIII*], S. 8.

[*153*] Denzler, R. E.: Blower and Fan Costs, Chem. Eng. 59 (1952), 10, S. 130.

[*154*] Depreciation Rates for Process Equipment, Chem. & Met. Eng. 45 (1938), S. 80 u. 99.

[*155*] Derrick, G. C.: Reduce Your Maintenance Costs, Chem. Eng. 65, 28. 7. 1958, S. 132.

[*156*] Der Stand der Automatisierung bei den Chemischen Werken Hüls, Chem.-Ing.-Techn. *29* (1957), S. 230.

[*157*] Designing for Maintenance, Ind. Eng. Chem. 51 (1959), 4, S. 46 A.

[*158*] Designing for Industrial Hygiene, Ind. Eng. Chem. 51 (1959), 6, S. 52 A.

[*159*] Designing for Safety, Ind. Eng. Chem. 51 (1959), 2, S. 52 A.

[*160*] De Simone, R. A.: Controlling Costs in Construction, Chem. Eng. Prog. 50 (1954), S. 379.

[*161*] Dialer, K., F. Horn u. L. Küchler: Chemische Reaktionstechnik, in [*IX*], Bd. I, S. 199.

[*162*] DICKERSON, R. G.: The Economic Aspects of Scaling-Up Chemical Plants, in [*XIII*], S. 15.

[*163*] — Consider the Economics of Scale-Up, Petr. Ref. 36 (1957), 9, S. 268.

[*164*] DICKEY, G. D.: Vacuum Filters, Chem. Eng. Costs Quat. 5 (1955), S. 4.

[*165*] DICKSON, R. A.: Determining Costs of Tanks, Spheres and Drums, Chem. Eng. 54 (1947), 8, S. 122.

[*166*] — How „N" System Simplifies Piping Cost Estimation, Chem. Eng. 54 (1947), 11, S. 121.

[*167*] — Labor Cost of Installing Piping, Chem. Eng. 56 (1949) 4, S. 97.

[*168*] — Pipe Cost Estimation, Chem. Eng. 57 (1950), 1, S. 123.

[*169*] DIETRICH, L.: Staubabscheidung durch Massenkräfte, in [*XV*], Bd. I, S. 366.

[*170*] — Staub als Rohstoff, Verlust- und Gewinnquelle, Chem.-Ing.-Techn. 25 (1953), S. 433.

[*171*] — Mechanische Industrie-Entstauber, Chem.-Ing.-Techn. 25 (1953), S. 185.

[*172*] DINGMAN, C. F.: Estimating Building Costs, New York 1944.

[*173*] DODGE, B. F.: Chemical Engineering Thermodynamics, New York 1944.

[*174*] DOHSE, H.: Reaktionsgeschwindigkeit in isothermen, homogenen Systemen (einschl. Kontaktkatalyse), in [*X*], Bd. III, 1, S. 177.

[*175*] DONOVAN, J. R.: Cost Estimation — Fabricated Plate Equipment, Chem. Eng. Prog. 50 (1954), S. 320.

[*176*] — Don't Write Off the Batch Process, Chem. Eng. 64 (1957), 11, S. 241.

[*177*] DORFAN, M. I.: Dust Collecting Equipment, in [*II*], S. 201.

[*178*] DOWNS, C. R.: Process Development Offers Opportunity for Ingenuity, Chem. & Met. Eng. 38 (1931), S. 193.

[*179*] Drying Design and Costs, Chem. Eng. 62 (1955). 11, S. 177.

[*180*] DÜRR, K.: Investitionsrechnung, Bd. I: Allgemeine Investitionsrechnung und Grundlagen der Wirtschaftsmathematik, Bern 1958.

[*181*] DUGDALE-BRADLEY, J. O.: Programming and Progressing Systems and Meeting Completion Dates, in [*XII*], S. 58.

[*182*] DUNKER, H. W.: Schwingungstechnik in der chemischen Industrie, Chem.-Ing.-Techn. *24* (1952), S. 262.

[*183*] DYBDAL, E. C.: Engineering and Economic Evaluation of Projects, Chem. Eng. Prog. 46 (1950), S. 57.

[*184*] DYSON, M. G.: Cost Control in the Chemical Industry, Teil I: Costing Principles and Methods, Mfg. Chemist 24 (1953), S. 231; Teil II: Costing, Oncosts and the „Break-Even" Diagram, ebenda, S. 419.

[*185*] EATON, G. L.: Construction Engineering, in [*IV*], S. 89.

[*186*] ECKERT, H.: Bandstraßen im Baubetrieb, Berlin 1957.

[*187*] ECKHARDT, H.: Price and Cost — an Analysis, Chem. Eng. 54 (1947), 5, S. 108.

[*188*] — Centrifugal Separator Costs, Chem. Eng. 54 (1947), 5, S. 121.

[*189*] — Needed: Standard Cost Estimating Data for the Process Industries, Chem. Eng. 54 (1947), 9, S. 104.

[*190*] EIFERT, G.: Regelkreise in der chemischen Industrie, Chemiker-Ztg. 83 (1959), S. 409.

[*191*] ELAM, J. B.: Pipeline Cost Estimating, Oil Gas J., 10. 10. 1955, S. 139.

[*192*] ELLERSIEK, K.: Planen von Transportwegen und Materialfluß, Chemische Industrie 11 (1959), S. 318.

[*193*] ELLIS, J. F.: Engineering in Hydrogenation Plants in Germany, BIOS Final Rept. Nr. 997.

[*194*] ENGLER, K.: Praktische Erfahrungen mit Rohrleitungsanlagen in chemischen Betrieben, Chem.-Ing.-Techn. 25 (1953), S. 23.

[195] ERB, K.: Arbeitssicherheit und Gesundheitsschutz, in [VIII], Bd. V, S. 753.

[196] ERDMENGER, R.: Mischen und Lösen, in [XV], Bd. I, S. 693.

[197] Estimating Requirements for Process Steam and Process Water, Chem. Eng. 58 (1951), 4, S. 110.

[198] Estimating Spray Dryers, Chem. Eng. 54 (1947), 5, S. 125.

[199] EUCKEN, A.: Die maximale Ausbeute und ihre Ermittlung auf Grund des chemischen Gleichgewichts, in [X], Bd. III, 1, S. 1.

[200] — Grundriß der physikalischen Chemie, bearb. von E. WICKE, 9. Aufl. Leipzig 1958.

[201] EULER, H. u. H. DIERCKS: Beispiele für Wirtschaftlichkeitsberechnungen, Archiv Eisenhüttenw. 10 (1936/37), S. 275, 327 u. 525.

[202] FAGLEY, W. L. u. G. W. BLUM, Calculate Payout Time for Your Investment, Chem. Eng. 57 (1950), 7, S. 116.

[203] FAITH, W. L. u. a.: Industrial Chemicals, 2. Aufl. New York 1957.

[204] FARKAS, A. u. H. W. MELVILLE: Experimental Methods in Gas Reactions, London 1939.

[205] FELBERT, H. v.: Allgemeine Fabrikplanung, in [VIII], Bd. V, S. 737.

[206] FERENCZ, P.: Statistical Analysis of Cost Estimates, Chem. Eng. News 29 (1951), S. 4158.

[207] — Statistics Can Put More Meaning Into Your Cost Estimates, Chem. Eng. 59 (1952), 4, S. 143.

[208] FEARNSIDE, T. A. u. F. C. CHENEY: Fast Estimate for Power Plant Costs, Chem. Eng. 60 (1953), 6, S. 239.

[209] FIELD, C.: Tools for the Engineer in the Design of Chemical Plants, Chem. & Met. Eng. 38 (1931), S. 190.

[210] — Considerations Influencing the Formulation of Chemical Engineering Projects, Trans. A. I. Ch. E. 32 (1936), S. 407.

[211] FISCHBECK, K.: Reaktionsgeschwindigkeit in heterogenen Systemen (unter besonderer Berücksichtigung des Umsatzes mit festen Körpern), in [X], Bd. III, 1, S. 242.

[212] — Eine systematische Klassifikation der chemischen Verfahren und Apparate, DECHEMA-Monographien 29, Weinheim 1957, S. 261.

[213] FISH, I. C. L.: Engineering Economics, New York 1923.

[214] FLETCHER, H. J. u. a.: Interconnected Pilot Plant — Laboratory System, Chem. Eng. Prog. 54 (1958), 6, S. 73.

[215] FLOOD, J. E.: Centrifugal Separators, Chem. Eng. 62 (1955), 6, S. 217.

[216] FOERSTER, E.: SIMON SPITZERS Tabellen für die Zinseszinsen- und Rentenrechnung, ergänzt durch Kurstabellen und eine ausführliche Gebrauchsanweisung, 11. Aufl. Wien 1933.

[217] FOWLER, F. C.: Cost Evaluation: What to Include, Petr. Ref. 36 (1957), 9, S. 256.

[218] — u. G. G. BROWN: Cost of Pressure Vessels and Fractionating Columns, Trans. A. I. Ch. E. 39 (1943), S. 241.

[219] FOX, L. E.: Estimation of Field-Erected Tanks, Chem. Eng. 54 (1947), 8, S. 100.

[220] — Estimate the Cost of a Screw Conveyor, Chem. Eng. 56 (1949), 11, S. 128.

[221] FRAGEN, N. u. a.: Selecting the Kind and Size of Pilot Plants, Chem. Eng. Prog. 54 (1958), 8, S. 65.

[222] FRANK-KAMENETZKY, D. A.: Diffusion and Heat Exchange in Chemical Kinetics, New York 1955; deutsch: Stoff- und Wärmeübertragung in der chemischen Kinetik, Berlin 1959.

[223] FRIEND, L.: Tools for Process Design, Chem. Eng. Prog. 44 (1948), S. 253.

[224] Frost, A. A. u. R. G. Pearson: Kinetics and Mechanism, New York 1953.

[225] Fuchs, O.: Physikalische Chemie als Einführung in die chemische Technik, Aarau-Frankfurt/M. 1957.

[226] — Die Nachwuchsausbildung auf dem Gebiet der chemischen Technik — eine Notwendigkeit, Chem.-Ing.-Techn. 25 (1957), S. 27.

[227] Gaffney, B. J.: 'Econograph' for Fast Cost Analysis, Petr. Ref. 35 (1956), 8, S. 111.

[228] Gambill, W. R.: Estimate Engineering Properties, Chem. Eng. 64 (1957), 2, S. 235.

[229] Garner, F. H.: The Chemical Engineer, in [V], Bd. I, S. 23.

[230] Garrett, D. E. u. G. P. Rosenbaum: What Crystallizers Cost Today, Chem. Eng. 65, 11. 8. 1958, S. 138.

[231] Gaugler, E.: Vermögensausstattung und Investitionsbedarf betrieblicher Arbeitsplätze, Z. f. B. 28 (1958), S. 682.

[232] Gena, H.: Fließbilder aus der Grundstoff- und Gebrauchsgüterindustrie, Halle 1957.

[233] Genereaux, R. P.: Plant Design, in [III], S. 61.

[234] — Engineering for Today's Chemical Plants, Chem. Eng. 61 (1954), 4, S. 182.

[235] Gerbel, B. M.: Rentabilität, 2. Aufl. Wien 1955.

[236] Gilfoil, W. S. u. E. L. Mongan: Process Evaluation, Chem. Eng. Prog. 54 (1958), 3, S. 63.

[237] — u. K. E. Rasmussen, Engineering Assistance to Research and Development, Ind. Eng. Chem. 50 (1958), 9, S. 62 A.

[238] Gilmore, J. F.: Short Cut Estimating of Processes, Petr. Ref. 32 (1953), 10, S. 97.

[239] — Estimate Tomorrow's Cost From Today's Records, Petr. Ref. 35 (1956), 10, S. 175.

[240] Glaser, F.: Zur Konstruktion von Festbettreaktoren für katalytische Gasphaseprozesse, Chem.-Ing.-Techn. 31 (1959), S. 94.

[241] Glauz, R. L. jr.: Estimating Maintenance Costs for New Plants, Chem. Eng. Prog. 51 (1955), S. 122.

[242] Goldstein, W. A.: Automatic Control of Batch Processes, Trans. Instn. Chem. Engrs. (London) 33 (1955), S. 199.

[243] Gordon, D.: Project Engineering, Chem. Eng. 57 (1950), 3, S. 125.

[244] Graff, W.: Die zeitgemäße Grundstücksbewertung, Bad Godesberg 1956.

[245] Grant, E. L.: Principles of Engineering Economy, 2. Aufl. New York 1938.

[246] Graphical Risk Factors, Chem. Eng. 59 (1952), 5, S. 249.

[247] Gregorig, E.: Wärmeaustauscher, Aarau-Frankfurt/M. 1959.

[248] Gregory, J. C.: Interest Tables for Determining Rate of Return, The Atlantic Refining Comp., Philadelphia 1946.

[249] Griffith, R. H.: The Practice of Research in the Chemical Industries, London 1949.

[250] Griswold, J. A.: More for Your Capital Dollar — Finding the Realistic Rate of Return, The Controller 25 (1957), S. 480.

[251] Groggins, P. H.: Unit Processes in Organic Synthesis, 4. Aufl. New York 1952.

[252] Gropper, F.: Direct Operating Labor Costs in Chemical Plants, Chem. Eng. Prog. 53 (1957), S. 465.

[253] Gruber, K.: Die Zusammenhänge zwischen Größe, Kosten und Rentabilität industrieller Betriebe, Wien 1948.

[254] Gugger, M.: Die Sicherheitstechnik beim Betrieb chemischer Apparate, Chem.-Ing.-Techn. 24 (1952), S. 611.

[255] GUNDELACH, W.: Schlammabscheider, Eindicker und Dekantierapparate, in [XV], Bd. I, S. 470.

[256] GUTENBERG, E.: Zur neueren Entwicklung der Wirtschaftlichkeitsrechnung, Z. f. ges. Staatswiss. 108 (1952), S. 630.

[257] — Der Stand der wissenschaftlichen Forschung auf dem Gebiete der Investitionsplanung, Z. f. h. F. 6 (1954), S. 557.

[258] GUTHMAN, W. S. u. P. R. INMAN: Cost Estimation in a Multipurpose Plant, Ind. Eng. Chem. 44 (1952), S. 2832.

[259] HAHN, J.: Schaltbilder und Symbole, in: Messen und Regeln in der chemischen Technik, Hrsgb. J. HENGSTENBERG u. a., Berlin 1957, S. 1162.

[260] HAINES, T. B.: Direct Operating Labor Requirements for Chemical Processes, Chem. Eng. Prog. 53 (1956), S. 556.

[261] HAMILTON, J. P.: Economic Analysis in Petroleum Refining, Petr. Ref. 32 (1953), 10, S. 102.

[262] Handbook of Chemistry and Physics, Hrsgb. C. D. HODGMAN u. a., 40. Aufl. Cleveland 1958.

[263] HAPPEL, J.: New Approach to Payout Calculations, Chem. Eng. 58 (1951), 10, S. 147.

[264] — The Venture Worth Method for Economic Balances in Chemical Engineering, Chem. Eng. Prog. 51 (1955), S. 533.

[265] — Chemical Process Economics, New York 1958.

[266] — u. a.: Estimating Chemical Engineering Equipment Costs, Chem. Eng. 53 (1946), 10, S. 99.

[267] — — Equipment and Other Items in Engineering Economics, Chem. Eng. 53 (1946), 12, S. 97.

[268] — u. R. S. ARIES: Venture Profitability in Economic Balances, Chem. Eng. Prog. 46 (1950), S. 115.

[269] — — Venture Profit, Chem. Eng. 56 (1949), S. 256.

[270] HARDY, W. L.: Spray Drying, Ind. Eng. Chem. 47 (1955), 10, S. 73 A.

[271] — Turbulent Film Evaporators, Ind. Eng. Chem. 49 (1957), 12, S. 53 A.

[272] — u. F. D. SNELL: Cost Analysis in New-Plant Construction, Ind. Eng. Chem. 50 (1958), 1, S. 121 A.

[273] HARRIS, J. M.: Chemical Engineering Economics, Chem. Eng. Prog. 44 (1948), S. 333.

[274] HARRIS, W. B. u. M. G. MASON: Operating Economics of Air-Cleaning Equipment, Ind. Eng. Chem. 47 (1955), S. 2423.

[275] HART, W. L.: Mathematics of Investment, Boston 1958.

[276] HARTFORD, F. D.: Deciding on Chemical Plant Location, Chem. & Met. Eng. 38 (1931), S. 72.

[277] HARTOGENSIS, A. M. u. H. D. ALLEN: Evaluate Your Depreciation Charges, Chem. Eng. 61 (1954), 2, S. 195.

[278] HASS, K.: Chlor, in [XV], Bd. V, S. 290.

[279] — Chloralkali-Elektrolyse, in [XV], Bd. V, S. 324.

[280] HATCH, A. C. u. O. T. ZIMMERMAN: Attain that Profit, Chem. Eng. Costs Quat. 5 (1955), S. 69.

[281] HECKMANN, C. J.: Austauschbau im Chemiebetrieb, DECHEMA-Monographien 16, Frankfurt 1951, S. 100.

[282] HEDDEN, K.: Chemische Reaktionstechnik, Chem.-Ing.-Techn. 30 (1958), S. 385.

[283] — u. E. WICKE: Technische Reaktionsführung und Reaktionsapparate, in: Fortschritte der Verfahrenstechnik, Hrsgb. H. MIESSNER u. U. GRIGULL, Bd. II (1954/55), Weinheim 1956, S. 514.

[284] HEINZEL, A.: Kontaktöfen, in [XV], Bd. I, S. 902.

[285] HENGLEIN, F. A.: Grundriß der chemischen Technik, 8. Aufl. Weinheim 1954.

[286] — Chemische Technik im Hochschulunterricht, Chemiker-Ztg. 77 (1953), S. 347.

[287] HERBERT, W. u. H. TRAMM: FISCHER-TROPSCH-Synthese in Südafrika, Erdöl u. Kohle 9 (1956), S. 363.

[288] Here's How to Evaluate R & D, Chem. Eng. News 35, 7. 10. 1957, S. 44.

[289] HERKIMER, H.: Cost Manual for Piping and Mechanical Construction, New York 1958.

[290] HERTZ, D. B.: Management's Role in Planning Research, Chem. Eng. 54 (1947), 8, S. 123.

[291] — What Does Water Cost? Chem. Industries 66 (1950), S. 512.

[292] HERZOG, G. K.: Influences on Choice of Materials, Chem. & Met. Eng. 46 (1939), S. 239.

[293] HESS, R.: Das Konstruktionsbüro, unentbehrlicher Mittler zwischen Planung und Ausführung, Chemische Industrie 9 (1957), S. 164.

[294] HIESTER, N. K.: The Use of Outside Engineering Agencies, Chem. Eng. Prog. 55 (1959), 2, S. 130.

[295] HILL, R. D.: Evaluating Economics by Nomograph, Petr. Ref. 34 (1955), 6, S. 139.

[296] — What Petrochemical Plants Cost, Petr. Ref. 35 (1956), 8, S. 106.

[297] HINTON, C.: The Part Played by the Chemical Engineer in Bridging the Gap Between Research and Plant Construction, Trans. Instn. Chem. Engrs. (London) 32 (1954), S. 205.

[298] HIRSCH, J. H.: Process Research Engineering — Its Scope, Purpose and Procedure, Petr. Proc. 5 (1950), S. 502.

[299] HÖNNICKE, G.: Gesichtspunkte für den Bau und die praktische Herstellung von metallischen Reaktionsbehältern und entsprechenden Apparaten für die chemische Industrie, in [X], Bd. III, 2, S. 401.

[300] HOFMANN, H.: Zur Vorausberechnung von Reaktoren für heterogene Gasphasereaktionen, DECHEMA-Monographien 29, Weinheim 1957, S. 184.

[301] — Die Grundlagen der modernen chemischen Technologie, Gas-Wärme 7 (1958), S. 8 u. 75.

[302] — Berechnung von Reaktoren für Gemischtphase-Reaktionen, Chem. Eng. Science 8 (1958), 1/2, S. 113.

[303] — u. W. BILL: Geschwindigkeitsbestimmende Faktoren bei Reaktionen mit suspendiertem Kontakt, Chem.-Ing.-Techn. 31 (1959), S. 81.

[304] HOFMANN, R.: Planung und Projektierung automatisierter Anlagen, Hamburg 1958.

[305] HOLROYD, R.: Considerations of Technical Staff Requirements in the Evaluation of an Industrial Chemical Project, Trans. Instn. Chem. Engrs. (London) 32 (1954), S. 210.

[306] HOLZAPFEL, A.: Neuzeitlicher Straßenbau in chemischen Betrieben, Chem.-Ing.-Techn. 24 (1952), S. 294.

[307] — Neuerungen beim Bau großer Abwasserkanäle, Chem.-Ing.-Techn. 30 (1958), S. 497.

[308] HOOG, H.: The Importance of Chemical Engineering Studies in Relation to Process Development, Trans. Instn. Chem. Engrs. (London) 32 (1954), S. 61.

[309] — u. a.: Pilot Plants and Semi-Commercial Units — General Aspects, in [V], Bd. I, S. 255.

[*310*] Hopton, G. U.: The Preparation of Flow Diagrams for Full-Scale Production, in [*V*], Bd. I, S. 423.

[*311*] Horn, A. B. u. a.: Economic Analysis in Chemical Plants, Petr. Ref. 32 (1953), 10, S. 107.

[*312*] Horn, F. u. L. Küchler: Probleme bei reaktionstechnischen Berechnungen, Chem.-Ing.-Techn. 31 (1959), S. 1.

[*313*] — u. W. Schüller: Zur Berechnung der Zusammensetzung und thermodynamischen Funktionen dissoziierender Verbrennungsgase, DECHEMA-Monographien 29, Weinheim 1957, S. 143.

[*314*] Hougen, O. A.: Principles of Catalyzed Gaseous Reaction Rates and their Applications, Z. Elektrochemie 57 (1953), S. 479.

[*315*] — u. K. M. Watson: Chemical Process Principles, Bd. I—III, 2. Aufl. New York 1954.

[*316*] How, H.: Short-Cut Estimation of Welded Process Vessels, Chem. Eng. 55 (1948), 1, S. 122.

[*317*] How Much for the Future? Chem. Eng. News 34 (1956), S. 2236.

[*318*] How to Evaluate Alternative Layouts, Factory Management and Maintenance 113 (1955), 2, S. 126.

[*319*] How to Pick Best Projects, Chem. Eng. 63 (1956), 1, S. 132.

[*320*] Hoyer, C. O.: Choice of Plant Sites, Ind. Eng. Chem. 44 (1952), S. 2133.

[*321*] Hubbel, J. P.: Introduction to Symposium on Plant Cost Estimation, Ind. Eng. Chem. 43 (1951), S. 2295.

[*322*] Hull, L. W.: Pick a Vakuum System for Your Job, Chem. Eng. 60 (1953), 11, S. 200.

[*323*] Hummel, P. M. u. C. L. Seebeck jr.: Mathematics of Finance, 2. Aufl. New York 1956.

[*324*] Hur, J. J.: Process Development, in [*IV*], S. 21.

[*325*] Imhausen, K. H.: Die Bedeutung des Consulting Engineers für die Entwicklungsländer, Chemische Industrie 11 (1959), S. 166.

[*326*] Improving Liaison between Research and Engineering, Chem. Eng. Prog. 47 (1951), S. 161.

[*327*] Indexes in the Plant Cost Picture, Chem. Eng. 54 (1947), 5, S. 109.

[*328*] Jackson, D. H.: Ejectors and Condensers, Chem. Eng. 54 (1947), 5, S. 123.

[*329*] Jackson, E. W.: Safe Design and Operation of Chemical Plants, Chem. & Proc. Eng. 39 (1958), S. 113.

[*330*] Jackson, J.: Cooling Towers, London 1951.

[*331*] Jähne, F.: Der Ingenieur im Chemiebetrieb, Weinheim 1951.

[*332*] — Planung und Bau chemischer Fabriken, Chemische Industrie 5 (1953), S. 485.

[*333*] — Zur Lage der Verfahrenstechnik in Deutschland, Chemische Industrie 7 (1955), S. 341.

[*334*] Jandrisevits, P.: Preliminary Estimating by Selective Unit Costs, Ind. Eng. Chem. 43 (1951), S. 2299.

[*335*] Joffe, J. D.: What Will Happen to These Earnings, Chem. Eng. 62 (1955), 4, S. 195.

[*336*] Johnson, R. G. u. L. S. Daniels: Design Your Plants for Low Maintenance, Petr. Ref. 36 (1957), 3, S. 195.

[*337*] Johnson, S. C. u. C. Jones: How to Organize for New Products, Harv. Bus. Rev. 35 (1957), 5/6, S. 49.

[*338*] Johnstone, R. E.: Pre-Design Estimation of the Capital Cost of Chemical Plant, Trans. Instn. Chem. Engrs. (London) 32 (1954), S. 151.

[339] — u. M. W. Thring: Pilot Plants, Models, and Scale-Up Methods in Chemical Engineering, New York 1957.

[340] — The Scaling-Up of Chemical Plant and Processes, in [XIII], S. 3.

[341] Jorgensen, R.: Fans, Chem. Eng. Costs Quat. 5 (1955), S. 84.

[342] Kahler, F. H. u. A. C. Reents: Water Demineralization Costs, Chem. Eng. 63 (1956), 1, S. 206.

[343] Kalveram, W.: Industriebetriebslehre, 6. Aufl. Wiesbaden (o. J.).

[344] — Industrielles Rechnungswesen, Bd. III: Kostenrechnung, Wiesbaden 1951.

[345] Katell, S. u. J. P. McGee: An Economic Study of Air Compression Costs, Cost Eng. 2 (1957), S. 5.

[346] Kelly, W. V. M.: Programming and Progressing Systems and Meeting Completion Dates, in [XII], S. 68.

[347] Keppeler, G.: Technologische Kennzeichnung chemischer Apparaturen, in [X], Bd. III, 2, S. 1.

[348] Kern D. Q.: Compare Exchanger Costs Quickly, Petr. Ref. 35 (1956), 8, S. 128.

[349] — A Cheaper Way to Buy o Plant — Know What You Need, Chem. Eng. 57 (1950), 7, S. 138.

[350] — Process Heat Transfer, New York 1950.

[351] Kershaw, H.: Design Models Are Here to Stay, Petr. Proc. 12 (1957), S. 223.

[352] Keser, F.: Automatisierung von Maschinen in Chargenbetrieben, Chemische Industrie 10 (1958), S. 219.

[353] Keyes, D. B.: Evaluating the Evaluators, Ind. Eng. Chem. 51 (1959), 6, S. 46 A.

[354] Kiddoo, G.: Turnover Ratios Analyzed, Chem. Eng. 58 (1951), 10, S. 145.

[355] Kiesskalt, S.: Verfahrenstechnik, in [IX], Bd. I, S. 1.

[356] — Das Fließbild der Atomtechnik in verfahrenstechnischer Sicht, DECHEMA-Monographien 29, Weinheim 1957, S. 281.

[357] — Nichtmetallische Werkstoffe, in: Handbuch der Kältetechnik, Hrsgb. R. Plank, Bd. I, Berlin 1954, S. 528.

[358] Kinckiner, R. A.: Investment and the Engineer, Chem. Eng. Prog. 43 (1947), S. 183.

[359] — Operative Investment, in [III], S. 69.

[360] Kipper, E.: Die Lage der Pharmazeutischen Industrie, Pharmazeutische Industrie 18 (1956), S. 185.

[361] Kirkbride, C. G.: Process Design and Operation Guided by the Economic Balance, Chem. Eng. 56 (1949), 9, S. 118.

[362] Kiser, G. E.: How to Plan and Control Capital Expenditures, Petr. Ref. 35 (1956), 8, S. 200.

[363] Kistin, H. R. u. a.: Where Do Construction Dollars Go? Chem. Eng. 60 (1953), 11, S. 191.

[364] Klipstein, K. H.: Philosophy of New Product Development, Chem. Eng. News 26 (1948), S. 1691.

[365] — You Can Turn R & D from Blind Alleys, Chem. Eng. News 35, 1. 7. 1957, S. 18.

[366] Klugh, B. S.: How to Apply the Principles of Commercial Research, Chem. & Met. Eng. 38 (1931), S. 14.

[367] Knop, W.: Betriebssichere Druckbehälter, Chem.-Ing.-Techn. 30 (1958), S. 664.

[368] Knox, L. C.: Plant Investment, in [VII], S. 17.

[369] Köhler, C.: Fehlerhafte Rohrleitungsführung und Sicherung in chemischen

und energietechnischen Produktionsbetrieben als Ursache von Betriebs-
unfällen und Schäden verschiedener Art, Chemische Technik 8 (1956),
S. 224.

[*370*] KÖLBEL, H., P. ACKERMANN u. F. ENGELHARDT: New Developments in
Hydrocarbon Synthesis, Proc. Fourth World Petroleum Congr., Section
IV/C, Preprint 9, Rom 1955.

[*371*] — u. F. ENGELHARDT: Synthese von Kohlenwasserstoffen und sauerstoff-
haltigen Verbindungen aus Wasser und Kohlenoxyd, Erdöl u. Kohle 5
(1952), S. 1.

[*372*] — u. J. SCHULZE: Projektierung und Vorkalkulation chemisch-technischer
Anlagen, DECHEMA-Monographien 34, Weinheim 1959, S. 59.

[*373*] — — Methoden und Daten zur Schätzung des Anlagekapitalbedarfs bei der
Projektierung verfahrenstechnischer Anlagen, Chem.-Ing.-Techn. 31
(1959), S. 201.

[*374*] KOLBE, K.: Der Finanzbedarf, Düsseldorf 1956.

[*375*] KOMINEK, E. G.: Evaluation of Demineralization Methods, Chem. Eng.
Prog. 44 (1948), S. 697.

[*376*] KOPPE, A. u. G. J. DE HORN: Dreidimensionale Industrieplanung, Chemische
Industrie 11 (1959), S. 310.

[*377*] KORTÜM, G.: Einführung in die chemische Thermodynamik, Göttingen
1949.

[*378*] KOSIOL, E.: Die Divisionsrechnung in der industriellen Kalkulation und
Betriebsabrechnung, Frankfurt 1949.

[*379*] — Finanzmathematik, 4. Aufl. Wiesbaden 1948.

[*380*] — Anlagenrechnung, 2. Aufl. Wiesbaden 1955.

[*381*] KRAFT, R. L.: Locating the Chemical Plant, Chem. & Met. Eng. 34 (1927),
S. 678.

[*382*] Kraft, Wärme, Licht. Das neuzeitliche Handbuch für Starkstromtechniker,
Hrsg. H. BORNEMANN, Braunschweig 1957.

[*383*] KRAMERS, H.: Physical Factors in Chemical Reaction Engineering, Chem.
Eng. Science 8 (1958), 1/2, S. 45.

[*384*] KRANNICH, W.: Schematisches und konstruktives Fließbild, DECHEMA-
Monographien 15, Frankfurt 1950, S. 26.

[*385*] KRANZ, B.: Verdampfer, in [*XV*], Bd. I, S. 529.

[*386*] KRASE, N. W.: Criteria for Discontinuing Operating Investments, Chem.
Eng. Prog. 52 (1956), S. 495.

[*387*] KRAUSS, W. u. F. WALTER: Calciumcarbid, in [*XV*], Bd. V, S. 1.

[*388*] KRAUSSOLD, H.: Grundlagen der stofflichen Wärmeübertragung, in [*XV*],
Bd. I, S. 207.

[*389*] KREVELEN, D. W. VAN, Probleme der technischen Reaktionsführung, Chem.-
Ing.-Techn. 27 (1955), S. 124.

[*390*] — Micro- and Macro-Kinetics, Chem. Eng. Science 8 (1958), 1/2, S. 5.

[*391*] — Fortschritte in den Kenntnissen der technischen Reaktionsführung,
Chem.-Ing.-Techn. 30 (1958), S. 553.

[*392*] KRIEGEL, P.: Filter Presses, in [*II*], S. 111.

[*393*] KÜCHLER, L.: Polymerisationskinetik, Berlin 1951.

[*394*] LAIDLER, K. J.: Chemical Kinetics, New York 1950.

[*395*] LANDAU, R.: Chemical Engineering in West Germany, Chem. Eng. Prog.
54 (1958), 7, S. 64.

[*396*] LANDOLT, H. u. R. BÖRNSTEIN: Zahlenwerte und Funktionen aus Physik,
Chemie, Astronomie, Geophysik und Technik, 6. Aufl. Berlin 1950 ff.

[397] LANG, H. J.: Engineering Approach to Preliminary Cost Estimation, Chem. Eng. 54 (1947), 9, S. 130.

[398] — Cost Relationships in Preliminary Cost Estimates, Chem. Eng. 54 (1947), 10, S. 117.

[399] — Simplified Approach to Preliminary Cost Estimates, Chem. Eng. 55 (1948), 6, S. 113.

[400] — The Return on Investment, Mech. Eng. 72 (1950), S. 890.

[401] LA POINTE, J. R.: Cylindrical Tanks for Minimum Cost, Chem. Eng. 62 (1955), 2, S. 206.

[402] LARSON, G. A.: Annual Savings, Return and Depreciation Fix Justifiable Investment, Power 99 (1955), 9, S. 103.

[403] LAWRENCE, A. E.: Depreciation and Amortization, Chem. Eng. Prog. 51 (1955), S. 227.

[404] — u. a.: Management and Control by Cost Accounting and Planning, in [I], Abschn. 2.

[405] LAWRENCE, J. C.: Philosophy of Design, Chem. & Met. Eng. 46 (1939), S. 776.

[406] LAWTON, F. C.: Investment Costs for Use in the Economic Comparison of Alternative Facilities, Elec. Eng. 71 (1952), S. 691.

[407] LEE, J. A.: Materials of Construction for Chemical Process Industries, New York 1950.

[408] LEHNERT, P. R.: Rationeller Kapitaleinsatz, Schriftenreihe des Instituts für Wirtschaftsprüfer, Bd. VI, S. 85.

[409] LEONARD, J. D.: What Does Maintenance Cost? Chem. Eng. 58 (1951), 9, S. 149.

[410] — Work Out a Maintenance Budget, Chem. Eng. 59 (1952), 4, S. 151.

[411] LEVSEN, P.: Kalkulation im Baugewerbe, Bd. I—IV, 4. Aufl. Berlin 1953 bis 1955.

[412] LEWIS, G. E.: Your Guide to Mixer Costs, Chem. Eng. 60 (1953), 1, S. 191.

[413] LINCK, C. G.: Selecting Ejectors for High Vacuum, Chem. Eng. 65, 13. 1. 1958, S. 145.

[414] LITTLETON, C. T.: Industrial Piping, New York 1951.

[415] LOCKE, H. B.: The Removal of Dust from Effluent Gases, Ind. Chemist 31 (1955), S. 16.

[416] LUCKE, O.: Brandschutz und Sicherheit in gewerblichen Betrieben, 2. Aufl. Berlin 1956.

[417] LÜDECKE, W.: Lizenzgebühren für Erfindungen, Darmstadt 1955.

[418] LUNDEEN, R. W. u. W. G. CLARK: Cost of Installing Centrifugal Pumps, Chem. Eng. 62 (1955), 8, S. 189.

[419] LUTZ, F. u. V. LUTZ: The Theory of Investment of the Firm, Princeton 1951.

[420] LYNCH, A. A.: Organisation of Pilot Plant, Ind. Eng. Chem. 40 (1948), S. 2012.

[421] LYNN, C. V.: Oil Storage Tanks, Teil I, Oil Gas J., 14. 3. 1955, S. 104; Teil II, ebenda, 11. 4. 1955, S. 111.

[422] — Protect Your Tank Investments, Petr. Proc. 10 (1955), S. 361.

[423] LYNN, L.: Make the Most of Capital Ratios, Chem. Eng. 61 (1954), 4, S. 175.

[424] — u. McKLVEEN, J. R.: Simplify Your Cost Estimates, Chem. Eng. 60 (1953), 4, S. 193.

[425] MACH, E.: Möglichkeiten und Grenzen der Normung im chemischen Apparatebau, Chemische Industrie 5 (1953), S. 527.

[426] MANLEY, R. H.: Chem. Eng. 62 (1955), 1, S. 130.

[427] MANNING, P. D. V.: Design for Operation, Chem. & Met. Eng. 46 (1939), S. 290.

[428] — Research and Development, in [III], S. 17.

[429] MANTELL, C.: The Operating Cost of Corrosion, Chem. & Met. Eng. 39 (1932), S. 479.

[430] MARSHALL, A. E.: The Design of Chemical Plants, Chem. & Met. Eng. 27 (1922), S. 439.

[431] MARSHALL, W. R. jr.: Atomization and Spray Drying, Chem. Eng. Prog. Monograph Series Nr. 2, 50 (1954), S. 114.

[432] MARSTON, A. u. a.: Engineering Valuation and Depreciation, New York 1953.

[433] MARTIN, J. C.: Economic Analysis, in [*VII*], S. 82.

[434] MARTIN, F. u. E. WEINGAERTNER: Die FISCHER-TROPSCH-Synthese, in [*VIII*], Bd. III, S. 776.

[435] MATTOZZI, M.: Building Refinery Process Units, Teil I: How to Prepare the Job Schedule, Oil Gas J., 23. 3. 1953, S. 304; Teil II: Scheduling the Engineering and Drafting, ebenda, 30. 3. 1953, S. 180; Teil III: Scheduling Construction, ebenda, 6. 4. 1953, S. 100; Teil IV: Job-Progress Reporting, ebenda, 13. 4. 1953, S. 102.

[436] MATZ, W.: Die Anwendung des Ähnlichkeitsgrundsatzes in der Verfahrenstechnik, Berlin 1954.

[437] MAYER, K. M.: Operate for Maximum Profit, Chem. Eng. 60 (1953), 9, S. 214.

[438] McCARTHY, F. S.: Chemical Engineering in a Small Development Organization, Chem. Eng. Prog. 47 (1951), S. 102.

[439] McADAMS, W. H.: Economic Balance, in [*III*], S. 123.

[440] — Heat Transmission, 3. Aufl. New York 1954.

[441] MEISSNER, F.: Fabrikwirtschaft, Bd. III: Fabrikplanung, Wien 1956.

[442] MELLEROWICZ, K.: Allgemeine Betriebswirtschaftslehre, Bd. I—III, 9. Aufl. 1956.

[443] — Betriebswirtschaftslehre der Industrie, Freiburg 1957.

[444] — Kosten und Kostenrechnung, Bd. I: Theorie der Kosten, 3. Aufl. Berlin 1957; Bd. II: Verfahren, Teil 1: Allgemeine Fragen der Kostenrechnung und Betriebsabrechnung, 2. u. 3. Aufl. Berlin 1958; Teil 2: Kalkulation und Auswertung der Kostenrechnung und Betriebsabrechnung, 2. u. 3. Aufl. Berlin 1958.

[445] — Forschungs- und Entwicklungstätigkeit als betriebswirtschaftliches Problem, Freiburg 1958.

[446] METZNER, A. B. u. R. L. PIGFORD: Scale-Up Theory and Its Limitations, in [*XIV*], S. 16.

[447] MEYER, L.: Die Kosten chemischer Operationen, in [*X*], Bd. III, 1, S. 486.

[448] MICHEL, A. E.: Use of Models in Design and Construction, Chem. Eng. Prog. 54 (1958), 3, S. 86.

[449] MIESSNER, H.: Zweck und Bedeutung der Verfahrenstechnik, Chemische Industrie 5 (1953), S. 497.

[450] — Wirtschaftlichkeit im Chemiebetrieb, Chemische Industrie 6 (1954), S. 575.

[451] — Die Kosten für Hilfs- und Nebenanlagen in Chemiebetrieben, Chemische Industrie 7 (1955), S. 724.

[452] — Schnellmethode zur Ermittlung von Anlagekosten für chemische Betriebe, Chemische Industrie 8 (1956), S. 69.

[453] — Gemeinschaftsforschung in der Verfahrenstechnik, Chemische Industrie 10 (1958), S. 231.

[454] MILLER, R. L.: Organization for Plant Design, Chem. Eng. 64 (1957), 6, S. 185.

[455] MILLER, T. T.: Projecting the Profitability of New Products, Chem. Eng. Prog. 54 (1958), 6, S. 56.

[456] MILLS, G. A.: Process Research, in [IV], S. 4.

[457] MILLS, H. E.: Use Index to Estimate Cost of Belt Conveyors, Chem. Eng. 64 (1957), 8, S. 242.

[458] MINER, H. L.: Safety and Fire Protection, in [VI], Abschn. 30.

[459] MINEVITCH, J. R. u. a.: Chemical Plant Construction Cost Indoors vs. Outdoors, Chem. Eng. Prog. 47 (1951), S. 385.

[460] MIXER, R. A. u. S. J. OECHSLE jr.: Protective Lining Systems, Chem. Eng. 63 (1956), 11, S. 175.

[461] MOGENSEN, A. H.: New Look at Layout, Factory Management and Maintenance 92 (1934), S. 538.

[462] — Selling the New Plant Layout, Factory Management and Maintenance 93 (1935), S. 99.

[463] MOLAISON, J. H. u. a.: Pilot Plant Equipment Còsts, Chem. Eng. 57 (1950), 4, S. 110.

[464] MOLSTAD, M. C.: Die Schätzung der Anlage- und Betriebskosten chemischer Fabriken, DECHEMA-Monographien 26, Weinheim 1956.

[465] MONET, G. P.: Cost of Ion Exchange, Chem. Eng. 57 (1950), 3, S. 106.

[466] MONTROSS, C. F.: Pilot Plant, in [XI], Bd. X, S. 696.

[467] MOORE, J. H.: Handbook of Financial Mathematics, New York 1947.

[468] MORTON, R.: Organisation of Chemical Engineering Projects, Chem. Eng. Prog. 46 (1950), S. 542.

[469] MRACHEK, L. L.: Estimating Data for Piping Labor Costs, TAPPI 45 (1952), 10, S. 34 A u. 38 A.

[470] MÜLLER, H.: Beitrag zur Schematisierung von Wirtschaftlichkeitsrechnungen, Archiv Eisenhüttenw. 11 (1937/38), S. 345.

[471] MÜLLER, W. u. K. WINNACKER: Das Chlor und seine anorganischen Verbindungen, in [IX], Bd. I, S. 585.

[472] MUNDERLOH, H.: Die Untertage-Schwelung von Ölschiefer nach LJUNG-STRÖM der Svenska Skifferolje A. B. in Kvarnstorp (Schweden), Brennst.-Chemie 37 (1956), S. 119.

[473] MUSIL, L.: Die Gesamtplanung von Dampfkraftwerken, Berlin 1948.

[474] MYATT, D. O.: Reports and Report Writing, in [I], Abschn. 19.

[475] NADEL, M.: Control Your Construction Schedule, Chem. Eng. 64 (1957), 2, S. 261.

[476] Nat. Bur. Stand., Selected Values of Chemical Thermodynamic Properties, Washington 1952/53.

[477] Nat. Bur. Stand., Tables of the Exponential Function e^x, Washington 1951.

[478] Needed: More Facts on Farm Chemicals, Chem. Week 80, 30. 3. 1957, S. 44.

[479] NELSON, W. L.: Cost-imating, A Collection of Articles from Oil Gas J. 1948/49, Petroleum Publishing Comp., Tulsa o. J.

[480] — Cost-imating, New Series, A Collection of Articles from Oil Gas J. 1955 bis 1957, Petroleum Publishing Comp., Tulsa 1957.

[481] — New Items to Appear in Quaterly Cost Indexes, Oil Gas J., 7. 7. 1952, S. 105.

[482] — What the Process Engineer Hopes to Find in the Accounting Records, Oil Gas J., 25. 8. 1952, S. 123.

[483] — How the NELSON Refinery Construction Cost Index Is Computed, Oil Gas J., 1. 10. 1956, S. 110.

[484] NEWTON, R. D. u. R. S. ARIES: Preliminary Estimation of Operating Costs, Ind. Eng. Chem. 43 (1951), S. 2305.

[485] — Break-even Charts Without Muss, Fuss or Bother, Chem. Eng. 58 (1951), 2, S. 148.

[486] NEWTON, R. D. u. C. W. WEIL: Economic Evaluation of Plant Expansion, Ind. Eng. Chem. 46 (1954), S. 2488.

[487] NICHOLS, W. T.: Capital Cost Estimating, Ind. Eng. Chem. 43 (1951), S. 2295.

[488] NICOLIC, R.: Die Energiekosten eines gemischten Eisenhüttenwerks und ihre Verrechnung auf die Erzeugnisse, Diss. Aachen 1946.

[489] NILAND, P.: Investing in Special Automatic Equipment, Harv. Bus. Rev. 35 (1957), 11/12, S. 73.

[490] NORDELL, E.: Water Conditioning, in [II], S. 279.

[491] NORMAN, S.: The Design of Chemical Manufacturing Processes, Internat. Chem. Eng. 31 (1950), S. 495.

[492] OBERFELL, G. G.: Making Research Effective, Chem. Eng. News 28 (1950), S. 1278.

[493] OBERHÄNSLI, H.: Die optimale Unternehmungsgröße in der Industrie, Bern 1957.

[494] O'DONNELL, J. P.: New Correlation of Engineering and Other Indirect Project Costs, Chem. Eng. 60 (1953), 1, S. 188.

[495] — How Flowsheets Communicate Engineering Information, Chem. Eng. 64 (1957), 9, S. 249.

[496] OGORZALY, H. J.: The Use of Pilot Plants in Scale-Up, in [XIV], S. 1.

[497] OLIVE, T. R.: Scale Model Helps in Process Planning, Chem. Eng. 54 (1947), 10, S. 129.

[498] Organisation der Forschung in einem chemischen Großbetrieb, Erdöl u. Kohle 12 (1959), S. 46.

[499] Organisation des Entscheidungsprozesses, Hrsgb. E. KOSIOL, Berlin 1959.

[500] ORLICEK, A. F. u. H. PÖLL: Hilfsbuch für Mineralöltechniker, Bd. I: Die Eigenschaften von Kohlenwasserstoffen, Mineralölprodukten und Hilfsstoffen, Wien 1951; Bd. II: Grundlagen und Grundoperationen der Mineralölverarbeitung, Wien 1955.

[501] OSBORN, J. O. u. K. KAMMERMEYER: Money and the Chemical Engineer, Englewood Cliffs, New Jersey 1958.

[502] OST, H. u. B. RASSOW: Lehrbuch der chemischen Technologie, 26. Aufl. Leipzig 1955.

[503] OTT, E. M.: Economic Analysis, in [IV], S. 57.

[504] OTTO, F. C.: Estimating Cold Insulation Costs, Chem. Eng. 54 (1947), 5, S. 118.

[505] — Estimating Mineral Wool Insulation, Chem. Eng. 54 (1947), 7, S. 102.

[506] — Estimating Magnesia Insulation Costs, Chem. Eng. 54 (1947), 9, S. 126.

[507] OWEN, L. u. C. J. TURNER: The Organisation of Chemical Engineering Construction Projects, in [XII], S. 11.

[508] PABST, F.: Kunststoff-Taschenbuch, 8. Aufl. München 1950.

[509] PACK, L.: Betriebliche Investition, Wiesbaden 1959.

[510] PASZTHORY, E. u. a.: Vorausberechnung katalytischer Strömungsreaktionsöfen, Chem.-Ing.-Techn. 31 (1959), S. 432.

[511] PAUER, W.: Einführung in die Kraft- und Wärmewirtschaft, Dresden und Leipzig 1959.

[*512*] PAYNE, J. W.: When to Use a Pilot Plant, Petr. Ref. 35 (1956), 6, S. 126.

[*513*] PEAK, R. F. u. M. M. DAVID: Cost of Cation Exchange Equipment, Chem. Eng. Prog. 53 (1957), 1, S. 37 J.

[*514*] PENTZLIN, K.: Rationelle Produktion, 2. Aufl. Kassel 1950.

[*515*] Permutit-Taschenbuch, 6. Aufl. 1953.

[*516*] PERRY, C. W.: The Integration of Engineering Skills in Chemical Plant Construction, Chem. Eng. Prog. 50 (1954), S. 382.

[*517*] PERRY, J. H. u. a.: Physical and Chemical Data, in [*VI*], Abschn. 3.

[*518*] Personal Requirements, Chem. & Proc. Eng. 38 (1957), S. 261.

[*519*] PETERS, M. S.: Elementary Chemical Engineering, New York 1955.

[*520*] — Plant Design and Economics for Chemical Engineers, New York 1958.

[*521*] PEURIFOY, R. L.: Estimating Construction Costs, New York 1953.

[*522*] PIATTI, L.: Werkstoffe der chemischen Technik, Aarau—Frankfurt/M. 1955.

[*523*] PIERCE, D. E.: The Half-Way House, Trans. A. I. Ch. E. 29 (1933), S. 100.

[*524*] — A Common Denominator of Repair Costs, Chem. Eng. Prog. 44 (1948), S. 249.

[*525*] — How to Control Costs by Kilowatts, Chem. Eng. 60 (1953), 1, S. 195.

[*526*] — Construction, in [*I*], Abschn. 8.

[*527*] — The Kilowatt-Hour Yardstick, Ind. Eng. Chem. 48 (1956), 11, S. 45 A.

[*528*] — u. McNEILL, W. I.: Control of Costs in Production, Chem. Eng. Prog. 51 (1955), S. 552.

[*529*] PIERCE, J. E.: A System for Evaluating the Need for a Pilot Plant, Chem. Eng. Prog. 54 (1958), 11, S. 67.

[*530*] PLANK, R.: Verfahrens-Ingenieure im Grenzgebiet von Chemie und Technik, Chem.-Ing.-Techn. 29 (1957), S. 137.

[*531*] — Zusammenarbeit von Chemiker und Ingenieur in der Verfahrenstechnik, DECHEMA-Monographien 21, Weinheim 1952, S. 26.

[*532*] Planning for Profit, Ind. Eng. Chem. 48 (1956), 7, S. 20 A.

[*533*] Planning for the Long Range, Chem. Eng. News 35, 4. 3. 1957, S. 48.

[*534*] Plant Construction Cost Reduction, Chem. Eng. Prog. 54 (1958), 10, S. 176.

[*535*] PLÜMECKE, K.: Preisermittlung für Bauarbeiten, 12. Aufl. Köln-Braunsfeld 1954.

[*536*] POLLARD, A.: Instrumentation of a Chemical Process, Chem. & Proc. Eng. 39 (1958), S. 281.

[*537*] PONDER, T. C.: To Get More Plant for Less Money, Petr. Ref. 35 (1956), 10, S. 106.

[*538*] PRIDHAM, D. V.: How to Read Engineering Drawings, Teil I: First Angle and Third Angle Projections, Chem. & Proc. Eng. 38 (1957), S. 98; Teil II: Flowsheets, ebenda, S. 140; Teil III: Layout Drawings, ebenda, S. 194; Teil IV: Perspective and Scale Models, ebenda, S. 235.

[*539*] PRION, W.: Die Lehre vom Wirtschaftsbetrieb, Bd. I—III, Berlin 1935.

[*540*] Process Equipment Design, Chem. & Met. Eng. 46 (1939), S. 2039.

[*541*] Process Power Requirements, Chem. Eng. 58 (1951), 3, S. 115.

[*542*] PROCHAZKA, E. M. jr.: Accounting and Cost Finding, in [*VI*], Abschn. 29.

[*543*] PRUTTON, C. F.: Problems of an Expanding Industry, Chem. Eng. Prog. 53 (1957), S. 461.

[*544*] PULVER, H. E.: Construction Estimates and Costs, 2. Aufl. New York 1947.

[*545*] QUACK, R.: Energieversorgung in Chemiebetrieben, in [*VIII*], Bd. V, S. 676.

[*546*] RABALD, E.: Werkstoffe, in [*XV*], Bd. I, S. 935.

[*547*] — Werkstoffe und Korrosion, Oberflächenschutz, in: Fortschritte der Verfahrenstechnik, Hrsgb. H. MIESSNER u. U. GRIGULL, Bd. I (1952/53),

Weinheim 1954, S. 386; Bd. II (1954/55), Weinheim 1956, S. 560; Bd. III (1956/57), Weinheim 1958, S. 727.

[548] — u. a.: Werkstoffe für den Bau chemischer Apparaturen, in [X], Bd. III, 2, S. 102.

[549] RAMSLER, H.: Probleme der Vorkalkulation, St. Gallen 1948.

[550] RASE, H. F. u. M. H. BARROW: Project Engineering of Process Plants, New York 1957.

[551] Rationalisierungs-Kuratorium der Deutschen Wirtschaft (RKW), Praktische Beispiele zur Automatisierung, München 1959.

[552] REARICK, J. S.: Costs in Developing Process Know-How, Ind. Eng. Chem. 47 (1955), S. 987.

[553] Refrigeration Costs, Chem. Eng. 54 (1947), 5, S. 125.

[554] REID, R. C. u. T. K. SHERWOOD: The Properties of Gases and Liquids, Their Estimation and Correlation, New York 1958.

[555] REIMER, E.: Das Recht der Arbeiternehmererfindung, 2. Aufl. Berlin 1951.

[556] REPPE, W.: Chemie und Technik der Acetylen-Druck-Reaktionen, Weinheim 1951.

[557] Research: How Many $$ in 55? Chem. Eng. News 33 (1955), S. 1175.

[558] REUL, R. I.: Newest Way to Figure Payoff, Factory Management and Maintenance 113 (1955), 10, S. 92.

[559] — Profitability Index for Investments, Harv. Bus. Rev. 35 (1957), 7/8, S. 116.

[560] REYNOLDS, B. M.: Economics of Plant Expansion, Chem. Eng. 56 (1949), 5, S. 151.

[561] REYNOLDS, M. M.: Process Economic Analysis Aided by New Graphical Method, Chem. &. Met. Eng. 52 (1945), 8, S. 104.

[562] REYS, J.: Estimate Cost of Graphite Equipment, Chem. Eng. 65, 24. 2. 1958, S. 145.

[563] RICHTER, A.: Betriebswirtschaftliche Zukunftsrechnung, Der prakt. Betriebswirt 16 (1936), S. 741.

[564] RICHTER H.: Rohrhydraulik, 2. Aufl. Berlin 1954.

[565] RICHTER, K. H.: Ausnutzung industrieller Abwärme zur Kälteerzeugung mittels Absorptions-Kälteanlagen, Kältetechnik 8 (1956), S. 150.

[566] RIEBEL, P.: Mechanisch-technologische und chemisch-technologische Industrien in ihren betriebswirtschaftlichen Eigenarten, Z. f. h. F. 6 (1954), S. 413.

[567] — Die Kuppelproduktion, Betriebs- und Marktprobleme, Köln und Opladen 1955.

[568] — Rationalisierung und Automation in der chemischen Industrie, Gutachten zur Frankfurter Tagung der LIST-Gesellschaft Nr. 8, 1957.

[569] RIESS, K.: Probleme kontinuierlicher Verfahren in der Verbrauchsgüterindustrie, DECHEMA-Monographien 26, Weinheim 1956.

[570] — Verfahrenstechnik, Entwicklung und Aufgaben, Chem.-Ing.-Techn. 28 (1956), S. 313.

[571] — Entwicklungstendenzen der Verfahrenstechnik, Chem.-Ing.-Techn. 29 (1957), S. 133.

[572] — u. H. MIESSNER: „Verfahrens-Ingenieur" und „Chemical Engineer", Chem.-Ing.-Techn. 26 (1954), S. 429.

[573] . RIETEMA, K.: Chemical Reaction Engineering, London 1957.

[574] RITTER, F.: Korrosionstabellen metallischer Werkstoffe, 3. Aufl. Wien 1952.

[575] ROBERTS, F.: The Chemical Engineer as a „Trouble Shooter", Chem. & Proc. Eng. 36 (1955), S. 41.

[*576*] — Commissioning a New Chemical Plant, Chem. & Proc. Eng. 37 (1956), S. 192.

[*577*] ROBINSON, C. S. u. E. R. GILLILAND: Elements of Fractional Distillation, 4. Aufl. New York 1950.

[*578*] ROBINSON, E.: Betriebsgröße und Produktionskosten, Wien 1936.

[*579*] RODENACKER, W. G.: Rationelles Konstruieren verfahrenstechnischer Apparate, Chem.-Ing.-Techn. 29 (1957), S. 573.

[*580*] — Konstruieren von wirtschaftlichen Apparaten und Maschinen, Chemische Industrie 11 (1959), S. 305.

[*581*] RODRIQUEZ, I. u. T. GARCI: How to Make Flowsheets Easier Reading, Chem. Eng. 62 (1955), 2, S. 202.

[*582*] ROHLEDER, G. V.: Evaluating Investments by the Discounted Cash Flow Method, World Oil 141 (1955), 9, S. 50.

[*583*] ROHRDANZ, R. C.: Design for Low Construction Costs, Chem. Eng. 65, 24. 3. 1958, S. 133.

[*584*] ROMEO, A. A.: „Road-Map" Flowsheets for Findability, Chem. Eng. 64 (1957), 2, S. 255.

[*585*] ROSEN, B. H. u. A. L. REGNIER: Economics and Research Programming, Chem. Eng. Prog. 52 (1956), S. 500.

[*586*] Ross, F. W.: Leitfaden für die Ermittlung des Bauwertes von Gebäuden, 15. Aufl. Hannover 1953.

[*587*] Ross, T. K.: An Introduction to Chemical Engineering, London 1953.

[*588*] ROSSINI, F. D. u. a.: Selected Values of Physical and Thermodynamic Properties of Hydrocarbons and Related Compounds, Pittsburg 1953.

[*589*] ROUNDS, H. P. u. J. T. KIERNAN: Building Fabrication and Comparative Costs, Chem. & Met. Eng. 48 (1941), 5, S. 106.

[*590*] RUBENSTEIN, A. H.: Setting Criteria for R & D, Harv. Bus. Rev. 35 (1957), 1/2, S. 95.

[*591*] RUBIN, F. L.: Shell and Tube Heat Exchangers, Petr. Ref. 27 (1948), 7, S. 139.

[*592*] — Heat Exchanger Costs Today, Teil I, Chem. Eng. 60 (1953), 5, S. 201; Teil II, ebenda, 7, S. 177; Teil III, ebenda, 9, S. 299; Teil IV, ebenda, 10, S. 196.

[*593*] RUMMEL, K.: Wirtschaftlichkeitsrechnung, Archiv Eisenhüttenw. 10 (1936/37), S. 73.

[*594*] RUNGE, E.: Grundstücksbewertung, 3. Aufl. Berlin 1955.

[*595*] RUSSELL, R. J.: Dryers and Drying Costs, Chem. Eng. Costs Quat. 5 (1955), S. 96.

[*596*] SALISBURY, E. H.: Work Study in the Design of Chemical Plants, Chem. & Proc. Eng. 39 (1958), S. 96.

[*597*] SALVIANI, J.: Plant Layout, in [*XI*], Bd. X, S. 737.

[*598*] SAMANIEGO, J. A. u. C. R. NELSON: Cost Estimation in the Development of a New Process, Chem. Eng. Prog. 52 (1956), S. 471.

[*599*] SANDEL, M. jr.: Re-evaluate Your Capital Investments, Chem. Eng. 64 (1957), 11, S. 231.

[*600*] SANNER, H. G.: Automation in der Verfahrenstechnik — vom Standpunkt des mittleren Betriebes aus gesehen, Chemische Industrie 10 (1958), S. 215.

[*601*] SAUNDERS, E. A. D.: Factors Governing the Selection and Design of Tubular Heat Exchangers, Ind. Chemist 34 (1958), S. 275.

[*602*] SAYER, J. S.: Comments on Chemical Engineering Progress Round Table on Equipment Performance and Maintenance History, Chem. Eng. Prog. 51 (1955), S. 492.

B. Verzeichnis der Bücher, Sonderdrucke und Aufsätze 473

[603] Scale Models for Plant and Equipment Layout and Design, Chem. Eng. 53 (1946), 10, S. 104.

[604] SCHEIBEL, E. G.: How to Design Optimum Extraction Columns for Minimum Over-All Cost, Chem. Eng. 64 (1957), 11, S. 238.

[605] SCHEUBLE, P. A. jr.: How to Figure Equipment Replacement, Harv. Bus. Rev. 33 (1955), 5/6, S. 81.

[606] SCHINDLER, H.: Investitionsrechnungen in Theorie und Praxis, Meisenheim/ Glan 1958.

[607] SCHMALENBACH, E.: Kostenrechnung und Preispolitik, 7. Aufl. Köln und Opladen 1956.

[608] SCHMALFELD, P.: Direkte Wälzgasbeheizung, in [XV], Bd. I, S. 256.

[609] SCHMIDT, E.: Einführung in die technische Thermodynamik und in die Grundlagen der chemischen Thermodynamik, 6. Aufl. Berlin 1956.

[610] SCHNEIDER, E.: Wirtschaftlichkeitsrechnung, 2. Aufl. Tübingen 1957.

[611] SCHNETTLER, A.: Kostenverlauf und Ertragsentwicklung bei schwankender Beschäftigung, Z. f. h. F. 6 (1954), S. 361.

[612] SCHOENEMANN, K.: Der chemische Umsatz bei kontinuierlich durchgeführten Reaktionen, DECHEMA-Monographien 21, Weinheim 1952, S. 203.

[613] — Denkweise und Arbeitsmethodik der modernen chemischen Technik, Chemische Industrie 5 (1953), S. 529.

[614] — Das neue Rheinauer Holzverzuckerungs-Verfahren, Stockholm 1953.

[615] — Ist die traditionelle Chemikerausbildung für die chemische Industrie noch zeitgemäß? Chemische Industrie 7 (1955), S. 343.

[616] — Zur Kinetik technischer Umsetzungen, DECHEMA-Monographien 29, Weinheim 1957, S. 165.

[617] — Die Anwendung der Reaktionskinetik bei der Berechnung einiger typischer Reaktoren, Chem. Eng. Science 8 (1958), 1/2, S. 161.

[618] — u. HOFMANN, H.: Über die Vorausberechnung chemischer Reaktionsapparate, Chem.-Ing.-Techn. 29 (1957), S. 665.

[619] SCHOFIELD, B. P.: How Chlorine Plants Vary with Size, Chem. Eng. 62 (1955), 10, S. 185.

[620] SCHRADER, R. J.: Estimating Chemical Piping Costs, Chem. Eng. 54 (1947), 1, S. 109.

[621] SCHRÖDER, K. u. a.: Wärmekraftanlagen, in: RZIHA, E. v.: Starkstromtechnik, Taschenbuch für Elektrotechniker, Hrsgb. R. GENTHE, Bd. I, 8. Aufl. Berlin 1955, S. 621.

[622] SCHUETTE, W. A.: Break-even Charts: They'll Tell You If a Product Should Be Made, Prod. Eng., 1953, 8, S. 170.

[623] SCHÜTTER, H.: Preissammlung von Apparaten und Hilfsmitteln der chemischen Industrie, unveröffentl. Studienarbeit am Institut für Chemische Technologie der Technischen Hochschule Darmstadt, 1953.

[624] SCHUMAN, S. C.: How Plant Size Affects Unit Costs, Chem. Eng. 62 (1955), 5, S. 173.

[625] SCHWAB, L. u. B. G. EARNHEART: Cut Repair Time and Cost with Alert Design, Chem. Eng. 63 (1956), 10, S. 190.

[626] SCHWARTZKOPFF, O.: Efficiency Doesn't Always Pay, Chem. Eng. 59 (1952), 8, S. 141.

[627] SCHWEDLER, F.: Handbuch der Rohrleitungen, 4. Aufl. Berlin 1957.

[628] SCHWEYER, H. E.: Cost Estimation for Process Operations, Chem. Eng. News 31 (1953), S. 3266.

[629] — Capital Ratios Analyzed, Chem. Eng. 59 (1952), 1, S. 164.

[630] — Process Engineering Economics, New York 1955.

[631] SEUBERT, F.: Die chemische Industrie am Hochrhein, Chemiker-Ztg. 78 (1954), S. 138.

[632] SHERWIN, D. S.: Calculating Engineering Economics, Teil I: Utility Costs, Petr. Ref. 33 (1954), 2, S. 103; Teil II: Cost Classifications, ebenda, 3, S. 151; Teil III: Overhead Costs, ebenda, 5, S. 209.

[633] SHERWOOD, P. W.: Effect of Plant Process Size on Capital Cost, Oil Gas J., 9. 3. 1950, S. 81.

[634] — How to Prepare Preliminary Cost Evaluation Reports, Petr. Ref. 31 (1952), 6, S. 126.

[635] Shortcut to Plant Startup, Chem. Eng. 62 (1955), 4, S. 122.

[636] SHUKIS, S. P. u. R. C. GREEN: Reduce Costs with Scale Models, Chem. Eng. 64 (1957), 6, S. 235.

[637] Sicherheit im Chemiebetrieb, Hrsgb. GUGGER u. a.; Düsseldorf 1954.

[638] SIEDER, O. E.: Considerations in Industrial Plant Site Costs, Chem. Eng. 54 (1947), 5, S. 117.

[639] SIEDLER, Ph.: Flotation, in [XV], Bd. I, S. 666.

[640] SIEMES, W.: Technische Reaktionsführung und Reaktionsapparate, in: Fortschritte der Verfahrenstechnik, Hrsgb. H. MIESSNER u. U. GRIGULL, Bd. III (1956/57), Weinheim 1958, S. 681.

[641] SMITH, E. C.: Air-Cooled Heat Exchangers, Chem. Eng. 65, 17. 11. 1958, S. 145.

[642] SMITH, J. C.: Cost and Performance of Centrifugals, Chem. Eng. 59 (1952), 4, S. 141.

[643] SMITH, J. M.: Chemical Engineering Kinetics, New York 1956.

[644] — u. H. C. VAN NESS: Introduction to Chemical Engineering Thermodynamics, New York 1959.

[645] SMITH, O. A.: Centrifugal Compressors, Petr. Ref. 34 (1955), 1, S. 136.

[646] SMITH, R. B. u. T. DRESSER: Some Economic Considerations in Process Design, Chem. Eng. Prog. 51 (1955), S. 544.

[647] SÖHNGEN, R.: Rationalisierung verfahrenstechnischer Anlagen durch Verwendung von Normeinheiten, Chem.-Ing.-Techn. 31 (1959), S. 175.

[648] SPAGHT, M. E. u. a.: Research, in [I], Abschn. 4.

[649] SPEIR, W. B.: Do-It-Yourself Models for Layout Studies, Chem. Eng. 64 (1957), 6, S. 330.

[650] SPLITTGERBER, A.: Wasseraufbereitung im Dampfkesselbetrieb, Berlin 1954.

[651] STAHL, R. u. J. E. KASCH: Chemical Engineering Economics — What it Holds for You, Chem. Eng. 58 (1951), 2, S. 270.

[652] STALLWORTHY, E. A.: Project Cost Control, Ind. Chemist 34 (1958), S. 340.

[653] — Project Estimating, Teil I, Ind. Chemist 33 (1957), S. 463; Teil II, ebenda, S. 506; Teil III, ebenda S. 569; Teil IV, ebenda, S. 619; Teil V, Ind. Chemist 34 (1958), S. 3; Teil VI, ebenda, S. 65.

[654] Statistisches Bundesamt, Statistisches Jahrbuch für die Bundesrepublik Deutschland 1958.

[655] —, Preisindex ausgewählter Grundstoffe, Statistische Berichte Arb. Nr. VI/2.

[656] —, Erzeugerpreise im Inland und Preisindexziffern, Statistische Berichte Arb.-Nr. VI/6.

[657] —, Preisindex für den Wohnungsbau, Statistische Berichte Arb.-Nr. VI/21.

[658] STEELE, S.: An Engineer's View of the Dollar, Chem. Eng. 60 (1953), 2, S. 157.

[*659*] STEPHENS, I. R.: In Chemical Industry Cost Estimating, Ind. Eng. Chem. 48 (1956), 10, S. 32 A.

[*660*] STEVENS, R. W.: Equipment Cost Indexes for Process Industries, Chem. Eng. 54 (1947), 11, S. 124.

[*661*] STEVENS. W. F.: Chemical Engineering Kinetics, Use in the Scale-Up of Chemical Processes, Ind. Eng. Chem. 50 (1958), S. 591.

[*662*] STITT, H. E.: Build the Plant to Fit the Process, Chem. & Met. Eng. 38 (1931), S. 196.

[*663*] STOKES, C. A.: Economic Evaluation — Organization and Coordination, Chem. Eng. Prog. 55 (1959), 5, S. 60.

[*664*] STOLZ, R. K.: Planning — Key to Research Success, Harv. Bus. Rev. 35 (1957), 5/6, S. 82.

[*665*] STRATMEYER, R. J.: Your Key to Maintenance Savings, Chem. Eng. 62 (1955), 9, S. 173.

[*666*] STRICKLING, H. L.: Make Your Own Cost Charts, Chem. Eng. 66, 6. 4. 1959, S. 131.

[*667*] SULFRIAN, A. u. J. PELTZER: Betriebs- und gesamtwirtschaftliche Probleme der chemischen Produktion, Stuttgart 1938.

[*668*] SWEARINGEN, J. S.: Estimating Research Cost, Petr. Ref. 35 (1956), 6, S. 124.

[*669*] SWEET, E. R.: Preparation of Operating Cost Estimates, Chem. Eng. Prog. 52 (1956), S. 179.

[*670*] SWEZY, F. H.: Going to Full Scale with Fewest Headaches, Chem. Eng. 54 (1947), 10, S. 131.

[*671*] Symposium on Capital Cost Estimation, Chem. Eng. Prog. 52 (1956), S. 171.

[*672*] Tables of Applied Mathematics in Finance, Insurance, Statistics, Hrsgb. J. W. GLOVER. Ann Arbor, Michigan 1951.

[*673*] TALLMAN, J. C.: Ejectors Show Low First Cost, Chem. Eng. 60 (1953), 1, S. 176.

[*674*] Taschenbuch für Chemiker und Physiker, Hrsgb. J. D'ANS u. E. LAX, 2. Aufl. Berlin 1949.

[*675*] TAYLOR, J.: The Progressing of New Projects from the Laboratory to the Plant, Chem. & Ind., 1955, S. 636.

[*676*] THEISINGER, W. G.: Fabrication Costs of Boilers, Tanks and Pressure Vessels as Affected by Plate Widths, Petr. Ref. 24 (1945), 2, S. 121.

[*677*] The M. W. KELLOGG Company, Design of Piping Systems, 2. Aufl. New York 1956.

[*678*] THOMAS, E. I.: Cost of Pneumatic Control Systems, Oil Gas J., 18. 3. 1957, S. 113.

[*679*] THUESEN, H. G.: Engineering Economy, New York 1950.

[*680*] TIELROOY, J.: The Importance of Complete and Accurate Capital Cost Estimates, Chem. Eng. Prog. 52 (1956), S. 187.

[*681*] TIMPE, A.: Einführung in die Finanz- und Wirtschaftsmathematik, 2. Aufl. Wiesbaden 1953.

[*682*] TIMPE, T. W.: Optimum Design Capacity, Chem. Eng. Prog. 54 (1958), 1, S. 56.

[*683*] TÖDT, F.: Korrosion und Korrosionsschutz, Berlin 1955.

[*684*] TOLKSDORF, H.: Tabellenbuch für die Starkstromtechnik, 7. Aufl. Gießen 1957.

[*685*] To Pilot Plant or Not to Pilot Plant? Ind. Eng. Chem. 50 (1958), S. 578.

[*686*] TORRANS, D. J.: Process Economics of Scale-Up, in [*XIV*], S. 86.

[*687*] TOTZEK, F.: Entwicklung der Kohlenstaubvergasung nach KOPPERS-

Totzek und ihre Bewährung im Großbetrieb, Brennst.-Chemie 34 (1953), S. 361.

[688] Tramm, H.: Inbetriebnahme der Ruhrchemie/Lurgi-Fischer-Tropsch-Synthese in Sasolburg (Südafrika), Brennst.-Chemie 37 (1956), S. 117.

[689] Treybal, R. E.: Mass-Transfer Operations, New York 1955.

[690] Truttwin, H.: Die chemische Fabrik, Stuttgart 1955.

[691] Tucker, T. S.: How Photo-Drawings Work with Models, Petr. Proc. 12 (1957), S. 94.

[692] Tucker, W. E.: Want Refinery Costs Quickly? Petr. Ref. 35 (1956), 8, S. 100.

[693] Two % of Sales Dollar Goes for Research, Chem. Eng. News 31 (1953), S. 5080.

[694] Tyler, C.: Characteristics of the Chemical and Allied Industries, in [III], S. 1.

[695] — Where Cost Estimates Go Sour, Chem. Eng. 60 (1953), 1, S. 198.

[696] Ulich, H.: Kurzes Lehrbuch der Physikalischen Chemie, bearb. von W. Jost, 8. Aufl. Darmstadt 1955.

[697] Unterstenhöfer, L.: Installation und Planung in Industriebetrieben, Chem.-Ing.-Techn. 29 (1957), S. 47.

[698] Van Eck, F. M.: Venture Capital: Risk vs. Opportunity, Chem. Eng. 59 (1952), 2, S. 192.

[699] Van Noy, C. W. u. a.: Guide for Making Cost Estimates for Chemical-Type Operations, Bureau of Mines Report of Investigations 4534, November 1949.

[700] Vaughn, T. H.: Coordination of Financial and Research Planning, Commercial Chemical Development Association Paper, New York 23. 3. 1953.

[701] — How to Make Research Pay, Chem. Eng. 58 (1951), 9, S. 143.

[702] Verein Deutscher Eisenhüttenleute, Anhaltszahlen für die Wärmewirtschaft insbesondere auf Eisenhüttenwerken, Hrsgb. K. Rummel, 4. Aufl. Düsseldorf 1947.

[703] Vereinigung Deutscher Elektrizitätswerke (VDEW), Ringbuch der Energiewirtschaft, Frankfurt 1952.

[704] — Anhaltszahlen über den Elektrizitäts-, Kraft- und Wärmebedarf der Industrie, Hrsgb. W. Scholl, Frankfurt 1951.

[705] Vilbrandt, F. C.: Design and Development, Ind. Eng. Chem. 31 (1939), S. 253.

[706] — Use and Function of Pilot Plants in Chemical Industries, Ind. Eng. Chem. 37 (1945), S. 418.

[707] — Chemical Engineering Plant Design, 3. Aufl. New York 1949.

[708] Vincent, J. W.: Aspects of the Synthetic Fatty Acid and Synthetic Fat Industries in Germany, BIOS Final Report Nr. 805.

[709] Voss, F.: Preisermittlung im Baugewerbe, Teil I: Hoch- und Tiefbau, 9. Aufl. Berlin 1955.

[710] — Baupreise für alle Lohn- und Preisgebiete, 3. Aufl. Gütersloh 1953.

[711] Waeser, B.: Chemische Fabrikpraxis, Berlin-Lichterfelde-West 1957/58.

[712] — Automatische Betriebskontrolle in chemischen Betrieben, Chemiker-Ztg. 82 (1958), S. 37.

[713] — Das Gesicht der modernen chemischen Fabrik, Chemiker-Ztg. 74 (1950), S. 385.

[714] — Rohrleitungen in chemischen Betrieben, Chem.-Ing.-Techn. 21 (1949), S. 461.

[715] Wall, R.: Economic Justification of Advanced Process Controls, Ind. Eng. Chem. 49 (1950), 11, S. 67 A.

[716] WALLIS, S. W. J.: The Economics of Process Control, Trans. Instn. Chem. Engrs. (London) 33 (1955), S. 128.

[717] WALTER, L.: Three Dimensional Scale Models Help Designers, Chem. & Proc. Eng. 38 (1957), S. 238.

[718] — Pipeline Planning, Installation and Care, Chem. & Proc. Eng. 38 (1957), S. 72.

[719] WARNER, F. E.: Ind. Chemist 32 (1956), S. 51.

[720] — u. N. McSMALLWOOD: Preparation of Energy Balances, in [V], Bd. I, S. 125.

[721] — u. K. A. R. JULIAN: Preparation of Materials Balances, in [V], Bd. I, S. 89.

[722] WARNER, J. L.: Plant Location, in [III], S. 42.

[723] WARREN, A. S. u. V. A. PARDO: Cost of Industrial Instruments — Recorders, Controllers, Indicators, Cost Eng. 2 (1957), S. 10.

[724] WATSON, K. M.: Economics of Process Development, Ind. Eng. Chem. 50 (1958), S. 594.

[725] WEAVER, J. B.: Focusing the Crystal Ball, Ind. Eng. Chem. 50 (1958), 3, S. 43 A.

[726] — The Cost Engineer's Job, Ind. Eng. Chem. 50 (1958), 9, S. 103 A.

[727] — Establishing the Profitability Floor, Ind. Eng. Chem. 50 (1958), 12, S. 65 A.

[728] — u. A. G. BATES: Inflation — How Far Is Up? Ind. Eng. Chem. 50 (1958), 10, S. 71 A.

[729] — u. R. H. CAPLAN: Analysis of the Alternatives, Ind. Eng. Chem. 50 (1958), 2, S. 65 A.

[730] — u. W. H. GEIST: Size Your Plant for Growth — but How Much? Ind. Eng. Chem. 50 (1958), 7, S. 59 A.

[731] — u. F. S. LYNDALL: Round the Clock or Weekends off? Ind. Eng. Chem. 50 (1958), 5, S. 61 A.

[732] — — The Tax Bite Doesn't Cancel Out, Ind. Eng. Chem. 51 (1959), 4, S. 67 A.

[733] — — The Elements of Working Capital, Ind. Eng. Chem. 51 (1959), 6, S. 67 A.

[734] — u. R. J. REILLY: Interest Rate of Return for Capital Expenditure Evaluation, Chem. Eng. Prog. 52 (1956), S. 405.

[735] — u. W. E. STAUDT: Appreciating Depreciation, Ind. Eng. Chem. 51 (1959), 2, S. 65 A.

[736] WEBB, W. H. A.: The Function of the Contractor, in [XII], S. 52.

[737] WEIL, Th.: Grundstücksschätzung, 5. Aufl. Düsseldorf 1958.

[738] WEILER, V.: Some Considerations of Cost in the Design of Pressure Vessels, Chem. Eng. Prog. 50 (1954), S. 622.

[739] WELLS, A. J. u. S. A. G. SINGER: Predesign Cost Estimates, Ind. Eng. Chem. 43 (1951), S. 2309.

[740] WESSEL, H. E.: New Graph Correlates Operating Labor Data for Chemical Processes, Chem. Eng. 59 (1952), 7, S. 209.

[741] — How to Estimate Costs in a Hurry, Chem. Eng. 60 (1953), 1, S. 168.

[742] WEST, A. S.: Process Engineering, in [IV], S. 39.

[743] WEST, J. H.: Planning New Chemical Factory, Chemical Age 27 (1932), S. 285.

[744] WEYMAN, C.: Psychology of Design: Its Bearing on Chemical Plant Design, Chemical Age 14 (1926), S. 94.

[745] What is a Pilot Plant for? Chem. Industries 60 (1949), S. 601.

[746] What Price Process Plants? Chem. Eng. 58 (1951), 5, S. 164.

[747] What Should Maintenance Cost? Factory Management and Maintenance 111 (1953), 1, S. 113.

[748] WHISTLER, A. M.: Heat Exchangers as Money Makers, Petr. Ref. 27 (1948),
     1, S. 83.

[749] WICKE, E.: Heterogene Gaskatalyse mit festliegendem Kontakt, in [XV],
     Bd. I, S. 881.

[750] — Technische Reaktionsführung und Reaktionsapparate, in: Fortschritte
     der Verfahrenstechnik, Hrsgb. H. MIESSNER u. U. GRIGULL, Bd. I
     (1952/53), Weinheim 1954, S. 323.

[751] — Physikalisch-chemische Gesichtspunkte für eine Systematik der techni-
     schen Reaktionsverfahren, Z. Elektrochemie 57 (1953), S. 460.

[752] — Über die stationären Zustände exothermer Gasreaktionen an porösen
     Katalysatoren, Chem.-Ing.-Techn. 29 (1957), S. 305.

[753] — Einfluß des Stofftransportes auf den Verlauf heterogener Gasreaktionen,
     Chem. Eng. Science 8 (1958), 1/2, S. 61.

[754] WIEGAND, R. A.: Comparison of Chemical and Petroleum Accounting in
     Analysis of New Plant Economics, Chem. Eng. Prog. 51 (1955), S. 199.

[755] WILCOXON, B. H.: Unit Cost of Some Complete Plants, Chem. Eng. 54
     (1947), 5, S. 112.

[756] WILLIAMS, G. C.: Evaporator Costs, Chem. Eng. 60 (1953), 4, S. 156.

[757] WILLIAMS, R. jr.: „Six-Tenths Factor" Aids in Approximating Costs, Chem.
     Eng. 54 (1947), 12, S. 124.

[758] — Standardizing Cost Data on Process Equipment, Chem. Eng. 54 (1947),
     6, S. 102.

[759] WILSON, J. G.: The Optimum Size of Machines, Paper Trade J., 19. 10. 1951,
     S. 28.

[760] WILSON, R. P.: Techniques of Cost Estimation for Refineries, ASME Paper,
     Tulsa, 24. 9. 1951.

[761] WINNACKER, K.: Erfahrungen auf dem Wege vom Labor zur Großproduk-
     tion, Chemische Industrie 8 (1956), S. 281.

[762] — Aufgaben der chemischen Technologie in Forschung, Lehre und Wirt-
     schaft, DECHEMA-Monographien 29, Weinheim 1957, S. 9; Angew.
     Chemie 68 (1956), S. 449.

[763] WINKLER, O.: Die Automatisierung in der chemischen Industrie, Chem.-
     Ing.-Techn. 30 (1958), S. 1.

[764] WOBUS, R. S.: Estimation of Direct Operating Labor Requirements for
     New Manufacturing Processes, Chem. Eng. Prog. 53 (1957), S. 581.

[765] WOODWARD. R.: Chemical Plant Layout, Chem. & Met. Eng. 39 (1932), S. 553.

[766] — Equipment Layout Phase of Plant Design, Chem. & Met. Eng. 48 (1941),
     5, S. 90.

[767] WORTH, R. O.: Kompensatoren für Rohrleitungen, Chem.-Ing.-Techn. 25
     (1953), S. 487.

[768] WUNSCH, W.: Ferngasversorgung unter Berücksichtigung von Kältepro-
     blemen, Chem.-Ing.-Techn. 27 (1955), S. 199.

[769] YANAGISAWA, E.: Solve for Payout Time, Chem. Eng. 62 (1955), 1, S. 185.

[770] You Can Hold Down Costs, Chem. Eng. 60 (1953), 3, S. 157.

[771] ZEISE, H.: Thermodynamik auf den Grundlagen der Quantentheorie, Bd. III,
     Leipzig 1954.

[772] ZIMMERMAN, O. T. u. I. LAVINE: Chemical Engineering Costs, in [II], S. 1.

[773] — — Mixing Tanks, Chem. Eng. Costs Quat. 3 (1953), S. 83.

[774] — — Propeller-Type Agitators, Chem. Eng. Costs Quat. 3 (1953), S. 74.

[775] — — Cost of Pipe and Nipples, Chem. Eng. Costs Quat. 5 (1955), S. 78.

[776] — — Want Equipment Costs for Estimates? Petr. Ref. 35 (1956), 8, S. 116.

[777] — — Wood Tanks, Cost Eng. 2 (1957), S. 20.

Sachverzeichnis

J. Ruckes

Analytische Angebots-kalkulation im Stahl- und Apparatebau mit empirischen Werten

1970. 109 Abbildungen, 144 Tabellen.
XII, 205 Seiten
Gebunden DM 118,–
ISBN 3-540-05242-9

Aus den Besprechungen:

„Im Gegensatz zu seiner „Betriebs- und Angebotskalkulation im Stahl- und Apparatebau", in der die Fertigungszeiten sehr detailliert und den einzelnen Arbeitsgängen nach chronologisch geordnet erscheinen, vermittelt der Verfasser in diesem ... Buch über einen Zentralwert, der sich auf das Baugewicht bezieht, summarisch die Kosten der Gesamtfertigung für einen ganzen Katalog von Anlagen, Apparaten, Behältern, Tanks, Stahlbaukonstruktionen, Schwermaschinen und Hüttenwerkseinrichtungen.
Die zusätzliche Zergliederung des Zentralwertes, also der Gesamtfertigung, in neun bekannte Fertigungsbereiche mit ihren Einzelwerten eröffnet alle Möglichkeiten der konstruktiven Kalkulation bis zur rechnerischen Synthese. Damit ist erstmals den Projektingenieuren und Offertkalkulatoren, aber auch den Konstrukteuren, Betriebskalkulatoren, Planern, Fertigungs- und Betriebsleitern, sowie allen sonstigen Stellen, für die die Frage des zeitlichen Aufwands einer Fertigung wichtig ist, die Möglichkeit eröffnet, aus der Fülle von 144 Tabellen auf Grund der in einer vieljährigen und vielseitigen Praxis gewonnenen Erfahrungswerte unmittelbar oder mit nur wenigen Rechenoperationen die Kosten der Gesamt- bzw. der Teilfertigung einer Anlage präzise zu ermitteln. Das Buch trägt bei zur Zeit- und Kosteneinsparung bei der Projektierung und Vorkalkulation der einzelnen Erzeugnisse des Stahl- und Apparatebaues. Bei Auftragserteilung vermittelt es allen Betriebsinstanzen von der Planung bis zur Betriebsleitung das im Interesse eines reibungslosen und zeitgerechten Ablaufs erforderliche exakte Wissen um die zeitlichen Größenordnungen der anstehenden Fertigung."

Acier/Stahl/Steel

J. Ruckes

Betriebs- und Angebots-kalkulation im Stahl- und Apparatebau

3., verbesserte und erweiterte Auflage. 1972.
161 Tabellen. XII, 244 Seiten
Gebunden DM 84,–
ISBN 3-540-05441-3

Aus den Besprechungen:

„Das Buch gibt die summarische Auswertung jahrelanger Beobachtungen und Erkenntnisse und vermittelt durch die Tabellen einem großen Leserkreis, der oft nur geringe oder rein innerbetriebliche Unterlagen besitzt, neue Kenntnisse. Jedem Ingenieur, der sich mit Kalkulationen zu befassen hat, jedem Betriebskalkulator, jedem Werkstattleiter wie auch jedem Meister kann dieses Buch bestens empfohlen werden, es gehört zu seinem unbedingt notwendigen Rüstzeug."

Schweizerische Bauzeitung

„Jeder Fachmann wird den großen Wert dieses Buches zu schätzen wissen und die Werte in den Tafeln den Gegebenheiten seines Betriebes anpassen; für den Lernenden bietet es durch seinen systematischen Aufbau eine ausgezeichnete Hilfe."

VDI-Zeitschrift

Springer-Verlag
Berlin
Heidelberg
New York